高纯金属材料

郭学益　田庆华　编著

北　京
冶 金 工 业 出 版 社
2011

内 容 提 要

本书是一本系统介绍各种有色金属、黑色金属和半金属高纯材料的专业书籍。全书共十章，从介绍高纯金属材料的定义、基本物理化学性质和常用提纯制备方法出发，全面详尽地阐述了高纯重有色金属、高纯轻有色金属、高纯稀有金属、高纯贵金属、高纯黑色金属和高纯半金属的性质、应用和制备工艺，涵盖了常见的数十种金属材料。本书还集中介绍了高纯水和高纯试剂的制备方法及高纯金属材料的分析方法。本书旨在突出科学性、系统性、新颖性和实用性，内容丰富、层次合理。

本书适用于冶金、材料、化工等专业的研究人员及相关专业的技术人员参考使用。也可作为高等院校冶金、材料类专业本科生、研究生的专业课教材。

图书在版编目(CIP)数据

高纯金属材料/郭学益，田庆华编著.—北京：冶金工业出版社，2010.1（2011.1 重印）

ISBN 978-7-5024-5086-1

Ⅰ.①高…　Ⅱ.①郭…　②田…　Ⅲ.①高纯金属—金属材料　Ⅳ.①TG14

中国版本图书馆 CIP 数据核字(2009)第 213180 号

出 版 人　曹胜利
地　　址　北京北河沿大街嵩祝院北巷 39 号，邮编 100009
电　　话　(010)64027926　电子信箱　yjcbs@cnmip.com.cn
责任编辑　张熙莹　美术编辑　张媛媛　版式设计　孙跃红
责任校对　侯　瑂　责任印制　李玉山
ISBN 978-7-5024-5086-1
北京兴华印刷厂印刷；冶金工业出版社发行；各地新华书店经销
2010 年 1 月第 1 版，2011 年 1 月第 2 次印刷
787mm×1092mm　1/16；23.5 印张；564 千字；361 页
69.00 元

冶金工业出版社发行部　电话：(010)64044283　传真：(010)64027893
冶金书店　地址：北京东四西大街 46 号(100010)　电话：(010)65289081(兼传真)

序

人类进入21世纪后，科学技术以前所未有的速度突飞猛进地发展，在世界范围内出现了对高纯金属材料制备和应用技术的研究热潮，我国科技工作者和产业界也对这一领域给予了足够的关注和积极的响应。现在，高纯金属材料以其特异的性能展示了广阔的应用前景，成为材料科学与工程领域发展最为活跃的重要分支之一，它为传统材料的提质升级提供了新的机遇。在这种形势下，人们迫切需要系统了解和掌握高纯金属材料的科学知识。由郭学益教授等完成的《高纯金属材料》正是适应这种需要而编著出版的。

该书作为一部系统介绍高纯金属材料的学术专著，详尽阐述了各种有色金属、黑色金属和典型半金属高纯材料的特异性能、制备技术及应用领域，对高纯材料制备过程中所必需的洁净环境、高纯水及高纯试剂进行了论述，并介绍了高纯材料各种分析检测手段及先进设备仪器。该书集中反映了国内外高纯金属材料的最新科技成果，并展望了高纯金属材料未来的发展。

郭学益教授一直致力于有色金属材料冶金方面的科学研究及技术开发应用工作。近年来，他带领他的研究团队积极探索，不断实践，在有色金属提取及高纯金属材料制备领域开展了一系列的前沿性工作，取得了卓有价值的成果。并且结合所取得的研究成果，他为冶金材料及相关专业的研究生讲授了“高纯金属专论”课程，对高纯金属材料国内外进展有比较全面的了解和深入的认识，这些为该书的成稿及出版奠定了坚实的基础。

该书层次分明，内容翔实，不但具有很高的学术价值，而且对高纯金属材料产业实践具有实际意义。我相信，该书的出版对促进我国高纯金属材料研究开展、提升新材料产业水平和推动有色金属行业可持续发展具有积极的作用。

中国工程院院士 刘世翔

前　言

高纯金属是指当其纯度达到一定程度后的金属。金属高纯化后展示了与常规金属不同的非凡性能，因而应用到现代电子信息、航空航天、国防军工等领域，并推动这些行业的发展。同时，随着现代科学技术的发展，金属高纯化技术的不断创新，金属的纯度飞速提高，并展示出了金属高纯及超高纯化后的特异性能。现在，高纯金属的研究及应用成为金属材料领域最热门的研究方向，许多的科学研究者及工程技术人员正在从事这方面的研究和工程实践工作，每年有大量的论文文献发表。但是至今尚未有一本系统全面阐述高纯金属材料方面的专著，给广大从事这方面工作的专业技术人员带来了不便。

作者及其研究团队成员长期从事有色金属提取及其相关高纯材料的教学、科研和产业实践工作，多年来积累了大量的文献资料及研究成果。近年来，作者为冶金材料及相关专业的研究生讲授“高纯金属专论”课程，受到了大家的一致好评，并形成了专门的讲稿。为了与大家分享关于高纯金属材料的最新进展并展望其发展前景，现应冶金工业出版社之邀，作者及研究团队成员一道在原讲稿的基础上，做了大量系统深入的工作，终于奉献上《高纯金属材料》一书，希望能对从事相关研究及工程技术工作的专家学者有所裨益。

本书力求内容丰富全面，系统涵盖了各类有色金属及黑色金属高纯材料。非金属如硅、砷、锑、磷等，基于其高纯材料的广泛应用，也作为重要内容包括在本书中。全书共分10章，第一章为高纯金属材料概述，第二章为高纯金属材料提纯制备方法，第三章为高纯半金属的制备，第四章为高纯重有色金属，第五章为高纯轻有色金属，第六章为高纯贵金属，第七章为高纯稀有金属，第八章为高纯黑色金属，第九章为高纯水及试剂，第十章为高纯金属材料分析方法。

本书的编写过程中参阅了大量的文献及专著，许多关于高纯金属材料的最新成果都包含在本书的内容中，其中重要的资料都作为参考文献列于书中正文之后。作者对长期从事高纯金属材料及相关研究的科技工作者表示崇高的敬意，对大家的无私贡献表示衷心的感谢。

本书是作者及研究团队集体智慧的结晶。作者研究室先后有数十位研究生参与了本书的文献资料收集及整理工作，特别值得提出的是李钧、梁莎、钟菊芽、梁永宣、郑磊、冯庆明、刘生长、李栋、肖彩梅、李菲、吴展、杨英等为本书的出版做了大量的工作，对他们的辛勤劳动表示诚挚的谢意。

感谢刘业翔院士为本书作序。感谢中南大学的领导、老师及同学们，他们一直的鼓励、支持和帮助，是我们力量之源泉。感谢冶金科学与工程学院大力支持及出版资助。

作者力图向大家奉献一本系统而完美的著作，但由于作者知识的局限性，加之高纯金属材料领域快速发展，很多新的知识和成果在本书中反映得还不够全面，一些应用领域也还未涉及，敬请读者原谅。书中不足之处，恳请读者赐教和批评指正。

郭学益　田庆华
2009 年 8 月 26 日

目 录

1 高纯金属材料概述

高纯金属材料是指化学纯度高、杂质含量少、与常规金属相比具有优异物理化学性能的新型材料；是在超净环境下，利用现代冶金技术获取的高纯净化的材料（介于金属和非金属的高纯半金属，包括硼、硅、磷、砷、碲、硒等在本书中统称为高纯金属材料）。高纯金属材料是现代高新技术发展的综合产物，是衡量一个国家或地区高新技术发展水平的重要指标。

近年来，随着电子、光学和光电子等尖端科学技术的发展，提高金属材料的纯度以获得新的性能已成为现代材料行业发展的重要方向。从某种程度上来说，高纯金属材料可以认为是现代高新技术发展的基础。

1.1 高纯金属材料的定义及性质

1.1.1 高纯金属材料的定义

高纯金属材料的定义是动态发展的，人们对金属纯度的概念在不同的年代、对于各种不同的金属和使用目的以及材料高纯化制备技术水平和分析检测精确度的不同有着不同的认识。随着金属材料提纯技术和检测水平的提高，金属的纯度在不断提高，如在过去高纯金属材料的杂质含量为百万分之几（ppm 级），而目前超纯半导体材料的杂质含量仅为十亿分之几（ppb 级），甚至发展到万亿分之几（ppt 级）。同时，各个金属的提纯难度不尽相同，如半导体材料中硅、锗 99.9999999% 以上称为高纯，而难熔金属达 99.9999% 已属超高纯。但总的来说，金属材料的纯度是相对于其杂质含有量而言的。

金属材料中的杂质在广义上包括两大类。第一类是化学杂质，比如高纯铜材料中的微量 Pb、Ni、Co、Fe 等就属于此类；另一类就是物理杂质，这主要是指金属材料晶体的缺陷，按几何形式可将这类物理杂质晶体中的缺陷分为点缺陷、线缺陷、面缺陷和体缺陷。其中点缺陷包括空位、错位原子、变价原子和包心等。最重要的线缺陷是位错。面缺陷反映在堆积层错、晶粒和双晶的界面、晶畴的界面上。体缺陷反映为晶体中出现空洞、包裹物、沉积物等。物理杂质对高纯金属材料的力学性能以及电、磁、光等性能均有很大的影响，但只有在金属材料的化学杂质含量极低时，物理杂质才具有真正的意义。因此，在实际应用中我们通常用金属材料的化学杂质含量作为其纯度的标准，即用质量分数表示，如式 1-1 所示，其常用 nine 的第一个字母 N 来表示，如 99.999% 用 5N 表示，99.9999% 就用 6N 表示。

$$Q = \frac{M - m}{M} \times 100\% \tag{1-1}$$

式中 Q——金属材料的纯度；

M——金属材料的质量；

m——金属材料中的化学杂质的总质量。

高纯金属材料的纯度除用质量分数表示外，用得较多的就是金属的剩余电阻率 *RRR* 和纯度级 *R*（rein-heitgrad）。其表达式分别为式 1-2 和式 1-3。

$$RRR = \frac{\rho_{298\mathrm{K}}}{\rho_{4.2\mathrm{K}}} \tag{1-2}$$

式中 $\rho_{298\mathrm{K}}$——金属材料常温下的电阻率；

$\rho_{4.2\mathrm{K}}$——金属材料在液氦 4.2K 下的电阻率。

$$R = -[\lg(100 - W)] \tag{1-3}$$

式中 W——主体金属含量。

根据 Mathiessen 定则的描述，金属中多种散射机制导致的电阻率是各种散射机制对应的电阻率之和，对高纯金属而言，由于含有杂质元素原子的浓度很小，以致可略去它们之间的相互作用，其电阻率可由式 1-4 来表示。

$$\rho = \rho_0 + \rho_1(T) \tag{1-4}$$

式中 $\rho_1(T)$——声子贡献的电阻率，由点阵热振动对电子的散射决定，并随温度的降低而减小；

ρ_0——剩余电阻率，由静态点阵缺陷产生的电阻率，与温度无关。

因为高纯金属的 $\rho_1(T)$ 值与杂质含量近似无关，而与温度成正比，所以低温下 ρ_1 迅速降低，ρ_0 所占比重则迅速增加。在温度 T 趋近于 0K 时，ρ_1 趋近于 0，金属材料的总电阻率只与 ρ_0 有关，即与剩余电阻率相关。而剩余电阻率只依赖于金属中的各种物理和化学缺陷。因此，通常定义一个参量 *RRR* 来描述高纯金属的纯度，其定义为室温下样品电阻率与液氦温度下电阻率之比，即式 1-2。

对于高纯半导体材料纯度的表示，还可用载流子浓度（$\mathrm{cm^{-3}}$）和低温迁移率（$\mathrm{cm^2/(V \cdot s^2)}$）表征其纯度。

对高纯金属材料纯度的定义国际上目前尚无统一的标准，本书所提及的金属纯度是一个相对的定义，反映了现阶段高纯金属材料制备技术上所能达到的标准。目前，高纯金属材料产品的标准纯度见表 1-1。

表 1-1 目前高纯金属材料产品的标准纯度

标准纯度	元　素
7N	Ga、Hg、In
6N	Ag、Al、As、Bi、Cd、Ge、P、Sb、Se、Si、Sn、Pb、Tc、Zn
5N	Au、B、Co、Cr、Cu、Fe、Ni、Pd、Pt、Rh、W
4N	Be、La、Mn、Mo、Nb、Re、Se、Ta、Zr
3N	Ce、Cs、Dy、Er、Eu、Gd、Hf、Ho、Ir、K、Li、Lu、Mg、Na、Nd、Os、Pr、Rb、Ru、Sm、Tb、Ti、V、Y、Yb

现在已实用化或开发中的如Ⅱ族、Ⅲ族、Ⅵ族、Ⅴ族等族的高纯金属的纯度可达到很高的水平。但是这种标准纯度，例如 6N 纯度的金属材料，只表示程度的意义，实际上，化学纯度为 6N 并不是保证纯度，而是定量分析金属中所含的指定杂质，减去其质量值，

以质量分数表示，即6N。而从一些国家的各生产厂家的样本发现，分析的指定杂质和杂质数量大多不一样。比如纯度都为6N的超高纯锌，各厂家分析的指定杂质及杂质数量不完全一样，有的主要杂质是铅，而有的可能是铜。这主要是由于各生产厂家采用的原料、工艺方法、分析方法等的不同所致。另外，一些厂家生产的高纯金属不分析气体杂质，如被称做5N的高纯铬，其中含氧0.5%，则纯度下降到99.5%。因而，市场上出售的某公司5N制品比其他公司6N制品纯度高或者在使用场合具有更好特性的情况也是常见的。甚至于相同生产厂家的高纯金属材料，由于购入时间不同，纯度不一样的情况也是有的。

综上所述，金属材料的高纯、超纯或超高纯目前尚无严格的定义，有人把部分金属的纯度，以5N表示高纯，6N表示超纯，7N表示超高纯，但这种划分不严格。为了叙述方便，本书将高纯、超纯和超高纯金属都称为高纯金属。

1.1.2 高纯金属材料的性质

目前，许多金属材料由于纯度不高，其许多优异的性能在应用中未充分表现出来。金属纯度的提高，将使其展示出新的性能。比如有些高纯化的金属材料，其耐腐蚀性和延展性有很大的提高，再结晶温度将降低，晶粒大小及磁特性也会发生变化。表1-2列出了常用的高纯铝的主要特性。

表1-2 高纯铝的主要特性

特性		铝纯度/%	数值
熔点/℃		99.996	660.24
线膨胀系数/℃$^{-1}$		99.996	23.86×10^{-6}
热导率(25℃)/W·(m·K)$^{-1}$		99.996	237
比热容(100℃)/J·(g·℃)$^{-1}$		99.996	0.93
相对铜的导电度(25℃)/%		99.996	64.94
电阻率/μΩ·cm	20℃	99.996	2.6548
	-269℃	99.992	3.3×10^{-3}
	-269℃	99.9975	1.3×10^{-3}
	-269℃	99.9999	1.0×10^{-4}
抗拉强度(冷加工材,90%)/MPa		99.999	120~140
延伸率/%		99.999	50~70
冷加工材(90%)的伸长率/%		99.999	8~12
反射率/%	λ=250nm	99.996	85
	λ=1000nm	99.996	95

从表1-2可以看出，与常规金属铝相比，高纯铝具有不同的特性。高纯铝比金属铝柔软、延展性好，但其力学性能劣化，强度和硬度随着纯度的提高而下降。

对于金属镁而言，由于纯度提高，高纯镁难于腐蚀，而金属镁易腐蚀。高纯高熔点的金属如钒、铌、钽、钼等容易加工，但其常规金属因性脆而难于加工。铁是大量被使用的金属，但是超高纯度的铁可以称做“稀有金属”，如除去铁中氧，室温下的高纯铁柔软程度接近铜，再结晶温度下降到200℃，便完全成为一种新铁，这种高纯铁耐腐蚀。如果金属或合金的纯度得到进一步提高，将其中的杂质含量降到极低值，这些高纯金属材料将展示出意想不到的性质。

1.2 高纯金属材料的应用及发展状况

1.2.1 高纯金属材料的应用

随着金属材料纯度的提高，其化学、电学、光磁性能以及力学性能等得到增强。高纯金属材料更充分地显现出了金属固有的物理化学性能，作为重要的基础材料，在电子信息、航空航天、精密仪表等高新技术领域得到了广泛的应用和飞速的发展。高纯金属材料最初是应用于半导体工业，随着光电学、航天航空、原子能等领域的发展，这些高新行业对高纯金属材料的需求量越来越多，而且对高纯金属材料纯度的要求也越来越高。图 1-1 揭示了高纯金属材料与高新技术产业相互促进发展的关系。总之，高纯金属材料的应用范围必将随着科技的发展而越来越广泛，其所能达到的纯度也将越来越高。下面简要介绍了高纯金属在现代工业中的应用。

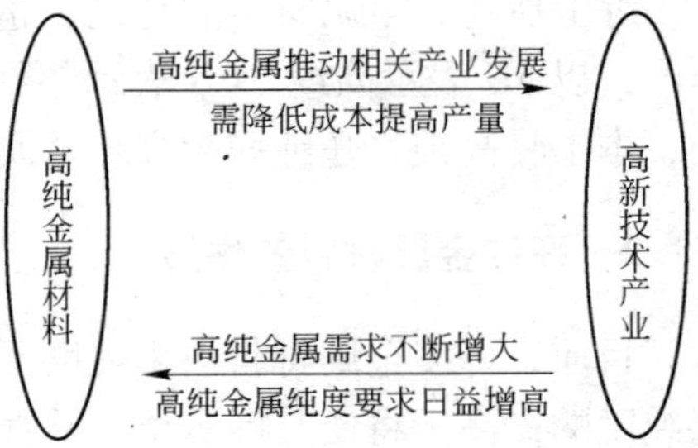

图 1-1 高纯金属材料与高新技术产业发展关系图

1.2.1.1 用于制备化合物半导体晶体或外延片

在半导体材料中如含有微量杂质元素，则半导体器件的电性能将受到严重影响。因而，半导体行业对其材料的纯度要求很高。由高纯金属制备的高纯化合物半导体晶体是一类重要的半导体基础材料，这些化合物半导体晶体具有独特的能带结构和性质，在微波器件、光电器件、霍尔器件和红外元件等方面得到了广泛的应用，且随着传统石化能源资源的枯竭、人类生存环境的日益恶化和能源需求的增长，开发利用太阳能这类清洁可再生能源成为世界各国的必然选择，而利用化合物半导体晶体的光伏发电器件是规模利用太阳能的主要手段，因此高纯金属在化合物半导体晶体材料制备方面的应用将迅速发展。表 1-3 列出了高纯金属材料制备的主要化合物半导体晶体材料及其应用。

表 1-3 高纯金属化合物半导体晶体材料及其应用

高纯金属	应用形式	用 途
Ga、P	GaP 化合物	用于可见光发光二极管，即发光显示元件等
In、Sb	InSb 化合物	用于红外探测器、霍尔器件、红外敏感器件、数字/模拟转换器、磁阻元件等
In、As	InAs 化合物	用于霍尔器件、光通信感光器、红外敏感器件、电磁变换器件、红外线检测元件和红外滤光片等
Ga、Sb	GaSb 化合物	用于光通信长波激光器、超晶格器件、雪崩二极管等
In、P	InP 化合物	用于光通信激光器、多光器件、二极管、光伏电池等
Ga、As、In、P、Al	GaAsP、InGaAs、AlGaAs、GaInP、GaInAsP、AlGaAsP、GaInAsAl 等	用于微波光电二极管、光通信双异质结激光器、高电子迁移率晶体管、异质结双级晶体管、应变层超点阵结构半导体等
Te、Bi、Sb	BiTe、BiSbTe 化合物	用于电子致冷、热电转换元件等

1.2.1.2　与氧、硫和氯制备高纯金属化合物

高纯金属与氧、硫等元素反应制备的高纯金属化合物是新材料领域一类重要的基础关键材料。这些高纯金属化合物是高性能陶瓷器件的基础原料或前驱体；是光致发光、电致发光等各类发光材料的基本组分；也是信息储存、吸波涂层和光催化等材料的主体。且随着科技的进步，这类高纯亚微米、纳米级金属化合物及其复合粉末材料将广泛应用于高性能陶瓷工业、微电子工业、航空航天、国防军工、化学化工等领域。表 1-4 列出了这类高纯金属化合物的主要用途。

表 1-4　高纯金属化合物及其主要应用

高纯金属	应用形式	用　途
Ga、In、Te、Bi、Sb、Pb、Zn、Ge、Si	Ga_2O_3、In_2O_3、TeO_2、Bi_2O_3、Sb_2O_3、PbO、ZnO、Ge_2O_3、SiO_2 等高纯氧化物	应用于高能物理、宇航技术、核技术、核物理与核医学等领域，主要制备磁泡存储器、固体激光器、微波多晶石榴石、卫星元件、透明电极、摄像管光电导薄膜材料、近红外摄像管，可用作助溶剂、特种玻璃、防光剂、电子元件材料、特种光电子材料和压电与声光晶体材料等
Sb、Cd、Zn、Pb、As、Sn	Sb_2S_3、CdS、ZnS、PbS、As_2S_3、SnS 等高纯硫化物	用于摄像管靶面材料、透光材料、光敏电阻、紫外线探测器、红外线探测器、场致发光、可见光激光器和太阳能电池等
As、Sb、P、Sn、Ge、Si	$AsCl_3$、$SbCl_3$、PCl_3、$POCl_3$、$SnCl_4$、$GeCl_4$、$SiHCl_3$、$SiCl_4$ 等高纯金属氯化物	用于制备半导体材料、化合物半导体外延材料等的重要原料，以及作为光纤通信材料、摄像管靶面材料和晶体管扩散源等

1.2.1.3　溅射靶材

高纯金属溅射靶材是一类重要的特殊功能材料，被广泛应用于集成电路、显示器件等微电子高科技行业。特别是近年来，随着电子、光伏电子等高新技术的进步，尤其是表面技术和薄膜材料的发展，高纯金属溅射靶材的种类越来越多，对其需求量也越来越大。表 1-5 列出了主要高纯金属材料在溅射靶材领域的应用，表 1-6 列出了我国生产的高纯金属溅射靶材，表 1-7 列出了日本生产的溅射靶材。

表 1-5　高纯金属材料在溅射靶材领域的应用

高纯金属材料	用　途
高纯 Al、Al-Si、Al-Cu、Al-Si-Cu 等	半导体用溅射靶材
氧化铟锡（ITO）、SnO_2、Al_2O_3、SiO_2	太阳能电池、各种光学膜等光学用溅射靶材
6N 和 7N 的高纯金属 Ga、In、Cu、Zn、Sb 和 Tb	大规模集成电路用溅射靶材
Co-Ni、Co-Cr、Te、Te-Se、Sb-Se、AlN	光磁盘、光盘、硬盘、薄膜磁头等光磁记录用溅射靶材
氧化铟锡（ITO）、ZnS、Al_2O_3 等	场致发光元件、液晶显示器、等离子显示板等显示元件用溅射靶材
Cr-Si、Ni-Cr-Al、Ni-Cr-Si 等	传感器、薄膜电阻、热磁头等电子器件用溅射靶材

表 1-6　我国生产的主要高纯金属溅射靶材

产　品	成　分	纯　度
高纯铝合金靶材	Al、Al-Si、Al-Si-Cu 等	5N
高纯金、金砷靶材	Au、AuAs	5N
高纯银靶材	Ag	4N
其他材质靶材	Pt、Ta、Ni、Cu 等	5N

表 1-7 日本生产的溅射靶材

用 途	靶 材
半导体光掩膜	Cr、Al、Mo、Ta、W、$MoSi_2$ 等
硬磁盘	Co-Ni、Co-Ni-Cr、Co-Cr 等
光 盘	Te-Se、Se-Sb、Te-Bi、Te-Ge-Sn、Zn-Sb、Te 等
光磁盘	Fe-Co、Fe-Co-Tb、Fe-Co-Gd、Fe-Co-Gd-Tb、Tb、Gd 等
磁 泡	Fe-Al-Si、Fe-Ni、Co-Nb-Zr 等
透明导电膜	In-Sn(IT)、In-Sn-O(ITO)、Zn、Sn、ZnO 等
显示元件	ZnS、ZnS-Mn、ZnS-RE、CaS、SrS 等
保护膜、导电膜	Al_2O_3、SiO_2、ZrO_2、TiO_2、Ta_2O_3、Y_2O_3、AlN、Si_2N_4、Si 等
电阻膜	Ni-Cr、Ni-Cr-Si、Ni-Cr-SiO、Cr-Si、TaN、Ta-SiO_2 等
其 他	Ni、Cu、In、Pb、Pd、Ag、Au、Pr、Nb 等超导用氧化物等

1.2.1.4 电容器材料

高纯金属材料是制备高性能电容器的关键基础材料，其中用于制备电容器的主要材料是高纯铝和高纯钽。它们分别用于制备高充放电性能的铝电解电容器和钽电解电容器。大容量高性能铝电解电容器的阳极箔要求使用99.9%以上的高纯铝，目前掌握和能够生产这种高纯阳极用铝箔技术的主要有日本、法国、意大利、德国、美国、中国等少数几个国家，其中以日本电容器用铝箔的制造技术较为领先，产品的稳定性最好。表 1-8 列出了铝电解电容器用高纯铝箔规格和实用材料的分析结果。钽电解电容器制备材料要求钽粉的质量很高，如果钽粉中杂质含量高，这些杂质对钽电解电容器的击穿电压和漏电流均有不良影响，高纯钽粉可以很好地降低钽电解电容器的漏电流和提高其击穿电压，对钽电解电容器的生产合格率、电性能和可靠性都具有重要的意义。

表 1-8 高纯铝箔的化学成分和分析实例 (%)

材 料		Fe	Si	Cu	Mg	Mn	Zn	Al
规 格	IN99	$\leqslant 40\times10^{-7}$						$\geqslant$99.99
	IN90	$\leqslant 300\times10^{-7}$	Si + Cu $\leqslant 800\times10^{-7}$					$\geqslant$99.9
分析实例	高压贯通型腐蚀箔用	7×10^{-7}	10×10^{-7}	33×10^{-7}	1×10^{-7}	0.5×10^{-7}	0.65×10^{-7}	99.994
	高压芯残型腐蚀箔用	51×10^{-7}	40×10^{-7}	18×10^{-7}	2×10^{-7}	0.5×10^{-7}	36×10^{-7}	99.987
	低压用（99.9%）	40×10^{-7}	36×10^{-7}	26×10^{-7}	2×10^{-7}	6×10^{-7}	16×10^{-7}	99.985

1.2.1.5 制备高纯金属合金

制备优良使用性能的合金是高纯金属材料的一类重要应用。表 1-9 列出了常用来配制各种合金的高纯金属。

表 1-9 常见高纯金属合金

高纯金属合金	靶 材
金基合金	Au-Sb、Au-Ga、Au-Sn、Au-B-Ga、Au-B-Pd-Bi
银基合金	Ag-Au、Ag-Co-Sb、Ag-Cu-Zn、Au-Cu-Sn
铟基合金	In-Ga、In-Al、In-Sn、In-Sn-Pb、In-Ga-Sn、In-Ga-Au-Sb、In-Ga-Ag、In-Ga-Pb-Sb
铅基合金	Pb-Sb、Pb-Ag、Pb-Ag-Sn、Pb-As-Sb、Pb-In-Sn、Pb-Ag-Sb、Pb-Sb-Ga
锡基合金	Sn-Ag、Sn-Pb、Sn-P、Sn-As、Sn-Cd-Pb、Sn-Ag-Sb
铝基合金	Al-Si、Al-Cu、Al-Si-Ga
其他合金	Hg-Tl-In、Te-In、As-Sb、Zn-Hg、Au-Ge-Ni

1.2.1.6 其他用途

高纯金属是一类重要的新材料，除了以上用途外，高纯金属材料还具有一些特殊用途。例如，高纯铜箔由于对高频信号有良好的传导性能，因此在电子计算机、照相机、印刷、音响等行业有广泛应用；而纯度达 7N 的高纯铜，其维氏硬度在 42 以下，拉伸率达 30% 以上，与金的性质接近，因此可以用它来代替金作搭接导线，从而降低产品的生产成本。高纯铟可用作晶体管的阴极或封管材料、过载信号器与脉冲电极材料。高纯锌可用作滤光片或 X 光探头。高纯锑可用作光电倍增管电极、蒸发源和微光材料。高纯砷可用作红外线透射玻璃和氧族玻璃等。高纯镓、铟、碲、镉等还可用来制备高纯金属有机化合物（MO 源），是制造半导体激光器、探测器、光电阴极和大规模集成电路等复杂器件所用的新型光电功能材料的关键原料。

高纯金属材料用途多种多样，现已广泛应用于现代高新技术的各个领域，特别是其作为半导体行业发展的重要原料的作用不可取代。且随着科学技术的发展，高纯金属材料的应用领域必将扩大。

1.2.2 高纯金属材料的发展状况

“高纯物质”一词最早出现在 20 世纪 30 年代。第二次世界大战后，高纯金属材料的研究得到了迅速的发展，并取得了一系列成果。高纯金属材料是随着原子能研究的出现而发展起来的。在 50 年代初，开发了“区域熔炼”、“气相色谱”等可以把金属提高到前所未有的高纯度的高效提纯方法，高纯金属材料的研究和生产获得迅速发展。

1.2.2.1 国外生产状况

国外对高纯金属材料的开发研究较早，日本、美国、英国和俄罗斯等国家一直以来十分重视高纯金属材料的研制、生产和应用，其生产的高纯金属材料产品品种齐全、质量高、产量大。

日本：早在 20 世纪 40 年代，日本就对高纯金属材料进行了研究和生产，现在已是世界高纯金属材料的主要生产国。在日本生产制备高纯金属材料产品的主要公司有住友化学、同和矿业、古河矿业、三菱金属、信越半导体公司和高纯度化学研究所等。生产销售的高纯金属有 Ga、As、In、P、Sb、Si、Ge、Te、Cd、Se、Zn、Pb、Sn、Cu、Bi、Au、Ag 及其相关高纯材料等。日本既是高纯金属材料的生产大国，也是高纯金属材料消耗最多的国家。

[26] 穆启道．超净高纯试剂的现状、应用、制备及配套技术[J]．化学试剂，2002，24(3)：142～145.
[27] 王应群．日科技厅稀有金属高纯化与新功能研究动态[J]．世界有色金属，1992(6)：2～7.
[28] 付涛．半导体产业高纯化技术进展[J]．国外稀有金属动态，1992(18)：2～3.
[29] 钟俊辉．稀土金属的高纯化技术[J]．稀土，1992，13(3)：44～48.
[30] 张美鸽．高纯氧化铝制备技术的进展[J]．功能材料，1993，24(2)：187～192.
[31] 曾德辉，李刚．高纯金属有机化合物的发展动向与前景[J]．低温与特气，1990(2)：7～13.
[32] 牛建平，付勤胜．采用CaO精炼获得高纯金属及合金的进展[J]．沈阳大学学报，2001，13(2)：15～17.
[33] 何庆春．高纯难熔金属及其硅化物在微电子领域的应用[J]．钨钼材料，1994(2)：45～49.
[34] 曾德辉，李刚．高纯金属有机化合物（MO源）研制新进展[J]．化工新型材料，1992，20(10)：16～21.
[35] 祁万荣．高纯难熔金属及化合物[J]．钨钼材料，1994(3)：10～15.
[36] 林河成．高纯稀土冶炼厂的设计及生产实践[J]．上海有色金属，2007，28(3)：132～136.
[37] 吴镇堃．加快发展超纯化学试剂[J]．洗净技术，2003(8)：41～43.
[38] 彭治．日本的高纯铝生产[J]．世界有色金属，1991(2)：8～10.
[39] 钟俊辉．电子工业用高纯金属材料[J]．电子材料（机电部），1991(3)：24～29.
[40] 孙忠贤．电子化学品[M]．北京：化学工业出版社，2000.
[41] 柴慈钧．半导体工业使用的高纯化学药品[J]．电子科技杂志，1990(2)：9～12.
[42] 曹颜顺．高纯铝的性质及其在半导体中的应用[J]．电子工艺技术，1993(4)：7～9.
[43] 马文源．国外高纯难熔金属的现状[J]．稀有金属，1994(1)：57～65.
[44] 吴雄杰，裘霞敏．我国电子化学品产业的发展现状及前景[J]．浙江化工，2003，34(6)：25～27.
[45] 赵秦生．俄罗斯制取高纯铟和金属铟粉的新进展[J]．稀有金属与硬质合金，2004，32(2)：24～28.
[46]《有色金属工业分析丛书》编辑委员会．高纯金属和半导体材料分析[M]．北京：冶金工业出版社，1995.
[47] 陈鸿彬．高纯试剂提纯与制备[M]．上海：上海科学技术出版社，1983.
[48] 闻瑞梅，王在忠．高纯水的制备及检测技术[M]．北京：科学出版社，1997.
[49] 闻瑞梅，王在忠．高纯水技术[M]．北京：科学出版社，1988.
[50] 杨德仁．太阳电池材料[M]．北京：化学工业出版社，2007.
[51] 许并社，李明照．有色金属冶金1200问[M]．北京：化学工业出版社，2008.
[52] 冯敏．现代水处理技术[M]．北京：化学工业出版社，2006.
[53] SEMI. 国际标准超净高纯试剂部分[M]．北京：中国标准出版社，1992.
[54] [美] 耿怀玉．半导体集成电路制造手册[M]．赵树武译．北京：电子工业出版社，2006.
[55] 屠海令．有色金属冶金、材料、再生与环保[M]．北京：化学工业出版社，2003.
[56] 周学良．常用试剂与高纯物[M]．北京：化学工业出版社，2003.
[57]《国内外半导体材料标准汇编》编委会．国内外半导体材料标准汇编[M]．北京：中国标准出版社，2004.
[58] 李仲谨，李晓钡，牛育华，等．电子化学品[M]．北京：化学工业出版社，2006.
[59] 朱中平．有色金属购销手册[M]．北京：中国物资出版社，2001.
[60] 梁勇，王瑞祥，刘俊．高纯稀土化合物制备的现状与发展[J]．上海有色金属，2004，25(4)：188～191.
[61] LI K, FREISER H. Extraction of lanthanide metals with bis (2,4,4-trimethylpentyl) phosphinie acid[J]. Solvent Extraction and Ion Exchange, 1986, 4(4): 739.
[62] KOMATSU Y, FREISER H. Extraction separation of tervalent lanthanide metals with bis (2,4,4-trimethylpentyl) phosphinie acid[J]. Anal. Chem. Acta, 1989, 227(2): 397.
[63] 王祝堂．世界高纯铝的生产、市场与应用[J]．有色金属加工，2004，33(6)：1～7.

[64] 古伟良. 高纯金属铝的研究现状[J]. 有色与稀有金属国外动态, 1994(15): 29～35.

[65] 石应江. 高纯钛的生产与应用[J]. 上海金属（有色分册）, 1993, 14(6): 56～63.

[66] 今井富士, 崔祝屏. 高纯钛的精炼和应用[J]. 国外稀有金属, 1991(6): 42～49.

[67] 禹泽海, 孙鹏, 汪春平, 等. 高纯铜溅射靶材的发展及现状[J]. 山西冶金, 2007, 30(5): 4～6.

[68] 白明辉. 超高纯铜的生产及其高技术应用[J]. 稀有金属快报, 1996(7): 68～69.

[69] 王祝堂. 中国的精铝和高纯铝生产[J]. 轻金属, 2004(4): 42～42.

[70] 陆华, 厉建龙, 张青哲, 等. 超高真空中使用的高纯过渡金属蒸发源[J]. 真空科学与技术学报, 2000, 20(3): 210～213.

[71] 姚映君. 电解电容器用高纯铝箔的发展现状[J]. 有色金属与稀土应用, 2007(2): 89～96.

[72] 张卫平, 杨庆山, 陈建军. 高纯稀土金属制备方法与发展趋势[J]. 金属材料与冶金工程, 2007, 35(3): 61～64.

[73] 朱盈权, 谌贵辉. 我国高纯 TiO_2 的市场现状[J]. 电子元件与材料, 2006(2): 21～23.

[74] 刘正红, 陈志强. 高纯钛的应用及其生产方法[J]. 稀有金属快报, 2008, 27(2): 1～8.

[75] 吴雄杰, 裘霞敏. 我国电子化学品产业的发展现状及前景[J]. 浙江化工, 2003, 34(6): 25～27.

[76] 王长明, 朱中南. 电子工业用化学品的研制开发进展[J]. 安庆石化, 2001(3): 25～29.

[77] 马文会, 戴永年, 杨斌, 等. 太阳能级硅制备新技术研究进展[J]. 新材料产业, 2006(10): 12～16.

2 高纯金属材料提纯制备方法

高纯金属是金属材料发展的重要方向之一，其提纯制备技术一直是新材料领域的研究热点。高纯金属材料提纯制备技术分为纯化（初步提纯）和超纯化（最终提纯）两个步骤，制备方法可分为物理提纯法和化学提纯法两大类。

2.1 物理提纯制备方法

物理提纯法是利用主体金属与杂质元素物理性质的差异，采用蒸发、凝固、结晶、扩散、电迁移等物理过程去除杂质，从而实现主体金属材料的高纯化。物理提纯法制备高纯金属材料的方法很多，包括区域熔炼法、真空蒸馏法、单晶法、电迁移法等技术，可以制备出满足不同行业需要的不同纯度的高纯材料。物理提纯法一般在真空条件下进行，特别是一些吸气性很强的稀有金属，其提纯制备需要高真空或超高真空的环境。下面将介绍高纯金属材料典型的物理提纯制备方法。

2.1.1 偏析提纯法

偏析提纯法制备高纯金属材料的原理是利用金属熔体在凝固过程中，杂质含量最低的部分最先凝固，杂质含量高的部分后凝固的这种偏析物理现象（见图2-1），从而达到去除杂质提纯金属的目的。该技术是将先凝固的含杂质少的那部分金属（高纯的）与未凝固的含杂质多的那部分金属分离开来，取出前者，得到的就是高纯金属。

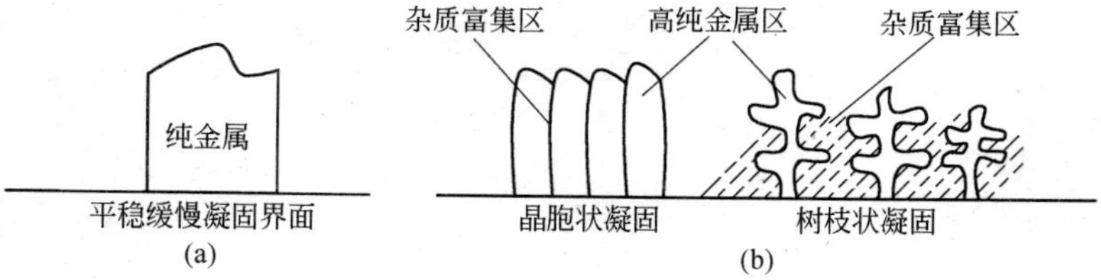

图 2-1 金属熔体凝固时晶体成长与结构过冷的关系

（a）无结构过冷；（b）发生结构过冷

采用偏析提纯法制备高纯金属材料，并不能对去除主金属中夹杂的一切杂质元素有效，这是因为主金属与杂质形成的液固平衡有共晶型和包晶型两种类型。由图 2-2 可知，如用 w_L 代表熔体中杂质元素含量，w_S 代表杂质元素在凝固的固态金属中的含量，如果主金属与杂质元素形成如图 2-2（a）共晶型平衡图，即杂质元素在主金属中的平衡分配系数小于1，则采用偏析法对去除该杂质是可行的；而如果主金属与杂质元素形成如图 2-2（b）所示的包晶型平衡图，杂质元素在主金属中的平衡分配系数大于1，则采用偏析法无法达到提高主金属纯度的目的。采用偏析法提纯制备高纯金属材料可根据所要求达到的纯

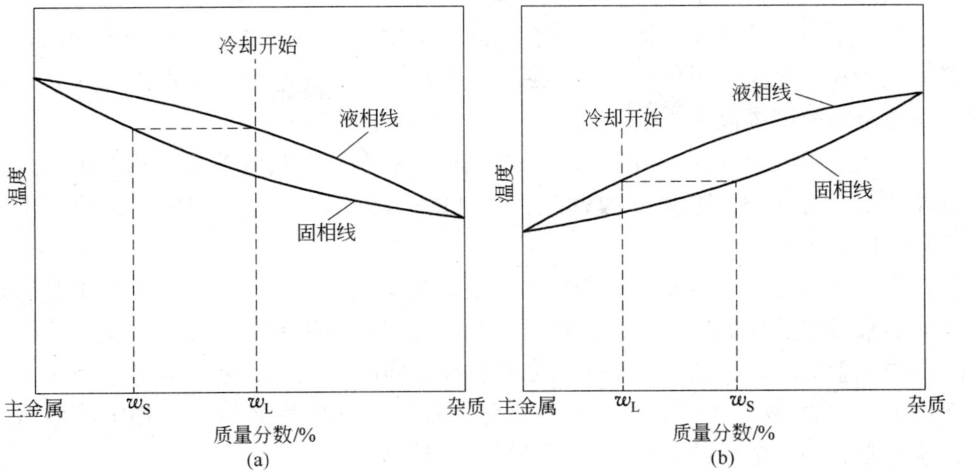

图 2-2 主金属与杂质元素的二元平衡图
(a) 共晶型；(b) 包晶型

度来确定偏析提纯的次数，每偏析提纯一次，金属的纯度就提高一次。

偏析提纯法制备高纯金属材料的提纯率可用式 2-1 表示。高纯金属材料的提纯率受杂质元素的实际分配系数 K_e 的制约。为了提高提纯率，应使杂质的实际分配系数尽量接近其平衡分配系数 K_o。

$$K_e = \frac{K_o}{K_o + (1 - K_o)\exp(-R\delta/D)} \tag{2-1}$$

式中 K_e——实际分配系数；
K_o——平衡分配系数；
R——主金属的凝固速度；
δ——扩散层厚度；
D——扩散系数。

由式 2-1 可知，降低凝固速度 R、减薄扩散层厚度 δ、提高扩散系数 D 就可以使杂质的实际分配系数向其平衡分配系数靠近，从而提高提纯效率。扩散系数 D 是物理常数，无法提高；降低凝固速度 R，操作也不易，因此，在实际生产中往往通过降低扩散层厚度来达到提高提纯率的目的。

偏析法制备高纯金属材料利用了金属凝固时的偏析现象，其又可分为分步结晶提纯法和单向凝固提纯法，两种方法的特点见表 2-1。

表 2-1 两种偏析法的特点

方 法	特 点	方 法	特 点
单向凝固法	采用冷却管插入	分步结晶法	采用侧面冷却
	采用底部冷却、石墨板搅拌捣实、转子搅拌		采用液面冷却—底部凝固相结合
	采用侧壁冷却		

分步结晶提纯法装置示意图如图 2-3 所示，坩埚内金属熔体温度保持在其熔点附近，在熔体中插入水冷的结晶器，促使晶体在结晶器上生长，当晶体生长到一定程度，采用刮除法将结晶的固体聚集到坩埚底部，再通过保温压榨把晶体间包裹的低熔点富含杂质的液体挤出，使金属纯度提高。

分步结晶法提纯效率高，可达到与平衡偏析系数相差无几的纯度，比如采用分步结晶法制备高纯铝，对铁的去除率可达 98%，对硅的去除率也可达到 94%。但该技术所需的设备复杂，操作困难。

单向凝固法制备高纯金属材料所采用的设备简单，操作也不复杂。该技术是通过强制冷却或加热来控制晶体的生长方向，从而使凝固方向背离热流传递方向，实现连续单向结晶排除杂质元素的一种方法。图 2-4 为电磁搅拌单向凝固提纯工艺示意图，该工艺利用电磁搅拌技术，对固-液界面前沿的液相进行强制搅拌，降低界面前沿液相中溶质富集层的厚度，这非常有利于溶质的扩散，从而提高提纯效率。

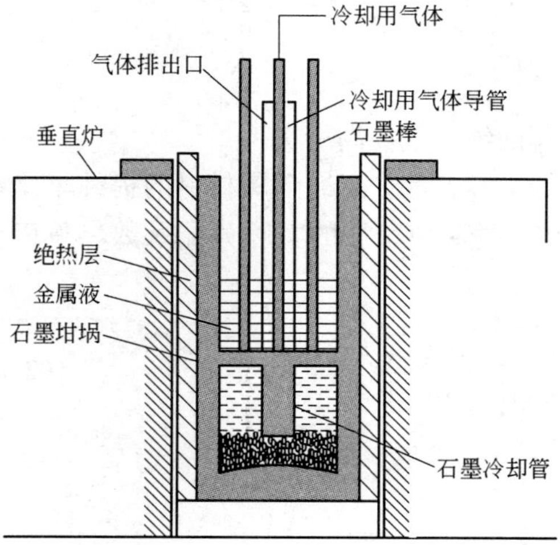

图 2-3　分步结晶法精炼装置示意图

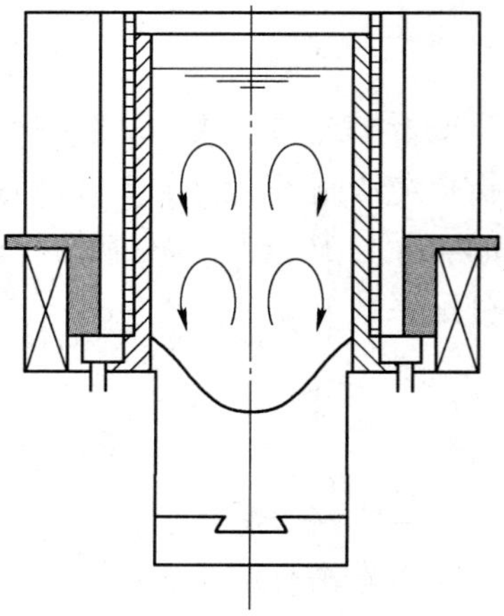

图 2-4　电磁搅拌单向凝固提纯工艺

对于单向凝固提纯技术而言，其实质是强化杂质元素在主金属中的偏析。而强化杂质在主金属中的偏析可以通过提高温度梯度、降低生长速度以保证晶体平界面生长或胞晶生长、提高胞晶的直径和减少晶界数量来实现，同时可以通过控制界面前沿的液体流动，达到强化提纯效率的目的。图 2-5 示出可从四个方面来得到高的温度梯度，以实现提高提纯效率的目的。表 2-2 列出了单向凝固法制备高纯金属材料工艺的改进措施。

表 2-2　单向凝固技术改进措施

改进措施	举 例 说 明
改变熔体外的环境气氛	采用真空炉室加吹高纯氢气的方法，用氢气稀释炉室内残存的空气，以减少熔体表面的氧化吸气
采用高精度拉伸设备	采用光学单晶体生长的高精度拉伸装置，以获得精确平稳的牵引速度。因为平稳的拉伸速度可以保证晶体在生长过程中受扰动的几率降低，促使胞状晶沿生长方向正常生长，保证平界面的稳定，减少不必要的晶界产生，从而提高提纯的效率

续表 2-2

改进措施	举例说明
大的温度梯度	采用双区加热的加热方式，提高界面前沿熔体的温度。同时采用侧面环状及底部强冷的方式，保证在界面前沿产生稳定的大的温度梯度，保证在一定的生长速度下，晶体以平界面方式生长，把杂质元素最大限度地排出到界面前沿
采用间歇式吸出法	间歇式吸出法可实现搅拌法无法达到真正去除杂质元素的目的，同时其又可控制界面前沿的液体流动。每隔一定时间，吸取界面前沿的富集杂质元素的熔体并排出，保证界面前沿熔体内杂质浓度在允许的范围内，可提高提纯效率，而不必再切除被提纯晶体的末端，使得在晶体纵向方向上纯度均匀

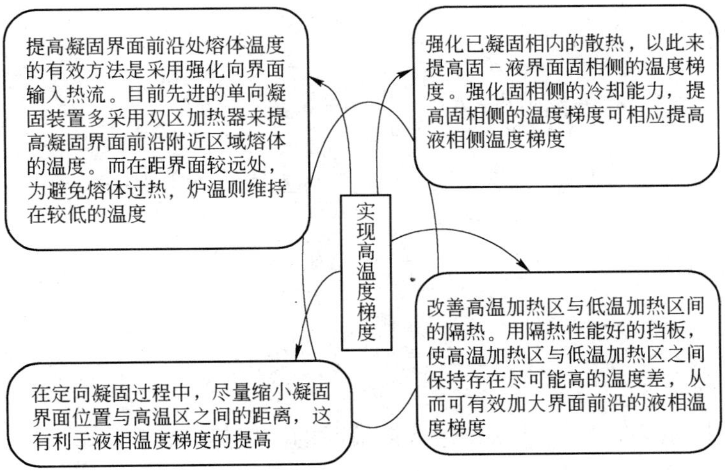

图 2-5 单向凝固提纯法提高温度梯度的措施

2.1.2 区域熔炼提纯法

区域熔炼提纯法是美国人 W. G. Pfann 在 20 世纪 50 年代初发明的。其原理是利用杂质元素在主体金属固态和熔融态中溶解度的差别，使杂质析出或改变杂质元素的分布，从而达到使主金属纯度得到提高的目的。

杂质元素在主金属熔体中固、液相间的分配是由该体系的热力学性质决定的。杂质在主金属中以固溶体形式存在。固溶体一般是由于金属 A 的晶格中出现了金属 B 的原子，从而形成固体溶液。由于微量杂质的存在，金属的熔点可能降低或升高。熔点降低或升高的幅度取决于杂质含量的多少。如金属 A 中含有杂质 B，在一定压力下达到其熔点温度，即处于固-液平衡状态，此时组分 A 在熔体中的化学势与组分 A 在固溶体中的化学势相等，即：

$$\mu_{A1}(T,p,x_{A1}) = \mu_{A2}(T,p,x_{A2}) \tag{2-2}$$

用“1”代表熔融相，用“2”代表固溶体相，定压下若使溶液摩尔分数有 dx_{A1} 的变化（由 $x_{A1} \longrightarrow x_{A1}+dx_{A1}$），与之平衡的固溶体的摩尔分数相应地有 dx_{A2} 的变化（由 $x_{A2} \longrightarrow x_{A2}+dx_{A2}$），凝固点相应地由 T 变为 $T+dT$，在新的温度下固-液两相建立新的平衡。

$$\mu_{A1} + d\mu_{A1} = \mu_{A2} + d\mu_{A2} \tag{2-3}$$

因为
$$\mu_{A1} = \mu_{A2}$$

所以
$$d\mu_{A1} = d\mu_{A2}$$

$$\frac{\partial\mu_{A1}}{\partial T}dT + \frac{\partial\mu_{A1}}{\partial x_{A1}}dx_{A1} = \frac{\partial\mu_{A2}}{\partial T}dT + \frac{\partial\mu_{A2}}{\partial x_{A2}}dx_{A2} \tag{2-4}$$

假定固溶体是理想溶液

$$\mu_{A2} = \mu_{A2}^{\ominus}(T,p) + RT\ln x_{A2} \tag{2-5}$$

因此
$$\frac{\partial\mu_{A2}}{\partial x_{A2}} = \frac{RT\ln x_{A2}}{\partial x_{A2}} = \frac{RT}{x_{A2}}dx_{A2} \tag{2-6}$$

又因为
$$\frac{\partial\mu_{A2}}{\partial T} = -\bar{S}_{A2}$$

则
$$-\bar{S}_{A1}dT + RT\frac{dx_{A1}}{x_{A1}} = -\bar{S}_{A2}dT + RT\frac{dx_{A2}}{x_{A2}}$$

整理
$$\frac{dX_{A1}}{x_{A1}} - \frac{dx_{A2}}{x_{A2}} = \frac{(\bar{S}_{A1} - \bar{S}_{A2})dT}{RT} = \frac{\Delta\bar{S}_A dT}{RT}$$

已知
$$\Delta\bar{S}_A = \frac{\Delta\bar{H}_{fA}}{T}$$

代入得
$$\frac{dx_{A1}}{x_{A1}} - \frac{dx_{A2}}{x_{A2}} = \frac{\Delta\bar{H}_{fA}}{RT^2}dT$$

式中　$\Delta\bar{H}_{fA}$——1mol A 由固溶体状态熔入溶液时的溶解热。

对上式积分，得：

$$\int_1^{x_{A1}}\frac{dx_{A1}}{x_{A1}} - \int_1^{x_{A2}}\frac{dx_{A2}}{x_{A2}} = \int_{T_f^0}^{T_f}\frac{\Delta\bar{H}_{fA}}{RT^2}dT \tag{2-7}$$

式中　T_f^0——纯 A 的熔点；

　　T_f——摩尔分数为 x_{A2} 时固溶体的熔点。

由于杂质含量较小，则熔点改变值（$\Delta T_f = T_f^0 - T_f$）也不大，可将 $\Delta\bar{H}_{fA}$ 视为常数，且假定 $T_f^0 \cdot T_f \approx (T_f^0)^2$，则：

$$\ln x_{A1} - \ln x_{A2} = \frac{\Delta\bar{H}_{fA}}{R}\left(\frac{1}{T_f^0} - \frac{1}{T_f}\right)$$

$$= -\Delta\bar{H}_{fA}\left(\frac{T_f^0 - T_f}{RT_f^0 T_f}\right)$$

$$-(\ln x_{A1} - \ln x_{A2}) = \frac{\Delta\bar{H}_{fA}}{R(T_f^0)^2}\Delta T_f$$

对于稀溶液
$$\ln x_A = \ln(1 - \sum_i x_i) = -\sum_i x_i$$

式中　$\sum_i x_i$——除 A 以外所有溶质的摩尔分数之和。

则上式可简化为：

$$\sum_i x_{i1} - \sum_i x_{i2} = \frac{\Delta \overline{H}_{fA}}{R(T_f^0)^2}\Delta T_f$$

$$\Delta T_f = \frac{R(T_f^0)^2}{\Delta \overline{H}_{fA}}\left(\sum_i x_{i1} - \sum_i x_{i2}\right) = \frac{R(T_f^0)^2}{\Delta \overline{H}_{fA}}\sum_i x_{i1}\left(1 - \frac{\sum_i x_{i2}}{\sum_i x_{i1}}\right) \tag{2-8}$$

对于 A，B 所组成的二元体系

$$\Delta T_f = \frac{R(T_f^0)^2}{\Delta \overline{H}_{fA}} x_{B1}\left[1 - \frac{x_{B2}}{x_{B1}}\right] \tag{2-9}$$

因为 A 从熔体变为熔融态为吸热，所以 $\Delta \overline{H}_{fA}$ 为正值。

如令 $$K_s = \frac{x_{B2}}{x_{B1}}$$

若 $K_s < 1$，即 $x_{B1} > x_{B2}$；则 $x_{A1} < x_{A2}$，在固相中 A 的浓度大于液相中 A 浓度。当 $\Delta T_f > 0$ 时，熔点上升，如图 2-6 所示。

若 $K_s > 1$，即 $x_{B1} < x_{B2}$；则 $x_{A1} > x_{A2}$，在固相中 A 的浓度小于液相中 A 的浓度。当 $\Delta T_f < 0$时，熔点下降，如图 2-7 所示。

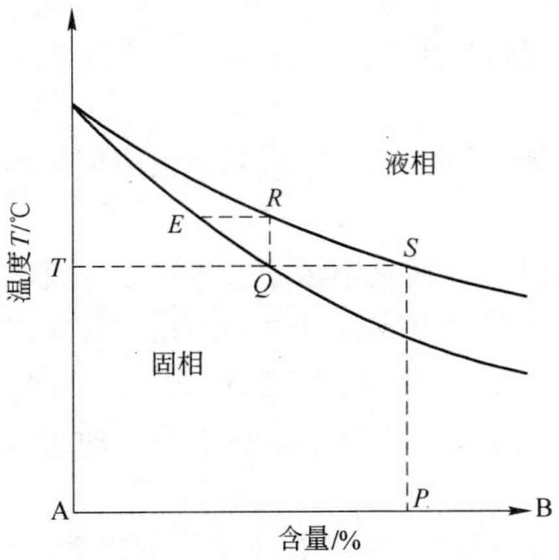

图 2-6 $K_s < 1$ 的情况

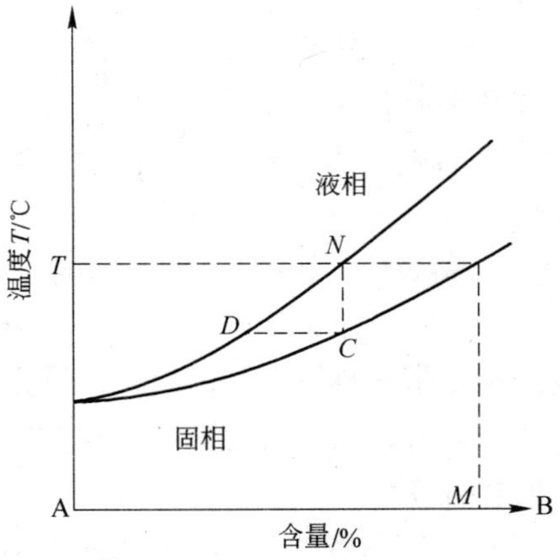

图 2-7 $K_s > 1$ 的情况

图 2-6 与图 2-7 中，上方为熔融液相区；中间为固-液两相平衡区；下方为固相区，两相区上界为液相线，下界为固相线。

如果是 $K_s < 1$ 的情况（见图 2-6），把含有杂质的相点 P 的固溶体加热至熔融状态 S，然后冷却到温度 T，最先凝出的固相点为 Q，杂质含量比相点 P 中减少，再把相点为 Q 的固相加热熔融，到达相点 R，再冷凝，最先得到的固体相点 E 中杂质含量又有所减少，这样反复进行加热、冷凝，使固相中杂质含量不断降低，达到提纯金属目的。

如果是 $K_s > 1$ 的情况（见图 2-7），把含有杂质的相点 M 的固溶体加热到温度 T，首先熔化的相点为 N，杂质含量已比相点 M 中减少，再把相点 N 的液相冷却，到达相点 C，再次加热时最初得到的液体相点 D 中杂质含量又有所减少。这样反复进行冷凝、加热，使液相中杂质含量不断降低，从而得到纯度较高的金属材料。

区域熔炼提纯法制备高纯金属材料如图 2-8 所示，将要提纯的金属材料先放置在管式炉中，在管外装置一个可以前后移动的加热环。在 $K_s<1$ 的情况下，先把加热环放在最左端，使该区的金属全部熔化成液体，然后把加热环慢慢向右移动，熔化区也慢慢随着向右移动，而最左端原来熔化的金属就渐渐再凝固，此时所析出的固相中杂质含量比原来金属中少，在“再凝固区”与熔化区的界面上，杂质分配在液相的浓度比固相中大，因此随着熔化区向右端移动，杂质也向右移动。当加热环移到最右端后，再把它重新放到最左端，重新使最左端的固体熔化，同样使加热环右移，这样在最左端析出的固体中杂质的含量又少了一些，如此多次重复上述过程，就像一把扫帚一样，将杂质扫向右端，最后能使杂质集中到最右端，而在最左端则得到极纯的金属。

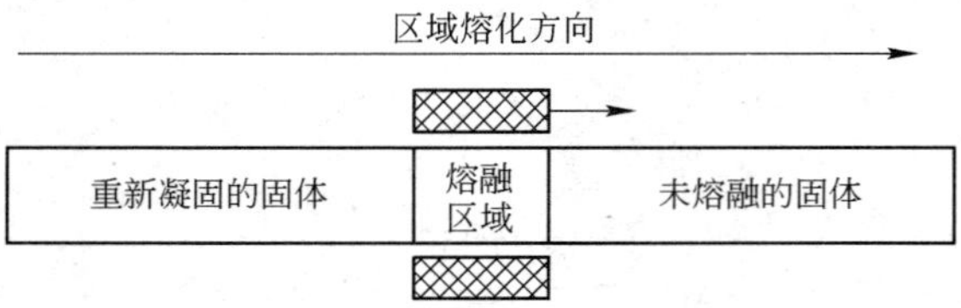

图 2-8　区域熔炼法提纯示意图

但金属中一般含有多种杂质，有的杂质 $K_s>1$，其余杂质 $K_s<1$，例如金属锗中含有硼和硅两种杂质，其 $K_s>1$，其余杂质 $K_s<1$，在这种情况下，经过区域熔炼后得到的高纯锗锭是在中间部分，左端和右端均为杂质。

区域熔炼提纯法制备高纯金属材料，其加热方式有高频加热、等离子加热、电子束加热等。目前，区域熔炼提纯法已广泛应用于高纯金属材料的生产。国内外关于区域熔炼法制备高纯金属材料存在的一些问题如下：

（1）容器污染问题。采用竖式区域熔炼法可以避免这个问题，或采用银或铜制的水冷舟也可使容器污染问题得到有效的解决。

（2）副效应的影响。副效应包括由搅动、温度升高或通过熔区的低压惰性气流所引起的熔区中高蒸气压杂质的蒸发，由于杂质间（如碳同硫、氢或氧之间）的化学反应以及造渣过程经常带来难以预料的复杂问题以及有时为了去除一种杂质而需加入第二种反应元素的方法来完成，而后者的选择要使之能和前者生成一种在区熔时比单独去除一种杂质更易去除的化合物。

（3）操作参数的选择。在区域熔炼提纯的操作过程中，提纯效率受行程次数、锭长、熔区长、熔区移动速度和扩散层厚度等的影响很大。选择适当的操作参数对区域熔炼提纯是非常重要的。

（4）难以借区域熔炼提纯法分离的杂质。这类难以借区域熔炼提纯法分离杂质的分配系数接近 1，分配系数大于 1 的杂质提纯效果也很差。例如，铋中镁、钙、铁和锑，铟中铅、镁、硅和铝，锑中砷，锌中铜和铁，碲中镁和硅等。

（5）金属通过其盐类进行区域熔炼以达到提纯目的。有些金属可通过对它们的盐类进行区域熔炼提纯。如有人曾将镓变成三氯化镓，经区域熔炼提纯后再还原成镓。同样将三氯化铟进行区域熔炼提纯后，经歧化反应制备高纯铟。

2.1.3　真空熔炼提纯法

真空熔炼提纯法是利用在高真空的熔融状态下，主金属与杂质间存在蒸气压差，各种杂质与主金属将重新实现气-液平衡，从而去除高蒸气压的杂质，达到提纯除杂的目的。这些杂质与主金属重新实现气-液平衡取决于熔炼时间，而熔炼时间又由杂质熔体向界面扩散、杂质由熔体表面蒸发、容器内杂质向熔体反扩散三个因素决定。要达到这些平衡需要时间，一般时间越长越好，但此时主金属的损失也将增多。

真空熔炼提纯法一般要求 $10^{-4}\sim10^{-7}$ Pa 的高真空度，如果在熔炼提纯的过程中需要特殊的气氛则要使用高纯气体，以期获得良好的脱气效果。在真空熔炼提纯制备高纯金属材料的脱氧提纯过程中的脱氧效果可用平衡论公式（式 2-10）求出的 R 值（evaporation radio）为指标。其中 R 表示气相和金属相间相对氧量的平衡分配比。熔炼金属氧化物的蒸气压越大，R 值就越大。

$$R=\frac{\left(\dfrac{x_O}{x_M}\right)_{\text{气相}}}{\left(\dfrac{x_O}{x_M}\right)_{\text{熔融金属相}}} \tag{2-10}$$

式中 $\dfrac{x_O}{x_M}$——氧与金属的摩尔分数之比。

真空熔炼的脱氧提纯主要是通过蒸发金属氧化物进行脱氧。表 2-3 列出了各个金属熔点附近的 R 值及预想的蒸发氧化物。对于 $R>10^3$ 的 Nb、Ta、Mo 等元素，真空熔炼的脱氧提纯比较有效；而对于 $R\leqslant10$ 的 Fe、Co、Ti、Zr 等脱氧提纯效果很差。如在低于氮、氢分压的高真空条件下，可进行脱氮、脱氢提纯，提纯的原理如反应式 2-11 和式 2-12。当在碳与氧过剩共存时，还可通过反应式 2-13 脱 CO 的反应进行脱碳提纯。

表 2-3 各金属的蒸发脱氧系数 R

熔炼金属	主要蒸发氧化物	R 值	熔炼金属	主要蒸发氧化物	R 值
Fe	FeO	$10^{0.4}$	Nb	NbO，NbO_2	10^3
Co	CoO	10^1	Ta	TaO	10^5
Si	SiO	10^8	Cr	CrO	$10^{0.5}$
Ti	TiO	10^0	Mo	MoO	10^0
Zr	ZrO	10^1	W	WO_x	10^0
V	VO	10^1			

$$2N \longrightarrow N_2(g) \tag{2-11}$$

$$2H \longrightarrow H_2(g) \tag{2-12}$$

$$C+O \longrightarrow CO(g) \tag{2-13}$$

在主金属中的杂质，如以 A 为熔炼主金属，以 B 为金属杂质，则可利用式 2-14 的蒸发系数 α 来预测采用真空熔炼提纯法去除杂质 B 的可行性。在理论上，当 $\alpha>1$ 时就可降低杂质 B，但要高效率真空熔炼蒸发去除杂质 B，则需要 $\alpha>10$。

$$\alpha=\frac{\gamma_B}{\gamma_A}\cdot\frac{p_B^0}{p_A^0}\cdot\sqrt{\frac{M_A}{M_B}} \tag{2-14}$$

式中 γ_A——主金属 A 的活度系数；

γ_B——杂质金属 B 的活度系数；

p_A^0——主金属 A 的平衡蒸气压；

p_B^0——杂质金属 B 的平衡蒸气压；

M_A——主金属 A 的相对原子质量；

M_B——杂质金属 B 的相对原子质量。

在用真空熔炼提纯法制备高纯 Nb 和 Ta 时，蒸发系数 $\alpha>10$ 的金属杂质可迅速蒸发去除。真空熔炼提纯法不能分离提纯蒸发系数 $\alpha\leqslant 1$ 的金属杂质。

真空熔炼是在真空条件下高温熔炼提纯金属，根据其加热熔炼的方式不同可分为真空感应熔炼、电子束熔炼和真空电弧熔炼等。

2.1.3.1　真空感应熔炼

真空感应熔炼技术是用处于真空室内的感应炉的电磁感应原理熔化金属并提纯金属材料。真空感应熔炼提纯技术的主要优点之一是其允许时间、温度与压力等熔炼参数在比较宽的范围内独立变化，从而可提高主金属中杂质元素的去除效果。

真空感应熔炼提纯金属材料是在陶瓷坩埚内进行的，但对制备高纯度的活性金属而言，陶瓷坩埚材料会对产品造成二次污染，从而最终降低金属材料产品的纯度。为解决坩埚材料对金属产品的污染问题，科技工作者研究开发出一种由众多铜管组合而成的冷坩埚取代原有陶瓷型坩埚，即冷坩埚真空感应熔炼技术。表 2-4 列出了冷坩埚真空感应熔炼技术的一些优点。

表 2-4　冷坩埚真空感应熔炼技术的一些优点

优　点	具 体 说 明
防止二次污染	通冷却水对坩埚壁进行强制冷却，降低坩埚表面温度，防止熔融金属因与坩埚接触而可能发生的任何反应
接触区的高密度热损失少	利用在交变磁场中，冷坩埚各组合铜管截面中产生的感应电流在相邻两管间相应会产生磁场增强效应，形成一致向心的增强电磁力的特性，熔化的熔料被推离坩埚壁，熔体被隆起，减少了接触区的高密度热损失

冷坩埚真空感应熔炼技术能制备出高纯度的金属材料，同时还能防止在熔炼过程中各种间隙元素（C、O、N 等）对产品的污染。目前，采用冷坩埚真空感应熔炼技术可以有效制取 Ti、Ta、Nb、Cu、U、Ni、Cr、La、Mo、Si、W、V 等高纯金属材料产品。

2.1.3.2　电子束熔炼

电子束熔炼提纯工艺是近几年为提高金属材料纯度而发展起来的重要方法，又称为电子轰击熔炼技术。它是以电场和磁场聚集电子束，使其轰击所要融化的金属，电子在与金属碰撞时动能转化为热能来熔化提纯金属材料。该技术约在 50 年前就在工业上得到了部分应用，但由于所需装置复杂、价格昂贵、经济性差，因而没有普及。但是，近年来 W、Mo、Ti 等超大规模集成电路迅速应用发展，对高纯高熔点金属材料的需求增加，电子束熔炼技术重新得到了发展。

该技术的原理是通过两种方式消除杂质，一是将杂质汽化成气体去除，二是将汽化不掉的杂质沉积到坩埚底部去除。图 2-9 为电子束熔化提纯工艺原理图，从图中可以看出，金属被送入水冷坩埚中，然后用电子束熔化坩埚中的金属，这种方式能消除金属中高密度的杂质，同时，真空炉膛的使用可防止在浇铸期间杂质的进入。真空电子束熔炼提纯技术制备高纯金属材料的优点如图 2-10 所示。

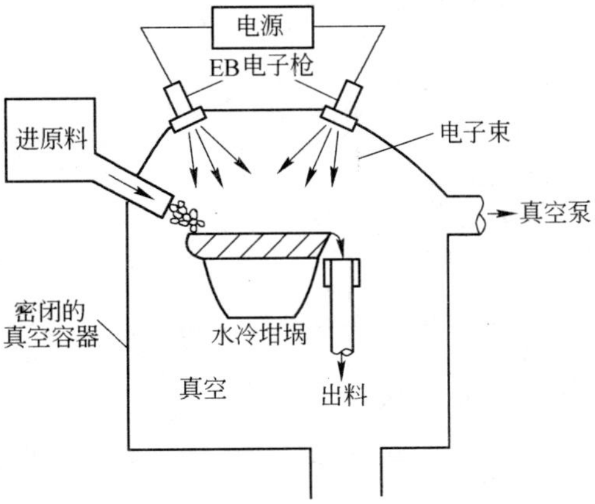

图 2-9 真空电子束（EB）熔化提纯工艺原理图

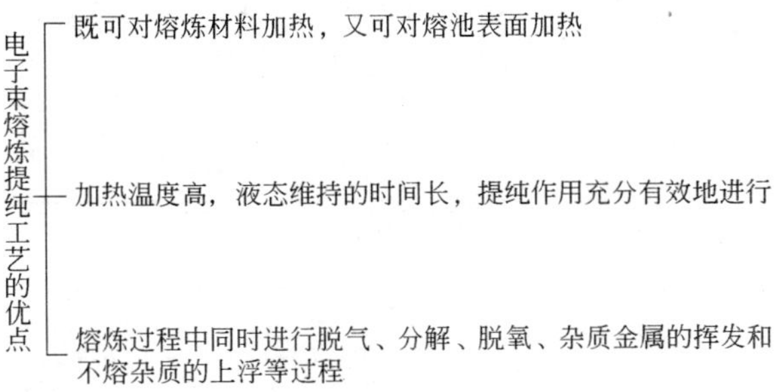

图 2-10 真空电子束熔炼提纯技术制备高纯金属材料的优点

电子束熔炼提纯技术一般用来制备高熔点的高纯金属材料，如高纯钛、高纯铌等高熔点金属。该技术不仅能明显提高难熔金属的纯度，而且能制备出高纯金属单晶材料。例如，电子束工艺不但可以进行成吨高纯难熔钛金属的生产，而且可以使钛的纯度达到 5N。而在电子束熔炼提纯技术还未应用发展时，制备 5N 的高纯钛只能通过区域提纯法进行小批量的生产。电子束熔炼提纯法制备高纯金属材料，对蒸气压比基体元素高的杂质可通过蒸发而达到有效去除，而蒸气压比基体元素低的杂质则被浓缩而不能被去除，因此，蒸气压比基体元素低的杂质需要采用化学方法去除。

2.1.3.3 真空电弧熔炼

真空电弧熔炼是在真空条件下，通过低电压、强电流来加热熔化金属，使各种杂质与主金属重新实现气-液平衡，从而有效去除具有高蒸气压的杂质，达到提纯除杂的目的。真空电弧熔炼提纯技术的电极可以是自损耗的，也可以是不损耗的，该技术目前主要用于钨、钼、钽、铌、钛、锆等高纯难熔金属材料的制备。

2.1.4 真空蒸馏提纯法

真空蒸馏提纯法是利用主金属和杂质间饱和蒸气压和挥发速度的差别，在挥发或冷凝过程中将杂质除去，达到提纯的目的。该技术在真空条件下加热金属，因金属的沸点低于常压下的沸点而容易挥发，挥发出的金属气体又在较低的温度处冷凝成为金属液体或固体，蒸气压低的杂质则残存在残渣中，蒸气压比主体金属高的杂质则在排气中或更低的低温处凝缩分离，这就使金属材料提纯分离由传统的化学过程简化成为物理过程，其流程如图 2-11 所示。

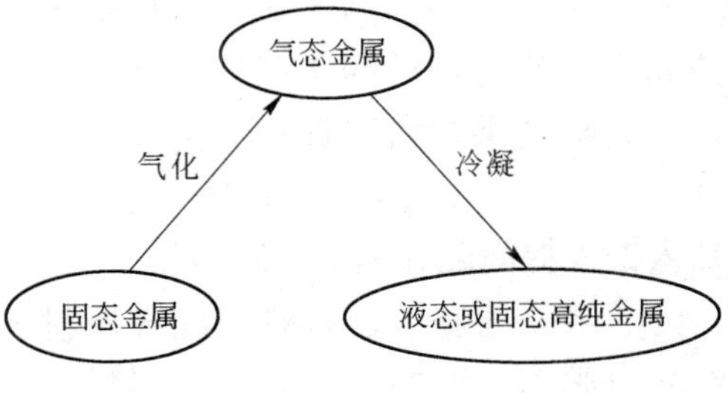

图 2-11 真空蒸馏提纯法原理流程图

在真空蒸馏法制备高纯金属的过程中，

蒸发温度和冷凝温度是对提纯效果影响最大的两个因素，各个因素对提纯效果的具体影响如图 2-12 所示。

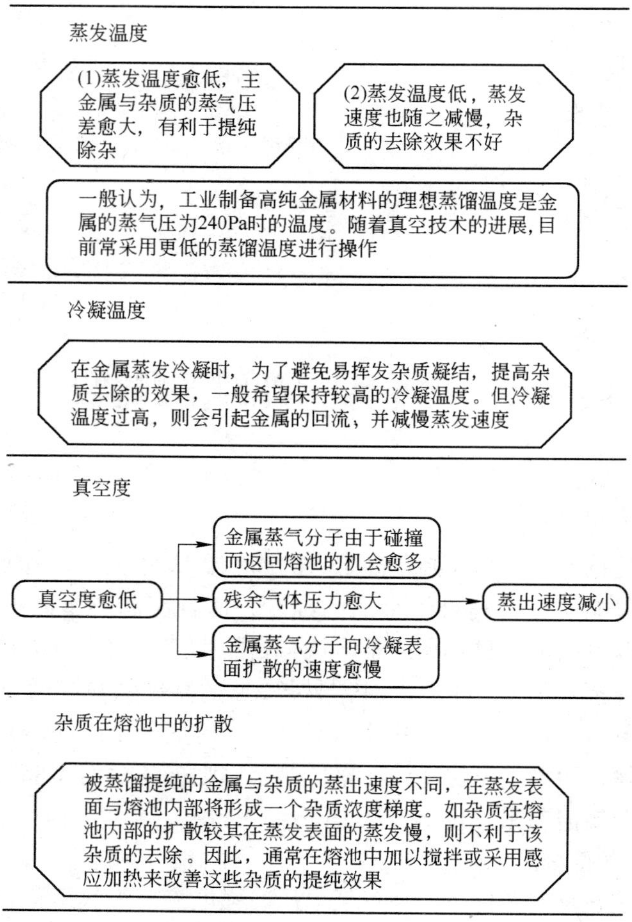

图 2-12　真空蒸馏提纯法中各因素对提纯效果的影响

在真空蒸馏提纯制备高纯金属材料的过程中，主金属中的杂质元素还会发生某些化学反应。如在金属铁液中，Al 和 Si 挥发过程的同时还会有相应低价氧化物的生成，这将影响杂质的去除效果。采用真空蒸馏法去除那些蒸气压与被蒸馏提纯金属的蒸气压相差不大的杂质元素，可加入其他元素来改变杂质的蒸馏行为，以提高提纯去除效果。如用真空蒸馏法制备高纯锑，为了降低锑中硫和硒的含量，常加入铜来提高硫和硒的去除效果。

为了避免蒸发器材料对高纯金属材料产品引起的二次污染，对蒸发器材料的要求如图 2-13 所示。

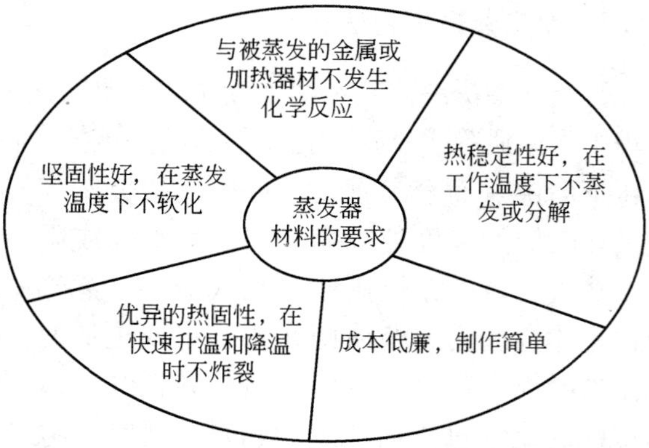

图 2-13　真空蒸馏提纯法制备高纯金属时对蒸发器材料的要求

真空蒸馏法对熔点附近蒸气压较高的稀土金属提纯效果相当好，蒸气压比较高的金属如 Mg、Zn、Cd、Sb、Bi 等用真空蒸馏法提纯的效果也不错。真空蒸馏法制备高纯金属材料主要特点是以下几个方面：

（1）真空环境中气体压力低，能促使产物形态是气态的化学反应进行，且能降低反应发生的温度。

（2）真空中气体稀薄，能有效减少或消除气体的副作用，得到的高纯材料产品纯度高。

（3）真空系统是一个较为密封的体系，与外界大气隔离，经过管道和泵将真空中的残余气体送入大气，大气不能经泵流入真空系统。因此，系统内外的物质流动完全在控制之下进行。

（4）若真空蒸馏过程需要较高的温度，则加热系统需用电在炉内加热，不能在炉外燃烧燃料加热，因而真空蒸馏一般没有燃料燃烧引起的问题，如燃烧气体排放、收尘及对环境污染等。

（5）金属或其氧化物在真空中形成气体之后，其分子很小且较为分散。在真空中多原子分子倾向于分解成较少原子组成的分子，形成的气体分子很小，因而产物的粒径很小。

从以上的特点可知：采用真空蒸馏的方法能加速作业过程，可以直接分离提纯金属，简化金属生产的流程，生产过程对环境无污染或污染少。同时，真空蒸馏法提纯的机械化程度高，易于实现自动化。

2.1.5 固相电解法

固相电解法的原理如图 2-14 所示，将待提纯原料置于超高真空或惰性气氛下，用大电流通过棒状金属试样，加热金属到炽热状态，保持温度为(0.6 ~ 0.9) T_m（T_m 为金属熔点），金属晶格内的杂质元素离子在电场作用下发生顺序迁移，如氧、氢、氮等非金属杂质则富集在阳极，金属杂质则向阴极移动，阴极端部至金属料长 1/3 部位的金属得到提纯。由于固体中溶质离子的移动速度很慢，电解时间要求不同，从几天到 1 个月不等。该法主要应用于用化学精炼法难以提纯的活泼金属，如 Ti、Zr、Hf、V、Nb、Ta、U、Mo 等金属。

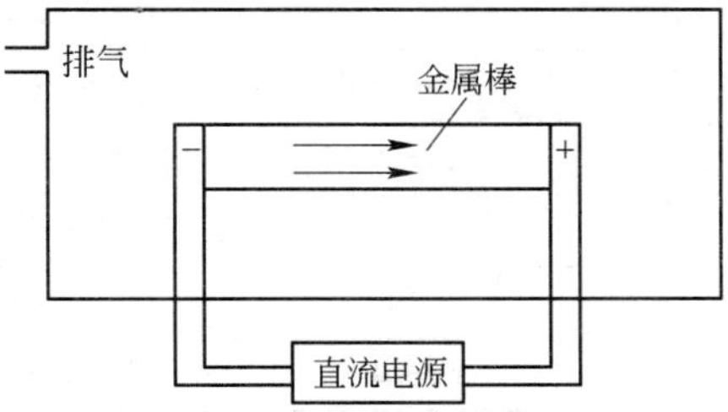

图 2-14 固相电解法原理图

在固相电解法制备高纯金属的过程中，金属中的基质原子、杂质原子及一些结晶缺陷将在外加的直流电流下进行电迁移。在外加电流的作用下，金属中的离子将受到静电力库仑力 F_s、电子碰撞摩擦力 F_e 和空穴碰撞摩擦力 F_h 三个力的作用。作用于离子的合力 F 可用式 2-18 表示，离子在所受的合力的作用下发生迁移。

$$F_s = eEZ^0 \tag{2-15}$$

式中 e——电量；

E——电场强度；

Z^0——离子的实际原子价。

$$F_e = -eEn_eL_e\sigma_e \tag{2-16}$$

式中　n_e——单位体积中的电子数；

L_e——电子的平均自由程；

σ_e——离子对电子的平均散射截面积。

$$F_h = -eEn_hL_h\sigma_h \tag{2-17}$$

式中　下标 h——表示与空穴有关的量。

$$F = F_s + F_e + F_h = eE(Z^0 - n_eL_e\sigma_e - n_hL_h\sigma_h) = eEZ^* \tag{2-18}$$

式中　Z^*——有效或表观原子价，负极方向上的作用力为正，当离子向负极移动时，Z^* 也取正值。

根据 Nernst-Einstein 关系，Z^* 和离子的迁移率 U 有如下关系：

$$Z^* = -f\frac{kT}{eD}U \tag{2-19}$$

式中　k——玻耳兹曼常数；

D——离子的扩散系数；

T——绝对温度；

f——相关系数，如果给定晶体结构和扩散机理，那么根据随机理论可计算 f 的值。

对于 C、H、O、N 等间隙型元素，电子的摩擦力 F_e 对 Z^* 的符号和大小起主要作用，电场的静电力 F_s 和空穴的摩擦力 F_h 影响较小。实践证明，Z^* 的符号和母金属在 $0.9T_m$（T_m 为金属熔点）时的原子半径密切相关。表 2-5 列出了几种稀土金属 Z^* 的符号和原子半径，根据经验规则，表 2-5 中稀土金属的 Z^* 通常为负值。

表 2-5　稀土金属的原子半径和 Z^* 符号

元　素	原子半径 $R(0.9T_m)$/nm	Z^* 符号（C、N、O）	元　素	原子半径 $R(0.9T_m)$/nm	Z^* 符号（C、N、O）
Y	0.1810	—	Ce	0.1826	—
Gd	0.1806	—	Tb	0.1789	—
Lu	0.1740	—	Nd	0.1774	—
Sc	0.1601	—	La	0.1883	—

固相电解法提纯金属时，通常把金属做成一定长度的圆形料棒。当在杂质浓度 c 均匀的料棒上加上电场 E 时，杂质浓度会出现梯度。如果 Z^* 为负值时，如图 2-15 所示，在正极方向上杂质产生电扩散通量 J_E。

$$J_E = cUE \tag{2-20}$$

随着浓度梯度的形成，将产生反向的扩散通量 J_D。

$$J_D = -D\frac{\partial c}{\partial X} \tag{2-21}$$

进而，当料棒上出现温度梯度时，会增加热扩散通量 J_T。

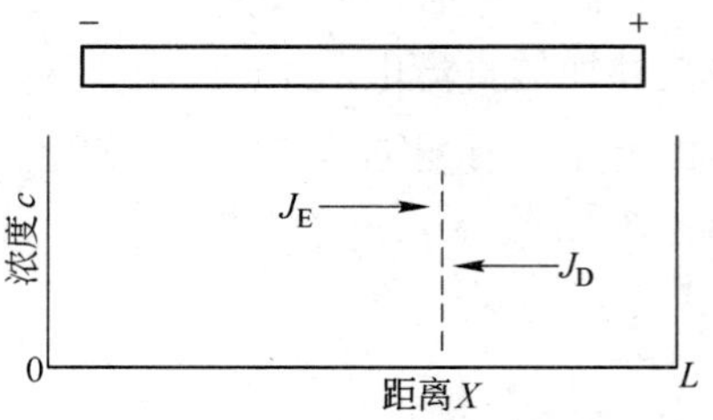

图 2-15　浓度分布不均匀时电扩散与反扩散的关系

$$J_{\mathrm{T}} = -D\frac{DcQ^*}{RT^2}\frac{\partial T}{\partial X} \tag{2-22}$$

式中　X——料棒阴极端到阳极端的距离；

T——温度；

Q^*——传导热。

于是杂质的实际扩散通量可表示如下：

$$J = J_{\mathrm{E}} + J_{\mathrm{D}} + J_{\mathrm{T}} = cUE - D\frac{\partial c}{\partial X} - D\frac{DcQ^*}{RT^2}\frac{\partial T}{\partial X} \tag{2-23}$$

由于金属热传输数据不完整，这里仅限于讨论不存在温度梯度的情况。稳定状态下，令 $J=0$，则可得料棒长度方向上的浓度分布：

$$\ln c = -\frac{UE}{D}(L - X) + \ln X \tag{2-24}$$

式中　L——料棒长度。

当 $\frac{UE}{D}$ 一定时，此关系如图 2-16 所示，若 $C_{\max}$ 为杂质富集端的最高浓度，当图 2-16 的实线、虚线于横轴的截面积相等时，可得（此时当 $X=0$ 时认为 $c=0$）

$$C_{\max} = \frac{c_0 LUE}{D} \tag{2-25}$$

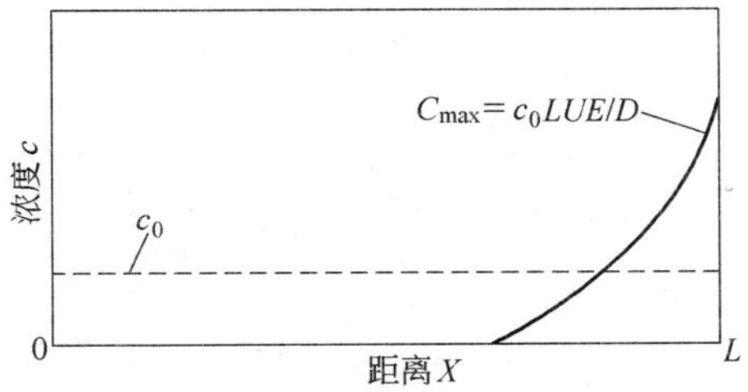

图 2-16　料棒到达稳定时浓度与距离的关系

式中　c_0——杂质的起始浓度。

电传输与化学精炼提纯相比，不仅因化学位差而分离，而且在平衡状态时，外来的能量梯度作用于某一项而引起强制分离，其特征是在稳定状态具有最佳的精炼效果。要达到稳定状态，理论上需很长时间。实际精炼提纯时，只要浓度分布很接近稳定状态的浓度即可。据此，Peterson 以 UE/D 为参数，给出了与精炼提纯时间 t_s 有关的式 2-26 和式 2-27。

当 $UE/D>2$ 时：

$$t_s = 1.25\frac{L}{UE} \tag{2-26}$$

由上式可知，料棒的长度 L 越长，精炼提纯效果越好，精炼时间也越长。

当 $UE/D<1$ 时：

$$\frac{Dt_s}{L^2} = 0.4 \tag{2-27}$$

表 2-6 列出了固相电解法制备高纯稀土材料时，在 $0.9T_m$ 温度下的蒸气压、挥发速度和间隙杂质元素 C、O、N 达到稳态时所需的时间。表 2-6 中，T_m 为金属熔点；$p_{0.9}$ 表示在 $0.9T_m$ 时的蒸气压；t_1 表示固相电解试样在 $0.9T_m$ 下挥发损失 1% 时的时间；t_{ss} 表示 ϕ0.64cm、长 10cm 的试样在 $0.9T_m$ 下固相电解时，碳、氧、氮杂质达到稳态时计算所需的时间。从表中可以看出，由于蒸气压的关系，Sm、Eu、Tm、Yb 等不可能采用固相电解法进行提纯。

表 2-6　稀土元素固相电解时的蒸发速度及间隙杂质达到稳态时计算所需时间

元　素	$0.9T_m$/K	$p_{0.9}$/Pa	t_1	t_{ss}/h		
				O	N	C
La	1072	3×10^{-10}	6000a	950	7700	6000
Ce	964	3×10^{-12}	900000a			
Pr	1084	7×10^{-7}	3a			
Nd	1165	2×10^{-4}	100h			
Sm	1212	60	1.5s			
Eu	985	20	3s			
Gd	1427	7×10^{-4}	40h	165	470	940
Tb	1474	6×10^{-3}	5h			
Dy	1516	8	15s			
Ho	1572	7	15s			
Er	1622	4	30s			
Tm	1636	2000	0.06s			
Yb	983	300	0.2s			
Lu	1742	7×10^{-2}	0.5h	35	100	325
Sc	1633	7×10^{-1}	100s	11	40	40
Y	1616	1×10^{-2}	3h	110	200	145

固相电解法提纯金属的主要特点是除去间隙杂质比除去金属杂质要容易得多。这是因为间隙杂质的迁移率比构成晶格的金属原子迁移率大 100 倍，固相电解能把 C、N、H、O 等间隙杂质的浓度降到一个新的极限值。固相电解法提纯金属的操作要求在超高真空室内（$10^{-7}\sim10^{-8}$Pa）进行，通以直流电借助焦耳热加热试棒，温度至金属熔点的 0.9 倍且保持试棒处于不熔化状态。

固相电解法提纯金属材料时，金属杂质在电场作用下的电迁移率非常小，因此常采用加热升高温度的方法来加速杂质的迁移。例如，用高频线圈或电子束加热金属棒的一部分，以促进杂质离子的迁移，而这实际上是把固相电解提纯法和区域熔炼提纯法结合起来制备高纯金属材料。

固相电解法是深度提纯的方法，其对原料的纯度和质量要求高。因为固相电解只对间隙气体杂质除去效果好，能有效去除，但低纯度的原料在杂质富集后会降低试样的熔点而完全熔化，不利于固相电解提纯去除杂质。目前，固相电解法是高纯稀土金属材料制备的一种非常有效的方法，特别对去除稀土金属中的 C、H、O 和 N 等间隙杂质非常有效，这是其他提纯方法无法比拟的。迄今采用固相电解法制备得到最高纯度的稀土金属达到 4N，并且有希望达到纯度为 5N。但固相电解提纯法也存在精炼时间长、产率低等缺点，这是导致其未被广泛应用于制备高纯金属材料的重要原因。

2.1.6　悬浮区熔提纯法

悬浮区熔提纯法又称无坩埚提纯技术，是利用熔体自身的表面张力与重力相互作用下的平衡保持熔区的稳定，避免了坩埚材料引起的二次污染。悬浮区熔提纯法特别适用于提纯活泼金属和难熔金属材料，可以得到纯度极高的高纯金属材料，是现在应用最广泛的提纯方法。

悬浮区熔提纯技术不但利用了杂质的偏析提纯效果，还利用了区域熔炼保护气体的提纯原理。其中高真空电子束悬浮区熔法是目前采用最多的悬浮区熔提纯技术，这种悬浮区熔提纯方法广泛用于Fe、Cu、Cr等迁移金属及Nb、Zr等高熔点金属的高纯度制备。

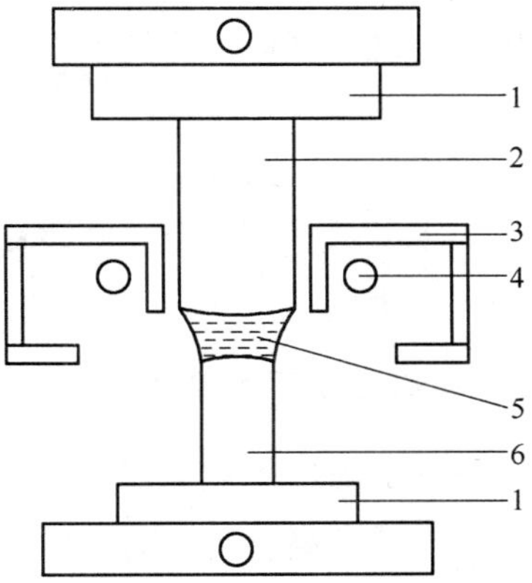

图 2-17 高真空电子束悬浮区域熔炼原理图

1—试样夹；2—初始金属棒；3—聚焦系统；4—圆环钨丝阴极；5—熔融区；6—定向凝固样品

高真空电子束悬浮区域熔炼技术提纯的主要机理是在高真空条件下蒸气压大的金属杂质的挥发和气体杂质的良好脱除。图 2-17 为原理图，热阴极（W 环等）发射出的电子，通过专用的聚焦系统聚焦成电子束，电子经过高压电场时，从阴极被加速向阳极运动，和阳极碰撞，电子束的动能转化为热能，使阳极发热，试样在一狭窄的区域内熔化，杂质在熔化区被挥发除去。利用专用的位移机构以确定的速度缓慢从下而上移动阴极，熔化区域便沿着试样移动，从而实现试样的顺序凝固。

电子束悬浮区域熔炼提纯法关键是要保证熔区的稳定性。熔区内的熔融金属稳定主要靠其表面张力来维持，表面张力的大小取决于熔化区域的表面积和熔融金属的温度。理论分析计算熔区稳定长度公式为式 2-28。熔区长度如果超出稳定长度 $L_{稳}$，由于重力超过表面张力，熔区的稳定性将被破坏。

$$L_{稳} = K\left(\frac{\sigma}{\rho g}\right)^{\frac{1}{2}} \tag{2-28}$$

式中 $L_{稳}$——熔区的稳定长度；

K——系数，$K>0$；

σ——熔体表面张力；

ρ——熔体密度；

g——重力加速度。

稳定熔区长度的临界值与被区熔材料的熔点、导热系数、结晶潜热等参数密切相关。为了获得最大的表面张力来保持熔区的稳定，通常应使液态金属温度保持在其熔点附近。经验表明，为了确保熔炼区域稳定和工作可靠，熔体表面张力与熔融金属密度的比值应不小于 100∶1。而这限制了不同区熔材料的最大直径，如需对更大直径的试样进行悬浮区熔提纯，则要采取一些措施，如借助辅助磁场保持熔化区域。熔区的稳定性还与材料的导热系数有很大的关系，如果材料的导热系数过高，就很难保证熔区长度的稳定。

电子束加热悬浮区域熔炼的方法可以获得较高的温度梯度，一般来说，通过恰当地控制区熔速率、加热功率等工艺参数，就可以获得完整的高纯金属单晶材料。但如果区熔速率过低，材料由于蒸发而引起的损失变得非常显著。因此在生产或实验过程中，调整试样尺寸、加热功率与区熔速率的关系显得尤为重要。

电子束悬浮区域熔炼技术能达到区域熔炼和高真空熔炼两项提纯技术的效果，已被成功地应用于W、Mo、Ta、Nb等难熔金属及活泼金属的提纯。该技术去除了坩埚，并且在真空环境中实施，减少了被熔材料的污染和减低了母材中的杂质；同时该技术还可通过调节电子束强度及状态来控制凝固过程，操作简单易行，且精度、效率高，是目前制备高纯金属的主要手段。

2.1.7 氢等离子弧熔炼法

氢等离子弧熔炼法是利用氢作等离子发生用气体，产生等离子弧来熔化金属，迅速除去氧、氮及具有高蒸气压的金属杂质。该技术与电子束熔炼相比的最大优点是主体金属的蒸发损失小。

氢等离子弧熔炼法提纯金属主要去除的是氧、氮等气体性杂质。制备氧化物蒸气压较低的铁、钒等高纯金属材料，采用高真空熔炼提纯脱氧比较困难，而采用氢等离子弧熔炼能迅速从铁、钒中脱氧。其中脱氧速率与等离子气体中氢量的二分之一次方成正比，氢在脱氧反应中的作用见式2-29，氢在脱氮反应中的作用见式2-30。氢等离子弧熔炼法对难熔金属的提纯具有良好的脱氮、脱氧效果。

$$\text{O(熔炼金属中)} + 2\text{H(等离子)} = H_2O \qquad (2\text{-}29)$$

$$\text{N(熔炼金属中)} + 3\text{H(等离子)} = NH_3 \qquad (2\text{-}30)$$

氢等离子弧熔炼法还可以容易地去除蒸气压比熔炼金属高的金属杂质，其去除效果主要依赖于等离子气体相-熔融金属界面上的气体侧境界层的活性氢。采用氢等离子弧熔炼法提纯金属，在气体侧境界层，熔融金属表面飞溅出的高蒸气压杂质与活性氢瞬间结合，加快杂质从气体侧境界层向气体相移动，从而达到提纯金属的效果。氢等离子熔炼虽然是在常压下提纯金属，但可得到与高真空熔炼同样的精制提纯效果。

表2-7列出了采用氢等离子弧熔炼法分别提纯Fe(99.9%)、Cr(99.4%)、Ti(99.9%)、V(99.7%)、Zr(99.6%)、Nb(99.8%)、Ta(99.9%)的结果，由式2-31计算各种杂质的去除率，分五段表示，每段约25%。*RD*越大，表明蒸发杂质去除得越多。

$$RD = 100\% \times (c_i - c_f)/c_i \qquad (2\text{-}31)$$

式中 c_i——主金属溶解前杂质初始浓度；

c_f——主金属溶解后杂质的浓度。

表2-7 氢等离子弧熔炼提纯高熔点金属时的各种杂质去除率

提纯金属	杂质去除率				
	0~1%	1%~25%	25%~50%	50%~75%	75%~100%
Fe	Ti、Co、Ni、Zr、Mo	Si	Cr	Al	Mn、Cu
Cr	Al、Ti、Fe、Co、Ni、Zr、Nb、Mo、Y	Si、Ti	Cu	Mn	Pb
Ti	Si、V、Y、Zr、Nb、Mo		Al、Fe、Si	Cr、Co、Pb	Mn
V	Ti、Y、Zr、Nb、Mo	Si	Fe、Co、Ni、Pb	Al、Cr	Mn、Cu

续表 2-7

提纯金属	杂质去除率				
	0~1%	1%~25%	25%~50%	50%~75%	75%~100%
Zr	Mo		V	Si、Ti、Co、Ni	Al、Cr、Mn、Fe、Cu、Pb
Nb	Zr	Mo		Ti	Al、Si、Cr、Fe、Co、Ni、Cu
Ta	Nb	Mo			Al、Si、Ti、Zr、Cr、Mn、Fe、Co、Ni、Cu、V

杂质的蒸气压比主体金属的蒸气压越高，则杂质的去除率越高。在用氢等离子弧熔炼法制备高纯 Zr、Nb 等高熔点金属时，杂质的去除率在 50% 以上。制备高纯 Ta 时，Fe、Cr、Ni、Th、Na 等金属杂质含量降低到 $1\times10^{-7}\%$ 左右。

氢等离子熔炼将活性氢用于精制提纯，严格地讲也属于物理化学精制法的范畴。应用这种具有反应性等离子的特性，可进一步提高提纯效果。此外，在氢等离子熔炼中，高温下解离的氢容易过饱和地溶入熔融金属内，这种溶入的氢可从熔融金属释放，通过氢的这种过饱和溶解—释放可获得促进搅拌的效果。

氢等离子弧熔炼法是优良高熔点金属的高纯度精制法，具有优良的利用脱气及蒸气压差的精制提纯效果，可作为 Fe、Co 等迁移金属及 Nb、Ta 等高熔点金属的实用熔炼提纯技术。但是，氢等离子弧熔炼法很难降低与主金属的物理性质相似的金属杂质及低蒸气压的杂质，这些杂质的去除需要采用适宜的化学法提纯工艺。

2.1.8 其他物理提纯法

2.1.8.1 悬浮区熔—电迁移联合法

上面介绍了高纯金属的物理提纯常用的各种制备方法，但是其中任何一种物理方法只能去除金属中的某些杂质。如真空蒸馏法不能彻底去除那些蒸气压与主体金属相同或相近的杂质元素；而区域熔炼法则不能使主体金属中平衡分配系数接近 1 的杂质与之良好分离；固态电迁移法则仅对在直流电场作用下能快速迁移的 O、N、H、C 等间隙杂质和少量快扩散过渡元素起作用。因此为了获得尽可能高的提纯度，往往将两种或两种以上的提纯方法联合应用。

悬浮区熔—电迁移联合提纯法就是一种高效的高纯金属材料制备方法。该联合提纯法不仅兼有区熔提纯和电迁移提纯的各自优点，而且省时、快速，便于在生产实践中推广应用。该法的机理与单一的区域熔炼或电迁移提纯的主要差别在于：一方面，电迁移电流对杂质的分离可起调控作用；另一方面，金属在熔区发生的二次相变对杂质迁移速率起增大作用。

悬浮区熔—电迁移联合提纯法制备高纯金属时，为将区熔和电迁移各自的优点集中起来，使金属样品中的间隙杂质和多数金属杂质都偏聚于阳极端，选择电迁移时阴极指向阳极的方向为熔区移动方向，样品的始端得到提纯。利用该技术提纯金属，主要通过杂质在液固两相中溶解度不同、杂质向阳极迁移、易挥发杂质的挥发三个途径来去除杂质达到提纯金属材料的作用。

该法从生产效率上讲，所用的时间与单一区域熔炼所需的时间几乎相同（约几十个小时），但远远小于单一电迁移提纯所耗费的时间（约几百个小时）。美国、英国等国家的科学家曾将蒸馏级的Gd、Nd、Tb金属原料通过进一步用区域熔炼法和固态电迁移法提纯后，获得了纯度达99.99%的高纯Gd、Nd、Tb。

2.1.8.2　光激励精制法

光激励精制法的原理是在真空容器中对待蒸发的金属以激光照射，对杂质进行选择性激励，并使之离子化，然后用电场回收基体离子，达到提纯的目的，光激励的原理如图2-18所示。

用光激励精炼法提纯稀土时，电子束炉使金属挥发，平行光管让挥发的金属变成原子气束，再用色素激光器对杂质原子进行选择性激发，使之离子化，再在电极上进行分离。图2-19为日本金属材料技术研究所采用的光激励反应装置。

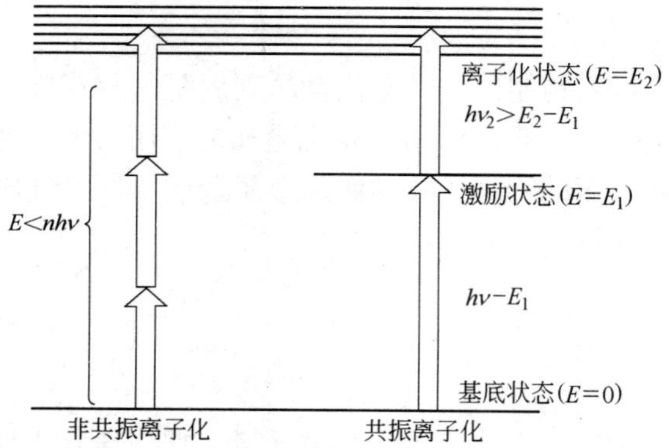

图2-18　光激励原理图

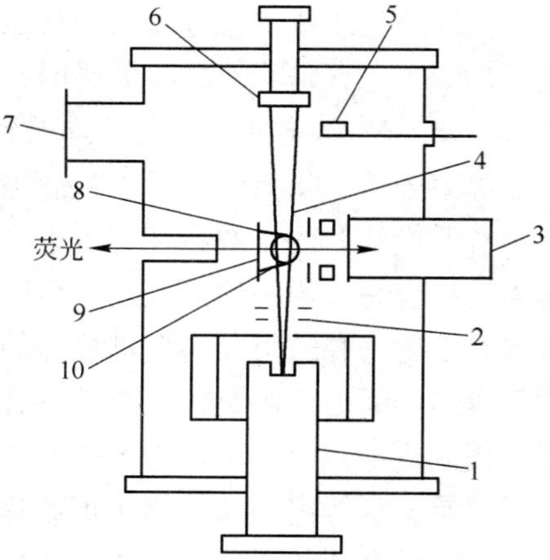

图2-19　光激励反应装置

1—电子束蒸发源；2—校直仪；3—分离系数测定装置；4—原子束；5—膜厚监控器；6—基板夹具；7—排气系统；8—分子束源；9—离子回收电极；10—激光束

光激励精炼提纯技术的关键是选择性激励，因此需研究确定不同元素使用不同的激励和离子化的波长。该技术存在的主要问题是许多原子的激励、离子化波长的不明确。而波长可调激光的出现，将为光激励精制法的发展创造有利的条件。

2.1.8.3　真空升华提纯法

真空升华提纯法是利用在高真空下，各元素蒸气压的差异来提纯金属的方法。因此，此法对被提纯金属最基本的要求是要有足够高的蒸气压，以获得可实际应用的蒸馏或升华速率，并且要在低于氧化物共蒸馏或共升华的温度下进行。可用真空升华法提纯的元素有锌、镉、锰、镁、砷、硒等。

真空升华提纯法制备高纯金属材料的工艺路线有以下三种。

（1）除去不挥发杂质。在这种情况下的操作通常是分批进行的。不挥发的杂质残留在汽化器中以灰分形式除去，或在蒸发过程中用过滤器滤去。

（2）除去挥发或难挥发的物质。这种情况要求分步冷凝，有时也常常需要加入冷凝稀释剂。

（3）除去那些比较不挥发的、较易挥发或难挥发的三种或三种以上的杂质。

采用真空升华法可以降低蒸馏温度，减少产品被设备材料的玷污。组分的蒸气压差别越大，分离提纯效果就越高。但是真空升华时，固态下原子扩散不好，升华过程将导致难挥发性杂质在表面的富集，致使蒸出的可能性增加。因此，为了改善组分分离效率，采用在氢气流或惰性气体中进行升华提纯。例如砷在氢气流中升华可分离去除真空升华难以分离的硫、硒、碲等杂质。碲在氢气流中升华可分离去除硒。在氢气环境中升华提纯的原理是这些难分离元素在高温下形成了挥发性更高的氢化物，如 H_2S、H_2Te、H_2Se 等。表 2-8 列出了一些金属的升华提纯工艺和效果。

表 2-8 某些元素的升华条件和提纯效果

元 素	升 华 条 件	提 纯 效 果
砷	温度：500～600℃； 压力：1.333×10^{-1}～1.333×10^{-2}Pa； 或氢气流中升华，$T_{冷}$ 第一段为 360～380℃； 第二段为 280～320℃	可除去 C、Bi、Pb、Si、Sn 等，Mg、Te 去除率较低，对 S、Se、Sb 几乎无效，但在氢气流中升华可除去 S、Se、Te
硒	温度：200℃；$T_{冷}$：40～90℃； 压力：一般真空度即可	可除去 S，主金属损失不大
碲	温度：370～390℃； 压力：1.333×10^{-4}Pa	Cu、Ag、Si 等可除去，Mg、Co 分离较差，对 Se 无效

2.2 化学提纯制备方法

化学提纯法是借助氧化、还原、配合等化学反应达到分离杂质目的的技术，又可分湿法和火法两类。湿法提纯的方法包括离子交换、溶剂萃取、置换沉淀、电化学法；火法提纯方法主要包括有氯化物精馏、碘化物热分解、金属有机物热分解、歧化分解、熔析精炼、熔盐电解、电子束熔炼等技术。下面将介绍高纯金属材料典型的化学提纯制备方法。

2.2.1 电解精炼法

电解精炼法提纯制备高纯金属的原理是利用杂质金属的分解电压与在阴极上的析出电位之间的差异而达到提纯的目的。电解时，电极电位比提纯金属正的杂质在阳极脱落，成为阳极泥；而电极电位比提纯金属负的杂质，如其在电解液中的浓度足够低，则将残留在电解液中而不会在阴极析出。

该法按电解质种类基本可以分为水溶液电解法、熔盐电解法和有机溶剂电解法三种。其中水溶液电解法在高纯金属制备工艺中占有主要地位，在其电解过程中原料的提供有两种途径：一种是以粗金属为阳极进行电解提纯，在阴极获得高纯度的金属；另一种是以金属化合物为原料，一般先经过化学除杂后配成电解液，用不溶性阳极进行电解，在阴极获得高纯度的金属材料产品。

稀土金属的熔盐电解精炼提纯是在熔盐介质中进行，一般以 LiF、$LiF\text{-}BaF_2$ 或 LiCl-LiF 与稀土氟化物为熔体，粗稀土金属为阳极，纯稀土金属为阴极，通过阳极溶解、阴极沉积的电化学过程提纯稀土金属。其提纯是通过控制阳极溶解电位使电活性强的稀土金属优先溶解，且优先在阴极析出，而电性弱的金属杂质如 Ta、W 和 Fe 等不发生阳极溶解，从而达到去除金属杂质的效果。熔盐电解精炼对电解质纯度和坩埚的要求很高，作为熔体的稀土氟化物要经过蒸馏提纯，以去除熔体中阴极析出电位偏正的杂质离子，杜绝其在阴极上优先析出而污染阴极上的稀土金属。

电解法制备高纯金属一般采用玻璃或高分子材料电解槽。一些金属的电解提纯需要控制电解过程温度，通常采用加热或冷却电解液来实现。电解提纯法制备高纯金属材料的一个重要条件是选择最佳的金属电解液组成，电解提纯法的电解液必须符合以下几点要求：

（1）含有被提纯金属离子且其性质稳定；

（2）导电性好，电解槽电压低，电流效率高；

（3）具有适合被提纯金属在阴极析出金属的 pH 值；

（4）要求能实现被提纯金属良好的回收效率。

水溶液电解法常用的酸性电解质有硫酸盐、氯化盐、硝酸盐等，其中硫酸盐的电解质应用最多。表 2-9 分别列出了三种电解提纯体系存在的优缺点。

表 2-9　三种酸性电解提纯体系的优缺点

电解体系	优　点	缺　点
硫酸盐体系	能高效去除杂质； 电解过程稳定、易于操作； 电解过程中酸度变化小	导电性差，电流效率低，得到的高纯金属会被硫污染
氯化盐体系	导电性好、阳极不易钝化、沉积速度快	有时会产生树枝状结晶或海绵状沉积物，使操作困难，产品质量下降
硝酸盐体系	主要用于难溶金属的电解提纯	电解过程中因硝酸易挥发使电解体系酸度变化大而引起水解

为了改变电解质中被提纯金属的活度及消除极化作用，以便更好地分离去除杂质，一般还采用其他酸性电解质体系。如苯磺酸盐电解质，能改变铅、锡的析出电位，因此电解方法提纯锡时，常采用苯磺酸盐电解体系电解去除杂质铅。

水溶液电解法还有以氢氧化钠和氢氧化钾等为电解质进行提纯金属的。这些碱性电解质用于提纯溶于碱的两性金属。其优点是碱性电解质容易提纯，得到的产品纯度较高，且各元素的析出电位在碱性介质中都有变化，有利于除去某些在酸性电解质中不易除去的杂质。电解提纯法各种电解质的应用范围见表 2-10。

表 2-10　各种电解质的大致使用范围

电解质	酸性电解质							碱性电解质
	硫酸盐	硝酸盐	氯化物	氟硅酸盐	高氯酸盐	苯磺酸盐	酒石酸	NaOH 或 KOH
应用实例	In、Sn、Cd、Cu、Sb、Ni、Zn、Tl	Ag、Bi	Sb、Bi、Ni、Au、In	Pb	Bi、In	Sn、Bi	Bi	Ge、Te、Sn、Ga、Se、Zn

电解法制备高纯金属材料时，如果采用可溶性阳极电解提纯，所用电阳极为欲提纯金属；如果采用不溶性阳极电解提纯，则要根据电解液的性能和电解条件来选取适当的阳极材料。表2-11列出了各类不溶性阳极材料。

表 2-11 电解用不溶性阳极材料

阳极材料	耐腐蚀环境	备 注	阳极材料	耐腐蚀环境	备 注
铂	酸性，碱性	当有交流电影响时会被浸蚀	铅-银合金	酸性，中性	比铅的耐浸蚀性强
钢	碱 性	电流密度大时有损耗	镍	碱 性	
人造石墨	酸性，中性	能被氟离子浸蚀	不锈钢	酸性，碱性	稍有损耗
铅	酸性，中性	能被浸蚀	铜	碱 性	比镍差

电解提纯法所采用的阴极材料一般是用被提纯金属的高纯产品，电解时金属直接在上面沉积，不需要再进行分离。然而有时也用一些在电解质中具有高稳定性和热稳定性的其他金属作为阴极，这种阴极要求其表面平整光滑，容易与析出金属分离，也有在这类阴极上涂一层蜡，使析出金属在涂层上沉积后更容易剥离。

电解提纯法是一种被广泛应用的高纯金属制备方法，易实现工业化生产。采用此法制备高纯金属时，如果一次电解提纯达不到所要求的纯度，可反复地进行多次电解提纯，以达到产品的纯度要求。

2.2.2 离子交换膜电解法

离子交换膜电解法制备高纯金属材料是利用阴极还原并辅以膜的离子选择透过性作用，把电渗透技术和电解技术结合在一起的高纯金属材料制备方法。该法通过离子交换膜将反应体系分隔成阳极反应区和阴极反应区，把阳极区和阴极区的反应物和产物分开，避免了反应物对产物的二次污染，是一种高效的高纯金属材料制备方法。

当前，膜电解槽是离子交换膜电解提纯法制备高纯金属材料的核心技术之一。图2-20是美国开发研究的一种制备金属材料的双膜电解槽。图中，两张阴离子交换膜将电解槽分成阳极室和阴极室，在两张膜之间形成了第三个室即隔膜室。不纯的金属铸成阳极形式或铸成金属块置于篮中在阳极室中发生电溶解，得到的阳极液经净化后循环到阴极室，在阴极上沉积出高纯金属。其中阴极膜可阻挡阳极液杂质转移到阴极液中，实现高杂质原料的电解精炼。

双膜电解法比常规电解精炼制备的金属材料产品纯度高。这是因为在双膜电解法提纯金属的过程中，只有主金属离子可以从阳极液穿过膜渗透到阴极室，阳极中的杂质不会对净化后的阴极液造成污染。美国矿务局曾将双膜电解槽与适当的溶液净化过程

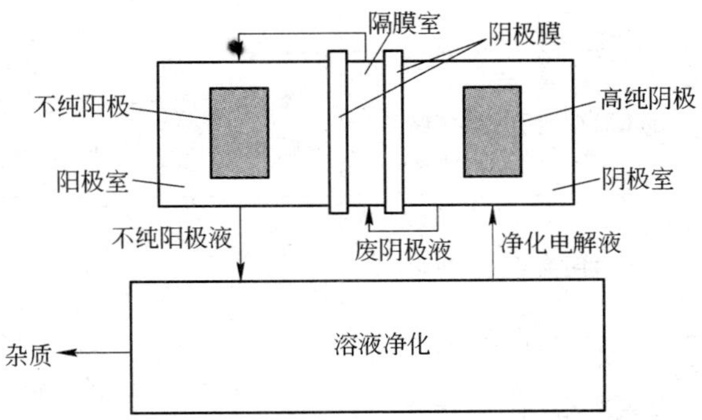

图 2-20 双膜电解槽示意图

相结合，从高温合金废料中回收生产高纯钴和镍。

加拿大研究了一种装有阳膜的 Metchlor 电解槽，利用它可以从金属氯化物的溶液中电积出高纯金属。采用该电解槽制备高纯金属，其阴极液是经过净化的金属氯化物溶液，阳极液是氯化钠，在电场力作用下，金属在阴极沉积析出，阳极放出氯气。阳极液与阴极液被离子膜分隔，消除了不经济的水电解反应。同时，阳膜把阴极液和阳极液隔开，防止了释放的氯气重新将金属氧化。

对于离子交换膜电解法制备高纯金属材料所采用的交换膜，要求其具有高的选择性、耐酸碱性、抗氧化性和低的电阻率，并能实现阴阳极电解液的有效隔离，避免电解产物被玷污和杂质离子在电极上放电。

2.2.3　离子交换法

离子交换法是利用离子交换树脂的功能基团与溶液中杂质离子的交换、解析能力的差异，达到分离去除杂质的目的。液相中的离子和固相中的离子间的交换反应是可逆的，当液相中的某些离子与离子交换树脂的功能基团亲和力强时，便会被离子交换固体吸附。

离子交换法的交换树脂是一种不溶于水而具有活性功能基团的高分子化合物，它们能与周围溶液内的离子进行交换，而不改变交换树脂本身的结构和物理性能。离子交换树脂吸附强度由其分配系数 D 来表示，D 值越大，其吸附强度越高。式 2-32 为分配系数 D 的表达式。

$$D = \frac{\text{树脂中元素的含量}}{\text{水溶液中元素的含量}} \tag{2-32}$$

离子交换树脂一般呈现多孔状或颗粒状，其大小约为 0.1 ~ 1mm，以增加接触面积。离子交换树脂的类别见表 2-12。表 2-13 列出了离子交换法在制备高纯金属材料方面的主要应用。

表 2-12　离子交换树脂类别

离子交换树脂	说　明
强酸性阳离子交换树脂	即磺酸型的阳离子树脂；与其交联度及颗粒大小不同，有各种规格的离子交换树脂；可以交换所有的阳离子
弱酸性阳离子交换树脂	含有反应能力较弱的反应基如羧基等基团的树脂，这些反应基中的氢仅可交换弱碱中的阳离子如 Ca^{2+}、Mg^{2+}，对于强碱中的离子如 Na^{+}、K^{+} 等无法进行交换
强碱性阴离子交换树脂	含有反应能力较强的反应基如—$N^{+}(CH_3)_3$ 等官能基团的树脂；可以和所有的阴离子进行交换去除
弱碱性阴离子交换树脂	含有反应能力较弱的反应基如氨基等基团的树脂；仅能去除强酸中的阴离子如 SO_4^{2-}、Cl^- 或 NO_3^-，对 HCO_3^-、CO_3^{2-} 或 SiO_4^{2-} 则无法去除

表 2-13 离子交换法在制备高纯金属材料方面的主要应用

类 别	主 要 应 用
金属盐类溶液的净化除杂	去除杂质金属离子。如用氢型阳离子交换树脂，它可交换去除溶液中的杂质金属离子；与此同时，所生成的酸可以通过阴离子交换树脂除去
	用树脂中的无害离子取代杂质金属离子。如氯型 Zeolite FF，对 6N 盐酸溶液中存在的高铁配离子 $FeCl_4^-$ 有很高的交换能力。并可用水洗使配合物溶出而恢复树脂的氯型
不电离与电离物质的分离	在溶液中不电离的物质不能进行交换反应，对于两种金属阳离子的分离，可用配体与其中一种阳离子配合而使两者分离
	在溶液中，有些本来不电离的物质，当在一定条件下却很容易与电离物质分离，如碲与铜溶于硝酸中，其中的碲酸能通过阳离子交换树脂而铜留在树脂上。如用氢型阳离子交换树脂，可将碲酸中所含有的微量阳离子都交换到树脂上，而得到纯度很高的碲酸，可以制备高纯碲

离子交换法制备高纯稀土金属，可以同时获得多种高纯稀土产品。有研究者采用柱法进行杂质的分离提纯，分离提纯装置的示意图如图 2-21 所示，在聚氯乙烯树脂（PVC）制的柱中充填强碱性阴离子交换树脂。水溶液从上部导入柱中，从下部收集流出来的溶液。通过分析各元素的浓度制作流出溶液中各元素浓度的时间依存性（溶离曲线），由此进行分离。

有研究者开发了高温高压离子交换提纯技术，该法较常规离子交换方法具有工艺简单、质量稳定、分离时间短、产品纯度高、成本低廉等特点。采用此技术对多元稀土富集物进行分离提纯，在短时间内一次性提取（纯度大于 99.99%）的多项单一高纯稀土，超过了现有的分离稀土离子交换技术，为离子交换法制备高纯金属开辟了一条新路。

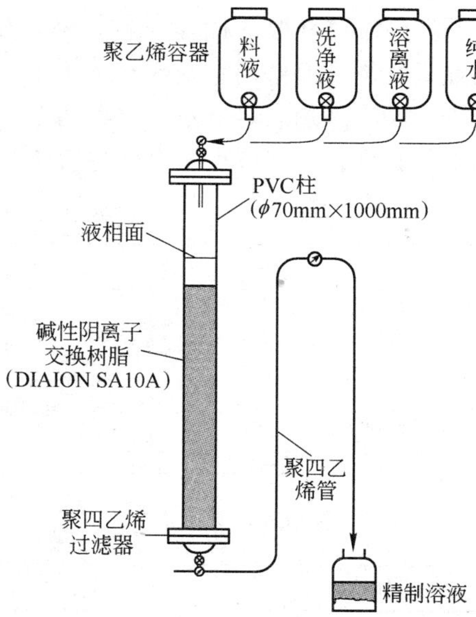

图 2-21 离子交换精制装置

2.2.4 溶剂萃取法

溶剂萃取法是提纯金属盐的有效方法，具有达到平衡速度快、处理容量大、分离效果好、回收率高、操作简捷等特点。该法是利用离子在两种互不相溶的液相间分配不同的性质来达到分离和提纯目的。

溶剂萃取法由向有机溶剂的正萃取和从有机溶剂的逆萃取组成。溶液体系 pH 值的变化对有机溶剂的萃取行为有很大影响。因此，在分配系数大的状态下可进行正萃取，而在分配系数小的情况下就进行逆萃取。溶剂萃取法对大多数金属离子有很好的分离效果，但对 Ni、Cu、Zn 等金属离子的分离效果相对较差。

溶剂萃取法作为一种重要的高纯金属材料制备技术，应用广泛，发展迅速。近年来研究较多的有超临界流体萃取、固相萃取和膜萃取等。

2.2.4.1　超临界流体萃取

超临界流体萃取是近年来分离科学中发展很快的一个领域。研究较多的体系包括二氧化碳、水、氨、甲醇、乙醇、氙、戊烷、乙烷、乙烯等，与常用的有机溶剂相比，超临界流体特别是二氧化碳和水是一种对环境非常友好的溶剂。

超临界流体萃取分离过程是利用超临界流体的溶解能力与其密度的关系，即利用压力和温度对超临界流体溶解能力的影响而进行的。当气体处于超临界状态时，成为性质介于液体和气体之间的单一相态，具有和液体相近的密度，黏度虽高于气体但明显低于液体，扩散系数为液体的10～100倍。因此对物料有较好的渗透性和较强的溶解能力，能够将物料中某些成分提取出来。

在超临界状态下，将超临界流体与待分离的物质接触，使其有选择性地依次把不同极性大小、沸点高低和相对分子质量大小的成分萃取出来。并且超临界流体的密度和介电常数随着密闭体系压力的增加而增加，利用程序升压可将不同极性的成分进行分步提取，但是对应各压力范围所得到的萃取物不是单一的。为了得到最佳比例的混合成分，可以通过控制超临界流体萃取的操作条件，然后借助减压、升温的方法使超临界流体变成普通气体，被萃取物质则自动完全或基本析出，达到分离提纯的目的。

超临界流体萃取将萃取与分离两个过程合为一体。与一些传统的分离方法相比，超临界流体萃取具有许多特点，具体见表2-14。

表2-14　超临界流体萃取特点

优　点	具体说明
操作控制容易	超临界流体的萃取能力取决于流体密度，因而很容易通过调节温度和压力加以控制
溶剂回收简单方便	被萃取物与萃取剂的分离可通过等温降压或等压升温的方式，溶剂回收简单且能耗低
容易与其他分析方法联用	超临界流体萃取法容易与其他分析方法联用，避免了样品转移的损失，减少了人为误差，提高了样品分析整体的精密度与灵敏度
萃取平衡时间短	萃取速度快，达到萃取平衡时间短

2.2.4.2　固相萃取

固相萃取是一种吸附剂萃取方法，样品通过填充吸附剂的一次性萃取柱，被提纯物和杂质保留在柱上，然后分别用选择性溶剂去除杂质，洗脱出被提纯物，从而达到分离的目的。固体萃取法中被萃物在填充吸附剂上保留或洗脱的机制取决于被提纯物与吸附剂表面的活性基团以及被提纯物与液相之间的分子间作用力。当被提纯物比所存在的介质与固相之间的亲和力强时，被提纯物被保留，然后用一种对被提纯物亲和力更强的溶剂洗脱；当存在的介质较被提纯物与固相之间亲和力更强时，则被提纯物直接洗脱。

2.2.4.3　膜萃取

膜萃取是膜技术与萃取过程相结合的新型膜分离技术。通常的溶剂萃取提纯法，其两相接触的方式是一种液相以细小液滴的形式分散于另一液相中。而膜萃取提纯法中的两相是在微孔膜表面相互接触而进行物质传递。

膜萃取法根据萃取物基质的性质不同及处理要求的差异，可采用不同的操作方式，如静态法、搅拌法、顶空法、动态法、支载液膜萃取和色谱膜技术等。其中色谱膜技术是近年来出现的一种用于提纯液体样品的膜技术，这种技术以疏水的多孔聚四氟乙烯为分离介质，聚四氟乙烯分离介质外包了一层厚度为0.8mm的微孔聚四氟乙烯膜，样品溶液从水平方向流过，极性不同的萃取剂从垂直方向流过，通过正确控制两种液体的压力、流量及萃取器的容积等参数，使样品中极性与非极性或分配系数不同的组分得到连续萃取分离，并加以浓缩提纯。色谱膜技术不仅可以进行液-液萃取，也能进行液-气萃取。

溶剂萃取技术经过100多年的发展，已经比较成熟，应用也很广泛。该法存在的缺点是有机溶剂的挥发性大，多级萃取操作费时、麻烦、操作强度大，有些试剂昂贵、成本高。溶剂萃取法制备高纯金属材料发展方向如下：

（1）研制和使用处理量大的高效设备。设备是实现生产工艺条件的重要手段，随着溶剂萃取工艺的发展，应该不断地革新萃取设备，使之完善。

（2）开展萃取过程的自动化研究。萃取过程的自动化是发挥溶剂萃取工艺优点的一个重要方面。使用计算机来选择和控制溶剂萃取的最佳条件，能使这种工艺的优越性得到更充分的发挥。

（3）矿浆萃取的研究和应用。矿浆萃取可以省掉过滤等工序，其经济效果显著。目前这种新工艺已在铀、铌及钽的提取分离中得到了应用。矿浆萃取被认为是比较理想的一种新工艺，目前需解决的问题是乳化及萃取剂损失等。

（4）研究开发新型特效价廉的萃取剂。一个萃取流程的优劣与萃取剂的性能有很大的关系。新型萃取剂的研究开发是溶剂萃取法的一个重要发展方向。

（5）协同效应和反协同效应的研究。混合萃取剂在萃取过程中会产生协同效应和反协同效应，利用这些效应即可提高萃取率和分离系数。但目前对协同效应和反协同效应的机理还缺乏理论解释。

（6）开展稀释剂研究。现在对稀释剂的研究和使用还不够充分，很有必要加深认识其内在规律，使萃取剂在合适的稀释剂中发挥最佳的作用。

（7）开展溶剂萃取理论方面的研究。进一步研究萃取反应、热力学、动力学以及反萃取中的有关理论问题，以便能用理论来指导实践，使溶剂萃取工艺更好地应用于高纯金属的制备。

2.2.5 萃取色层法

萃取色层是液相色层的一种特殊形式，是以无机溶液作流动相以实现物质的分离。该技术依据物质在移动相和固定相之间的分配原理来实现分离。物质组分在色层分离过程中主要有以下两个特点：首先是原始样品中的各种化合物不等速迁移。所谓不等速迁移是指在液体色层过程中，不同化合物流经色层柱时，迁移速度是不同的。不等速迁移是液体色层分离的基础，主要依赖于化合物在固定相和移动相之间的平衡分配，因此它与能影响这种分配的各种参数有关。如移动相、固定相的组成以及分离温度等。其次是化合物分子沿着色层柱的发散。分子沿着色层柱的发散是一个复杂的过程，反映了样品组分在色层柱中的流动形式，受许多因素的影响。一般认为，涡流扩散、移动相传质、滞留移动相传质以及固定相传质是四个影响分子发散的主要因素。

萃取色层法制备高纯金属的主要指标有：萃取色层中的保留时间、萃取色层的谱带展宽、理论塔板数和分辨率等。

（1）萃取色层中的保留时间。保留时间 t_R 即色谱带经过色层柱所需要的时间，它与容量因子 k'的关系如下：

$$t_R = t_o(1 + k') \tag{2-33}$$

式中　t_o——溶剂分子（不被保留的化合物）从色层柱的一端移动到另一端所需的时间；

k'——容量因子，是液体色层的基本参数。

$$k' = \frac{n_s}{n_m} = \frac{c_s V_s}{c_m V_m} = K\frac{V_s}{V_m} \tag{2-34}$$

式中　n_s——元素在固定相中的物质的量；

n_m——元素在移动相中的物质的量；

c_s——化合物在固定相中的浓度；

c_m——化合物在移动相中的浓度；

V_s——色层柱的固定相体积；

V_m——色层柱的移动相体积；

K——分配系数，是化合物固定相和移动相之间平衡分配的量度。

（2）萃取色层的谱带展宽。在萃取色层中，谱带宽度通常是用色层柱的理论塔板数 N 来表示：

$$N = \left(\frac{V_{max}}{\sigma}\right)^2 \tag{2-35}$$

式中　V_{max}——淋洗曲线在峰值时的淋洗体积；

σ——淋洗曲线的标准偏差。

根据淋洗曲线偏差 σ 与淋洗峰宽度 W_e 的关系，当 $c = 0.368c_{max}$时

$$W_e = \sqrt{8}\sigma \tag{2-36}$$

把式 2-36 代入式 2-35 中，可得到如下关系式：

$$N = 8\left(\frac{V_{max}}{W_e}\right)^2 \tag{2-37}$$

式中　W_e——当 $c = 0.368c_{max}$时的峰宽。

在给定的操作条件下，对于特定的色层柱和溶剂、固定的流速和操作温度，色谱图中对于不同谱带，N 值近似为一常数，所以 N 是衡量柱效率高低的实用尺度。柱效率是指色层柱能够给出狭窄的谱带和好的分离的能力。

（3）理论塔板数 N。理论塔板数 N 与柱长 L 成正比：

$$N = \frac{L}{H} \tag{2-38}$$

其中比例常数 H 就是所谓的“理论塔板当量高度”，即 HEW，它是单位长度柱效率高低的一种量度，是萃取色层柱性能的主要标志。H 值小就意味着柱效高，即 N 值大。液体色层操作所要达到的一个主要目标就是获得小的 H 值和大的 N 值。

（4）分辨率。液体色层中通常所要达到的目的是充分地分离所给定的样品混合物，在

解决这个问题时，就需要有某种定量的标准去衡量相对分离程度即分辨率。相邻两谱带1和2的分辨率 R_s 等于这两个谱带中心之间的距离除以平均带宽：

$$R_s = \frac{t_2 - t_1}{1/2(t_{w1} + t_{w2})} \tag{2-39}$$

式中 t_1，t_2——分别为谱带1和谱带2的 t_R（分析对象的保留时间）值；

t_{w1}，t_{w2}——分别为它们的 t_w（色谱峰基线宽度）值。

R_s 值越大，则分离就越好；R_s 值越小，则分离就越差。

谱带1和谱带2的分离因子的定义 $\alpha = k'_2/k'_1$，若 $k'_2 \approx k'_1$ 约为两个谱带的 k'值的平均值，则公式变为：

$$R_s = \frac{1}{4}(\alpha - 1)\sqrt{N}\left(\frac{k'}{1 + k'}\right) \tag{2-40}$$

式2-40是控制萃取色层中分辨率的关键，改变 α、N 和 k'中的任一项，都可以改善分辨率。从式2-40可以看出，它们基本上是相互独立，互不依赖的，因此必须首先使其中一项最佳化，然后再使其他项最优化。α 项表示分离的选择性，它可以通过改变固定相和移动相的组成的办法而加以改变；N 项表示柱的分离效率，可以通过改变柱长度 L 和移动相的组成的办法而加以改变；k'项可通过改变淋洗液的浓度而加以改变。

萃取色层法最大的特点是易选择合适的水相组分作流动相，从而达到把溶剂萃取中最佳条件有效地用于色层分离的目的。萃取色层法把萃取剂的高选择性和色层分离的高效性结合起来，成为一种有效的新技术。

萃取色层法既具有液-液萃取中萃取剂的高度选择性，又具有离子交换色层分离的多级性，在分离性质相近的元素上有着高效的选择性，因此在制备高纯金属材料中受到越来越多的重视。萃取色层法也存在一些自身的弱点，如柱子萃取容量比较低、萃取剂容易流失、寿命相对较短等。提高柱子的萃取容量、克服萃取剂流失、开发选择性更好的萃取剂是今后萃取色层法取得重大突破的关键。

2.2.6 其他化学提纯法

2.2.6.1 膜分离法

膜分离提纯技术是指借助膜的选择渗透作用，在外界能量或化学位差的推动作用下对混合物中溶质和溶剂进行分离、分级、提纯和富集。

目前，已经深入研究和开发的膜分离技术有微滤、超滤、纳滤、反渗透、电渗析、渗透汽化和气体分离等技术。膜分离法作为一门新型的高效分离、浓缩、提纯及净化技术，由于具有多学科性的特点，可广泛应用于大多数高纯金属制备过程中杂质的分离。膜分离法所选用的膜不同，其分离过程的机理也不同，且不同的膜适用于分离不同的物质。如对于由化学性质及物理性质相似的化合物组成的混合物体系以及由含有受热不稳定组分组成的混合物等体系的分离，要求选用能透过气体或液体的膜进行分离。

膜分离法的分离提纯过程没有相变，且具有节能、高效、无二次污染等一系列优点。但膜分离技术也有其自身的缺点，如易引起浓差极化和膜污染、膜寿命有限等，这些也正是需要克服或者需要解决的问题所在。

2.2.6.2 重结晶法

重结晶法是将不纯物质溶于少量水或其他溶剂中，滤去不溶解的杂质，将溶液进行浓缩，冷却后该物质即“重结晶”析出。如杂质过多或杂质也能微溶于溶剂中，则一次重结晶不能达到纯化的目的，需要进行二次结晶，有时需要进行多次重结晶才能获得纯净的化合物或金属。

重结晶法制备高纯物质对溶剂的选择颇为重要，要选择对主要化合物与杂质的溶解度有显著差别的溶剂。为了达到纯化的目的，还需保留一定量的母液，使一部分杂质富集在母液里。有时为了更好地去除杂质，在重结晶过程中还需加入去除杂质的试剂。

参考文献

[1] 王祝堂. 高纯铝提取工艺[J]. 中国金属通报，2004(43)：7~10.

[2] 张佼，何博，孙宁德，等. 定向凝固的进展对高纯铝偏析法提纯工艺的影响[J]. 铸造技术，2003，24(4)：269~271.

[3] 罗岁斌，张力，陈松，等. 高纯钴的制备[J]. 稀有金属快报，2006，25(12)：8~13.

[4] 吴洪，阎红，王丹. 区域熔炼法制备高纯度金属[J]. 化学工程师，2001(3)：16~17.

[5] 吴洪. 区域熔炼的理论分析及实际应用[J]. 佳木斯工学院学报，1995，13(1)：14~17.

[6] TAKAKI S，ABIKO K. Ultra-purification of iron by three types of melting furnaces constructed using ultra-high vacuum technology[J]. Vacuum，1999(53)：97.

[7] 陈亚军，田军花，陈琦，等. 真空熔炼、氩气保护连续定向凝固技术[J]. 北京科技大学学报，2004，26(5)：482~484.

[8] 张文林，孙涛，李娟莹. 电子束熔炼及其设备[J]. 冶金设备，2003(4)：31~34.

[9] 阎洪. 真空扫描电子束提纯新技术[J]. 真空，2000(3)：45~47.

[10] 王振，王敬国. 抑制真空感应熔炼放电的措施[J]. 工业加热，1999(2)：29~31.

[11] 蒋炳玉. 冷坩埚真空感应熔炼[J]. 稀有金属材料与工程，1999，28(2)：105~109.

[12] 李风忠. 冷坩埚真空感应熔铸炉熔炼及其展望[J]. 工业加热，1994(1)：23~24.

[13] 郭青蔚. 高纯金属研究的现状及展望[J]. 世界有色金属，1996(4)：17~18.

[14] 郭学益. 高纯金属冶金专论. 长沙：中南大学，2004(内部资料).

[15] 易昌桂. 高超纯金属材料的现状与应用[J]. 功能材料，1991，22(4)：216~221.

[16] 戴永年，杨斌. 有色金属材料的真空冶金 [M]. 北京：冶金工业出版社，2000.

[17] 杨斌，戴永年. 真空冶炼法提取金属锂的研究 [M]. 云南：云南科技出版社，1999.

[18] 胡华业. 高纯金属钪的制备[J]. 稀土，1999(4)：70~72.

[19] 石应江. 间隙杂质的固相电解去除[J]. 稀有金属材料与工程，1994(2)：73~75.

[20] 钟俊辉. 高纯稀有金属制取方法新进展[J]. 稀有金属，1993(2)：128~133.

[21] 山内睦文，郝占忠. 固相电传输法提纯稀土金属[J]. 江西有色金属，1991，5(4)：209~213.

[22] 叶汉民. 电子束技术及应用简介[J]. 适用技术市场，2000(1)：40~43.

[23] BAKISH R. Introduction to Electron Beam Technology[M]. New York：John Wiley & Sons，Inc.，1981.

[24] 李国栋，云月厚，郃显康，等. 悬浮区熔—电迁移联合法提纯稀土金属的原理及机理[J]. 中国稀土学报，2002(S2)：162~164.

[25] 杨遇春. 半导体硅的悬浮区熔：展望[J]. 稀有金属，1983(5)：46~48.

[26] 肖德传，李长英，应铁如. 悬浮区熔法制取铌单晶及其机理探讨[J]. 上海有色金属，1983(2)：56~59.

[27] 钟晓燕，陈佳圭. 空间电磁悬浮技术的发展状况[J]. 物理，1996(9)：565~570.

[28] 卢百平，钟仁显. 液态金属电磁约束成形技术研究进展[J]. 铸造技术，2006(7)：760~763.

[29] 蒋炳玉. 冷坩埚感应熔炼活性金属的发展与应用[J]. 稀有金属材料与工程, 1993, 22(2): 1~6.
[30] 陈瑞润, 丁宏升, 毕维生, 等. 电磁冷坩埚技术及其应用[J]. 稀有金属材料与工程, 2005(4): 510~514.
[31] 刘民治译. 区域溶化[M]. 北京: 科学出版社, 1962.
[32] 周尧和, 胡壮麒, 介万奇. 凝固技术[M]. 北京: 机械工业出版社, 1998.
[33] 蒋志建. 金属电解提纯的影响因素及某单位电解现状[J]. 有色金属与稀土应用, 2002(3): 16~24.
[34] 夏微君. 双膜电解槽的运行及潜在的应用[J]. 有色金属, 1997(3): 34~40.
[35] 周雍茂, 译. 电积用阳极[M]. 长沙: 中南工业大学出版社, 1991.
[36] 侯庆烈, 王振华. 稀土金属的制备与提纯研究进展[J]. 上海有色金属, 1999, 20(3): 132~142.
[37] 谭翎燕. 有色冶金中的离子交换膜电解技术[J]. 有色金属 (冶炼部分), 2002(4): 16~20.
[38] 谭翎燕, 王训遒. 离子交换膜电解技术在湿法冶金中的应用[J]. 化工进展, 2002, 21(12): 912~914.
[39] 董永全, 黄万抚. 隔膜电解技术的应用与发展[J]. 江西有色金属, 2002, 16(3): 35~38.
[40] 王开毅, 成本诚, 舒万银. 溶剂萃取化学[M]. 长沙: 中南工业大学出版社, 1991.
[41] 马荣骏. 溶剂萃取在湿法冶金中的应用[M]. 北京: 冶金工业出版社, 1979.
[42] 钟俊辉. 高纯稀有金属材料[J]. 上海金属 (有色分册), 1991, 12(4): 44~49.
[43] 梁勇, 王瑞纸, 刘俊. 高纯稀土化合物制备的现状与发展[J]. 上海有色金属, 2004, 25(4): 188~191.
[44] 张美鸽. 高纯氧化铝制备技术的进展[J]. 功能材料, 1993(2): 187~192.
[45] 陈鸿彬. 高纯试剂提纯与制备[M]. 上海: 上海科学技术出版社, 1983.
[46] 钟俊辉. 电子工业用高纯金属材料[J]. 电子材料 (机电部), 1991(3): 24~29.
[47] 张卫平, 杨庆山, 陈建军. 高纯稀土金属制备方法与发展趋势[J]. 金属材料与冶金工程, 2007(3): 61~64.
[48] 姚映君. 电解电容器用高纯铝箔的发展现状[J]. 有色金属与稀土应用, 2007(2): 4~9.
[49] 张小琴, 姜银举. 真空蒸馏法制备高纯金属钆[J]. 包钢科技, 2007(3): 17~20.
[50] 袁铁锤, 周科朝, 陈志飞. 熔盐净化—电解法制备高纯铟[J]. 粉末冶金材料科学与工程, 2007, 12(1): 59~62.
[51] 韩翌. 甘油碘化钾—电解联合法粗铟提纯研究[D]. 长沙: 中南大学, 2004.
[52] 韩翌, 李琛, 黄凯, 等. 甘油碘化钾—电解联合法粗铟提纯研究[J]. 矿业工程, 2003, 6(23): 59~61.
[53] 李琛, 韩翌, 黄凯, 等. 韶冶真空炉富锗渣回收锗研究[J]. 矿业工程, 2003, 6(23): 50~52.
[54] 李琛. 韶冶密闭鼓风炉熔炼过程中锗铟的富集与综合回收: [D]. 长沙: 中南大学, 2004.
[55] 戴永年. 有色金属材料的真空冶金[M]. 北京: 冶金工业出版社, 2000.
[56] 中国氯碱工业协会. 离子膜法制碱生产技术[M]. 北京: 化学工业出版社, 2000.
[57] 陈家镛. 湿法冶金手册[M]. 北京: 冶金工业出版社, 2005.
[58] 王振东. 感应炉冶炼[M]. 北京: 化学工业出版社, 2007.
[59] 余建民. 贵金属分离与精炼工艺学[M]. 北京: 化学工业出版社, 2006.
[60] 王树楷. 铟冶金[M]. 北京: 冶金工业出版社, 2006.
[61] [俄] 费多洛夫, 阿克楚林. 铟化学手册[M]. 张启运, 徐克敏译. 北京: 北京大学出版社, 2005.
[62] 吴文远. 稀土冶金学[M]. 北京: 化学工业出版社, 2005.
[63] 柴雅琴. 无机物制备[M]. 成都: 西南师范大学出版社, 2008.
[64] 黎文献. 有色金属材料工程概论[M]. 北京: 冶金工业出版社, 2007.
[65] 胡庆福. 镁化合物生产与应用[M]. 北京: 化学工业出版社, 2004.
[66] 彭志辉. 有金属材料加工工艺学[M]. 长沙: 中南大学出版社, 2003.
[67] 李洪桂. 稀有金属冶金学[M]. 北京: 冶金工业出版社, 1990.
[68]《有色金属提取冶金手册》编辑委员会. 有色金属提取冶金手册: 稀有高熔点金属 (下) [M]. 北

京：冶金工业出版社，2000.
[69] 周令治，陈少纯．稀散金属提取冶金[M]. 北京：冶金工业出版社，2008.
[70] 韩长日，宋小平．精细无机化学品制造技术[M]. 北京：科技文献出版社，2008.
[71] 韩长日，宋小平．电子与信息化学品制造技术[M]. 北京：科技文献出版社，2001.
[72] 尹志民．钪和含钪合金[M]. 长沙：中南大学出版社，2007.
[73] 熊家林．无机精细化学品的制备和应用[M]. 北京：化学工业出版社，2001.
[74] 施安，刘建良，胡劲，等．金属物理—化学法制备高纯金属氧化物粉体的研究现状[J]. 昆明理工大学学报（理工版），2003，28(4)：34~35.
[75] 罗文．高纯铅．锌制取法[J]. 国际冶金动态，1989(4)：5~6.
[76] 杨英惠．电子束熔炼技术[J]. 现代材料动态，2007(10)：13~14.
[77] 李有观．熔炼超高纯金属的新技术[J]. 世界有色金属，2006(1)：68~69.
[78] 刘彩玫，张学英，秦曾言，等．结晶法提纯在高纯镓生产中的应用[J]. 轻金属，2005(2)：19~21.
[79] 阎洪．真空扫描电子束提纯新技术[J]. 真空，2000(3)：45~47.
[80] 温宏权．超纯铁的制备技术综述[J]. 上海金属，2002，24(6)：32~35.
[81] TAKAKI S, ABIKO K. Ultra-purification of electrolytic iron by cold-crucible induction melting and induction—heating floating—zone melting in ultra-high vacuum[J]. Material Transactions, JIM, 2000, 41(1): 2~6.

3 高纯半金属的制备

半金属是性质介于金属和非金属之间的元素。半金属元素在元素周期表中处于金属向非金属过渡位置，通常包括硼、硅、砷、碲、硒、钋和砹，锗、锑也可归入半金属。半金属性脆，呈金属光泽，负电性在 1.8～2.4 之间，大于金属，小于非金属。半金属与非金属作用时常作为电子给予体，而与金属作用时常作为电子接受体。其氧化物与水作用生成弱酸性或弱碱性的溶液。半金属大多是半导体，具有导电性，电阻率介于金属（$10^{-5}\Omega\cdot cm$ 以下）和非金属（$10^{10}\Omega\cdot cm$ 以上）之间，导电性对温度的依从关系通常与金属相反，如果加热半金属，其电导率随温度的升高而上升。半金属大都具有多种不同物理、化学性质的同素异形体，广泛用作半导体材料。

3.1 高纯硅

3.1.1 高纯硅概述

硅是地球上含量最丰富的元素之一，约占地壳质量的 25.8%，仅次于氧元素，居第二位。硅在地球上不存在单质状态，基本上以氧化态存在于硅酸盐或二氧化硅中，其表现形态为各种各样的岩石，如花岗岩、石英岩等。

硅是一种半导体元素，元素符号为 Si，位于元素周期表的第三周期第四主族，原子序数为 14，相对原子质量为 28.0855，熔点为 1415℃，沸点为 2355℃。它在常温（300K）下是具有灰色金属光泽的固体，属脆性材料。

硅材料有多种形态，按晶体结构可分为单晶硅、多晶硅和非晶硅。单晶硅材料是指硅原子在三维空间有规律周期性的不间断排列，形成一个完整的晶体材料，材料性质体现各向异性，即在不同的晶体方向各种性质都存在差异。多晶硅材料是指由两个以上尺寸不同的单晶硅组成的硅材料，它的材料性质体现的是各向同性。非晶硅材料是指硅原子在短距离内有序排列而在长距离内无序排列的硅材料，其材料的性质显示各向同性。

通常硅晶体的晶体结构是金刚石型，有 9 个反映对称面、6 条二次旋转轴、4 条三次旋转轴和 3 条四次旋转轴。如果加压到 1.5GPa，硅晶体就会发生结构变化，由金刚石型结构转变为面心立方结构，此时的晶体常数为 0.6636nm。

硅是应用最广泛的半导体材料，在室温下它的禁带宽度为 1.12eV，其本征载流子浓度为 $1.45\times10^{10}cm^{-3}$。硅材料的半导体特性见表 3-1。

3.1.1.1 高纯硅的主要用途

高纯硅不仅是太阳能发电的核心材料，也是电子工业的重要基础材料，主要以单晶形式用于制造整流器、二极管、晶体管、光电池、太阳能电池、原子能电池、红外线探测器以及电子致冷等半导体器件，其性能优越。例如每一硅整流元件的反向电压可达几百伏，比同等功率的锗整流器大。目前国外的工业用户，特别是电化工厂多趋向于使用高功率硅整流器，因为其额定工作电压、电流密度及其最高允许工作温度都较硒及锗高。硅隧道二极管能有效地在343℃下工作，较一般二极管的使用温度要高出121℃，其体积较其他同功率的普通二极管要小得多。

表 3-1　硅材料的半导体特性

特　性	具体性质
电阻率特性	硅材料的电阻率在 $10 \sim 10^{10}\Omega \cdot cm$ 之间，介于导体和绝缘体之间。其导电性受杂质、光、电、磁、热、温度等环境因素的影响明显。高纯无掺杂的无缺陷的硅晶体材料，称为本征半导体，其电阻率在 $10\Omega \cdot cm$ 以上
P-N 结构性	即 N 型硅材料和 P 型硅材料结合组成 P-N 结，具有单向导电性等性质。这是所有硅半导体器件的基本结构
光电特性	和其他半导体材料一样，硅材料组成 P-N 结后，在光的作用下能产生电流，如太阳能电池。半导体材料可以根据能带的结构，分为直接带隙半导体和间接带隙半导体

目前硅太阳能电池已作为一种新能源应用在各个方面，特别是宇宙飞船方面的应用正在日益增长，一些人造卫星都已用太阳能电池来为电源设备的蓄电池充电，估计太阳能电池将占整个硅用途的25%。原子能电池的结构与太阳能电池一样，可以把原子堆废料中放出的β射线转变为电能，目前的容量较小，还在试验阶段，但寿命很长，经过好几年效率仍不会降低。此外利用硅能透过2～8μm之间的红外线这种特性，可以用硅来制造红外线用的滤光器，一般用于特殊监视装置、追踪器导引装置及警报器等红外线装置中，这在国防军事上有很重要的意义。

A　可控硅整流器

大容量的硅整流器常用于电器铁道机车、电解食盐、有色金属电解、钢铁延压设备、各种机床的控制部分、汽车等整流设备上，用以代替直流发电机组、水银整流器等设备。硅整流器具有效率高、工作温度高、反向电压高等优点，因此约有70%的硅单晶用作整流器。各种整流器的比较见表3-2。

表 3-2　各种整流器的比较

比较项目		Cu_2O	Se	Ge	Si
电流容量/$A \cdot cm^{-2}$	自然冷却	0.04	0.07	40	80
	人工冷却	0.14	0.20	100	200
反向电压/V		6	25	110	380
工作温度/℃		50	85	65	140
工作效率/%		78	92	98.5	99.6
所需容积比（对同效率）		30	15	3	1
顺向初期电压降/V		0.2	0.6	0.5	0.7

硅整流器由单个的硅整流器元件组成，一般的硅元件已成系列生产，其正向电流范围为0.5～200A，反向电压为300～600V。正向电流大、反向电压高的硅整流元件对单晶产品的质量要求严格，用这样的元件可组成大容量、高压的大型整流器。

对用作整流器元件的硅单晶质量要求比较高，反向电压越高，要求电阻率也越高，目前对整流器的硅单晶要求见表3-3。电阻均匀率可用下式计算：

$$\text{电阻均匀率} = \frac{\text{最高值} - \text{最低值}}{\text{平均值}} \times 100\% \tag{3-1}$$

表 3-3 硅整流器的硅单晶要求

项 目	要求值	项 目	要求值
N型的电阻率/Ω · cm	50 ~ 200	位错/cm^{-2}	$10^3 \sim 10^4$
P型的电阻率/Ω · cm	150 ~ 1000	单晶的直径/mm	大于25
寿命/μs	大于50	断面均匀率/%	小于10 ~ 20

用作整流器的硅单晶可用坩埚直拉法或无坩埚区域法制得。如提高整流器的反向电压和电流密度，使用无坩埚区域提纯的单晶比较好。随着大容量的可控硅元件的发展，进一步要求大直径的单晶硅。目前工业化稳定生产的单晶硅直径已达到200mm。

B 硅二极管

硅二极管可用于电气测定仪器、电子计算机、载波装置、微波通信装置等。作为检波装置，用硅材料做的齐纳二极管、变容二极管、隧道二极管可以作为稳压器开关器件、负阻振荡器、放大器等特殊用途。

最新开发的纳米硅开关二极管较同类开关二极管在高温、开关时间和反向特性方面都具有卓越的性能，在超高速计算机、低噪声系统、军事、航天、微波等光电、信息领域以及油田、井下等高温环境中有重要应用。

C 晶体管及集成电路

硅晶体管用于各种无线电装置、自动电话交换台、自动控制系统、电视摄像机的接收机、计测仪器、电子计算机、各种电信设备等，用来代替真空管。在各种无线电设备中，作为放大器和振荡器。半导体晶体管与真空管相比具有如下优点：

（1）体积小，只有真空管的百分之一至千分之几；

（2）质量轻，只有真空管的几十分之一；

（3）寿命长，可以连续使用几年至十几年；

（4）构造坚固，可以承受一定的冲击力；

（5）不用灯丝，加上电压后可以立即工作；

（6）晶体管耗电少，只有真空管的几十分之一。

晶体管的这些优点，使得它在电子仪器中有很大的实用价值，它可以使电子仪器从庞大的结构变得轻巧、便于携带，在空间技术中具有重大意义。例如，火箭和人造卫星所使用的仪器要求体积小、质量轻、耗电少、坚固可靠和耐冲击，在这方面，晶体管较真空管优势明显。

集成电路就是应用半导体工艺如掩蔽、光刻、扩散、隔离和薄膜、镀膜等，将晶体管、二极管、电阻和电容等元件制作在一个或几个尺寸很小的半导体片子上，形成一个或几个完整的电路。集成电路进一步缩小了电路的体积，减轻了质量，提高了电路的性能和可靠性，为电子计算机、无线电通信、遥测遥控设备的进一步小型化开辟了道路。

晶体管要求单晶管的电阻率为0.001 ~ 10Ω · cm，对寿命要求不一，位错在$10^3 cm^{-2}$左右。集成电路一般都采用质量良好的硅外延片。

D　太阳能电池

用硅片做成的太阳能电池，可以直接将太阳能转变为电能。其原理是光能照射在硅片的P-N结上，产生光伏效应。在人造卫星上，可用太阳能电池作为电力保证，一颗人造卫星可以用上千个太阳能电池。无人灯塔、无人中继站、携带通信设备晶体管、收音机等都可以用它作电源。现在已有用硅太阳能电池作为小汽车的能源。此外，太阳能电池还可以做成曝光表和比色计。

太阳能电池最重要的指标是转换效率。目前，硅太阳能电池的最高转换效率可达到20%。该电池对硅片的电阻率要求不高，一般为1～5Ω·cm。

目前已进行研究和试制的太阳能电池，除硅系列外，还有硫化镉、砷化镓、铜铟硒等许多类型的太阳能电池，下面对硅系列太阳能电池进行介绍：

（1）单晶硅太阳能电池。它是当前开发得最快的一种太阳能电池，它的结构和生产工艺已定型，产品已广泛用于空间和地面。这种太阳能电池以高纯的单晶硅棒为原料，纯度要求达到5N。目前单晶硅太阳能电池的光电转换效率为15%左右，实验室成果可达20%。但是单晶硅太阳能电池的生产需要消耗大量的高纯硅材料，而且制造这些材料的工艺复杂，电耗很大，在太阳能电池生产总成本中已超过二分之一。并且拉制的单晶硅棒呈圆柱状，切片制作太阳能电池也是圆片，组成太阳能组件平面利用率低。

（2）多晶硅太阳能电池。20世纪80年代以来，欧美一些国家投入了多晶硅太阳能电池的研制。目前太阳能电池使用的多晶硅材料多半是含有大量单晶颗粒的集合体，或者是用废次单晶硅料和冶金级硅材料熔化浇铸而成。多晶硅太阳能电池的制作工艺与单晶硅太阳能电池相似，其光电转换效率约为12%，稍低于单晶硅太阳能电池，但是材料制造简便、节约电耗、总的生产成本较低，因此近年来得到了大规模发展。

（3）非晶硅太阳能电池。它是1976年出现的新型薄膜式太阳能电池，它与单晶硅和多晶硅太阳能电池的制作方法完全不同，硅材料消耗很少，电耗更低，有发展前景。制造非晶硅太阳能电池的方法有多种，最常见的是辉光放电法，还有反应溅射法、化学气相沉积法、电子束蒸发法和热分解硅烷法等。

目前，非晶硅太阳能电池存在的问题是光电转换效率偏低，国际先进水平为10%左右，且不够稳定，常有转换效率下降的现象，因此尚未大量用于大型太阳能电源，而多半用于弱光电源，如袖珍式电子计算器、电子钟表及复印机等方面。

3.1.1.2　硅的质量要求

各方面的用途对硅的质量要求都很高。这种要求可以归纳为两点，即高纯度和单晶的完整性。例如一般用于整流器的硅要求硼的含量不超过$0.2\times10^{-7}\%$，因为整流器的反向电压与硅本身的电阻率成正比，而电阻率又取决于材料的纯度，纯度愈高，电阻率愈大，所以必须采用纯度很高的硅来做整流器。

影响硅纯度的关键问题是硼杂质含量。如在硅中加入$10^{-8}cm^{-3}$的硼，它的电阻率将迅速下降至原来的1/1000，反向电压也将大大降低。由于硼在硅中的分配系数接近1，用区熔方法不能有效地除去，因此要求在化学提纯阶段就把硼除尽。

硅控整流器（SCR）的电流容量取决于单晶直径的大小。如果用品质均匀结晶缺陷少的单晶作原料，加以严密控制扩散工艺和表面处理技术，就有可能使硅控整流器（SCR）的反向电压超过1000V并达到接近2000V的水平。

随着分析技术的发展，RJ 质谱、活化分析、光谱化学等方法可用来测定超纯硅中的极微量杂质元素。此外，也可利用硅的电学特性来推断其纯度。当硅中杂质的含量和种类不同时，其导电方式和电阻率也不同。当杂质为 B、Al、Ga、In 时，以空穴移动的方式导电，而当杂质为 P、As、Sb、Bi 时，则以电子移动的方式导电。当硅中 III_A 族杂质的含量大于 V_A 族杂质的含量时，称为 P 型硅半导体，反之，则称为 N 型硅半导体。杂质原子数和电阻率之间有一定的关系，因此，测定电阻率后就可以粗略推算出硅中的杂质含量。

3.1.1.3 国内外现状

A 国际背景

由于光伏产业和集成电路的快速发展，近几年来全球对高纯度硅材料的需求远远超过供给，导致国际高纯度硅材料价格居高不下。2004～2008 年全球光伏装机量增长趋势如图 3-1 所示。据统计，2008 年全球单晶硅产量已达 4.5 万 t，预计 2010 年全球多晶硅产量将达 6.3 万 t。单晶硅是半导体器件生产的关键性基材，也是太阳电池的主要材料之一。截至 2009 年，全世界单晶硅的产能为 1 万 t，年消耗量为 6000～7000t。在这种情况下，国际市场多晶硅价格由 2000 年的 13 美元/kg 上涨至 2008 年的 150 美元/kg 以上。

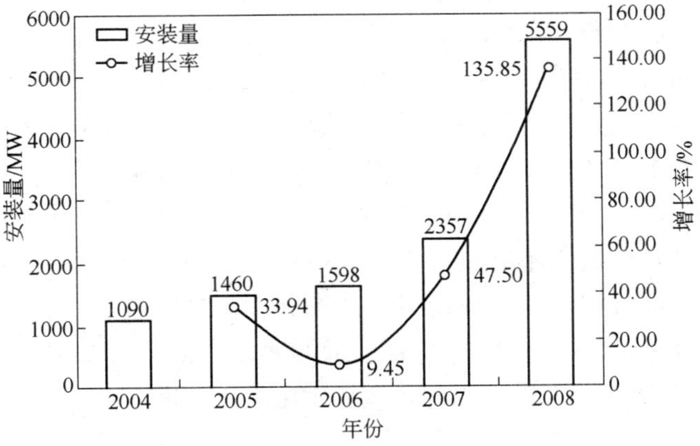

图 3-1 2004～2008 年全球光伏装机量增长趋势图

为改善能源结构，近些年来，世界上一些发达国家纷纷出台相关政策，加大对光伏产业支持力度。美、日、欧均采取补贴来推动，促使全球光伏产业得到了长足的发展。2003～2006 年全球光伏产业的增长幅度分别达到 40%、60%、50% 和 45% 以上，2008 年全球光伏装机容量为 5559MW，相比 2007 年增长了 135%，在世界各种能源中增速第一。

B 国内现状

我国光伏产业从原材料供应至最后的组件生产，呈现一个倒金字塔形，光伏生产所用的原料绝大部分依赖进口，属极不均衡的格局。2008 年我国生产的 2000MW 光伏电池需 20000t 高纯多晶硅，而 2008 年我国自产的高纯多晶硅仅可满足 20% 的需要量，仍有 80% 的需求要靠进口满足。由于我国原料需求量大，全球供应不足，一些国外的多晶硅原料生产企业已开始对我国实行限量供货，这已经危及我国多晶硅下游众多企业的正常运营。而与此同时，国内的需求量又呈大幅增长趋势。据专家预测，到 2010 年我国多晶硅的需求量为 1.2 万～1.7 万 t，其中用于光伏产业需求量约为 1～1.5t，电子级多晶硅需求量约为2000t。

2008年，我国光伏电池产量达到2000MW，占世界光伏电池总量6400MW的31.25%，居世界第一位，较2007年的1000MW增幅高达1倍。到2008年年底，我国光伏发电累计安装容量为140MW，当年装机量仅占全球当年装机容量的0.7%，预计到2014年我国装机量才能达到世界平均水平。

3.1.1.4　*发展趋势*

随着全球信息产业的迅猛发展，电子工业和半导体工业得到了巨大发展，作为半导体工业基础材料的硅材料工业特别是高纯硅也随之大幅度增长。在未来相当长的一段时间内，电子工业半导体材料和硅材料工业仍将持续发展。硅材料无论在质量上还是在数量上以及在直径增大上都将上一个新的台阶。单晶硅质量将从只能满足存储器加工线宽0.35～0.05μm提高到0.18～0.07μm的要求。随着微电子工业迅速发展，除了本身加工技术和加工设备的要求之外，同时对硅材料也提出了更新更高的要求：

（1）对硅片表面附着粒子及微量杂质的要求。随着集成电路的集成度不断提高，其加工线宽也逐步缩小，因此，对硅片的加工、清洗、包装、储运等工作提出了更高的要求。对于兆位级器件，0.1μm的微粒都可能造成器件失效。亚微米级器件要求0.1μm的微粒降到10片$^{-1}$以下，同时要求各种金属杂质如Fe、Cu、Cr、Ni、Al、Na等都控制在目前分析技术的检测极限以下（约为$1\times10^{10}cm^{-2}$）。

（2）对硅片表面平整度、应力和机械强度的要求。硅片表面的局部平整度（SFQD）一般要求为设计线宽的2/3，以64M存储器的加工线宽0.35μm为例，则要求硅片局部平整度在$22mm^2$范围内为0.23μm；256M电路的硅片表面局部平整度为0.17μm。同时，器件工艺还要求原始硅片的应力不能过分集中，机械强度要高，使器件的稳定性和可靠性得到保证，但现在这方面硅材料尚未取得突破性进展，仍是以后研究的主攻方向。

（3）对硅片表面和内部结晶特性及氧含量的要求。对超大规模集成电路（VLSI）和特大规模集成电路（ULSI）来说，距硅片表面10μm左右厚度区域为器件活性区，要求该区域性质均匀且无缺陷。64M和256M电路要求硅片的氧化诱生层错（OSF）不大于$20cm^{-2}$。为了达到这个要求，目前比较成熟的工艺是采用硅片吸除技术，分为内吸除和背面损伤吸除（也称为外吸除）。现在器件厂家都根据器件工艺的需要，对硅片提出了某种含氧量要求。硅材料生产应根据用户要求进行控氧生长硅单晶。

（4）对硅片大直径化的要求。出于提高生产率、降低成本的目的，器件厂家随着生产规模的扩大，也逐步要求增大硅片直径，使同等规模芯片的收得率明显提高，给器件厂家带来极为显著的经济效益。目前国际市场上硅片的主流直径是200mm。1999年全球硅片用量的分布情况是：200mm占47%，150mm占32%，125mm占15%，100mm占6%。2000年直径200mm硅片的用量进一步提高，同时也提出了向300mm和400mm逐步发展的要求。2001年和2002年开始逐步加大300mm硅片的使用量。到2014年，直径将达到450mm。

3.1.2　高纯硅原料的制备

半导体器件要求硅材料的纯度很高，需达到9N～10N的高纯度，即杂质浓度要低于$10^{-10}cm^{-3}$。一般工业生产的硅纯度低于99.9%，因此，将工业硅转化为硅卤化物，通过对中间化合物的化学提纯，再还原制得超纯硅。

硅可以转化为不同的卤化物，如 $SiCl_4$、$SiHCl_3$、SiI_4、$SiBr_4$ 等，这些化合物通常作为高纯硅制备的原料。原料的纯度是一个决定最终产品质量极其重要的因素，为提高超纯硅的质量，从原料制备开始，就必须要求高纯度。

3.1.2.1 四氯化硅的制备

四氯化硅是制备超纯硅特别是外延片的重要原料。四氯化硅制备方法很多，可以直接用沙子和炭混合物氯化制得，也可以将碳化硅、氧化硅（在熔盐浴中）氯化。这些方法的共同缺点是反应温度高，工业生产不方便，高温下杂质对产品污染严重。目前，国内多采用直接氯化法制备四氯化硅，其工艺设备简单，实收率可达95%以上。其制备条件见表3-4。

表 3-4 四氯化硅的制备条件

类 别	内 容
反应原理	$Si + 2Cl_2 \longrightarrow SiCl_4$（放热）
反应温度	将氯气通过加热的硅，在200～300℃时就开始生成四氯化硅，温度越高，反应越剧烈，四氯化硅的生成率就越高。但温度过高时，大部分比四氯化硅难挥发的杂质也要挥发出来，从而污染四氯化硅，理想的氯化温度应略高于四氯化硅的沸点。而温度越低，越容易生成高氯硅烷。因此，为提高 $SiCl_4$ 产率，避免杂质挥发和生成高氯硅烷，温度最好控制在450～500℃
反应速度	氯气流量越大，反应越剧烈，放出反应热越多。Cu、Co 为催化剂能加快反应速度，降低反应温度，同时避免硅烷生成
氯化时的杂质	热力学计算表明，硅中杂质均比硅容易氯化（Cu 除外），但这些杂质都比 $SiCl_4$ 难挥发。因此，杂质对四氯化硅的污染取决于氯化温度。低温下，即使硅中杂质被氯化，也不会混同四氯化硅一起挥发出来。采用低温氯化法和高温氯化法后设有除尘装置，均是减少杂质污染的措施

3.1.2.2 三氯氢硅的制备

三氯氢硅是一种重要的高附加值原料，主要用作半导体工业中制造超纯多晶硅和高纯硅烷的原料及外延生长的硅源。其结构和化学性质与四氯化硅相近，因此，二者的制备方法基本相似，只是前者用氯化氢气体代替氯气。工业和实验室多采用干燥氯化氢气体氯化粗硅或硅合金。三氯氢硅的制备条件和合成工艺流程见表3-5和图3-2。

表 3-5 三氯氢硅的制备条件

类 别	内 容
反应原理	$Si + 3HCl \longrightarrow SiHCl_3 + H_2$ 上述反应还伴随其他的过程，如产生 SiH_4、各种氯硅烷及高级氯化硅等各种副产物，如 $2Si + 7HCl = SiHCl_3 + SiCl_4 + 3H_2$
反应温度	反应温度对产物组成有决定性影响。不用催化剂生成 $SiHCl_3$ 最佳温度为280～300℃，一般温度220℃能够得到较多 $SiHCl_3$。当温度为450℃时，产生大量 $SiCl_4$，还有 $SiHCl_3$、SiH_2Cl_2、SiH_4 及少量高级氯化硅，其中 $SiHCl_3$ 含量少
氧和水分	游离氧及其化合物特别是水分对三氯氢硅制备十分有害。因为硅氧键比硅氯键更为稳定，$SiHCl_3$ 极易氧化和水解，从而降低产量
反应气氛	氯化氢用不参加反应的惰性气体 Ar、N_2 或 H_2 稀释。用 H_2 稀释对 $SiHCl_3$ 的生成是有利的。最佳稀释比为 $V_{H_2}:V_{HCl}$ 在1∶3到1∶5之间。稀释氯化氢还能强化反应

续表 3-5

类　别	内　容
催化剂	在制备 $SiHCl_3$ 时普遍应用催化剂以降低反应温度、提高反应速率和产量、避免少量氧气和水分的有害影响。如用金属铜和氯化铜作催化剂活化氯化氢分子
添加剂	在粗硅中加入铝，将使 $SiHCl_3$ 在制备同时得到提纯。如向粗硅中加入 0.8% ~2.0% 铝，在 210 ~330℃与氯化氢气体反应，将生成的 $SiHCl_3$ 气体冷却到露点以上，然后与 $AlCl_3$ 分离。因为 $AlCl_3$ 是杂质（特别是 $Ⅲ_A$ 和 $Ⅴ_A$ 族化合物）的有效配合剂，因此，制得产品很纯

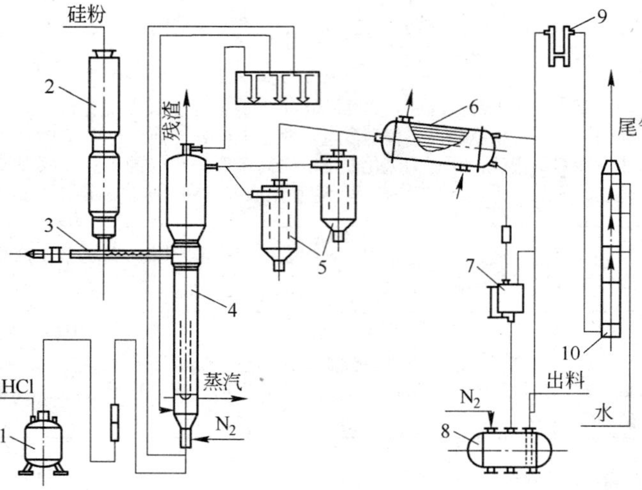

图 3-2　三氯氢硅合成工艺流程

1—氯化钠缓冲罐；2—硅粉干燥器；3—螺旋加料器；4—合成炉；5—旋风过滤除尘器；6—列管冷凝器；7—计量器；8—粗三氯氢硅储槽；9—液封器；10—废气淋洗塔

3.1.2.3　硅烷的制备

由于硅烷热分解法制取多晶硅具有很多优点，因此是一种很有前途的方法。其优点主要有：

（1）制取硅烷时，硼以复盐 $B_2H_6 \cdot 2NH_3$ 的形式留在液相中，除硼的效果好。硼含量可在 $2 \times 10^{-12}\%$ 以下。

（2）硅烷无腐蚀性，分解后也无卤素及卤化氢产生，大大降低了来自设备的污染。

（3）硅烷热分解温度低，不使用还原剂，分解的效率高，有利于提高纯度。

（4）硅烷的沸点很低（ −111.8℃），在这样低的温度下，各种金属杂质的氢化物的蒸气压都很低，所以，用此法制得的高纯多晶硅的金属杂质含量很低。

（5）用硅烷外延生长时，自掺杂低，便于生长薄的外延层。

当然，硅烷法有需要低温和气密性好的设备及应注意安全等方面的问题。

目前我国均采用硅化镁在液氨中与氯化铵反应来制取硅烷。硅烷发生装置如图 3-3

所示。

硅化镁（Mg_2Si）是将硅粉和镁粉在氢气（也可真空或在 Ar 气中）中加热到 500～550℃时混合而成的，其反应式如下：

$$2Mg + Si = Mg_2Si \quad (3\text{-}2)$$

然后使硅化镁和固体氯化铵在液氨介质中反应得到硅烷。

$$Mg_2Si + 4NH_4Cl = SiH_4\uparrow + 2MgCl_2 + 4NH_3\uparrow \quad (3\text{-}3)$$

其中液氨不仅是介质，而且它还提供一个低温的环境。这样所得的硅烷比较纯，但在实际生产中尚有未反应的镁存在，因此会发生如下的副反应：

$$Mg + 2NH_4Cl = MgCl_2 + 2NH_3 + H_2\uparrow \quad (3\text{-}4)$$

所以生成的硅烷气体中往往混有氢气。

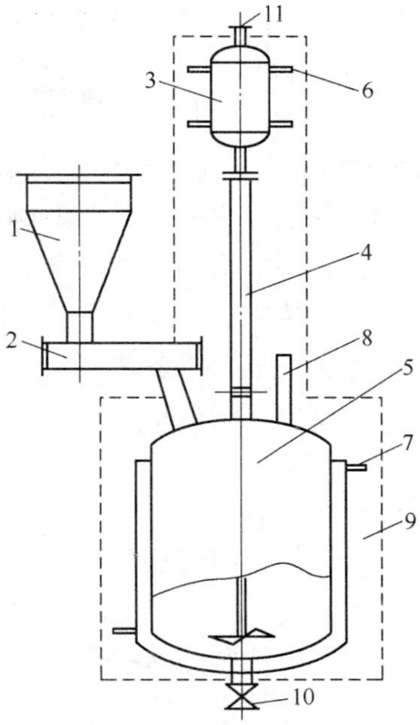

图 3-3 硅烷发生装置

1—Mg_2Si 与 NH_4Cl 混合料储槽；2—螺旋下料器；3—氨回流冷凝器；4—液氨回流柱；5—硅烷发生器；6—－75℃冷却剂出入口；7—－30℃冷却剂出入口；8—液氨加入管；9—保温层；10—排渣阀；11—反应物出口

生产中所用的氯化铵一定要干燥，否则硅化镁与水作用生成的产物不是硅烷而是氢气，其反应式如下：

$$2Mg_2Si + 8NH_4Cl + 3H_2O = 4MgCl_2 + Si_2H_2O_3 + 8NH_3\uparrow + 6H_2\uparrow \quad (3\text{-}5)$$

由于硅烷在空气中易燃，浓度高时容易发生爆炸，因此，整个系统必须与氧隔绝，严禁与外界空气接触。

反应条件为：

（1）将 V_{Mg_2Si} ∶ V_{NH_4Cl} 以 1∶3 配比的料加入反应釜中；

（2）再按 V_{Mg_2Si} ∶ $V_{液氨}$ 以 1∶10 配比加进液氨；

（3）反应温度：－30～－33℃。

反应生成的 SiH_4 通过液氨回流器进入纯化系统，SiH_4 带走的氨气在回流器中液化，返回到发生器中继续使用，硅烷中的杂质乙硼烷与氨配合生成固态配合物 $B_2H_6 \cdot 2NH_3$，在排渣时被排除。

3.1.3 高纯硅原料的提纯

高纯硅质量的优劣往往取决于原材料纯度、还原剂纯度以及还原过程的污染程度等方面。实践证明，在对产品质量要求特别高的时候，全部生产过程的效果在极大程度上由原料的纯度决定。

对高纯硅的质量参数和工业生产过程的经济分析表明，高纯硅的发展方向是如何进一步提高提纯效果，重点是化学提纯方面。下面介绍精馏法等化学提纯方法。

3.1.3.1 三氯氢硅和四氯化硅的提纯

三氯氢硅和四氯化硅两者的化学提纯方法十分类似，几乎任何一种新开发的提纯方法都为两者所通用。近年来，化学提纯方法发展很快，主要提纯方法有以下几种：精馏法（包括简单精馏法、配合精馏法）、配合法、固体吸附法、部分水解吸附法和萃取法等。各种方法均有其长短之处，可以单独或联合使用。采用单一精馏法，有利于减少玷污、简化工序、操作方便，适用于大规模工业生产。但为取长补短，多采用几种方法组合，使之效果更佳。一般说来，不同方法具有提纯一定杂质的作用，而对其他杂质则见效较差，不同方法对操作条件的要求各不相同，条件控制得好，方法效果显著，反之，条件用得不严格，将走向反面，引进玷污。

A 精馏法

精馏提纯是利用混合液中各组分的沸点不同（挥发性的差异）来达到分离各组分的目的。蒸馏、分馏、精馏这是三个意义不同的概念，都是用于混合物分离提纯的。蒸馏是根据物质沸点差异，加热被蒸混合物，蒸出低沸点物质，将蒸汽冷凝下来，使高低沸点物质分离的过程。分馏则是多次蒸馏分别进行的过程。将第一次蒸出的低沸点气相冷凝成液相，再加热蒸馏使之连续。精馏是在一个设备中，多次蒸馏连续进行的过程，即同时多次进行部分冷凝和部分蒸发，以分离液体混合物。在精馏塔中，上升的气相与下降的液相接触，通过热交换进行部分汽化和部分冷凝实现质量交换的过程，经过多次交换来达到几乎完全分离各组分的提纯方法。

精馏是一种很有效的提纯手段，在一套标准的精馏设备中（包括两个挥发器、两个除低馏分塔、两个除高馏分塔），一次全过程，$SiHCl_3$ 的纯度可从 98% 提纯到 9N ~ 10N，而且可连续大量生产，因此精馏是 $SiHCl_3$ 提纯的主要方法。图 3-4 中给出了精馏设备的前半部分，后半部分与前半部分相同，是进一步精馏的装置。

简单精馏法是一种最重要的提纯方法，它简单而有效，又避免引进任何试剂，绝大多数杂质都能被完全分离，特别是非极性重金属氯化物。但它对彻底分离硼、磷和强极性杂质（铁、铜、镁）氯化物受到一定的限制。三氯氢硅与绝大多数杂质挥发度相差更大，除去磷、硼两种有害杂质也比较容易，因而三氯氢硅精馏法比四氯化硅更为有效。

配合精馏法几乎能除去所有杂质，是一种最有成效、最有前途的方法。但是分离配合物又离不开精馏。此外，还有配合剂的选择、处理、配合条件、减少玷污等具体问题。这方面国外研究得较多。

固体吸附和部分水解吸附对精馏过程有很好的帮助。前者对分离强极性杂质磷和金属氯化物特别有效，后者对除硼有特效。该方法用于三氯氢硅时比用于四氯化硅时的效果差，这是由于结构的弱极性所决定的。

B 配合法

关于高纯硅的质量，最关键的问题在除硼的深度，因为它在硅中的分布系数接近于 1，同时它的蒸气压和硅氯化物又极为接近，它不能用区域熔炼法除去，采用多级精馏法的提纯效果也有一定限度。然而配合法能解决除硼这个问题，世界上几个半导体先进的国家已采用该法制得电阻率大于 1000Ω · cm 的 P 型超纯硅，有的可达 3000 ~ 4000Ω · cm 以上，硼含量小于 $0.1 \times 10^{-7}\%$，纯度可达 10N。

选择配合物的原则为：

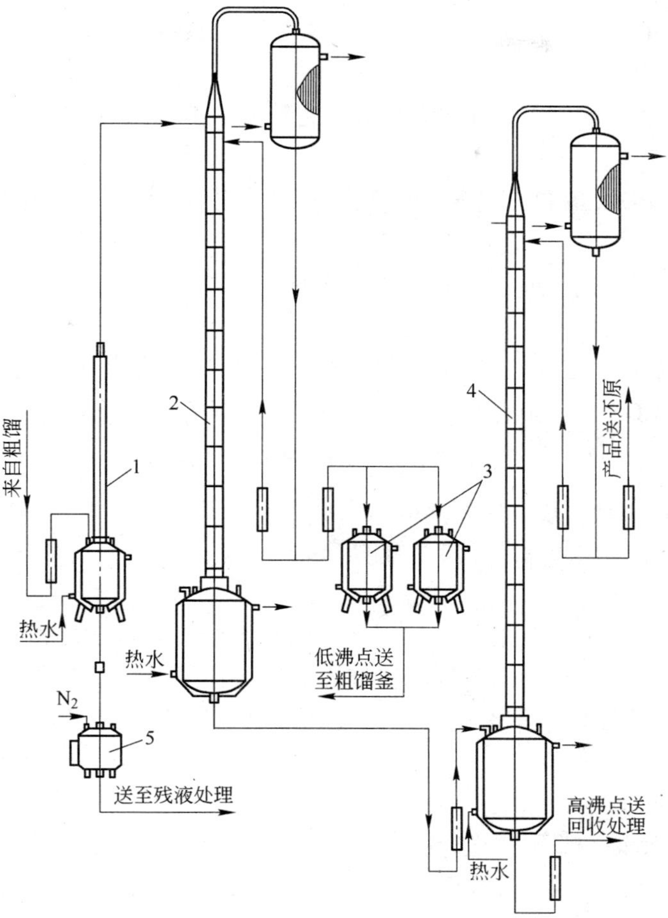

图 3-4 连续精馏系统图

1—蒸发器；2—精馏Ⅰ塔；3—低沸点槽；4—精馏Ⅱ塔；5—残液槽

（1）能与 BCl_3 形成化学上高度稳定的配合物；

（2）难挥发和对热很稳定；

（3）不与 $SiCl_4$、$SiHCl_3$ 发生作用。

C 固体吸附法

固体吸附原理是基于化合物化学键极性来吸附分离的。$SiCl_4$ 是无电偶极矩的对称分子（$SiHCl_3$ 只有极弱的极性），其分子是对称的，有着不能或很少形成加成化学键的稳定电子结构。与此相反，有害的杂质如 BCl_3 和 PCl_3 等都是具有相当大的偶极矩不对称分子，强烈地趋向于形成加成化学键，很容易被吸附剂吸附。此外，吸附剂的表面由羟基所覆盖，因此对离子型化合物和容易水解的化合物容易吸附。固体吸附法可以克服精馏法对强极性杂质难以除去的困难，是提纯 $SiCl_4$ 的一种极为有效的方法。$SiHCl_3$ 只有极弱的极性，因此该法同样适合 $SiHCl_3$ 的提纯。实际生产中常用活性氧化铝柱或硅胶吸附柱吸附提纯。

选择固体吸附剂的原则：第一具有大的表面积；第二要具有大的表面活性。例如将硅胶经 NaOH 洗涤或在 1000℃高温下灼烧都会失去吸附能力，前者失去了活性，后者破坏了胶体结构，剧烈降低了表面积。生产中应用的有活性炭、水合氧化物和硅酸盐等，其中以活性氧化铝和硅胶的效果最佳。

D 部分水解吸附法

部分水解吸附法主要是用于除去杂质硼，也能除去其他极性杂质如 Fe 和 P 等。基本原理是：

（1）卤化硼、BOCl 等和其他含硼配合物比 $SiCl_4$ 更容易水解、水化或被水配合，形成不挥发的化合物而除去。

（2）水解时，过量的水使一部分卤化硅水解成硅胶 Si-H_2O，能吸附硼和其他极性杂质如 Fe 和 P 等。

（3）缓和剂的作用，一般水解时不直接加水，而添加含水化合物（$CaCl_2 \cdot 6H_2O$）、含水纤维素和 CH_3CONH_2 等避免局部水解，而 CH_3CONH_2 有如下反应：

$$CH_3CONH_2 \longrightarrow CH_3CN + H_2O \tag{3-6}$$

除 CH_3CN 的配合作用外，还有均匀水解的优点。

反应条件为：水的用量保证杂质水解的需要即可。

E 萃取提纯法

研究表明，$SiCl_4$、$SiHCl_3$ 是可以采用萃取法提纯的，但该法之所以未得到广泛的应用，主要原因可能是由于大量的萃取剂提纯困难，操作复杂。萃取方式和过程可以是液-液萃取或气-液萃取。较好的萃取剂有三氯化锑和具有芳香环的多元醇类，如苯乙二醇，芳香甘油醚，邻羟基苯酚等。

3.1.3.2 硅烷的提纯

硅烷可用低温精馏和吸附法进行提纯。但因硅烷沸点太低，因此精馏要有深冷设备和良好的绝热装置，从而导致硅烷的低温精馏提纯费用太高，所以目前多采用吸附法提纯。

从发生器出来的硅烷先用 0.4nm 分子筛除去较多量的 NH_3、H_2O 及一部分 PH_3、AsH_3、C_2H_2、H_2S 等；接着用 0.5nm 分子筛吸附余下的 NH_3、H_2O、AsH_3、PH_3、H_2S、C_2H_2，同时还吸附 B_2H_6、Si_2H_6；再用 1.3nm 分子筛除去烷烃和醇等有机大分子；最后用常温和低温两级活性炭进一步除去 B_2H_6、AsH_3、PH_3。

吸附后的硅烷可经过热分解炉提纯。因一些杂质的氢化物热稳定性差，在 360℃ 以下即能分解析出，而硅烷要到 600℃ 以上才明显分解，其反应为

$$SiH_4 = Si + 2H_2 - 49.8\text{kJ/mol} \tag{3-7}$$

$$\Delta G_0 = 8675.38 - 3.19T - 7.80T\lg T \tag{3-8}$$

利用上面关系式计算，当 $\Delta G_0 = 0$ 时，$T = 360$K，即从热力学上看在温度高于 87℃ 时 SiH_4 就有分解的趋势，但速度很慢，只有在 600℃ 以上时，硅烷才能迅速分解。在 1.013×10^5Pa 气压下，680℃ 时分解率可达 99.6%。

3.1.4 高纯硅的制备

3.1.4.1 锌还原法（杜邦法）

用锌还原 $SiCl_4$ 的方法原为培凯托夫在 1865 年所发现，后来杜邦公司的莱翁等人加以改进，于 1951 年正式建厂生产，习惯上称之为“杜邦法”。

用此法制取高纯硅的原理基于以下反应：

$$SiCl_4(g) + 2Zn(s) \longrightarrow Si(s) + 2ZnCl_2(g) \tag{3-9}$$

整个流程包括粗硅氯化、$SiCl_4$ 提纯、锌提纯、还原及化学处理等工序，制得的硅呈针状或块状。

由于用锌作还原剂不可避免地会引进一些杂质，因而产品质量远远落后于使用要求，所制得的单品电阻率只有 30～100Ω·cm。日本有人曾花了七八年时间试图把此法制得的硅的电阻率提高到 1000Ω·cm，但未成功，一度曾实验用锌氢混合还原的方法来提高质量，也未获得肯定的结论。目前仅有极个别厂沿用此法生产。

3.1.4.2 $SiCl_4$ 氢还原法（贝尔法）

国外有人早在 1930 年左右就曾做过氢还原卤化硅的实验，当时由于原料未经有效提纯，获得的硅纯度不高。1955 年贝尔电话公司实验室的休罗把此法加以改进制得了高纯度硅。1956 年起 Eagle-Pitcher 等公司即开始采用此法生产。

此法是在杜邦法的基础上发展而成的，基于下列反应而制得纯硅：

$$SiCl_4(g) + 2H_2(g) \xrightarrow{1100 \sim 1200℃} Si(s) + 4HCl(g) \tag{3-10}$$

制造工艺和杜邦法基本相同，硅可以在钽条、钽带或钼带上沉积，也可以在石英管壁沉积。由于氢比锌容易提纯，制得的硅纯度较高，其中 B 和 P 的含量约为 $1\times10^{-7}\%$～$5\times10^{-7}\%$。如果在精馏外再结合吸附法和配合法提纯，B 的含量可小于 $1\times10^{-7}\%$。用此法制得的硅经区熔提纯后可得到电阻率为 400～3000Ω·cm 的 P 型单晶。

用钽带作载体的缺点是还原反应不能充分进行，实收率较低。在石英管壁沉积的实收率较高，但得到的是块状硅，不能直接用于区域熔炼，且产品易为石英中的杂质所玷污。故此法在产品质量上或技术经济指标上都不如西门子法，目前国外虽有一些厂仍用此法生产，但主要是利用原有设备而已。

3.1.4.3 $SiHCl_3$ 分解法（倍西内法）

1956 年法国倍西内公司试制成功 $SiHCl_3$ 热分解法，称为倍西内法。

此法基于下列反应：

$$4SiHCl_3(g) \longrightarrow Si(s) + 3SiCl_4(g) + 2H_2(g) \tag{3-11}$$

可以用 H_2 在高温下部分还原 $SiCl_4$ 以及用干燥 HCl 气体氯化粗硅来制备 $SiHCl_3$，后者在工业上应用较多。

$$SiCl_4 + H_2 \longrightarrow SiHCl_3 + HCl \tag{3-12}$$

$$Si + 3HCl \longrightarrow SiHCl_3 + H_2 \tag{3-13}$$

$$2Si + 7HCl \longrightarrow SiHCl_3 + SiCl_4 + 2H_2 \tag{3-14}$$

由于反应在 250～350℃下进行，故由粗硅移入 $SiHCl_3$ 的杂质较少，$SiHCl_3$ 和 $SiCl_4$ 的提纯方法基本相同，主要采用精馏、吸附、配合等方法。由于 $BHCl_2$ 的蒸气压与 $SiHCl_3$ 的相差很大，在精馏时除硼比较有效。

$SiHCl_3$ 的热分解在加热到 800～1000℃的石英管内进行，硅沉积于石英管壁，由于两者膨胀系数不同，会使石英管破裂。为此，可以在石英管壁涂上一层由甲烷在 1000～1100℃时分解所得的光亮的硬似金刚石的碳质液膜，这样沉积的硅很容易和石英分离，还可防止石英管壁的污染。产品须用化学腐蚀法或机械摩擦法除去表面黏附的玻璃状碳质薄膜，经酸浸、水洗、干燥后得到块状光谱纯硅。用这种硅制得的 P 型单晶电阻率为 400 ~ 600Ω · cm。此法的缺点是产品呈块状，无法直接用于浮区精练。

3.1.4.4　$SiHCl_3$ 氢还原法（西门子法）

1955 年西门子公司的 E. Spenke 等人成功研究在硅棒发热体上用 H_2 还原 $SiHCl_3$ 来制备超纯硅，1957 年开始大规模工业生产。据最新报道，用此法制得的硅经悬浮区熔后硼含量可小于 $0.05 \times 10^{-7}\%$，由于这个方法对硼的去除特别有效，产品硅呈棒状，便于区熔精炼，故为各厂所乐于采用，是目前世界上应用最广的方法。其生产流程如图 3-5 所示。

此法基于以下反应：

$$SiHCl_3(g) + H_2(g) \longrightarrow Si(s) + 3HCl(g) \tag{3-15}$$

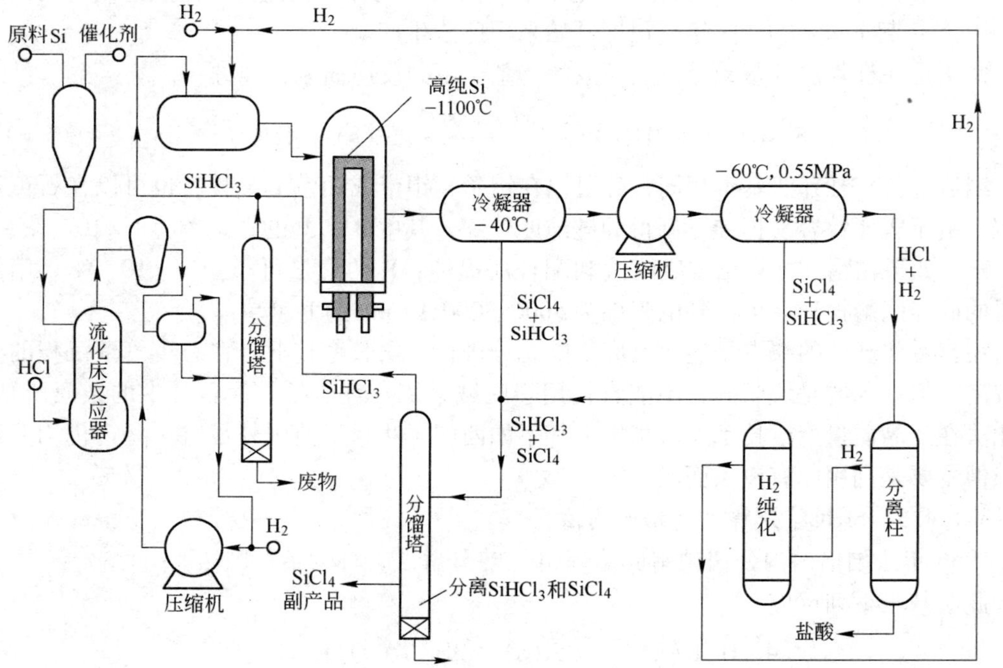

图 3-5　西门子法高纯硅生产流程

由于 $SiHCl_3$ 的热稳定性较低，还原成元素硅的过程较 H_2 还原 $SiCl_4$ 时更容易进行，而且更安全。此法的显著特点在于将 $SiHCl_3$ 和 H_2 的混合气体通到一根用通电流或高频感应加热到约 1000℃的硅棒上，还原时生成的硅就沉积在硅棒上，而且还原和区熔可在同一设备内进行，因而能完全防止来自容器的污染。用这种方法制成的硅单晶是粗大而均匀的硅棒，直径为 20mm 左右，〈111〉晶向，长约 30cm，电阻率可达数千至 30000Ω · cm。

在室温条件下，曾制得室温电阻率达 150000Ω · cm 的 P 型硅，硼的含量仅$10^{11}cm^{-3}$。P 型和 N 型的寿命值都在 1000μs 以上。硅棒轴向电阻率和寿命相当均匀，结晶位错密度蚀斑也非常均匀。用 9μm 红外线吸收法测出含氧量在 $10^{16}cm^{-3}$ 以下，比用通常拉晶法所得的 $10^{18}cm^{-3}$ 还要小 2 个数量级。因而用此法制成的硅单晶最适于制造超高性能的整流器元件。

3.1.4.5 硅烷法

硅烷发现于1857年。1936年，美国Hogness等人定性地研究了硅烷的热分解反应，发现硅烷在380℃以上已能完全分解成硅和氢。1956年英国国际标准电气公司的标准电讯试验所首先研究成功用硅烷热分解法制备超纯硅，1959年日本的石冢研究所也试验成功。此法制得的硅不仅质量好（基硼含量可小于$0.05\times10^{-7}\%$），且收得率极高，制备28g硅仅需32g硅烷，故经济效果很明显，只是硅烷有毒，通空气易爆炸，大规模生产时问题较多。

用硅烷热分解法制取超纯硅主要基于下列反应：

$$SiH_4 \longrightarrow Si + 2H_2 \tag{3-16}$$

硅烷的制备方法很多，如用硅镁合金与盐酸作用；在液氨中用硅镁合金与溴化铵作用；在常温下将Ca_2Si与浓HCl及乙醇作用制得$Si_6O_3H_6$，再以此与NH_3作用而得SiH_4等。目前在工业上多采用$SiCl_4$与$LiAlH_4$反应的方法来制备SiH_4。

$$SiCl_4 + LiAlH_4 \longrightarrow SiH_4 + LiCl + AlCl_3 \tag{3-17}$$

经过吸附、水解、预热分解等方法净化的硅烷就可以进行热分解，硅可以沉积在石英管壁（1100~1200℃）、钽条、钽带或钼带（900~1000℃）上，但最好在高纯硅棒的表面上分解。用此法制得的硅经区熔后电阻率可达10000Ω·cm，收得率也极高。

3.1.4.6 碘化法

早在1925年，范·阿克尔（Van Arkel）等人就研究用碘化法来精炼金属，其实质是将碘与被精炼的金属相互作用形成该元素的碘化物，然后在同一个真空密封装置中的发热体上分解成金属，对硅而言，反应如下：

$$Si(s) + 2I_2(g) \longrightarrow SiI_4(g) \tag{3-18}$$

有人认为SiI_4分解成Si及I_2的温度开始于1160℃，但只有当压力小于1999.836Pa（15mmHg）时才有此反应，这个压力被称为临界分解压力。如压力大于1999.836Pa（15mmHg），SiI_4则被元素硅还原。他们还提出，在高压力下SiI_4在热区分解成SiI_2及I_2。

$$SiI_4(g) \longrightarrow SiI_2(g) + 2I(I_2)(g) \tag{3-19}$$

当温度低时此反应由右向左进行，如低于临界分解压力（1999.836Pa，15mmHg，在1160℃时），则同时发生两个附加反应：

$$SiI_4(g) \longrightarrow Si(s) + 4I(2I_2)(g) \tag{3-20}$$

当SiI_4的压力高时，粗硅能与SiI_4作用（吸热反应）而形成二碘化物：

$$Si(s) + SiI_4(g) \longrightarrow 2SiI_2(g) \tag{3-21}$$

用上述碘化法可以除去金属中的O_2、N_2、C，而其他杂质如Al、B、Fe、Cu等尚不能用这种简单的碘化物循环法有效地除去。为了达到半导体纯级的硅，需要进一步发展碘化法。最有效的手段是将中间产品碘化物用重结晶、分馏、升华和区熔精炼等方法加以提纯，然后再进行热分解。

SiI_4可以用99.9%的商品硅（颗粒直径为44~100μm）和试剂级碘于大气压下在流化床反应器内来制备，反应温度为500~1000℃。碘在流化床中停留的时间很短，仅1~2s，但反应却很快，能定量地完全进行。

SiI_4在室温下是固体，熔点为120.5℃，沸点为290℃，重结晶可以在甲苯或正庚烷中进行，然后在石英塔中精馏。大多数金属碘化物的蒸气压比 SiI_4 的蒸气压低，因此在蒸馏时，这些杂质残留在蒸发器中。磷和硼的碘化物较易挥发，必须从精馏塔顶部将其先行除去，然后蒸馏出纯 SiI_4。在1个大气压下 CI_4 的沸点比 SiI_4 高19℃，而 PI_3 的沸点比 SiI_4 低63℃，根据计算，PI_3 对 SiI_4 的相对挥发度为3.4，SiI_4 对 CI_4 的相对挥发度为1.4，由于两个挥发度都足够大，因此用具有中等理论塔板数的分馏塔即可分离得相当好，精馏后 SiI_4 中杂质总浓度降低至 $10^{-11}\%$。采用区熔精炼能有效地除去 SiI_4 中的B，因为 SiI_4 中B的有效偏析系数等于0.16（Si中B的有效偏析系数接近于1）。

经过提纯后的 SiI_4 可以在石英管壁、钽条、钼条上热分解，也可在真空中于感应加热到1000℃的硅棒表面上进行热分解。SiI_4 在1000℃和低压下分解的数据可表示为如下线性函数关系的方程式：

$$\lg P = 2.18 + m/0.35 \tag{3-22}$$

式中　P——向分解器输送的 SiI_4 蒸气流量；

m——转化为固态硅的 SiI_4 分数。

当温度在1000℃和冷凝压力在0.133～1.33Pa时，下列方程式的总反应合乎前面的关系式：

$$SiI_4(g) \longrightarrow Si(s) + 2I_2(g) \tag{3-23}$$

用此法制得的硅的电阻率可达500Ω·cm甚至数千欧·厘米以上，寿命为140μs。此法的缺点是产量小。理论上讲 SiI_4 的提纯比较有效，但过程太复杂，且回收碘有问题，在经济上不太合算，故目前还不适宜于工业化大量生产。

除了 SiI_4 的高温热分解外，也可用氢还原法来制备纯硅。

$$SiI_4(g) + 2H_2(g) \xrightarrow{900 \sim 1100℃} Si(s) + 4HI(g) \tag{3-24}$$

此法具有热分解同样的缺点。

3.1.4.7　一氧化硅歧化法

将固体一氧化硅加热到1000～1730℃，固体一氧化硅发生歧化反应，分解生成液体或固体硅和固体二氧化硅，然后将生成的硅与二氧化硅和（或）一氧化硅分离，可制造高纯硅。

高纯硅的原料固体一氧化硅的制备如图3-6所示。将此一氧化硅保持在1000℃以上和硅熔点以下的温度范围内加热，再进一步在硅的熔点以上和1730℃以下的温度范围内加热。歧化反应进行期间，实质是封闭反应体系，以防止固体一氧化硅蒸发气化。一氧化硅

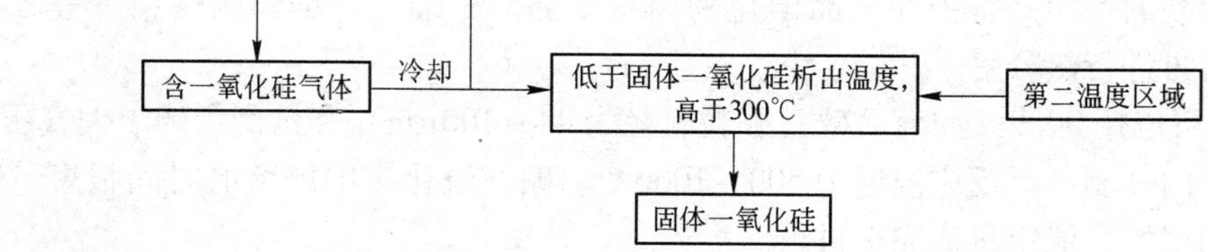

图3-6　固体一氧化硅的制备流程

的平均粒径为0.001～5mm之间。固体一氧化硅杂质含量为十分之一，得到的硅中磷和硼的杂质含量比原料所含的要低。用冷凝精制法使得到的硅进一步高纯度化。

因硼和磷的偏析系数接近于1，仅使用冷凝精制法很难去除它们。该法是生成的液体硅在液态下与固体一氧化硅和（或）二氧化硅分离，当将二氧化硅固体相对于硅的生成比例控制在特定值时（如反应体系中供给氧化性气体，控制氧化性气体的流量，使产物硅与二氧化硅之间的摩尔比在1～1.5之间），一氧化硅固体中的杂质可以在二氧化硅固体中浓缩从而达到分离的目的，这是因为一氧化硅中的杂质一般是以氧化物形式存在，而氧化物在二氧化硅中更加稳定的缘故。歧化反应的温度最好在硅的熔点1412℃到1550℃范围内。热处理温度低于1000℃时，硅不生成。当温度在硅熔点以上时，即使短时间热处理也能生成理论生成量的硅，而且生成的硅将与一氧化硅和二氧化硅自然分离，这是因为熔融态的硅与一氧化硅固体和二氧化硅固体之间湿润性差，熔融态硅从其中被排出，集合起来使其表面积减小的缘故。

3.1.4.8 冷等离子体结合湿法冶金法

湿法冶金提纯冶金硅（纯度为2N）能使其纯度达到3N以上。它不仅可以在常温下进行，还具有成本低、设备简单、处理量大的优点。它的缺点在于经湿法冶金后的硅粉纯度不是很高，尤其是导致太阳能电池性能恶化的非金属杂质如硼、磷等很难去除。因此，目前湿法冶金仅仅被当作一种初级提纯的方法，其产品还需经火法冶炼等别的方法更进一步提纯才能达到制作太阳能电池所需的4N～6N的纯度。

等离子体冶炼作为一种新型的硅粉提纯技术已引起人们的重视。它利用辉光放电产生的冷等离子体中的活性反应粒子，如氯、氢、氧等原子或离子与硅粉表面的杂质发生气-固反应，生成气态物质后被真空系统抽走，从而达到将硅粉提纯的目的。它具有工艺简单、能耗低、效率高的特点。特别是它可以把硼、磷等非金属杂质去掉90%以上，这是湿法冶金难以做到的。但是，由于反应室中的放电电极和真空室钟罩为不锈钢材料制成，经冷等离子体提纯后的硅粉中铁和镍的含量仍然偏高。

用冷等离子体结合湿法冶金制备太阳能级硅材料先用工业纯酸对冶金硅粉进行预处理，去掉大部分金属杂质以减少等离子体冶炼的时间，降低气、电的消耗和设备的损耗，降低成本。等离子体冶炼后再用高纯酸处理，可以进一步降低铁和镍的含量，由于所用高纯酸量很少，因此成本不会上升很多。

A 冶金硅的预处理

冶金硅的预处理流程如图3-7所示。

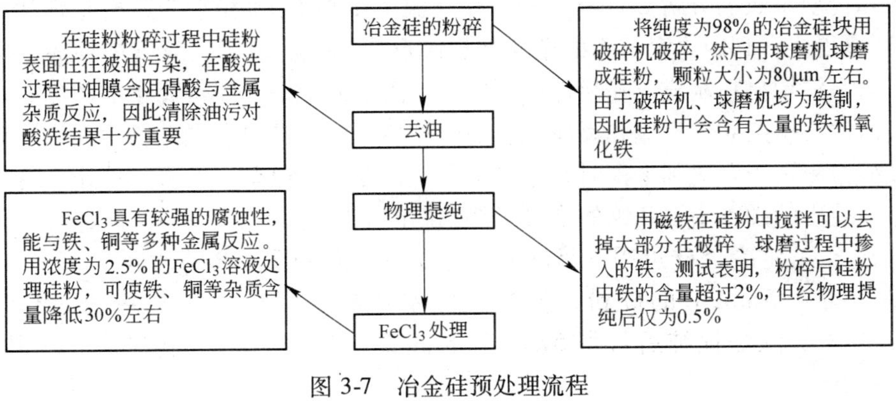

图3-7 冶金硅预处理流程

B　湿法提纯

预处理过的硅粉用图 3-8 所示的工艺流程进行湿法提纯，其要点如下：

（1）酸浓度过高时会使一些金属杂质“钝化”，因此应选用稀酸。但铜、金等杂质只与浓酸反应，因此在流程的中后部分应选用较浓的王水等。

（2）HF 可除去硅粉表面的 SiO_2，也可除去金属杂质表面的氧化膜，因此一般在流程的后面加入 HF。

（3）清洗贯穿于整个湿法提纯过程。每次酸浸取后都要清洗以保证杂质的有效去除。一般中间过程清洗 3 遍，最后清洗 8 遍。

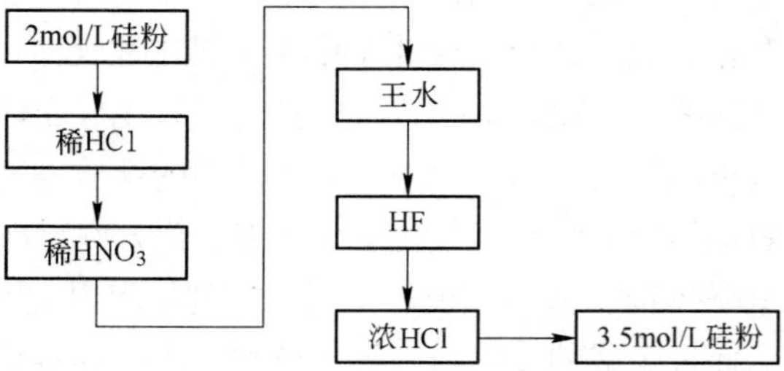

图 3-8　湿法提纯流程图

（4）为降低成本，除 HF 外，所用酸均为工业纯。

C　等离子体冶炼

把 3. 5mol/L 硅粉放入反应室中，氩与氯化氢混合气体通过阳极直接吹到硅粉薄层上。在辉光放电情况下形成氩、氢、氯的离子及各种中性的活性粒子，它们与置于阴极上的硅粉相互作用，进而起到提纯作用。阴极底部用电炉加热，以提高化学反应速率及杂质的扩散速率，反应后的气体由高速机械泵抽走。

D　湿法冶金

这一步骤重点去除的杂质是铁和镍，因此用稀盐酸就可以了。为了保证硅粉的纯度，应选用高纯盐酸。高纯盐酸用量很少，但要消耗较多的蒸馏水和一定量的去离子水。湿法冶金和冷等离子体提纯都基于一个基本现象：由于硅中导致太阳能电池性能恶化的杂质具有很低的分凝系数，熔化的硅在固化（即冶金硅的生产）过程中，绝大多数杂质将在晶粒边界或多晶硅的空隙处析出，当冶金硅块被粉碎到颗粒大小与多晶硅的晶粒大小相当时，绝大多数杂质将在晶粒暴露的表面析出。湿法冶金就利用各种酸与晶粒表面的杂质反应，从而达到提纯的目的。

根据等离子体的化学反应动力学，硅粉提纯的过程可分为 6 个基本步骤，整个过程如图 3-9 所示。

对于硅粉表面的杂质来说，它们的去除显然不需要经过步骤 6。通过对反应活化能、速率常数和传质系数的分析和计算可知，在高温下步骤 1、3 和 4 的速率是很快的，而步骤 2、5 则慢得多，它们决定了表面杂质的提纯反应速率。由于反应室中的放电电板和真空室钟罩为不锈钢材料制成，在冶炼过程中，等离子体中铁、镍等离子的浓度较高，影响了硅粉表面铁、镍杂质的反应和反应生成物向等离子体的扩散。当硅粉表面铁、镍离子的浓度与气相主流区浓度达到平衡时，净输运为零，即铁、镍杂质的去除停止。这就是经冷等离子体提纯后的硅粉中铁和镍的含量仍然偏高的原因。

湿法冶金提纯冶金硅可得 3. 5mol/L 的硅粉，其中 B、P 的含量较高。用等离子体提纯后可得 4. 5mol/L 的硅粉，但受反应室材料的影响，其中 Fe 和 Ni 的含量仍然较高。再一次湿法提纯后可得 5mol/L 的硅粉，基本达到了制作廉价太阳能电池的要求。

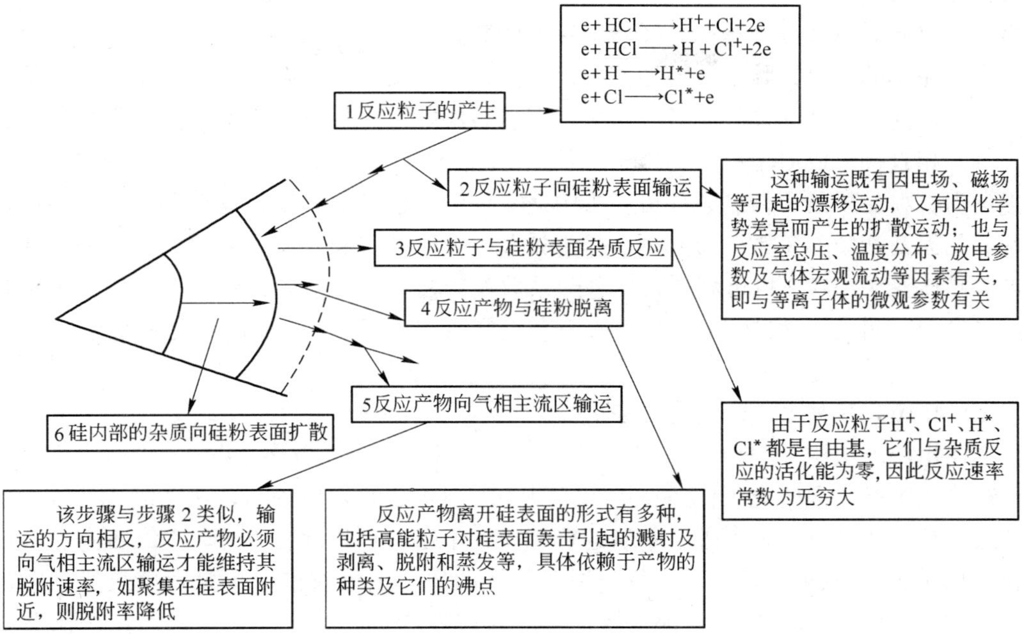

图 3-9 冷等离子体提纯硅粉的流程

3.1.4.9 工艺技术的改进

以往都用氯和氯化氢与硅作用来制备 $SiCl_4$ 和 $SiHCl_3$，后来一些专利提出了在原料硅中掺入 Al 和 Cu 的方法，这样可以降低反应温度，并提高产品的质量和产率。

精馏技术几乎是卤化硅烷早期提纯的唯一手段，但对一些极性大的杂质的分离却比较困难。后来一系列专利提出了吸附、配合、萃取、水解等提纯方法，这些方法可以单独使用，也可以与精馏法联合使用。上述方法以配合法效果较好，可使卤化硅烷中硼的含量降低到 $0.1\times10^{-7}\%$ 的水平，故应用较广。

目前至少已发现 N、P、O、As、S、F、Cl 等七个元素在其化合物分子里是 BCl_3 中硼原子的电子给予体（施主），含有这些元素的化合物都能与 BCl_3 形成配位化合物，所以一些含有一个或多个 N、P、O、F、S、Cl 原子及一对或多对未共享电子对的有机或无机化合物都可作为 BCl_3 的配合剂。另外具有芳香环的多元醇类可以用来作为萃取硼的螯合剂，如果将这些螯合剂与精馏法结合起来，在卤化硅烷提纯中的应用将产生显著效果。

在还原工序中，近年来最显著的改进是以硅棒代替钽或钼作发热体，这样就大大减少了杂质的污染。此外，许多专利提出了还原时硅棒温度自动控制方法和制备粗细均匀的硅棒的方法。还原工序中另一个重要的改进是以籽晶作发热体，精确掌握还原温度和气体湍流条件，就能直接生长出单晶。这一方法目前已由实验室转到中试生产的水平。

熔体拉制法虽然有工序简单、产量大、位错小以及可以制得大直径单晶等优点，但是由于坩埚的污染，质量受到一定限制。针对这个问题，研究者提出的“基座法”受到各方面的重视，特别是利用“基座法”拉制大直径单晶的研究工作正在进行。

浮区熔炼的外加热式炉已逐渐为内加热式炉所替代，而且可以制得直径大于 40mm 的单晶。目前正在进一步研究用“托浮”线圈或两种频率的高频磁场工作以改变硅棒形状等增大直径和强化操作的方法。现在比较新式的浮区熔炼炉都是温度自动控制、程序控制、区熔时可以同时掺杂以及硅棒直径自动控制的装置。

生长晶体的方法，除了从熔融液中生长外，还有从溶液、固相及气相生长等方法。最近发展起来的半导体晶体的制备方法中，有从熔融液过冷状态形成带状晶体的枝蔓生长法以及由气相直接形成薄单晶层的外延生长法，这些都已在工业上获得了应用。枝蔓生长法的优点为材料品质易于控制，并可省去中途零件的切削与化学处理等工序，但枝蔓中尚存在着双晶面及杂质不正常分布问题。作为枝蔓生长法的实例，可用剥落的双晶面做成微合金扩散晶体管 MADT，也可利用杂质分配系数大的枝蔓来制造二极管，以及用来做外延生长的衬底等。外延生长法与器件制造工艺的关系比较密切，近年来发展很快，应用也较广。

3.1.4.10　*各种方法的发展趋势*

上述生产方法中，“杜邦法”早被淘汰，“贝尔法”正在被逐渐淘汰，“碘化法”在美国已经停止生产，但研究工作还在进行。日本对碘化法的兴趣较高，还在继续研究，可能与外延生长的研究有关，另外日本碘的资源比较丰富，可以充分利用。“倍西内法”的质量和产率无法与“西门子法”竞争，现在公认的生产上最有前途也是竞争最激烈的当推“西门子法”和“硅烷法”。目前世界上生产超纯硅的工厂中，以采用“西门子法”流程的工厂最多，其次是“硅烷法”。因此从目前情况来看，前者占优势，但最近日本和美国对“硅烷法”的兴趣很高，正在大力进行研究和改进，从经济和除硼效果考虑，有可能在不久的将来“硅烷法”将逐渐取代“西门子法”。

近年来，也有一些人在研究六氯化硅（$SiCl_6$）的制备工艺，日本专利提出了一个较为经济和易于操作的方法，即将硅和活化的锑加入到溶有氯化氢的溶液中，于 150℃以下生成六氯化硅。用此法制得的粗 $SiCl_6$，经 5 次分馏，密度为 1.56g/cm^3，熔点为 0℃，沸点为 142℃；纯度通常在 5N 以上，如进一步分馏，纯度可达 7N，实收率为 75% ~80%。由于 $SiCl_6$ 的熔点和沸点较 $SiCl_4$ 和 $SiHCl_3$ 要高得多，为分离 BCl_3 提供了有利条件，如能进一步改进 $SiCl_6$ 的制造工艺，则此法在生产上应用的希望很大。

3.1.5　多晶硅的制备

3.1.5.1　*多晶硅的生产概述*

多晶硅是单质硅的一种形态。熔融的单质硅在过冷条件下凝固时，硅原子以金刚石晶格形态排列成许多晶核，如果这些晶核长成晶面取向不同的晶粒，则这些晶粒结合起来，结晶成多晶硅。多晶硅一般呈深银灰色，不透明，具有金属光泽，性脆，常温下不活泼。

多晶硅可作拉制单晶硅的原料，多晶硅与单晶硅的差异主要表现在物理性质方面：

（1）在力学性质、光学性质和热学性质的各向异性方面，远不如单晶硅明显；

（2）在电学性质方面，多晶硅晶体的导电性也远不如单晶硅显著，几乎没有导电性。

在化学活性方面，两者的差异极小。多晶硅和单晶硅可从外观上加以区别，但真正的鉴别需通过分析测定晶体的晶面方向、导电类型和电阻率等。

多晶硅产业是国家“十一五”期间重点扶持和发展的高新技术产业，其产品广泛应用于半导体集成电路、太阳能产业等领域，是国内光电产业发展的基础材料。目前，多晶硅产品市场需求大，国内供应尚不足，相当量的多晶硅产品仍需从国外进口。

A 国内多晶硅产业概况

我国多晶硅工业起步于20世纪50年代，60年代中期实现了产业化，到70年代，生产厂家曾经发展到20多家。但由于生产规模小、工艺技术落后、环境污染严重、消耗大、成本高等原因，绝大部分企业相继停产或转产。到1995年，仅剩下4家，即峨眉半导体材料厂（739厂）、洛阳单晶硅厂（740厂）、重庆天原化工厂和棱光实业公司。到了1996年，棱光实业公司和重庆天原化工厂相继停产。2000年，洛阳单晶硅厂（740厂）和峨眉半导体材料厂（739厂）的总生产能力和产量约为100t/a，产品自产自用。2001年，我国多晶硅产量为80t，仅占世界产量的百分之零点几；2002年产量为80~90t；2003~2004年，仅剩峨眉半导体材料厂独家生产多晶硅，产量进一步萎缩到60~70t。2005年底，中国单晶硅的产量达到2700t，其中半导体用约700t，太阳能电池用2000多吨。对多晶硅的需求量为3800t，其中光伏产业需求2691t，但多晶硅的生产只有峨眉半导体材料厂一家，产量不足100t，大量的缺口只能依赖进口。2006年，峨眉半导体材料厂扩大了产量，洛阳中硅也加入生产后，两个厂的年产量估计不足500t。进入2007年，乐山星光硅业已建成投产，逐步扩大产能（见表3-6）。2009年峨眉多晶硅材料厂的多晶硅产量已达1500t；洛阳中硅多晶硅产量达5000t，乐山星光硅业多晶硅产量为1500t。到2010年，我国电子级多晶硅年需求量将达到约2000t，而太阳能电池的产能扩大后，对多晶硅的年需求量将可达1万~1.5万t。

表3-6 中国主要多晶硅已建、在建及拟建项目

状态	厂商	计划产能规模 /$t \cdot a^{-1}$	一期产能 /$t \cdot a^{-1}$
已建成产能	峨眉半导体	4500	1500
	洛阳中硅	300	300
	新光硅业	1260	1260
	徐州中能	1000	1000
在建产能	洛阳中硅二期	3000	1000
	云南曲靖爱信	10000	1000
	福建硅杏硅业	200	200
	重庆万州（江苏大全）	6000	1500
	扬州顺大	6000	1500
	亚洲硅业	6000	1500
	无锡中彩集团	300	300
	四川乐山（通成股份）	10000	1000
	四川新津（天威川投）	3000	3000
	四川乐山（乐电天威）	3000	3000
拟建产能	湖北荆门（武汉珈伟）	1500	1500
	湖北宜昌（南玻股份）	4500	1000
	辽宁锦州龙海	1000	1000
	宁夏石嘴山	4000	1000
	内蒙呼和浩特	1500	1500
	新疆特变	12000	1500
	湖南益阳	5000	1000
	青海东川（黄河水电）	1000	1000
合 计		85060	27560

由于建一个多晶硅厂的投资大、回报期长、国外技术的封锁和市场的垄断等原因，致使国内多晶硅生产和技术研究进展缓慢。21世纪以来，由于我国的技术取得了进步，加上购买到一些国外的技术，使多晶硅的发展明显加快了步伐，已逐步打破了发达国家对我

国的技术封锁，已接近国外的先进水平。由于技术封锁已被打破，不排除会出现国外竞相向我国出售多晶硅生产技术的现象，今后可能是我国多晶硅飞跃发展的时期。

高纯多晶硅是电子工业和太阳能光伏产业的基础原料，在未来的50年里，还不可能有其他材料能够替代硅材料而成为电子和光伏产业的主要原材料。随着我国半导体、电子和太阳能电池产业的迅速崛起，应加快发展我国多晶硅产业发展的步伐。其主要原因如下：

（1）半导体硅材料是电子工业和光伏产业的基础材料，多晶硅材料则是其基础的基础，没有高纯度多晶硅，上述产业就将面临无米下锅的困境，因此，高纯多晶硅工业对发展我国电子、信息、光伏产业是非常重要的。目前，主要制造技术又只掌握在美、日、德等发达国家的几家公司手里，从国家安全的战略高度来考虑，我们必须要有自己的规模化的多晶硅产业，必须自力更生发展自己的多晶硅技术，否则我们就将处于十分被动的地位。

（2）多晶硅产业是一个十分重要的战略性工业，目前全球约10亿美元的多晶硅材料支撑起了大约150多亿美元的半导体材料工业，而这些半导体材料又支撑起了约4000亿美元的微电子产业和2000亿美元的电力电子产业以及超过100亿美元的光伏产业，多晶硅材料的倍增作用是十分明显的。

（3）我国是一个正在迅速崛起、经济快速增长的发展中大国，我国的电子工业和光伏产业也正处在飞速发展的关键时期，如果要依靠90%以上进口高纯多晶硅来维持我国电子产品出口世界第二、光伏制造世界第三的地位是非常被动的。如果没有我国自己的规模化企业生产充足的多晶硅原料，要保持我国电子、信息和光伏产业的平稳和高速发展是不可能的，即使能够进口材料也将非常被动和受到限制。

我国多晶硅在工业生产方面与国际先进水平的差距主要表现在以下6个方面：

（1）工艺、设备落后，导致物料与电力消耗过大。

（2）生产规模小。现在公认最小经济规模为1000t/a，而我国现阶段企业生产规模相对偏小。

（3）超高纯产品（硼含量小于0.03ng/g）难以获得。

（4）成本没有竞争力。

（5）生产企业技术创新能力不强，基础研究资金投入太少，尤其是非标设备的研制能力差。

（6）存在低水平重复建设的隐忧。

B　国外多晶硅产业概况

2005年以来，全球太阳能电池产业迅猛发展，使世界硅材料的市场发生了根本的变化，全世界每年的半导体级多晶硅与太阳能电池消耗的多晶硅从2005年以前2∶1的比例变为1∶1，甚至太阳能电池消耗的多晶硅有超过半导体级多晶硅材料的趋势。由于传统应用领域半导体需求正在稳步增长，同时太阳能电池的需求在急剧增长，多晶硅材料出现了巨大的缺口。面对太阳能电池对多晶硅和单晶硅材料的巨大需求，各多晶硅厂家计划通过专用生产线和新工艺增加产量，以满足不断增长的需求。

a　缺口巨大

2005年太阳能电池所消耗的多晶硅材料约为1万t，在当年生产的约3万t多晶硅总量中相当于1/3左右。太阳能电池对多晶硅的需求自2001～2005年一直在以平均35%左右的年增长率持续增加。而半导体领域对多晶硅材料的需求今后也将保持强劲增长，因为平板电视、手机和笔记本电脑等领域对半导体的需求将继续看涨。全球用多晶硅供需测算见表3-7。

表3-7 全球多晶硅供需测算 (t)

年 份	2005	2006	2007	2008	2009	2010
现有厂商	30500	33300	36500	47500	59600	74500
其余厂商（可能性较高）	130	460	4155	9675	16184	26736
合 计	30630	33760	40655	57175	75784	101236
电子级多晶硅需求	20627	22277	24282	25496	26771	28109
光伏电池产量/MW	1759	2300	3220	4186	5442	7074
光伏电池多晶硅需求	21108	26220	34873	43068	53189	65688
总需求	41735	48497	59155	68564	79959	93797
缺 口	－11105	－14737	－18500	－11389	－4175	7438

多晶硅供应紧张，导致价格一路飞涨，由21世纪初13美元/kg涨到了2005年的80美元/kg以上；2006年，多晶硅价格进一步上涨，国际上超过200美元/kg，国内价格曾经达到2300元/kg以上，即使硅的头、尾料也到了1300元/kg左右，电路废片也到了400元/kg左右。而太阳能电池用单晶硅更是达2400～2600元/kg。自2008年10月以来，国际金融危机对全球经济产生了巨大影响，多晶硅的市场价格也由500美元/kg回落至100美元/kg左右。从全球的情况来看，预计2009年和2010年，全世界多晶硅产能将达到7.6万t和10.1万t，而需求量分别为8.0万t和9.4万t。因此，2010年开始全球多晶硅将供应过剩。

b 世界各公司积极投产

近年来，世界多晶硅材料的主要厂家的生产规模都在千吨到数千吨级规模以上，采用的技术大部分是先进的改良西门子法，多晶硅生产的主要工序都采用计算机控制，设备装备的水平高，采用综合利用技术，不仅提高了经济效益，而且对环境不产生污染，具有明显的竞争优势。世界多晶硅的先进生产技术一直掌握在美、日、德、意等国的几家公司手中，形成技术封锁，市场垄断。世界多晶硅生产也高度集中于美、日、德三国，世界各主要厂家生产状况见表3-8；世界多晶硅主要供货商2006～2010年生产与计划情况见表3-9。

表3-8 全球多晶硅产能统计 (t)

年 份	2005	2006	2007	2008	2009	2010
Hemlock（美）	7700	9500	10000	14500	19000	27500
Wacker（德）	5500	6100	8000	10500	14500	21500
REC（挪威）	5300	5500	6000	8600	12000	19500
MEMC（美）	4000	4400	6000	8000	11500	12000
Tokuyama（日）	5200	5200	5400	5600	7500	8200
Sumitomo（日）	800	900	1000	1000	1100	1300
Mitsibishi（日）	1600	1600	1600	1800	1800	1800
小 计	30100	33200	38000	50000	67400	91800
新进入者	130	460	8310	19350	32368	53471
总 计	30230	33660	46310	69350	99768	145271

表 3-9　世界主要多晶硅厂 2006 ~ 2010 年生产与计划　（t）

厂　名	2006 年		2007 年		2008 年		2009 年		2010 年	
	EG	SG	EG	SG	EG	SG	EG	SG	EG	SG
德山（日）	4200	1000	4200	1000	4200	1100	4200	2000	4200	2000
三菱（日）	1450	200	1450	200	1450	200	1450	200	1450	200
住友（日）	800		800		1300		1300		1300	
Hemlock（美）	5000	3000	5000	5000	5000	7100	5000	9500	5000	14000
AsiMI（美）	1500	1500	1500	1500	2000	3000	2000	3000	2000	3000
SGS（美）		2200		2200		8500		8500		8500
MEMC（美）	1200	1100	1200	1100	1300	1400	1500	1500	2000	3000
三菱（美）	1100	100	1350	150	1350	150	1350	150	1350	150
瓦克（德）	3200	2800	3200	2800	5000	5500	5000	8500	5000	9500
MEMC（意）	800		800		800		1200		1600	
合　计	19250	11900	19500	13950	22400	26950	23000	33350	23900	40350
EG : SG	1 : 0.62		1 : 0.72		1 : 1.20		1 : 1.45		1 : 1.69	

注：EG 表示电子级；SG 表示太阳能级。

面对太阳能电池对多晶硅和单晶硅材料的巨大需求，各多晶硅厂家计划通过专用生产线和新工艺增加产量，以满足不断增长的需求。目前，有采用改良西门子法加大沉积速度的办法，以增加产量；有利用单晶硅头、尾料、坩埚底料和集成电路制造时产生的碎片拉制太阳能电池用硅材料，还有许多制造商正积极开发各种不需达到半导体用硅纯度的廉价太阳能级硅产品。

c　低成本新技术成为研究热点

从多晶硅与单晶硅太阳能电池的性价比来看，多晶硅太阳能电池的性价比明显具有优势，因此它是未来发展的一个方向。如果采用改良西门子法生产的半导体级多晶硅生产太阳能电池，其成本较高，而且这种硅原料受半导体产业的影响，供应不稳定，数量也很有限。为了解决太阳能电池用硅材料的问题，各国都投入了大量精力进行太阳能电池专用多晶硅的研究，一方面是解决质量问题，另一方面是解决工业化批量生产的技术和工艺问题。制造太阳能电池等级多晶硅的新技术详见表 3-10。物理提纯方法也受到重视，日本“太阳能电池用原料技术研究组”专门开发新的太阳能电池用硅材料（SOG-Si）的批量生产技术。这种技术是：使用金属硅为原料，将其熔化，在熔融状态下去除硅中的硼、磷等杂质，并通过单向凝固进行提纯。其提纯的工序分为两步：第一步，通过电子束真空熔化，蒸发除去硅中的磷，并进行单向凝固，除去金属杂质等；第二步是将第一步工序制成的半成品进行等离子熔化，在微量水气氛中除去硅中的硼和碳，并再次进行定向凝固，除去硅中的残余金属杂质。

此外，还有沸腾床工艺颗粒状多晶硅技术。瓦克已在德国有了一座 100t/a 的试验工厂；日本德山正在建设 200t/a 的半商业化 VLD（气液沉积法）工厂；还有 REC 积极开发了下一代流化床多晶硅沉积技术和改良的西门子-反应器技术，以进一步降低能耗，从而降低成本。我国目前还没有单位和公司进行这方面的研究和试验性生产。

表 3-10 制造太阳能等级多晶硅的新技术

公 司	国 家	原 料	工 艺	生产目标/$t \cdot a^{-1}$
Wacker	德 国	三氯硅烷	流化床反应器	至少 500
JSSI	德 国	硅 烷	管式反应器	800（试产）
SGS	美 国	硅 烷	流化床反应器	2600～4300
Hemlock	美 国	三氯硅烷	流化床反应器	3000～5000
Tokuyama	日 本	三氯硅烷	气-液沉积	数 千
Chisso	日 本	四氯化硅	锌还原	未 知
EIkem	挪 威	冶金级硅	除渣/蚀刻/精炼	2000～5000
Invensil	法 国	冶金级硅	等离子纯化	未 知
Sunergy/ECN/ Sintef Scanarc	荷兰/挪威/瑞典	高等级石英/炭黑	碳热还原	500～1000（试产）

3.1.5.2 多晶硅的生产工艺

目前在国内外半导体级多晶硅的生产技术中，除西门子法生产多晶硅的工艺外，还有硅烷热分解生产棒状、粒状多晶硅工艺以及 SiH_2Cl_2 热分解法等生产多晶硅工艺，这些方法各具特色，同时存在。现在主要采用改良西门子法，以生产棒状多晶硅为主，以流化床技术生产的多晶硅为辅，改良西门子法占全球产量的80%以上。改良西门子法的主要优点是节能降耗显著、成本低、质量高、对环境不产生污染。不过，随着今后单晶直径增大，石英坩埚同时被要求增大到极限时，可能会加大采用连续供料拉晶法，从而加大对粒状多晶硅的需求量与生产量。对于太阳能电池用的多晶硅，以前主要采用铸造硅生产技术，目前已经开始使用半导体级低档多晶硅和单晶硅的头尾料进行生长。

从半导体级多晶硅的质量来看，世界主要多晶硅生产商的产品都能满足半导体单晶硅生产的需求，其纯度可达到7N～11N，用户不经腐蚀和清洗便可直接装炉使用。太阳能电池用的铸造多晶硅能够满足太阳能电池的需要，技术正逐步成熟。

A 改良西门子法

在电子级多晶硅生产工艺基础上，研发新的多晶硅反应器装置技术，实现低成本太阳能级硅的生产，这也是最有可能实现的低成本太阳能级硅的生产技术之一，目前日本、德国、美国等国家都在研究开发该技术。

旧的三氯氢硅还原法合成效率低，而且合成的三氯氢硅加氢还原转化率仅为18%～20%，约有15%～30%的三氯氢硅转化为四氯化硅。因此还原后的尾气里含有大量的三氯氢硅、四氯化硅、氯化氢、氢气和少量的氯硅烷，导致物料单耗高、能耗大。

改良西门子法的主要优点是节能降耗显著、成本低、质量高，采用综合利用技术，对环境不产生污染。其主要技术是：大直径多对棒节能型还原炉技术、导热油循环冷却硅还原炉系统技术、还原炉尾气封闭式干法回收技术以及副产品 $SiCl_4$ 氢化生成 $SiHCl_3$ 技术。其生产示意图如图3-10所示。

改良西门子法的几项关键技术：

(1) 大型多对棒节能型还原炉工艺技术。对于多晶硅还原炉，出于节能降耗的考虑，必须大型化，与之相适应的电器也必须大型配套。大型节能还原炉有几项关键的技术：

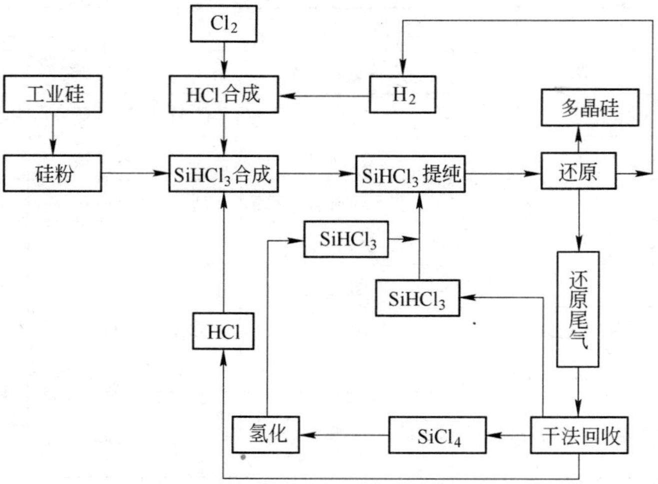

图 3-10　多晶硅生产的改良西门子法示意图

1）炉内可同时加热许多根金属丝，以减少炉壁辐射所造成的热损失；

2）炉的内壁加工成镜面，使辐射热能反射，以减少散热损失热能；

3）提高炉内压力，加大供气量，以提高反应速度，加快硅的沉积生成速度。

采用这种改进的大型还原炉之后，其炉产量可以从改良前的每炉次 100 ~ 200kg 提高到每炉次 5 ~ 6t。这种大型还原炉的显著特点是：能耗低、产量高、质量稳定。

目前，国外大型还原炉的硅棒的总数大多在 100 根以上，硅棒长度在 1.5m 以上，棒直径达到 200mm 以上，每炉产量可达 5 ~ 6t，电耗则大幅度下降，达到每千克多晶硅耗电 80kW · h。

（2）导热油循环冷却还原炉工艺技术。在多晶硅生产过程中，还原炉是高耗能设备，硅棒的沉积需要电能加热并维持温度在高温状态，而炉筒、电极和炉底盘则需要冷却。冷却过程会带走大量热能，使还原炉内多晶硅棒的热能损失，这种热能损失大部分是高温硅棒传向低温炉壁的热辐射损失，还有气体被加热后而排出还原炉带走了部分热量。要想提高炉筒壁的温度，就要设法提高炉筒壁冷却介质的温度。以前传统的冷却介质是水，因水的沸点在 100℃，故出口温度不能高于 100℃，而实际工艺过程中未能达到这种较高温度，一般都在 50℃左右。人们通过探讨，采用了导热油作为还原炉的冷却介质，因油的成本远比水高，所以采用了循环冷却方式，因此便产生了导热油循环冷却还原炉的工艺。这种工艺可使直接电耗降低约 30%，还可综合利用余热。

（3）还原尾气的干法回收技术。在还原生长多晶硅之后，还有部分还原尾气。如果尾气放空排放，不仅浪费了能源和原材料，还会对环境造成污染。

多晶硅还原炉尾气中的 H_2、HCl、$SiHCl_3$、$SiCl_4$ 等成分，经过加工和冷却达到一定的条件之后，其中的 $SiHCl_3$ 和 $SiCl_4$ 被冷凝分离出来，然后把分离出的 $SiHCl_3$ 直接送到还原炉，以生产多晶硅，而把 $SiCl_4$ 送到氢化工序，经氢化后，部分转化成 $SiHCl_3$，把氢化后的气体再经分离塔分离出 $SiHCl_3$ 和 $SiCl_4$，再分别把 $SiHCl_3$ 送到还原系统，再把 $SiCl_4$ 送到氢化工序，这样连续不断地循环进行下去。另外，经加压和冷却后的不凝气体，主要是氢和氯化氢，它们在加压和低温条件下，通过特殊的分离工艺，使氢和氯化氢分离出来，把没有杂质和水分的纯氢送往氯化氢合成工序或还原工序利用，而氯化氢则送到三氯氢硅的合成工序。还原尾气干法回收的整套工艺都不接触水分，只是把尾气中各种成分逐一分离，并且不受污染地回收，再送回相适应的工序重复利用，实行闭路循环式工作。

(4) 四氯化硅（$SiCl_4$）氢化反应技术。用西门子法生产多晶硅时，在氯化工序和还原工序都要产生大量的副产物——$SiCl_4$。大量的 $SiCl_4$ 生成，不但增加了多晶硅生产的单耗，而且该物很难处理，对环境造成污染。为此，大阪钛公司、联合碳化物等公司很早就致力于开展 $SiCl_4$ 转化成 $SiHCl_3$ 的研究工作。世界各大型多晶硅生产企业也都进行了这方面的研究，使生产多晶硅仅需补充纯硅和少量氢气作原料成为可能。

B 新硅烷法

美国从20世纪70年代后期致力于廉价多晶硅生产工艺的研究，UCC 公司首先开发了独特的硅烷生产新工艺，称为新硅烷法。该工艺克服了老硅烷法的缺点，不需采用较昂贵的硅镁合金，而以四氯化硅为原料，包括氢化、歧化、热分解、氢回收等，且呈闭路循环，几乎无副产物排出。新硅烷法近几年发展较快，确定有许多改良西门子法无比拟的优点。诸如硅烷热分解温度较低、耗电少、硅烷容易提纯、产品纯度高、硅烷中硅含量较高(87.5%)、既可生产粒状多晶硅又可生产棒状多晶硅、原料消耗低等。特别是随着近几年来直拉单晶硅炉连续加料系统制造技术的发展及其在直拉单晶硅生产工艺上的应用，新硅烷法生产粒状多晶硅工艺成为一种很有前途的新工艺，必将得到较快的发展。但硅烷是易燃易爆气体，不易保存，生产安全问题不如改良西门子法易于处理。硅烷热分解炉比较复杂，硅棒直径受到限制，这也是该方法尚待解决的问题。表 3-11 给出了改良西门子法与新硅烷法多晶硅项目的对比分析。

表 3-11 改良西门子法与新硅烷法多晶硅项目的对比分析

项 目	改良西门子法	新硅烷法
产品质量	产品质量较好，N 型最低电阻率为 0.01 ~ 500Ω · cm，P 型 3 ~ 1000Ω · cm；纯度为 4 ~ 11N；但国内用俄罗斯有色金属所与峨眉半导体厂（所）和四川新光合作，还有洛阳中硅（300t/a）质量未达标，只能勉强生产太阳能用多晶硅，电子级几十欧姆的还得几年时间整合研制，国外对我国技术封锁，没有掌握核心技术，无法改进提高质量	产品质量最高，最低为电子级，N 型电阻率为 300 ~ 1000Ω · cm 或更高，P 型为 3000Ω · cm、5000 ~ 30000Ω · cm；纯度可达 7N ~ 9N 以上，少数载流子寿命为 300 ~ 1000μs。我国掌握核心技术并经过工业化生产实践有把握设计、制造、生产合格的且高质量的一流产品及成套设备
耗电量	国内 1kg 硅耗电量 400 ~ 500kW · h，美国多晶硅耗电 130 ~ 150kW · h	1kg 高纯多晶硅耗电 300 ~ 500kW · h；由于成本低，分解炉耗电比三氯氢硅热分解温度低 200 ~ 250℃，用电少 1/3；分解炉用电为 1kg 高纯多晶硅耗电 73.7kW · h；但深冷用电较大与三氯氢硅法持平或略高
原材料	每吨多晶硅用料：金属硅 1.5t，液氯 1t，氢气 200m^3	每吨高纯硅用料：金属硅铁 1.7t，液氨 50t 可回收（回收率为 80% 以上）
建 厂	建厂条件：1000t 改良西门子法； 建厂时间：3 ~ 4 年周期； 投资 8 亿、10 亿、11.3 亿、13 亿元不等	建厂条件：300t 硅烷法高纯多晶硅； 建厂两年期，一年 50% 开工； 投资 3 亿元
电 力	电力 1000t/a 用，装机容量 9.8 万 kW，用电负荷 4.5 万 kW，年总用电量 2.5 亿 kW · h	电力装机 3 万 kW，平均用电量 1.1 万 ~ 1.3 万 kW · h，年总用电量：0.7 亿 kW · h

自 70 年代开始，各国都参与了开发粒状多晶硅的激烈竞争。美国经过 10 余年的开发研究，于 1987 年建成了生产能力为 1250t/a 的粒状多晶硅生产线，采用在流化床上分解硅烷得到粒状多晶硅。目前，美国 MEMC-Pasadena 公司拥有这条粒状多晶硅生产线，该公司是全球唯一生产粒状多晶硅的厂家。以下主要介绍粒状多晶硅的生产工艺及生产状况。

粒状多晶硅生产的基本原理分四步进行：

（1）氢化：

$$Na + Al + 2H_2 = NaAlH_4 \tag{3-25}$$

（2）四氟化硅生成：

$$H_2SiF_6 = SiF_4 + 2HF \tag{3-26}$$

（3）硅烷生成：

$$SiF_4 + NaAlH_4 = SiH_4 + NaAlF_4 \tag{3-27}$$

（4）多晶硅生成：

$$SiH_4 = Si + 2H_2 \tag{3-28}$$

美国 MEMC-Pasadena 公司采用的是以高纯硅烷气体为原料生产粒状多晶硅的工艺，而硅烷的生产采用的是一种以四氟化硅（STF）为原料的无氯化工艺。这种工艺能够使产品不受四氯化硅污染。MEMC-Pasadena 公司在 Uncle Sam. LA 的隶属工厂生产四氟化硅，生产出来的四氟化硅用槽车运到 Pasadena 公司。四氟化硅同四氢化铝钠反应，四氢化铝钠由 Pasadena 工厂生产。硅烷的反应是一个连续的过程，反应产生粗硅烷和四氟化铝钠（SAF）两种物质。副产物四氟化铝钠是一种合成焊剂，它在铝的回收和其他金属熔炼工业上有多种用途。硅烷反应产生的四氟化铝钠首先经过干燥、包装，然后外运销售。粗硅烷通过提纯，将残余杂质除去，以保证硅烷的纯度在 6N 以上。硅烷是以液体的形态被储存在储罐内。很小的籽晶颗粒首先被导入热分解反应器内，硅烷及氢气按一定比例通入热分解反应器，硅烷在流化床上进行热分解反应。硅烷热分解在流化床上的籽晶周围进行，籽晶颗粒逐渐长大，长到平均尺寸 1mm 左右为止。粒状多晶硅从反应器里被取出，在一个完全封闭的洁净环境中进行内、外包装最后以圆桶的形式销售。

C　利用高纯试剂还原二氧化硅法

西门子公司的先进的碳热还原工艺为：将高纯石英砂制团后用压块的炭黑进行还原，炭黑用热 HCl 浸出过，使其纯度和氧化硅相当。因为在电弧炉中大约 10% 的炭是来自电极，所以炭中的有效杂质含量要高一些，尽管如此，杂质的含量得到了大幅度的降低。该法已经在理论上取得了一些进展，但是目前存在的主要问题就是炭的纯度得不到保证。炭黑的来源比较困难，主要从天然气中分解得到，其成本比较高，到目前为止还没有得到很好的应用。

基于铝氧化产生大量热来还原难熔氧化物，如 Cr_2O_3 和 MnO_2 的铝热工艺是热源的一个重要革命。将这种技术用于硅形成了新的生产方法，这是由德国 Wacker Heliotronic 公司将石英砂进行铝热还原，利用 $CaO\text{-}SiO_2$ 液相助熔剂在 1600 ~ 1700℃ 下按照反应 $3SiO_2 + 4Al \rightarrow 3Si + 2Al_2O_3$ 进行的。

这种助熔剂一方面可以溶解副产物氧化铝，同时又作为液-液萃取介质。一旦硅被释放出来，它与助熔剂是不互熔的，从而被分离开来。由于硅的密度较小，它浮在上层，经过一段时间，将其灌入铸模中进行有控制的正常凝固，以便将分离系数小的杂质分离。用这种新的、半连续的工艺能得到比通常冶金级硅纯度高的硅。它具有较低的硼、碳含量，然后将其进行破碎、酸洗和液-气萃取，这种材料可供太阳能电池使用。

此外，采用高纯金属还原硅的卤化物也是一条比较理想的途径。目前许多学者对这方面关注比较多。可采用不同的高纯还原剂还原硅的卤化物从而得到纯度比较高的太阳能级硅。

D 真空冶金法制备太阳能级硅新技术

该技术利用冶金级硅中杂质的分布特点，采用真空冶金技术，组合真空干燥、真空精炼、真空蒸馏、真空脱气、真空定向凝固等新技术直接制备太阳能级硅，其硅产品纯度超过了4N。日本东京大学在这方面开展了深入系统的研究，以期在现有技术基础上进行优化，达到太阳能级硅产品的要求，推动该技术的产业化应用。

E 从废旧石英光纤中提取高纯太阳能级硅

石英光纤主要由高纯度二氧化硅玻璃组成。随着通信科技的发展，光纤增长非常快。2001 年，日本光纤需求量为29800 万 km，其中包含二氧化硅为810t，相当于含有370t 硅。而光纤的寿命一般为 20 年。此外，光纤的生产过程中还存在一定量的次品。从另一个角度来说，目前使用过的光纤和生产过程中的次品将成为一种具有危险性的废品，如果没有经过妥善的处理，将会导致高纯度二氧化硅资源和潜在的高能量的浪费，同时造成对环境的破坏。

昆明理工大学与日本东京大学进行国际合作，共同开发处理具有很大潜在使用价值的废旧光纤和次品光纤制备太阳能级硅新技术。该技术以废旧光纤和光纤次品为原料，利用等离子体与分离技术来制备高纯太阳能级硅，取到了很好的效果。一方面此工艺为处理固体废弃物光纤和光纤次品找到了一条很好的出路，解决了光纤带来的环境问题，此工艺符合清洁生产和循环经济要求；另一方面此工艺为解决目前太阳能级硅短缺探索了有效途径。

F 熔融电解法制备太阳能级硅

2003 年日本京都大学的伊藤靖彦教授在《自然材料》杂志上发表了利用熔盐电解法低温制备硅的新工艺，该法分别在 $CaCl_2$ 和 $KCl\text{-}LiCl\text{-}CaCl_2$ 熔融盐体系中都能实现，其电解温度分别为850℃和500℃，并获得了少量的硅产品。后来该研究小组对该新工艺开展了深入系统的研究。在此基础上，国内有研究者提出了利用废弃石英光纤预制棒废料为原料，利用熔盐电解法直接制备太阳能级硅新技术研究，目前正在开展实验研究，取得了一定的研究进展。

3.1.6 单晶硅的制备

3.1.6.1 单晶硅的生产概述

熔融的单质硅在凝固时硅原子以金刚石晶格排列成许多晶核，如果这些晶核长成晶面取向相同的晶粒，则这些晶粒平行结合起来便结晶成单晶硅。单晶硅具有准金属的物理性质，有较弱的导电性，其电导率随温度的升高而增加，有显著的半导电性。超纯的单晶硅是本征半导体。在超纯单晶硅中掺入微量的 III_A 族元素，如硼可提高其导电的程度，而形成 P 型硅半导体；如掺入微量的 V_A 族元素，如磷或砷也可提高导电程度，形成 N 型硅半导体。单晶硅的制法通常是先制得多晶硅或无定形硅，然后用直拉法或悬浮区熔法从熔体中生长出棒状单晶硅。

单晶硅是一种比较活泼的非金属元素，是晶体材料的重要组成部分。其主要用途是用作半导体材料和利用太阳能光伏发电和供热等。由于太阳能具有清洁、环保、方便等诸多优势，近三十年来，太阳能利用技术在研究开发、商业化生产、市场开拓方面都获得了长足的发展，成为了世界快速、稳定发展的新兴产业之一。

单晶硅建设项目具有巨大的市场和广阔的发展空间。在地壳中含量达 25.8% 的硅元素，为单晶硅的生产提供了取之不尽的源泉。近年来，各种晶体材料，特别是以单晶硅为代表的高科技附加值材料及其相关高技术产业的发展，成为了当代信息技术产业的支柱，并使信息产业成为全球经济发展中增长最快的先导产业。单晶硅作为一种极具潜能且亟待开发利用的高科技资源，正引起越来越多的关注和重视。

目前，全球主要半导体级单晶硅及硅片厂家分布在日本、德国和美国。最大的供应厂家是成立于 1967 年的日本信越，它在日本、美国、马来西亚、英国、中国台湾等国家和地区设有生产加工基地，它是最早研制成最尖端的 300mm 硅片及实现 SOI 硅片的产品化的厂家。排名全球第二的是美国的 SUMCO，该公司 2008 年 300mm 晶圆的月产能达到 100 万片，2010 年或 2011 年时逐渐将月产能扩充至 200 万片晶圆。第三名是德国瓦克（WACKER），在此之后依次是美国的 MEMC、中国台湾台机电。从销售情况来看，日本、德国等国资本控制的八大硅片公司的销售占硅片总销量的 90% 以上。其中信越、瓦克、SUMCO 和 MEMC 四家的销售额占世界硅片销售额的 70% 以上。

集成电路高集成度、微型化和低成本的要求对半导体单晶材料的电阻率均匀性、金属杂质含量、微缺陷、晶片平整度、表面洁净度等提出了更加苛刻的要求，晶片大尺寸和高质量成为必然趋势。目前，全球主流硅晶片已由直径 20.32cm(8in) 逐渐过渡到 30.48cm(12in)，研制水平达到 40.64cm(16in)。

我国单晶硅技术及产业与国外差距很大，主要产品为 15.24(6in) 以下，20.32cm(8in) 少量生产，30.48cm(12in) 开始研制。随着半导体分立元件和硅光电池用低档和廉价硅材料需求的增加，我国单晶硅产量逐年增加。我国硅晶片生产企业主要有北京有研硅股、浙大海纳公司、洛阳单晶硅厂、上海晶华电子、浙江硅峰电子和河北宁晋单晶硅基地等。有研硅股在大直径单晶硅研制方面一直居国内领先地位，先后研制出我国第一根 15.24cm(6in)、20.32cm(8in) 和 30.48cm(12in) 硅单晶。

3.1.6.2 单晶硅的制备方法

目前生长硅单晶的工艺主要采用直拉法（CZ）、磁场直拉法（MCZ）、区熔法（FZ）以及双坩埚拉晶法，这其中有固定式双坩埚电阻率均匀化控制拉晶技术（FCCZ）和上下坩埚分离插入式半连续供给熔体直拉技术（SCCZ）。全球电子工业用 CZ 单晶硅约占单晶硅总用量的 80%，FZ 单晶硅约占 15% 硅外延（EPI）约占 5%。

对单晶硅的主要质量要求是降低各种有害杂质含量和降低微缺陷，根据器件工艺需要控制氧含量并保持氧的纵横分布均匀、控制电阻率的均匀性。硅单晶中控制氧含量的方法和手段主要有控制埚转和晶转、控制拉速、控制炉内压力、控制熔体温度、使用磁场直拉法或连续供给熔体拉晶法等方法和手段，CZ、FZ 和 MCZ 单晶各自适用于不同的电阻率范围的器件，而 MCZ 可完全代替 CZ，可部分代替 FZ。MCZ 将取代 CZ 成为高速 ULSI 材料。一些硅材料技术先进国家的 MCZ 技术发展较快，连续供给熔体拉晶法也有逐步发展的趋势。

A 直拉法（CZ）

a 单晶生长方法和条件

（1）生长方法。熔体直拉法生长硅单晶是将经处理的高纯多晶硅料袋装入单晶炉的石英坩埚内，在合理的热场中，于真空气氛下加热硅使之熔化，用一个经加工处理过的晶种——籽晶使其与熔硅充分熔接，并以一定速度旋转提升。在此晶核诱导下，控制特定的工艺条件和掺杂技术，使具有预期电化学性能的单晶体沿籽晶定向凝固、成核长大，从熔体中被缓慢提拉出来。

（2）单晶的生长条件：1）人为引入一个特定的晶核；2）控制合适的温度分布，即过冷度，以保证单晶沿唯一的晶核长大，避免杂散晶核的生长。由多晶向单晶的转化过程，本质上是物质和能量的转化过程，即由熔态的硅原子沿籽晶规则晶格定向排列，从多晶变成单晶的质变过程，伴随着由液相变成固相结晶潜热释放的热量变化，它又反作用于晶体生长。若释放的潜热没有及时排走，晶体也就不能继续长大。从熔体中生长单晶时主要是靠热量的传递使硅熔体在固-液界面上发生相变，结晶物质进入晶体中的有序状态。结晶过程是靠温度梯度造成的局部过冷来推动的，为使结晶过程仅在固-液界面处发生，要求不断地将热量从结晶前沿输送出去。

b 拉晶工艺过程

拉晶过程包括：引晶（熔接）、缩颈、长肩、转肩与等径、收尾。

（1）引晶。当料全部熔化后，调整引晶功率和埚位。使熔硅表面温度稍高于硅熔点，脱掉籽晶帽，调整籽晶转速并降至离液面 3～5mm 处烤晶几分钟，以利于单一晶核沿籽晶长大，避免寄生核源生长。预热后下降籽晶至熔硅表面让它们充分熔接。

（2）缩颈。“高温熔接低温快速细长缩颈”技术对生长无位错单晶是一种行之有效的方法。当籽晶和熔硅浸润良好，在界面很快形成结晶胚芽，这时适当降低温度并缓慢提拉籽晶，通过对温度和拉速的配合调节，便能长出规定尺寸的细颈来。

（3）长肩。即缩颈到要求长度后将晶体放大到所需直径的操作过程。通常采用大幅度降低拉速和通过观察光圈形状、棱面变化或界面亮度等方法，控制一个均匀平滑的长肩。

（4）转肩与等径。放肩到接近所需直径时，适当升温、增加拉速，使晶体圆滑地转入等径生长阶段。

（5）收尾。等径生长后往往拉成一个锥形尾体，以减少尾部位错的产生与攀移。

B 磁场直拉法（MCZ）

硅单晶向大直径发展，投料量急剧增加。生长 ϕ15.24cm（6in）、ϕ20.32cm（8in）、ϕ30.48cm（12in）、ϕ40.64cm（16in）硅单晶，相应的投料量应为 60kg、150kg、300kg、500kg。大熔体严重的热对流不但影响单晶质量，甚至会破坏单晶生长。热对流驱动力的大小，可用无量纲 Raylieh 数表征：

$$R = g\beta b^3 \Delta T/(\kappa\nu) \tag{3-29}$$

式中 β——熔体体膨胀系数；

g——重力加速度；

ΔT——熔体自有表面的纵向温度差；

b——熔体特征尺寸（熔体高度）；

ν——熔体动力黏滞系数；

κ——熔体热扩散系数。

从式3-29可以看出，R 与 b^3 成正比，与 ν 成反比。

现有两条抑制熔体热对流的技术途径：

（1）在太空微重力环境下生长单晶体。此时 $g\to 0$（低轨道卫星 $g\to g^0\times 10^{-4}$，高轨道卫星 $g\to g^0\times 10^{-6}$，g_0 为标准重力加速度），$R\to 0$，熔体无宏观热对流。晶体生长过程中熔体质量的输运主要依赖扩散（扩散控制机制），此时晶体完整性、均匀性可得到极大改善。这一点已在太空晶体生长中得到证实。太空生长单晶难以产业化（每发射1kg有效载荷，要耗费3万~5万美元），因此只能用于基础研究，验证有关晶体生长理论。

（2）向熔体空间引入磁感应张度。众所周知，导电熔体在磁场中运动（对流）要受到洛伦兹力的阻滞。该阻滞的效果可以理解为增加了熔体的有效黏滞性（磁动力黏滞性）。磁动力黏滞系数可表示为：

$$\nu = (\mu Bb)^2\sigma/\rho \tag{3-30}$$

式中 μ——熔体磁导率（$\mu=1$）；

B——引入磁感应强度；

σ——熔体电导率；

ρ——熔体密度。

由式3-29可知，R 与 g 成正比，R 与 ν 成反比，因此，增加 ν 值，与降低 g 是等效的。

上述两条途径，在直拉生长条件下，存在着物理本质上的联系。太空微重力下生长单晶熔体中质量输运为“扩散唯一机制”。磁场下生长单晶，当引入磁感应强度达到某一临界值时，一切宏观对流均因受到洛伦兹力的作用而被抑制。此时熔体的质量输运，同样是“扩散唯一机制”，从而可以把后者称之为“等效微重力生长”。

把磁场下的晶体生长和等效微重力单晶体生长联系起来，这是对磁场拉单晶理解的深入和发展。剩下的问题是如何把引入磁感应强度的大小与等效微重力生长的量级联系起来。由于 ν 的增加等效于重力的下降，从加磁场对应的磁动力黏滞系数 ν_{eff} 和未加磁场对应的熔体动力黏滞系数出发，进而导出了式3-31：

$$g = \frac{\nu_0}{\nu_{eff}}\cdot g_0 \tag{3-31}$$

式中 g——引入磁感应强度 B 所对应的等效微重力级；

g_0——标准重力加速度。

把半导体硅熔体有关的物性参数代入式3-31，可以得到在石英坩埚边缘处引入磁感应强度达到1500Gs时所对应的等效微重力等级为 $3\times 10^{-3}g_0\sim 1\times 10^{-3}g_0$，这接近于一般低轨道卫星所处的微重力等级，并且晶体生长过程可以看到明显的微重力生长效应。

磁场拉晶有一段较长的发展历史，1966年第一次把磁场引入水平生长InSb晶体，减少了热对流和界面温度波动，起到了抑制生长条纹作用，1970 年，美国人 Witt 用磁场法生长 InSb 晶体，未达到预期效果。20 世纪 70 年代有人断言，直拉法引入磁场拉晶存在困难，但随着硅单晶大直径化和直拉硅控氧的要求，日本索尼公司于 1980 年联合发表的“优质硅单晶体的新制法”，就是用磁场直拉法制备的硅单晶。1981 年，第四届国际半导体会议又公布了以上成果，从此磁场直拉硅单晶在国际上活跃起来。目前制备单晶硅都必须施加磁场。引入磁场的磁力线分布有纵向、横向和钩形磁场（CUSP）等 3 种。从控制硅单晶氧浓度考虑，应以 CUSP 磁场为最佳。磁体有电磁体、低温超导磁体和永磁磁体，前两者都有复杂的装置，并消耗较大的电力和冷却水（增加一倍的水电消耗）；而永磁体不消耗任何水电，有诱人的应用前景。

在采用永磁 CUSP 磁场条件下，大直径硅单晶的等效微重力生长不但抑制了大熔体强烈的热对流，而且通过控制马兰哥尼对流，使得直拉硅中氧含量可达到 10^{-6}级可控，晶体电阻率的纵向、径向均匀性和微区均匀性都得到改善，为晶体生长理论及工艺的研究提供了一条技术途径。

目前投料量超过 100kg，生长不小于 ϕ20.32cm(8in)硅单晶体的单晶炉，都必须有向硅熔体所在空间引入磁感应强度的附属设备。

C 区熔法制备单晶硅

悬浮区熔法或称无坩埚生长硅单晶，是将预先处理好的多晶硅棒和籽晶一起竖直固定在区熔炉上下轴间，以高频感应加热等方法加热。由于硅密度小且表面张力大，在电磁场浮力、熔硅表面张力和重力的平衡作用下，使所产生的熔区能稳定悬浮在硅棒中间。在真空或某种气氛下控制特定的工艺条件和通过掺杂使熔区在硅棒上从上至尾定向移动，如此反复多次使硅棒提纯，最后便沿籽晶长成具有预期电化学性能的硅单晶。

3.2 高纯砷

3.2.1 高纯砷的概述

砷是一种类金属的非金属元素，具有金属光泽。它有三种同素异形体：黄砷、黑砷和灰砷。黄砷由砷蒸气骤冷而得，不稳定，密度为 2.026g/cm^3；黑砷是加热砷化氢而制得的，密度为 4.7g/cm^3；灰砷能稳定存在，有金属性，密度为 5.727g/cm^3。三种同素异形体的物理性质有所差别，但化学性质却完全相同。单质砷的熔点为 1090K（2.8MPa 下），889K 时升华，密度为 5.78g/cm^3，砷蒸气的分子是 As_4，为正四面体结构。

砷在空气中加热至 200℃时，出现明显的荧光，温度更高（400℃）时燃烧，呈蓝色火焰，形成三氧化二砷（As_2O_3）烟雾，并放出持久的大蒜味。金属砷不溶于水，但溶于硝酸和热硫酸中。

金属砷主要用作合金添加剂，例如用于生产印刷用合金、黄铜（冷凝器和蒸发器）、蓄电池栅板（硬化剂）、耐磨合金、高强度结构钢以及耐海水腐蚀用钢等。高纯砷主要用于生产化合物半导体如砷化镓、砷化铟、镓砷磷、镓铝砷等以及用作半导体掺杂剂，要求砷的纯度达到 6N ~ 7N。这些材料广泛用于制作发光二极管、隧道二极管、红外线发射管、激光器以及太阳能电池等。砷的化合物用于制造农药、防腐剂、染料和医药等。

3.2.2　高纯砷的制备

3.2.2.1　砷的纯化

A　升华法

升华法在真空或氢气流中进行。但真空升华法对很多杂质例如 S、Se、O、C、Si 等的纯化有效性小，多次升华也得不到理想的结果。在氢气流中升华砷是将砷蒸气和氢气通过 950℃ 的热区，该法对 S 的纯化特别有效。目前真空升华得到广泛的应用是由于它与其他方法相结合的结果。

B　电解法

电解法能纯化砷中和砷相似的杂质 Sb 和 Bi，用升华的方法补充纯化在阴极上析出的砷。光谱分析的结果见表 3-12。

表 3-12　光谱分析纯化砷中所含杂质　（%）

杂质元素	Si	Al	Mg	Fe	Pb、Bi、Ni	Mn	Cu
含　量	300×10^{-6}	50×10^{-6}	40×10^{-6}	20×10^{-6}	$\leqslant5\times10^{-6}$	$<2\times10^{-6}$	3×10^{-6}

C　化学法

化学法指通过砷与其他物质进行化学反应从而达到去除杂质和提纯的目的。由砷的氧化物也可获得纯砷。据有关文献报道将 $AsCl_3$ 与 H_2 的气体混合物通过 800 ~ 1000℃ 的热区，$AsCl_3$ 被 H_2 还原为砷，然后进行升华纯化。纯化后砷的杂质含量可降低 1 ~ 2 个数量级。纯化砷的氢化法包括砷的合成及纯化，砷的析出，必要时进行砷的补充纯化。纯化后砷中杂质含量为 $10^{-4}\%$ ~ $10^{-5}\%$。

D　结晶法

结晶法纯化砷可在溶液、气相和熔化物中进行。由溶液结晶可获得 8mm 长的晶粒，由气相获得的砷晶体直径可达 20mm。区域精炼法也可纯化砷，通过 5 次区域精炼，在砷锭的始端，Si、Fe、Al 及 Cu 的含量增大 3 倍；而在砷锭末端，Pb 和 Bi 的含量增大 3 倍。当进行区域精炼时，要特别注意防止安瓿炸裂。

有文献报道在一定条件下的高压容器中（840℃，容器内氢气的压力为 9.63MPa），在硼酐层下进行砷的纯化。通过 3 次结晶，Fe、Pb 及 S 的含量可分别降低到原来的 1/30、1/27 及 1/20，其余大部分杂质的含量平均降低 1 个数量级。杂质含量的降低是由于杂质被硼酐萃取，而不是由于结晶时杂质分凝所致。

E　铅砷合金蒸馏法

先制备 Pb-As 熔体，然后进行蒸馏。在蒸馏出的砷中，S、Se 和 Sb 的含量可降低 1 ~ 2 个数量级。

上述纯化砷的方法有两大缺点，其一是有的需要外加试剂，这就使产品的纯度受到了一定的限制；其二是仅仅对有限杂质的纯化是有效的。

砷的定向结晶深度纯化法获得了质量较高的单晶体。结晶将安瓿置于高压气体介质中，使外压与安瓿内砷蒸气压相抵消，以防安瓿炸裂。熔化物的结晶速度为 1 ~ 8mm/h，所得砷晶体直径为 6 ~ 20mm，长为 60 ~ 100mm。Fe、Cr、Mg、Mn、S、P、F、K、Ga 及 C 的含量均降低 1 个数量级，N 与 Na 的含量降低 2 个数量级，氧的含量则降低 4 个数量级。

3.2.2.2 高纯砷的制备方法

砷的工业粗品为 As 和 As_2O_3，如何由粗 As 和 As_2O_3 制得高纯砷，有很多种方法，分述如下。

A 氢还原 $AsCl_3$ 法

以往曾采用纯化的 $AsCl_3$ 水解生成 As_2O_3，纯化后用炭还原生产高纯砷。如改为用氢气直接还原已被纯化的 $AsCl_3$ 制备高纯砷，则不仅工艺流程大为简化，而且所制得的高纯砷的纯度更高。

用氢还原 $AsCl_3$ 制备高纯砷包括以下几个步骤：工业砷或 As_2O_3 的氯化（用相应的气相氯化或液相氯化）生成 $AsCl_3$；用联合的方法深度纯化 $AsCl_3$；用氢还原 $AsCl_3$ 制得高纯砷。

对于用不同方法合成的 $AsCl_3$，所用联合纯化的方法及各种纯化方法的先后次序应有所不同，有效的纯化方法有：在 HCl（H_2SO_4）苯体系中的萃取、精馏，在炭上的吸附及化学热处理。在每套联合纯化法中，精馏和吸附同时存在，且纯化的最后阶段都为高效精馏。用精馏法纯化 $AsCl_3$ 中二氯化二硫和砷有机化合物的有效性很小，利用吸附法和化学热处理法则能高度纯化 $AsCl_3$ 中的这些杂质。由于吸附纯化的有效性随杂质在 $AsCl_3$ 中总含量的减少而增大，因此应在吸附纯化前进行精馏纯化。这样，在每套联合纯化法中都应出现两次精馏。据报道，用氢还原已被纯化的 $AsCl_3$，可获得高纯砷，其杂质成分见表 3-13。

表 3-13 $AsCl_3$ 氢还原制备高纯砷的杂质成分 （%）

杂质元素	Al、Ca、Fe	Cu、Cr、Mn、Ni、Pb	Mg、Te	S	Sb、Se	Bi、F	Zn	Sn
含 量	1×10^{-6} ~ 50×10^{-6}	0.1×10^{-6} ~ 5×10^{-6}	50×10^{-6} ~ 100×10^{-6}	5×10^{-6} ~ 50×10^{-6}	1×10^{-6} ~ 20×10^{-6}	0.1×10^{-6} ~ 0.3×10^{-6}	0.1×10^{-6} ~ 2×10^{-6}	1×10^{-6} ~ 3×10^{-6}

另据文献报道，原始纯度为 99.994% 的工业砷转化为 $AsCl_3$ 后，通过精馏—吸附—精馏纯化，可得 7N 的高纯 $AsCl_3$。利用精馏—吸附—精馏纯化 $AsCl_3$ 的方法，还可由纯度更低的工业砷得到纯度高于 6N 的高纯砷。

B $As(OR)_3$ 热分解法

$As(OR)_3$ 热分解法是制备高纯砷较有前途的方法之一，方法新颖，更具工艺性和经济性。据文献报道，该法包括由工业 As_2O_3 和相应醇合成 $As(OC_5H_{11})_3$ 与 As(异-$OC_5H_{11})_3$，蒸馏纯化合成的产品，热分解纯化后的合成产品得砷，冷凝砷蒸气后进行高真空升华纯化得高纯砷。$As(OR)_3$ 的热分解在充满氢气的反应器中进行，热分解的温度为 (873 ± 5)K。工业上用该法生产高纯砷，产量接近 90%。$As(OR)_3$ 热分解法所得的高纯砷，各种杂质的含量见表 3-14。

表 3-14 $As(OR)_3$ 热分解法所得的高纯砷中各种杂质含量 （%）

杂质元素	Al、Ca、Fe、Cu	Cr、Bi、P	Mg、Mn、Ni、Pb、Sb、Se、Zn、Sn、Te	S、Si	C
含 量	5×10^{-6}	0.1×10^{-6}	1×10^{-6}	1×10^{-6}	1000×10^{-6}

研究者对该法进行了深入探索，提出了更为合理的实验方案。与上述 $As(OR)_3$ 热分解法相比，去掉了砷的最后升华纯化阶段，且所得的高纯砷中碳的含量降低了 1 个数量级。

C　吸附升华结晶法

吸附升华结晶法包括砷蒸气中的杂质被吸附剂吸附，之后砷在真空中升华，最后由熔化砷进行定向结晶三个步骤。三者在一个闭合系统中进行，避免了被纯化的物质由一个容器到另一个容器的多次转载，从而减少了纯化砷被污染的机会以及被氧化的可能性。

与升华、结晶法比较，吸附法具有更好的纯化效果（杂质含量降低 2 ~ 3 个数量级）。其优点为装置紧凑，工艺过程简单。吸附剂可采用 $Si_2H_2O_3$ 和 Si_2O_3（三氯硅烷水解可制得 $Si_2H_2O_3$，800℃左右加热 $Si_2H_2O_3$ 可得 Si_2O_3），这两种吸附剂纯化砷对杂质 Al、Ca、Cr、Mg、Pb 及 Ni 特别有效，对杂质 Mn、Bi、Sb 及 Fe 则效果较差，因此必须和其他方法相结合。升华法可弥补上述不足之处，但升华法对于和砷蒸气压近似的那些杂质也是不适用的。用定向结晶法研究砷的纯化时，发现砷中大多数杂质的分配系数较小，定向结晶不仅能除去原纯化砷中许多杂质，而且能在相当程度上除去被吸附剂所带入的杂质。因此定向结晶法可作为砷的最后纯化阶段。

将上述 3 种方法相结合，能由 99.978% 的原始砷获得 99.9999% ~99.99995% 的高纯砷，所用设备极其简单。若进一步改善吸附剂的吸附性能，或对定向结晶形成的砷锭的中间部分进行重复结晶，还可以进一步提高砷的纯度。但要想得到高纯度的砷，采用联合法比较理想。

D　其他方法

专利 CN101054168 提出了一种半导体基础材料超高纯 α 型砷的生产方法。采用了以下几个步骤：首先是将砷和铅按 1∶（1.5 ~ 4）的比例（质量比）形成铅砷合金；然后，通过将铅砷合金在真空环境中加热进行分离，制得纯度为 5N 砷和铅砷合金；再将上述砷在氢气氛中升华制得纯度为 6N 的砷。这个发明综合了铅熔池法和氯化精馏还原法的优点，并克服了它们的缺点。

专利 CN101096726 涉及一种半导体基础材料超高纯 α 型砷的生产方法及其专用设备。主要采取一次真空升华和两次氢气氛升华，制得纯度为 7N 的砷。有以下步骤：

（1）将原料砷置入坩埚中，一锥形筒的筒底与坩埚连接，在坩埚与锥形筒连接部位设有开有若干小孔的阻隔板，在锥形筒的上端设一开有大孔的低沸收集板。

（2）将连接起来的坩埚、锥形筒、阻隔板、低沸收集板置入真空罐，真空罐所对应的锥形筒上端设有水套，调整罐内压力为 10^{-1} ~ 2×10^{1}Pa，往真空罐的水套中通入常温的循环水；对锥形筒部位加温，至 250 ~350℃，保温；接着，对坩埚部位加温，至 280 ~400℃，保温；持续约 7.5 ~10h，坩埚上部锥形筒的内壁上凝结有砷，制得纯度为 99.99% 的砷。

（3）将上述砷取出，置入一石英管 A，将该石英管 A 置入一套管，套管中与石英管 A 对接石英管 B，再与石英管 B 对接石英管 C，套管两端设进、出气口，通过进气口输入氩气，排除管中的空气；再通过进气口输入氢气，将石英管 A 加热至 550 ~650℃，将石英管 B 加热至 400 ~500℃，将石英管 C 加热并保持在 250 ~350℃；此时，石英管 A 内的物质形成砷蒸气及微量杂质蒸气，沸点高于 A 管温度的杂质留在 A 管内，砷蒸气及微量杂质蒸气进入石英管 B；在石英管 B 内杂质蒸气中的硒与氢反应形成硒化氢，硫与氢反应形成硫化氢；砷蒸气、硒化氢、硫化氢继续进入石英管 C，在石英管 C 的内壁上冷凝得纯度为 6N 的砷；硒化氢、硫化氢及含有微量硫的杂质蒸气从出气口排出，由出气口上的出气管进入洗气装置内的氢氧化钠溶液中，进行中和反应；洗气装置连接淋洗装置，残留在尾气中的 β 砷在淋洗装置内被沉淀，淋洗装置的出气口排出洁净氢气。

（4）将上述砷取出，按步骤（3）的过程，再加工一遍，除石英管 A 加热温度不变外，石英管 B 加热至 700～900℃，石英管 C 加热并保持在 300～400℃。

该发明成本低、投资少、质量好，解决了高纯砷生产投资规模大的问题。经氢气氛升华除去砷中的杂质，得到 7N 超高纯砷，且无污染。

3.2.3 高纯砷烷的制备

砷烷又称砷化氢，沸点为 -62.5℃，常温下为无色气体，剧毒，具有大蒜臭味，热稳定性较差，受热时易分解为氢气和元素砷。砷烷作为电子工业的重要基础材料之一，它在半导体工业中主要用于外延硅的 n 型掺杂、硅中的 n 型扩散、离子注入、生长砷化镓（GaAs）和磷砷化镓（GaAsP），以及与 Ⅲ_A-V_A 族元素形成半导体化合物等。由 GaAs 集成电路所提供的高速度和高频率是其他器件所不能比拟的，由它制备的微波变频器件和光电器件广泛用于导弹制导、雷达和新一代卫星通信等装置。同时，Ⅲ_A-V_A 族半导体也是构成当今信息社会的技术之一。此外，AsH_3 在光电子、太阳能电池和微波装置中也有极为重要的应用。

3.2.3.1 AsH_3 的合成

AsH_3 不能通过单质简单地合成，但在催化剂存在下或等离子体照射下可得到 AsH_3。通常使用某些金属砷化物与水或酸反应来制备 AsH_3，该反应快速而且完全，产物中完全不含 H_2，但 AsH_3 收率通常低于 90%。反应式如下：

$$Na_3As + 3H_2O \longrightarrow 3NaOH + AsH_3\uparrow \tag{3-32}$$

$$Zn_3As_2 + 6HCl \longrightarrow 3ZnCl_2 + 2AsH_3\uparrow \tag{3-33}$$

日本专利介绍了一种在酸性溶液中还原 $NaAsO_2$ 来制备 AsH_3 的方法。它是先使 As_2O_3 溶于 NaOH 溶液中，制成 $NaAsO_2$ 溶液，然后再与 H_2SO_4 及 Zn 粉反应生成 AsH_3。反应在室温下进行，AsH_3 收率为 92%，且重现性较好。反应式如下：

$$As_2O_3 + 2NaOH \longrightarrow 2NaAsO_2 + H_2O \tag{3-34}$$

$$2NaAsO_2 + 6Zn + 7H_2SO_4 \longrightarrow 2AsH_3\uparrow + Na_2SO_4 + 6ZnSO_4 + 4H_2O \tag{3-35}$$

近年来，国外主要采用电解法来合成 AsH_3，主要介绍以下两种：

（1）法国液化空气公司工艺。该公司的电解槽示意图如图 3-11 所示。

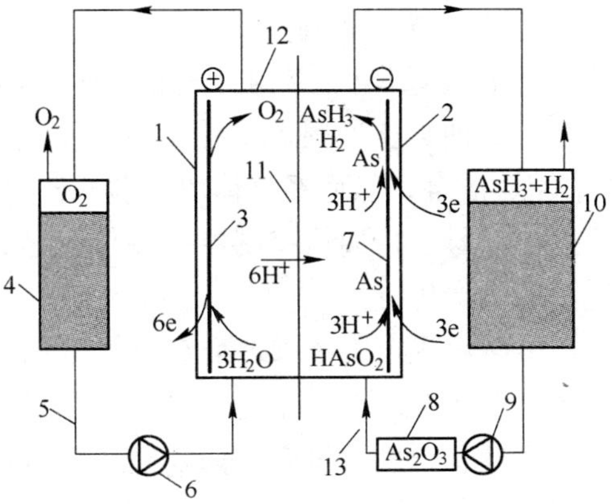

图 3-11 法国液化空气公司的电解槽示意图

电解槽 12 被阳离子交换膜 11 分隔成阳极室 1 和阴极室 2，阳极室内设有与电源正极相连的阳极 3，它由氧化钌或氧化铱包覆的 Ti 制成。阴极室内设有与电源负极相连的阴极 7，它由 Bi 包覆的 Cu、Pb、Tl 或 Cd 制成，表面积约 $70cm^2$。阳离子交换膜由中空聚酰亚胺纤维制成，它允许 H^+ 通过，但不允许 AsO_2^- 通过。电极反应如下：

阳极：

$$H_2O \longrightarrow \frac{1}{2}O_2 + 2H^+ + 2e \tag{3-36}$$

$$H_2 \longrightarrow 2H^+ + 2e \tag{3-37}$$

阴极：

$$HAsO_2 + 3H^+ + 3e \longrightarrow As + 2H_2O \tag{3-38}$$

$$As + 3H^+ + 3e \longrightarrow AsH_3 \tag{3-39}$$

副反应：

$$2H^+ + 2e \longrightarrow H_2 \tag{3-40}$$

在电解液配置器 8 中填充固体 As_2O_3，用泵 9 将 1mol/L H_2SO_4 溶液从阴极储槽 10 送入配置器，制成 $HAsO_2$ 饱和溶液后，经管 13 进入阴极室。同时从阳极储槽 4 通过管 5 和泵 6 向阳极室供应 1mol/L H_2SO_4 溶液。控制电解槽的电流密度在 $500A/cm^2$，阴极上生成 AsH_3 的产量为 $50L/(m^2 \cdot h)$，产品中 AsH_3 体积分数约为 95%。

（2）电子转移技术公司工艺。该公司的电解法流程示意图如图 3-12 所示。

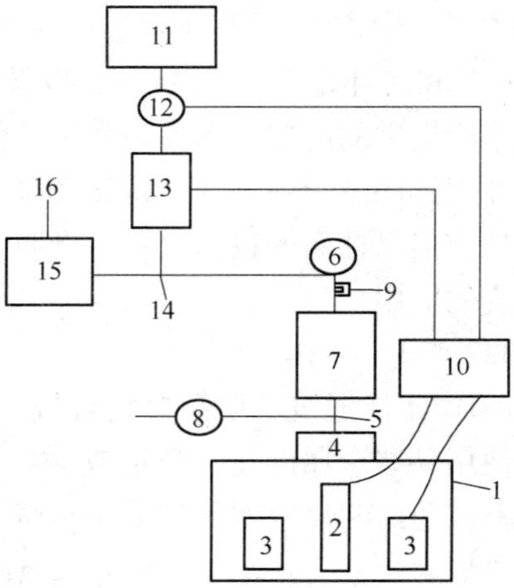

图 3-12　电子转移技术公司的电解法流程示意图

在电解槽 1 中设有阴极 2 和阳极 3，阴极由纯度大于 6N 的 As 制成，阳极可用 Mo、V、Cd、Pb、Cr、Sb 等金属、氧化—还原电极或相对于标准 Hg 电极的氧化电势小于 0.4V 的离子电极等构成，电解质用 1mol/L KOH 溶液。总电极反应如下：

$$As + 3H_2O + 3e \longrightarrow AsH_3 + 3OH^- \tag{3-41}$$

通过控制器 10 控制电解槽电流在 50A，阴极气体中 AsH_3 体积分数约为 90%。生成的气体经调节阀 4、管线 5 和填充 3A 分子筛的过滤器 7 后进入压力调节器 6，借助螺旋阀 8 通入载气或抽真空来调节系统压力。H_2 11 经阀 12、流量调节器 13 进入混合器 14，在这里与 AsH_3 混合，然后经气体浓度监测器 15 进入半导体生产阶段 16。在监测器中产生一个变化的电信号，传递给控制器，并与设定值相比较，进而调节电解槽电流，可使 AsH_3 在恒定浓度下产生。

用电解法生产的 AsH_3 有极高的纯度，其他氢化物质量分数小于 $2 \times 10^{-7}\%$，水分质量分数小于 $10 \times 10^{-4}\%$。总之，化学法的优点是工艺简单、原料易得、设备投资少；缺点是产物收率低、杂质含量高、需要经过复杂的精制处理后方可使用。电化学法的优点在于可在恒定浓度条件下生产 AsH_3、产物收率及纯度高、装置易于控制；缺点是能耗和设备投资大。

3.2.3.2 AsH_3 的精制

由于 AsH_3 主要用于半导体工业，因此需要有极高的纯度。由于不同工艺获得的 AsH_3 中或多或少含有一些杂质，如水、O_2、CO、CO_2、N_2、烃类、路易斯酸及其他氢化物等，因此必须进行精制提纯。

A 吸附法

a 承载过渡金属化合物作吸附剂的工艺

日本专利介绍了一种用承载的镍化合物作吸附剂来脱除 AsH_3 中 O_2 的工艺。载体可用硅藻土、Al_2O_3、铝硅酸盐、硅酸钙等，吸附剂用各种价态的砷化镍、磷化镍、硒化镍、硅化镍等。承载采用溶浸法，它是用可溶性镍盐溶液浸渍载体后，过滤，于120~150℃下干燥，再于300℃下煅烧，使镍盐转化为氧化物；然后在低于200℃下用相应的氢化物如 AsH_3、PH_3、H_2Se、SiH_4 等还原。该吸附剂的 BET 比表面积为 30~250m^2/g，Ni 的质量分数为20%~95%。AsH_3 的精制在 0~100℃、0.01~1MPa 下进行，AsH_3 通气速度小于 30cm/s，可使 O_2 的体积分数降至 $0.01\times10^{-4}\%$ 以下。

类似地，用承载的硫化镍、硫化铜、砷化铜、磷化铜、硅化铜等作吸附剂，可得到相同的结果。

b 用金属或合金作吸附剂的工艺

松下电器产业公司的专利介绍了一种用铝粉作吸附剂来脱除 AsH_3 中的 H_2O 和 O_2 的工艺。吸附剂被制成疏松多孔的圆柱形固体，吸附在300℃以下进行，产品可满足化学气相沉积的需求。意大利 Saes Getter 公司的专利介绍了一种用有特定组成的合金作吸附剂来脱除氢化物中的二硅氧烷杂质的工艺。合金优选 Zr-V-Fe 合金，质量组成为 Zr 47%~70%、V 24%~45%、Fe 5%~10%，使用前预先用 H_2 还原除去表面的氧化物。AsH_3 的精制在22~70℃下进行，可使二硅氧烷杂质的质量分数降至 $0.1\times10^{-4}\%$ 以下。

c 用金属化的网状聚合物作吸附剂的工艺

Hercules 公司的专利介绍了一种用金属化的网状聚合物作吸附剂来脱除 AsH_3 中质子酸及含氧杂质的工艺。

使网状聚合物（如苯乙烯-二乙烯基苯共聚物）在烃类溶剂中于常温、常压下与过量的烷基碱金属化合物反应，过量的金属化吸附剂滞留在聚合物的孔隙中，并与聚合物强烈化学键合；使该金属化聚合物于140~250℃下热老化，同时抽真空或用惰性气流除去气相产物。这样制成的金属化大孔网状聚合物表面带有一个通式为—Ar-CR^1R^2M 的侧基，其中 R^1 和 R^2 为相同或不同的 $C_{1\sim12}$烷基或 H，Ar 为1~3个环的芳基，M = Li、Na、K。使该聚合物在50℃以下与 AsH_3 反应，即制成吸附剂。用该吸附剂可将上述杂质的质量分数降至 $1\times10^{-4}\%$ 以下。

d 用活性炭、分子筛作吸附剂的工艺

日本昭和电工公司的专利介绍了一种用活性炭、离子交换的合成沸石或分子筛作吸附剂从 AsH_3 中除去水分的技术。吸附剂粒度为 2.361~0.701mm（8~24 目），使用前于270~290℃下加热活化。吸附在 N_2 保护下进行，温度为 -30~20℃，压力为 0.15MPa，可使水的质量分数降至 $1\times10^{-4}\%$ 以下。

北原宏一等人介绍了一种用 0.3nm 分子筛来脱除 AsH_3 中的水分的工艺。吸附剂预先

在 N_2 保护下于200℃下加热活化，填充密度为0.75g/mL。AsH_3 的精制在常温下进行，通气速率为1.5cm/s，3min后出口气体露点降至-98℃。

e　用承载的碳负离子作吸附剂的工艺

美国M. T. Glenn等人的专利介绍了一种用承载的碳负离子作吸附剂来脱除氢化物中的路易斯酸及含氧杂质的方法。该碳负离子满足其对应的质子化化合物的 pK_a 值为22～36，它们中有的可直接与杂质反应，而另一些先与 AsH_3、PH_3 或 NH_3 等反应后，再与杂质反应。

载体优选大孔聚合物、铝硅酸盐、硅藻土和 Al_2O_3 等，BET比表面积为50～1000m^2/g，孔径为$(3\sim200)\times10^{-10}$m，可耐250℃以上的高温。对于 AsH_3，唯一可直接与杂质反应的吸附剂是芴（$pK_a=22.6$），用它可使水和 O_2 的体积分数降至 $0.6\times10^{-4}\%$ 以下。对于反应性吸附剂，主要有氧杂蒽（$pK_a=27.1$）、PH_3（$pK_a=28$）、三苯基甲烷（$pK_a=32.5$）和二苯基甲烷（$pK_a=34.1$）等，它们在有机金属化合物作用下生成相应的阴离子，然后再与氢化物反应。用这些吸附剂可使上述杂质的体积分数降至 $10\times10^{-7}\%$ 以下。

f　用金属氧化物作吸附剂的工艺

北原宏一等人介绍了一种用承载的氧化锰作吸附剂来脱除 AsH_3 中 O_2 的工艺。载体用硅藻土、Al_2O_3 等，用溶浸法制成承载的吸附剂，Mn质量分数为20%～100%。吸附在常温下进行，AsH_3 通气速率为10cm/s，10min后产品中 O_2 的体积分数小于 $0.01\times10^{-4}\%$。

Matheson TriGas公司在另一篇专利中介绍了一种用承载的亚氧化态金属氧化物作吸附剂来脱除 AsH_3 中的水分和 O_2 的工艺。载体可用 Al_2O_3、SiO_2、铝硅酸盐、TiO_2、ZrO_2 等，吸附剂需有多种氧化态，可用V、Mo、Sb、W、Bi、Ce、Cr、Co、Cu、Ni等过渡金属的氧化物。包覆方法可用溶浸法、气相沉积法、溶液喷涂法、物理混合法等，使包覆的吸附剂于 N_2 保护下在100～600℃下干燥，再用 H_2 于300～600℃下进行还原，控制反应的速率和程度，使表面的金属氧化物部分还原为亚氧化态。吸附剂比表面积为10～95m^2/g，AsH_3 的通气速率为1～200L/min，吸附温度为0～70℃，可使 O_2 和水的质量分数降至 $100\times10^{-7}\%$ 以下。

g　用承载的活性氢化物作吸附剂的工艺

日本酸素株式会社的专利介绍了一种用无机载体承载的氢化物活化剂作吸附剂来脱除 AsH_3 中的含氧杂质和路易斯酸的工艺。无机载体可用沸石、Al_2O_3、SiO_2 等多孔材质，BET比表面积为300～700m^2/g，孔径为$(200\sim300)\times10^{-10}$m。活化剂选自 B_xH_y、Si_xH_y、As_xH_y、P_xH_y 或 Ge_xH_y 至少一种，其中 $x=1\sim3$，$y=0\sim6$。使活化剂与无机载体于100～300℃下接触反应，用干燥 N_2 除去多余的活化剂。用这种吸附剂来精制 AsH_3，可使水和 O_2 的质量分数降至 $1\times10^{-7}\%$ 以下，其他杂质的质量分数降至 $10\times10^{-7}\%$ 以下。

Matheson TriGas公司的专利介绍了一种用碳基超低挥发（ULE）固体吸附剂来精制氢化物气体的工艺。该吸附剂是通过使ULE碳材在超纯惰性气体保护下于500～700℃下活化脱水，再于0～100℃、0.1～6MPa条件下与超纯反应性气体（如 AsH_3、PH_3、GeH_4、SiH_4、NF_3、SF_6、WF_6 等）反应得到的。用这种吸附剂精制氢化物气体，可使 H_2O、O_2、CO、CO_2、烃类等杂质的质量分数降至 $1\times10^{-7}\%$ 级，并可有效避免二次污染。

B 低温冷冻及精馏法

德国 Messer Griesheim 公司的专利介绍了一种通过真空冷冻法来精制 AsH_3 的工艺。它是将预先除去高沸点杂质 AsH_3 引入到一个真空罐中，通过控制夹套中液氮的流量维持系统温度在 $-200 \sim -100$℃，使 AsH_3 冷凝为液体，再通过抽真空除去不凝性气体。用该方法可使 AsH_3 中 H_2 的体积分数降至 $10 \times 10^{-4}\%$ 以下，O_2、Ar、N_2 体积分数降至 $1 \times 10^{-4}\%$ 以下。

日本大阳东洋酸素公司的专利介绍了一种经吸附和低温精馏来提纯 AsH_3 的工艺。精馏分 3 个阶段：

（1）使 AsH_3 气体在第一吸附塔中与一种由质量比为 96：4 的 CaO 和 NaOH 混合而成的多孔吸附剂接触，除去酸性杂质；

（2）然后在第二吸附塔中用分子筛、硅胶、活性 Al_2O_3 等吸附剂除去大部分高沸点杂质；

（3）最后使 AsH_3 冷凝为液体，在精馏塔中于 0℃下连续精馏，除去不凝性气体。

在具体实例中，可使 AsH_3 中的 N_2、O_2、CO、CO_2、CH_4、C_2H_4、C_2H_6 和水的体积分数降至 $0.01 \times 10^{-4}\%$ 以下，H_2S 和 COS 体积分数降至 $0.05 \times 10^{-4}\%$ 以下，SiH_4 和 GeH_4 体积分数降至 $0.01 \times 10^{-4}\%$ 以下。

C 膜分离法

B. Pascal 等人介绍了一种通过膜分离法来精制 AsH_3 的工艺。所用气体分离膜是一组或多组串联或并联的芳香族聚亚酰胺中空纤维膜，交换面积约 $0.25m^2$。将 AsH_3 体积分数为 15% 的 $AsH_3 + H_2$ 混合气体经减压过滤后，送入上述分离膜，在透过一侧抽真空或借助某种惰性载气（如 N_2、SF_6 等）维持膜两侧的压差为 $(1 \sim 20) \times 10^5$Pa，分离后的保留组分中 AsH_3 的体积分数达 99% ~99.5%。

D 其他方法

日本大阪酸素公司的专利介绍了一种可将 AsH_3 中的水分的质量分数降至 $1 \times 10^{-7}\%$ 以下的方法。它是在一个分离室中采用如下方法：在 Pt 催化剂存在下于 50 ~500℃下热解、用不小于 10MHz 的超声波处理、高频处理、用紫外光照射、用红外线照射等进行处理。为防止水分二次污染，在下游工艺还可用填充沸石或金属的固定床进行再处理，产物可满足半导体工业的需求。

总之，吸附法的优点是工艺成熟、操作简单，但使用单一吸附剂不能脱除所有的杂质；低温冷冻/精馏法可分离大部分非挥发性杂质和沸点与 AsH_3 相差较大的挥发性杂质，但对于分离与 AsH_3 沸点相近的挥发性杂质效果不佳；膜分离法及其他方法对于杂质有较强的针对性。因此，不能通过单一的方法来对 AsH_3 进行精制，而应根据具体情况，配合使用相应的联合工艺。

3.3 高纯磷

3.3.1 高纯磷的概述

磷，原子序数 15，相对原子质量为 30.973762，元素名来自希腊文，原意是“发光物”。1669 年德国科学家布兰德从人尿蒸馏和干馏后的物质中制得白磷。磷在地壳中的含量为0.118%。自然界中，磷以磷酸盐的形式存在，含磷的矿物有磷酸钙、磷辉石等，磷还是生命体的重要元素，存在于细胞、蛋白质、骨骼和牙齿中。天然的磷有一种稳定同位素——磷31。

单质磷有几种同素异形体。其中白磷（又称黄磷）是无色或淡黄色的透明结晶固体，密度为1.82g/cm^3，熔点为44.1℃，沸点为280℃，着火点是40℃，放于暗处有荧光发出，有恶臭、剧毒。白磷几乎不溶于水，易溶于二硫化碳溶剂，在高压下加热会变为黑磷。黑磷密度为2.70g/cm^3，略显金属性，电离能为10.486eV，不溶于普通溶剂中。白磷经放置或在400℃密闭加热数小时后可转化为红磷。红磷是红棕色粉末，无毒，密度为2.34g/cm^3，熔点为59℃，沸点为200℃，着火点为240℃，不溶于水。在含磷化合物中，磷原子通过氧原子而和别的原子或基团相联结。

以磷为原料的精细磷酸盐产品用途非常广泛，其他含磷化合物也在许多领域中发挥着越来越重要的作用，如图3-13所示。

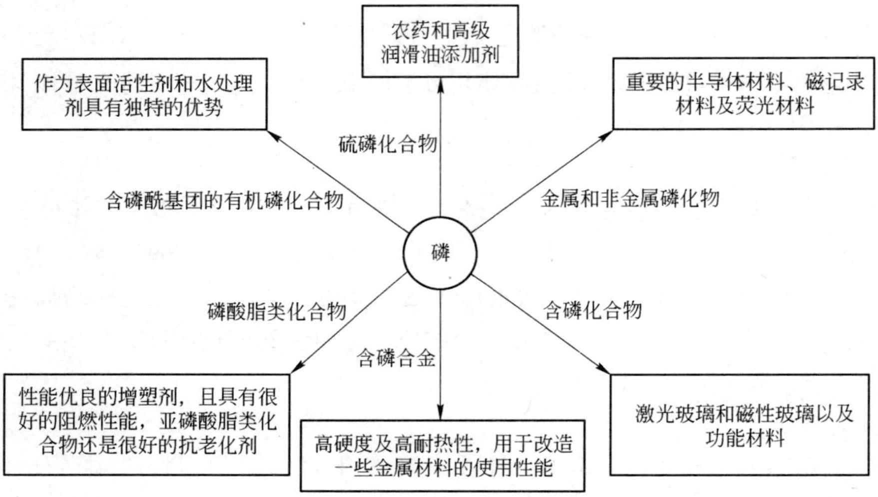

图3-13 含磷化合物的用途

精细磷化工产品是高附加值的产品，我国的精细磷化工工业与发达国家相比还相差很远。高纯磷是精细磷化工的先决条件，很多精细磷化工产品因为所用黄磷纯度满足不了要求而大大降低其应用性能。我国是黄磷生产大国，但目前基本上都是生产一般工业黄磷，一方面低价出口工业黄磷，另一方面又以昂贵的价格进口高纯磷，这对于我国精细磷化工的发展是极为不利的。高纯磷制备技术的开发及工业化，对于提高企业经济效益，带动整个精细磷化工产业的发展具有重要意义。

一方面，黄磷是高耗能产品，20世纪70年代能源危机后，能源价格不断上涨，加之环保因素限制，在发达工业化国家以黄磷为原料生产工业磷酸的产量在逐年递减，至90年代已关闭了大部分黄磷生产装置，取而代之的是用湿法磷酸净化产品代替热法磷酸生产磷酸盐产品，普通工业黄磷的需求呈递减趋势。另一方面，一些重要磷化物（含磷化合物制备的中间体）随应用领域扩大和品种增多，对黄磷的需求一直在上升，特别是一些高品质磷化学品上升较快，导致对高品质专用黄磷需求量增加，市场变化对黄磷质量提出了新的要求。

国外为满足电子、医药、材料、食品工业对高纯磷化物、高纯磷酸及磷酸盐的要求，对黄磷中无机和有机杂质提出了严格的要求，特别是随着高科技磷酸盐材料及生命科学用磷化工产品的开发与运用，对黄磷质量的要求也越来越严格。

3.3.2 高纯磷的制备

3.3.2.1 杂质的来源

工业黄磷的生产均采用电炉法。电炉法生产黄磷的原理为：利用电能在电炉内产生1400～1500℃的高温，使电炉内的磷矿石、硅石、焦炭起化学反应，焦炭将磷矿石还原为单质磷，同时二氧化硅和氧化钙反应生成硅酸钙（造渣）。气态磷从电炉排出进入冷凝塔冷凝成为液态磷，经分离得到黄磷产品。熔渣及磷铁从电炉下部渣口排出。其主反应式如下：

$$Ca_3(PO_4)_2 + 3SiO_2 + 5C = 3CaSiO_3 + P_2 + 5CO + 1543.896kJ \quad (3\text{-}42)$$

黄磷生产的三种原料都含砷，范围在每千克黄磷中数十个毫克。黄磷中的砷主要是从磷矿中带入，自焦炭、硅石中带入的相对较少。

由于原料、电极和电炉热工条件等因素的影响，黄磷中混有砷、有机物（俗称油分）、硅、硫、铁和重金属等杂质。砷主要以砷酸盐形式存在于磷矿石中，磷和砷是同一主族相邻的两种元素，具有许多相似的物理化学性质，在生产过程中，还原磷的同时也还原了砷，绝大部分砷（约41.5%）富集于产品黄磷中，主要以磷化砷形式存在，并且磷、砷之间易产生共晶物，导致分离困难，结构式如图3-14所示。

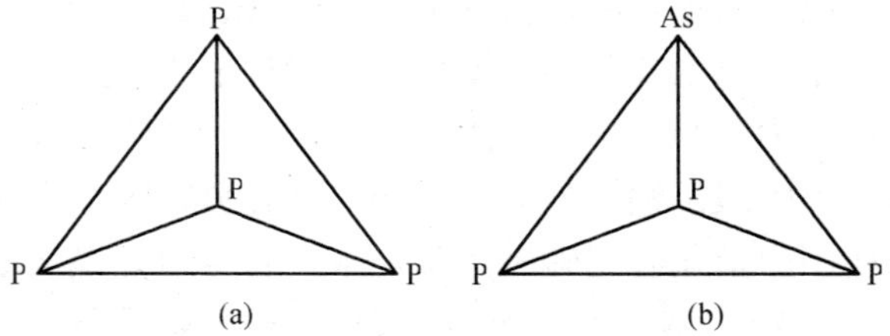

图 3-14 结构式
(a) 元素磷结构；(b) 含砷磷结构

在电炉内，焦炭（或电极糊）中的挥发分随磷炉气进入冷凝系统，大部分与磷蒸气一起被冷凝成液态，形成黄磷中的有机物，该有机物（主要为羟类、酚类及多原子芳烃）与黄磷亲和能力较强，分离较困难。在高温区，少量的氟与二氧化硅生成 SiF_4 气体，在冷凝时，一部分水解为胶态二氧化硅混入黄磷中。

贵州某黄磷厂的黄磷生产中砷的分布（以1t成品黄磷计）见表3-15。

表 3-15 黄磷生产中砷的分布

序 号	项 目	黄 磷	炉 渣	泥 磷	尾 气	磷 铁	合 计
1	砷量/mg · g^{-1}	369.6	254.3	241.1	20.7	4.3	890.0
2	As 质量分数/%	41.5	28.6	27.1	2.3	0.5	100

各厂生产的黄磷的砷含量虽然有所不同，但是其砷分布情况大致相同。Cu、Fe、Ni、Zn 等金属杂质主要通过粉尘等途径带入黄磷产品中。

3.3.2.2　国内外的研究动态

国外在二十世纪五六十年代就开始进行高纯黄磷的研究，当时主要是为了满足磷衍生物（如 P_2S_5、高纯磷酸盐等）对高纯磷的需求。到八九十年代，随着半导体材料为代表的材料工业的发展，尤其是磷化镓和磷化铟需求量的增加，对高纯黄磷的研究又再次升温，其间国内外申请了大量发明专利，净化后的高纯黄磷纯度已达到 7N 级。另外，近年来电子工业上用的磷化铜等高纯材料也促进了高纯黄磷的研究，将电子级磷酸生产中无法脱除的锑等杂质放到黄磷中来脱除也成了研究对象。在高纯黄磷研究这一领域中，起步早、技术领先的国家是美国、日本、德国、前苏联和法国，包括中国、印度、捷克在内的发展中国家也开展了这方面的研究。

美国开发了连续操作的蒸馏工艺，Moach 工业公司化学部已能从工业级黄磷出发，生产 5N ~ 7N 级高纯黄磷。日本致力于氧化法、阿里辛热分解法、合金减压蒸馏法的研究，其 HNO_3 和 H_2SO_4 混酸氧化方法处理黄磷，成品砷含量小于 1mg/kg。日本从 1967 年开始生产高纯黄磷，现已能生产 7N 级高纯黄磷。前苏联主要在有机溶剂萃取法、氧化法、精馏法上开展工作，有机溶剂萃取采用二-2-乙基二硫代磷酸为萃取剂，Fe、As 去除率为 94% ~98%；氧化法采用安全系数较高的 Fe^{3+}、Ni^{2+} 为氧化剂。德国侧重于 H_2SO_4 法、磺酰氯化物及 PCl_3 出发制备高纯磷的研究。法国研究的重点是浓 H_2SO_4 法和吸附法。阿托化学公司采用活性炭吸附处理工业黄磷，制得有机物、无机物总量小于 30mg/kg 的产品。

我国在黄磷脱砷研究上起步较晚，技术相对滞后。中科院冶金所 20 世纪 60 年代在实验室用 PCl_3 法制得 5N 级产品，砷含量小于 0.4mg/kg，但原料采用的是二级试剂，原料砷含量仅为 5.6mg/kg。浙江金华化工厂 1979 年曾在 500L 酸洗锅上用浓 H_2SO_4 批量精制黄磷，后因酸洗锅剧烈爆炸停用。南化公司磷肥厂也采用 H_2SO_4 批量精制黄磷，也因事故原因停用。南化公司磷肥厂针对本厂特点对蒸馏法脱砷进行了一些有益探索。贵阳黄磷厂采用 H_2SO_4、HNO_3 混酸氧化除砷，原料 As 含量为 290mg/kg，成品磷中 As 含量为 80mg/kg，磷收率为 80%。武汉化工学院小试中加入含硅无机分散剂和 SBH 吸附剂，成功地把砷含量为 90mg/kg 的工业黄磷中的砷降到 30mg/kg。此外，昆明理工大学和云南省滇东磷化工公司合作建设了 2000t/a 低砷黄磷生产装置，产品含砷可达到 2 ~ 5mg/kg。峨眉化工工程设计研究所和贵州开磷集团磷业公司合作建设了 2000t/a 低砷黄磷生产装置，产品平均砷含量可达到 57mg/kg。

3.3.2.3　各种黄磷净化方法

根据去除杂质和质量等级不同，采用不同的净化方法。目前国内外黄磷净化的技术路线约有近二十种，归纳起来可分为物理法、化学法、其他方法等三类：

（1）物理法。蒸馏、吸附、离子交换、萃取。常用的方法有蒸馏法和萃取法，但由于有机物与砷化学反应行为相似，实现较高脱除率有困难。吸附法对无机杂质分离效果差，离子交换法从安全性和经济性方面考虑，实现工业化比较困难。

（2）化学法。将无机酸、碱等加入到液态磷中，使杂质与其反应，达到分离杂质的目的。该方法副反应多、磷收率低、安全性差。

（3）其他方法。如阿里辛法、区域熔炼法和高温蒸发法。

下面对各种净化方法进行较为详细的介绍。

A　蒸馏法

磷和砷的沸点、蒸气压差别较大，利用蒸馏操作可以将磷砷分离。由于黄磷在空气中易自燃，温度超过200℃就以很快速度转变为赤磷，操作常在隔绝空气、温度低于180℃的条件下进行。隔绝空气可采用真空或惰性气体保护，最常见的惰性气体是水蒸气。蒸馏后磷、水气态混合物冷却分层，水对磷起保护作用，能最大限度减少磷的损失。三种蒸馏法具体介绍如下。

a 水蒸气蒸馏法

水蒸气蒸馏的一般工艺路线如图3-15所示。水蒸气蒸馏的温度须控制在180℃，否则会生成磷化氢。实际上，在蒸馏过程中砷以磷化砷形式进入气相，使得一次蒸出物含砷量较高，因此采用部分冷凝多级蒸馏。

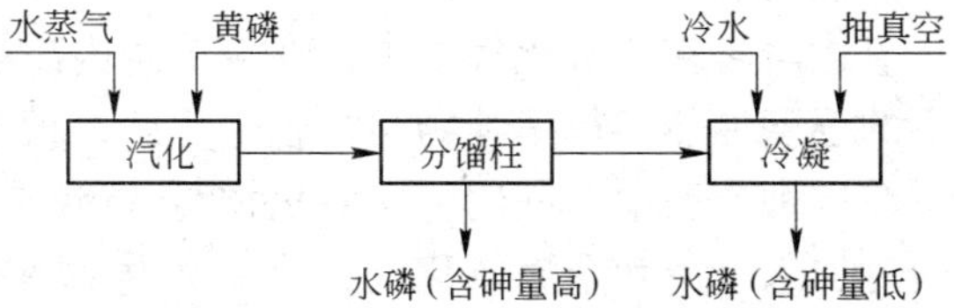

图 3-15 水蒸气蒸馏工艺示意图

b 真空蒸馏法

美国专利 4483746 报道连续真空蒸馏装置及方法：将不纯的黄磷连续通过热交换器，在温度不超过200℃下加热，使一部分黄磷挥发，而后从热交换器连续排出加热的黄磷，进入处于真空态的分离室，在分离室将黄磷蒸气与液体黄磷及各种不挥发性的杂质分离，分离后的黄磷蒸气连续通到处于真空态的精馏塔，在基本上没有其他非磷蒸气存在的条件下，在精馏段从低挥发性的砷中精馏黄磷，然后在精馏段的真空冷凝中冷凝黄磷蒸气，得到低砷液体黄磷。一部分冷凝的低砷液体黄磷作为回流剂返回到精馏塔，使其与向上的黄磷蒸气接触。最后从精馏塔底部除去高砷液体黄磷，回收剩余部分的冷凝低砷液体黄磷作为成品。连续运转180h，黄磷中砷含量从322mg/kg降到61mg/kg。

c 多级蒸馏或精馏

实际上，蒸馏过程中砷是以各种化合物，特别是磷化砷二元化合物的形式进入气相，使一次蒸出物含砷量较高（70mg/kg 左右）。要获得砷含量较低的黄磷必须采用多级蒸馏或精馏。

前苏联学者研究表明：压力为101325Pa（0.1atm）时，磷、砷相对分离度为3.2。为将杂质磷化砷的浓度由200mg/kg降至10mg/kg，5～6个理论塔就够了。

总之，单纯采用精馏方法得到的精制黄磷纯度有限。要得到更高纯度的精制磷，在精馏前必须采取预净化措施，或通过化学反应将杂质转化为不易挥发的杂质。另外，精馏法需要消耗大量的能量。

B 合金减压蒸馏法

合金减压蒸馏法是指在非氧化性气氛中，在粗黄磷中添加金属或金属化合物，并加热使杂质合金化后，再在真空条件下减压蒸馏黄磷，从而分离杂质，得到高纯度磷的制造方法。该法根据加入的物质不同可分为金属法、氯化法及碘化法。碘化法将在后面做具体介绍，这里只介绍金属法和氯化法。

a 金属法

金属法是一种将容易与砷制成合金的低熔点金属熔融，与砷制成合金，在金属的熔点以下减压蒸馏回收磷的方法。合金法使用的低熔点金属主要是铝、铅、铟、锑、铋等。因合金反应必须加热到各种金属的熔点以上，各种金属的熔点是：铝660℃、铅327℃、铟

157℃、碲 304℃、铋 271℃、锑 631℃，这就使合金法具有很高的反应温度（400～800℃），且反应必须在惰性气体保护下才能进行。合金法在除砷的同时能除去硫等多种杂质。

金属法除砷效果好（砷脱率为 90%），但高温下磷容易赤磷化，且会和金属生成磷化物，使磷收率降低。如对脱砷最为有效的金属铝，其熔点为 660℃，在采用铝的情况下，需加热到 700℃以上，使其生成合金，同时也会生成磷化铝，加之磷的赤磷化，导致在减压蒸馏时磷的回收率低。

b　氯化法

氯化法是在非氧化气氛中，在粗黄磷内添加金属及其氯化物，然后在所添加金属熔点以下的温度加热，待不纯物与之合金化后，再减压蒸馏而获得高纯磷的一种方法。

在这种方法中，利用金属氯化物与 As 反应比金属与 As 反应活化能低的性质，在粗磷中同时加入金属和金属氯化物，金属氯化物在较低温度下先和 As 反应生成 $AsCl_3$，$AsCl_3$ 再和金属生成合金，最后减压蒸馏制得高纯磷，因此，金属氯化物在反应中用作催化剂。如在粗磷中加入金属铜和氯化亚铜，发生的化学反应为：

$$As + 3CuCl = AsCl_3 + 3Cu \tag{3-43}$$

$$6Cu + AsCl_3 = Cu_3As + 3CuCl \tag{3-44}$$

作为合金化反应催化剂的金属氯化物一般采用氯化钠、氯化铜、氯化亚铜、氯化铝、氯化锌、氯化铝等。用作脱砷剂的金属是低熔点、易与砷合金化的金属，如 Cu、Al、Zn、In、Pb、Sb、Bi、Te 等。

在添加金属及其氯化物时，要避免不纯物的混入。金属氯化物的添加量在磷质量的 0.001%～10% 为宜。当金属氯化物小于质量的 0.001% 时，催化效果难以实现；如超过质量 10% 时，则催化作用变得几乎没有。金属的添加量是根据磷中的砷含量来决定的，对 100 份重的磷，金属添加量为 1～1000，反应温度为 50～300℃，反应时间为 5～10h。当温度低于 50℃时，砷的合金化不充分，使砷的除去率低；而超过 300℃时，由于赤磷的生成，在减压蒸馏时黄磷的回收率低。采用该法可使黄磷的砷含量由 51mg/kg 降至 1.2～10.4mg/kg。

C　湿法氧化法

砷化学活性不高，不溶于水，它和磷同属 V_A 族元素。磷是典型的非金属，砷则具有金属的某些特点。磷电负性比砷大，夺取电子的能力较强，无论在酸性或碱性溶液中，磷的氧化能力都比砷强，被氧化能力比砷弱。因此，在熔融黄磷中选择性加入某些氧化剂，使砷先被氧化成氧化砷（As_2O_3 或 As_2O_5），再加水合成可溶性亚砷酸 H_3AsO_3 或砷酸 H_3AsO_4，用水洗涤就能达到磷砷分离的目的。

常用氧化剂有浓硫酸、硝酸、混酸（$H_2SO_4 + HNO_3$，H_2SO_4-SO_3-HVO_3，H_2SO_4-SO_3-H_3PO_4，H_2SO_4-SO_3-H_2O_2）、三价铁离子和高价碘化合物。

a　浓硫酸法

砷和浓 H_2SO_4 反应时，砷被氧化成 As_2O_3，H_2SO_4 被还原成 SO_2。

$$2As + 3H_2SO_4 = As_2O_3 + 3SO_2 + 3H_2O \tag{3-45}$$

$$As_2O_3 + 3H_2O = 2H_3AsSO_3 \tag{3-46}$$

浓硫酸法间歇操作的工艺流程如图3-16所示。

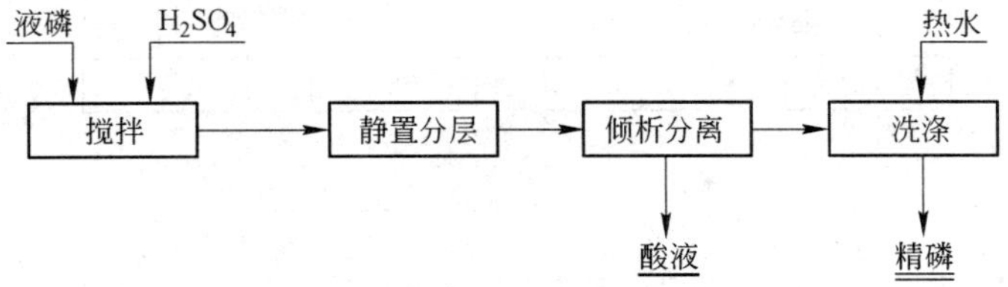

图3-16 浓硫酸法间歇工艺流程示意图

浓硫酸处理工艺简单，对脱除黄磷中有机和无机杂质都很有效。缺点是安全性差，磷、酸混合物不易分离，操作步骤和黄磷含水量都会影响到酸和磷的分离效果，且会产生大量废水。

前联邦德国Hoechst公司Knapsack厂采用此法生产精制磷。具体方法是将粗磷和工业硫酸分别从储槽打入酸洗锅，开动搅拌使两者混合，锅内温度控制在80℃以下，并用惰性气体保护，混合20min后静置分层，浮于上层的液磷流进精磷储槽，硫酸层继续使用。

浓硫酸法连续操作的流程如图3-17所示。

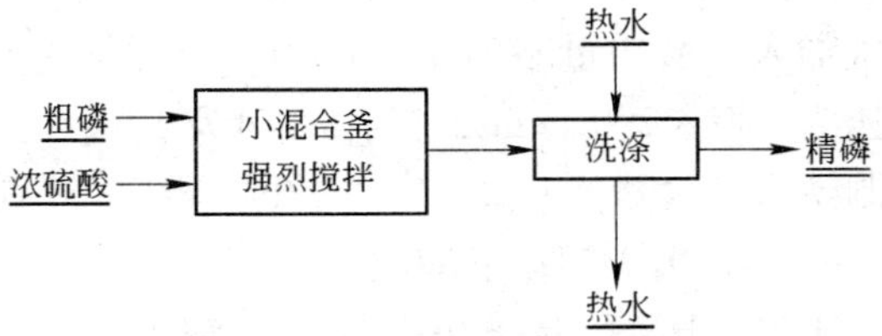

图3-17 浓硫酸法连续工艺流程示意图

连续操作从安全角度考虑一般都要大大减少磷和酸的接触时间。前民主德国VEB公司就采用此法净化黄磷。具体的方法是：在高速搅拌的小型混合釜中，磷和酸仅平均接触1.5s就迅速排入60℃水中。硫酸浓度可以接近100%或用含SO_3的发烟硫酸以提高净化效率。

浓硫酸法对脱除有机物效果显著，可以将黄磷有机杂质含量降到0.002%以下。前民主德国VEB、英国A&W等都是采用浓硫酸法脱除黄磷中的有机杂质，以保证P_2S_5的色泽和活性合格，因此，浓硫酸法净化黄磷是应用最多的净化方法之一。

b 硝酸氧化法

硝酸氧化法是制备低砷高纯磷的重要方法。硝酸具有强氧化性，它在氧化砷的同时能将磷氧化成+5价的H_3PO_4：

$$3As + 5HNO_3 + 2H_2O \longrightarrow 3H_3AsO_4 + 5NO \tag{3-47}$$

$$3P + 5HNO_3 + 2H_2O \longrightarrow 3H_3PO_4 + 5NO \tag{3-48}$$

出于安全考虑和提高磷收率，酸浓度不宜过大，一般为10%～20%。在50℃的反应温度下，硝酸浓度一般不能超过25%，否则易发生爆炸。

硝酸法工艺流程如图3-18所示。

实验室操作是将黄磷及相当于它10～15倍（质量）的10%～20%硝酸加到圆底烧瓶中，加热到50℃，向溶液中通入惰性气体，强烈搅拌使黄磷呈微粒状分散到溶液中，黄磷中的砷分散开来，以砷酸的形式溶于硝酸中。停止搅拌后分散的磷沉到底部又恢复为液体状态。通过一次操作可使所含砷减少到原来的1/10～1/20。固磷有一部分溶于溶液，实际

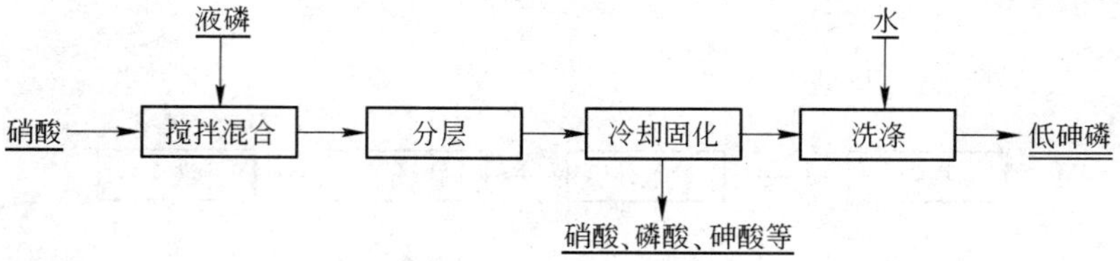

图 3-18　硝酸法工艺流程示意图

收率为 40% ~50%。

为了安全地提高脱砷率，日本专利特开平 5-116916 公开了工业用脱砷反应器简图，如图 3-19 所示。

该反应器通过强化热交换，确保反应器各点温度都处于 46 ~50℃。精制时硝酸一次加入，酸用量略高于理论用量。搅拌转速为 100 ~290r/min，搅拌时间为 12h，精制磷中砷含量为 0.2 ~1.9mg/kg。

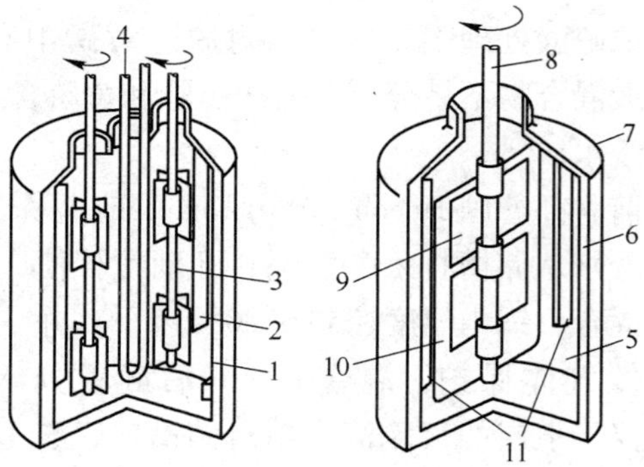

图 3-19　工业用脱砷反应器

1，5—冷却夹套；2，11—阻挡板；3，8—搅拌管；4，6—冷却管；7—搅拌容器；9—翼上部分；10—翼下部分

c　H_2SO_4-HNO_3 混酸法

H_2SO_4-HNO_3 混酸法是将适当浓度的 HNO_3 和 H_2SO_4 以一定比例组成混酸，即使混酸浓度低，但因氢离子浓度很高，在去除磷中杂质时也能收到很好的效果。

$$3As + 5HNO_3 + 2H_2O \xlongequal{} 3H_3AsO_4 + 5NO \tag{3-49}$$

$$2As + 3H_2SO_4 \xlongequal{} As_2O_3 + 3SO_2 + 3H_2O \tag{3-50}$$

$$As_2O_3 + 2HNO_3 + 2H_2O \xlongequal{} 2H_3AsO_4 + NO_2 + NO \tag{3-51}$$

操作可分为三个步骤：

(1) HNO_3 和 H_2SO_4 组成混酸对粗制黄磷氧化处理；

(2) 分离混酸；

(3) 稀 HNO_3 和水依次洗涤。

混酸所使用 HNO_3 含量为 6% ~18%，H_2SO_4 含量为 15% ~38%，混合后全酸浓度（HNO_3 摩尔浓度 + H_2SO_4 摩尔浓度）为 3.5 ~6.5mol/L。当全酸浓度小于 3.5mol/L 时，砷去除率降低；全酸浓度大于 6.5mol/L 时，磷损失增加，反应危险性上升。混酸使用量为粗磷质量的 5 ~10 倍，反应温度为 45 ~60℃，反应时间为 5 ~60h。

日本专利昭 54-93692 的实例如下：用大约 2.5% ~18% 的 HNO_3 和大约 8% ~40% 的 H_2SO_4 以摩尔比 1∶0.5 ~ 10∶1 的比例混合，分别取这种混酸 300g，然后将含 As 80mg/kg 的粗制黄磷 20g 放入其中。当温度上升至 70℃时，搅拌 3.5h，冷却至室温，将混酸和固磷分离。用 60℃、3% 稀 HNO_3 100g 洗涤 1 次，净化过的温水 100g 洗涤 4 次。洗涤液每次用量为磷量的 5 倍（质量），经过反复洗涤、冷却得到的精制黄磷，其砷的含量可从 90mg/kg 降至 1mg/kg 以下，磷的收率为 70%。

d 铁盐氧化法

对含砷、有机物、水不溶物等杂质的粗黄磷，在加热、搅拌的条件下，用无机反应剂的水溶液处理，然后分离得粗制黄磷。所用无机反应剂为三价铁盐或二价镍盐。

前苏联列宁格勒基本化学工业研究院提出了三价铁离子氧化除砷制备食品级磷的安全工艺，其原理是：酸性溶液中，Fe^{3+}具有一定的氧化性，为一种强氧化剂，它能将砷氧化成水溶性较好的亚砷酸进入水相，Fe^{3+}自身被还原成Fe^{2+}，且Fe^{3+}不和液磷反应，避免了强氧化剂引起的潜在危险。反应中有部分有机物被氧化除去，可以脱除有机杂质。此外，三价铁离子具有一定的净化作用，当溶液的 pH 值升高，或用大量水稀释时，应能与磷中悬浮的不溶性残渣发生共聚、沉淀，过滤沉淀就能得到较高纯度的磷，工艺流程如图 3-20 所示。

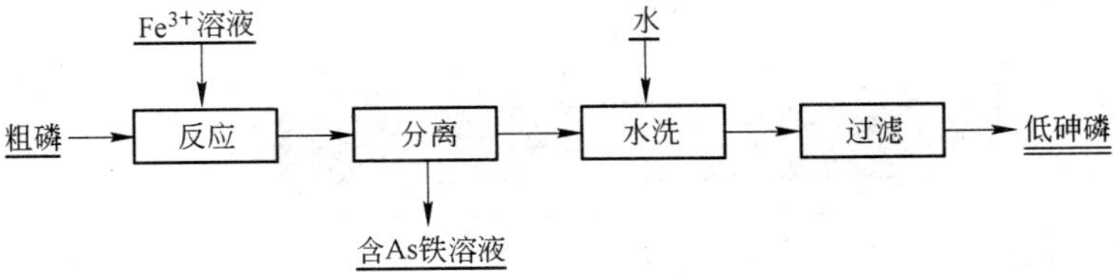

图 3-20 铁盐氧化法工艺流程示意图

该法具有处理时间短、黄磷回收率高、无危险性等诸多优点，但是该法仅能将每千克黄磷中的砷降至几十毫克以内，不能深度脱砷。

D 阿里辛法

阿里辛法是制备高纯磷的重要方法。它基于以下原理：单质 P、As 容易形成氢化物，当以工业级磷制取 PH_3 气体时，磷中所含杂质 Fe、Cu、Ni、Al、Pb 等因难以形成氢化物而留在溶液中，P、As 分别以 PH_3 和 AsH_3 形式进入气相，除去水分后的粗制 PH_3 气体实际上只含有 PH_3 和少量 N_2、O_2、CO_2 及微量 AsH_3（2 ~ 200mg/kg），然后利用 AsH_3 比 PH_3 热分解温度低这一性质，将粗制 PH_3 气体依次通过 AsH_3 热分解区、单质 As 固定区及 PH_3 热分解区，冷却回收制得半导体级磷。

PH_3 气体可由以下几种方法制备：

（1）次亚磷酸钠生产中的副产品：

$$4P + 3NaOH + 3H_2O \xlongequal{} PH_3 + 3NaH_2PO_2 \qquad (3\text{-}52)$$

（2）亚磷酸钠生产中的副产品：

$$2P + NaOH + 2H_2O \xlongequal{} PH_3 + NaHPO_3 \qquad (3\text{-}53)$$

（3）磷加水分解：

$$2P_4 + 12H_2O \xlongequal{} 5PH_3 + 3H_3PO_4 \qquad (3\text{-}54)$$

（4）黄磷电解法生产 PH_3。

工业上以次亚磷酸钠法能够有效地利用副产品 PH_3 而最为经济。该技术是由日本化学工业公司开发的，并先后申请过 4 个专利。

日本专利 JP59217609 公开的方法如下：反应产生的 PH_3 气体含大量水分，经活性炭柱或分子筛吸附脱水后充入钢瓶。钢瓶中 PH_3 气体经流量计 3 定量与作为载气的 H_2 混合，经导管 4 通入预先将空气置换后的 AsH_3 热分解管 5。AsH_3 热分解管温度控制在高于 AsH_3 热分解温度（230℃），低于 PH_3 热分解温度（450℃），气体经短时间停留后大部分 AsH_3 分解为单质 As（如 300℃时，99s 停留 AsH_3 分解率为 98.7%）。砷由混合气带入管 7 捕集。除去 AsH_3 后的气体进入 PH_3 热分解管 8，于 450 ~ 1000℃温度下热分解（500℃，停留时间 100s，PH_3 分解率为 95%）。热分解产生的元素磷在安瓿中冷却成液体，粗 PH_3 气体所含 N_2、CO_2、O_2 和载气 H_2 从出气口排出。为增加热效率，热分解管 5 和 8 装有对 PH_3 气体惰性的玻璃状或磁环填充材料，管 7 中用于捕集砷的是石英毛等惰性耐热纤维，整个装置处于无氧通氢状态，气体在装置中的平均停留时间为 3min，且加热温度越高，停留时间越短。使用该装置和含 $AsH_3$150mg/kg 的次亚磷酸钠副产 PH_3 气体，可以制得含砷 0.8mg/kg、金属类杂质和硫酸根痕量的高纯磷，其简图如图 3-21 所示。

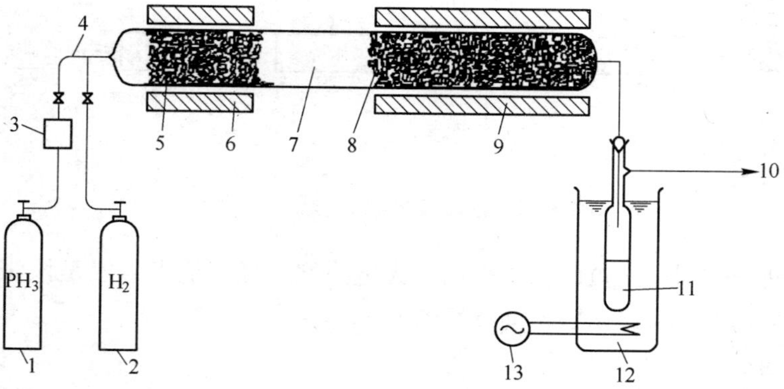

图 3-21　阿里辛法装置图

1—PH_3 钢瓶；2—氢气钢瓶；3—流量计；4—导管；5—AsH_3 热分解管；
6，9—加热压；7—砷收集管；8—PH_3 分解管；10—气体排出口；
11—黄磷收集安瓿；12—热水；13—恒温器

日本专利 JP60186408 公开的方法如下：将粗磷化氢导入一个具有温度梯度的加热管内，分段完成磷化氢净化和热分解，脱除砷化氢的方式由前述直接热分解生成单质砷的方式改为生成金属砷化物的方式，从而明显降低了 AsH_3 的热分解温度。另外，由于加热管的引入使之便于实现连续生产。加热管分 3 个区：

（1）进口段为 AsH_3 分解区，由锌颗粒填充，在 400℃下 AsH_3 与 Zn 生成砷化锌，AsH_3 含量可降至 $0.01\times10^{-4}\%$ 以下；

（2）中段为冷却区，使（1）区生成的砷化锌从气相中除去；

（3）末段为 PH_3 的热分解区，用石英环填充，在 1000℃下 PH_3 热分解为单质磷。

日本专利 JP60215510 公开的方法如下：将 AsH_3 分解区所用填充物由金属锌改为金属磷化物，其余方式与专利 JP60186408 所述方式相同。

日本专利 JP1313309 公开的方法如下：将以前的磷化氢直接分解改为以 Fe-P 合金粉末作为催化剂进行催化热分解的过程，从而可以使磷化氢的实际热分解温度从 800 ~ 1000℃降至 450℃，PH_3 的分解率可达 99.18%。

阿里辛法可以制备很高纯度的磷。其中一个关键问题是设法降低操作温度。对于 PH_3 热分解，采用 Fe-P 合金粉末作为催化剂，降低分解温度的效果尤为显著。

此外，国内学者做了 CoP 非晶合金催化分解 PH_3 制高纯磷的相关研究。催化分解装置如图 3-22 所示。

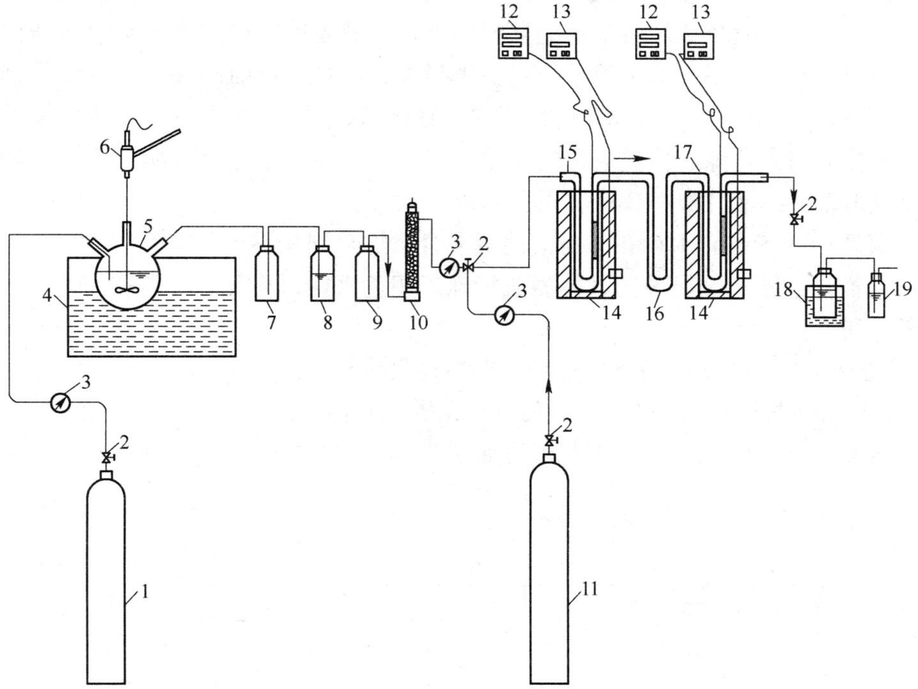

图 3-22 磷化氢分解反应装置

1—高纯氮气；2—阀门；3—流量表；4—恒温水浴锅；5—反应瓶；6—搅拌器；7—缓冲瓶；8—除杂瓶；9—沉降瓶；10—干燥塔；11—高纯氢气；12—控温仪；13—显温仪；14—加热炉；15—砷化氢分解管；16—U 形冷却管；17—磷化氢分解管；18—捕集器；19—尾气吸收瓶

该技术的主要技术特点是 FeP 或 CoP 非晶态合金的制备和以 FeP 或 CoP 非晶态合金作为催化剂负压催化 PH_3 制备高纯磷，其创新之处在于：

（1）采用电解和电渗析相结合的方法，以金属铁或钴为阳极，以次磷酸钠为原料制得次磷酸亚铁或次磷酸钴溶液，再根据化学镀原理，在一定温度和 pH 值下发生自氧化还原反应而制得 FeP 或 CoP 非晶态合金纳米材料。

（2）同日本专利报道的用纯态 FeP 或 CoP 非晶态合金粉末作为磷化氢热分解催化剂相比，研制了负载型 FeP 或 CoP 非晶态合金用作催化磷化氢。因为纯态 FeP 或 CoP 非晶态合金在高温时容易转变为晶态合金，失去催化效果，而负载型非晶态合金可以在较高的温度下使用，这将有助于降低工业生产成本，提高生产效益。

（3）根据文献报道，负压下可降低砷化氢等氢化物的热分解温度，负压有利于氢化物的原子化。

据此，该技术采用负压—催化分解 PH_3 制备高纯磷的方法，不仅能进一步降低 PH_3 的分解温度，而且还使操作更安全，有利于以后的工业实施。

E　吸附法

工业黄磷中的砷一般以细微粒子固体形态存在，加热后液态黄磷与砷的微粒有相对界面和相对移动。因磷和砷在分子大小、分子构成等方面有一定差异，选择性加入适量吸附剂就能达到一定程度的分离。吸附剂的选择要求是：液固接触过程中不给液磷残留新的有害杂质，选择性好，效率高，不吸附或很少吸附液态黄磷。目前国外使用的吸附剂主要是密度为 0.15g/cm^3、比表面积为 800m^2/g 左右的粉末状木质活性炭，这种活性炭具有大孔径和超微孔隙。超微孔隙起传送通道的作用，它的大小与磷中无机杂质分子大小相当，能够有效地吸附杂质。活性炭净化流程可分为以下几类：

（1）黄磷熔融体在有水存在下与活性炭混合，加热到 98～102℃蒸馏回收磷。

（2）活性炭或涂有金属液的载体做成特殊气相色谱柱，将气态黄磷和惰性气体混合物进行分离得到半导体级磷。

（3）黄磷熔融体中直接添加活性炭，在惰性气体保护下，湍流混合（*Re* 为 1×10^5～5×10^6），悬浮液过滤分离，得到有机杂质和无机杂质均小于 30mg/kg 的净化磷。

（4）水悬浮液过滤分离法，工艺流程如图 3-23 所示。

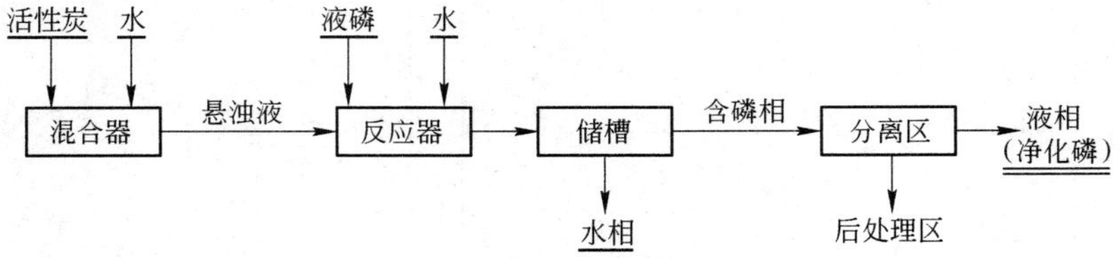

图 3-23　水悬浮液过滤分离法工艺流程

活性炭吸附对于清除磷中有机杂质、无机杂质和不溶性残渣都有很好的效果，活性炭主要用于除去黄磷中的有机物。除第二种流程外，其他的反应条件都比较温和，操作比较简单，通过一次或多次净化就能达到所需标准的黄磷，但也存在一些问题，其中最棘手的是废活性炭的输送和后处理问题。一般是将废活性炭加入黄磷电炉中回收利用。

法国阿托化学公司采用第四种流程将黄磷中有机物降到 50mg/kg 以下，美国 FMC 等公司也用活性炭将黄磷的有机物降到 60mg/kg 以下。

F　萃取法

萃取法是根据黄磷中有机杂质等在某些有机溶剂中具有可溶性的特点，将黄磷加热到熔点（44℃）以上，使之成为液态后，在液态磷混合物中加入与黄磷不完全混溶的有机溶剂，利用黄磷中有机杂质在黄磷和有机相之间具有不同的分配关系，通过相际传递过程使之从黄磷中分离脱除。

采用的有机溶剂有：氯苯、三氯丙烯、四氯化碳等卤代烃，烷基烃基聚乙二醇醚、脂肪胺类乳化剂，二-2-乙基己基二硫代磷酸（石蜡油作介质）、环己酮、醋酸、乙醇等。

前苏联对萃取法净化黄磷进行过大量研究，主要是用于脱除有机物（脱除率可达 94%～99%），也可以脱除 Fe、As、Mg、Mn、Pb 等。

G 三氯化磷法

目前氢还原三氯化磷仅在实验室制备高纯磷。此法分三步完成，第一步将黄磷氯化制备三氯化磷；第二步利用三氯化磷与杂质氯化物的蒸气压差进行蒸馏提纯；第三步用已纯化的氢气还原三氯化磷。具体如下：将粗磷用酸洗、过滤等方法初步提纯后，通过纯净氯气氯化成三氯化磷，再经石英精馏塔提纯。高纯 PCl_3 在 850 ~ 900℃的石英反应管内被氢还原制得高纯白磷。中科院冶金所对此方法进行过研究。

H 区域熔炼法

区域熔炼法是借狭窄的熔区沿着较大的试样缓慢移动，利用溶质在固-液相间的不等分配来达到提纯的目的。区域熔炼法提纯的效果取决于分配系数（固体中的杂质原子浓度与熔融体中的杂质原子浓度之比）小于1或大于1。在大多数情况下，杂质原子或分子富集于熔区内，并随熔区一起转移到锭条的末端，熔炼次数根据分凝系数和杂质多少而定。用区域熔炼提纯法可制取大量极纯的磷（以千克级计算），而且设备费用低。

I 多聚磷酸法

所用的多聚磷酸含 P_2O_5 75% ~85%。操作时往混合釜中先加一定量的水，同时在充氮保护下加入粗黄磷，然后把水排出釜外。加热使磷熔化，温度控制在 45 ~90℃之间，加入多聚磷酸，搅拌 15 ~30min 后静置分层，分离，得到的磷用水洗数次后通过活性炭和漂白土层（质量比 9∶1）过滤。

多聚磷酸对清除磷中铅、铁、砷的化合物及有机物有效，净化后黄磷含无机杂质 50mg/kg，有机杂质 90mg/kg。

J 亚硫酰氯法

液体黄磷几乎不和亚硫酰氯作用，而 As 与亚硫酰氯发生强烈反应。

$$2As + 3SO_2Cl_2 \xlongequal{\quad} 2AsCl_3 + 3SO_2 \tag{3-55}$$

工业黄磷在惰性气体保护下，用气态或液态硫酰氯（SO_2Cl_2）在 70 ~ 100℃处理 60min，硫酰氯与黄磷中砷发生选择性反应生成砷衍生物，砷衍生物可用过量的硫酰氯萃取或采用精馏法除去，从而得到精制黄磷。该法可使黄磷中的砷从 66.5mg/kg 降至 19.7mg/kg。亚硫酰氯法缺点是 SO_2Cl_2 有毒，设备腐蚀严重，三废处理困难。

K 离子交换法

将液态的粗磷与适当的离子交换树脂在树脂分解温度以下混合接触，用水连续洗涤就能得到纯度较高的产品。使用的树脂主要是阳离子交换树脂（H^+、Na^+、NH_4^+ 型）。离子交换法能除去磷中微量杂质，缺点是不够经济，仅限于实验室制备较高纯度的产品使用。

L 高温蒸发法

在 850 ~1000℃的范围内，在有氢、氦或其混合物存在的情况下蒸发元素磷，并把磷蒸气通过加热后的玻璃纤维或磁环得到纯度较高的产品（5N 级），当不使用氢气或氦气时则得到低纯磷。高温蒸发法条件苛刻，带明显的实验性质，不能用于工业生产。

3.4 高纯硒

3.4.1 高纯硒的概述

硒是非金属元素，灰色，具有金属光泽的固体，密度为 4.81g/cm^3，熔点为 217℃，沸点为684.9℃，硒与它的同族元素硫相比，在地壳中的含量少得多，硒呈单质存在的矿是极难找到的。硒是稀有元素之一，在已知的六种固体同素异形体中，三种晶体（α 单斜体、β 单斜体和灰色三角晶）是最重要的。

硒在空气中燃烧发出蓝色火焰，生成二氧化硒（SeO_2）；也能直接与各种金属和非金属反应，包括氢和卤素；不能与非氧化性的酸作用，但它溶于浓硫酸、硝酸和强碱中。溶于水的硒化氢能使许多重金属离子沉淀成为微粒的硒化物。硒与氧化态为 +1 价的金属可生成两种硒化物，即正硒化物（M_2Se）和酸式硒化物（MHSe）。正的碱金属和碱土金属硒化物的水溶液会使元素硒溶解，生成多硒化合物（M_2Se_n），与硫能形成多硫化物相似。

硒的主要用途为干印术的光复制，这是利用无定形硒的薄膜对于光的敏感性，能使含有铁化合物的有色玻璃退色；也用作油漆、搪瓷、玻璃和墨水中的颜色、颜料；还用于制作光电池、整流器、光学仪器和光度计等。

硒在电子工业中可用于光电管和太阳能电池，还在电视和无线电传真等方面使用。另外，硒可在玻璃、颜料及冶金工业中应用。硒能使玻璃着色或脱色，高质量的信号用透镜玻璃中含2%硒，含硒的平板玻璃用作太阳能的热传输板和激光器窗口红外过滤器。冶金方面，含硒的碳素钢、不锈钢和铜合金具有良好的加工性能，可高速切削，加工的零件表面光洁；硒与其他元素组成的合金用以制造低压整流器、光电池、热电材料。硒以化合物形式用作有机合成氧化剂、催化剂，可在石油工业上应用。硒可作动物饲料微量添加剂。硒加入橡胶中可增强其耐磨性。

纯度在99.9999%以上的硒为高纯硒，是灰色具有金属光泽的六面体，相对密度为4.792～4.86g/cm^3，熔点为217～220.5℃，沸点为684～700℃，化学性质同普通硒，其电导率随光线强度变化而剧烈变化，采用离子交换法、硒化氢热分解法、亚硫酸盐循环法等方法制备。主要用于制备 $Ⅱ_A$-$Ⅳ_A$ 族化合物半导体、光电材料、静电摄影和光学仪器等。

3.4.2　高纯硒的制备

3.4.2.1　*元素硒的提取*

由于硒的稀有性，从矿石中直接回收在经济上是不可行的，其主要来源是在重金属硫化矿冶炼过程中作为综合利用原料的副产品回收。电解铜的阳极泥和铜硫化矿的冶炼烟尘是当前提取硒的主要来源。

A　从铜电解阳极泥中提取

电解阳极泥是在电解过程中比铜的电极电位更正的金属，如 Au、Ag、Pt 和 Sc 等，不能进行阳极溶解而和铜末落入电解槽底形成的黑色粉末。因此，从铜阳极泥中回收硒，必须考虑综合回收其中的碲、银和金。从阳极泥中回收硒的主要方法有两种：硫酸化焙烧法和苏打烧结法。

a　硫酸化焙烧法

目前，全世界50%的阳极泥均采用此法回收硒和碲，其工艺流程如图3-24所示。

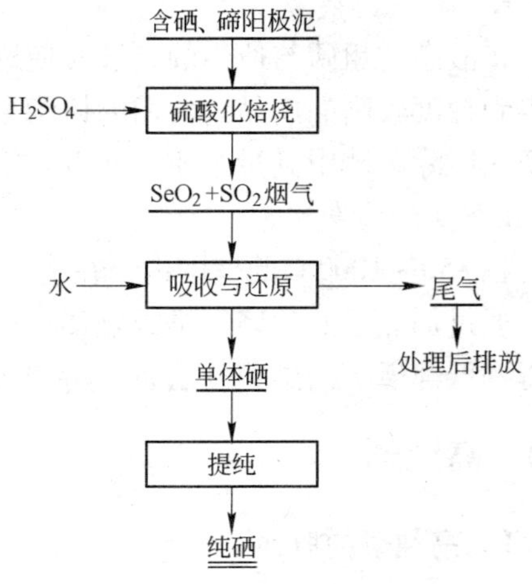

图3-24　硫酸化焙烧法提取硒工艺流程

在含 Se 的阳极泥中配入料重100%～110%的硫酸，投入回转窑在低于300℃的温度下进行硫酸化焙烧，元素硒发生的反应有：

$$Se + 2H_2SO_4 = SeO_2 + 2H_2O + 2SO_2 \quad (3\text{-}56)$$

$$2MeSe + 6H_2SO_4 = 2MeSO_4 + 2SeO_2 + 6H_2O + 3SO_2 + \frac{1}{2}S_2 \quad (3\text{-}57)$$

$$Me_2Se + 4H_2SO_4 = Me_2SO_4 + SeO_2 + 4H_2O + 3SO_2 \quad (3\text{-}58)$$

这样，阳极泥中的硒90%以上都生成了易挥发的 SeO_2，但其升华温度为315℃，因此在焙烧过程和下一步浸出脱铜时，硒仍保留在浸出渣（脱铜后的阳极泥）中。然后将脱铜以后的阳极泥再配以浓硫酸，装入硒蒸馏炉中，在温度高于500℃下进行蒸馏（通常也仍称为硫酸化焙烧），此时 SeO_2 便升华出来，在吸收塔中被水溶解生成亚硒酸：

$$SeO_2 + H_2O = H_2SeO_3 \quad (3\text{-}59)$$

由于蒸馏烟气中含有大量的 SO_2，亚硒酸便被 SO_2 还原成无定形红硒析出，其反应是：

$$H_2SeO_3 + H_2O + 2SO_2 = Se + 2H_2SO_4 \quad (3\text{-}60)$$

将吸收塔沉降槽中的硒沉淀物取出，在90℃加热溶液1h，可使红色硒转变成三方晶系的灰硒，过滤、洗涤、干燥后即可得工业粗硒。

硫酸化焙烧法提硒、碲流程适合于处理含金、银低的阳极泥，其特点是工艺简单、硒的回收率大于93%、经济效益好，但存在要处理微量的二氧化硫烟气的问题。

b 苏打烧结法

将阳极泥在450℃以下与 Na_2CO_3 混合后进行鼓风烧结，可使90%以上的硒氧化为水溶性的亚硒酸钠和少量硒酸钠，将它们用水浸出后，浸出液加入盐酸用 $FeSO_4$ 将 Se^{6+} 还原为 Se^{4+}，再通入 SO_2 沉出硒。也可以将浸出液浓缩得干渣，在625℃下加碳还原 Na_2Se，经溶解后通入空气并沉出粗硒；向沉硒废液通入 CO_2，冷却结晶后得 Na_2CO_3，返回苏打烧结用。其反应式可以表达如下：

$$Se + Na_2CO_3 + O_2 = Na_2SeO_3 + CO_2 \quad (3\text{-}61)$$

$$Se + Na_2CO_3 + \frac{3}{2}O_2 = Na_2SeO_4 + CO_2 \quad (3\text{-}62)$$

$$3H_2SeO_4 + 6HCl + 6FeSO_4 = 3H_2SeO_3 + 2FeCl_3 + 2Fe_2(SO_4)_3 + 3H_2O \quad (3\text{-}63)$$

$$Na_2SeO_3 + 3C = Na_2Se + 3CO \quad (3\text{-}64)$$

$$Na_2Se + H_2O + \frac{1}{2}O_2 = Se + 2NaOH \quad (3\text{-}65)$$

用此法硒的回收率可达到95%以上，实际适用于含碲量低的阳极泥，因为硒和碲的化学行为很近似，高碲原料对制备高纯硒是不利的。

此外，工业上还采用氯化法、氧化焙烧法和碱土金属氯化法等提硒，至于用硒碲溶剂萃取或离子交换法从阳极泥回收硒的流程尚处于研究阶段。

B 从硫酸工业酸泥中提取

当以天然硫或黄铁矿制取硫酸时，原料中的硒以单体硒或二氧化硒形式随烟气进入洗涤塔，并随烟尘一起沉降，生成含硒酸泥。

含硒酸泥因原料来源不同，其含硒量波动大，为使回收工艺条件稳定，通常要进行配料，使含硒量在10%～12%之间。配料后进行氧化焙烧，其反应为：

$$Se + O_2 = SeO_2 \quad (3\text{-}66)$$

$$SeO_2 + H_2O = H_2SeO_3 \quad (3\text{-}67)$$

生成的 SeO_2 被 SO_2 还原，生成粗硒（为保证还原反应充分进行，必须使温度保持在70℃以上）。

$$H_2SeO_3 + 2SO_2 + H_2O = Se + 2H_2SO_4 \quad (3\text{-}68)$$

C 从含硒废料中回收

现在工业生产大量含硒废料，其中包括半导体工业的切、磨、抛工艺废料，废旧整流器和废旧复印机硒鼓及光电摄影用的硒干板等。从这些废料中回收硒既可节约硒资源，而且还可避免对环境造成污染。美国每年大约出口含硒废料200t之多，据估计每年从含硒废料中回收的硒达到100t。

含硒废料可用锤式粉碎法、喷丸法或高压水喷射法剥离，再以亚硫酸钠、硫化钠水溶液、聚硫化物、熔融苛性钠NaOH-NaCl或其他溶剂溶解。

3.4.2.2 元素硒的提纯

为制取纯度超过5N的高纯硒，可采用真空蒸馏法、离子交换法、硒化物热分解及二氧化硒气相氨还原法等。目前提纯元素硒的方法分为两大类：化学提纯和物理提纯。

A 化学提纯

a 亚硫酸钠法

基本原理是利用硒在亚硫酸钠中溶解生成硒亚硫酸钠（Na_2SeSO_3）的特性，反应式如下：

$$Na_2SO_3 + Se = Na_2SeSO_3 \quad (3\text{-}69)$$

此反应是一个可逆反应，提高温度反应向右进行，提高亚硫酸钠浓度可取得相同的效果。

具体工艺为：将粗硒投入煮沸的亚硫酸钠溶液，沸腾持续2h，硒全部溶解。热溶液过滤除去固体杂质后，冷却析出硒并与溶液分离，溶液可重复用于硒的溶解。析出的硒则用热水清洗，以除去附着的亚硫酸盐，然后再在100～110℃干燥。溶解析出过程可多次重复，直至纯度达到要求为止。

b 硒化氢热分解法

基本原理是As、Te、Sb及大多数金属杂质在923K时实际上不能生成氢化物，而比 H_2Se 更稳定的 H_2S 和卤化氢在1273K并无明显的分解。

其方法是：在石英反应瓶中，于823～923K通入氢气使硒反应为 H_2Se，然后通过一个573K的净化瓶，使可能生成的As、Te和Sb的氢化物分解；再通过一个253K的捕集器，以捕集可能存在的水和汞蒸气，最后将气体导入1273K的石英管，75%的 H_2Se 即分解为组成元素，产物随之被迅速冷却至反应温度以下（$<500K$）加以收集，未分解的H_2Se可再导入反应瓶进行循环或用$CuSO_4$溶液吸收，使其转化为CuSe。

用硒化氢热分解法可制备极纯的硒（99.9997%），硒中的杂质有$1\times10^{-4}\%$的砷、$0.6\times10^{-4}\%$的铁和铅、$0.04\times10^{-4}\%$的钠和$0.2\times10^{-4}\%$的铜，其他元素均未发现。此法的缺点是硒化氢有剧毒，操作时应特别注意设备接口的密封并保证有良好的通风条件。

B 物理提纯

a 区域熔炼

区域熔炼是制备高纯物质的有效手段之一，它是基于杂质在固相和液相间的不等量分配原理实现的。硒的区域熔炼由于其结晶中心的数目与熔区移动速度有关而带来某些困难，随着温度升高，在90℃时成核中心数目达到最大，在190℃时晶体生成速度接近于零，超过200℃生长速度再次上升。由于这一规律，为了保证区域熔炼正常进行，装料舟整体必须保持在130～210℃，而熔区温度则要略高于220℃，熔区移动速度可达到400mm/h。区域熔炼时，Fe、Cd、Co、Sn、Cu、Ag、Pb、Na、Bi、Mg、Hg、Si、Ni和Sb等杂质赶向尾端，而S、Te等则留在头部。区熔5～10遍，即可将硒纯度提至99.998%，最难清除的杂质是Cu、Te、Ag、Pb、B和Si等，其最终含量不会低于$1\times10^{-4}\%$。

b 离子交换法

将粗硒或二氧化硒溶解生成H_2SeO_3和SeO_3^{2-}，通过离子交换将杂质除去，提纯的溶液再用SO_2还原，可制备符合半导体工业要求的高纯硒。

例如，在含硒100g/L的溶液中，加入少量的氯化钠稀溶液以沉淀银，滤液放置10天以上使胶态的硅酸和氧化铝聚沉。将上层清液通过H-式Dowex50阳离子交换树脂，使碲和其他杂质的阳离子被吸收，流出液用SO_2还原后，所得硒的纯度为99.996%。

硒的提纯方法除了上面提到的外，还有干式亚硫酸钠法、蒸馏法和溶剂萃取法等，这些方法都有其适用范围，工业上为了制取超纯硒往往需要联合使用几种提纯技术。

3.5 高纯碲

3.5.1 高纯碲的概述

碲是有色金属稀散元素之一，地壳中资源稀少，为硫的取代物，存在于铜、铅及镍矿中。纯度在99.999%以上的碲称为高纯碲，有5N、6N和7N三种规格。它是灰白色金属光泽的结晶，六方晶格，密度为$6.24g/cm^3$，熔点为450℃，沸点为989℃，室温下不与氧起作用，加热时能与氢作用生成碲化氢，其最显著的性质是用它制成的二元、三元、四元合金具有很好的光电性能及温差电转换性能。用于太阳能电池、发光二极管、辐射探测器制造。为半导体掺杂剂，高纯碲广泛用于半导体材料，如CdTe、HgCdTe、CdZnTe、PbTe、BiTe是制备红外探测材料、太阳能电池、电光调制器、射线探测材料和致冷材料等的主要材料。由于即使很微量（10^{-6}级）的杂质也会导致材料电性能变差，碲的纯度是直接影响材料性能的重要因素。

3.5.2 高纯碲的制备

碲的提纯方法分为物理法和化学法。化学法包括水溶液还原法、电解法和萃取法。由于工艺试剂用量大、纯度难以保证，因此一般用于碲的工业提纯。高纯碲提纯主要采用物理法，包括蒸馏法、区域熔炼法、直拉提纯法等，其实质是利用金属相变时杂质与主金属在两相中分配的差异达到纯化金属的目的。目前，国外大多采用多次真空蒸馏与区域熔炼相结合的物理提纯工艺，该工艺采用的原料碲是电解法生产的工业碲（w_{Te}为99.00%~99.99%）。

3.5.2.1　电解精炼

电解精炼法是将经过提纯的二氧化碲溶入氢氧化钠溶液配制成电解液，游离碱度控制在100g/L，以不锈钢板作阴极，普通铁板为阳极，在一定的电流、温度和时间下，在阴极板上得到产品碲。

A　电解精炼的理论依据

电解液中的主要离子是 Na^+、TeO_3^{2-}、PbO_2^-、SeO_3^{2-}、AsO_2^-，其中 PbO_2^-、SeO_3^{2-}、AsO_2^- 均可在阴极上沉积，阳极上发生的是简单的吸氧反应。在实际的电解过程中，重点是控制电解液中铅和硒的浓度，否则它们将在阴极上大量沉积，直接影响产品碲的质量。

a　铅与碲的共沉积及铅的控制

在实际电解过程中，铅、硒与碲的共沉积除了与自身的浓度有关外，还受电流密度、电解液的流速、电解温度、游离碱的浓度以及碲的浓度的影响。奥地利 Bernhard Handle 运用统计法设计了一套试验研究方法，提出了碲电解精炼的各工艺参数之间的相互作用直接影响到铅、硒与碲的共沉积。主要化学反应有：

$$HPbO_2^- + H_2O + 2e \xlongequal{} Pb + 3OH^- \tag{3-70}$$

$$Te + 2e^- \xlongequal{} Te^{2-} \tag{3-71}$$

$$Te^{2-} + HPbO_2^- + H_2O \xlongequal{} PbTe + 3OH^- \tag{3-72}$$

在电流密度、碲的浓度都比较低的情况下，铅按照式3-70沉积在阴极。这是因为此时铅的电极电位比碲和硒都更正一些；在低的电流密度下，随着碲浓度的增加，即 TeO_3^{2-} 浓度的增加，使其过电位降低，促进了 Te 的沉积；在低电流密度下，提高电解液的流速将加速铅的共沉积。但是在高的电流密度下，由于 Te 按照式3-71 形成了 Te^{2-} 离子，进一步与电解液中的 $HPbO_2^-$ 反应生成了 PbTe（见式3-72），随着电解液流速的增加，加快了式3-72 的进行，使铅在阴极上沉积的可能性减小。因此采用低的电流密度、高的 TeO_3^{2-} 浓度、大的电解液流速将有利于减少铅的析出。

b　硒与碲的共沉积及硒的控制

硒在电解液中的行为跟铅有所不同。单纯电流密度的变化对硒在阴极上沉积的影响不大，但是电解温度与电流密度之间的相互作用对硒的沉积有很大的影响。当电解温度控制在20~40℃时，随着电流密度的增加，硒在阴极上的沉积量明显增加；当电解温度超过50℃时，电流密度越大，硒的沉积量反而减少，可能是因为加快了式3-73 反应的缘故。Se^{2-} 与电解液中的 SeO_3^{2-} 发生反应，如反应式3-74。在一定的流速下，反应生成的 Se 从电极表面被运送到溶液中。当电极表面附近的 SeO_3^{2-} 贫乏时，Se^{2-} 与沉积在阴极上的 Se 按照反应式3-75 生成多硒盐。

$$Se + 2e^- \xlongequal{} Se^{2-} \tag{3-73}$$

$$SeO_3^{2-} + 2Se^{2-} + 3H_2O \xlongequal{} 3Se + 6OH^- \tag{3-74}$$

$$xSe + Se^{2-} = Se_x^{2-} \tag{3-75}$$

由于碲电解的温度一般控制在30℃左右，因此电解时电流密度不宜过大。另外，当电解液中铅浓度比较低而硒浓度较高并成为影响碲纯度的主要杂质时，可适当地提高电解温度来减少硒在阴极上的沉积。

与铅的情况相同，生产中也需要对电解液中硒浓度进行一定的控制。通常使用的方法有中和法、还原法和煅烧法。中和法是将二氧化碲溶于氢氧化钠溶液中，用10%硫酸中和至pH值为5～6。这时碲酸钠发生水解生成二氧化碲沉淀下来，而硒酸钠不发生水解留在溶液里，处理后的二氧化碲中含硒约0.3%。还原法是在粗二氧化碲中加入1mol/L硫酸和亚硫酸钠，搅拌、过滤、洗涤、静置24～48h，然后加氢氧化钠溶解，再用硫酸调整pH值为5～6，处理后的二氧化碲中含硒约0.1%。经过这两种方法处理过的二氧化碲料需要进一步采用煅烧法除硒。煅烧时料层不能太厚，经常翻动，温度控制在400～450℃，这样可以使二氧化碲料中的硒质量分数在0.1%以下，一般控制电解液中的硒为0.3g/L以下。

B 电解精炼的工艺条件

电解液的成分（g/L）：Te 200～230，NaOH 100，Se＜0.3，Pb＜0.003；电解液温度为20～30℃；电流密度为50A/m^2。

C 电解精炼碲的成分

在上述工艺条件下，电解碲经熔铸后，品级可达99.99%以上，见表3-16。

表3-16 产品碲的分析结果 （%）

碲的质量分数	杂质的质量分数					
99.998	Cu	Pb	Al	Bi	Fe	Na
	0.00000408	0.00006093	0.00009132	0.00001241	0.00008343	0.00018580
	Si	S	Se	As	Mg	
	0.00082100	<0.001000	0.00001382	0.00000380	0.00007352	

3.5.2.2 真空蒸馏

A 粗碲真空蒸馏的理论依据

粗碲的真空蒸馏法是依据碲具有高的蒸气压，并且与其他杂质金属的蒸气压有较大差别的原理，在高于碲熔点的温度下进行蒸馏，严格控制冷凝温度实现分段冷凝，获得高纯碲。

粗碲各组分纯态时的蒸气压的差异性是粗碲进行真空蒸馏提纯的基本条件。碲的蒸气压p(kPa)与温度T的关系式为：

$$\lg p = -7183 \times 10^3 T^{-1} - 4.27\lg T + 21.42 \tag{3-76}$$

碲在400℃就开始挥发，工业上一般控制在600℃。表3-17为在600℃、纯态时碲与砷、铋、钠、铅、硫、硒等元素的蒸气压的比值。从表3-17可以看出，在真空蒸馏温度下碲先于砷、铋、钠、铅从粗碲中挥发进入气相，而这些杂质大部分以液体形式留在熔体中，从而达到碲与这些杂质元素分离的目的。但是粗碲中的硫和硒比碲较容易挥发，大部分进入气相中，严重影响碲的纯度。因此必须采取一定的措施来避免硫和硒对碲产品的污染。一般实行分段冷凝，让碲与硫、硒分别在不同的温度区域中冷凝下来，从而达到分离的目的。

表 3-17　碲与杂质元素在纯态时的蒸气压的比值

杂质元素	As	Bi	Na	Pb	S_2	Se
$p^0(Te_2)/p^0$(杂质)	68.39	10764.65	11428.78	13001.70	0.01	0.02

B　真空蒸馏的工艺条件与蒸馏的结果

真空蒸馏的工艺条件为：蒸馏温度为500～700℃，冷凝温度为300～400℃，真空度为4～100Pa，蒸馏时间随原料的量而定。一次蒸馏前后碲含杂质的变化见表3-18。

表 3-18　一次蒸馏前后碲中的杂质

项　目	杂质的质量分数/%					
	As	Bi	Na	Pb	S_2	Se
原料碲	0.0001290	0.0020170	0.0128000	0.0007510	0.0020000	0.0068900
蒸馏碲	0.0000891	0.0001430	0.0002660	0.0000650	<0.0010000	0.0028130

与电解精炼法相比，该法具有流程短、碲回收率高、生产成本低以及劳动环境好等优点，但这种方法受到原料的限制。在实际生产过程中，也有将粗碲先通过电解提纯，再经过真空蒸馏得到高纯碲。因此选择何种方法要依据不同的原料和对产品品质的要求来确定。

3.5.2.3　区域熔炼

经蒸馏获得的5N产品作为区域熔炼的原料，工业实践证明，经一次区域熔炼后中段产品达到6N质量要求，料锭首端杂质富集甚微，而在尾端杂质明显富集：Ag $10\times10^{-4}\%$；Cu $2\times10^{-4}\%$；Pb $>30\times10^{-4}\%$；而Fe仍为$0.2\times10^{-4}\%$，没有明显富集现象。对二次区熔尾端采样分析，所有杂质浓度都小于$0.2\times10^{-4}\%$。Se杂质得到了深度净化，降到$0.01\times10^{-4}\%$。原因在于230℃以上时Se与H_2生成H_2Se并呈气态被气流带走。影响产品合格率的主要杂质是Ca和Fe，浓度波动范围为$0.01\times10^{-4}\%$～$0.03\times10^{-4}\%$。对$0.03\times10^{-4}\%$ Ca进一步采用低速返拉12次后，Ca浓度由$0.03\times10^{-4}\%$降至$0.01\times10^{-4}\%$；而对于$0.03\times10^{-4}\%$ Fe返拉8次后，Fe含量没有明显的变化。产品合格率大于62%。

3.5.2.4　直拉提纯

理论上直拉法因有条件实现熔体搅动，有利于杂质的分离扩散，可望得到更高纯度的碲。但对碲元素而言，一方面其晶体结构复杂，键长$d=0.282$nm，键角为102°，原子呈螺旋链状结构排列，单晶拉制难度大。另一方面为了有效抑制碲的挥发，需在中压单晶炉中进行，对设备性能要求较高。峨眉半导体材料研究所在低压单晶炉中进行拉制99.999995%小棒工作，获得了成功。

参 考 文 献

[1] 魏奎先，戴永年，马文会，等．太阳能电池硅转换材料现状及发展趋势[J]．轻金属，2006(2)：52～56.

[2] 刘祖明，苏里曼，特拉奥雷，等．多孔硅多晶硅太阳电池研究[J]．云南师范大学学报，2001，21(4)：3～16.

[3] MA Wenhui，OGURA M，KOBAYASHI T. Thermodynamic analysis and experimental study on preparation of solar grade silicon using hydrogen as reductant[C]. Proceeding of JSES/JWEA joint Conference，2003：361～364.

[4] MA Wenhui. Study on harmless treatment and recycling of silica optical fiber wastes for preparation of solar grade silicon at low cost[J]. Research report in the University of Tokyo, 2004(3): 8.
[5] 蒋荣华，肖顺珍. 半导体硅材料的进展与发展趋势[J]. 四川有色金属，2000(3): 1~7.
[6] 严大洲. 我国多晶硅生产现状与发展[J]. 世界有色金属，2001(1): 6~8.
[7] 管丕恺，张臣. 半导体材料现状与发展[J]. 中国集成电路，2003(46): 99~104.
[8] 万群. 半导体硅材料的高速发展[J]. 世界有色金属，1996(10): 10~13.
[9] 蒋荣华，肖顺珍. 国内外多晶硅发展现状[J]. 半导体技术，2001, 11(26): 7~10.
[10] 章伯垠. 半导体材料研究的回顾与展望[J]. 世界有色金属，1989(国庆专刊): 119~125.
[11] 周福生，张伟或. 试论我国半导体材料工业摆脱困境走向世界的策略[J]. 世界有色金属，1990(专刊): 39~44.
[12] 葛涛. 在我国西部建设多晶硅大厂的必要性和可行性[J]. 上海有色金属，2002, 23(4): 184~187.
[13] 蒋荣华，肖顺珍，张建新，等. 新世纪国内外半导体硅材料的新发展[J]. 新材料产业，2004(3): 30~38.
[14] GOETZBERGER A, HEBLING C. Photovoltaic materials, past, present, future[J]. Solar Energy Materials & Solar Cells, 2000(62): 1~19.
[15] WODITSCH P, KOCH W. Solar grade silicon feedstock supply for PV industry[J]. Solar Energy Materials & Solar Cells, 2002(72): 11~26.
[16] MORITA K, MIKI T. Thermodynamics of solar-grade-silicon refining[J]. Intermetallics, 2003(11): 1111~1117.
[17] 蒋荣华. 国内外半导体硅材料最新发展状况[J]. 新材料产业，2002(7): 47~52.
[18] 王春江. 多晶硅生产与发展[J]. 化工科技市场，2000(5): 7~9.
[19] KATSAYOSHI I. New Solution Path For Cu/Low-*k* CMP Process for a Low Cost of Ownership China 2003 CMP Technical symposium. Shanghai: SEMICON, 2003: 113~118.
[20] 马文会，戴永年，杨斌，等. 一种制备太阳能级多晶硅的方法：中国，200610010654.8[P]. 2006.
[21] LIU Yike, MA Wenhui, YANG Bin, DAI Yongnian. Investigation of direct electrolytic reduction of solid SiO_2 to Si with high purity[J]. 中山大学学报（自然科学版），2007(46): 333~334.
[22] 袁勇，朱俊，万志翔. 99.99%高纯硅坩埚的研制[J]. 中国陶瓷，2007(43): 20~22.
[23] 韩汉民. 高纯砷的制备[J]. 现代化工，1994(11): 49~50.
[24] 韩汉民. 工业砷酸的纯化[J]. 四川化工，1994(3): 37~39.
[25] 韩汉民. 特种三氧化二砷的制备[J]. 四川化工，1994(1): 28~29.
[26] 胡玉亭. 高纯砷烷的合成[J]. 保定师范专科学校学报，2002, 15(2): 45~46.
[27] 于剑昆. 高纯砷烷的合成与开发进展[J]. 低温与特气，2007, 25(1): 16~21.
[28] 梁培玉. CoP合金催化分解PH_3为高纯磷的研究[D]. 天津：南开大学，2006.
[29] 杨陆华. 高纯黄磷生产工艺的开发[D]. 昆明：昆明理工大学，2004.
[30] 杨景昌，任小伟，陈嘉甫. 黄磷净化与高纯磷制备[J]. 无机盐工业，1990, 31(5): 22~24.
[31] 苏毅，杨亚玲，李国斌. 黄磷中有机杂质的脱除[J]. 化工生产与技术，2000(7): 35~37.
[32] 苏毅，李国斌，杨万明，牛存镇. 黄磷净化脱砷研究进展[J]. 云南化工，1998(2): 3~6.
[33] 汤敏，黄燕，汤德元. 黄磷生产中砷的分布[J]. 无机盐工业，2000(1): 30~31.
[34] 杨卫东. 高纯碲的制备[J]. 四川有色金属，1998(4): 27~29.
[35] 高远，李杏英，蒋玉思. 半导体制冷材料的发展[J]. 广东有色金属学报，2003, 13(1): 34~36.
[36] 王英，陈少纯，顾珩. 高纯碲的制备方法[J]. 广东有色金属学报（DMSpecial），2002(2): 51~54.
[37] PRASAD D S, MUNIRATHNAM N R, REO J V, et al. Purification of tellurium up to 5N by vacuum distillation[J]. Materials Letters, 2005(59): 2035~2038.
[38] ALI S T, PRASAD D S, MUNIRATHNAM N R, et al. Purification of tellurium by single-run multiple vac-

uum distillation technique[J]. Separation and Purification Technology, 2005(43): 263 ~ 267.
[39] 韩汉民, 李化龙. 由工业碲制备高纯碲[J]. 应用化学, 1998, 15(5): 104 ~ 105.
[40] HANDLE B, BRODERICK G, PASCHEN P. A Statistical response surface study of the tellurium electrowinning process[J]. Hydrometallurgy, 1997(46): 105 ~ 120.
[41] 王英, 陈少纯, 顾珩. 影响电解碲产品因素的研究[J]. 辽宁大学学报, 1999(26): 82 ~ 84.
[42] 梁英教, 车荫昌. 无机热力学数据手册[M]. 沈阳: 东北大学出版社, 1993.
[43] 桂明德. 硒分族（无机化学丛书, 第五卷）[M]. 北京: 科学出版社, 1998: 294 ~ 327.
[44] 周令治. 稀散金属冶金[M]. 北京: 冶金工业出版社, 1998.
[45] 稀有金属知识编写组. 稀散金属[M]. 北京: 冶金工业出版社, 1978: 90 ~ 102.
[46] HOFFMANN J E. Recovering selenium and tellurium from copper refinery slimes[J]. JOM, 1989: 33 ~ 37.
[47] Minernals Yearbook 1991. Bureau of Mines, United states Department of the Interior, U. S. Goverment Printing Office, Washinton, 1993(2): 33.
[48] 郭燕明, 顾永明. 碲真空蒸馏提纯效果的探讨[J]. 上海大学学报, 1998, 4(3): 264 ~ 268.
[49] 万雯, 等. 用真空蒸馏法提纯粗硒的研究[J]. 昆明理工大学学报（理工版）, 2006(31): 26 ~ 28.
[50] 稀有金属手册编辑委员会. 稀有金属手册(下册)[M]. 北京: 冶金工业出版社, 1995: 705.
[51] 戴永年, 杨斌. 有色金属材料的真空冶金[M]. 北京: 冶金工业出版社, 2000: 21 ~ 27.
[52] 万雯. 粗硒的真空蒸馏提纯工艺研究[D]. 昆明: 昆明理工大学, 2006.

4 高纯重有色金属

4.1 高纯铜

4.1.1 高纯铜的性质

铜，原子序数为29，相对原子质量为63.546。纯铜是紫红色金属，质地坚韧、有延展性并有顺磁性，熔点为1083.4℃，沸点为2567℃，密度为8.92g/cm^3。铜在干燥的空气中不易被氧化，但铜在含有CO_2的潮湿空气中，表面易与空气中的CO_2生成一层有毒的碱式碳酸铜（铜绿），这层薄膜能保护铜不再被CO_2所腐蚀；在空气中加热时表面会与O_2形成黑色氧化铜。铜在盐酸和稀硫酸中不易被溶解，但铜能溶于具有氧化作用的硝酸或含有氧化剂的盐酸中；铜还能溶于氨水。

高纯铜通常指纯度在4N以上的金属铜，常把纯度6N以上的铜称为超高纯铜。高纯铜具有很小的晶界面积，晶格缺陷少，其某些性能与金相似，具有良好的导电性、延展性、抗腐蚀能力和表面性能，同时软化温度也很低（可能是铜晶格整齐，晶格能低），如6N铜在近350K时软化，而4N铜在近440K时软化。高纯铜在极低的温度下具有高的导热性，在8K时6N铜的热导率为3.0×10^4W/(m·K)，而4N铜在18K时的热导率为3.1×10^3W/(m·K)。高纯铜具有优良的加工性能，可以被拉成很细的铜丝，也可以被压制成很薄的铜箔。如果高纯铜中硫含量极低，则在600~700K时铜的脆性将消失，而这时普通铜的脆性仍然存在。而如杂质氧含量很低时，高纯铜的氢脆现象也会消失。

4.1.2 高纯铜的用途

由于高纯铜特别是超高纯铜相比一般的铜具有许多优良的性能，甚至能被用作代替一些成本较高的金属，目前已广泛应用于电子、通信、超导、航天等尖端技术领域。高纯铜主要应用于以下几方面。

4.1.2.1 用于黏结金属线

由于金线的变形阻抗小，因此通常被用作集成电路中的连接金属丝，作为降低成本的措施，开始了以铜线代替金线的研究。在黏结金属线的过程中，在球形黏结时，要最小限度地降低因球压而引起的硅片变形。这就要求作为黏结球的铜在常温下的硬度HV为35，因此需要使用高纯度的铜，其中对杂质铁和硫的含量要求很严格。有文献报道，为达到铜黏结球的软度要求，可以通过对高纯铜进行脱硫区域精炼，得到含硫量低于$0.1\times10^{-4}\%$的超高纯铜，其硬度HV也变软（约31~33）。

4.1.2.2 用于高级音响制品

研究发现高纯铜应用于音像制品中可大幅度提高声音传输的保真度。6N的高纯铜线已被用于制作高级音箱的导线，来提高播放声音的逼真度。这是因为6N铜所含的杂质非常少，通过适当的热处理来减少晶界中的非金属杂质，不仅可使晶界面积大大缩小，而且能够大大降低晶格缺陷，使导线对感应电流的影响大大降低，从而使声音更逼真。与 OFC（oxygen free copper）线作导线的音箱相比，不但中低音更浑厚、更生动，声音的细节更容易辨别，而且声音给人的感受更细腻、更自然、更完美。由于 6N 铜线的这些性能，也被应用于其他电器产品中，包括扬声器线圈、录像机、高清晰度电视等。

4.1.2.3　用作耐疲劳电缆

随着现代化的工厂越来越向自动化、智能化方向发展，就更加需要用大量的机械臂、机器人来代替人的劳动。在实际工作当中，工业机器人能够完成各种动作，并进行大量的重复运动，而传递指令控制机器人以及机器人内部都需要大量的电缆传送信号，其中一些电缆线还要随着机械臂的转动而转动，这就需要这些电缆线有很高的耐疲劳性能。根据文献记载，与 4N 铜相比，超高纯铜的晶界面积小、晶格整齐，其柔韧性大大提高。通过抗弯曲疲劳实验，直径为 0.5mm 的超高纯铜合金线在使铜线拉断的最小力的作用下，其可弯曲的次数是韧性铜线的 260 倍，并且超高纯铜具有良好的导电性，可保证信号的保真传送。由具有很好的耐多次弯曲拉伸性能的超高纯铜制成的电缆，更能保证工厂机器人的正常工作，并能大大提高机器人的使用寿命。由于超高纯铜的晶格结构整齐，软化温度低，可以很容易地拉制成 20～30μm 的细导线，同时导电性能优异，可以传输微弱信号，因此它也可用作微型探测机器人的传输电缆。

4.1.2.4　其他用途

将 6N 级的超高纯铜拉丝后，进行热处理使其晶粒粗大化，以此可以使晶界面积减少至原来的 1/80～1/100，并且空隙、位错等缺陷密度降低，也除去了残余应力，同时电导率也有所上升，从而能够制备信号传输特性优异、具有高保真效果的 AV 电缆线。据报道，用 7N 或 8N 的超高纯铜制成的 AV 电缆线已在市场上出现，它们能极大地提高数据传输的保真效果。

据国外报道称，研究将 6N 超高纯铜作薄膜配线材料使用时，发现 6N 超高纯铜薄膜的与玻璃基板的附着结合强度比 4N 高纯铜大 2 倍左右。由于 6N 超高纯铜同时具有高电导率、优异的高频特性、良好的耐疲劳性以及常温软化性等特性，因此 6N 超高纯铜制成的 3μm 轧制箔不断被用作高级音频用印刷线路基板、印刷机用弹性配线板等。

由于晶界会影响反射率，使反射下降等原因，因此超高纯铜也可被用作激光反射镜，但必须使用特别高纯化的铜才能制作。

国外还有报道称以 4N 高纯铜作基础，通过控制杂质以改善 *RRR*（残余电阻率比）值，采用连续真空脱气铸造，控制决定残余阻抗的杂质，并采用特殊的热处理方法，开发出了 *RRR* 值相当大的超导线稳定材料。

4.1.3　高纯铜的制备

高纯金属的制取通常分纯化和超纯化两个步骤进行，相比一般金属的提取，要求原料的纯度必须较高，生产环境不受污染。高纯铜的制取是以粗铜为原料，进一步去除其中的杂质，得到 5N～7N 的高纯铜。制取高纯铜的主要方法介绍如下。

4.1.3.1　电解精炼法

目前，电解精炼是制取高纯铜最主要的方法，在高纯铜的制取方法中电解精炼法技术最成熟、应用最广泛，在今后大规模生产超高纯铜的方法中，电解精炼法是最有发展前景的。电解精炼制备超高纯铜的关键是对电解液进行高度纯化，原料是一般电解厂得到的阴极铜，通过再电解将铜的纯度提高。

A 电解液的种类

根据电解液的种类，可分为三个体系：硫酸铜溶液体系、硝酸铜溶液体系和硫酸铜溶液+硝酸铜溶液体系。

a 硫酸铜溶液电解法

超高纯铜的电解精炼与通常的粗铜电解条件相比不但电解条件要改变，而且电解液及其所用的材质都必须进行高纯化，所以在电解过程中必须使用有效的除杂和过滤装置，以此对电解液进行改进净化，为高纯铜的制取创造洁净的环境。

为了控制电解液中杂质离子的浓度，保持电解液的纯净度，电解精炼过程中应选用纯度较高的铜作为阳极，一般要求其纯度在4N以上，尽量避免过多的杂质进入电解液中，而且阳极表面要求干净、平整、光滑。同时为了保证电解液的洁净，电力线能够均匀分布，并防止电解时阴极表面起瘤状物，减少电解液中的悬浮杂质黏附于阴极表面，应采用厚度均匀、表面平整洁净的种板作阴极，采用高纯硫酸铜配制电解液，即由采用由酸性硫酸铜水溶液蒸发结晶之后的硫酸铜与电子纯硫酸来配制电解液。

在电解精炼超高纯铜时，可采用隔膜电解方式（包覆阳极法和包覆阴极法）来防止阳极泥和悬浮杂质黏附于阴极表面而造成对阴极的污染，同时也便于电解液的净化。

b 硝酸铜溶液体系电解法

制备硫酸的硫化矿常会共生有多种金属，因此硫酸中重金属的含量远高于硝酸的，并且硫酸盐电解液的酸含量要求比硝酸盐电解液的酸含量高很多，这就直接导致硝酸铜溶液体系的杂质浓度远低于硫酸铜溶液体系；而且以硝酸铜溶液作电解液有利于As、Sb、Bi等杂质被氧化成高价酸根离子或生成胶状沉淀，从而防止其在阴极析出，影响阴极铜的质量，因此有利于电解液保持澄清，同时又可提高铜的溶解度。基于以上原因，以硝酸铜溶液体系电解精炼超高纯铜在实践中取得了良好的效果，该方法也越来越被人们重视和广泛应用。

硝酸铜溶液体系电解法可分为以下三种情况：

（1）采用隔膜电解方式的硝酸铜溶液电解精炼。通过隔膜将阳极与阴极分开，原料则以4N级铜作阳极进行电解，并经过再电解，即可将4N铜提高至6N以上的超高纯铜。阳极室的含杂电解液经脱银处理过滤后供给阴极室，当电解液中银低于$0.008 \times 10^{-4}\%$时，即使不经过脱银处理，仍可制得纯度为6N以上的超高纯铜。

（2）利用硝酸铜溶液体系，以5N级高纯铜电解精炼制得超高纯铜。有文献记载了一种改良硝酸铜溶液电解法，该方法是先通过净液处理除去电解液中的杂质铁、银、硫等，然后对电解液进行过滤，因为电解液纯度高，最终获得纯度很高的精炼铜。实验步骤是将纯度为5N的高纯铜溶于电子纯级的硝酸中，在弱真空下将电解液中的氮化物除去，采用不溶阳极进行电解将银除去，以纯度为5N的高纯铜作阳极进行电解精炼，将由此而得到的高纯铜在1.3×10^{-4}Pa的真空条件下熔炼后得到的产品，其*RRR*为10000～20000，如果通过二次电解后得到的精炼铜，*RRR*值更高达22000。其工艺过程如图4-1所示。

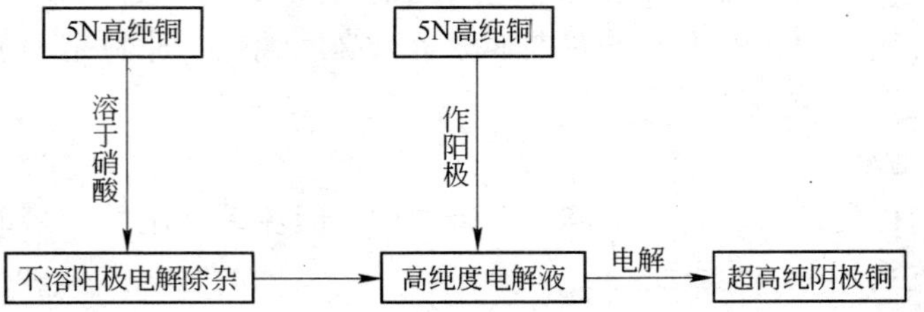

图 4-1　以 5N 级高纯铜电解精炼超高纯铜示意图

(3) 从含铜蚀刻废液中提取超高纯铜。国外报道用电解含铜的工业蚀刻废液的方法来获取超高纯铜（6N），其装置如图 4-2 所示。在这个装置中，通过用 4N 高纯铜制成的网状隔膜把电解池分成阳极室和阴极室，可以根据需要，再在阳极和铜网之间加装过滤膜。电解池是用丙烯酸类树脂制成的。将电解池置于水浴中，在电解前以 200mL/min 的流量向电解液通入高纯氩气（6N）至少 30min，以便排出电解液中的氧气，并搅动电解液，使电解液各部均匀。电解前必须用硝酸调节电解液的酸度以达到实验适合的 pH 值，并且用孔径为 0.22μm 的滤纸进行过滤。阳极和阴极也要使用硝酸溶液清洗，再用蒸馏水冲洗 3 次。电解前，将电解液以 50mL/min 的流速按阴极室—泵—阳极室—铜网—阴极室的方向循环至少 2h，这样是为了将电解液中的 Ag^+ 在铜网上充分还原。电解液循环后，把阴阳极插入电解液，在阳极和铜网之间放置孔径为 0.35μm 的过滤膜，然后接上电源进行电解。在电解时，对电解液的 pH 值进行监控，当 pH 值偏离最佳值时，可以加硝酸进行调节。通过电解得到的铜，经分析其纯度可达到 6N 以上。

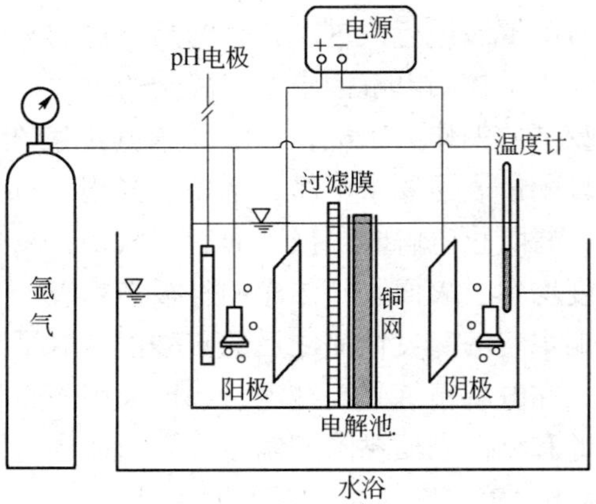

图 4-2　电解装置示意图

c　硫酸铜溶液电解与硝酸铜溶液电解组合

有研究者制取超高纯铜采用了硫酸铜溶液电解与硝酸铜溶液电解相结合的方法，以 4N 级的电解铜（Ag^+：$7\times10^{-4}\%\sim12\times10^{-4}\%$，S：$2\times10^{-4}\%\sim6\times10^{-4}\%$）作阳极在硫酸铜电解液中进行一次电解，然后在硝酸铜溶液中进行二次再电解。在硫酸铜溶液电解中，利用隔膜电解方式将阳极液经过净化脱银处理，过滤后使之循环，由此获得 Ag $<0.01\times10^{-4}\%$、S $2\times10^{-4}\%\sim8\times10^{-4}\%$ 的一次精炼铜。将该精炼铜置于硝酸铜溶液中，再以电解液循环方式进行第二次隔膜电解，即可获得如下指标的超高纯铜：Ag $\leqslant0.01\times10^{-4}\%$，S $\leqslant0.05\times10^{-4}\%$，Fe $\leqslant0.05\times10^{-4}\%$，Ni $\leqslant0.01\times10^{-4}\%$，其余杂质含量为分析临界下限以下，*RRR*≥10000。

B　电解精炼法制取高纯铜的影响因素

采用电解精炼法制取高纯铜的主要影响因素有：

(1) 添加剂。添加剂的配方有三种，即：A 胶、硫脲、（盐酸）；B 胶、硫脲、阿唯通；C 胶、硫脲、木质磺酸类。上述三种配方都可生产出高纯电解铜。

添加剂的特征曲线波动范围越小越好，其特征曲线如图 4-3 所示，通过图 4-3 应注意以下主要问题：

1）铜阳极板杂质含量升高时，添加剂量要增加，反之亦然；

2）溶液净化量增大时，由于老液带走一部分添加剂，因此要增加添加剂的加入量；

3）当溶液黏度增大，阳极泥沉降发生困难，或者有添加剂积累现象时，应当适当地降低添加剂的使用量；

4）添加剂的加入方式应使添加剂在溶液中达到均匀分布为目的。

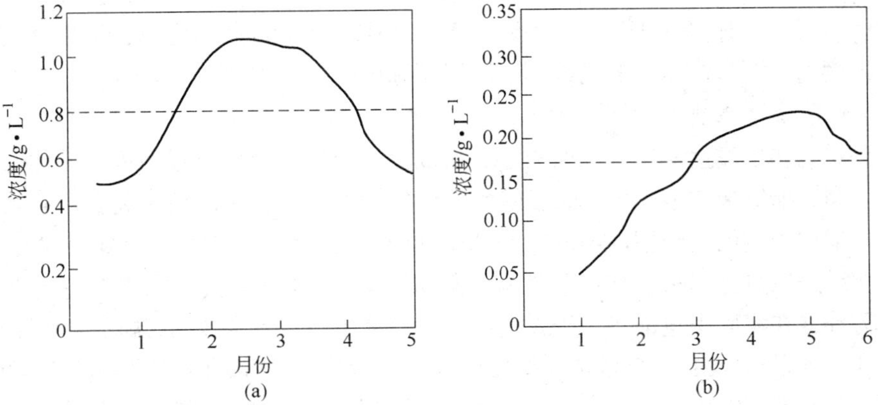

图 4-3 明胶（a）和硫脲（b）的特征曲线图

（2）电流密度。生产高纯电解铜的时候，应该选用适当的电流密度，但不宜使用高电流密度来生产高纯电解铜，因为如果电流密度过高，必然会加剧溶液内的浓差极化，从而引起阴极铜表面出现粗糙、结粒的现象。表 4-1 是某厂不同电流密度条件下电解铜的质量统计数据。

表 4-1 某厂不同电流密度下的阴极铜质量统计

电流密度/A·m^{-2}	合格率/%	残极率/%	电流密度/A·m^{-2}	合格率/%	残极率/%
200	97.5	18.0	250	96.5	19.0
230	96.9	18.5			
240	96.8	18.5	260	95.8	20.0

通过表 4-1 的数据表明，在其他条件相同的情况下，随着电流密度的升高，阴极铜的合格率呈下降趋势。因此，许多厂家在生产高纯电解铜时一般都会采用 230A/m^2 以下的电流密度，这样制得的高纯阴极铜的结晶细致、质地均匀、表面平整。

（3）循环方式。因用于高纯铜生产的阳极铜普遍存在着杂质含量低、阳极泥量少的问题，为解决漂浮阳极泥给生产高纯阴极铜带来的影响，防止漂浮阳极泥附着在阴极铜上沿产生结粒，则将上进下出的循环方式改为下进上出的循环方式。通过改进循环方式，电解过程产生的漂浮阳极泥及尘埃能够及时地从回液口流到中间槽经压滤机过滤，保持了电解液表层的清澈、洁净，解决了漂浮阳极泥对电解液的污染，提高了电解液的洁净度；减少了漂浮阳极泥对阴极铜质量的影响，解决了阴极铜上沿结粒现象。

4.1.3.2　区熔精炼

区熔精炼是获得超高纯金属的主要方法之一。铜的区熔精炼是从 1955 年开始发展起来的，已成为当今精炼超高纯铜的基本方法，其中最引人注目的是“漂浮区熔精炼法”和“脱硫区熔精炼法”。

国外有学者用5N电解铜作为原料，将其放入长度为300mm的高纯石墨舟内，于圆形石英管中由外部依靠双层扁平线圈进行高频感应加热，以宽 30 ~ 50mm 的熔融带进行区熔。精炼第一阶段是在经净化处理的氩、氢（10∶1）混合气流中区熔 8 次（移动速度为 25μm/s），然后切除锭后端的1/3，将该部分用另外已经区熔过的高纯铜置换。精炼第二阶段，又进行 8 次区熔（移动速度为 11μm/s），最终制成 285mm × 20mm × 25mm 的精制铜锭。经实验测定，其纯度为迄今最高水准的高纯铜。区熔精炼可以分为两种，介绍如下。

A　漂浮区熔精炼法

考虑到铜熔体的密度高、表面张力小，所以保持漂浮区熔部位很困难，因此通过采用圆锥形感应线圈，能制成靠电磁力使熔融铜稳定保持漂浮区熔部位的精炼装置。起始原料为硝酸铜溶液电解精炼过的高纯铜（$RRR = 10000$）制成的 $\phi 9.5\text{mm} \times 150\text{mm}$ 铜棒，将它用漂浮区熔精炼 7 次后进行真空退火，在产品始端一侧 $RRR = 22000$，证实了实验获得的铜具有极高的纯度。另外，在实验中也证实，*RRR* 值随气氛气体中微量氧及氢的影响有很大变化。

在图 4-4 所示装置中，用高频线圈使试件中形成一条很窄的熔融带，并让此熔融带缓慢地从待精炼试料的一端移向另一端，在熔融带中杂质浓度呈一定比例降低，杂质被富集于试料的另一端。除掉含杂质一端，即得到超高纯铜。

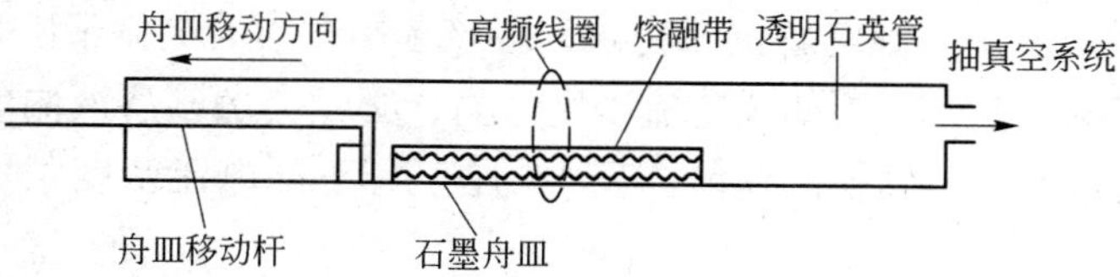

图 4-4　高纯铜区域精炼装置示意图

区域精炼法适用于除去图 4-5 所示性质的杂质。图 4-5 表示一个二元系的状态图，随着杂质浓度的增加，它的熔点也呈下降趋势。

图 4-5 中，杂质浓度为 C_L 的合金，在熔融状态下缓慢冷却，在 T_{LL} 时开始凝固，此时结晶出合金的杂质浓度为 C_S，它低于原来的浓度 C_L，这样就使金属得到了提纯。材料的偏析系数 $K = C_S/C_L$ 低于1，精炼的效果就好，从二元状态图中，可以预测区域精炼的效果。但对于接近图 4-5 左边纵轴的高纯金属，这样的预测就不太精确，要进行实验才能知其效果。

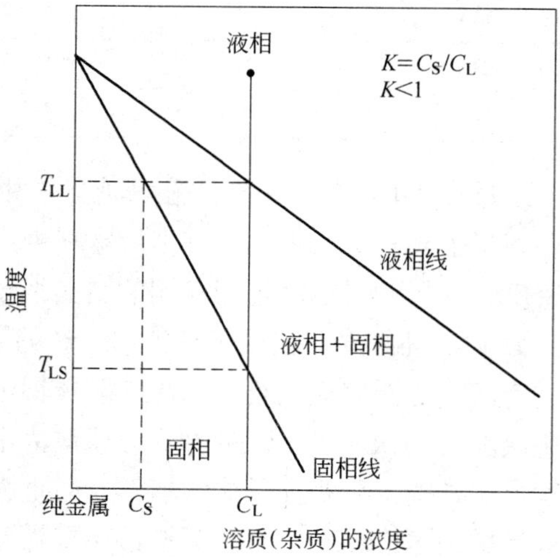

图 4-5　二元系状态图

B 添加脱硫剂的区熔精炼法

在电子工业中经常需要用到纯度高而且特别软的铜线，故铜中杂质铁与硫的含量要求特别低。可以通过在反复电解精炼得到的高纯铜中添加脱硫剂进行区熔精炼的方法，来降低铜中的硫含量，从而达到要求。首先将4N纯铜在硫酸铜溶液中进行多次电解，以此提高其纯度。但通过分析表明，即使通过硫酸铜溶液的多次电解，纯铜中的硫含量也未能降至$0.6\times10^{-4}\%$以下，为此可以选择稀土类元素来作脱硫添加剂。当添加$5\times10^{-4}\%\sim10\times10^{-4}\%$的镧制成合金，放入图4-4所示装置中进行区熔精炼，将精炼锭尾部切除，分析硫含量为$0.1\times10^{-4}\%$，纯度得到了提高，同时硬度HV也有所下降（约31~33）。

4.1.3.3 阴离子交换法

由于溶液中各金属离子与氯离子形成配离子，在盐酸溶液中具有不同的稳定性，及在氧化、还原条件下一价或二价铜离子和杂质离子分配系数存在巨大差异，因此可以通过适当控制HCl浓度从氯化物溶液中清除杂质离子。通过离子交换，除去铜溶液中的杂质离子，然后蒸干溶液得到高纯的$CuCl_2$，再对$CuCl_2$进行还原，便可得到超高纯的铜。

国外有学者通过实验研究，得到了利用阴离子交换制取超高纯铜的可行方法。实验中选用商业用的具有强交换能力的DIAION SAIOA阴离子交换树脂（聚苯代二乙烯基季铵型阴离子交换树脂）。离子交换柱的直径为70mm，填装树脂体积为2.7L，离子交换装置的各部件需要用耐腐蚀的塑料制成。在进行离子交换实验时，先要把商业用高纯$CuCl_2$溶于4mol/L盐酸中，盐酸是商业特纯级的（日本工业分级标准），所用的去离子水要求电导率低于0.1MS/cm。在进行离子交换实验之前；溶液中要加入纯度大于4N的铜并剧烈搅拌，之后把溶液引入到体积为5L的封闭反应器，并且不断地通入氮气，以便把离子交换装置体系中的空气赶出。根据计算，将浓度确定的一定量溶液在氮气压力下注入第一交换柱，通过一次离子交换得到的溶液加纯水稀释后再进行一次阴离子交换，这样所得的纯$CuCl_2$-HCl溶液在石英器里蒸干，晶体$CuCl_2$在用电加热的石英器中还原，还原所得的纯海绵状铜在H_2-Ar(10∶1)保护气氛下熔化浇铸成块状样品。通过实验检测，铜的纯度达到6N以上。

4.1.3.4 其他方法

A 从废杂铜中提取高纯度阴极铜

目前有少数几个大型铜熔炼厂开发出一种从废杂铜中提取高纯度阴极铜的方法，是一种从被铅锡污染严重的废杂铜中获得阴极铜的生产流程，这种流程适用于来自粉碎电缆、镀铜和电子废料的铜废料。该流程使用的是一种非传统的电解方法，生产出高纯度光亮阴极铜，其中仅含有百万分之几的金属杂质含量。

该方法的关键是：将带有游离氟硼酸离子的氟硼酸铁溶液加入电解槽中，用来增加废杂铜的溶解性，然后萃取的铜沉积物就可以进入一个阳极隔膜电解槽，而在阳极槽里的氟硼酸铁将被重新氧化。分解反应为：

$$2Fe(BF_4)_3 + Cu \longrightarrow Cu(BF_4)_2 + 2Fe(BF_4)_2 \tag{4-1}$$

反应将在室温条件下不断进行，将废杂铜放置在氟硼酸铁溶液（15~25g/L Fe^{3+}）中形成对流。废铜电缆中的主要杂质就是铅和锡，通过这种电解方法，就能够实现电解精炼高铅锡污染的铜。主要是利用了铅和锡的电位比铜离子要低，所以它们能够迅速地进入溶液。

铅以硫酸铅（$PbSO_4$）的形式沉淀，控制氟硼酸溶液中的硫酸浓度，溶液中的二价锡 Sn^{2+} 被氧化成四价锡 Sn^{4+}：

$$Sn^{2+} + 2Fe^{3+} \longrightarrow Sn^{4+} + 2Fe^{2+} \quad (4\text{-}2)$$

在酸性溶液中不溶的氢氧化锡($Sn(OH)_4$)形成沉淀。经过杂质过滤以后，铜就溶解了。将带有硫酸铅和四价锡的酸性沉淀物的含铜溶液经过过滤鼓过滤后，然后在筛选压力机中进行筛选，就能获得干净的铜溶液，但干净的铜溶液中的三价铁依然存在，因此要将溶液送往电解工序的电解槽中。

电化学冶金电解槽有两个反应槽，一个不能溶解的石墨和一个永久阳极不锈钢块，被一个大孔的聚乙烯隔膜分开。高浓度铜离子溶液将导入阴极反应槽。

阴极反应是：

$$Cu(BF_4)_2 + 2e \longrightarrow Cu + 2(BF_4)^- \quad (4\text{-}3)$$

然后沉积得到了纯度很高的并且非常规范的铜片。

在反应槽中，化合物将转化成阳离子，并发生以下的反应：

$$Fe(BF_4)_2 + BF_4^- \longrightarrow e + Fe(BF_4)_3 \quad (4\text{-}4)$$

综上所述，得到了整个反应槽的总反应：

$$2Fe(BF_4)_2 + Cu(BF_4)_2 \longrightarrow Cu + 2Fe(BF_4)_3 \quad (4\text{-}5)$$

剩下的阳离子由于其具有氧化电位又将回到过滤阶段，并形成了不断循环的反应。

在该流程中，氟硼酸配合物配合金属离子的能力随着离子电荷密度的增大而增加。这样就获得了两个比较重要的结论：

（1）通过配合二价铜（即为沉积的铜），氟硼酸溶液中形成直径较小的颗粒或块状物质，这样能获得更纯的阴极铜；

（2）通过阳极室溶液中强的三价铁配合物，氟硼酸溶液会阻止铜通过隔膜向阴极室移动。

图 4-6 所示为废杂铜电解精炼的新工艺流程。

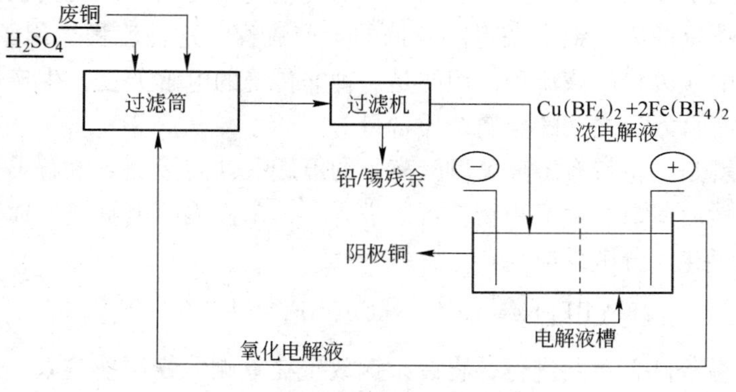

图 4-6　废杂铜电解精炼的新工艺流程

B 双膜电解法

双膜电解法制备超高纯铜采用的工艺流程如图 4-7 所示。

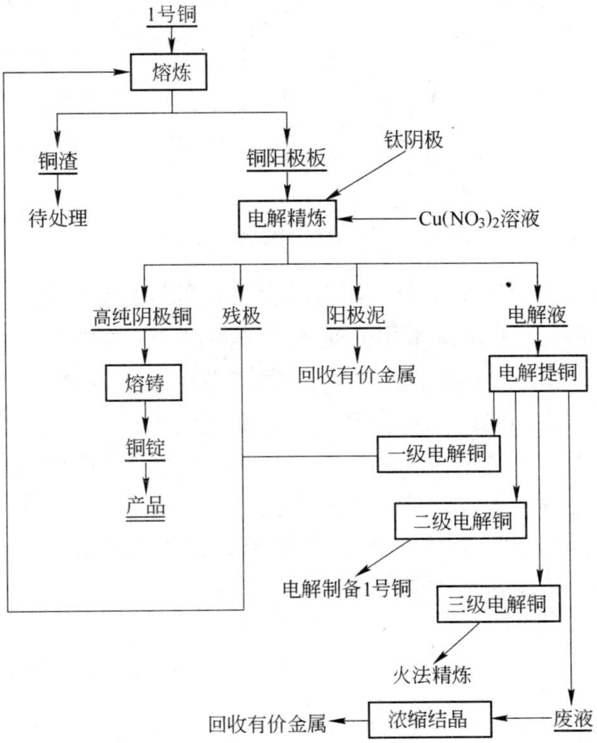

图 4-7 双膜电解法制备超高纯铜的工艺流程

为了使双膜电解法制备超高纯铜的新工艺得以顺利进行，必须解决一系列技术问题，其中主要有以下几方面：

（1）阴离子交换膜的选择。阴离子交换膜是双膜电解槽的重要组成部分，在电解过程中起着关键的作用。因为实验的电解液是酸性的硝酸铜溶液，硝酸具有很强的腐蚀性，而且电解是一个时间比较长的过程，所以阴离子交换膜必须具备长时间耐腐蚀的能力，要求阴离子交换膜至少能连续工作 50h，并且在正常电解时间内其性能要稳定。一般阴离子交换膜结构紧密，常压下溶液透过率很低，在实验过程中电解液要进行循环，这就需要给溶液施加一定的压力，这样就要求阴离子膜在外加压力下其结构和性能不发生改变，并且还要有一定的强度，不至于在压力下破裂。工作时阴离子交换膜会形成双电层，造成一定的电压降，不同的膜其电阻大小不一，如果电阻太大，会使槽电压过大，这样不但浪费电能，提高成本，而且过高的槽电压也不利于得到高质量的阴极铜，因此阴离子交换膜的选择和测试工作非常重要，需要选取对实验最有效的阴离子膜。

（2）电解精炼。超高纯铜电解精炼示意图如图 4-8 所示，实验中阴极采用钛板，工作面积为 6cm × 7cm，厚度为 1.5mm，其余浸入溶液部分涂上绝缘漆。阳极采用电解铜经熔炼浇铸而成，尺寸为 5cm × 6.5cm × 1cm，阳极与阴极的距离为 9cm。为防止阳极泥污染阴离子交换膜，在阳极和离子膜之间加装一涤纶布隔膜。整个电解槽系统的实验温度用恒温

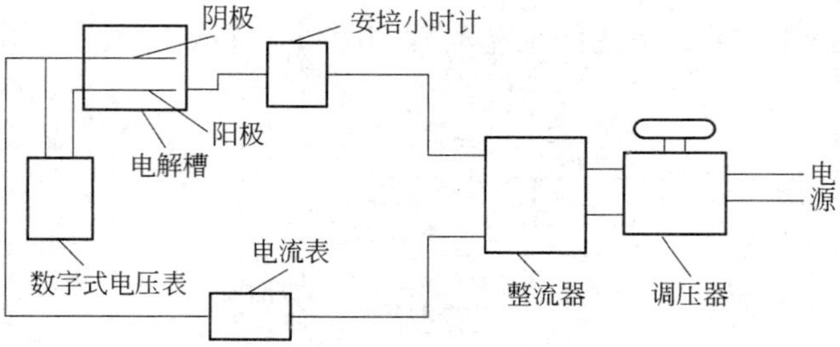

图 4-8　超高纯铜电解精炼示意图

槽水浴准确控制。阴极铜中各主要杂质元素的含量采用辉光放电质谱法测定，其测量的相对误差约为5%，溶液中砷的浓度采用分光光度法测量。

（3）电解液净化。如何保持电解液的纯净度是能否通过电解法制取超高纯铜的关键，阴极电解液越纯净，制出的阴极铜纯度就越高。随着电解精炼的进行，阳极板中的各种杂质元素成为离子进入电解液，部分在阴极上放电析出，影响阴极铜的纯度。因此，电解液需要进行定期的净化处理。通过对阴极铜的检测发现，砷和银的含量较高，为高纯阴极铜中的主要杂质，所以溶液中砷和银的浓度必须控制在很低的范围，其中银通过 Cl^- 沉淀后，用高纯铜网置换，砷通过活性炭吸附除去。

4.2　高纯锌

4.2.1　高纯锌的性质

锌是元素周期表中Ⅱ$_B$族元素，原子序数为30，相对原子质量为65.38。锌的原子外层电子排列为 $3d^{10}4s^2$，密度为7.14g/cm^3（298K 时），熔点为692.7K，沸点为1180K。金属锌颜色为银白略带蓝灰色，六面体晶体，其新鲜断面呈现出有金属光泽的结晶形状。锌在常温下与干燥的空气作用很小，但在湿空气中和二氧化碳存在下，表面逐渐被氧化，包覆一层致密的灰白色的碱式碳酸锌 $ZnCO_3 \cdot 3Zn(OH)_2$ 膜，该膜可以保护金属锌不再被氧化。一氧化碳和水蒸气在高温（锌的沸点以上）下可使锌蒸气迅速氧化生成氧化锌。锌能溶于硫酸或盐酸中，由于溶解时析出氢的超电压会阻碍锌溶解过程的进行，故一般可以视纯锌和纯硫酸或纯盐酸不发生化学反应。但锌中如有杂质存在时则被溶解，一般杂质愈多溶解速度愈快，商品锌由于含有杂质，因此易被硫酸和盐酸溶解。锌在硝酸及热浓硫酸中溶解时放出氮的氧化物和二氧化硫。

高纯锌是指纯度为4N 及以上的金属锌，杂质含量和晶体缺陷都很少，如用作半导体材料的5N 高纯锌中，杂质含量不得高于下述水平：Cu、Mn 各为 $1\times10^{-5}\%$，Al、Mg、Sn、Pb、Bi 各为 $5\times10^{-5}\%$，Fe、Cr 各为 $10\times10^{-5}\%$。高纯锌呈蓝白色，在室温下很脆，力学性能好。其化学性质很活泼，在空气中由于表面氧化形成起保护作用的氧化膜而很稳定。

4.2.2　高纯锌的用途

锌金属具有良好的压延性、耐磨性和抗腐蚀性，和许多金属能组成性能优良的各种合金。锌与铜、锡、铅等制成黄铜，用于机械制造业；锌与铝、镁、铜等制成压铸合金，用于制造各种精密铸件；钢铁及各种铸铁表面镀锌能防止腐蚀，含锌喷涂材料和各种抗腐蚀材料得到广泛应用；锌是制造干电池的主要材料。锌的化合物，如氧化锌和立德粉是医药、橡胶、颜料和油漆等行业不可缺少的原材料。锌消费量的近 50% 用作防腐蚀镀层，15% 用于生产黄铜（包括直接应用的再生原料锌），约 15% 用于生产铸造合金，其余的则用于轧制锌板、锌的化工及颜料生产等。原生锌企业生产的主要产品有：金属锌、锌基合金和氧化锌。这些产品用途非常广泛，主要有以下几个方面：

（1）镀锌。用作防腐蚀的镀层（如镀锌板），广泛用于汽车、建筑、船舶、轻工等行业，约占锌用量的 46%。锌具有优良的抗大气腐蚀性能，因此锌被主要用于钢材和钢结构件的表面镀层。镀层锌合金表面氧化后会形成一层均匀细密的碱式碳酸锌 $ZnCO_3 \cdot 3Zn(OH)_2$ 氧化膜保护层，该氧化膜保护层还有防止霉菌生长的作用。由于锌合金板具有良好的抗大气腐蚀性，近年来西方国家也开始尝试着直接用它作屋顶覆盖材料，用它作屋顶板材使用年限可长达 120～140 年，而且可回收再利用，而用镀锌铁板作屋顶的使用寿命一般为 5～10 年。

（2）制造铜合金材料。主要用于汽车制造和机械行业，约占锌用量的 15%。锌具有适用的力学性能，锌本身的强度和硬度不高，加入铝、铜等合金元素后，其强度和硬度均大为提高，尤其是锌铜钛合金的出现，其综合力学性能已接近或达到铝合金、黄铜和灰铸铁的水平，其抗蠕变性能也大幅度被提高。因此，锌铜钛合金目前已经被广泛应用于小五金生产中。

（3）用于铸造锌合金。主要为压铸件，用于汽车、轻工等行业，约占锌用量的 15%。许多锌合金的加工性能都比较优良，道次加工率可达 60%～80%。中压性能优越，可进行深拉延，并具有自润滑性，延长了模具寿命，可用钎焊、电阻焊或电弧焊（需在氦气中）进行焊接，表面可进行电镀、涂漆处理，切削加工性能良好，在一定条件下具有优越的超塑性能。

此外，锌具有良好的抗电磁场性能。锌的电导率是标准电工铜的 29%，在射频干扰的场合，锌板是一种非常有效的屏蔽材料，同时由于锌是非磁性的，适合作仪器仪表零件的材料及仪表壳体和钱币，同时，锌自身及与其他金属碰撞不会发生火花，适合作井下防爆器材。

（4）用于制造氧化锌。广泛用于橡胶、涂料、搪瓷、医药、印刷、纤维等工业，约占锌用量的 11%。

（5）用于制造干电池。以锌饼、锌板形式，约占锌用量的 13%。锌具有适宜的化学性能。锌可与 NH_4Cl 发生作用，放出 H^+。$Zn\text{-}MnO_2$ 电池正是利用锌的这个特点，用锌合金做电池的外壳，既是电池电解质的容器，又参加电池反应构成电池的阳极。它的这一性能也被广泛地应用于医药行业。

高纯锌作为金属锌的一种深加工产品，是一种新型的多用途功能材料，广泛用于彩色显像管用荧光材料、化合物半导体、还原剂或合金、精密铸件、医药制剂、功能陶瓷材料、摄像管靶面材料、助熔剂、电子制冷元件、反应堆液态冷却载体、锌合金牺牲阳极、电容器复合镀膜以及作为保险粉、吊白块及相关有机产品等的原料。如以高纯锌为原料制备的锌压铸合金制品可用于汽车工业中的精密铸造；高纯锌制备的高纯 ZnSe 化合物可代替 GaAs 和 InP，用作感光半导体材料；高纯 ZnSe 和 ZnS 化合物被广泛用于制造红外线光学器材的零件；高纯 ZnSe 化合物是作为稳定的蓝色荧光材料。高纯锌制备的无汞锌粉电池材料可消除干电池中重金属对环境的污染；高纯锌制造的 Ag-Zn 电池，具有体积小而能量大的特点，适用于飞机及宇宙飞船上仪表的电源。高纯锌制备的参比电极是唯一一种既可在海水也可在土壤中使用的参比电极。高纯锌片可用作滤光片和 X 光探头。

4.2.3　高纯锌的制备

4.2.3.1　重精馏法

重精馏法是现在比较普遍采用的一种高纯锌的制备方法。重精馏法的原理和粗锌精馏原理相同，都是基于各个杂质的沸点不同对锌进行提纯。不纯的锌经蒸馏后，除 Pb 稍有蒸发外，基本可以把高沸点杂质除掉。锌蒸气经冷凝就可得较高纯度的含 Cd 锌。Zn 与 Cd 的沸点很接近，可用分馏法把 Zn 与 Cd 分开。

重精馏法用到的主要设备是重精馏塔。重精馏塔是用小型 SiC 质塔盘砌成的，其基本结构如图 4-9 所示。

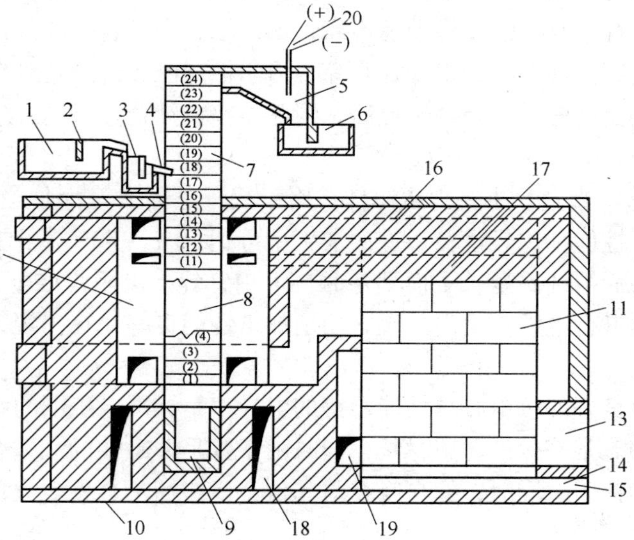

图 4-9　重精馏塔结构示意图

1—化锌槽；2—浮渣挡板；3—加料器；4—加料流管；5—冷凝器；6—存锌槽；7—回流盘；8—蒸发盘；9—底部锌封储槽；10—燃烧室砖体；11—筒形砖换热室；12—燃烧室；13—废气出口；14—冷空气入口；15—冷煤气入口；16—热煤气总道；17—热空气总道；18—储锌槽外侧冷空气循环道；19—废气变向道扫除孔；20—冷凝器热电偶

由图 4-9 可知，塔体由六种不同结构的 24 块塔盘组成，其中（1）为底流蒸发盘，下接一个导液盘，将蒸盘中流下的液体锌引入塔下面的液封储锌槽（9）；（2）~（15）号塔盘为蒸发盘，（16）、（17）及（20）~（23）为回流盘；（18）、（19）是在塔盘一端设有孔眼（安加料流管用）并共同组成塔进料的承液盘，（24）是引导锌蒸气入冷凝器的导气盘。

预热后的空气和煤气进入燃烧室燃烧，废气沿塔盘长向的两侧经燃烧室的下部砖体孔道引至换热室的上部筒形砖烟道中，由上而下呈之字形从换热室底部孔道排出。冷空气及冷煤气由换热室的最底层孔眼，分别经由独立的直立孔道由下向上行进，与相邻废气道中的热废气实现热交换。

图 4-10 所示为重精馏法的工艺流程图。以精馏锌作始锌，按规定的升温曲线使塔体各部均匀升温到规定值，并用锌液将图 4-9 中 1、3、6、9 各处的锌封充满到正常工作水平，再按规定的进料速度将始锌加入熔化槽。液锌经加料流管进入塔内，当所有蒸发盘由上往下逐次充满液锌后，即可提升塔温，调整加料量，逐步实现精馏作业。待塔温正常，塔内锌蒸发、冷凝、回流基本固定，则塔的工作进入常轨。

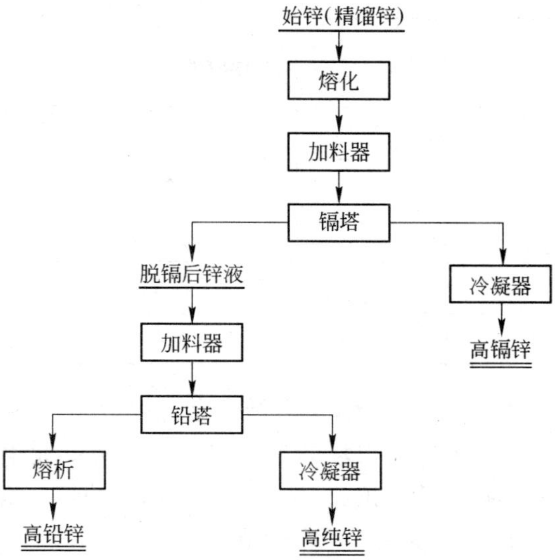

图 4-10 重精馏法工艺流程

精馏塔的燃烧室温度应稳定，加料必须连续均匀，否则，因塔内条件的改变，可能引起塔内工作不正常（塔内“抽风”、加料器“涨潮”、锌液封“哮喘”等），产品质量变坏等。

最后可得到的高纯锌的化学成分列于表 4-2 中。

表 4-2 高纯锌化学成分 （%）

试样号	杂质含量									
	Pb	Sn	Sb	Bi	Fe	Al	Cu	Ni	Cd	As
1	1×10^{-5}	$<1\times10^{-5}$	$<1\times10^{-5}$	$<1\times10^{-5}$	15×10^{-5}	$<1\times10^{-5}$	2×10^{-5}	$<1\times10^{-5}$	15×10^{-5}	1×10^{-5}
2	2.9×10^{-5}	$<1\times10^{-5}$	$<1\times10^{-5}$	$<1\times10^{-5}$	15×10^{-5}	$<1\times10^{-5}$	1.1×10^{-5}	$<1\times10^{-5}$	20×10^{-5}	1×10^{-5}

4.2.3.2 *真空蒸馏法*

真空蒸馏法也是比较常见的一种提纯高纯锌的方法。真空蒸馏法是利用在同一温度下，被蒸馏金属与所含杂质之间蒸气压力的差异，达到分离的目的。利用锌中杂质的蒸气压力方程式和二元系亨利常数，可计算出相应蒸馏温度下的蒸馏系数 C，列于表 4-3 中。

表 4-3 二元系锌-金属 B 的蒸馏系数 C

金属 B	温度/℃		
	460	500	540
Hg	8.8×10^{4}	4.06×10^{4}	2.5×10^{4}
Cd	2.8×10	2.4×10	1.7×10
Pb	1.7×10^{-3}	1.7×10^{-3}	2.3×10^{-3}
Mn	2.68×10^{-9}	6.9×10^{-8}	1.7×10^{-8}

续表 4-3

金属 B	温度/℃		
	460	500	540
Ag	1.65×10^{-11}	5.22×10^{-11}	1.49×10^{-10}
Sn	1.2×10^{-12}	3.6×10^{-12}	1.3×10^{-11}
Ca	3.7×10^{-15}	2×10^{-14}	1×10^{-13}
Cr	2.13×10^{-17}	1.32×10^{-16}	8.62×10^{-16}
Fe	4.7×10^{-18}	3.4×10^{-17}	2×10^{-16}

由表 4-3 可知：大多数重金属的分离较容易，仅 Cd 和 Pb 较难除去。显然，在较低的蒸馏温度并实行分段蒸馏，对杂质的分离是有利的。分段蒸馏时，Cd 富集在第一段，高纯锌冷凝在第二段，Pb 和其他难挥发的组分富集在残渣中。

图 4-11 是真空蒸馏法的主要设备连接图。

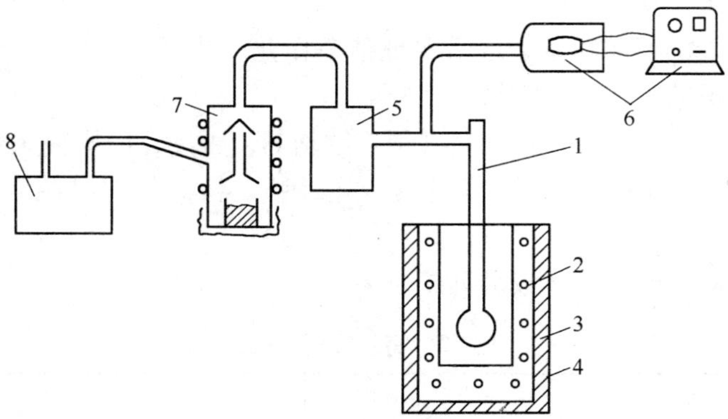

图 4-11　真空蒸馏法的主要设备连接图

1—真空蒸馏瓶；2—电极元件；3—耐火炉衬；4—电炉；5—真空陷阱；6—电力真空计；7—油扩散泵；8—真空泵

真空蒸馏法分两步进行：第一步是在温度为 440℃、真空度为 $1.33\times10^{-2}\sim2.66\times10^{-2}$Pa 的条件下蒸馏 4h 除去 Cd；第二步在与第一步相同的真空度，温度为 480℃条件下蒸馏 12h 除去 Pb。最后得到的高纯锌质量见表 4-4。

表 4-4　高纯锌质量

试样号	蒸馏时间/h		高纯锌产出率/%	杂质含量/%								
	第一段	第二段		Pb	Fe	Cu	Cd	Sn	Sb	Al	Bi	Ni
1	4	12	57	3.2×10^{-5}	20×10^{-5}	1×10^{-5}	$<10\times10^{-5}$	1×10^{-5}	1×10^{-5}	1×10^{-5}	1×10^{-5}	4×10^{-5}
2	4	12	55	0.94×10^{-5}	13×10^{-5}	0.43×10^{-5}	50×10^{-5}	$<0.6\times10^{-5}$	$<2\times10^{-5}$	0.6×10^{-5}	$<2\times10^{-5}$	$<0.6\times10^{-5}$

真空蒸馏法能产出5N以上的高纯锌，但生产过程的间歇性和较低的生产率使得它难以形成工业规模生产。

4.2.3.3 其他方法

A 电解精炼法

电解法阴极沉积锌总含有电解质夹杂物，在熔化时它生成氧化物浮渣。电解法因所需设备简单、工艺条件容易控制、锌经电解后的纯度可达5N以上，所以应用较广。

B 惰性气氛精馏法

在惰性气氛（N_2）中，精馏提纯所制得锌的纯度达5N以上；高沸点杂质Cu、Al、Bi、Ni、Fe、Sn、Sb含量各小于$1\times10^{-5}\%$，Cd达$1\times10^{-4}\%$。此法的缺点为：生产率低；惰性气体及其净化的成本费用高；即使在深度净化后的惰性气体中，仍含极其微量的残余氧和水分，也能引起氧化物的形成，并导致生产装置的损坏。

C 区熔精炼法

区熔精炼法是利用杂质在主体金属锌的固相和液相间的溶解度差异，局部加热形成熔区，缓慢加热移动熔区或金属锌锭，在锌锭熔化凝固过程中控制杂质分布的方法。把蒸馏提纯的锌和电解锌再经20次区域熔炼，可分别制得纯度为99.99998%及99.99993%的高纯锌。但区域熔炼法成本较昂贵，只有在始锌具有相当高的纯度时才宜采用。

D Zn(Ⅱ)-NH_3-NH_4Cl-H_2O体系制备高纯锌

针对目前氟、氯、铁等杂质元素高的氧化锌物料和氧化锌矿，常规方法难以处理制备高品质锌的问题，有研究报道在Zn(Ⅱ)-NH_3-NH_4Cl-H_2O体系中，直接由复杂的氧化锌物料和锌焙砂生产高纯锌。Zn(Ⅱ)-NH_3-NH_4Cl-H_2O体系由氧化锌烟灰、锌焙砂原料直接制取高纯锌的原则工艺流程如图4-12所示。

在Zn(Ⅱ)-NH_3-NH_4Cl-H_2O体系中，既可以处理锌焙砂，又可以处理现有酸法炼锌很

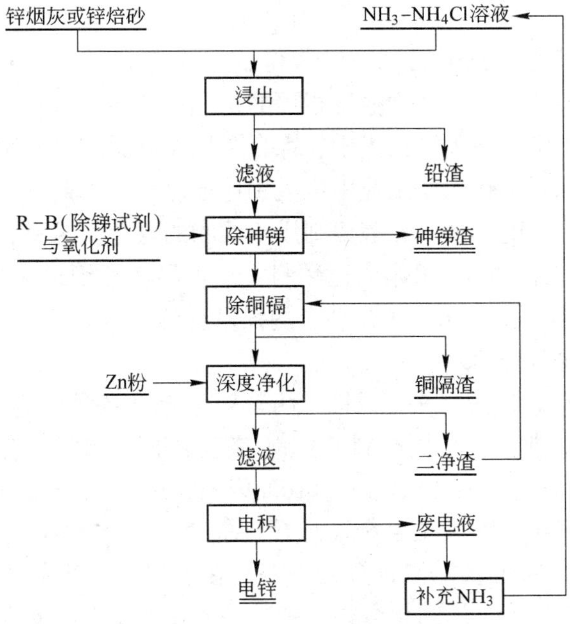

图4-12 由锌原料直接制取高纯锌的原则工艺流程

难处理的成分十分复杂的炼铅炉渣和烟化炉氧化锌烟灰，并且直接生产高纯锌。该工艺具有较好的技术经济指标，其优点如下：

（1）工艺流程短，锌回收率高，设备防腐要求低，原料适应性强，特别是可处理含Fe、Al、Cl、F高的工业副产氧化锌。

（2）浸出和除杂均在常温下进行，比现有酸法炼锌省去了加热装置，减少了设备投资；溶液胶体少，浸出渣过滤性能较好，操作简单。

（3）净化过程简单容易，在常温下采用两段逆流锌粉置换，杂质元素Cu、Cd、Co、Ni、Pb均可彻底除去，对于含锑较高的溶液可以加入R-B与氧化剂，使之达到电积要求。

4.3 高纯镍

4.3.1 高纯镍的性质

镍是一种银白色的铁磁性金属，密度为$8.9g/cm^3$，熔点为1455℃，沸点为2730℃。古代埃及、中国和巴比伦人都曾用含镍量很高的陨铁作器物。镍具有磁性，是许多磁性材料的主要组成成分。镍还具有良好的抗氧化性，在空气中，镍表面形成NiO薄膜，可阻止进一步氧化。实验证明，纯度为99%的镍在20年内不会发生锈痕。镍的抗腐蚀能力很强，尤其是对苛性碱的抗蚀能力强，在50%的沸腾苛性钠溶液中镍每年的腐蚀速度不超过25μm。镍的强度和塑性也很好，可承受各种压力加工。

高纯镍是指纯度在4N以上的金属镍，其含有的杂质包括硅、磷、硫、锰、铁、钴、锌、砷、镉、锑、锡、铅、铋、镁、铝、铜等16种元素，其中砷、锑、铋、铅、锡是主要杂质。高纯镍具有良好的延展性，中等硬度，有铁磁性，化学性质较活泼，且高纯镍电阻温度特性的线性度较好。

4.3.2 高纯镍的用途

高纯度金属镍及其合金在国民经济中获得了广泛的应用。金属镍具有良好的磨光性能，故纯镍常用于电镀技术中。特别值得指出的是纯镍还用在雷达、电视、原子工业、远距离控制等现代新技术中。在火箭技术中，镍合金用作高温结构材料。镍粉是粉末冶金中制造各种含镍零件的原料，在化学工业中广泛用作催化剂。镍的化合物也有重要用途，硫酸镍主要用于制备镀镍的电解液，乙酸镍则用于油脂的氢化，氢氧化亚镍用于制备碱性电池，硝酸镍还可以在陶瓷工业中用作棕色颜料。全世界消耗镍最多的国家是美国和英国，占总产量的60% ~70%，其中用于生产合金的镍量达到80%以上。

概括起来镍的用途可分为六类：

（1）用作金属材料。包括制作不锈钢、耐热合金钢和各种合金等3000多种，占镍消费量的70%以上，其中典型的金属材料有：镍-铬基合金，如康镍合金，专用于制作燃气涡轮机、喷气发动机等；镍-铬-钴合金，如IN-939专用于制作海洋舰船的涡轮发动机；镍-铬-钼合金，如IN-586为耐高温合金，焊接性能较佳；铜-镍合金，如IN-868，广泛用于船舶和化学工业；钛-镍形状记忆合金，特点是在加温下能恢复原有形状，已用于医疗器械等领域；储氢合金，为金属间化合物，特点是能在室温下吸收氢气生成氢化物，加热到一定温度时，又可将吸收的氢气释放出来，此特性为热核反应及太阳能的储存及输送提供了较大的灵活性，此类合金种类较多，如 $LaNi_5$、$Ca_xNi_5Ce_{1-x}$、Ti-Ni、Ni-Nb、Ni-V 及 $LaNi_5$-Mg等。

（2）用于电镀。其用量约占镍消费量的15%。主要用在钢材及其他金属材料的基体上覆盖一层耐用、耐腐蚀的表面层，其防腐性能要比镀锌层高15%~20%。

（3）用作催化剂。在石油化工的氢化过程中作催化剂，常用的催化剂为高度分散在氧化铝基体上的镍复合材料（Ni 25%~27%）。这种催化剂不易被 H_2S、SO_2 所毒化。

（4）用作先进电池材料。镍是制备先进电池的重要材料，如用于工业上生产 Cd-Ni、Fe-Ni、Zn-Ni 电池和 H_2-Ni 高性能可充电电池。

（5）制作颜料和染料。其最主要的是组成黄橙色颜料，该颜料由 TiO_2、NiO 和 Sb_2O_3 的混合料在800℃下煅烧而成，覆盖能力强，具有金红石或尖晶石的结构，化学性能稳定。

（6）用于陶瓷工业。如陶瓷上常用NiO作着色剂添加，能增加料坯与铁素体间的黏结性，并使料坯表面光洁致密。铁素体是一种较新的陶瓷材料，主要用于高频电器设备。

高纯镍作为金属镍的一种高附加值的金属材料产品，广泛应用于能源、航空、材料、特种合金、粉末冶金、化工、军工、通信、汽车及其他特种行业。高纯镍可以用作焊条、溅射靶材料、磁性薄膜、高纯镍管钠汞齐、特殊电子材料和合金材料。高纯镍制作的超级合金用于航空发动机的制造、原子反应堆保护材料、生物材料及低膨胀合金。高纯镍作为引线框架及接线端口而应用于电子工业中。高纯镍还用于氢化催化剂、分析化学试剂、金刚石刀头、锯片、磨轮、空心薄壁钻等产品行业。

4.3.3 高纯镍的制备

4.3.3.1 *羰基法*

高纯镍的生产方法有很多种，而其中最重要的一种方法就是羰基法。其实质是将各种含镍物料中的镍借助于一氧化碳形成挥发性羰基化合物，然后进行热分解以获得金属镍。羰化工艺的优点是：能源消耗低、材料用量少、产品纯度高、品种多、自动化程度高、实际上不产生废弃物、对环境无污染。目前使用羰基法生产镍的有加拿大国际镍业公司(INCO)、俄罗斯北方镍业公司和我国的金川公司。各厂生产工艺的主要区别表现在羰化合成的压力和精馏的差异，而热分解基本相似。世界每年生产的羰基镍系列约15万t，羰基法已成为镍精炼生产高纯镍的主要方法之一。

工业生产羰基镍一般使用海绵镍、镍冰铜（含硫镍合金）、金属镍、天然矿石、铁镍合金和阳极废料作为含镍原料。该法经过百年的发展，开发出了常压法、高压法与中压法三种生产工艺。常压法最早在孟德工厂实现了工业化生产，在350~400℃条件下，用富集有氢的水煤气预先还原含镍物料，然后在常压、50~60℃的低温条件下进行合成。常压法对设备的要求较低，羰化选择性较高，但是对原料要求严格，需要进行特殊的活化处理。常压法生产羰基镍的流程如图4-13所示。

高压合成法是在CO压力为20MPa和180~250℃条件下进行的，强化了合成工艺条件，对原料的适应性较强，但是对设备的要求比较高，一次性投资较大，俄罗斯北方镍业公司一直采用高压合成工艺生产羰基镍。在高压下工业合成 $Ni(CO)_4$ 的流程如图4-14所示。

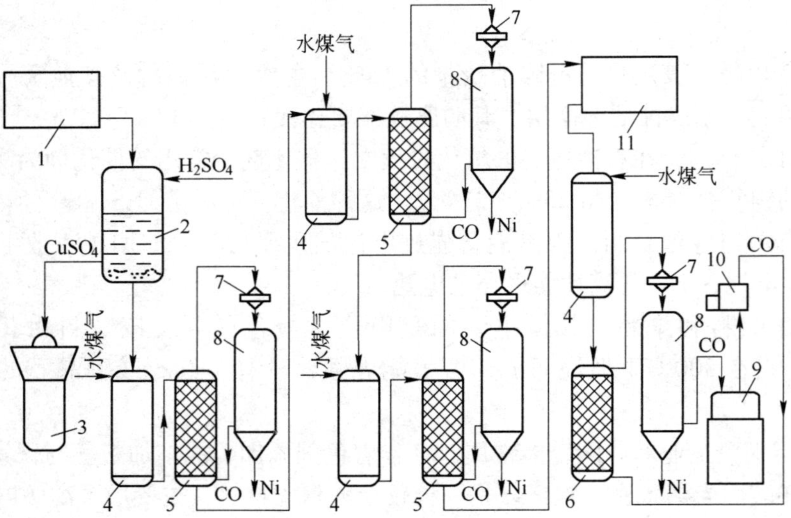

图 4-13　在常压下工业合成 $Ni(CO)_4$ 并生产镍粉的流程图

1—高锍焙烧炉；2—浸出设备；3—离心机；4—还原塔；5—合成反应塔（压力为 0.1MPa）；6—合成反应塔（压力为 2MPa）；7—过滤器；8—分解装置；9—煤气罐；10—压缩机；11—补充热处理炉

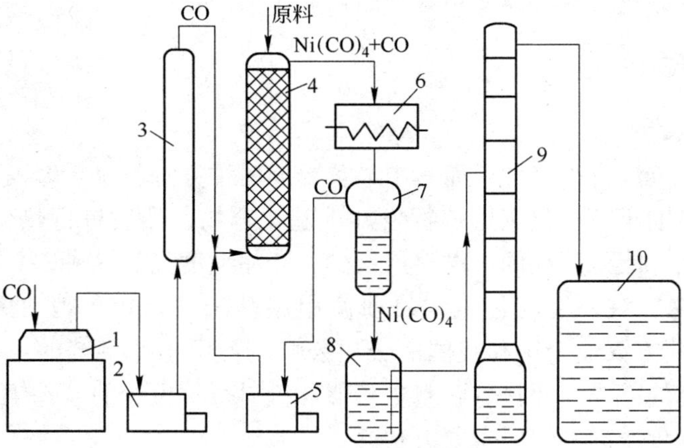

图 4-14　在高压下工业合成 $Ni(CO)_4$ 的流程图

1—CO 储气罐；2—CO 压缩机；3—CO 高压储罐；4—羰基合成塔；5—循环泵；6—$Ni(CO)_4$ 冷凝器；7—$Ni(CO)_4$ 冷凝分离器；8—粗 $Ni(CO)_4$ 储槽；9—精馏塔；10—纯 $Ni(CO)_4$ 储槽

中压是间于高压与常压之间的一种工艺，在保证原料适应性的同时，降低了合成压力，降低了运行费用，提高了安全性，加拿大国际镍业公司铜崖冶炼厂采用中压合成工艺生产羰基镍，为了强化中压合成反应速率，采用转动合成釜。

羰基法精炼镍技术在 20 世纪 70 年代以后大规模发展的主要原因是它具有以下优点：

（1）工艺流程短。羰基法精炼镍工艺主要是通过羰基化合物的合成及热分解过程获得金属。合成的羰基镍化合物直接通过管道输送到热解器。通过在热分解炉循环长大获得镍丸、镍粉以及铁-镍合金粉末。加拿大国际镍公司于1973年建成的铜崖镍精炼厂工艺流程具有代表性（见图4-15）。

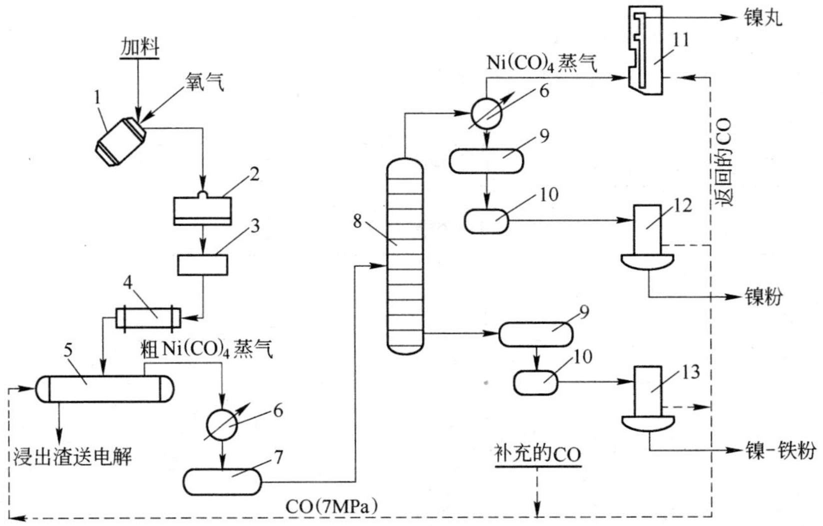

图4-15 铜崖镍精炼厂生产工艺流程图

1—氧气顶吹转炉（2台，50t）；2—保温感应电炉门（1台）；3—粒化器；4—干燥窑；5—羰基化反应器（3台）；6—冷凝器；7—粗羰基液储槽；8—分馏塔（2台）；9—储槽；10—蒸发器；11—镍丸分解器（8台）；12—镍粉分解器（8台）；13—镍-铁分解器（2台）

（2）产品多样化。羰基化合物按照不同的热分解制度，可以获得形状不同、性能各异的产品，最大的可以制成镍丸，其直径可达几个毫米，最小尺寸可达纳米级，最常见的是微米级粉末。羰基法制备合金粉末具有独到之处，组元成分非常准确。羰基法不但可以制备多组元的复合粉末，也可以制备包覆粉。在制备薄膜及梯度材料方面，羰基法是无与伦比的。由于羰基镍粉末表面高度发达，具有极高活性，因此在镍-氢电池、合金钢、粉末冶金、超微过滤器、催化剂及隐形材料等方面获得了广泛的应用。目前我国每年从国外进口羰基镍粉末达数百吨。INCO公司及我国的羰基镍粉末的型号及特性见表4-5～表4-8。

表4-5 INCO公司的羰基镍粉末的型号及特性

型号	典型化学成分/%					松装密度/$g \cdot cm^{-3}$	平均粒度/μm
	C	O	S	Fe	CO		
100	0.15	0.10	0.0002	0.0003	0.0003	0.6～2.0	3～5
123	0.06	0.10	0.0002	0.0003	0.0003	2.0～2.7	4～7
128	0.05	0.10	0.0002	0.0003	0.0003	2.5～3.0	7～9
255	0.10	0.07	0.0002	0.0003	0.0003	0.5～0.6	2.6～3.4
287	0.10	0.07	0.0002	0.0003	0.0003	0.8～1.0	2.9～3.6

表 4-6　我国某研究所羰基镍粉末的型号及特性

型 号	典型化学成分/%				松装密度 /g · cm^{-3}	平均粒度 /μm
	C	O	S	Fe		
CN-1	<0.15	<0.25	<0.005	<0.03	0.5 ~ 0.74	1 ~ 3
CN-2	<0.15	<0.15	<0.001	<0.01	0.5 ~ 1.0	2 ~ 4
CN-3	<0.01	<0.15	<0.001	<0.01	1.8 ~ 2.5	4 ~ 7
UCN-1	<0.2	<2.5	<0.003	<0.03	0.20 ~ 0.40	0.1
UCN-2	<0.2	<4.0	<0.003	<0.03	0.15 ~ 0.20	0.06

表 4-7　我国某厂羰基镍粉末的型号及特性

型 号	典型的化学成分/%				松装密度 /g · cm^{-3}	平均粒度 /μm
	C	O	S	Fe		
FTN-1	0.15	0.25	0.005	0.03	0.5 ~ 0.74	2.0 ~ 3.2
FTN-2	0.15	0.25	0.005	0.03	0.75 ~ 1.0	2.2 ~ 3.6
FTN-3	0.20	0.15	0.001	0.01	0.75 ~ 0.95	2.6 ~ 3.6
FTN-4	0.15	0.15	0.001	0.01	0.50 ~ 0.65	2.2 ~ 2.8
FTN-5	0.15	0.15	0.001	0.01	0.75 ~ 1.0	2.9 ~ 3.6
FTN-6	0.10	0.15	0.001	0.01	1.8 ~ 2.5	4 ~ 7

表 4-8　典型镍包铝合金粉末性能

型 号	镍含量	铝含量/%	松装密度 /g · cm^{-3}	流动性 (以 50g 计) /s	粒度/%		
					-0.110 ~ +0.060mm (-140 ~ +240 目)	-0.060 ~ +0.038mm (-240 ~ +400 目)	-0.038mm (-400 目)
FNA-1	余量	19	2.2 ~ 2.8	<34	20 ~ 35	余量	3
FNA-2	余量	19	2.2 ~ 2.8	<38		94	
FNA-3	余量	10	3.0 ~ 3.6	<27	40 ~ 70	余量	3
FNA-4	余量	10	3.0 ~ 3.6	<32		94	

（3）能源消耗低。羰基法与还原法、电解法相比是能源消耗最低的。根据俄罗斯专家的资料统计，羰基法的能耗只有还原法的二分之一，电解法的三分之一。电解法与羰基法的成本比较见表 4-9。

表 4-9　电解法和羰基法的成本比较

项目名称	电解法	羰基法	项目名称	电解法	羰基法
回收率/%	88	92	成 本	较 高	较 低
电耗/kW	7000	2000	厂房/m^2	25	10 ~ 12

（4）富集贵金属。羰基法精炼镍方法的另一个主要特点是使原料中的贵金属得到富集。一般情况下，镍矿中含有贵金属，在羰基镍的羰基反应条件下，贵金属不能羰基化，全部富集在渣中，便于回收处理。

(5) 过程环境友好。一般认为羰基法精炼镍技术是非常可怕的，主要原因是羰基镍配合物是有毒物质。但羰基镍容易分解，特别是在空气干燥、阳光充足的地方，它的存在寿命是短暂的。将现代密封技术加上强制抽风、加温破坏等手段使用可有效降低空间的羰基镍的浓度，使其低于安全标准浓度以下（$0.001\times10^{-4}\%$）。加拿大国际镍业公司铜崖精炼厂车间的空气每小时更换 10 次，经过两个警报系统的空气流量为 $4880m^3/min$，羰基镍浓度远低于安全标准，因此该技术不会对空气环境构成污染，可保证过程安全及环境友好。另外，它无酸、碱、盐等废物的排放，也不会对自然构成污染。

4.3.3.2 电解精炼法

镍电解精炼阳极有硫化镍、粗镍和镍基合金废料；始极片与铜电解精炼相似，是用光滑的钛板或不锈钢板作为种板电解制成。通常种板周期为 8 ~ 24h，取出种板剥下镍片，经过切边、穿耳、平板等工序做成始极片后，在 $pH\approx2$ 的酸性溶液中浸泡几小时取出，用水冲净后置入电解槽中作阴极。

电解液多用硫酸镍和氯化镍的混合弱酸性溶液，也有用纯氯化镍弱酸性溶液的，很少用纯硫酸盐电解液。用隔膜电解法，即阴极放在隔膜布袋中与阳极隔开，纯净电解液从高位槽经分液管流入每个隔膜液袋内，并保持袋内液面高于袋外液面 50 ~ 100mm，使阴极室的电解液向阳极区渗出，而阳极液却不可能渗入阴极室，从而保证了阴极室内电解液的纯度。阳极液不断从电解槽中流出，并送净化工序。对阴极液成分的要求分别列于表 4-10 和表 4-11。

表 4-10 阴极液成分

阴极液成分	硫化镍阳极电解		粗镍电解	镍基合金阳极电解	
	国内某厂	国外某厂	国内某厂	国内某厂	国外某厂
Ni^{2+} 浓度/$g\cdot L^{-1}$	55 ~ 60	60	58 ~ 70	60 ~ 45	77
SO_4^{2-} 浓度/$g\cdot L^{-1}$		90	65 ~ 70	5	134
Na^+ 浓度/$g\cdot L^{-1}$	<45	35	45 ~ 70	<60	25
Cl^- 浓度/$g\cdot L^{-1}$	>50	60	100 ~ 142	160 ~ 170	32
H_3BO_3 浓度/$g\cdot L^{-1}$	>5	16	7 ~ 10	5 ~ 7	5
pH 值	2.3 ~ 2.6		4.6 ~ 5.0	4.6 ~ 4.8	2.4

表 4-11 不同电流密度的 Ni^{2+} 浓度

电流密度/$A\cdot m^{-2}$	180 ~ 220	221 ~ 260	261 ~ 300	301 ~ 330
Ni^{2+} 浓度/$g\cdot L^{-1}$	>45	>48	>50	>53

阴极周期为 4 ~ 5 天，获得电镍用热水洗去表面的电解液后，剪切，包装为最终产品。阳极周期为 10 ~ 15 天，残极返回阳极炉重熔或选出较完整的作造液用，阳极泥则另行处理。

镍电解时，由于阳极电流效率略低于阴极电流效率以及净液过程随渣的损失等，因此使电解液中镍离子浓度每经一次循环都有所减少。为保持电解液中的镍离子浓度基本稳定，在阳极液送往净化前要根据情况补充适量的镍离子，生产上采用造液法，专门设有造液槽。

为用化学沉淀法除去镍阳极液中的某些杂质，通常采用 Na_2CO_3 调整 pH 值，这导致电解液中钠离子浓度逐渐增多，为了控制电解液中钠离子浓度不超过一定值，生产上需要排钠。

与铜、铅电解精炼相比，镍电解精炼有如下特点：隔膜电解，电解液必须进行深度净化，设有造液槽补充电解液中镍离子，需定期排出多余的钠离子。

4.3.3.3　*浸出精炼法*

高铜冰镍浓盐酸浸出法精炼镍就是将成分为：Ni 48.1%、Cu 26.5%、Fe 1.25%、S 21%的高铜冰镍经密封螺旋加料器进入三段浸出系统的浸出槽。浸出槽为衬胶密封结构，机械搅拌。三段槽成阶梯形排列。

预热至75℃的浓盐酸（215g/L HCl，25g/L Ni）注入浸出槽将高铜冰镍中的镍溶解，而铜和铂族金属则不溶。浸出总时间约12h，温度为70℃，镍浸出率为98%。将浸出矿浆过滤，滤渣经洗涤、干燥送铜厂。浸出富液约含：镍120g/L，盐酸160g/L，铁、铜、铬各2g/L，先通空气使 Fe^{2+} 氧化成 Fe^{3+}，并使富液中溶解的 H_2S 氧化成元素硫除去，所得富滤液冷却后送萃取净化。先用磷酸三丁酯（TBP）萃取铁，然后用三异辛胺（T10A）或 N235 萃取铜、钴。萃取前 T10A 或 N235 先用 2mol HCl 溶液处理：

$$R_3N + H^+Cl^- \longrightarrow R_3NH^+Cl^- \tag{4-6}$$

除镍离子外，在浓盐酸溶液中的大多数金属离子都可以形成阴性配离子：

$$M^{2+} + 4Cl^- \longrightarrow MCl_4^{2-} \tag{4-7}$$

式中　M^{2+}——表示 Co^{2+}、Cu^{2+}、Zn^{2+} 等。

萃取时发生阴离子交换反应：

$$2R_3NH^+Cl^- + MCl_4^{2-} \longrightarrow (R_3NH)_2^+MCl_4^{2-} + 2Cl^- \tag{4-8}$$

使铜、钴等进入有机相，再将有机相用水反萃。

净化后液含：Ni 118g/L、Co 0.001g/L、Cu 0.006g/L、Fe 0.005g/L、HCl 160g/L，送往衬胶搅拌槽内连续结晶。结晶是利用氯化镍在溶液中的溶解度随盐酸浓度升高而降低的原理，结晶过程温度为26℃，结晶后的矿浆送衬胶离心过滤机分离得 $NiCl_2 \cdot 4H_2O$ 晶体，然后干燥成 $NiCl_2 \cdot H_2O$，送沸腾炉燃烧加热至850℃左右温度下进行氯化镍的高温转化。

$$NiCl_2 \cdot H_2O \longrightarrow NiO + 2HCl \tag{4-9}$$

产出的氧化镍粒为致密球形，经冷却、筛分。-0.417mm 粒级返回沸腾炉作晶种，-1.168～+0.417mm 粒级送回转窑以预热至600℃的氢气还原为金属镍粒成品。沸腾焙烧高温水解析出的 HCl 气体返回到结晶中使用。

高铜冰镍浓盐酸浸出流程如图 4-16 所示。此流程比较简单，易于自动化，劳动强度小。

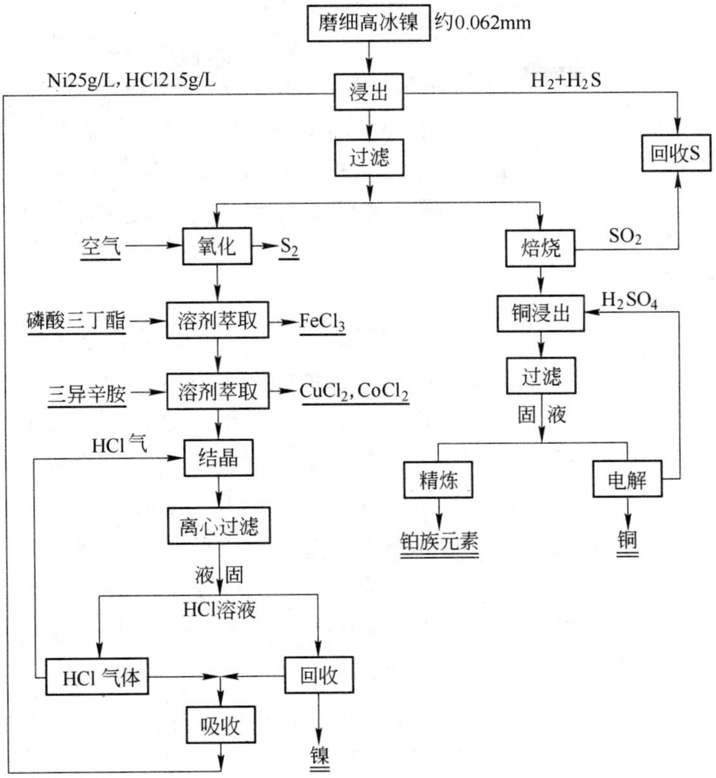

图 4-16 高铜冰镍浓盐酸浸出流程

4.4 高纯钴

4.4.1 高纯钴的性质

钴，原子序数为 27，相对原子质量为 58.93，为有光泽的银灰色金属；熔点为 1495℃，沸点为 2870℃，密度为 8.9g/cm^3；钴具有铁磁性和延展性，力学性能比铁优良。

钴的化学性质与铁、镍相似，在常温下与水和空气都不起作用。炽热的钴能和水反应，并放出氢气。在 300℃以上发生氧化作用，极细粉末状钴会自动燃烧。钴能溶于稀酸中，在浓硝酸中会形成氧化薄膜而被钝化；在加热时能与氧、硫、氯、溴发生剧烈反应。

高纯钴是指纯度为 3N 以上的金属钴，其具有良好的半导体性质、磁性能及导电性能。高纯钴中主要杂质有碱金属（如 Na、K）、非金属（如 S、C、P）、Fe、Ti、Cr、Cu、Ni、U、Th 等，这些杂质对高纯钴的性质具有很大的影响。如杂质元素 Fe 会导致由高纯钴制备的电子器件磁性能的不一致；Ti、Cr、Cu 元素会影响由高纯钴制备半导体元件的导电性能；而 Ni 会影响半导体的界面性能；放射性元素如 U、Th 可以辐射出 α 射线，使半导体失效。因此，这些杂质含量应尽可能降低。

4.4.2 高纯钴的用途

高纯金属钴是制备磁记录介质、磁记录磁头、光电器件和磁传感器和集成电路等元器件的重要材料。大多应用都是将钴制备成纯金属靶材或合金靶材，通过镀膜方式得到符合要求的功能薄膜。高纯金属钴还可作为半导体薄膜材料使用，并进一步被开发成下一代半导体材料。因此要求这些材料的碱金属（Na、K 等）和放射性元素（U、Th 等）等杂质的含量非常低。Co、Ni 被研究用作半导体晶体管回路的薄膜电极。

纯度在99.9% ~99.99%的钴已经广泛应用于磁性材料、超级合金的制造，99.999%甚至更高纯度的钴用于先进电子元件的溅射靶材。钴靶材中的杂质会影响电子器件的使用性能，如碱金属（如 Na、K）、非金属（如 S、C、P）等杂质可以在半导体之间迁移，从而影响其性能。

4.4.3 高纯钴的制备

制备高纯钴的原料是电解钴或钴盐，应用的冶金技术主要有湿法冶金、火法冶金、电化学冶金等。制备过程分为钴溶液净化和钴金属精炼两个阶段，前一个阶段主要采用湿法冶金方法，如溶剂萃取、离子交换、膜分离、电解等，用以除去钴溶液中的大多数金属杂质，主要是 Ni^{2+}、Cu^{2+}、Cd^{2+}、Zn^{2+}、Fe^{3+} 等杂质，并经电解得到金属钴；后一个阶段主要采用火法冶金方法，如区域熔炼、真空脱气等，用以进一步脱除金属钴中的碱金属、非金属、气体杂质，最终得到高纯金属钴。与常规金属钴生产相比，制备高纯钴的工艺条件更加苛刻。具体来讲，高纯钴制备应用技术有萃取、离子交换、膜分离、电解精炼、真空烧结（控制气氛）脱气、真空熔炼等。不同的技术在制备高纯金属钴中发挥的作用不同。

在国外，1956 年就有研究机构首次制备出纯度为 99.99% 的高纯钴，他们是通过阳离子交换法和沉淀法除去 $Co(NH_3)_4^{2+}$ 盐酸盐溶液中的 Fe^{3+}、Cu^{2+}、Ni^{2+} 等杂质，然后电解制备出 99.99% 的高纯钴。离子交换法的发展和高效萃取剂 P507、Cynex272、Cynex301 等的出现使溶液提纯技术得到了长足发展。美国、加拿大、日本等国在钴提纯技术上开展了大量的研究工作，其中以日本最为突出。日本 JMC 公司于 1997 年开始生产高纯钴，现有 99.998% 高纯钴产品。日矿（Nikko）公司和日本株式会社化学研究所已经生产出 99.999% 的高纯钴。日本 Furuchi 公司生产的高纯钴可以达到 99.9995%。

在国内，1961 年上海有色金属研究所以粗钴作为原料，用次氯酸钠溶液除 Ni^{2+}，以离子交换除 Al^{3+} 和 Zn^{3+}，中和水解法除 Fe^{3+}，制备高度纯净的氯化钴溶液，经电解获得 99.99% 的高纯钴。金川有色金属公司是我国钴镍主要生产基地，钴产量居全国之首，而且生产技术在我国最具代表性。其钴车间采用粗钴阳极隔膜电解法生产出纯度大于 99.98% 的电钴，达到 1 号电钴的标准。金川镍钴研究设计院的研究人员又以 1 号电钴为原料，采用电溶、离子交换法除去溶液中的杂质离子，电解提纯后的溶液得到 99.994% 的高纯钴。此外，中南大学、北京有色金属研究总院和北京矿冶研究总院也正在进行高纯金属的研究工作。

国外主要采用离子交换法除去溶液中大部分杂质离子，国内研究工作主要集中在离子交换和电解精炼上。下面具体介绍高纯钴的制备方法。

4.4.3.1 萃取法和离子交换法

高纯金属钴中分离难度大的元素主要为：Ni、Fe、Cr、Zn、Mn、Cu 等过渡族金属杂质，因此这方面研究是重点。

国外有学者用阴离子树脂选择性吸附分离 Cu^{2+}、选择性吸附 Co^{2+}、选择性淋洗杂质方法得到高纯 $CoCl_2$，高纯 $CoCl_2$ 经过氢还原得到 99.9997% 纯度的金属钴。主要分离工艺见表 4-12，分析结果见表 4-13。

表 4-12 离子交换树脂分离提纯钴工艺

步 骤	作 用
原料制备	普通钴粉用盐酸溶解，金属 Co 还原其中杂质 Cu^{2+}，还原为 Cu^{+}
分离 Cu/Co	0.1～3mol/L 盐酸浓度下树脂吸附 Cu^{+}，Co^{2+} 保留在溶液中，与 Cu 一起被吸附的有 Zn、Tc、Ru、Pd、Ag、Cd、In、Sn、Re、Os、Ir、Pt、Au、Hg、Tl、Pb、Bi、Po
分离 Co/Ti	7～11mol/L 盐酸浓度下树脂选择性吸收 Co；Ti、Cr、Mn、Ni、Al、碱金属、碱土金属保留在溶液中，与钴一起被吸附的还有 Fe、W、Mo、Zn、Tc、Ru、Pd、Ag、Cd、In、Sn、Re、Os、Ir、Pt、Au、Hg、Tl、Pb、Bi、Po
分离 Co/Mo	用 2.5～5mol/L 盐酸淋洗含钴树脂，钴被淋洗到溶液中，杂质 Fe、W、Mo 等保留在树脂上，与 Mo 一起不被淋洗下来的有 Zn、Tc、Ru、Pd、Ag、Cd、In、Sn、Re、Os、Ir、Pt、Au、Hg、Tl、Pb、Bi、Po
分离 Co/Cl	$CoCl_2 + H_2 \longrightarrow Co + 2HCl$
分离 Co/非金属	含氢气等离子熔炼脱 O、N、S、C 和碱金属、碱土金属、卤素

表 4-13 高纯钴的化学成分

元 素	质量分数/%	元 素	质量分数/%
Al	0.035×10^{-4}	Cr	0.026×10^{-4}
B	$<0.010\times10^{-4}$	F	$<0.050\times10^{-4}$
Ba	$<0.010\times10^{-4}$	Hf	0.010×10^{-4}
Bi	$<0.010\times10^{-4}$	In	0.005×10^{-4}
Ca	0.045×10^{-4}	Li	$<0.010\times10^{-4}$
Cu	0.045×10^{-4}	Mg	$<0.010\times10^{-4}$
Zr	$<0.010\times10^{-4}$	Mn	$<0.010\times10^{-4}$
Ga	$<0.020\times10^{-4}$	Mo	$<0.050\times10^{-4}$
K	0.010×10^{-4}	Rh	$<0.010\times10^{-4}$
Na	$<0.010\times10^{-4}$	Ru	0.020×10^{-4}
Ni	0.720×10^{-4}	Sb	$<0.020\times10^{-4}$
P	$<0.050\times10^{-4}$	Th	0.001×10^{-4}
Pb	$<0.010\times10^{-4}$	Ti	$<0.001\times10^{-4}$
Si	$<0.010\times10^{-4}$	U	0.002×10^{-4}
Sn	0.050×10^{-4}	V	0.080×10^{-4}
As	0.700×10^{-4}	Zn	$<0.050\times10^{-4}$
Be	$<0.010\times10^{-4}$	Fe	0.570×10^{-4}
Cd	$<0.050\times10^{-4}$	Co	99.99997×10^{-4}
Cl	$<0.050\times10^{-4}$	*RRR* 值	207×10^{-4}

国外还有学者利用交换树脂吸附分离、活性炭吸附除杂、电解精炼、电子轰击工艺制备了磁控溅射钴靶，其杂质含量见表 4-14。

表 4-14　高纯钴主要杂质

元　素	质量分数/%	元　素	质量分数/%
Fe	0.2×10^{-4}	U	0.01×10^{-7}
Ni	0.2×10^{-4}	Th	0.01×10^{-7}
Cr	0.2×10^{-4}	C	6×10^{-4}
Na	0.05×10^{-4}	O	80×10^{-4}
K	0.05×10^{-4}	N	2×10^{-4}
H	0.1×10^{-4}		

国外采用离子交换树脂提纯钴的工艺条件为：以工业试剂级 $CoCl_2$ 为原料，配成含钴 15g/L、HCl 9mol/L 的溶液，吸附后用 9mol/L HCl 淋洗杂质，3mol/L HCl 淋洗 Co^{2+}，水洗 Fe^{3+}、Zn^{2+} 等强吸附离子；吸附、淋洗流量为 45mL/min；强阴离子交换树脂为 SA10B、ϕ70mm×1000mm 丙烯酸树脂交换柱；采用聚四氟乙烯管道和阀门、聚乙烯槽。表 4-15 为依次经过交换树脂分离、电解、区熔后杂质和 *RRR* 变化情况，可见离子交换树脂对绝大部分金属杂质分离效果良好。

表 4-15　高纯钴成分演变　　(%)

元　素	原　料	离子交换后	电积后	区熔后
Na	$<40\times10^{-4}$	$<27\times10^{-4}$	$<20\times10^{-4}$	$<6\times10^{-4}$
Ti	15×10^{-4}	1.7×10^{-4}	0.2×10^{-4}	$<0.08\times10^{-4}$
Cr	22×10^{-4}	$<0.4\times10^{-4}$	$<0.09\times10^{-4}$	$<0.09\times10^{-4}$
Mn	$<30\times10^{-4}$	$<31\times10^{-4}$	$<34\times10^{-4}$	$<38\times10^{-4}$
Fe	21×10^{-4}	14×10^{-4}	3.8×10^{-4}	3.3×10^{-4}
Ni	27×10^{-4}	24×10^{-4}	$<0.2\times10^{-4}$	$<0.2\times10^{-4}$
Cu	45×10^{-4}	1.3×10^{-4}	0.01×10^{-4}	$<0.006\times10^{-4}$
Zn	32×10^{-4}	$<2\times10^{-4}$	$<1\times10^{-4}$	$<0.3\times10^{-4}$
Ga	$<5\times10^{-4}$	$<0.9\times10^{-4}$	$<0.04\times10^{-4}$	$<0.01\times10^{-4}$
Ge	$<4\times10^{-4}$	$<0.2\times10^{-4}$	$<0.4\times10^{-4}$	$<0.4\times10^{-4}$
As	$<1\times10^{-4}$	$<2\times10^{-4}$	$<4\times10^{-4}$	$<4\times10^{-4}$
Se	$<6\times10^{-4}$	$<2\times10^{-4}$	$<1\times10^{-4}$	$<0.7\times10^{-4}$
Zr	$<1\times10^{-4}$	$<0.2\times10^{-4}$	$<0.05\times10^{-4}$	$<0.03\times10^{-4}$
Nb	$<0.01\times10^{-4}$	$<0.005\times10^{-4}$	$<0.003\times10^{-4}$	$<0.002\times10^{-4}$
Mo	$<3\times10^{-4}$	$<1\times10^{-4}$	$<0.5\times10^{-4}$	$<0.7\times10^{-4}$
Cd	$<29\times10^{-4}$	$<8\times10^{-4}$	$<2\times10^{-4}$	$<1\times10^{-4}$
In	$<31\times10^{-4}$	$<35\times10^{-4}$	$<56\times10^{-4}$	$<146\times10^{-4}$
Sn	$<3\times10^{-4}$	$<2\times10^{-4}$	$<1\times10^{-4}$	$<0.6\times10^{-4}$
Sb	$<0.2\times10^{-4}$	$<0.02\times10^{-4}$	$<0.02\times10^{-4}$	$<0.02\times10^{-4}$
Te	$<0.1\times10^{-4}$	$<0.09\times10^{-4}$	$<0.02\times10^{-4}$	$<0.02\times10^{-4}$
RRR 值	65	183	236	334

国外还有学者用胺有机溶剂萃取剂分离钴中的 Fe、Zn、Sn、Ni、Ca、Na、Mg 等杂质，之后进行电解和电子束重熔，得到的高纯钴分析结果见表 4-16。

表 4-16 高纯钴中杂质成分及含量

处理步骤	杂质质量分数/%					
	Ni	Ge	Na	K	U	Th
原 料	300×10^{-4}	5×10^{-4}	1.8×10^{-4}	3.4×10^{-4}	0.14×10^{-7}	0.09×10^{-7}
1 次电解	34×10^{-4}	5×10^{-4}	1.9×10^{-4}	0.05×10^{-4}	0.03×10^{-7}	0.01×10^{-7}
2 次电解	3.8×10^{-4}	5×10^{-4}	1.7×10^{-4}	0.05×10^{-4}	$<0.01\times10^{-7}$	$<0.01\times10^{-7}$
3 次电解	0.46×10^{-4}	0.4×10^{-4}	1.8×10^{-4}	0.05×10^{-4}	$<0.01\times10^{-7}$	$<0.01\times10^{-7}$
电子束熔炼	0.46×10^{-4}	0.4×10^{-4}	0.03×10^{-4}	$<0.01\times10^{-4}$	$<0.01\times10^{-7}$	$<0.01\times10^{-7}$

另外有专家用强酸性阳离子交换树脂 Purolite NRW100，在体系中加入阴离子配体 EDTA、NTA、IDA 等，从而加大了不同金属离子吸附平衡的差异，在高酸性溶液中实现镍、钴分离。

国外也有用 P204 支撑液膜法研究了从硫酸钴中分离锌等杂质的条件。确定的工艺条件是：原料相 pH = 3，[Co]与[Zn]浓度比为 22；产品相：0.5mol/L 硫酸；膜相：P204 体积分数为 10%。并通过研究 P204 支撑液膜和混合液膜分离 Co/Ni 工艺，发现混合液膜分离工艺中离子通量较小，但是分离系数比支撑液膜大。国外有专利研究了高纯钴的溶剂萃取技术，利用双（2,4,4 三甲基戊基）磷酸成功萃取分离了 Co 中的 Fe^{3+} 和 Zn^{2+}，之后萃取 Co/Ni，继而用氨水反萃，将 Co^{2+} 氧化为 Co^{3+} 实现 Co/Ni 分离。

关于溶剂萃取和离子交换方面还有大量的工艺、技术的研究和实践，如乳化液膜法、胶团增强超滤萃取法、反渗透超滤法等。

总之，溶剂萃取和离子交换法几乎可以将所有的金属杂质降低到非常低的水平，因此是制备高纯钴不可缺少的工艺步骤。

4.4.3.2 电积、电解精炼法

国外有学者利用电解高纯 $CoCl_2$ 制取高纯钴。方法是采用聚乙烯电解槽，用 1mm 高纯钴丝（99.998%）作阴极，用铂板作阳极，电解质 Co^{2+} 90g/L，HCl 0.1mol/L，电极间距为 50mm，获得的产品为 5mm 钴棒。由表 4-15 可知电积能明显降低钴中 Na、Ti、Cr、Fe、Ni、Cu 等杂质含量。

对于 Fe、Co、Ni、Cu 等金属，一般采用水溶液电解精炼，由表 4-16 可见电解可以分离 Ni、Ge、U、Th、K 等杂质，多次电解提纯效果更明显。

4.4.3.3 真空脱气法

真空脱气法是指在高真空中，在固相状态加热主体金属，通过长时间保温可降低气体性杂质。

国外有学者通过交换树脂分离—电解提纯—区域熔炼—干氢气脱气处理获得的金属钴，结果见表 4-17。在干燥氢气、湿氢气以及纯真空三种条件下经过 950℃，10^{-4}Pa 处理 24h，高纯钴的 *RRR* 结果分别达到 183、96 和 30，说明干氢气脱气处理效果明显优于湿氢气和纯真空。

表 4-17　提纯后金属钴中杂质

元　素	质量分数/%	元　素	质量分数/%
C	0.3×10^{-4}	Cd	$<1.3\times10^{-4}$
Cu	$<0.06\times10^{-4}$	Cr	$<0.09\times10^{-4}$
Fe	3.3×10^{-4}	Mo	$<0.7\times10^{-4}$
Ga	$<0.01\times10^{-4}$	Nb	$<0.002\times10^{-4}$
Ge	$<0.4\times10^{-4}$	Sb	$<0.02\times10^{-4}$
N	0.1×10^{-4}	Se	$<0.7\times10^{-4}$
Ni	$<0.2\times10^{-4}$	Te	$<0.02\times10^{-4}$
O	7.1×10^{-4}	Ti	$<0.08\times10^{-4}$
Sn	$<0.6\times10^{-4}$	Zn	$<0.3\times10^{-4}$
As	$<4\times10^{-4}$	Zr	$<0.03\times10^{-4}$

国外也有学者利用氢气氛烧结方法使金属钴中的 O、Zn、Cd、S、C 等杂质含量明显降低，其结果见表 4-18。

表 4-18　氢气烧结的脱气效果　（%）

元　素	原　料	产品 1	产品 2
S	10×10^{-4}	$<5\times10^{-4}$	$<5\times10^{-4}$
Zn	13×10^{-4}	$<5\times10^{-4}$	$<5\times10^{-4}$
C	110×10^{-4}	14×10^{-4}	22×10^{-4}
O	5000×10^{-4}	260×10^{-4}	260×10^{-4}
N		2×10^{-4}	$<1\times10^{-4}$
Cd	7×10^{-4}	$<5\times10^{-4}$	$<5\times10^{-4}$

国外还有专家以高纯 $CoCl_2$ 为原料，分别用氢还原、电解、电子束悬浮区域熔炼（EBFZM）重熔方法对钴进行了研究，其结果见表 4-19。研究得到明确的结论：氯气热处理提高了材料质量。

表 4-19　各种方法制备的高纯钴中杂质含量

元素	杂质质量分数/%					
	A	B	C	D	E	F
Cu	69×10^{-4}	1.6×10^{-4}	10×10^{-4}	10×10^{-4}	10×10^{-4}	5×10^{-4}
Mg	16×10^{-4}	20×10^{-4}	1×10^{-4}	5×10^{-4}	1×10^{-4}	5×10^{-4}
Mn	50×10^{-4}	32×10^{-4}	0.5×10^{-4}	1×10^{-4}	0.5×10^{-4}	0.5×10^{-4}
Si	130×10^{-4}	130×10^{-4}	5×10^{-4}	5×10^{-4}	5×10^{-4}	5×10^{-4}
Al	9.5×10^{-4}	8.3×10^{-4}	1×10^{-4}	0.5×10^{-4}	0.5×10^{-4}	5×10^{-4}
Fe	10×10^{-4}	10×10^{-4}	1×10^{-4}	1×10^{-4}	1×10^{-4}	1×10^{-4}
Ni	10×10^{-4}	5×10^{-4}	5×10^{-4}	50×10^{-4}	50×10^{-4}	5×10^{-4}
Pb	$<3\times10^{-4}$	$<3\times10^{-4}$	$<3\times10^{-4}$	$<3\times10^{-4}$	$<3\times10^{-4}$	$<3\times10^{-4}$
Sn	$<3\times10^{-4}$	$<3\times10^{-4}$	$<3\times10^{-4}$	$<3\times10^{-4}$	$<3\times10^{-4}$	$<3\times10^{-4}$
Bi	$<1\times10^{-4}$	$<1\times10^{-4}$	$<1\times10^{-4}$	$<1\times10^{-4}$	$<1\times10^{-4}$	$<1\times10^{-4}$
Ca	5×10^{-4}	5×10^{-4}	5×10^{-4}	5×10^{-4}	5×10^{-4}	5×10^{-4}
In	5×10^{-4}	5×10^{-4}	5×10^{-4}	5×10^{-4}	5×10^{-4}	5×10^{-4}
Cr	2×10^{-4}	2×10^{-4}	2×10^{-4}	2×10^{-4}	2×10^{-4}	2×10^{-4}
RRR			115	120	116	245

注：A—$CoCl_2$ 原料；B—氢还原钴；C—电解 +6 区熔单晶；D—氢还原 +4 区熔单晶；E—氢还原 +8 区熔单晶；F—氢还原 + 氯气处理 +4 区熔。

4.4.3.4 真空熔炼法

真空熔炼可以得到高纯金属块材，同时脱除金属中残存的碱金属杂质和部分气体杂质。真空重熔一般要求高真空度（10^{-4} ~ 10^{-7}Pa）。如果使用气体则需要高纯气体，以期获得良好的脱气效果。常用的熔炼方法有真空感应熔炼、电子束熔炼、电子束悬浮区域熔炼、感应区熔、真空电弧熔炼。

根据杂质元素在液态和固态中分配系数的差别，通过区域熔炼可以使金属得到提纯，脱出碱金属杂质和部分气体杂质。但是对分配系数接近 1 的杂质却难以区熔分离，如 Fe、Ni、Co、Cr、Mn、Al、Cu、Si 之间很难用区域熔炼法互相提纯。从表 4-15 和表 4-19 可见，在经过前期除杂处理后，真空（或控制气氛）区熔对降低金属杂质的效果较小。

电子束悬浮区熔是一种制备高纯金属常用的方法，主要在于它能够生长晶体结构完美的单晶，明显提高金属的 *RRR*。经过悬浮区熔，金属钴的 *RRR* 由 236 提高到 334。

4.4.3.5 综合法

离子交换或者萃取是分离金属杂质元素的主要方法，高纯钴中的金属杂质主要在这一湿法冶金过程中被分离。真空熔炼（如电子轰击）可以得到金属锭，同时进一步分离碱金属、碱土金属、间隙杂质元素等，但是低纯度原料难以通过真空熔炼得到高纯度金属。区域熔炼能够得到晶体结构完美的金属，能够脱除低熔点金属和部分气体杂质，但难以脱除在液体、固体间分配系数接近 1 的杂质。因此对多种技术进行合理地组合，更便于得到更高纯度的材料。

因此制备 99.999% 或以上纯度的金属钴，推荐采用的工艺流程是：用萃取法或离子交换树脂法将金属杂质脱除到要求的水平，用电积和电解方法进一步除杂并得到金属材料，用真空控制气氛方法脱出气体杂质，用真空熔炼方法获得结构完美的金属块材，如图 4-17 所示。

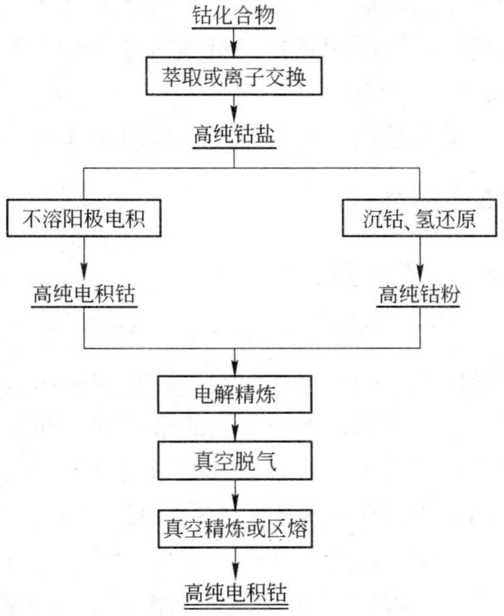

图 4-17 推荐的高纯钴制备工艺流程

4.4.3.6 萃取色层法

通过分析硫酸钴溶液中主要杂质离子的性质和萃取色层法特点，与化学沉淀法、溶剂萃取法、液膜法、离子交换法、溶剂萃取法等分离技术进行了对比，选择用化学沉淀法和萃取色层法解决钴溶液中的 Fe^{3+}、Cu^{2+}、Zn^{2+}、Mn^{2+}、Ca^{2+} 等杂质分离的技术难题。

这个方法包括料液的处理、色层柱的前处理、上柱和色层柱的淋洗和电解沉积 4 个步骤：

（1）钴溶液的处理。硫化物沉淀法除杂：在钴溶液中加入料液中钴物质的量 0.1% 的硫化钠，搅拌 10min，然后加热溶液到 600℃，静置 30min 后减压过滤除去溶液中的黑色沉淀。水解沉淀法除杂：用 0.1mol/L 的氢氧化钠溶液调节钴溶液 pH 值约为 4.6 ~ 4.8，搅拌 10min，然后采用减压过滤除去溶液中的褐色沉淀。

（2）色层柱的前处理。色层柱中杂质离子的去除：以 6mol/L 的 HCl 溶液淋洗色层柱，以5%的KSCN溶液检测淋出液，直至淋出液中无Fe^{3+}为止，然后以去离子水淋洗色层柱，直至淋出液pH值为5.0~5.5时停止淋洗。

(3) 上柱和色层柱的淋洗。料液上柱：以处理过的钴溶液淋洗色层柱，回收的钴溶液用氢氧化钠溶液调节pH值到4.6~4.8后作为淋洗液淋洗色层柱，直至淋出液的pH值从1.73变成3.73，此时，吸附了Co^{2+}的色层柱由粉色变成蓝色。色层柱的淋洗：首先以pH值为2.98的HAc-NaAc缓冲溶液作为淋洗液，当淋出液体积为色层柱空体积的4倍的时候，开始回收淋出液，改用pH值为1.0的HCl溶液作为淋洗液迅速洗脱色层柱吸附的Co^{2+}。

(4) 电解沉积。经过上述过程回收的钴溶液用空白色层柱除去溶液中的有机杂质，经浓缩后进行电解沉积，得到纯度大于99.99%的金属钴，镍小于$10\times10^{-4}\%$。

萃取色层法的工艺路线如图4-18所示。

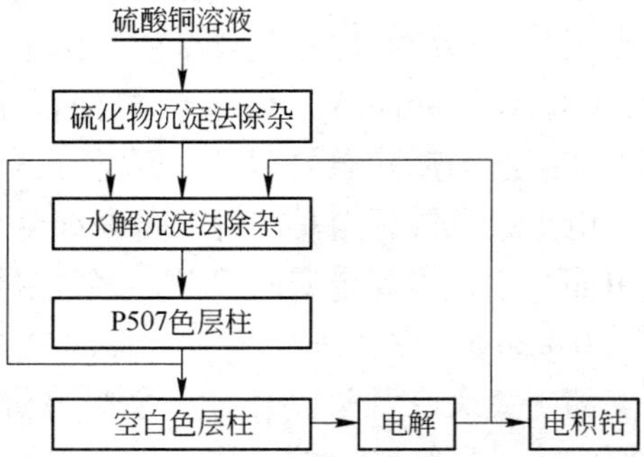

图4-18 萃取色层法制备高纯钴工艺流程

4.5 高纯锑

4.5.1 高纯锑的性质

锑是元素周期表中第V_A主族元素之一，其上是砷，其下为铋，它是一种介于金属和半导体之间的半金属元素。锑有四种同素异形体，即灰锑、黑锑、黄锑和爆锑，后三者都不稳定；灰锑即普通常见的金属锑，外表呈银白色，断面呈现紫蓝色金属光泽。锑的相对原子质量为121.75，原子序数为51，它有两种稳定的同位素：Sb^{123}和Sb^{121}，它们占地壳中锑的比例分别为57.25%和42.75%。

金属锑性脆，易碎，无延展性，可研碾成粉末，随着金属纯度的提高，其机械强度下降。锑的熔点是903.5K，易挥发，发生固液相转变时体积变化不大，纯锑凝固时体积的收缩率为(0.79±0.14)%。锑的一般物理性质见表4-20。

表4-20 锑的物理性质

性质		数据	性质	数据
熔点/K		903.5	熔化潜热/$kJ\cdot mol^{-1}$	19.876
沸点/K		1908	蒸发潜热/$J\cdot mol^{-1}$	195.196
密度/$kg\cdot m^{-3}$	293K时	6884	线膨胀系数(293K)/K^{-1}	$8\times10^{-6}\sim11\times10^{-6}$
	299K时	6697	电阻率(273K)/$\mu\Omega\cdot cm$	37
晶系		六角晶系(菱形六面体)	磁化率(291K,cgs)	-99.0×10^{-6}
晶格常数/nm		$a=0.04307$; $c=0.11273$	比热容(298K)/$J\cdot(mol\cdot K)^{-1}$	25.2
莫氏硬度		3.0~3.5	热导率(273K)/$W\cdot(m\cdot K)^{-1}$	25.9

由于金属锑是一种半金属或准金属，它的电子迁移率比一般的金属小，比半导体大，因此它是热、电的不良导体。其热导率相当于铜的1/20，银的4.2%；其电导率为铜的

1/27。

锑是一种比较稳定的金属，在常温下即使长时间置于潮湿空气中也能保持其表面光泽而不被氧化。锑不溶于水，在稀盐酸和浓氢氟酸中均较稳定，但溶于浓盐酸、热浓硫酸和浓硝酸中，而微溶于磷酸与有机酸中。

锑是亲硫元素，与硫黄混合加热可生成黑色 Sb_2S_3，但其与硫的亲和力小于铜、铁、镍、钴、锡等金属，因而可被这些金属置换出来，这些性质已在锑的生产中得到利用。在常温下，锑与卤族元素均能激烈反应生成相应的卤化物。所有锑的盐类，尤其是卤化锑均易发生水解而生成碱式盐，卤化锑的特性是挥发性高，容易水解，而在水中不易离解。

高纯锑是指纯度在 4N 及以上的金属锑，目前能生产的最高纯度达 8N。5N 的高纯锑要求银、砷、金、铋、镉、铜、铁、镁、锰、镍、铅、硫、锌杂质总含量小于 $10 \times 10^{-4}\%$；6N 的高纯锑要求银、砷、金、铋、镉、铜、铁、镁、锰、镍、铅、锌杂质总含量小于 $1 \times 10^{-4}\%$；7N 的高纯锑要求银、砷、金、铋、镉、铜、铁、镁、锰、镍、铅、锌杂质总含量小于 $0.1 \times 10^{-4}\%$。高纯锑是银白色，无斑点，产品为不规则的块、球、粉、锭和棒，具有良好的导电性及半导体性能。

4.5.2 高纯锑的用途

高纯锑主要的用途是在半导体工业上，它可以形成锑化铟、锑化镓、锑化铝等化合物半导体；可以作为半导体硅、锗等的掺杂剂，使其形成 N 型半导体；也可以作为合金使用。

4.5.2.1 锑化合物半导体的应用

锑与周期表中许多族的金属和非金属元素容易生成金属间化合物，具体见表 4-21。这些金属间化合物多具有半导体性质，在半导体领域最重要的是锑与第 $Ⅲ_A$ 族和第 $Ⅵ_A$ 族金属形成的化合物。

表 4-21 锑的金属间化合物

第 $Ⅰ_A$、$Ⅰ_B$ 族金属的锑化物	Li_3Sb、Na_3Sb、K_3Sb、KSb，Cu_3Sb、Cu_2Sb、Ag_3Sb、AgSb
第 $Ⅱ_A$、$Ⅱ_B$ 族金属的锑化物	Mg_3Sb_2、Ca_3Sb_2、CaSb、ZnSb
第 $Ⅲ_A$ 族金属的锑化物	BSb、AlSb、GaSb、InSb
第 $Ⅵ_A$ 族金属的锑化物	Sb_2S_3、Sb_2Se_3、Sb_2Te_3
第Ⅷ族的锑化物	$FeSb_2$、Ni_2Sb_3、NiSb 等

目前，已有研究的锑化合物半导体有：BSb、AlSb、GaSb、InSb、Mg_3Sb_2、ZnSb、CdSb、Li_3Sb、K_3Sb、KSb、Na_3Sb、Sb_2S_3、Sb_2Se_3、Sb_2Te_3 等，而研究最多的是 InSb、GaSb 和 AlSb。

InSb、GaSb 和 AlSb 金属间化合物的晶体之所以具有半导体性质，是因为其化学键以共价键为主，同时离子键也有作用，因而属于混合键型。离子键的存在，使总键能增加，因此这些半导体化合物比第 $Ⅵ_A$ 族元素半导体（Ge、Si）的基本参量（禁带宽度和载流子）具有更为宽广的选择范围，表 4-22 是一些锑化合物半导体的性质。

表 4-22　某些锑化合物半导体的性质

化合物	禁带宽度/eV	电子迁移率 $/cm^2\cdot(V\cdot s)^{-1}$	空穴迁移率 $/cm^2\cdot(V\cdot s)^{-1}$	熔点/K
InSb	0.18	100000	1700	798
GaSb	0.7（*D*）	2000	800	985
AlSb	1.62（*I*）、2.218（*D*）	200	300	1353
ZnSb	0.53	10	350	819
CdSb	0.46	300	1000	729
Sb_2Se_3 薄膜	1.35			
Sb_2Se_3 单晶	1.2	15	45	885
Sb_2Te_3 单晶	0.30		270	893
$PbSb_2$	0.07	200	1400	1513

注：*D* 为直接禁带宽度；*I* 为间接禁带宽度。

InSb 是十分重要的红外探测器材料，由于它是一种直接间隙半导体，电子的跃迁效率高，因此利用它光电导的性质可以制造红外探测元器件，可以观测到 5.4 ~ 7.0μm 波长的光波，其响应时间小于 1×10^{-5}s，InSb 也常被用来制备霍尔器件、压敏半导体材料等。同时 InGaAsSb 和 InAsPSb 也是两种很好的红外探测器材料，其响应时间为 10^{-9}s 数量级，工作温度为 300K，比 InSb 有着更好的性能。利用分子束外延技术（MBE）可以在 GaSb 衬底上生长出与之匹配很好的四元系材料 InGaAsSb 和 AlGaAsSb，这些是很好的激光器和探测器材料。4N 锑的另外一个很广泛的用途是制备半导体制冷材料和温差发电材料，如 $Bi_{0.5}Sb_{1.5}Te_3$、$Bi_{0.52}Sb_{1.48}Te_{3.0}$ 和 $Bi_{0.5}Sb_{1.5}Te_{2.91}Se_{0.09}$。

4.5.2.2　*作为掺杂剂的应用*

高纯锑在半导体方面的应用除作为金属间化合物半导体外，还可作为晶体生长时掺杂剂和埋层扩散的杂质源：

（1）作晶体生长时的掺杂剂。生长重掺锑硅单晶时，掺入高纯度的金属锑，其浓度为每立方米 10^9 ~ 10^{20} 原子，采用外延技术，在重掺的 N^+ 型上生长浓度低的 N 型单晶层，器件有源区制作在外延层上，这种 N/N^+ 型结构较好地解决了高频与大功率特性对集电区电阻率要求的矛盾，高电阻率的外延层满足了大功率对高击穿电压的要求，重掺锑的底部使样品具有足够的机械强度，可减少集电区的体电阻、降低饱和压降、提高开关速度和特征频率，从而为制作高频大功率晶体管开辟了新途径。

（2）作埋层扩散的杂质源。在双极性半导体集成电路生产中，普遍采用埋层扩散，用高纯度的 Sb_2O_3。扩散形成高浓度 N^+ 型埋层，减少了集电极的串联电阻，降低了饱和压降。

4.5.2.3　*在合金方面的应用*

除了以上的应用，高纯锑可以用来配制高纯金属合金。如金锑、银钴锑、铟镓锑、铅锑、锡银锑、锡锑等，主要被用在欧姆接触材料、一些仪器和器件的焊料以及二极管焊接等。Sn-Sb 合金可以用作霍尔器件的陶瓷封装材料。现在有人开始研究用 $CoSb_2$、$FeSb_2$ 等 MSb_2 金属间化合物材料作锂离子电池负极，其效果较好，可以作为锂离子电池负极的替代材料。

4.5.3　高纯锑的制备

高纯锑的制备有很多种方法，按照不同原料制备高纯锑的方法不同，有由锑的化合物提纯制高纯锑、由精锑提纯制高纯锑、由精锑电解精炼制高纯锑等三种方法。这些方法都是利用锑或其他化合物的某些特性，采用重结晶、精馏、电解、氢还原、烟化、萃取、区域熔炼等单元操作，针对杂质元素进行分离，从而达到提纯的目的。在生产实践中，往往将化学方法和物理方法相结合，以期获得最佳效果。无论是化学方法还是物理方法，大都是先利用认为最有效的单元精制过程达到初步提纯，而最终采用区域提纯以获得高纯产品。

4.5.3.1 由锑的化合物提取制备

由锑的化合物提取制备高纯锑有以下几种方法：

（1）由五氯化锑制取高纯锑。这种方法以五氯化锑为原料，用干燥饱和氯化氢气体，生成锑氯酸$\left(HSbCl_6 \cdot \frac{1}{2}H_2O\right)$。这种化合物经冷却结晶便以细小晶体被分离出来，然后使之溶于少量水中，如此反复数次，将所得的纯化的锑氯酸水溶液用大量水稀释，并加热使其水解沉淀，再用热水洗涤，脱氯，过滤，烘干，最后用氯气或氰化钾还原成高纯金属锑。

（2）由工业纯氧化锑制取高纯锑。这种方法的工艺流程如图4-19所示。

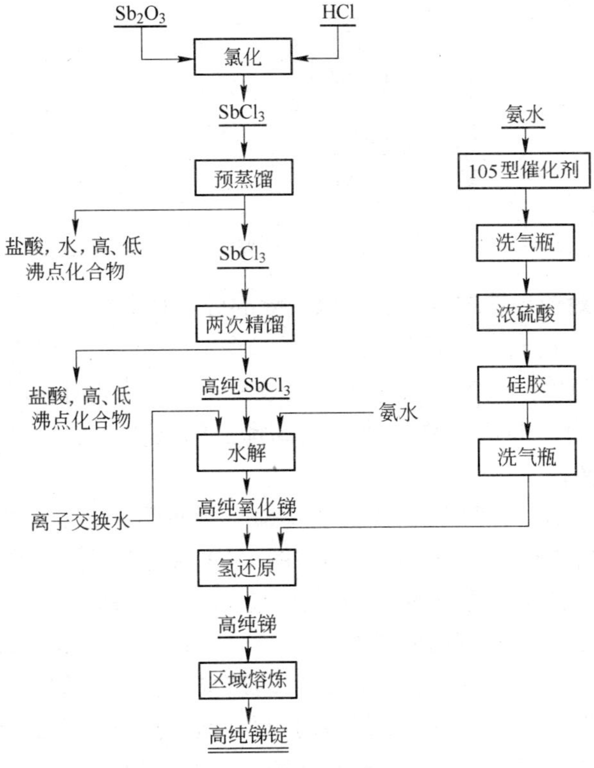

图4-19 三氧化锑还原制备高纯锑工艺流程

此工艺流程先制取高纯$SbCl_3$，将氯化锑水解得到氯氧化锑复合物，然后进行氢还原，制取高纯锑，必要时再经过区域熔炼成锭，即得到最终产品。

制取高纯$SbCl_3$时，不管采用纯度较高的氧化锑还是质量较低的火法所产生的氧化锑作原料，通过精馏提纯均能得到纯度大于5N的三氯化锑。然后将所得到的三氯化锑进行水解，得到水解产物白色沉淀，其主要成分是Sb_2O_3和$Sb_4O_5Cl_2$（氯氧锑复合物：$2SbOCl \cdot Sb_2O_3$）。将此产物在真空状态下，温度控制在三氧化锑熔点以下进行蒸馏提纯，然后再进行氢还原即可得到质量很好的高纯锑。

（3）由三氯化锑制取高纯锑。这种方法的流程如图 4-20 所示。

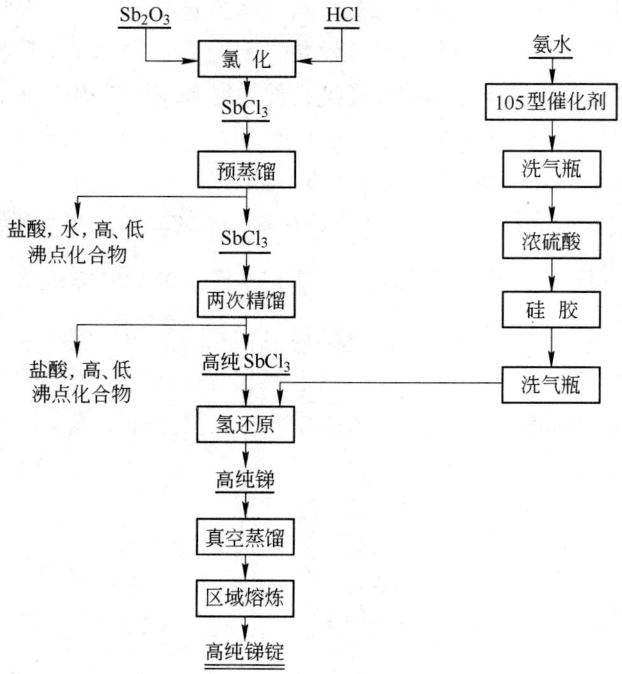

图 4-20　三氯化锑蒸馏—氢还原制取高纯锑工艺流程

此工艺的特点是对锑中普遍存在又难以去除的砷有显著效果。它主要是利用锑及其杂质的氯化物沸点不同，在相同的温度下各自的蒸气压不同的性质进行蒸馏。首先控制在 473～493K 以下经过简单预蒸馏，除去水、盐酸及一些沸点低于 473K 的杂质元素。然后控制温度在 493K 左右使 $SbCl_3$ 蒸馏出来，使高沸点的杂质元素残留在蒸馏渣里，这样就得到了纯度很高的 $SbCl_3$。

此流程先是将金属锑与氯气反应或三氧化锑与盐酸反应制备氯化锑，然后进行蒸馏，将所得到的 $SbCl_3$ 直接进行氢还原，这一点与图 4-19 流程中所叙述的用三氧化锑制取高纯锑不同。图 4-19 流程是将得到的 $SbCl_3$ 水解，得到三氧化锑，然后对三氧化锑进行氢还原，而此流程缩短了工艺，将蒸馏所得的 $SbCl_3$ 直接进行氢还原制取高纯锑。还有一种工艺是将蒸馏得到的三氯化锑中加入其质量 10% 的纯水，然后将这些混合物加入还原器，在 1073～1173K 的温度下进行氢还原，这样就可以得到含锑 5N 以上的高纯锑。

采用这种方法精馏的高纯 $SbCl_3$ 不离开系统，从而避免受到污染，这种方法也是目前许多工厂实际生产所采用的工艺流程。

4.5.3.2　由精锑提纯制备

由精锑直接制备高纯锑目前有报道的是两种方法：工业纯金属锑真空精馏制备高纯金属锑和 4N 锑烟化法制取高纯锑。

国外有文献报道用真空蒸馏法可以获得纯度 5N 以上的高纯锑。但是由于锑的熔点较高（1908K），并且在熔融状态下它的腐蚀性很强，它能与很多金属形成金属间化合物，因此对于熔炼设备材料的选择很困难，特别是进行工业化的生产，需要扩大设备，对材质提出了更高的要求。

4N锑烟化法是锡矿山炼锑厂所采用的方法，该厂以4N锑为原料通过两次烟化、两次还原熔炼与碱性精炼脱砷，然后经真空蒸馏与区域提纯得到高纯锑。烟化主要是为了除去铅和铁，但是其含砷仍然很高，所以加纯碱后将砷氧化为五氧化二砷而除去。通过两次烟化逐个还原碱性精炼所得到的原料，再通过真空蒸馏除去机械夹杂物及部分金属杂质，使铜、铁、金、银等高沸点杂质与锑分离。真空蒸馏所得到的产物再进行区域熔炼，在此工艺中区域熔炼主要起着熔铸的作用。

此外，有科研工作者将占原料15%～20%的碳酸钠加入工业级锑中造渣，在1173～1203K下搅拌，然后将温度控制在1023～1073K静置、扒渣。将所得到的产物放入石墨坩埚里，用铝作冷凝器，用铜网进行过滤在真空下蒸馏可制得低砷纯锑。但是这种方法只是除去了锑中的砷，所得到的产物其他杂质还是比较高，达不到4N以上锑的标准。

4.5.3.3 精锑电解制备

精锑电解制取高纯锑分为酸性电解精炼与碱性电解精炼。酸性电解精炼是将氧化锑溶于工业纯盐酸中。先加热到381K除去盐酸和水的恒沸物，砷同时也被除去。在473K时蒸馏出$SbCl_3$，然后配成如下成分的电解液：$SbCl_3$ 40g/L（含锑量），HCl 1.5mol/L；H_2SO_4 3.3mol/L。电解温度为298～305K，电流密度为10～15A/m^2，阳极为5N的光谱纯石墨，阴极为铂片。通过电解就可以得到5N以上的高纯锑。

碱性电解精炼采用两段法，第一段用硫化物—碱电解液，第二段用碱—木糖醇电解液。第一段获得阴极锑并重熔成阳极作为第二段电解使用。第二段用氢氧化钠、碳酸钠、木糖醇为电解液进行电解。得到的阴极锑通过4～5次区域提纯后就可产出4N以上的高纯锑。另外一种方法是将蒸馏得到的$SbCl_3$放入氨水中水解产生三氧化锑，将三氧化锑放入山梨醇、NaOH等物质的混合溶液中溶解，然后用镀镍钛网作不溶性阳极，在温度为313～343K、槽电压为3～5V、电流密度为15～400A/m^2下进行电解。此方法的好处是用镀镍钛网作不溶性阳极减少了污染，如果用石墨作阳极则电解时脱落的石墨会污染阴极锑，并且此方法的生产效率高，对电解液、电解温度的要求没有两段法严格。

以上就是目前存在的生产高纯金属锑的工艺，各自都有自己的优点和缺点。电解法所得到的高纯锑产量高，工业上易于生产，但是其生产的锑一般在4N～5N之间，并且在电解时产生的AsH_3和SbH_3都是剧毒气体，所以十分危险。

上面所说的由工业用精锑直接生产高纯锑大多是在实验室进行的研究，并且对于设备材料有很高的要求，工业化的难度大。目前比较通用的就是通过蒸馏锑的氯化物提纯氯化锑，然后进行氢还原这条工艺，也是许多厂家和科研工作者所公认的生产高纯金属锑的经典工艺，通过这种方法可以生产5N、6N高纯锑。

4.5.4 高纯锑化物的制备

4.5.4.1 高纯锑白的制备

A 直接法制取高纯锑白

该工艺流程包括：添加白云石、无烟煤粉和锑矿粉，用腐殖酸盐作黏合剂制成锑矿团，将锑矿团置于韦氏炉中在1000～1100℃条件下煅烧，挥发出含锑化合物，烟气经氧化和分离机械杂质后，直接回收粗锑氧，然后将粗锑氧置于装有超声波搅拌装置的桶中，用热离子交换水在40～80℃提纯得到高纯度（99.5% Sb_2O_3）的锑白。产品白度可达87%，锑回收率在97%以上。

B　氯化—水解法

采用低温氯化—蒸馏和精馏法处理高砷锑烟尘，用金属醇盐水解法制取高纯超细锑白，开创了用冶金废料直接制取纳米粉体的新工艺。首先将砷锑烟尘采用低温氯化浸出，蒸馏除去大部分砷等杂质，然后将浸出液精馏获得高纯度的三氯化锑。三氯化锑经醇化后水解获超细锑白粉体，再经洗涤、过滤、脱水处理，最后干燥获得高纯超细锑白。其工艺流程如图4-21所示。

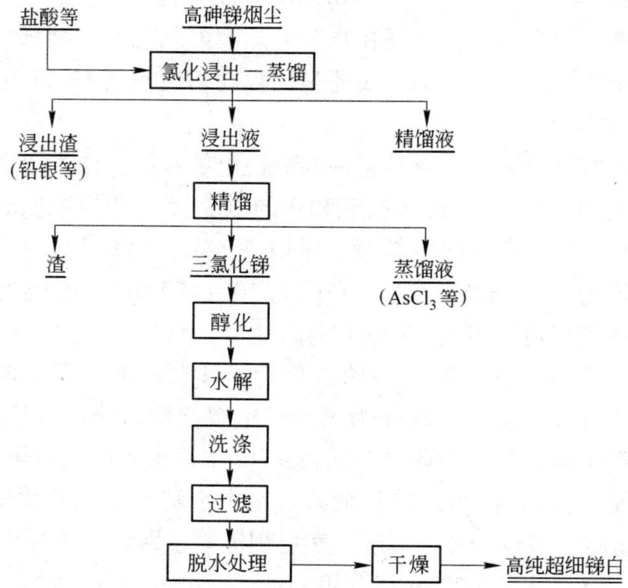

图4-21　氯化—水解法制取高纯锑白

采用氯化—水解法制取高纯超细锑白产品，其纯度为99.9955%，平均粒径为0.015μm，粉末为球状，粒度均一。

C　烷氧基锑水解法

此法最近被认为是最有前途的一种方法。操作在无灰尘的隔离室中进行，往玻璃反应器中加入特纯$Sb(OR)_3$（R为烷基），在强烈搅拌下（500～600r/min）加入特纯水，在298～318K温度条件下进行$Sb(OR)_3$的水解，最后往石英管中的Sb_2O_3上面通入水蒸气（在480K蒸发特纯水而获得）1h，以除去残存的烷氧基，所得高纯Sb_2O_3中杂质含量见表4-23。

表4-23　烷氧基锑水解法制得的高纯Sb_2O_3中杂质含量

杂　质	含量/%	杂　质	含量/%
Fe	3×10^{-6}	Al	1×10^{-6}
Cr	1×10^{-6}	Sn	5×10^{-6}
Ni	3×10^{-6}	Ti	3×10^{-6}
Mn	5×10^{-6}	Pb	2×10^{-6}
V	5×10^{-6}	As	1×10^{-5}
Co	1×10^{-6}	Si	1×10^{-5}
Cu	1×10^{-6}	S	1×10^{-5}
Mo	5×10^{-6}	C	1×10^{-4}

该方法与已有的方法相比，工艺简单，不需要特殊的抗腐蚀工艺设备，所有工艺过程可在由玻璃制成的仪器中进行，此外，生产过程不会产生废物，因为烷氧基锑 $Sb(OR)_3$ 水解生成的醇可用来合成 SbO_3；而含 Sb_2O_3 少于1.5%的洗涤水通过特纯级胶吸附纯化以后可用于 $Sb(OR)_3$ 水解阶段。

4.5.4.2 高纯三氯化锑的制备

对于含砷锑烟尘，采用氯化浸出—蒸馏的方式先除去大部分砷，然后采用精馏的方法使锑与砷以及其他杂质分离，制备出高纯三氯化锑，它可作为高技术材料如高纯超细锑白等的原料，具有开发价值。

高纯三氯化锑的制备方法是首先将高砷锑烟尘用 HCl 浸出并在 110℃ 蒸馏，大部分 $AsCl_3$ 及沸点较低的金属氯化物随 HCl 和 H_2O 蒸馏出来，而 $SbCl_3$ 和沸点较高的氯化物主要留在浸出液中，不能被盐酸浸出的留在渣中。然后采用精馏法从蒸馏剩余液中制备高纯三氯化锑。蒸馏和精馏所获得的馏出液含有 $AsCl_3$，可返回浸出部分或用以回收 As。

精馏试验装置如图 4-22 所示，精馏塔塔板数为7，即精馏塔为7级，填料为玻璃空心小棒，分4段采用缠绕镍铬电阻丝加热精馏塔，用调压器控制保温温度。

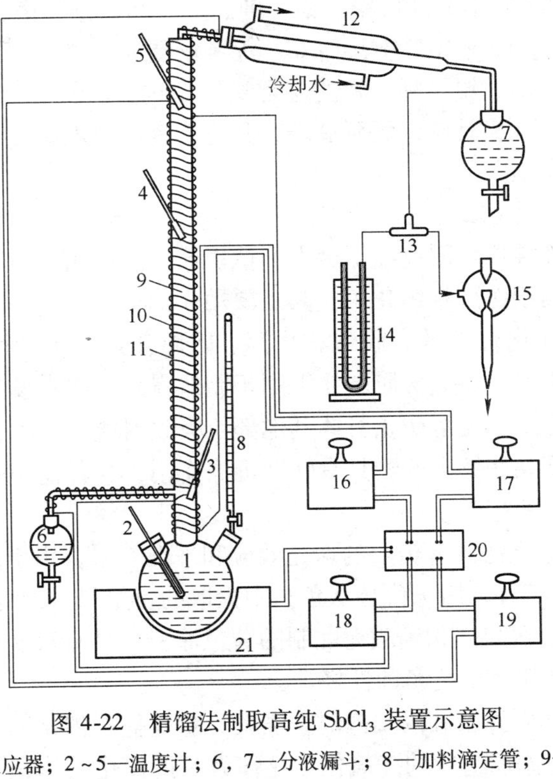

图 4-22 精馏法制取高纯 $SbCl_3$ 装置示意图

1—三孔反应器；2～5—温度计；6，7—分液漏斗；8—加料滴定管；9—分馏塔；10—加热保温电阻丝；11—填料；12—冷凝器；13—三通；14—气压计；15—抽水泵；16～19—调压器；20—交流电源；21—加热包（套）

4.6 高纯铋

4.6.1 高纯铋的性质

铋在元素周期表中位于第六周期第 V_A 族，原子序数为 83，相对原子质量为 208.98，

常见化合物为 +3 价。铋为银白色略带浅红金属，富有光泽，属菱形晶体。纯铋柔软，不纯时性脆，无延展性，易成粉末，莫氏硬度为2.5，布氏硬度为9.3，熔点为271℃，沸点为1550℃。铋既具有共价键又具有金属键的特性。

在常温下，铋在干或湿的空气中是稳定的。在空气中加热，铋表面便形成氧化薄膜层，在氧存在的条件下继续升温便转变为氧化物。铋易与氟、氯、溴、碘化合，与硝酸反应形成硝酸铋。铋与浓硫酸作用产生酸性硫酸铋 $Bi_2(SO_4)_3 \cdot H_2SO_4 \cdot 6H_2O$，将其加热到623K 便转变为 $Bi_2(SO_4)_3$，能很好地溶于酸中。但稀硫酸几乎不与铋起作用。在没有氧存在时，铋不与盐酸作用，但通入空气或氧气时，铋可溶于盐酸，产生氯化物。铋不比氢活泼，当盐酸作用于 Bi-Mg 合金时，产生有毒的 BiH_3，但它在室温下是不稳定的。铋与硼、碳、硅、磷不发生反应。金属铋在一定的条件下，被 $FeCl_3$、两价铜、碘和硝酸溶液氧化。在有碱存在时，三价铋化合物能被次氯酸盐、臭氧氧化为四价和五价化合物。镁可以从铋的氯化物和亚砷酸盐溶液中、锌可以从铋的硝酸和盐酸溶液中、铜可以从铋的硝酸溶液中置换沉淀出金属铋。

高纯铋是指纯度为4N 及以上的金属铋，目前市场销售高纯铋的规格主要是5N 和6N，对于5N 的高纯铋，要求其中的杂质银、铝、砷、金、镉、铜、铬、铁、锰、镁、镍、铅、锡、锌的总含量不超过 $10 \times 10^{-4}\%$；而 6N 高纯铋要求其中杂质银、铝、砷、金、镉、铜、铬、铁、锰、镁、镍、铅、锡、锌的总含量不超过 $1 \times 10^{-4}\%$。高纯铋呈银白色略带玫瑰红，有金属光泽，性脆易碎，无延展性，具有优良的热电敏性。

4.6.2　高纯铋的用途

由于铋具有的特殊性质，因此渐渐被人们认识而广泛应用。目前主要以金属形态配制合金和以化合物形态用于医药精细化工。其主要用途如下：

（1）医药用品。铋化合物具有收敛、止泻、防腐作用，用于医药已有 100 多年的历史。如次碳酸铋、次硝酸铋、次橡胶酸铋钾用于制造胃药；次水杨酸铋油悬剂注射液用于治疗梅毒；在放射治疗中，铋可防止身体其他部位吸收射线等。不仅如此铋类药物仍在不断发展之中，现已发现某些铋类药物具有辅助抗癌作用；与其他药物联合使用或制成复方新药，对溃疡病有很好的疗效。

（2）化妆品。氯氧化铋具有美丽的珠光效应和平滑效果，用于配制安全无毒的高档化妆品（如唇膏、眼影膏等），用来代替从鱼鳞中提取的价格昂贵的鸟嘌呤。

（3）工业颜料。用钒酸铋和钼酸铋配制的黄色涂料，具有双晶面，折光率高、黏合力极强、色泽光亮、不易褪色、抗腐蚀性好。

（4）催化剂。生产丙烯腈和丙烯醛时，需要大量铋盐作催化剂。工业生产中使用五氧化二钒催化剂时，还需添加适量的三氧化二铋作为“助催化剂”。

（5）阻燃剂。在阻燃添加剂中，三氧化二铋的效果比三氧化二锑更好，并且安全无毒，燃烧时发生的烟气致死性极小，且不影响阻燃制品的稳定性。

（6）电子陶瓷。含铋的电子陶瓷如锗酸铋晶体，是一种新型闪烁晶体，用于核辐射探测器、X 射线层面扫描仪（即 CD）、电光、压电激光等器件制造；含铋的石榴石型铁氧体是重要的微波旋磁材料和磁包材料；掺氧化铋的氧化锌压敏电阻、含铋的边界层高频陶瓷电容器、锰铋永磁体、钛酸铋陶瓷和粉末，硅酸铋晶体、含锡易熔玻璃等 10 多种材料也均已开始工业应用。

(7) 冶金添加剂。在可锻铸铁中加入0.002% ~0.005%的微量铋作为促进白口的孕育剂，可以显著改善其锻造性能，增强白口倾向，缩短退火时间，提高力学性能。在易切削不锈钢中添加0.1% ~0.4%的铋代替有毒的铅和有害的硫，既符合食品卫生用具标准，又能改善钢的切削性能。在铝、铝镁合金及青铜中加入锡，可使其性能得以改善。

(8) 易熔合金。易熔合金的熔点一般为38 ~230℃，在熔点以下不易受温度和压力的影响而发生变化。铋与铅、锡、镉、铟等金属组成的二元或多元低熔点合金，广泛用于电气、蒸汽、消防、火灾报警装置的保险丝、熔断器等热敏元件以及飞机制造业。铋与锑、锡、铅等组成的印刷合金、精密铸型合金、焊料等性能优良。铋-锡合金制造的冷冲压模具成形快，强度接近钢模，应用于汽车工业。

(9) 铋基合金。铋基合金一般指熔点在230℃以上的合金，主要用于焊料，凝固后有良好的紧固性能，焊缝严实无泡，代替含铅和含锑焊料用于食品罐和饮料罐的焊接，在军工上用以焊接穿甲弹头和弹壳。

(10) 半导体。碲化铋、硒化铋是皮尔梯耳（Peltier）效应制冷的最优良的热电材料。所谓皮尔梯耳效应，即是当热电偶通过电流时，其一端会吸收热量，温度下降，而另一端则会释放热量，温度上升。优良的皮尔梯耳温差热电偶材料应当是热电性能明显而导热性能低、电阻小的材料。半导体化合物碲化铋、硒化铋正是集中了上述优良特性的理想材料。研究表明，利用皮尔梯耳热电制冷原理制造冰箱，将会省去压缩机部分，而使冰箱有效容积增大30%，在同样制冷效果下，明显节约用电，而且无噪声干扰。由此可见，铋在制冷方面的发展前景十分乐观。

(11) 核子反应。铋吸收X射线的能力与铅相近，对热中子也有一定的宏观吸收能力。因此，高纯铋也用于核反应堆中的冷却剂或载热剂以及原子裂变装置中的防护材料。

高纯铋是一种很有应用前景的新型功能材料，5N ~7N的高纯铋主要用于制备化合物半导体、高纯合金、电子致冷元件、热电转换元件及原子反应堆中液态冷却载体等。高纯铋还应用于医药、合金冶金添加剂及高纯化学试剂。

4.6.3 高纯铋的制备

随着人们对于铋认识的加深，对于铋的需求也越来越大，在近几年内，对于高纯铋的需求也越来越大。生产高纯铋的方法很多，其中最有工业价值的是区域熔炼和真空蒸馏。

4.6.3.1 区域熔炼

区域熔炼是利用冶金中的偏析现象，当熔融铋在冷却结晶时，杂质较铋先冷凝，在容器的边缘析出，因而铋锭中心的杂质比边缘少，经过多次反复操作，而达到提纯的目的。区域熔炼提纯铋，必须先除去铋中的氧化物，再将铋放入石英石墨舟中，封管，控制石墨舟的倾斜度，来回往复加热，温度一般控制在600℃左右，经过30 ~40次的区域熔炼可得到高纯铋。

4.6.3.2 真空蒸馏

真空蒸馏是先在真空炉外通氯除铅，再让熔融的铋通过石英管除锑，然后在真空炉中，在存压为 0.1333Pa、温度控制在 950 ~ 1050℃的条件下进行真空蒸馏 2 ~ 3h，获得 5N 高纯铋，其工艺流程如图 4-23 所示。

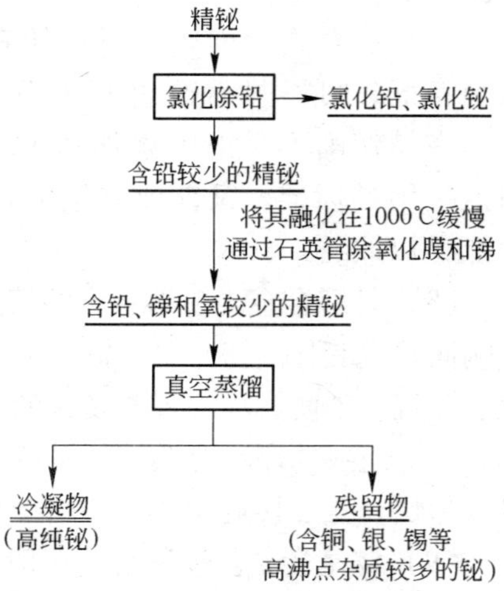

图 4-23　真空蒸馏制备高纯铋流程示意图

4.6.4　高纯氧化铋的制备

传统的氧化铋制备方法有火法和湿法两种。火法是以精铋为原料，用硝酸溶解后，将溶液浓缩结晶，得到的硝酸铋结晶经干燥后再进行煅烧，即得氧化铋产品。该法最大的缺点是煅烧产生的 NO_x 污染环境。湿法流程是先用硝酸将精铋溶解，然后将硝酸铋溶液在搅拌下缓缓加入 30% 的热浓 NaOH 溶液中，使铋离子在浓碱条件下转化为氧化铋，再将氧化铋过滤、干燥，制得产品。该流程的特点是省去了火法的煅烧步骤，但必须控制溶液中剩余的 NaOH 不少于 5mol/L，以免生成 $Bi(OH)_3$ 白色胶状沉淀和 $BiONO_3$ 白色水解物混杂在产品中。故操作难度大并且试剂 NaOH 的消耗高。

有文献报道，将精铋用硝酸溶解后得到的硝酸铋溶液先用氨水中和生成硝酸氧铋沉淀，接着用转化剂将该沉淀转化成另一种沉淀后再进行煅烧，既避免了火法煅烧 $BiONO_3$ 产生的 NO_2 污染，又克服了湿法难以制得纯产品的缺点。

该方法是先将粗铋经硝酸溶解后，在室温下用氨水-碳酸铵溶液调节溶液的 pH 值，当控制溶液的 pH = 2 时，铋几乎完全水解沉淀为硝酸氧铋，而杂质金属离子基本留在溶液中。硝酸氧铋可用 pH 值约为 9.5、碳酸铵浓度为 25% 的氨水-碳酸铵溶液转化为碳酸氧铋，通过转型，消除了二氧化氮对环境的污染。碳酸氧铋热分解为氧化铋的最佳温度为 500 ~ 550℃。以粗铋代替价高的精铋制备氧化铋降低了成本，流程简单，产品质量稳定，铋回收率高，产品纯度高能满足使用要求。工艺流程如图 4-24 所示。

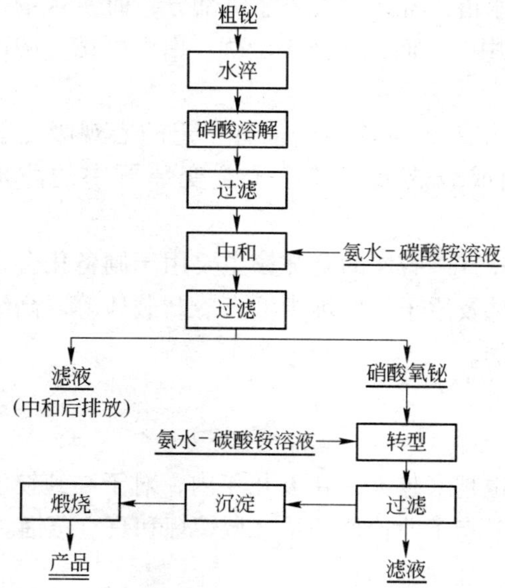

图 4-24　由粗铋制取氧化铋的工艺流程

4.7　高纯锡

4.7.1　高纯锡的性质

锡是一种银白色金属，熔点为 231.9℃，密度为 $7.3g/cm^3$。锡有三种同素异形体，即灰锡（α-锡）、白锡（β-锡）和脆锡（γ-锡）。常见的是呈银白色的金属——白锡，在

13.2～161℃温度间稳定，低于13.2℃时，白锡开始转变为粉状的灰锡，其转变速度随温度的下降而加快；当冷至－30℃时，达到最大的转变速度；当温度高于161℃时，白锡转为脆锡，直至达到熔点（231.9℃）全部呈液态。常温下锡在空气中稳定，其原因是锡表面生成一层致密的氧化物薄膜，阻止进一步氧化。锡的展性好而延展性差，因此能制成很薄的锡箔而不能拉成锡丝。

锡的化学性质十分稳定。它与水不会发生化学反应，即使让它长期与潮湿空气接触，也只会在它的表面逐渐形成一层密密的氧化物薄膜，这层薄膜能防止锡的继续氧化。锡和不具有强氧化性的常见无机酸能发生置换反应，放出氢气。锡与无机酸的作用很缓慢，与有机酸几乎不发生作用。锡在加热下与氧发生反应，生成二氧化锡。在高温下，锡与氯作用生成四氯化锡（气体），与硫作用生成硫化锡。锡与盐酸、硫酸、稀硝酸反应，生成氯化亚锡、硫化亚锡和硝酸亚锡；与浓硝酸作用，生成二氧化锡；与浓氢氧化钠溶液反应，生成亚锡酸钠。

高纯锡是指纯度在4N以上的金属锡，市场销售的多为5N和6N的高纯锡。国家标准中5N的高纯锡要求其含有杂质(%)：$Ag \leqslant 0.5\times10^{-4}$、$Al \leqslant 0.3\times10^{-4}$、$Ca \leqslant 0.5\times10^{-4}$、$Cu \leqslant 0.5\times10^{-4}$、$Fe \leqslant 0.5\times10^{-4}$、$Mg \leqslant 0.5\times10^{-4}$、$Ni \leqslant 0.5\times10^{-4}$、$Zn \leqslant 0.5\times10^{-4}$、$Sb \leqslant 0.5\times10^{-4}$、$Bi \leqslant 0.5\times10^{-4}$、$As \leqslant 1.0\times10^{-4}$、$Pb \leqslant 0.5\times10^{-4}$、$Au \leqslant 0.1\times10^{-4}$、$Co \leqslant 0.1\times10^{-4}$、$In \leqslant 0.2\times10^{-4}$；6N的高纯锡要求其含有杂质(%)：$Ag \leqslant 0.01\times10^{-4}$、$Al \leqslant 0.05\times10^{-4}$、$Ca \leqslant 0.05\times10^{-4}$、$Cu \leqslant 0.05\times10^{-4}$、$Fe \leqslant 0.05\times10^{-4}$、$Mg \leqslant 0.05\times10^{-4}$、$Ni \leqslant 0.05\times10^{-4}$、$Zn \leqslant 0.05\times10^{-4}$、$Au \leqslant 0.01\times10^{-4}$、$Co \leqslant 0.01\times10^{-4}$。高纯锡为锭状或粒状，呈银白色，具有相当高的化学稳定性，塑性高、能承受很大的冷加工变形，但其延性不佳。

4.7.2 高纯锡的用途

由于金属锡抗蚀性较好，被腐蚀后生成的化合物一般也无毒，因此，大量锡用于制造马口铁，作为包装材料用在食品工业中，每年制造马口铁的锡占锡消耗量的40%左右。

锡与其他金属所组成的合金具有良好的抗腐蚀和力学性能，因此各种含锡的合金用于机械制造和军事工业中，其中以焊料、青铜、黄铜和巴比特（耐磨）合金为主，此外，锡也是印刷合金和易熔保险丝的成分之一。

纯锡和锡的化合物用途也很广，如纯锡用于镀锡和制造锡管，纯锡箔除用于包装外，还用于电器工业上。氧化锡（SnO_2）用于陶瓷工业作珐琅的原料，氧化亚锡（SnO）在玻璃工业上用于制造宝石玻璃，氯化亚锡（$SnCl_2$）在丝染织工业上用作还原剂。

近来，高纯锡广泛用于半导体工业中和制造超导合金；锡和锆的合金用在原子能工业中作包装材料代替锆，可以避免锆的迅速腐蚀；锡和钛的合金中锡起固溶强化作用，增加钛的强度。

按用途来分，国外锡的消耗情况见表4-24。

表4-24 国外锡的消耗情况

应用范围	占锡总消耗量/%	应用范围	占锡总消耗量/%
马口铁	40.2	镀　锡	3.5
焊　料	16.5	锡管、锡箔	4.7
巴比特合金	8.7	化学试剂和氧化物	3.9
青铜、黄铜	12.6	其　他	9.9

高纯锡是一种很有前途的功能材料，广泛应用于国防、航天航空、电子工业及原子能工业，主要用于制备化合物半导体、高纯合金、超导材料、焊料及作为化合物半导体掺杂剂。高纯锡是现代电子元件不可缺少的原材料，特别是半导体器件的焊接、导线和元件的包覆。高纯锡制备的锡基轴承合金应用于汽车、坦克、装甲运兵车、舰艇、移动电站等各种重要的内燃机、蒸汽机和压缩机上。高纯锡制备的环保锡线抗氧化性强，流动性好，出渣量极少，焊点光亮、可靠，润湿性好。

4.7.3　高纯锡的制备

生产高纯锡一般用特1号锡或1号锡作原料。生产工艺，国内外采用的有电解法、电解—真空挥发法和电化学—区域熔炼法，现分别介绍如下。

4.7.3.1　电解法

用特1号锡铸成阳极，用纯 H_2SO_4 电化溶解制取硫酸亚锡溶液，再将它配成所需成分的电解液进行电解，可得高纯锡。

A　造液

用聚氯乙烯作为圆筒形的电解槽，杂木作为隔膜桶（应选用具有过滤性孔隙度的木材），或者用阴离子交换膜制成隔膜袋。电解槽和隔膜桶内均盛有浓度为120g/L的 H_2SO_4 溶液。将阳极、阴极分别插入隔膜桶内外，接通电源进行电解造液。隔膜造液装置如图4-25所示。

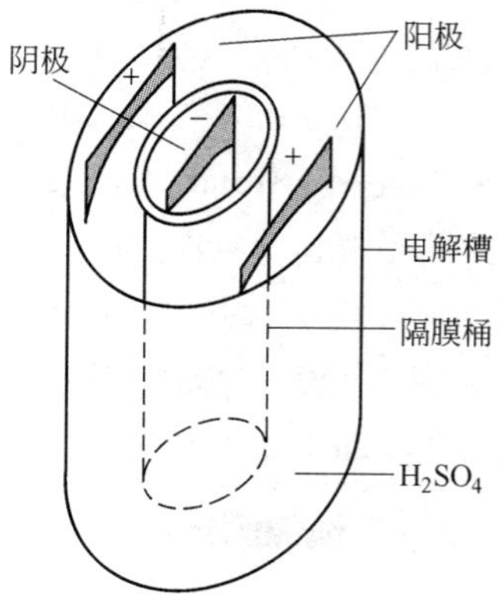

图4-25　隔膜造液装置

B　电解液的配制

由造液制得溶液含 Sn^{2+} 60～70g/L，游离硫酸50～60g/L。用蒸馏水和硫酸配液，并加入各种试剂，配成如下成分的电解液：Sn^{2+} 70～80g/L，游离 H_2SO_4 150～160g/L，明胶1g/L，β-萘酚1mg/L，Cl^- 2.5～12g/L。还可以加 Na_2SO_4 50～70g/L。

C　电解

电解槽用聚氯乙烯塑料板焊接，有效容积为54L、长520mm、宽330mm、高330mm。阳极为特1号锡，在石墨坩埚内熔化，浇铸于铁模内，有效面积为265mm×240mm。阳极使用前，在稀HCl水溶液中浸泡片刻，洗净，外套涤纶布袋，防止剥落下来的阳极泥污染电解液。阴极用上次电解阴极锡制成母片，如是初次生产可用同样成分的特1号锡制成母片，有效面积为275mm×250mm。浸于95℃石蜡内约10min，放入电烘箱内，保持85℃烘烤30min，取出自然冷却。

每槽装入阳极5块，阴极6块。在阴极电流密度为58～100A/m²、槽电压为0.04～0.06V、常温条件下进行电解。阴极周期为7天，有时长达9天。出槽后补加蒸馏水、浓硫酸、明胶、β-萘酚，以维持电解液成分在规定的范围内。电解后 Cl^- 无多大变化，可以不补充。电解液经过滤除去悬浮物后循环使用。

D　阴极锡的处理

用竹片将阴极锡从母片板上剥下，浸泡于5% HCl溶液里，然后用蒸馏水冲洗洁净，这样可减少电解液中 Pb^{2+} 带到产品中，洗净的阴极锡装在搪瓷盆内进行电炉熔化。当盆内的阴极锡接近熔化时，以 NH_4Cl（分析纯）覆盖，待 NH_4Cl 全部挥发便可扒渣，浇铸于不锈钢模内，及时用竹片将表面浮渣刮干净，经冷却脱模，得到高纯锡锭，成分见表 4-25。

表 4-25 高纯锡锭的化学成分

品 位	杂质含量/%			
Sn > 99.999483%	Ag < 0.1×10^{-4}	Al < 0.2×10^{-4}	As < 0.2×10^{-4}	Au < 0.1×10^{-4}
	Ca < 0.2×10^{-4}	Cd < 0.1×10^{-4}	Co < 0.2×10^{-4}	Cu < 0.2×10^{-4}
	Ga < 0.1×10^{-4}	In < 0.1×10^{-4}	Mg < 0.2×10^{-4}	Mn < 0.1×10^{-4}
	Pb < 2.0×10^{-4}	Sb < 0.27×10^{-4}	Ti < 0.1×10^{-4}	Tl < 0.2×10^{-4}
	Bi < 0.1×10^{-4}	Fe < 0.4×10^{-4}	Ni < 0.1×10^{-4}	Zn < 0.2×10^{-4}

上述生产高纯锡的方法同其他方法比较，有以下特点：流程短、工艺简单、材料消耗小、产品质量稳定，特 1 号锡经一次电解取得的阴极锡绝大部分达到高纯锡标准。

该过程的工艺特点为：

（1）铅的硫酸盐在电解液中溶解度很小，而成沉淀；

（2）用最低的槽电压，以便于铅锡分离；

（3）采用较低的电流密度，以防阴极电压升高，引起杂质溶解。

这个方法的缺点是除铅效果还不够，产高纯锡含铅大于 $2\times10^{-4}\%$，因此适于对铅要求不很严格的地方采用。

4.7.3.2 *电解—真空挥发法*

此法由电解精炼和真空挥发除铅两个工序所组成，用 1 号锡或特 1 号锡作原料，经过电解取得阴极锡（含 Sn > 99.99%），要求 Fe、Ni、Cu、Co、Ag、In、Al、Ga、Mn、Au、Ti、Tl 等 12 个元素均不大于 $0.5\times10^{-4}\%$，各种杂质总和小于 $5\times10^{-4}\%$，然后将这种产品进行真空挥发，除去其中的铅和其他在真空挥发中仍能除去的杂质，如 As 和 Bi 等，达到合格的产品。锡和杂质的分离系数与温度的关系如图 4-26所示。

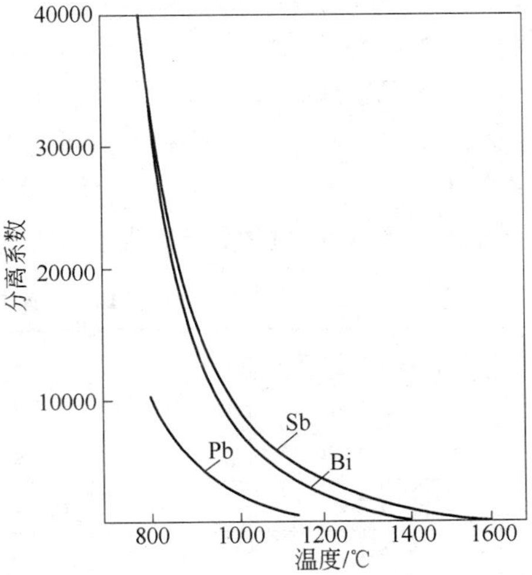

图 4-26 锡和杂质的分离系数与温度的关系

真空挥发除铅是基于铅比锡的沸点低、蒸气压大的性质，铅在真空挥发中可以达到高纯锡的要求。根据计算得到的锡和杂质的分离系数（$p_{杂质}/p_{锡}$）与温度的关系可知，在低于 1000℃时，分离系数剧烈增大，高于 1200℃时则减小，由此可以找到真空加热的合理温度为 1000 ~ 1200℃。降低压力会增加液相和气相组成之间的差别，并降低合金的沸点，因此采用真空挥发是很适合的。

我国工厂所用的真空挥发炉为固定式钟罩形炉，钟罩可以揭开，操作时盖紧。炉内用石墨加热器加热，用钼片作保温层，待处理的锡盛于石墨坩埚内，靠电磁作用搅拌。用机械泵和扩散泵组成抽空设备。真空挥发设备如图 4-27 所示。这种挥发炉的性能和规格见表 4-26。

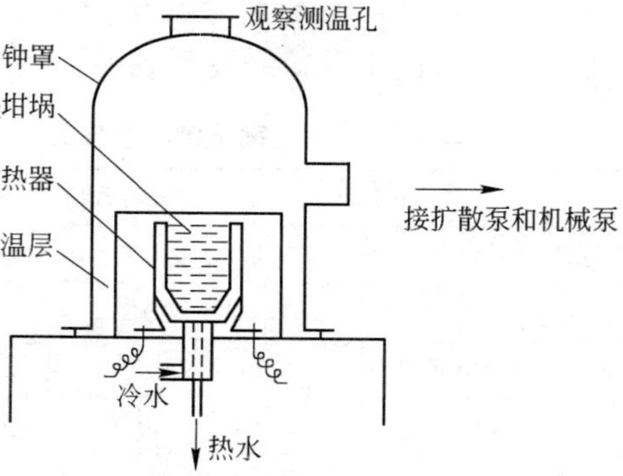

图 4-27　真空挥发设备示意图

表 4-26　真空挥发设备的性能和规格

设　备	性 能 和 规 格
真空感应炉	容量 10 ~ 14kg，功率 40kW，工作温度 1700℃，极限真空 6.67×10^{-3}Pa
机械泵	抽气速率 1200L/s，极限真空 6.67×10^{-2}Pa
扩散泵	抽气速率 1200L/s，极限真空 5.33×10^{-4}Pa

操作方法：将 14kg 料放入石墨坩埚，石墨坩埚放在电炉真空室螺旋形感应体内，不得与感应体接触。操作时，先开机械泵抽真空，同时对扩散泵进行预热，经过 20min，真空度达到 5.33Pa，开动扩散泵进一步提高真空度至 0.667Pa 以上，然后开始通电加热熔化，用电磁感应搅拌物料；控制炉温在 1100 ~ 1200℃，真空度大于 0.667Pa，保持这一状态熔炼挥发 70min，金属熔体含铅可降到 0.5×10^{-4}% 以下。挥发物冷凝黏附在炉盖内壁上（含 Pb 2% ~3%）。打开放气阀，去掉炉体内的真空。揭开炉盖取出坩埚，将熔融的高纯锡倒出，所得产品的成分见表 4-27。

表 4-27　真空熔炼得高纯锡杂质含量

杂　质	含量/%	杂　质	含量/%	杂　质	含量/%	杂　质	含量/%
Co	0.5×10^{-4}	Zn	0.5×10^{-4}	Pb	0.5×10^{-4}	Ti	0.5×10^{-4}
Al	0.5×10^{-4}	Ni	0.5×10^{-4}	Cd	0.5×10^{-4}	Ga	0.5×10^{-4}
Tl	0.5×10^{-4}	Fe	0.5×10^{-4}	In	0.5×10^{-4}	Au	0.5×10^{-4}
As	0.5×10^{-4}	Ca	0.5×10^{-4}	Bi	0.5×10^{-4}	Sb	0.5×10^{-4}
Ag	0.2×10^{-4}	Cu	0.2×10^{-4}	Mg	0.2×10^{-4}	Mn	0.2×10^{-4}

上述流程比较简单，锡的质量高而稳定，锡的回收率达 99.2% 以上，耗酸少（0.01kg/kg），成本低，故逐渐为许多工厂采用。

4.7.3.3　电化学—区域熔炼法

此法由电化溶解、化学净化、电解沉积和区域熔炼等过程所组成。

A　电化溶解（造液）

原料为 1 号锡，浇铸成阳极后再放入带隔膜的电解槽中溶解。阴极为高纯石墨板，隔膜则由聚氯乙烯板或多孔质材料做成。电解液为化学纯的硫酸（50 ~ 55g/L），阳极电流密度为 $700A/m^2$，阴极电流密度为 $1400A/m^2$，槽电压为 6V。

阳极溶解是连续进行的，硫酸加入到阴极室，而从阳极室放出硫酸亚锡溶解，流量为8L/h，溶液含40~45g/L Sn^{2+}。维持阴极室液面比阳极室高2~3mm，以保持一定流速，同时避免锡在阴极析出。

阳极溶解时，大部分杂质保留在阳极泥中。由于阳极成分、电解液组成和电流密度等不同，仍有一部分杂质进入溶液。根据试验有50%~55% Pb，0.1% Cu，12%~18% Fe，0.01% Bi 进入电解液。

B 化学净化

化学净化是根据锡和杂质氢氧化物沉淀的pH值不同（表4-28），将所得 $SnSO_4$ 的酸性溶液用 Na_2CO_3 或 NaOH 中和至 pH=2 和 pH=4，以获得纯净的 $Sn(OH)_2$ 沉淀。从表4-28中可以看到，Al^{3+}、Sb^{3+} 等在 pH≤2 时产生沉淀，可以过滤除去，当 2<pH≤4 时，只产生 $Sn(OH)_2$ 沉淀，Bi^{3+}、Cu^{2+}、Pb^{2+}、Zn^{2+}、Fe^{2+}、As^{3+} 等仍保留在母液中。$Sn(OH)_2$ 沉淀过滤洗涤之后，作为配制电解液的原料，以便下一步电解沉淀。

表4-28 金属离子生成氢氧化物的pH值

金属离子生成氢氧化物反应式	金属浓度/$g \cdot L^{-1}$	pH值	金属离子生成氢氧化物反应式	金属浓度/$g \cdot L^{-1}$	pH值
$Sb^{3+}+3OH^-=Sb(OH)_3$	0.01	1.2	$Cu^{2+}+2OH^-=Cu(OH)_2$	0.01	5.9
$Al^{3+}+3OH^-=Al(OH)_3$	0.01	2.0	$Pb^{2+}+2OH^-=Pb(OH)_2$	0.01	7.7
$Sn^{2+}+2OH^-=Sn(OH)_2$	1	2.5	$Zn^{2+}+2OH^-=Zn(OH)_2$	0.01	7.8
$Sn^{2+}+2OH^-=Sn(OH)_2$	0.01	5.7	$Fe^{2+}+2OH^-=Fe(OH)_2$	0.01	7.8
$Bi^{3+}+3OH^-=Bi(OH)_3$	0.01	4.9	$As^{3+}+3OH^-=As(OH)_3$	0.01	7.8

C 电解沉淀

将 $Sn(OH)_2$ 溶解于硫酸中配成含锡100~110g/L的酸性溶液，加入明胶3g/L和β-萘酚1g/L，用高纯石墨作阳极，电解锡为阴极。电解条件为：阴极电流密度为175A/m^2，槽电压为0.3V，电解液不加热，也不循环。

阴极锡经洗涤干燥后熔化铸锭，获得的锡纯度可达99.99%~99.998%，约含0.01%的各种杂质，作为区域熔炼的原料。

D 区域熔炼

区域熔炼提纯的原理和前面讲过的结晶法提纯是一致的。区域熔炼的特点是在接近平衡状态条件下进行的。在平衡状态时，杂质在固相中的含量对其在液相中的含量的比值为分布系数，$K=C_{固}/C_{液}$。K 值越小，固相越容易净化。例如铅在锡中的分布系数 $K=0.0679$，说明在平衡状态条件下结晶可以得到较纯的锡晶体，而铅则富聚于液体中。区域熔炼就是根据上述性质，把含铅的固体锡料作成长条形，使它缓慢地通过一个很短的加热区域（即熔区）。长条形锭处在熔区的那一小段受热熔化，这时出现两个液体-固体的分界面，一个在熔区前进方向，是熔化的分界面；另一个在熔区离开的纵断面上，是凝固的分界面。在熔化分界面，固体锭熔化变成液相，成分不发生变化。在凝固的分界面，液相遇冷析出晶体，这种新生的晶体，含铅量比原来下降，而剩下的液体含铅上升，因此，在经过多次区熔提纯之后，长条形锡锭一端被提纯，而另一端富集着杂质。

图4-28是区域熔炼提纯锡的设备。矩形石墨盘为斜底，使纯金属端加厚。在盘底的这一端有放出口，当提纯结束时，可放出锡。石墨盘放在可动平板上，盘的长边和四角用

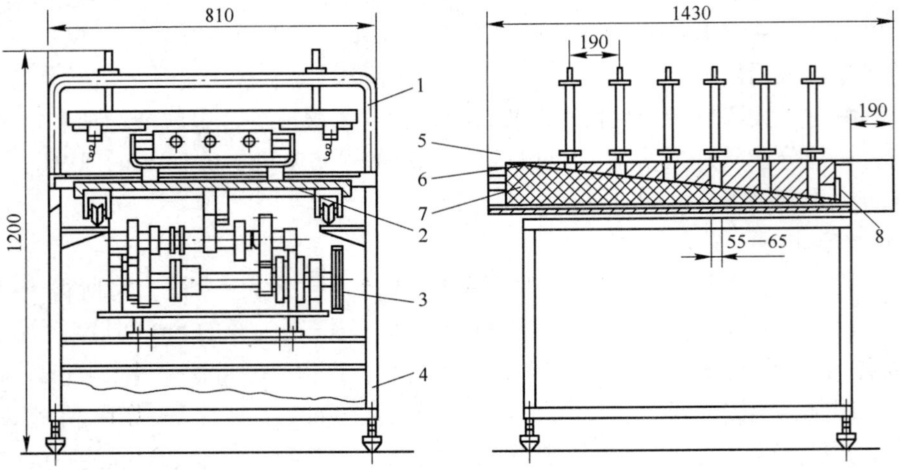

图 4-28　区域熔炼提纯锡设备图

1—隔热罩支架；2—可动平板；3—传动设备；4—框架；
5—石棉水泥隔热罩；6—SiC 棒；7—石墨盘；8—放锡口

石棉水泥隔热保温，而盘的两端及底部中间则靠空气冷却，这样来调节熔区长条状。平板有轮子可在轨道上往复运动，传动设备由两个依次接通的行星齿轮减速器所组成。工作时的移动速度为 44mm/h，也可调到 16mm/h、22mm/h、23mm/h。做返回运动时，速度为 190mm/h。整个设备的支脚架下端是丝杆，调节所需倾斜角度或水平。加热器为 6 根硅碳棒，工作部分长 500mm，直径为 14mm。硅碳棒装在石棉水泥隔热罩内，而后者又固定在支架上。加热器和锡面的距离调节范围为 2 ~ 8mm。

操作时，将电解沉积所得的阴极锡熔化后倒入预热的石墨盘中，这时在锡面上生成细而致密的氧化物膜，这层膜对区域熔炼很重要，因为黑色氧化物容易吸收热，另外它防止锡进一步氧化，而且保护锡免受外来杂质污染，这样使得锡的提纯不必在保护性气氛中进行。

当锡液充满盘子后，降低加热器电流使锡大部分冷却，仅在每个加热器下面有一长条熔区。每个加热器单独使用自耦变压器调节电流，以便分别调节熔区宽度。这个熔区宽度不大于 70mm，即不超过隔热罩 5mm。另外，熔区固液界面在深度方面也应是严格垂直的。

熔区确定好以后，就开动马达，使石墨盘在平板上每 260min 移动 190mm，即移动相当于加热器间距离。一次行程完毕，终点开关接通换向传动设备，平板又将石墨盘移回到原来位置。这样一个周期，使熔区在锡锭各部分移动 190mm。此时第一熔区位于第二根加热器下面，而第二熔区位于第三根加热器下面，依次顺推，最后第六熔区在锡锭末端冷凝，这种重复运动，每次 190mm，经过 6 次周期之后，第一熔区排出来的杂质才达到锡锭末端，每一次周期都使一些杂质赶到末端冷凝下来。多次的重复移动熔区就可使锡达到高度提纯，而末端集中着大量杂质。

上述设备所用锡锭为 60kg，在保证最大生产量情况下，需要 40 周期（8 昼夜）才能保证锡的质量，纯锡部分长度为锡锭总长的 60%，由于采用斜底，纯锡产出率为 80% ~

85%。这部分纯锡可接通四根硅碳棒加热器加热熔化从放出口放出去，经充分搅拌后浇铸成锭。用聚氯乙烯薄膜包裹装箱。每千克纯锡耗电 40kW · h。

所产高纯锡用光谱分析和化学分析法化验，前者检测 Cu、Pb、Bi、Co、Ni、Ga、Ag、Au、Al、Sb 含量，后者检测 As、Zn、Fe 含量。这些杂质总量不超过 $2\times10^{-4}\%$，而含锡纯度达到 99.9998%。

参 考 文 献

[1] 郭学益．高纯金属冶金专论．长沙：中南大学，2004(内部资料).

[2] 易昌桂．高超纯金属材料的现状与应用[J]. 功能材料，1991，22(4)：216 ~ 221.

[3] 任鸿九．有色金属清洁冶金[M]. 长沙：中南大学出版社，2006.

[4] 刘平，任凤章，贾淑果，等．铜合金及其应用[M]. 北京：化学工业出版社，2007.

[5] 中国有色金属学会重有色金属冶金学术委员会．铜冶金[M]. 长沙：中南大学出版社，2004.

[6] 许并社，李明照．铜冶炼工艺[M]. 北京：化学工业出版社，2007.

[7]《有色金属提取冶金手册》编辑委员会．有色金属提取冶金手册(铜镍)[M]. 北京：冶金工业出版社，2000.

[8] 郭学益，田庆华．有色金属资源循环理论与方法[M]. 长沙：中南大学出版社，2008.

[9] KATO M. The production of ultra-high-purity copper for advanced applications [J]. JOM, 1995 (12): 44 ~ 46.

[10] 刘林海，谈定生．超高纯铜的制备方法和应用[J]. 上海有色金属，2004,25(2)：60 ~ 64.

[11] KEKESI T, MIMURA K, ISHIKAWA Y, et al. Preparation of ultra-high-purity copper by anion exchange [J]. Metallurgical and Materials Transactions B, 1997, 28(6): 987 ~ 992.

[12] 陈少华，鲁道荣，李学良，等．脉冲电解制备纯铜的工艺条件[J]. 有色金属，2004，56(3)：41 ~ 44.

[13] 鲁道荣，何建波，李学良，等．高电流密度脉冲电解制备纯铜的研究[J]. 有色金属(冶炼部分)，2002(5)：11 ~ 15.

[14] 赵红，曹忠孝．高纯铜新型复合精炼剂 CBMR 的研究[J]. 大连理工大学学报，1995，35(6)：824 ~ 827.

[15] 孙向明，吕松强．高纯无氧铜眼合金的研究[J]. 机械工程材料，2000，24(1)：29 ~ 31.

[16] 岡本晴道，緒方俊，ほか. 高純度鋼の開發とその特性[J]. 资源と素材，1989(105)：150 ~ 153.

[17] 黄坚．高纯铜加工方法综述[J]. 湖南有色金属，1996，12(6)：36 ~ 39.

[18] 三宅保彦．工業材料としての高純度銅の制造と应用[J]. 日本金属学会会报，1992，31(4)：267 ~ 276.

[19] CHOI J Y, KIM D S. production of ultra-high purity copper using waste copper nitrate solution[J]. J. Haza Mater, 2003(B99): 147 ~ 158.

[20] 鈴木壽，菅野幹宏，大迫敏行．純銅加工材の主として軟化特性に及ほすⅢa 族元素微量添加の影響[J]. 日本金属学会志，1984(48)：854 ~ 860.

[21] KEKESI T, MIMURA K, ISSHIKI M. Copper extraction from chloride solution by evaporation and reduction with hydrogen[J]. Mater. Trans. JIM, 1995(36): 649 ~ 658.

[22] 向天龙．高纯阴极铜的生产实践[J]. 有色金属(冶炼部分)，2003(1)：39 ~ 40.

[23] OLPER M, MACCAGNI M. 一种新的非熔炼法从废杂铜中提取高纯度阴极铜的生产流程[J]. 王晓燕译．有色金属再生与利用，2005(10)：24 ~ 26.

[24] 化工百科全书编辑委员会．化工百科全书(第 18 卷-锌和锌合金——硬质合金)[M]. 北京：化学工

业出版社，1998.

[25] 中国有色金属学会重有色金属冶金学术委员会．锌冶金[M]．长沙：中南大学出版社，2005.

[26] 孙连超，田荣璋．锌及锌合金物理冶金学[M]．长沙：中南工业大学出版社，1995.

[27]《有色金属提取冶金手册》编辑委员会．有色金属提取冶金手册(锌镉铅铋)[M]．北京：冶金工业出版社，1992.

[28] 王瑞恒，王子谦．高纯锌的生产[J]．有色金属(冶炼部分)，2001(2)：39 ~ 44.

[29] 杨声海．Zn(Ⅱ)-NH_3-NH_4Cl-H_2O 体系制备高纯锌理论及应用[D]．长沙：中南大学，2003.

[30] 徐鑫坤，王先黔，万倩．用电解精炼法制取高纯锌的研究[J]．有色金属(冶炼部分)，1992(4)：15 ~ 17.

[31] 杨声海，邓昌雄．由氧化锌烟灰氨法制取高纯锌[J]．中国有色金属学报，2001，11(6)：1110 ~ 1113.

[32] 王增娣，闫永贵，马力，等．高纯锌参比电极电位稳定性研究[J]．腐蚀与防护，2006，27(9)：450 ~ 453.

[33] 郭秋松，郭学益，陈培炜．我国硬锌处理现状及前景展望[J]．湖南有色金属，2008，24(1)：16 ~ 19.

[34] 中国有色金属学会重有色金属冶金学术委员会．镍冶金[M]．长沙：中南大学出版社，2005.

[35] 刘学雷．从含镍废渣中回收制备高纯镍化合物的研究[J]．安徽化工，2001，27(2)：40 ~ 42.

[36] 陈真龙，刘扬中．合成 N263(SCN 型)萃淋树脂用于研制高纯镍[J]．化学试剂，2000，22(1)：1 ~ 4.

[37] 顾珩，李杏英．从含镍废料中提取高纯镍化合物的研究[J]．无机盐工业，1998，30(1)：12 ~ 14.

[38] 魏忠梅．纯镍中硫、磷杂质的去除方法[J]．中国钼业，1997，21(S1)：37 ~ 39.

[39] 马虎中．高新技术打造镍钴新材料基地[J]．有色金属工业，2005(5)：31 ~ 33.

[40] 刘宏英．超细金属粉制备新工艺研究[J]．湖南冶金，2003，31(5)：19 ~ 21.

[41] 阎洪．真空扫描电子束提纯新技术[J]．真空，2000(3)：45 ~ 47.

[42] 高筠，周正，王岭，等．熔盐电解氧化亚镍制备镍粉新工艺研究[J]．粉末冶金工业，2007，17(2)：15 ~ 19.

[43] 陈胜利，郭学益，李钧，等．镍电解液中杂质铅和锌的行为及脱除方法[J]．有色金属(冶炼部分)，2008(6)：6 ~ 8.

[44] 何显达，郭学益，李平，等．从人造金刚石触媒酸洗废液中回收镍、钴和锰[J]．湿法冶金，2005，24(3)：150 ~ 154.

[45] 易昌桂．高超纯金属的现状与应用[J]．功能材料，1991，22(4)：216 ~ 221.

[46] 屈子梅．羰基镍工业的技术进步[J]．粉末冶金工业，2003，13(1)：15 ~ 20.

[47] 高保军．高压羰化法镍精炼设计[J]．有色冶炼，2002，31(4)：15 ~ 19.

[48] KIM K H，BOK L Y，LEE S G，et al. Preparation of fine nickel powders in aqueous solution under wet chemical process[J]. Materials Science and Engineering，2004，381(1)：337 ~ 342.

[49] 何焕华，蔡乔方．中国镍钴冶金[M]．北京：冶金工业出版社，2000.

[50] UCHIKOSHI M. High Purity Cobalt Method of Manufacturing thereof and High Purity Cobalt Targets. US，6740290[P]. 2004：25.

[51] 陈胜利，郭学益，李钧，等．从高镍锍中选择性回收镍的试验研究[J]．湿法冶金，2008，27(3)：158 ~ 161.

[52] 乐颂光．钴冶金[M]．北京：冶金工业出版社，1987.

[53] 陈蓉，王力军，罗远辉，等．高纯钴制备技术[J]．稀有金属，2005(5)：797 ~ 802.

[54] OSAMU K. Higlr-puritv Cobalt Sputtering Target and Method of Manufactury the Same：EP，0799905[P].

1997：27.

[55] 罗岁斌．萃取色层法净化硫酸钴溶液制备高纯钴的工艺研究[D]．北京：北京科技大学，2007.

[56] 罗岁斌，张力，陈松，等．高纯钴的制备[J]．稀有金属快报 2006，25(12)：8～13.

[57] 申勇峰，陈自江．离子交换电积法制取高纯钴[J]．湿法冶金，1999(3)：54～59.

[58] GLEBOVSKY V G，SIDOROV N S. Electron-beam floating zone growing of high-purity cobalt crystals[J]. Materials Letters，1998(36)：308～314.

[59] ISSHIKI M，FUKUDA Y，IGAKI K. Preparation of high purity cobalt[J]. Journal of the Less-Common metals，1985(10)：211～215.

[60] 孟宪宣．金川公司钴冶炼生产技术进展[J]．有色冶炼，1997(4)：1～6.

[61] JUNKO N，SUSUMU S. Manufacture of high purity cobalt：JP，2001020021[P]，2001.

[62] ALGUACIL F J，ALOSO M. Separation of zinc(Ⅱ)from cobalt(Ⅱ) solutions using supported liquid membrane with DP-8R(di(2-ethylhexyl) phosphoric acid) as a carrier[J]. Separation Purification Technology，2005，41(2)：179～185.

[63] GEGA J，WALKOWIAK W，GAJDA B. Separation of Co(Ⅱ) and Ni(Ⅱ)ions by supported and hybrid liquid membranes[J]. Separation and Purification Technology，2001(22-23)：551～557.

[64] MILLER M J，MACINNIS M B. High purity cobalt article. US，4606885[P]，1986.

[65] SHIN J R，YICHIEH W. Use of complexing agents for effective ion-exchange separation of Co(Ⅱ)/Ni(Ⅱ) from aqueous solutions[J]. Water Research，2003(37)：845～852.

[66] TAKAKI S，ABIKO K. Ultra-purification of iron by three types of melting furnaces constructed using ultra-high vacuun technology[J]. Vacuum，1999(53)：97～102.

[67] 赵天从．锑[M]．北京：冶金工业出版社，1987.

[68] 赵瑞荣，石西昌．锑冶金物理化学[M]．长沙：中南大学出版社，2006.

[69] 郭青蔚．高纯金属研究现状及展望[J]．世界有色金属，1996(4)：17～18.

[70] 李淑兰，戴永年．粗锑真空蒸馏精炼[J]．昆明工学院学报，1989，14(2)，48～54.

[71] 黄占超．金属锑真空提纯及高纯锑的制备研究[D]．昆明：昆明理工大学，2003.

[72] 杜新玲，汤长青．高纯锑白生产工艺述评[J]．辽宁化工，2007，36(12)：853～856.

[73] 孙克萍，张念炳．用等离子体蒸发制备超细高纯锑白的研究[J]．有色金属(冶炼部分)，2005(5)：47～48.

[74] 李德华，阮德水．由辉锑矿湿法制取高纯锑白工艺研究[J]．湖北化工，1993，10(3)：16～18.

[75] 荣百炼，普朝光．辉光放电质谱法测定高纯锑中的痕量杂质元素[J]．质谱学报，2004，25(2)：96～99.

[76] 汪立果．铋冶金[M]．北京：冶金工业出版社，1986.

[77] 刘华山．铋铅锶钙铜氧化物系统中超导相熔化分解的研究[D]．长沙：中南工业大学，1997.

[78] 李卫．铋铜铬复合氧化物纳米粉体材料的湿化学法合成研究[D]．长沙：中南大学，2006.

[79] OJEBUOBOH F. K(Asarco). Bismuth-production，proparties，and applications[J]. JOM，1994，44(4)：46～49.

[80] 张永健．粗铋熔盐电解精炼新工艺研究[J]．有色金属．1994，46(2)：56～61.

[81] 彭容秋．重金属冶金学[M]．长沙：中南大学出版社，2004.

[82] 吴文伟，廖森，姜求宇，等．一种由粗铋直接制备高纯氧化铋的方法[J]．有色金属，2004(4)：36～37.

[83] 何静，唐谟堂，鲁君乐，等．精铋粉氯盐体系中制取氧化铋[J]．矿冶工程，2002(1)：76～78.

[84] 何则强，肖卓炳．精铋的真空蒸馏硫化除铅[J]．真空科学与技术学报，2006，26(1)：32～35.

[85] 黄晓芳，万银兰．电感耦合等离子体原子发射光谱法测定高纯铋中杂质[J]．铜业工程，2005(1)：

61～62.

[86] 彭容秋．锡冶金[M]．长沙：中南大学出版社，2005.

[87]《有色金属提取冶金手册》编辑委员会．有色金属提取冶金手册(锡锑汞)[M]．北京：冶金工业出版社，1999.

[88] 黄位森．锡[M]．北京：冶金工业出版社，2000.

[89] ЛА К. 萃取—结晶法制取高纯锡[J]．杨家驹译．国外锡工业，1996，24(3)：25～28.

[90] 王武才，聂景星．可溶阳极电解生产高纯锡[J]．云南冶金（县乡矿业版），1991(3)：17～19.

[91] 聂景星，王武才．用高级锡生产高纯锡的方法[J]．有色冶炼，1991，20(4)：48～49.

[92] 李仲谨．无机精细化学品[M]．北京：化学工业出版社，2005.

[93] 余克章．锡（Sn）——金属在现代军事上的应用(十四)[J]．金属世界，1996(3)：18～19.

[94] 方少垣．碳硫分析专用高纯锡的制取[J]．冶金分析，1995，15(4)：54～55.

[95] 钟俊辉．电子工业用高纯金属材料[J]．电子材料(机电部)，1991(3)：24～29.

5 高纯轻有色金属

5.1 高纯铝

5.1.1 高纯铝的性质

高纯铝有着一系列优异的物理化学性能：

（1）密度小。99.971% Al 在 298K 时的密度为 $2.6990g/cm^3$，99.996% Al 的密度为 $2.6989g/cm^3$，99.999% Al 的密度为 $2.69808g/cm^3$。

（2）铝表面会形成一层很薄的致密氧化膜，其热导率与电导率高，对光的反射率也高，并对大气有很强的抗腐蚀性能，铝越纯这层氧化膜（Al_2O_3 膜）也越纯，其保护性能也越强；

（3）加工成形性能好，可加工成任意形状。

（4）没有低温脆性，其强度与塑性均随着温度的下降而升高，而绝大多数钢都有低温脆性。

99.996% 高纯铝的各性能列于表 5-1。

表 5-1 99.996%高纯铝的性能

性能		参数	性能	参数
干涉性中子散射断面积/m^2		1.495×10^{-28}	表面张力（熔点）/$N\cdot m^{-1}$	0.868
非干涉性中子散射断面积/m^2		0.0092×10^{-28}	黏度（熔点）/$Pa\cdot s$	0.0012
中子吸收断面积/m^2		0.231×10^{-28}	熔点/K	933.5K
晶格常数(298K)/nm		0.40496	熔解热/$kJ\cdot mol^{-1}$	10.7
密度/$g\cdot cm^{-3}$	固态(298K)	2.699	汽化热/$kJ\cdot mol^{-1}$	291
	液态(973K)	2.357	反射率（电解抛光，对可见光）/%	85~90
	液态(1173K)	2.304	热辐射率/%	3
线膨胀系数(293K)/K^{-1}		23×10^{-6}	超导温度/K	1.175
热导率(298K)/$W\cdot(m\cdot K)^{-1}$		237	切变模量/$N\cdot m^{-2}$	2.667×10^{10}
体积电阻率(293K)/$\Omega\cdot m$		2.655×10^{-6}	正弹性模量/$N\cdot m^{-2}$	7.051×10^{10}
体积电导率(293K,IACS)/%		64.94%	体积弹性模量/$N\cdot m^{-2}$	7.55×10^{10}
磁化率(298K)/$mm^3\cdot mol^{-1}$		16×10^{-3}		

在低温时，纯度对铝的导电性能的影响十分敏感，因此可根据铝的剩余电阻率比（即室温电阻与 4.2K 时电阻之比，通常用 *RRR* 表示）来评定铝的纯度。从而可以通过测定 *RRR* 来对高纯铝的纯度进行表征。不同等级高纯铝的 *RRR* 见表 5-2。

表 5-2　不同等级高纯铝的 *RRR*

高纯铝的纯度/%	剩余电阻率(*RRR*)	高纯铝的纯度/%	剩余电阻率(*RRR*)
99.5～99.9	100～1000	>99.9999	>10000
99.99～99.999	1000～10000		

目前可以制得 *RRR* 为$(2\sim9)\times10^4$ 的 5N～6N 的超纯铝。在 6N 的超纯铝中的杂质元素含量约为 $10^{22}m^{-3}$。对各种纯度铝的一般规定见表 5-3。

表 5-3　各种纯度铝的定义

Al 纯度/%	名　称	Al 纯度/%	名　称
99.50～99.79	工业纯铝（commercial pure Al）	99.9960～99.9990	超高纯铝（super high pure Al）
99.80～99.949	高纯铝（high pure Al）	99.9990 以上	极高纯铝（extreme high pure Al）
99.950～99.9959	次超高纯铝（subsuper high pure Al）		

5.1.2　高纯铝的用途

由于高纯铝具有诸多独特的优异性能，因此在某些领域特别是一些高新技术领域获得了广泛的应用，成为一类不可或缺的材料。99.98%～99.998% 铝的应用情况如图 5-1 所示。

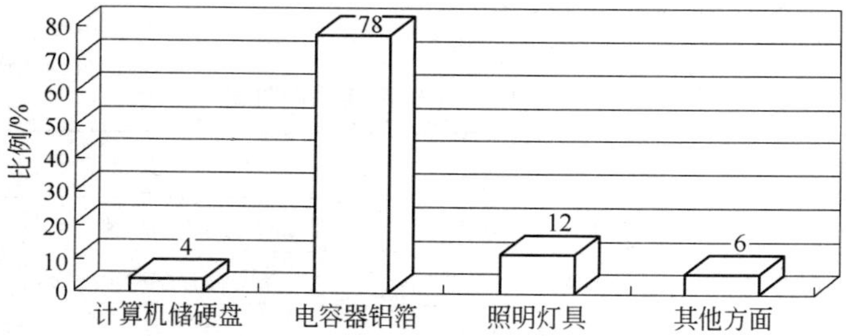

图 5-1　99.98%～99.998% 铝的应用情况

电容器铝箔分为阳（正）极箔与阴（负）极箔两种，前者采用纯度为 99.95%～99.998% 的铝，后者则用 99.7%～99.9% 的铝或采用含有微量合金元素如铜、锰等的低合金化铝箔。

铝电解电容器广泛应用于各类器件的电源电路中，如开关、变频空调、汽车安全气囊、焊接机、照相机等。铝电解电容器具有优良的特性：单位体积所具有的电容量特别大，在工作中具有“自愈”特性，其介质氧化膜能够承受非常高的电场强度，可以获得很高的额定静电容量。但也存在一定的缺陷：绝缘性能较差，损耗因子较大，温度特性及频率均较差，具有极性，工作电压具有一定的上限，性能容易劣化，传统铝电解电容器由于采用电解液作为阴极，在片式化方面存在较大的障碍，故其片式化进程落后陶瓷电容器及金属化薄膜电容器。铝电解电容器的发展趋势：小型化和超小型化，宽温、长寿命化，固态铝电解电容器。因此对高纯铝有着越来越高的要求。

高纯铝在照明灯具中也有着重要用途，铝越纯对光的反射率就越高，从办公大厦与写字楼的天花棚灯、商业大厦与超级市场的各式照明灯，到图像显示聚光灯与广场、足球场、机场、工业厂房、调车场、车站、码头、街道的投射灯，都有高纯铝在起着至关重要的作用。

航空航天器要用很多高强度、高韧性、高抗蠕变、高抗疲劳的铝合金。这些铝合金需用杂质含量低的高纯铝配制，同时在制造航空航天发动机与导弹发射发动机方面的叶片需用超级合金，而高纯铝是超级合金的一个必需的元素之一。用含铝的超级合金单晶体透平发动机叶片的主要优点是：有极高的高温强度与抗高温氧化能力，因而大大提高了燃气发电机与水力涡轮发电机的工作性能与效率。

5N～6N 超纯铝（每种杂质的最大含量为 $0.4\times10^{-7}\%$）的 96% 用于制造半导体器件，4% 用作超导电缆的稳定化材料。显然，5N 及 6N 的超纯铝在当今高新技术中起着不可估量的作用。在制造集成电路芯片时，阴极溅镀是一道必不可少的工艺，这是一种特殊的高技术工艺，蒸发的呈等离子状态的铝沉积于阴极靶面，即在硅片上形成一层薄薄的均匀的极少缺陷的铝膜，随后在膜上涂一层感光性树脂，经曝光后除去无用的部位即未感光的树脂，也就是把这些部位的树脂腐蚀掉，而保留的极窄的铝条便是所需的导电体。

超纯铝的另一重要用途是作为集成电路的配线。超纯铝中的痕量杂质铀（U）与钍（Th）是越少越好，因为它们是放射性元素，释放 α 粒子，从而造成集成电路出现故障，使程序失误与混乱。

另外，5N 超纯铝还用于制造光电子存储媒体，如 CD、CD-ROM、CD-RW、数据盘或微型盘、DVD 银盘等。在银盘中用 5N 超纯铝溅射膜作为光反射层。

高纯铝在高能物理研究与探测物质基本粒子方面起了功不可没的作用。例如欧洲核研究中心（European Centre for Nuclear Research）探测器的超导结构与电缆用高纯铝作为铌-钛（Nb-Ti）超导线的稳定化材料，使它们始终处于超导状态。在超导电缆中，将超导线埋设于高纯铝中，一旦超导线中的电流超过设定值，多余的电流就会流入超导线之外包覆的高纯铝内，从而保持超导线的温度低于超导温度。

5.1.3 高纯铝的制备

高纯铝的制备方法有：三层电解法、偏析法、联合法、区域熔炼法与有机物溶液电解法等。各种工艺可制备的高纯铝的最大纯度见表 5-4。

表 5-4 各工艺制备高纯铝的最大纯度

高纯铝的制备工艺	对应高纯铝的最大纯度	高纯铝的制备工艺	对应高纯铝的最大纯度
三层电解法	4N	联合法	6N
4N 偏析法	4N	有机溶液电解法	>6N

当前应用最广的是前两种工艺，即三层电解法和 4N 偏析法，85% 以上的高纯铝是用这两种方法提取的。而使用偏析法时，经过反复多次偏析提纯便可以生产 5N 或更纯一些的高纯铝。

2003～2008 年我国高纯铝产能增长分析如图 5-2 所示。

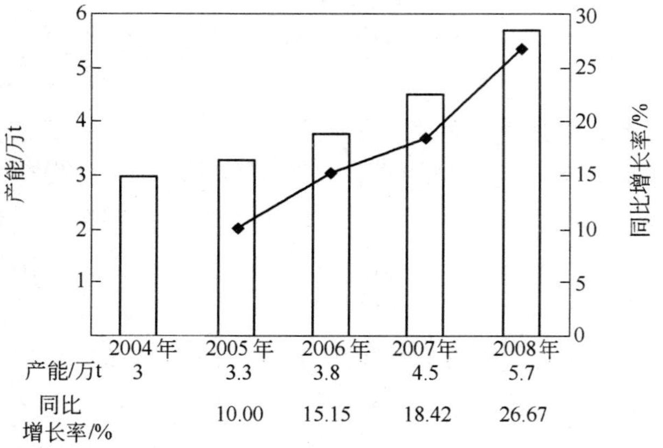

图 5-2　2003～2008 年我国高纯铝产能增长分析

下面分别介绍高纯铝的各主要制备方法。

5.1.3.1　*三层电解法*

三层电解法是 1901 年美国铝业公司（Alcoa）工程师霍普斯（Hoopes）发明的，并取得了专利（US 673364，1901），离霍尔-埃鲁（Hall-Heroult）铝电解法诞生仅相差 15 年。30 年后即 1932 年法国科学家加德（Gadeau）对此法做了改进，使其具有实用性。1935 年瑞士约翰逊铝业公司开始用三层电解法生产高纯铝，开创了商业提取高纯铝的先河。从此高纯铝在一些重要领域获得了应用，促进了新技术的发展。

三层电解法提纯原理是利用金属在电解液中不同的电极电位。比铝更正电性元素如铁、硅、铜、锰等滞留在阳极母合金中，而比铝更负电性的元素如钠、钙、镁等虽在电解液中移动，但不会在阴极析出，而保留于电解液中。因此，从理论上讲，提取的高纯铝应该是不含杂质的，但事实上并非如此，由于种种原因如电解液的纯度不高（含有 Si、Cu、Mn、Fe 等）以及与槽壁的接触，甚至从空气中也会混入微量杂质（主要是 Si、Fe），这些因素都导致了用三层电解法只能获得 99.99%～99.9995% 的高纯铝。简言之，阳极合金中的铝及比铝更负电性的元素（Na、Ca、Mg 等）进行电化学溶解，以离子形式进入电解液：

$$Al - 3e \longrightarrow Al^{3+} \tag{5-1}$$

$$Ca - 2e \longrightarrow Ca^{2+} \tag{5-2}$$

$$Mg - 2e \longrightarrow Mg^{2+} \tag{5-3}$$

$$Na - e \longrightarrow Na^{+} \tag{5-4}$$

在这些离子中，只有 Al 的正电性更大一些，优先在阴极上还原，析出金属铝：

$$Al^{3+} + 3e \longrightarrow Al \tag{5-5}$$

其余的各种阳离子如 Ba^{2+}、Ca^{2+}、Mg^{2+}、Na^{+} 等不会从阴极上获得电子析出。

现代化的三层电解槽的构造如图5-3所示，有时将这种槽称为精炼槽。由图可见，下层（底层）为密度较大的Al-Cu阳极合金，中层为精炼电解质，上层为提取的高纯铝。该槽的外壳由钢板焊成，槽的底部由阳极炭块与保温耐火砖构成，侧壁砌筑耐火镁砖。阳极合金（底层）为含33% Cu共晶成分的Al-Cu合金熔体（见图5-4），此成分的熔点最低只有548℃，铜浓度为（33±3）%，在工作温度时的密度为3.00g/cm³。在槽的一端设有一个较大的通口，一方面用于添加与更换Al-Cu合金熔体，另一方面可以从此口底部扒出炉渣。

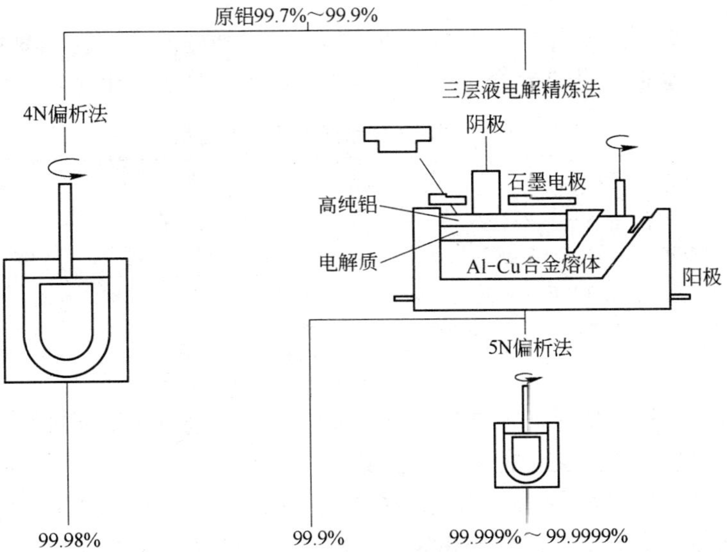

图5-3 海德鲁铝业公司三层电解槽构造及高纯铝提取工艺示意图

阳极Al-Cu合金有时又被称为母合金，经过一段时间电解作业后，杂质会浓缩，其含量会越来越高，特别是铁的浓缩会提高母合金的熔点，从而使电解过程变得困难。因此，母合金的寿命只有2~3年，每隔2~3年需更换一次。中间层电解液的密度为2.7g/cm³，而上层高纯铝密度为2.3g/cm³。由此可见，每层熔体的密度差为0.3~0.4g/cm³，从而能保持它们在电解过程中总处于稳定状态，界线分明。不过电流不能太大，一般不得超过65kA，否则由于电磁场作用，各层熔体会处于不稳定状态。

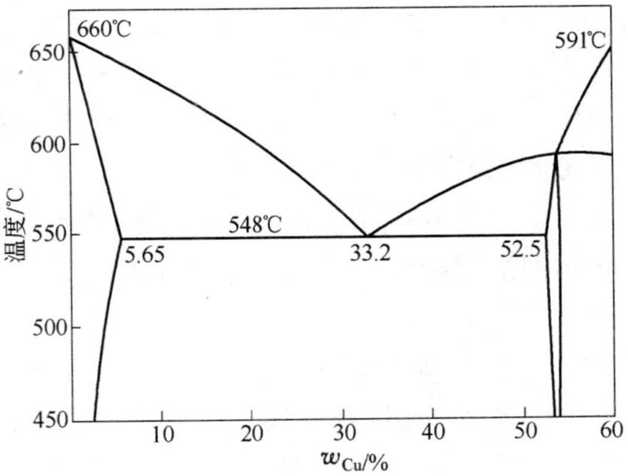

图5-4 Al-Cu二元系相图

阴极为人造石墨块，用炭素勾缝，导电母线（杆）与石墨块的连接可用铸铁浇铸或用螺钉固定。三层电解法中层电解质成分有两种：一种是霍普斯提出的，称为霍普斯液，由氟化铝与氟化钡组成；另一种是加代电解质，由氟化铝、氟化钠与氟化钡组成。当前用的都是以这两种电解质为基础而做了改进的。现在使用的电解质成分有三元系的，也有四元系的。电解质应在密度、熔点、电导率等方面满足以下几个条件：

（1）其密度应居阳极母合金和上层铝密度之间；

（2）在电解温度下应稳定，不易挥发；

（3）电阻小；

（4）熔点比高纯铝的稍高一些，又不得相差太大；

（5）是比铝的化学活性更高的金属盐；

（6）与电解槽材料的反应小。

满足以上要求的电解质无疑是由钠、钡、铝、钙、镁等的氟化物或氯化物组成。钡的密度大，因此钡盐也是不可缺少的物质之一。电解质各组分的作用见表5-5。

表 5-5　三层法电解质各组分的作用

组　分	作　用	组　分	作　用
$BaCl_2$、BaF_2	密度大，添加 $BaCl_2$ 或 BaF_2，能使电解质密度上升	AlF_3	起稳定化作用，降低电解质熔点，增加铝离子
		CaF_2	使熔点下降
NaF	添加 NaF，电解质电导率上升	MgF_2	使熔点下降

从理论上讲，电解质应是非消耗性的，然而随着电解提纯的不断进行，电解质存在挥发、向耐火砖内渗透及物理夹带损失，因此必须定期补偿电解质。

三层电解法所需要的电流强度为30～60kA，比原铝电解槽需要的电流强度低得多，目前最大的原铝商业电解槽已达到500kA。这是因为以此法提纯铝时，必须保持各层界面的稳定。而加大电流由于磁场作用会破坏各层界面的稳定性，甚至引起紊流，使提纯工作无法进行。阳极合金层厚度为200～300mm，中间电解质层厚度为100～200mm，阴极高纯铝层厚度为100～150mm，电解温度为750～800℃，比原铝电解温度低160～220℃。吨铝直流电耗为10000～18000kW·h，通常约为13000kW·h。如果不漏电从理论上讲电流效率可达100%，可是在实际生产中电流效率低于理论值，一般为95%～98%，比原铝电解时的电流效率高两三个百分点。每隔4～6h向槽内添加阳极合金，可以以锭的形式加入，也可加入熔体，添加间隔可视具体情况而定，但不宜长于8h。如果加入量过大，会引起铜浓度降低，使合金密度下降，从而可能会有少量合金浮升到顶层内，污染高纯铝。

5.1.3.2　*偏析法*

偏析法又称凝固提纯法，是利用熔融铝凝固（结晶）时产生偏析现象而提取高纯铝的方法。通常将 w_s 称为某种杂质在固态铝中的含量，而 w_L 代表某种杂质在铝熔体中的含量（见图5-5），而将 w_s/w_L 的比值 K_0 称为平衡分配系数（$K_0 = w_s/w_L$）。凡是 K_0 小于1的杂质如Si、Fe、Cu、Zn、U、Th等都可以通过偏析法除去到某种程度；而 K_0 大于1的如Ti（$K_0 = 8.0$）、Cr（$K_0 = 2$）等则不能采用偏析法除去，因为这时它们在固态铝中的含量会大于熔体中的。通过多次或甚至八次、十次偏析反复提纯就可以获得5N级的高纯铝。铝中杂质的平衡分配系数见表5-6。

表 5-6 铝中杂质的平衡分配系数 K

杂质元素	分配系数	杂质元素	分配系数
镍	0.009	锌	0.4
钴	0.02	镁	0.5
铁	0.03	锰	0.9
钙	0.08	钪	1.0
锑	0.09	铬	2.0
硅	0.093	钼	2.0
锗	0.13	锆	2.5
铜	0.15	钒	3.7
银	0.2	钛	8.0

为了除去钛、钒、锆等，可在偏析提纯之前使其浓缩后而加以分离。通常向铝熔体中添加硼，使其形成硼化物而加以分离。另外，即使是可用偏析法除去的元素，其去除率也受图 5-5 中线段 a 长度限制，a 越长则效率越低，如杂质锰就属这类元素，几乎不能用偏析法除去。

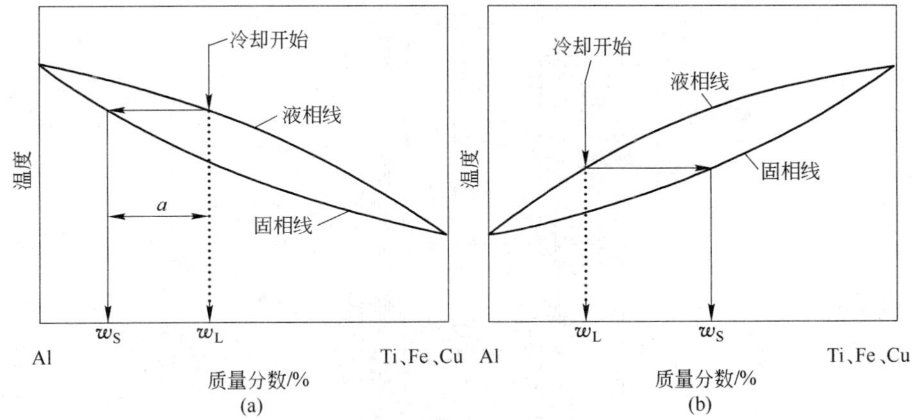

图 5-5 铝-杂质元素相图形式

（a）用偏析法可除去的杂质；（b）用偏析法无法除去的杂质

当前已开发出了多种利用合金凝固时的偏析现象提纯铝的有商业价值的工艺，主要有：分步结晶法、单向凝固法，如图 5-6 所示。它们的设计思路相同，只是具体工艺、操作方式及装备等方面有所不同。

A 分步结晶法

根据偏析原理采用分步结晶法时，将提纯的初晶集中起来，通过加压使固液分离，将分离提纯的晶体再熔化，再提纯，如此反复若干次，就可以获得所需纯度的高纯铝。

图 5-7 是分步结晶炉构造示意图。该装置由装有原料（第一次最好为 3N 原铝）的石墨坩埚，其周围的气冷蛇形管冷却铝熔体，凝固的铝晶体沉于坩埚底，熔体内有捣实用的石墨板，其上有连杆（柱塞），可上下往复运动，石墨板上开有小孔，以便铝熔体与晶体向上流动，并将底部的铝晶体捣实。

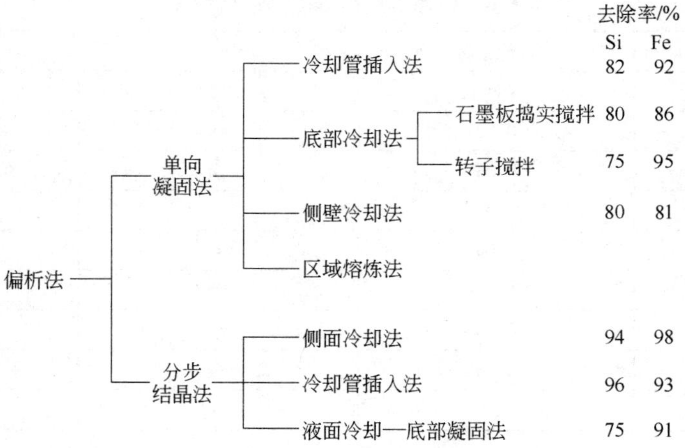

图 5-6　各种偏析法的特征和提纯率

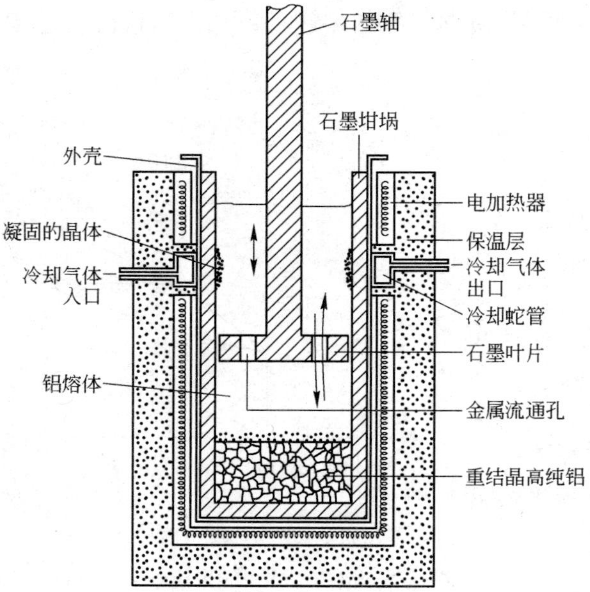

图 5-7　分步结晶炉构造示意图

操作程序：首先往石墨坩埚内装入原料铝熔体，向冷却管内通入冷却气体，于是在受到冷却的坩埚内表面上有铝晶体凝固；使柱塞（石墨杆）上下运动，刮下坩埚内壁上的铝晶体，这些细小晶体通过石墨板上的孔沉于坩埚底部；石墨板继续向下运动，将铝体捣实。此时，通过坩埚上部的电加热，使一部分初晶再熔解。初晶前沿熔体内浓集着更多的杂质，通过石墨板运动可及时移去这种杂质集层，从而成长为大的更纯的铝晶体。最后，分离浓集杂质的熔体与提纯的固态铝。

B　单向凝固法

此法是在被冷却面上连续进行凝固而提取高纯铝的工艺。根据冷却与凝固在位置上的不同，开发了不同的提纯工艺：冷却管冷凝法、底部凝固法、侧壁凝固法、上部提升凝固法、横向凝固法等。

图 5-8 为单向凝固提纯炉结构示意图。这些提纯法在被冷却的面上结晶出高纯铝晶体，所以排出的杂质元素浓集于晶体前沿的凝固界面区。由于提纯的晶体呈树枝状，因此晶体前沿富集着杂质元素的熔体（母液）会或多或少地渗入枝晶间隙内，降低提纯率。为了提高提纯率，减薄扩散层的厚度是有效的措施之一。为了获得所需纯度的高纯铝，往往要反复单向凝固提纯若干次。而分步结晶法的提纯率高于单向凝固法的。

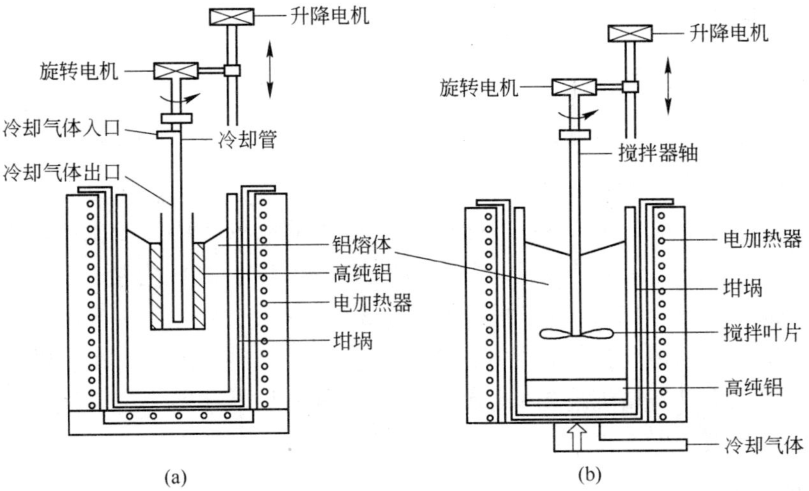

图 5-8 单向凝固提纯炉结构示意图

(a)—冷却管法；(b)—底部凝固法

5.1.3.3 区域熔炼法

区域熔炼或区域提纯法其原理与偏析法相同。区域熔炼法示意图如图 5-9 所示。

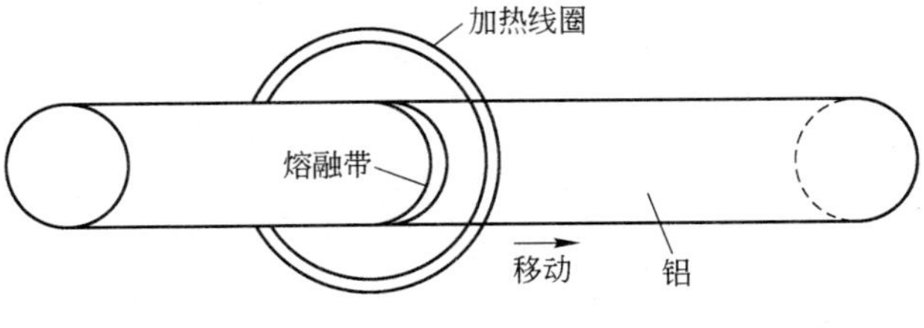

图 5-9 区域熔炼法制备高纯铝示意图

生产中将高纯铝棒置入特制加热炉（器）内，并缓慢移动此区，利用杂质在固相与液相间的溶解度差异（偏析）除去铝中的杂质。当熔融区自左向右缓慢移动时，分配系数 K_0 小于 1 的杂质就会逐渐向右边富集；反之，则向左边富集。一次区域提纯往往达不到所要求程度，因此需要重复提纯多次，或者用一系列的加热器，在同一根铝棒上产生几个熔融区，让它们在一次操作时先后通过原料铝棒。切掉铝棒含杂质较多右边那段，左段即是纯度高的超纯铝或极纯铝。

5.1.3.4 有机溶液电解法

为制备超高纯铝，可以使用高纯铝（4N）作为阳极进行有机溶液电解，得到的阴极高纯铝中杂质含量可小于 $5 \times 10^{-4}\%$，目前该方法经过较长时间研究，并进行了半工业试验。

提纯原理：因为铝比氢活泼，故不能从水溶液中电解出铝，但是可以使用铝的有机化合物或配合物作为电解溶液，铝从阳极溶解后，电解液中铝在阴极析出。目前主要选用烷基铝（如三乙基铝）与氟化钠的配合物作为电解溶液。

5.2　高纯氧化铝

5.2.1　高纯氧化铝的性质

氧化铝为白色或微红色棒状物，密度为 $3.5 \sim 3.9 g/cm^3$，熔点为 2045℃，沸点为 2980℃。不溶于水，微溶于碱或酸。其水合物有一水合物和三水合物两种，并各具有 α 和 γ 两种变体，将水合物在 200 ~ 600℃下加热可生成不同晶形的活性氧化铝。实际应用多以 γ 型活性氧化铝为主。氧化铝的硬度（Hr）为 2700 ~ 3000，杨氏模量 350 ~ 410GPa，热导率 0.75 ~ 1.35J/(m · h · ℃)，线膨胀系数为 $8.5 \times 10^{-6}℃^{-1}$（室温 ~ 1000℃）。

高纯超细氧化铝因纯度高、粒径小，具有密度大、高温强度大、耐腐蚀、易烧结等优点。高纯超细氧化铝具有精细均匀的组织结构、特定的晶界结构、高温稳定性和良好的加工性能、绝热耐热性及可与多种材料复合等特性。

5.2.2　高纯氧化铝的用途

高纯氧化铝所具有的耐腐蚀、耐高温、高硬度、高强度、抗磨损、抗氧化、绝缘性好和表面积大等特性，广泛应用于生物陶瓷、精细陶瓷、化工催化剂、稀土三基色荧光粉、集成电路芯片、航空光源器件、湿敏性传感器及红外吸收材料等高科技领域。下面分别介绍其应用。

5.2.2.1　电子工业方面

电子工业方面的应用主要有：

（1）高压钠灯发光管。由高纯氧化铝为原料制成的精细陶瓷具有耐高温、耐腐蚀、绝缘性好、强度高等特性，是一种优良的光学陶瓷材料，由多晶不透明的氧化铝制成的氧化铝透明体，可用作高压钠灯发光管，其照明效率高。

（2）传感器。高纯氧化铝制成的精细陶瓷，利用其晶粒、晶界、气孔等结构特征来作为敏感元件，因其具有耐高温、抗腐蚀等特性而广泛用于高温、腐蚀性强的恶劣环境下进行温度测定、可燃性气体浓度检测等。

（3）其他。利用高纯氧化铝的绝缘性制取的陶瓷多层板可用于计算机芯片的封装，使计算机的性能得以提高；利用其高温稳定性制成的电火花塞，可用于汽车飞机发动机内部，使发动机性能得以提高。

5.2.2.2　医学方面

用高纯氧化铝为原料制取的生物陶瓷，由于机械强度高、耐磨性好等优点，可以用于人造牙根及坏牙处理后的填充材料，还可以用来制造人造骨、人造心、人造关节等。若添加少量与骨质成分类似的物质，可以改善人造骨与肌体的生物相容性。目前，正在重点研究用于制作人造气管等软组织材料以及模拟生物肌体功能、人工智能方面的生物陶瓷材料，生物陶瓷的应用前景远大。

5.2.2.3 航空方面

氧化铝纤维、晶须及其复合材料是高性能的防热绝热材料，在航天高技术领域中有广泛的应用前景，可用作航天飞机的热防护、火箭发动机喷管的喉部衬垫、火箭发动机内衬和尾部喷管的绝热材料。

5.2.2.4 化工方面

高纯超细氧化铝孔径分布良好、孔容高，表面积高达 $60\sim400m^2/g$，是良好的催化剂载体，广泛应用于石油化工及汽车尾气处理、烟气净化等方面。

氧化铝多孔精细陶瓷用于电解隔膜、细菌过滤、精密过滤、烟尘分离、集尘等，与原来使用的金属网、滤布相比，它能形成稳定的过滤膜，且滤膜厚度均匀，可靠性强。制成的蜂窝状陶瓷器件，用于触媒载体、热交换体等。

5.2.2.5 机械方面的应用

以高纯氧化铝为原料制成的精细陶瓷在机械方面有较广泛的应用，可用于球磨机、粉碎机等粉碎装置内的易损坏件，利用其耐磨及尺寸稳定性制作成形机械、工具、量具、轴瓦等；利用其耐磨、表面光滑度及耐腐蚀性制成机械密封、滑轮及化学工业中阀门、流量计、喷射头等。

5.2.3 高纯超细氧化铝的制备

5.2.3.1 改良拜耳法

改良拜耳法是将工业生产的拜耳精液进行深度脱硅、脱铁、除杂后，加入超细活性晶种进行种子分解来制取高纯氢氧化铝，然后通过高温焙烧、研磨等工序制备高纯超细氧化铝。脱硅除铁试样溶液化学成分变化情况见表5-7。将处理净化后的精液，用特制的活性晶种进行种子分解得到AH（氢氧化铝），经分析表明其 NaO_2 含量为0.03%，光谱分析显示，其硅、铁含量均在0.005%左右，其余为恒量，粒度分布见表5-8。

表5-7 脱硅除铁试样溶液化学成分变化

化学成分	$N_t/g\cdot L^{-1}$	$Al_2O_3/g\cdot L^{-1}$	$N_k/g\cdot L^{-1}$	$SiO_2/g\cdot L^{-1}$	$Fe_2O_3/g\cdot L^{-1}$	α_k	A/S
处理前精液	102.42	100.00	93.50	0.162	0.013	1.538	617
处理后精液	103.23	98.36	91.60	0.016	<0.001	1.532	6147

表5-8 AH的粒度分布

粒径/μm	<0.5	0.5~1.0	1.0~2.0	2.0~4.0
质量分数/%	36.5	34.7	19.3	9.5

再对AH进行中低温焙烧，洗涤脱钠，脱钠效率达95%，之后对脱钠后产品进行高温煅烧，得到高纯超细氧化铝。产品中氧化钠含量为0.05%，其他杂质含量为0.049%左右，产品中氧化铝纯度在3N左右。由此可见，采用改良拜耳法制得的产品中氧化钠含量高，纯度较低，同时活性晶种的制备也很麻烦，因此对此工艺还需进一步完善。

5.2.3.2 中和法

用工业AH与硫酸反应制成硫酸铝溶液，用浓度6%左右的氨水进行中和至pH值为

3.0后，加入配合试剂A对溶液进行配合除铁，加入另一种试剂B除去溶液中的铜、铅、锌等重金属离子，用活性炭柱过滤除去硅、铁、铜等杂质，往滤液中加入氨水调整pH值至5.0，加去离子水稀释溶液至适当浓度，然后过滤，滤饼用去离子水反复洗涤，并加入有机醇分散剂防止出现团聚，过滤后得到纯度高、分散性好的AH凝胶，将凝胶进行煅烧，得到高纯超细的$\alpha\text{-}Al_2O_3$，其流程图如图5-10所示。

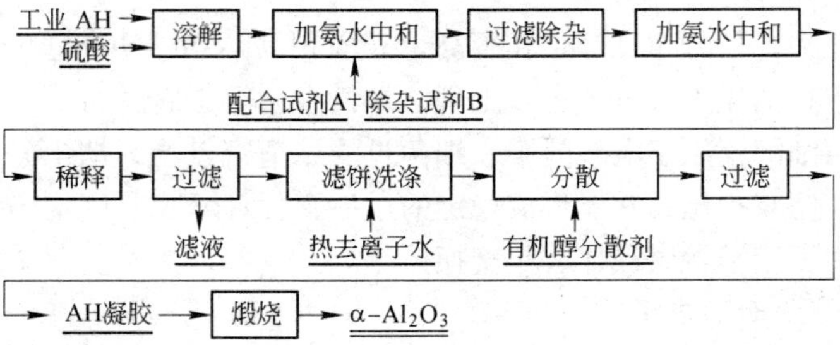

图5-10　中和法流程图

用此方法生产得到的氧化铝纯度可达到4N，$d_{50}=0.5\mu m$。产品中夹杂成分见表5-9，产品的粒度分布见表5-10。

表5-9　产品中的杂质成分　　(%)

杂　质	Na	Fe	Si	Ca	Mg	Cu	Zn	Pb	Sb
含　量	10~20	8~15	10~50	10~50	2~5	<5	<10	<10	5~10

表5-10　产品粒度分布

粒度/μm	质量分数/%	粒度/μm	质量分数/%
0~0.2	22.4	3.0~4.0	2.6
0.2~0.5	31.8	4.0~5.0	1.7
0.5~1.1	20.7	5.0~7.0	1.8
1.1~2.2	15.2	7.0~10.0	1.2
2.2~3.0	2.6	d_{50}：0.47	

5.2.3.3　有机铝水解法

有文献报道用工业级精铝及异丙醇为生产原料制取高纯氧化铝。具体方法是：用乙醇将金属铝表面处理干净，然后将铝与一定量的异丙醇在恒温中水浴加热，用$HgCl_2$作为催化剂，反应生成异丙醇铝，将得到的异丙醇铝进行精馏提纯得到精制异丙醇铝，将精制异丙醇铝在一定的pH值及水与异丙醇铝摩尔比值下进行水解，水解后产物在1250℃左右进行高温煅烧后得到高纯超细氧化铝。

用有机铝水解法可以得到纯度在4N以上、粒度小于0.1μm的氧化铝产品，但该法需要使用有毒的$HgCl_2$作为催化剂。

具体反应如下：

$$3(CH_3)_2CHOH + Al \longrightarrow ((CH_3)_2CHO)_3Al + \frac{3}{2}H_2\uparrow \tag{5-6}$$

$$2((CH_3)_2CHO)_3Al + 6H_2O \longrightarrow Al_2O_3 \cdot 3H_2O + 6(CH_3)_2CHOH \tag{5-7}$$

$$Al_2O_3 \cdot 3H_2O \longrightarrow \text{无定形 } Al_2O_3 \longrightarrow \gamma\text{-}Al_2O_3 \longrightarrow \alpha\text{-}Al_2O_3 \tag{5-8}$$

5.2.3.4 *硫酸铝铵法*

用硫酸与工业氢氧化铝反应制取硫酸铝溶液，往硫酸铝溶液中加入硫酸铵制取铵明矾，将铵明矾进行多次重结晶提纯，获得高纯的铵明矾，将铵明矾进行受热分解制取 γ-Al_2O_3，γ-Al_2O_3 进一步煅烧制取 α-Al_2O_3。

其反应历程如下：

$$2Al(OH)_3 + 3H_2SO_4 \longrightarrow Al_2(SO_4)_3 + 6H_2O \tag{5-9}$$

$$\frac{1}{2}Al_2(SO_4)_3 + \frac{1}{2}(NH_4)_2SO_4 + 12H_2O \longrightarrow NH_4Al(SO_4)_2 \cdot 12H_2O \tag{5-10}$$

$$2NH_4Al(SO_4)_2 \cdot 12H_2O \longrightarrow \gamma\text{-}Al_2O_3 + 2NH_3\uparrow + 4SO_3\uparrow + 25H_2O \tag{5-11}$$

由该法制得 α-Al_2O_3 的 d_{50} 在 0.3 ~ 0.6μm 之间，纯度大于 99.98%，该法缺点是存在热溶解、脱水矾体积膨胀，反应中出现 SO_2 等有害气体。

5.2.3.5 *碳酸铝铵热解法*

该法用硫酸溶解工业氢氧化铝制取硫酸铝后，与硫酸铵反应制得铵明矾，再将铵明矾进行重结晶提纯，将提纯后的铵明矾与碳酸氢铵反应，制取碳酸铝铵 $NH_4Al(OH)_2CO_3$，将碳酸铝铵进行热分解，即可制取低密度、高纯度的氧化铝。

具体反应如下：

$$2Al(OH)_3 + 3H_2SO_4 \longrightarrow Al_2(SO_4)_3 + 6H_2O \tag{5-12}$$

$$Al_2(SO_4)_3 + (NH_4)_2SO_4 + 12H_2O \longrightarrow 2NH_4Al(SO_4)_2 \cdot 12H_2O \tag{5-13}$$

$$4NH_4HCO_3 + NH_4Al(SO_4)_2 \cdot 12H_2O \longrightarrow NH_4Al(OH)_2CO_3 + 2(NH_4)_2SO_4 + 3CO_2\uparrow + 13H_2O \tag{5-14}$$

$$2NH_4Al(OH)_2CO_3 \longrightarrow 2NH_3\uparrow + 3H_2O + 2CO_2\uparrow + Al_2O_3 \tag{5-15}$$

用此法生产制得的氧化铝纯度达 4N 以上，d_{50} = 0.35μm。

5.3 高纯镁

5.3.1 高纯镁的性质

镁是银白色轻金属。在 20℃ 时的相对密度是 1.74g/cm³，为铁的 2/9，铝的 2/3，是最轻的金属结构材料。镁属密集六方晶格，在元素周期表中为第 $Ⅱ_A$ 族元素，原子序数为 12，相对原子质量为 24.305，化合价为 +2，其电子层的结构为 $1s^2 2s^2 2p^6 3s^2$。镁的一些物理化学常数见表 5-11。纯度达 99.98% 的镁金属为高纯镁，具有密度小、强度高等优良特性。

表 5-11　镁的物理化学常数

物理性质	常　数	物理性质	常　数
摩尔体积/cm^3	13.99	熔化潜热/$kJ \cdot mol^{-1}$	8.792
相对密度/$g \cdot cm^{-3}$	1.74(20℃),1.55(700℃)	升华热/$kJ \cdot mol^{-1}$	142.0(650℃)
原子半径/nm	0.162	比热容 c_p/$J \cdot (mol \cdot K)^{-1}$	147.0(25℃)
离子半径/nm	0.074	Mg(液)比热容/$J \cdot (mol \cdot K)^{-1}$	$22.3+10.23\times10^{-3}T-0.43\times10^5T^2$
熔点/℃	650	电阻率 ρ/$\Omega \cdot cm$	4.47×10^{-6}
沸点/℃	1107	热导率 λ/$W \cdot (cm \cdot K)^{-1}$	1.57
25℃时的熵/$J \cdot (mol \cdot K)^{-1}$	32.66±0.08		

镁的化学性能极为活跃。常温下镁在干燥空气中稳定，在潮湿的空气中或温度高于350℃时，其抗氧化能力下降。镁粉、镁箔及熔融的镁在空气中易燃烧，燃烧时放出大量的热，并发出耀眼的火焰。镁从300℃开始与氮反应生成氮化镁（Mg_3N_2）。镁在氯气、溴气、碘气和硫蒸气中加热会剧烈反应，生成相应的化合物。

镁在蒸馏水中室温下不发生作用，但在沸水中反应相当剧烈。盐酸、硫酸、硝酸能与镁作用，多种有机酸能破坏镁，而氢氟酸和铬酸同镁不发生作用。镁在苛性钠、碳酸钠溶液中，以及在干燥的碳氢化合物、有机卤素衍生物、无水酒精和矿物中是稳定的。

镁无毒性、无磁性、导热性好，可进行阳极氧化并着上美丽的颜色。镁是柔软的金属，有良好的疲劳强度和消震能力。镁还能还原多种金属化合物而制得相应的金属。

5.3.2　高纯镁的用途

无论在国内还是在国外，高纯镁的应用主要集中在铝合金生产、压铸生产、炼钢脱硫三大领域，还用在稀土合金、金属还原及其他领域：

（1）用于制备合金。由于镁的密度小，比强度高，并能与铝、铜、锌等金属构成高强度合金，因此，镁是重要的合金元素。世界上镁的最大消费领域是作铝合金添加元素。

（2）用于压铸。2007 年，我国原镁消费量共计 25.48 万 t，同比增长 45.60%。其中镁铸件、压铸件、型材等的镁消费量达到 92000t，占整个镁消费的 34.98%。在镁压铸生产行业中，北美、拉美、西欧用量最多，因为汽车制造业促进了市场对镁需求量的增长。有关统计数字表明，在过去 10 年里，镁合金压铸件在汽车上的使用量上升了 15% 左右，而且这种发展趋势还在继续。

（3）用于钢厂脱硫。镁是一种脱硫剂，特别是钢液脱硫的最佳原料，欧美、俄罗斯等地区和国家的不少钢厂都采用镁脱硫。

（4）用作牺牲阳极。使用镁牺牲阳极进行阴极保护是一种有效地防止金属腐蚀的方法，镁牺牲阳极具有以下特点：防腐性能好、不需外加直流电源、安装后自动运行、不需维护、占地面积少、工程费用低、与外界环境不发生任何干扰。镁牺牲阳极广泛用于石油管道、天然气、煤气管道和储罐、港口、船舶、海底管线、钻井平台，机场、停车场、桥梁、发电厂、市政建设、水处理厂、石化工厂、冶炼厂、加油站的腐蚀防护以及热水器、换热器、蒸发器、锅炉等设备。

（5）用于机械制作。镁合金作为目前密度最小的金属结构材料之一，广泛应用于航空航天工业、军工领域、交通领域，包括汽车、飞机、摩托车、自行车工业以及3C领域等。

镁合金的特点可满足于航空航天等高科技领域对轻质材料吸噪、减震、防辐射的要求，可大大改善飞行器的气体动力学性能和明显减轻结构重量。从20世纪40年代开始，镁合金首先在航空航天部门得到了优先应用。

在国外，B-36重型轰炸机每架用4086kg镁合金薄板；喷气式歼击机“洛克希德F-80”的机翼用镁板，使结构零件的数量从47758个减少到16050个；“德热来奈”飞船的启动火箭“大力神”曾使用了600kg的变形镁合金；“季斯卡维列尔”卫星中使用了675kg的变形镁合金；直径约1m的“维热尔”火箭壳体是用镁合金挤压管材制造的。

我国的歼击机、轰炸机、直升机、运输机、民用机、机载雷达、地空导弹、运载火箭、人造卫星、飞船上均选用了镁合金构件：一个型号的飞机最多选用了300~400项镁合金构件；一个零件最重近300kg；一个构件的最大尺寸达2m多。

在军工方面需要镁合金板材以提高结构件强度，减轻装备重量，提高武器命中率。目前国内需要的板带材不得不从国外进口。

5.3.3 高纯镁的制备

5.3.3.1 熔剂精炼法

熔剂精炼法制备粗镁或镁合金广泛应用于镁厂和镁合金铸造厂。这种方法的目的主要是除去粗镁或镁合金中的金属和非金属夹杂物，如固体夹杂（MgO、SiO_2等）、覆盖熔剂及碱金属夹杂（Na、K）。

镁的精炼熔剂应满足条件如下：

（1）在工业生产中不具有化学毒性和强腐蚀性；

（2）具有一定的精炼性，即能和镁中杂质发生物理或化学反应并产生镁不溶性渣；

（3）应比镁具有更低的熔点；

（4）在熔融状态下，熔盐密度应比镁大，并有适当的密度差，熔盐和镁液能很好地分层；

（5）在精炼和分离过程中熔剂熔盐应有较小的黏度，使镁液在精炼过程中能彻底澄清；

（6）熔剂熔体在整个精炼过程中和镁液有适当的界面张力，在熔炼阶段，较小的界面张力能较好地保护镁不被燃烧和氧化，在精炼静置阶段有较大的界面张力，能使镁更好地熔合并和熔剂分离；

（7）熔剂中阳离子应不与熔融金属镁发生置换反应，以免镁被二次污染。

能满足以上七个条件的熔体才能作为镁的精炼熔剂。由于有这七个条件的限制，熔剂的选择范围就很窄了，主体熔剂只能是部分碱金属和碱土金属卤化物。我国热法炼镁厂大部分使用的熔剂成分大概为（%）：$MgCl_2$ 38，KCl 37，NaCl 8，$CaCl_2$ 8，$BaCl_2$ 9，CaF_2 2.0，MgO <2.0，其配制原料主要为镁电解后的废电解质。

在熔炼过程中，镁中的氧化物杂质能被上述熔盐体系由物理或化学吸附而去除，对于金属杂质K、Na也能在熔体中发生反应而被除去。在此过程中发生的反应主要有：

$$MgO + MgCl_2 \longrightarrow Mg_2Cl_2O + (Mg_6Cl_2O_5) \tag{5-16}$$

$$SiO_2 + 2CaF_2 \longrightarrow SiF_4 + 2CaO \tag{5-17}$$

$$2Na(K) + MgCl_2 \longrightarrow Mg + 2NaCl(2KCl) \tag{5-18}$$

其他金属一般都不和熔盐发生反应，Zn、Al、Cu、Ni、Fe、Mn原则上通过熔剂精炼是不能除去的。微量的 Mn 对镁的各种用途性质的不良影响很小，因而精炼时可不考虑除锰。杂质铁是最有害的元素，在精炼时必须向熔剂中加入添加剂除铁，添加剂的种类有海绵钛、四氯化钛、锆、氧化锆、铍以及硼和硼的化合物等。用海绵钛除铁有较好的效果，这是因为海绵钛对杂质铁有很强的吸附性，并生成密度较大的结合体在镁液中沉降。其反应为

$$Ti + (Mg + X) \longrightarrow Mg + (Ti + X) \tag{5-19}$$

式中 X——杂质金属铁与其他杂质。

用四氯化钛精炼除铁，其机理基本与用海绵钛除铁一样。

国内有文献中简单描述了熔剂精炼的操作过程，它是将选用的精炼熔剂置于坩埚内加热至 700℃ 使之熔化，搅拌，恒温静置 3min 后加镁熔化、搅拌、再恒温 2min，再升温到 740℃，搅拌 5min 后恒温静置 5min，降温至镁冷凝，倒出镁样，冲洗干净后烘干称重。

结晶镁的精炼过程是在精炼炉中进行的。精炼炉有不同的结构，可以是用电加热的，也可以是用煤气、重油或煤进行加热的。用煤气、重油或煤加热的精炼炉，燃烧的火焰必须是切线方向进入炉膛，沿精炼炉中坩埚底部上升，从下部围绕坩埚壁旋转燃烧，然后从上部进入烟道排出。

5.3.3.2 *真空蒸馏精炼法*

镁的真空蒸馏法精炼是利用镁的饱和蒸气压和杂质的饱和蒸气压不同而达到分离杂质的目的。凡是蒸气压高、沸点低于镁的金属和盐类，首先蒸发；而蒸气压低、沸点高于镁的金属和盐类，则残留下来。

镁和粗镁中所含杂质的沸点见表 5-12。

表 5-12 镁和粗镁中所含杂质的沸点 （℃）

杂质	Mg	Fe	Cu	Si	Al	Ca	K	Na	$MgCl_2$	KCl	NaCl
760Pa 时的沸点	1107	2775	2595	2287	2560	1487	774	892	1418	1407	1465
0.076Pa 时的沸点	516	1564	1412	1572	1110	688	261	240		704	743

表 5-12 表明，粗镁中所含的铁、铜、硅和铝等杂质在同温时的蒸气压比镁低，因此在真空蒸馏时，镁先蒸发出来。而氯化镁、氯化钾、氯化钠及碱金属与镁的蒸气压相近，因此差不多和镁同时蒸发出来。此精炼过程是在蒸馏罐中进行的，蒸馏罐温度为 600℃ 左右，残留压力为 0.1 ~ 0.2Pa，镁及杂质的混合蒸气将沿着冷凝柱上升，并在冷凝器的塔板上冷凝成晶簇。由于冷凝柱中各塔板的温度存在着差异，而蒸气中各物质的沸点各不相同，蒸气中的各种物质会在不同的塔板上冷凝下来，从而达到分离的目的。各处冷凝物的成分不同，上部最冷处几乎全由金属钾和金属钠组成，中部为极纯镁，而靠近坩埚的热端为细小镁结晶并被铁和硅所污染。

通过重复进行多次蒸馏，可有效提高镁的纯度。将精炼得到的结晶状镁在真空条件下或惰性气体中进行熔化或铸锭，以防止玷污。

国外有学者在专利中提出以真空蒸馏法提纯高纯镁完整的方法和装置，采用的装置如

图 5-11 所示。

蒸馏柱以高纯石墨（杂质含量小于 $10 \times 10^{-4}\%$）为材料，包括一个水平的坩埚和一个垂直的冷凝器。在冷凝器中有若干个水平的石墨塔板，它们的作用是有选择性地将纯度等级不同的物质分开。该装置的加热工作是由一个三段电阻加热电炉来完成的，它的作用是控制坩埚的温度以使物质蒸发，且保证柱体温度在要求的范围之内。塔板将冷凝器隔开成很多部分，且是交错排列的，这样可以减慢蒸气的扩散速度（某一高纯物质到达它的冷凝温度且冷凝在一个或多个塔板上）。随着柱子高度的改变，各个挡板截面上存在明显的温度差异，这样可以促进镁的提纯。

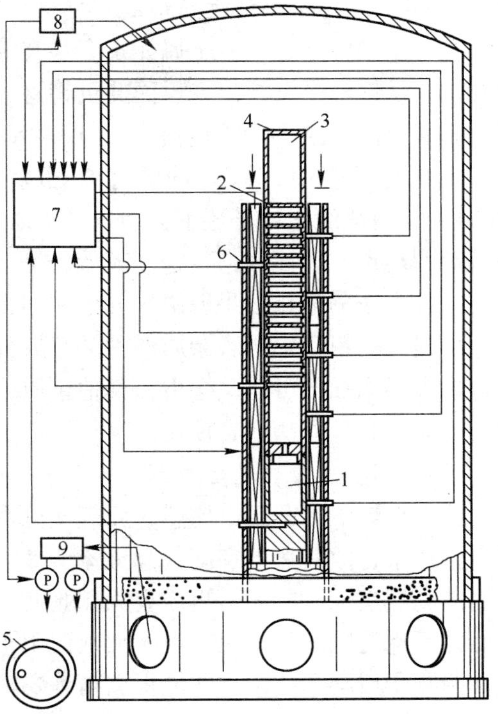

图 5-11 真空蒸馏器

1—蒸馏用坩埚；2—冷凝塔板；3—冷凝塔顶部出气口；4—冷凝塔固定结构；5—测温用热电偶；6—隔热板；7—控温装置；8—数据系统；9—排气管

这个方法可以制备纯度超过 6N 的镁，且原理适用于很多金属而不仅仅局限于镁，如 Cu、Hf、Zn、Tl、Nd、Mn、Zr、Ti、Mg 合金、Al 合金以及碘化物和氯化物的混合物等。还可以通过调节塔板的位置和多重温度控制来优化提纯过程，从而制备出更高纯度的物质。

国外还有学者在专利中提出了类似的装置和方法，其原理与上面的专利类似，但是在装置结构上略有不同。最大的区别在于，在此装置中加入了冷凝回流的设计，这样可以使原料利用更加充分。

5.3.3.3 电解精炼法

镁的电解精炼是基于不同电极电位的元素（镁和杂质元素）在电解时在阳极上选择性氧化和在阴极上选择性还原的原理来实现的。和粗铜电解精炼一样，通过调整电解工艺参数，也可以将粗镁和废镁进行提纯净化。当前，通过电解法精炼镁的研究还相对较少，但是通过借鉴银和铜等金属的电解精炼，也可以大致了解电解法精炼镁的原理及操作。

电解精炼镁的反应属于氧化还原反应。阳极的金属镁不断失去电子被氧化为金属镁离子（Mg^{2+}）转移到电解质中，同时其中的阳离子在电场的推动下，不断向阴极方向运动，到达阴极后得到电子被还原成金属镁。镁电解就是镁从阳极转化为离子，在阴极还原成金属镁的全过程。

电解槽的阳极是待提纯的粗镁，阴极使用钛板或纯镁电极片。电解质在生产一定时间后，应该采用净化除杂的措施和采用定期换电解质的方法，以保证电解过程电解质符合标准。

电解精炼的缺点是耗能巨大，电耗为 9.5～10kW/kg，仅比一次电解制镁电耗少 2.5～3kW/kg，而且操作费用相当高。

5.3.3.4 添加剂深度精炼法

在一定条件下，某些金属元素会与镁液中金属杂质元素相互作用，形成不溶性金属间化合物，从镁液中沉淀出来，因此可将这一类金属或其化合物加入镁液，从而达到去除金属杂质的目的。这类物质包括 Ti、Zr、Mn、Co、Be 及其氯化物等。

生产实践表明，钛对铁的净化效果很好，可使镁中铁的含量降低到 0.003% ~ 0.004%，而镁的含钛量还不会超过规定值。含 Ti 10% ~15% 的碱金属和碱土金属的氧化物溶剂的熔点、表面张力、密度较低，是一种较好的深度精炼剂。

这种方法的净化效果取决于元素本身的特性、加入量以及杂质本身的种类及含量等。由于待提纯的粗镁中所含杂质的种类和成分各不相同，因此所需添加剂的成分也不同。但加入过多的添加剂可能又会引入其他杂质，所以用该法精炼高杂质含量的镁液是不很合适的，还需与其他方法联合使用。

5.3.3.5 感应炉精炼法

感应精炼炉是利用电磁感应原理使得在坩埚及金属炉料内产生电磁涡流，这种涡流能够产生热量，故其热效率高（总效率为 83% ~85%），由于涡流作用使得熔融金属在垂直平面内剧烈运动，因而不再需要人工搅拌。同时由于炉中坩埚表面不受灼热气体的作用，因而并不遭受剧烈的氧化，可大大减低用于制备熔化设备材料的损耗。这种加热装置可以自动调频，启动无冲击，并能根据精炼要求方便地调整功率。

感应炉本身无法去除镁中的杂质，需与添加剂深度精炼法联用，所以它也具有添加剂深度精炼法的缺点。对杂质成分不同的粗镁，需选择对应成分组成的添加剂，且对于杂质含量过高的粗镁，精炼效果不理想。

5.4 高纯氧化镁

5.4.1 高纯氧化镁的性质

氧化镁为白色粉末，无臭、无味，不溶于水和乙醇，熔点为 2852℃，沸点为 3600℃，氧化镁有高度耐火绝缘性能，高温下具有优良的耐酸碱性和电绝缘性，光透过性好，导热性高，线膨胀系数大。氧化镁是碱性氧化物，具有碱性氧化物的通性。暴露在空气中，容易吸收水分和二氧化碳，溶于酸和铵盐，难溶于水，其溶液呈碱性。与水缓慢作用，生成氢氧化镁。

高纯氧化镁依据其物理化学性质，如密度、化学活性、吸附性能、导热性等可区分为轻质、次轻质、重质和活性氧化镁。

5.4.2 高纯氧化镁的用途

高纯氧化镁是一种用途极广的重要原料，广泛应用于橡胶、塑料、人造纤维、油漆、搪瓷、耐火材料等。高纯氧化镁是冶金工业和其他高温型工业不可缺少的耐火材料原料，如制造陶瓷、镁砖、镁碳砖、镁坩埚、耐火砖等；作为建筑材料，它与氯化镁或硫酸镁溶液混合在一起，制成镁氧水泥或轻型绝热板等；在化学工业中，用硅铁或碳在 2000℃时还原氧化镁制得金属镁，还可制造镁化学品，如硫酸镁、氯化镁以及其他化学品；在炼钢工业中，作硅钢板退火用隔离剂；在橡胶工业中，作硫化促进剂与活化剂；在医药上用作抗酸剂和轻泻剂，用于治疗胃酸过多、胃和十二指肠溃疡病；在油漆、造纸工业中作填料；在食品加工上可作为砂糖精制时的脱色剂，冰淇淋粉的 pH 值调节剂等；在农业上最大的用途是用作肥料和牲畜的饲料；在化妆品工业中可作保色剂和干燥剂；还可作有机化学品的催化剂、塑料工业的阻燃剂、轻工业的磨光剂、黏结剂；另外也用于水处理、烟道气的洗涤等。

随着我国经济的发展，氧化镁的应用领域不断拓宽，市场需求不断增加。从发展趋势看，氧化镁消费比重逐年上升。

5.4.3　高纯氧化镁的制备

5.4.3.1　高温水解法

高温水解法是将水氯镁石的水溶液喷雾，经 500℃煅烧，先脱去一部分结晶水生成 $MgO \cdot MgCl_2 \cdot H_2O$，然后转化为羟基氯化镁 Mg(OH)Cl，当温度进一步升高超过 510℃时，Mg(OH)Cl 继续分解为 MgO，反应式：

$$MgCl_2 + H_2O \longrightarrow Mg(OH)Cl + HCl \tag{5-20}$$

$$Mg(OH)Cl \longrightarrow MgO + HCl \tag{5-21}$$

该法工艺简单，产品氧化镁纯度较高，在美国已有大规模生产，但该法产生的高温 HCl 气体具有很强的腐蚀性，对设备要求高，能耗较大，在我国很少采用。

5.4.3.2　沉淀法

沉淀法是在水氯镁石的溶液中加入沉淀剂，沉淀剂主要有石灰、纯碱、氨水等，得到的沉淀物经煅烧后得镁砂产品，由不同种类的沉淀剂形成不同的镁砂制备方法，工艺流程如图 5-12 所示。

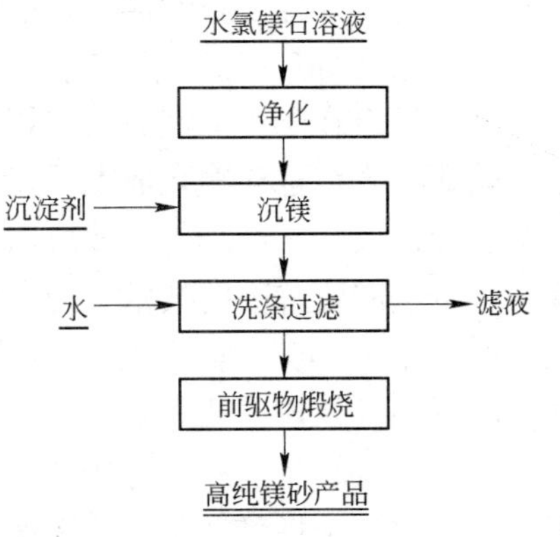

图 5-12　沉淀法制备高纯镁砂工艺流程

5.4.3.3　石灰卤水法

石灰卤水法以石灰作为沉淀剂，先将水氯镁石溶于水配制成一定浓度的卤水，净化后加入石灰乳，沉淀氢氧化镁经洗涤、过滤、煅烧后制得氧化镁产品。其基本原理是利用 $Mg(OH)_2$ 的溶度积远小于 $Ca(OH)_2$，因此可将 $Ca(OH)_2$ 沉淀缓慢转变为 $Mg(OH)_2$。

该工艺采用价格低廉的石灰作为沉淀剂，具有成本低的优点，但存在三大技术难题：

（1）卤水净化困难。盐湖水氯镁石溶液中往往含有 SO_4^{2-}、HCO_3^-、CO_3^{2-}、$B(OH)^-$ 等杂质，当加入石灰乳时体系中的 SO_4^{2-}、HCO_3^-、CO_3^{2-} 将和 $Ca(OH)_2$ 反应形成沉淀而使氧化镁产品纯度降低，尤其是 $B(OH)_4^-$ 的存在将使高纯氧化镁耐火材料性能骤减。

（2）氢氧化镁沉淀为胶状悬浮液，难以过滤。

（3）沉淀剂石灰本身杂质含量高，石灰石煅烧过程中有不完全分解的碳酸钙混入石灰乳中，导致镁砂产品中钙含量高，难以消除。

针对上述问题，有研究者曾对卤水净化做了深入的研究，卤水净化分两步：第一步，加入适量的石灰乳使 HCO_3^-、CO_3^{2-} 沉淀为 $CaCO_3$，同时形成的氢氧化镁胶状沉淀吸附其他的一些杂质，反应产生的 $CaCl_2$ 可将 SO_4^{2-} 除去。第二步，采用过碱法除硼，这样可以得到品质较好的净化液。但采用该法工艺过程操作的条件控制较为苛刻，制备高纯镁砂纯度难以达到98%，钙含量较高，由于卤水除杂净化使得成本增高，中间产物 $CaCl_2$ 溶液不易利用，若直接排放会使盐湖整个资源体系受到不利影响，因此该法制备高纯镁砂有局限性。

5.4.3.4　纯碱法

纯碱法是将碳酸钠溶液加入除硼后的水氯镁石溶液中，在100℃左右反应沉淀碱式碳酸镁，经洗涤、过滤后煅烧而得高纯镁砂产品。

该法优缺点见表5-13。

表 5-13　纯碱法制备高纯氧化镁的优缺点

优　点	缺　点
水氯镁石溶液净化简单，镁砂产品 MgO 含量可达到99%以上，纯度高	纯碱的价格相对氨法要高，煅烧过程所需的温度较氨法、石灰卤水法要高，能耗大
碱式碳酸镁沉淀较氢氧化镁沉淀易于过滤，沉淀过滤操作条件相对宽松	碱式碳酸镁在煅烧过程中产生大量的气体，轻烧氧化镁质地松散，重烧过程中不仅能耗高，而且高纯氧化镁体积密度难以达到 3.40 g/cm^3，这一点极大地限制了它的应用

5.4.3.5　氨法

氨法先将水氯镁石制成一定浓度的卤水，经除硼后与氨水混合沉淀氢氧化镁，沉淀经洗涤、煅烧后得其产品，工艺过程较为简单。

该法优点在于水氯镁石溶液净化过程中无 SO_4^{2-}、HCO_3^-、CO_3^{2-} 的影响，而只需将卤水中的硼除去，这样净化成本得以降低，产品纯度可达99%以上；另外，氨水价格相对于纯碱较为低廉，副产品氯化铵可回收，因此该法制备高纯度镁是较为经济、合理、符合实际的。该法需要解决的技术难题是氢氧化镁沉淀的过滤问题。氢氧化镁为胶状沉淀，颗粒细微（1μm 左右），难以过滤，滤饼含水率在60%～70%之间，导致镁砂产品的纯度受到极大的影响，是该工艺需要解决的关键技术问题之一，也是研究的热点。

目前，氢氧化镁的过滤方法主要有热过滤法、晶种法、高压管式过滤和二步脱水法等。热过滤法是将氢氧化镁料浆加热至900℃再送入真空过滤机过滤，所得滤饼含水量在60%～70%之间，产量低，能耗大。晶种法是在氢氧化镁晶种存在下沉淀氢氧化镁，可得较大颗粒的氢氧化镁沉淀而使其易于过滤，是普遍采用的方法。近年来，随着工艺设备的改进，出现了新的过滤方法如高压管式过滤和二步脱水法，可将氢氧化镁滤饼含水率降至25%左右，氢氧化镁产率进一步提高。使用氨法的另一缺点是由于加入氨水后，体系很快形成 NH_3-NH_4Cl 的缓冲体系，使体系的 pH 值长时间保持在 9.0 左右，Mg^{2+} 不易沉淀完全且氨水的耗量大，氢氧化镁产率为70%～80%。

5.4.3.6　碳化法

碳化法是先将镁矿石破碎，然后进行煅烧、磨矿，消化后通入 CO_2 进行碳酸化，生成碳酸氢镁溶液，经过滤、热解之后，得到碱式碳酸镁，再经干燥、灼烧后得到产物氧化镁。常见的镁矿石有菱镁矿、白云石等。碳化法具有选择性强、回收率高、工艺成熟等优点，但流程需要多次煅烧工序，生产流程较长，设备投资大。

国内有学者以低品位菱镁矿粉矿为原料，采用碳化法浸出工艺处理得到含量大于99%的高纯氧化镁产品，氧化镁回收率达85%。也有学者以轻烧氧化镁为原料，采用活性炭为吸附剂，对碳化、过滤后的碳酸氢镁溶液进行杂质脱除，最终得到MgO的质量分数达到99.5%的氧化镁产品。

又据文献报道，在碳化法的基础上加以改进，以白云石为原料，将一次碳化后碳酸氢镁溶液热解、过滤所得的$MgCO_3$沉淀于水中再进行第二次碳化，进一步将钙分离出去，所得产品氧化镁含量均大于99.2%。

5.4.3.7 其他制备方法

奥地利Andritz Ruthner开发了以喷雾焙烧工艺为基础的“鲁特纳盐酸法”（Ruthner-HCl-Route）制备高纯氧化镁。

此外，国外有研究报道采用化学气相沉积法制备了高纯氧化镁，并研究了其烧结性能。也有学者采用选择氯化法，以轻烧氧化镁为原料，将原料中CaO及Fe_2O_3杂质与Cl_2于500～800℃下在填充床中反应，使之转化成氯化盐，然后去除杂质离子，即可得到高纯氧化镁。

也有些学者将镁矿石酸浸后，调节pH值除杂净化，其所得滤液经浓缩以后，再制得脱水$MgSO_4$晶体，将其分解即可制得高纯度、高表面积的氧化镁。

同时，有报道称将蛇纹石矿粉，经硫酸浸出后，所得的镁及其他杂质的硫酸盐于700～1100℃下灼烧，再经水浸、过滤蒸干后，于1114℃以上灼烧得到高纯氧化镁。

参 考 文 献

[1] 王祝堂. 话说高纯铝(一)[J]. 金属世界，2004(3)：33～39.

[2] 王祝堂. 话说高纯铝(二)[J]. 金属世界，2004(4)：36，37，53.

[3] 王祝堂. 话说高纯铝(三)[J]. 金属世界，2004(5)：33～37.

[4] 孙致平，滕元成，等. 高纯超细氧化铝粉的常压烧结与高压烧结[J]. 化工学报，2007(58)：2932～2936.

[5] LU H X, SUN H W, LI G X, et al. Microstructure and mechanical properties of Al_2O_3-MgB_2 composites [J]. Ceramics International, 2005, 31(1): 105～108.

[6] 梁春来，等. 中和法制取高纯超细氧化铝[J]. 轻金属，1999(8)：28～30.

[7] 付高峰，等. 异丙醇铝水解法制取高纯超细α-Al_2O_3的研制[J]. 轻金属，1999 (3)：14～16.

[8] 骆树立. 高纯氧化铝的制备方法：中国，02108991.4 [P].

[9] 付高峰，毕诗文，孙旭东，等. 真细氧化铝粉体制备技术 [J]. 有色矿冶 2000 (1)：39～41.

[10] LIANG Z Z, KANDA H, JIA X, et al. Synthesis of diamond with high nitrogen concent ration from powder catalyst-C-additive NaN_3 by HPHT[J]. Carbon, 2006, 44(5): 913～917.

[11] KOICHI H. Transmission optical properties of polycrystalline Alumina with submicron grains[J]. Material Transactions. JIM, 1991, 32 (11): 1024～1029.

[12] 高宏，王保奎. 超高纯超细氧化铝粉体制备技术：中国，1195646A[P]. 1998-10-14.

[13] 郑福前，刘建良，谢明. 高纯超细氧化物粉末的制备：中国，991151070 [P].

[14] 刘建良，施安，胡劲，等. 一种制备高纯氧化铝粉末的方法：中国，031488307[P].

[15] BRUCE E, GEORGE G, DENNIS J. Low-density, high-porosity alumina extrudates and a method for producing said extrudates: US, 3975510[P]. 1976.

[16] WILLIAM C. High-porosity, high-surface area, low-bulk density alumina: US, 3987155[P]. 1976.

[17] WEBER W W, CAGLIONE A J, FROST A C, et al. Process for producing alumina: US, 4202870 [P]. 1980.

[18] 谢玉群．超细氧化铝粉体的研制[J]. 杭州大学学报（自然科学版），1998, 25(3)：67～70.

[19] YOKOTA K, TSUKUDA A , KONDA Y. Effect of addition of MgO on plate like grain growth in alumina sintered bodies and their mechanical properties1[J]. Journal of the Japan Societ y of Powder and Powder Metallurgy, 1998, 45(11)：1018～1023.

[20] PANTEA C, GUBICZA J, UNGAR T, et al. High-pressure effect on dislocation density innanosize diamond crystals[J]. Diamond and Related Materials , 2004 , 13 (10)：1753～1756.

[21] 李华伦，胡锐，曲卫涛，等．镁及镁合金的高纯净化[C]. 特种铸造及有色合金．2001 中国压铸、挤压铸造、半固态加工学术年会论文集，2001：878.

[22] 王兰君．高纯氧化镁—元明粉联产新工艺研究[J]. 无机盐工业，2008（40）：34，44，54，64.

[23] RAYMOND K F, LAM D, MARX R. Ultra high purity magnesium vacuum distillation purification method: US, 5582630 [P].

[24] 徐日瑶，诸天柏．结晶镁精炼熔剂的研究Ⅲ——杂质铁的除去及氟化钙对镁的熔合性［J］．轻金属，1997(8)：37～40.

[25] NAKOTO I. Methodf for Efiningm Agnesiumm Aterial: JP, 2005126802 [P].

[26] 朱荣兴．银精炼技术的改进[J]. 贵金属，2005(2)：9～12.

[27] 武洪，阎红，王丹．区域熔炼法制备高纯度金属[J]. 化学工程师，2001(6)：16～17.

[28] 乌志明，马培华．镁、镁资源与镁质材料概述［J］．盐湖研究，2007(15)：56，66，76，86，96.

[29] 宋彬，杨保俊，等．蛇纹石尾矿制备高纯氧化镁工艺条件的研究［J］．合肥工业大学学报（自然科学版），2008(31)：150～153.

[30] CHAKRABARTI S, GANGULI D, CHAUDHURI S, et al. Crystalline magnesium oxide films on soda lime glass by sol - gel processing[J]. Materials Letters, 2002(54)：120～123.

[31] QUINTANA M, COLMENAREJO M F, BARRERA J, et al . Removal of phosphorus through struvite precipitation using a by-product of magnesium oxide production (BMP)：effect of the mode of BMP preparation [J]. Chemical Engineering Journal, 2007, 138(4)：6～12.

[32] 王路明．人工合成氧化镁的精制与提纯[J]. 海湖盐与化工，2001，29(4)：32～34.

[33] 朱家琛，李德臣．炼镁与真空蒸馏罐生产技术的发展[J]. 铸造技术，2006(27)：178～181.

[34] BHAT P N, GHOSH D K, DESAH M V M. Immobilisation of be ryllium in solid waste (red-mud) by fixation and vit rification[J]. Waste Management, 2002(22)：549～556.

[35] 李陇岗．青海盐湖水氯镁石制备高纯镁砂研究[D]. 成都：成都理工大学，2005.

[36] 宋彬．蛇纹石酸浸滤液制备高纯氧化镁工艺条件研究[D]. 合肥：合肥工业大学，2007.

[37] 周绍辉，林衍洲，倪海勇．荧光级高纯氧化铝的制备和应用［J］．广东有色金属学报，2003，13 (2)：110～113.

[38] MAR M, EUGENIO M. Boron removal by means of adsorption with magnesium oxide[J]. Separation and Purification Technology, 2006(48)：36～44.

[39] 苗建国，等．多品种氧化铝的研究进展[J]. 轻金属，1997(8)：12～16.

[40] JUNG H S, LEE J K, KIM J Y, et al. Synthesis of nanosized MgO particle and thin film from diethanolamine stabilized magnesium-methoxide[J]. Journal of Solid State Chemistry, 2003(175)：278～283.

[41] 陈肖虎，程立．超微细高纯氧化铝及其水合物的制备[J]. 贵州工学院学报，1995，24(4)：33.

[42] GAO P, LU X L, GENG F, et al. Production of MgO-type expansive agent in dam concrete by use of industrial by-products[J]. Building and environment, 2008, 43 (4)：453～457.

[43] 崔鑫，邓敏．氧化镁制备方法、活性与水化测定方法综述[J]. 硅酸盐通报，2008(27)：136～141.

[44] 左铁镛．中国镁及镁合金发展战略[J]．科学中国人，2006(2)：28～29.
[45] 胡庆福，胡晓湘，等．中国专用氧化镁开发现状及其发展建议[J]．化工进展，2005，24（1）：28～31.
[46] 彭时利，钟辉，等．溶胶-凝胶法制备纳米氧化镁粉体[J]．盐业与化工，2008(37)：7～9.
[47] ALVARADO E，TORRES-MARTINEZ L M，FUENTES A F. Preparation and characterization of MgO powders obtained from different magnesium salt and the mineral dolomite [J]. Polyhedron，2000 (19)：2345～2351.
[48] 王路明．石灰卤水法制备高纯镁砂的研究[J]．盐城工学院学报，1994，7(3)：31～35.
[49] 林育炼．最近高纯镁砂生产技术的进步[J]．耐火材料，1990(1)：2～10.
[50] 罗玉长．氧化铝精细陶瓷的发展概况[J]．轻金属，1995(8)：5～11.
[51] 徐日瑶，诸天柏．结晶镁精炼熔剂的研究Ⅱ——熔剂的选优添加剂对熔剂精炼效果[J]．轻金属，1994(7)：39～43.
[52] 孙国清，白锦会，邓邵雄．高纯氧化镁的生产[J]．湖北化工，1994(2)：37～39.
[53] 邓邵雄．高纯氧化镁生产的历史回顾与展望[J]．耐火材料，1994，28(5)：289～292.
[54] 何朝辉，张景香．高纯超细 α-Al_2O_3 粉体的研制[J]．中南矿冶学院学报，1993，24(5)：632～636.
[55] 徐丽君．关于我国海水（含卤水）镁砂的研究与开发[J]．海湖盐与化工，1999，28(1)：16～20.
[56] 张美鸽．高纯氧化铝制备技术的进展[J]．功能材料，1993，24(2)：187～191.
[57] 薛循升，赵正林．添加剂精炼法提高精镁质量的研究[J]．轻金属，1994(10)：32～35.

6 高纯贵金属

6.1 高纯金

6.1.1 金属金概述

6.1.1.1 金的性质和用途

纯净的金为黄色，俗称黄金。金的原子序数为79，在元素周期表中位于I_B族，属副族元素。相对原子质量为197，熔点为1064℃，沸点为2808℃。金具有较大的密度，20℃时为19.32g/cm^3。金的延展性能好，导电、导热性能良好，且容易形成金属合金，金的蒸气压大大低于银。黄金主要呈自然金状态存在，它璀璨夺目，永不锈蚀，而且容易加工，因此很早就被采集和使用。

黄金是人类较早发现和利用的金属，由于它稀少、特殊和珍贵，在地壳中的含量仅为0.004g/t，自古以来一直是财富和高贵的象征，用作金融储备、货币和首饰等。在人类已产出的150kt黄金中，大约有32kt用作各国的金融储备，96kt以货币、金条和首饰形式为私人所拥有。表6-1为金等贵金属的一些计量单位。

表6-1 金等贵金属的一些计量单位

名　称	英文名称	相当于SI制中的克数/g	使用的国家或地区
盎司	Ounce（oz）	31.1035	主要在欧美
百万盎司	Million ounces	31103500	世界范围通用
两	Liang	31.25	中国内地
两	Tael	37.429	中国香港地区
拖拉	Tola	11.6611	印　度
铢	Baht	14.6177	泰　国

目前，黄金的主要需求和用途有三大类：

（1）用作金融储备。这是由黄金的货币商品属性决定的。随着社会经济的发展，黄金已退出流通领域。20世纪70年代以来黄金与美元脱钩后，黄金的货币职能也有所减弱，但仍保持一定的货币职能。目前许多国家，包括西方主要国家金融储备中，黄金仍然占有相当重要的地位。

（2）用作珠宝、首饰、纪念币和奖章，华丽的黄金饰品一直是个人社会地位和财富的象征。

（3）在工业和科学技术上的应用。

金融储备、首饰和金币等仍是黄金的主要用途。

随着社会的发展，黄金的经济地位和应用在不断地发生变化。它的货币职能在下降，在工业和高科技领域方面的应用在逐渐扩大，尤其是在一些现代高新技术产业中，如电子技术、通信技术、宇航技术、化工、医疗等。具体介绍如下：

（1）金在电子工业中的应用。由于金具有优异的稳定性和良好的导电、导热性能，因此使金在电子工业上的用途愈来愈广泛。宇航技术的发展，要求稳定程度很高的无线电电子元件愈来愈多，如高级真空管的涂料、特种用途的电力接头、特种精密电子仪器中用的拉丝导线、电镀金的高频导体以及高温焊接用金合金，在计算机、收音机、电视机、收录机等方面用的涂金集成电路等。金在电子工业上的用量占工业用金的90%以上，而且用量在年年增长。

（2）金在化学工业中的应用。金在化学工业中也有独特的用途，如核化工厂用的材料和人造纤维类工厂中用的合金喷丝等。

（3）金在宇航工业中的应用。在航天工业中，金的用途也在发展与开拓之中。飞机和其他空间运输工具中用的镀金红外装置和热反射器，喷气发动机和火箭发动机用涂金防热罩或热遮护板以及飞机、汽车、轮船等交通工具涂有薄层金的热挡玻璃等。

（4）金在传统工业中应用。镶牙业、照相和制笔等传统工业中，黄金的应用仍具有一定的消耗量。金在科学技术上的应用，正处在不断开发中。日本某大学原子能研究所秋洪良三发现金晶体堆积可构成超导薄膜。预计，随着科学的发展和新技术不断出现，黄金的应用领域将不断扩大。

6.1.1.2　高纯金

电子行业广泛应用金及金合金材料作为内引线和焊料，这些行业对金原料都提出了“高纯”的要求。通常所说的高纯金是金含量大于99.995%，杂质总含量小于$10\times10^{-4}\%$，分析杂质元素个数多于8个。表6-2为4N和5N金的杂质含量标准。

表6-2　4N和5N金的杂质含量标准

指标名称	含金量/%	杂质含量/%						
		铁	铝	铅	锌	锡	镁	铜
4N	99.99	5×10^{-4}	5×10^{-4}	1×10^{-4}	5×10^{-4}	1×10^{-4}	5×10^{-4}	1×10^{-4}
5N	99.999	1×10^{-4}	5×10^{-5}	1×10^{-5}	5×10^{-5}	1×10^{-5}	5×10^{-4}	1×10^{-5}
指标名称	含金量/%	杂质含量/%						
		锰	铬	镍	钙	钴	铋	镉
4N	99.99	1×10^{-4}	1×10^{-4}	1×10^{-4}	5×10^{-4}	1×10^{-4}	1×10^{-4}	1×10^{-4}
5N	99.999	1×10^{-5}	1×10^{-5}	1×10^{-5}	1×10^{-4}	1×10^{-5}	1×10^{-5}	1×10^{-5}

6.1.2　高纯金的制备

6.1.2.1　制备方法简介

金提纯的目的就是除去杂质以提高金的纯度，获得符合各种不同要求的黄金产品，以满足市场交易的要求。常用的金提纯工艺主要有熔融氯化法、电解精炼法、化学溶解沉淀法和溶剂萃取法等。下面对各种金提纯的方法进行介绍。

A　熔融氯化法

熔融氯化精炼是往金熔体中通氯气，使重金属杂质及银生成氯化物浮在金熔体的表面而被除去。熔融氯化精炼是基于各种金属与氯作用的化学亲和力不同，而选择性地将杂质金属从金熔体氯化除去。金熔体中各种金属氯化由易到难的顺序为：Fe > Zn > Pb > Cu > Ag > Au。通过控制一定的条件，可以选择性地使杂质和银氯化而金不被氯化。熔融氯化适合处理含大量杂质的粗金。

熔融氯化在高温下（1150℃）进行，氯气与金属杂质发生如下化学反应：

$$2Fe + 3Cl_2 \longrightarrow 2FeCl_3 \tag{6-1}$$

$$Zn + Cl_2 \longrightarrow ZnCl_2 \tag{6-2}$$

$$Pb + Cl_2 \longrightarrow PbCl_2 \tag{6-3}$$

$$Cu + Cl_2 \longrightarrow CuCl_2 \tag{6-4}$$

$$Ag + \frac{1}{2}Cl_2 \longrightarrow AgCl \tag{6-5}$$

在1150℃的高温下，生成的氯化物（$FeCl_3$、$ZnCl_2$、$PbCl_2$）易气化而被除去，$CuCl_2$、AgCl以熔体状态进入浮渣与金分离，使金得到精炼。该工艺对合金的成分适应范围较宽，但其氯化过程的控制（氯气用量、时间、温度、通气速度）难以准确把握，产品质量难以稳定达标；另外，氯化过程会有少量的金挥发，造成金的损失；此外，金含量低的原料，应用该法很不经济。

B　电解精炼法

金电解精炼工艺具有较长历史。黄金统购时代，各企业交售到银行的合质金均是由专业精炼厂采用电解法提纯获得。另外，有色金属行业黄金产品一般也采用电解提纯工艺。

电解精炼的原料一般要求金质量分数为90%以上的粗金，以粗金铸成阳极，以纯金片或钛板作阴极，以氯金酸水溶液及游离盐酸作电解液。在金电解精炼过程中，金从阳极溶解形成Au离子，移向阴极放电析出沉积在阴极上。当达到一定程度将阴极取出净化处理铸锭，其金纯度在99.99%以上。

随着电解过程的进行，各种比金负电性低的杂质元素也都随电化学反应溶解进入溶液，但其浓度很低，不会在阴极析出。阳极中有害的杂质是银和铜，如含银量过高电化学溶解后形成的氯化银会附着在阳极表面，造成阳极钝化，当阳极含银超过6%时更为严重。为消除这一影响，在金电解精炼时，往电解槽中输入直流电的同时，也输入交流电，形成非对称性的脉动电流，以消除银的影响。铜含量过高会在阴极析出影响电解金质量，因此阳极中含铜不应超过2%。新电解液通过溶解金制得，造液有王水法和电解法两种。采用还原沉淀法回收废电解液中的金。如果来料中杂质含量高，电解液必须经常再生或预先除去来料中过多的杂质。

近几年，传统的电解工艺得到了许多改进，例如采用非对称交流电源，可以提高对粗金的适应性，且具有良好的抗阳极钝化作用；有的企业仅利用直流电源进行电解作业，从而简化电源结构，减少操作程序；利用高电流密度，可大幅度压缩电解时间，缩短精炼周期，减少产品积压。

C　化学溶解沉淀法

化学溶解沉淀工艺为化学精炼黄金的经典工艺。该工艺的技术路线是采用溶金试剂将金溶解，然后加入还原剂选择性沉淀金，达到精炼金的目的，实现了机械化和自动化控制，产品稳定达标。金化学溶解的传统方法是王水溶解法，这种最早使用的溶解金的方法一直为人们沿用至今。该工艺在生产过程中会产生大量的氮氧化物气体，污染环境。为了避免这一缺陷，也有用其他氧化剂的，最具代表的是气态氯和氯酸盐，它们都是在酸性氯化体系中溶解金，其溶解金的主要反应为：

$$Au + HNO_3 + 3HCl \longrightarrow AuCl_3 + NO\uparrow + 2H_2O \quad (6\text{-}6)$$

$$2Au + ClO_3^- + 6H^+ + 7Cl^- \longrightarrow 2AuCl_4^- + 3H_2O \quad (6\text{-}7)$$

该工艺除了具有投资少、生产周期短、易于操作、金产品稳定达标等优点外，还克服了其他溶金工艺环境污染严重的缺点。因而先后被许多黄金生产厂家所采用。目前，该工艺已在我国山东、辽宁、吉林、黑龙江、河南、陕西等十几个黄金企业实现了工业化生产。从这几年企业反馈的信息来看，该工艺的产品稳定达标。

在金的化学溶解中，应注意以下几个问题：

（1）为了快速溶解金，原料要有大的表面积，呈高度分散状态。

（2）物料含银量要低，高银物料（银质量分数大于8%）易生成附着的氯化银，造成金的溶解困难。

（3）由于反应温度、加入试剂的种类等因素不同，体系中会放出不同的气体。例如，王水溶解产生大量的含氮氧化物烟雾，氯化浸出会逸出氯气。因此需要对气体收集、净化处理。

金的沉淀可选用不同的还原剂从浸金溶液中沉淀金，如草酸、亚硫酸盐、二氧化硫、硫酸亚铁、氯化亚锡等。还原产生的金多呈砂状和海绵状。金粉经净化、干燥处理后铸锭，得到符合各种质量和规格要求的金产品。以草酸还原沉淀为例：在70℃左右，用20% NaOH 溶解调整浸金溶液的 pH 值为 1 ~ 1.5，按溶液中金浓度计算，搅拌均匀后加入过量一倍的固体草酸：

$$2HAuCl_4 + 3H_2C_2O_4 \longrightarrow 2Au\downarrow + 8HCl + 6CO_2\uparrow \quad (6\text{-}8)$$

反应平稳后再用碱液调整并保持溶液 pH 值为 1 ~ 1.5，补加适量草酸直至反应完全。产出的海绵金用 1∶1 HNO_3 和纯水分别煮沸洗涤、烘干后铸锭，产品金纯度为 99.9% ~ 99.99%。

D 溶剂萃取法

用萃取剂从金溶液中萃取分离杂质制取金的过程，为金精炼方法之一。萃取法适于从复杂成分的溶液中直接提取、精炼金和制取有特殊要求的高纯金。金（Ⅲ）能与中性、酸性、碱性萃取剂形成稳定萃合物而被萃取，主要有含磷萃取剂萃取、含氧萃取剂萃取、胺类萃取剂萃取以及含硫萃取剂萃取等。这些萃取剂除胺类萃取剂萃取属碱性萃取剂外，其余属于中性萃取剂。表 6-3 列出了提取金过程中所用到的典型萃取剂。

表 6-3 提取金过程中所用到的典型萃取剂

萃取方法	典型的萃取剂
含磷萃取剂萃取	磷酸三丁酯（TBP）
含氧萃取剂萃取	醇、酮、醚、脂类有机化合物
含硫萃取剂萃取	石油硫醚、石油硫醇、三烷基硫醚、二烷基亚砜等
胺类萃取剂萃取	胺类萃取剂中的伯胺、仲胺、叔胺及季铵盐

各种萃取剂提金的具体应用介绍如下：

（1）含磷萃取剂萃取。含磷萃取剂磷酸三丁酯（TBP）是金的最有效萃取剂。萃取机理为：

$$[H^+ \cdot AuCl_4^-]_{(A)} + [TBP]_{(O)} \longrightarrow [HAuCl_4][TBP]_{(O)} \tag{6-9}$$

同时被萃取的有少量杂质元素铁和碲等，用稀盐酸洗涤除去后，反萃取金液用铁粉还原，最后产出纯度为99.5%的金。

（2）含氧萃取剂萃取。含氧萃取剂有醇、酮、醚、酯类有机化合物。工业上用于萃取金的萃取剂有乙醚、甲基异丁基酮（MIBK）和二丁基卡必醇（DBC）。

（3）含硫萃取剂萃取。石油硫醚、石油硫醇、三烷基硫醚、二烷基亚砜等含硫萃取剂具有良好的萃取金性能，但未正式用于工业生产。

（4）胺类萃取剂萃取。胺类萃取剂中的伯胺、仲胺、叔胺及季铵盐都有较高的萃金效率。其中三辛胺（TOA）可从含 NaCN 0.06%、CaO 0.018%、Au 48.7mg/L、Ag 56.8 mg/L的浸出液中萃取金和银，在有机相与水相之比为1∶1的条件下，经一级萃取，金和银的萃取率达100%。

6.1.2.2 提取高纯金的工艺实例

这里主要介绍在蒸发剂P和除杂剂S的协助下使用王水提取高纯金（>99.995%）的生产工艺，以含Au 50%～99.9%、含Ag<30%的合质金（其他金属含量对该工艺无影响）为主要提纯对象，提纯后的金按我国国家标准可达到1号标准要求，使用ICP-AES分析杂质含量，采用减去法计算的金含量可达5N。

A 工艺原理

将合质金泼珠成直径小于6mm的金珠，溶于王水发生溶解反应，一部分杂质以氯化物沉淀形态分离，另一部分则以氯配合的形态存在于金液中。通过加入蒸发剂P来驱赶金液中的过剩氮氧化物，预防还原后金的返溶现象，再加入除杂剂S将以配合离子存在的杂质转化为沉淀形式，从而实现金离子与杂质离子的分离，金液经沉淀、过滤后，再用抗坏血酸或 Na_2SO_3 还原。还原后的海绵金以适当的化学试剂洗涤，以除去被还原的杂质单质，海绵金再经纯水洗涤、过滤、烘干即可熔炼。涉及的主要化学反应如下：

$$Au + HNO_3 + 3HCl \longrightarrow AuCl_3 + NO\uparrow + 2H_2O \tag{6-10}$$

$$AuCl_3 + HCl \longrightarrow HAuCl_4 \tag{6-11}$$

$$2HAuCl_4 + 3Na_2SO_3 + 3H_2O \longrightarrow 2Au\downarrow + 8HCl + 3Na_2SO_4 \tag{6-12}$$

B 工艺流程及控制参数

本工艺流程如图6-1所示，其主要控制参数如下：

（1）泼珠。此过程只需注意金粒的直径应小于6mm，泼珠时尽可能地使其粒度更小，否则会增加溶解时间。

（2）配王水。可直接在搪瓷反应釜中配制，先加入一定量硝酸，再加入一定比例的盐酸，搅动混匀配好后，直接将粗金粒加入。王水的配比原则是按1kg的合质金、1.2L的硝酸和3.6L的盐酸计算。

（3）溶解、分析。向配好的王水中缓慢加入粗金粒，加入的速度根据反应釜内发生化学反应的剧烈程度来控制，要保持反应稳定进行，如太剧烈（温度过高、产生大量红棕色

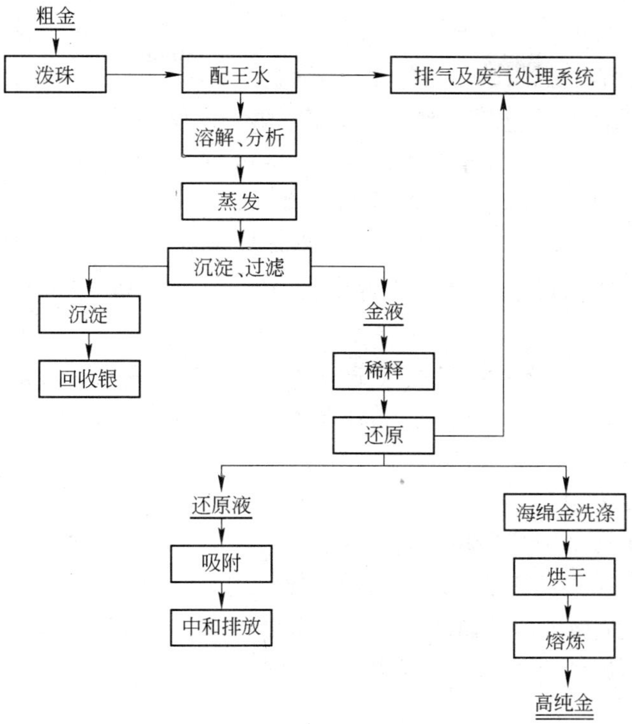

图 6-1 高纯金的提取工艺流程

气体）则停止加入，一般控制溶解温度约为70℃。当粗金粒加完，反应趋于平和（反应放出的气泡逐渐减少）时应补加王水，直至所有粗金粒溶解。取少量液体分析 Ag、Pb、Fe、Cu，当 Ag 质量分数大于 $8\times10^{-4}\%$、Pb 质量分数大于 $1\times10^{-3}\%$ 时要在蒸发单元加入一定量的除杂剂 S，它可以很有效地把 Ag、Pb 等配离子转化为沉淀与金液分离，$1.5\times10^{-2}\%$（质量分数）的 Fe、$1\times10^{-3}\%$（质量分数）的 Cu 对工艺无影响。

（4）蒸发。金液中氮氧化物的存在会导致金还原不彻底和出现金返溶现象，因此需加入少量高沸点的蒸发剂 P，有利于氮氧化物挥发，控制蒸发温度大于95℃，蒸发到无红棕色的氮氧化物气体放出为止。

（5）沉淀、过滤。将蒸发后的液体冷却到常温，静置沉淀 4 ~ 5h 后过滤。在过滤操作中要确保金液与沉淀物质彻底分离。过滤后的金液转入还原搪瓷反应釜，滤渣可以回收银。

（6）稀释。主要目的是降低金液酸度和杂质浓度，因为酸度太高会加大还原剂的用量，杂质浓度过高会因还原剂局部浓度大而还原出杂质，一般情况稀释到原体积的 3 ~ 4 倍。

（7）还原。可直接使用抗坏血酸或 Na_2SO_3 还原，缓慢将还原剂加入到搅动的金液中，直至还原液清澈。分析还原液中的金浓度，若 Au 质量分数小于 $5\times10^{-4}\%$，还原完成。否则，继续加入还原剂，直到 Au 质量分数小于 $5\times10^{-4}\%$ 为止。再静置、沉淀 2 ~ 3h，抽出还原液。

（8）洗涤。本单元是工艺的重点，在洗涤过程中必须不断搅动，让海绵金与洗涤剂充分接触。首先用纯水将海绵金洗涤至中性，抽出滤液，加入稀硝酸，在温度为 55 ~60℃ 酸洗 50min，将酸洗液抽出，用纯水将海绵金再洗涤至中性，抽出滤液。再加稀盐酸，在 60℃ 酸洗 60min，将酸洗液抽出，用纯水将海绵金洗涤至中性后再将海绵金抽滤水分。

（9）烘干。将抽滤过的海绵金放到电烤箱中烘干，烘烤温度为 600℃。

（10）熔炼。用干净的坩埚熔化海绵金，在浇铸前，用玻璃管从熔态的金液中取样化验其纯度，再按实际需要将熔化的金铸成相应的金锭。

（11）废水处理。本工艺产生的废水为酸性还原液和洗涤液，处理方式主要是先将酸性废水通过活性炭三级吸附装置回收废液中的 Au、Pt、Pd 等贵金属，再进行中和排放，进入废水处理厂。

（12）废气处理。本工艺产生的废气主要有氮氧化物、氯化氢、二氧化硫等酸性气体。可用二级吸收塔吸收，先用氨气吸收，再用碱液吸收，生成铵盐或钠盐。本法处理废气综合吸收率大于 95%。

C　工艺特点

利用传统的王水提金工艺不能有效地除去 Ag、Pb、Cu 等杂质元素，由于工艺本身的缺陷，使得金液中存在大量的杂质配合离子，导致成品杂质含量超标。本工艺通过加入蒸发剂 P、除杂剂 S 使杂质大部分以沉淀形式与金液分离，从而减少了杂质元素被还原，再配合酸洗工序，可以保证成品的含金量大于 99.995%。

6.2　高纯银

6.2.1　金属银概述

6.2.1.1　金属银的性质

银(Ag)的原子序数为 47，在元素周期表中位于 I_B 族，属副族元素，相对原子质量为 107.868，熔点为 960.5℃，沸点为 2213℃。银有极好的延展性，可碾成厚度为 0.025mm 的银箔，拉成直径为 0.001mm 的银丝，但当含有少量的砷、锑、铋时，则变脆。

银有良好的导电性能，在所有的金属中，银的导电性能最好，常温下，银的电阻率仅为 1.61μΩ · cm。银的化学稳定性较好，在常温下不氧化。但在所有贵金属中，银的化学性质最活泼，它能溶于硝酸生成硝酸银；易溶于热的浓硫酸，微溶于热的稀硫酸；在盐酸和王水中表面生成氯化银薄膜；与硫化物接触时，会生成黑色硫化银，这就是银制品逐渐变黑的原因。此外，银能与任何比例的金或铜形成合金，与铜、锌共熔时极易形成合金，与汞接触可生成银汞齐。

6.2.1.2　金属银的用途

长期以来，大量纯度较高的银用于制造银币和装饰品。随着科学技术的发展，银已由传统的货币和首饰工艺品方面的消费，逐渐转移到工业技术的应用与发展领域。目前，它在电子、计算机、通信、军工、航空航天、影视、照相等行业得到了广泛的应用。

在影视和照相行业中，由于银的卤盐（溴化银、氯化银、碘化银）和硝酸银具有对光特别敏感的特性，因此可用来制作电影、电视和照相所需要的黑白与彩色胶片、底片、晒相和印相纸、印刷制版用的感光胶片、医疗与工业探伤用的 X 光胶片和航空测绘、天文宇宙探索与国防科学研究等使用的各种特殊感光材料。

在机电和电气工业方面，银主要以纯金属、银合金的形式用作电接触材料、电阻材料、钎焊料、测温材料和厚膜浆料等。如银铜、银镉、银镍等合金制作的电触头可以消除一般金属的消耗变形、接触电阻及黏结等弊病；银钨、银钼、银铁合金等制作的低压功率开关、起重开关、重负荷的继电器与电接点材料可广泛用于交通、冶金、自动化和航空航天等尖端工业；在厚膜工艺中，银浆料使用最早，导电最好，与陶瓷的附着力又强。

在石油化工方面，银主要以 Ag/Al_2O_3、$KBr\text{-}Ag\text{-}Al_2O_3$、Au-Ag 等催化剂用于化学反应。

医疗卫生事业中，银金、银汞、银锡合金等为重要的牙科材料；银泊丹、镇心丸具有定志养神、安脏的功用；银纱布、药棉可医治恶性溃疡；银线、银片是固定碎骨与修补颅骨破洞的非常材料；银盐具有良好的杀菌作用；银器皿具有特殊的作用。

在农业、气象上，碘化银用于人工降雨。

在能源利用上，将银涂在巨大的弧形玻璃镜面上，可聚集阳光，将其转变成热能和电能。银锌、银镉电池比普通电池强 20 倍以上。此外，银敷玻璃窗户可以防止紫外线通过，能节省空调设备的能耗和费用。

6.2.1.3 银锭技术指标

我国颁布的银锭产品标准见表 6-4，标准号为 GB 4135—2002。该标准是对 GB 4135—1994《银锭》的修改，新标准等效采用 ASTMB 413—1997a《精炼银》标准，与 GB 4135—1994 相比，该标准做了如下修改：

（1）将标准名改为银。将原牌号 Ag-1 改为 IC-Ag99.99、Ag-2 改为 IC-Ag99.95、Ag-3 改为 IC-Ag99.90。

（2）在标准中加入了粒状银。相应规定了粒状银的物理规格、检验规格和包装要求。

（3）Ag99.99 牌号中新增 Pd、Se、Te 三个杂质要求，降低杂质 Bi 限量；Ag99.95 牌号中降低 Bi、Fe 限量，放宽 Pb 限量，Cu 限量不变；Ag99.90 牌号中新增规定 Bi、Fe、Cu、Pb 四种杂质要求。

表 6-4 银锭产品标准

牌号	化学成分/%									
	银含量	杂质含量								
		Cu	Bi	Fe	Pb	Sb	Pd	Se	Te	杂质总量
IC-Ag99.99	≥99.99	≤0.003	≤0.0008	≤0.001	≤0.001	≤0.001	≤0.001	≤0.0005	≤0.0005	≤0.01
IC-Ag99.95	≥99.95	≤0.025	≤0.001	≤0.002	≤0.015	≤0.002				≤0.05
IC-Ag99.90	≥99.90	≤0.05	≤0.002	≤0.002	≤0.025					≤0.10

该标准的银规格采用了银国际市场的通用要求。

银锭的适用范围为：装饰品、首饰、货币、高能电池、感光材料、医药、镀银、电触点材料等。

6.2.2 高纯银的制备

精炼银的方法一般有火法、化学法、电解法及萃取法。其中火法精炼在古代曾广泛采用，而现在非特殊情况一般不予采用，其主要原因是火法精炼的产品纯度难以达到要求。

化学法包括氨浸分银—水合肼还原法、亚硫酸钠分银—甲醛还原法等。近二十年来随着湿法处理阳极泥工艺的广泛应用，化学法也随之有了较为重要的地位。电解法是银精炼最重要的方法，这是由于电解法分离提纯操作简单、原材料消耗少、生产效率高、产品纯度高而稳定、能节约大量的劳动力、劳动强度小并回收其中的少量的铂族金属等。银的萃取精炼是现代产生和发展的，具有良好的应用前景。

6.2.2.1　化学法精炼

对于粉状的精炼原料，如氯化银、粗银粉，其精炼过程与阳极泥的湿法处理过程相似。化学法精炼银一般是通过处理其他金属阳极泥中所含有的银，例如铜、铅精矿中所含的金、银等贵金属在火法冶金过程中几乎全部进入粗铜和粗铅，粗铜和粗铅再进行电解精炼。铜阳极泥和铅阳极泥是由粗铜和粗铅在电解精炼过程中不溶于电解液的各种成分所组成。

铜电解阳极泥的产率为粗铜阳极板质量的0.2% ~1%；铅电解阳极泥的产率比铜电解阳极泥的稍高，通常为0.9% ~1.8%。阳极泥中除含金、银等贵金属外，通常还含有Se、Te、Pb、Cu、Sb、As、Bi、Ni、Fe、Sn、S、SiO_2、Al_2O_3等，其含水量在35% ~40%之间，铅阳极泥中Sb、As的含量比铜阳极泥高。阳极泥中Cu、Pb、Se、Te、Bi、As、Sb等贱金属以及化合物约占阳极泥质量的70%以上，阳极泥湿法处理须先脱除贱金属以保证得到高品位的贵金属物料和高的贵金属回收率，并综合回收有价金属。银的化学法提取多是将银转化为AgCl，再用氨或亚硫酸钠浸出。

化学法精炼银的主要原理：在含Ag^+的液体中，将Ag转化为AgCl沉淀，加入浸出剂形成稳定的配合物，再用选择性还原剂还原，分离出银粉。铜阳极泥和铅阳极泥经过脱除贱金属杂质后，进入分银工序原料中的银基本上都已转化成AgCl，因此凡是能够溶解AgCl的试剂都可作为银的浸出剂，但现行工业生产上使用的浸出剂只有氨和亚硫酸钠两种。

根据浸出剂的不同，主要分为氨浸分银—水合肼还原法和亚硫酸钠分银—甲醛还原法。下面主要对氨浸分银—水合肼还原工艺进行介绍：

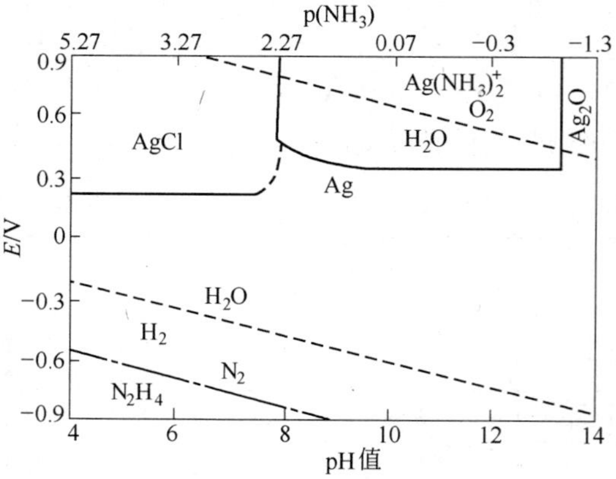

图6-2　AgCl-NH_3-H_2O系电位图

（1）氨浸。AgCl-NH_3-H_2O系电位图如图6-2所示。由图6-2可知，在合适的pH值范围内，AgCl才能转化为$Ag(NH_3)_2^+$。pH值过高，$Ag(NH_3)_2^+$将转变成Ag_2O沉淀。在25℃时，同一氨水浓度下，当pH值在5~10范围内，随pH值的增加，AgCl的溶解度增大；在pH>10以后，AgCl的溶解度基本不变。AgCl的溶解度随氨水浓度增加而增大，在氨水浓度大于5%以后，其溶解度增加缓慢，所以一般选择氨水浓度为5%。

（2）水合肼还原。银的氨浸液用水合肼来还原，得到品位98%以上的银粉。水合肼在碱性溶液中的半电池反应为：

$$N_2 + 4H_2O + 4e \longrightarrow N_2H_4 + 4OH^- \tag{6-13}$$

银氨配离子与银构成的半电池反应为：

$$Ag(NH_3)_2^+ + e \longrightarrow Ag + 2NH_3 \tag{6-14}$$

因此，水合肼能将银氨配离子还原成金属银：

$$4Ag(NH_3)_2^+ + N_2H_4 + 4OH^- \longrightarrow 4Ag + N_2 + 8NH_3 + 4H_2O \tag{6-15}$$

水合肼用量为理论量的两倍，在60℃下还原30min，银的还原率为99%以上。

用氨浸分银—水合肼还原法从铅阳极泥中回收银的工艺流程如图6-3所示。

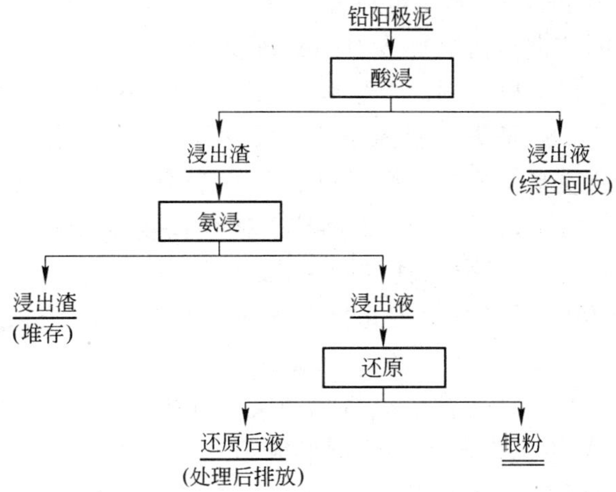

图6-3 用氨浸分银—水合肼还原法从铅阳极泥中回收银的工艺流程图

6.2.2.2 电解法精炼

在银电解精炼中所使用的原料有火法处理铜、铅阳极泥得到的金、银合金（含银95%以上），氰化金泥火法熔炼得到的合金、粗银等，这些原料中含金量不超过三分之一，如含金量过高，需配入银，以防电解时阳极钝化。电解时以金银合金为阳极，银片、不锈钢或钛片作为阴极，硝酸银的水溶液作电解液，在电解槽中通以直流电进行电解。利用电解的方式可使合金中的贱金属杂质、金及铂族金属与银分离，在阴极析出银粉。图6-4为

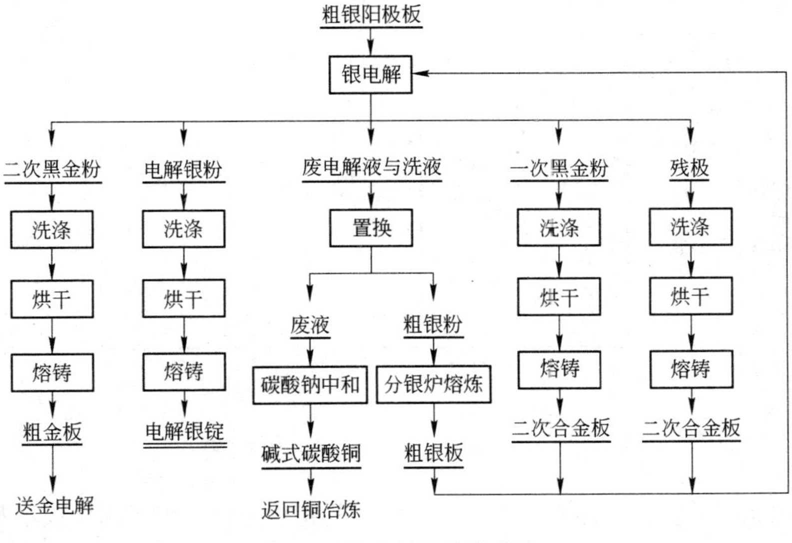

图6-4 银电解精炼流程图

银电解精炼流程图。

银电解的基本原理为：该过程属于氧化还原反应，其全过程就是银从阳极转化为离子，在阴极还原成金属银。阳极的金属银不断失去电子被氧化为银离子（Ag^+）转移到溶液中，同时溶液中的阳离子在电场的推动下，不断向阴极方向运动，到达阴极后得到电子被还原成金属银。此外，阳极板中的其他金属杂质，如铜等贱金属，同时也被溶解进入溶液。银、铜金属在阳极上除了电化学溶解外，当硝酸浓度较高时，还有银、铜的化学溶解。在阴极上除发生析出银的反应外，也可能发生消耗电能和硝酸的有害反应。由于反应中发生了这些副反应，因此常需往电解液中补加硝酸。

银的电解精炼能否获得合格的国标 1 号银，电解液杂质的控制极为关键，除杂操作是电解精炼过程的重要环节，也是银金属损失的主要途径之一。粗银在硝酸盐电解提纯时，银产品的质量与粗银的杂质密切相关。粗银中杂质在电解中有的不溶解就落入阳极泥，有的与银同时溶解进入电解液中，对纯银产品构成间接或直接的污染，影响产品质量。因为杂质的影响，采用传统工艺很难获得高质量的纯银产品，有的甚至采用二次电解也不一定能获得符合“国标”99.99%的产品。为此对银电解技术进行了改进，提出了阴离子隔膜电解法。具体改进措施如下：

（1）电解槽的改进。把传统工艺的电解槽改装成阴离子隔膜槽（即在原来的阴阳极之间配装一层阴离子隔膜），从而使银电解槽形成阳极区与阴极区，这两个区的溶液不能相通（即阳极区的溶液绝不能流入阴极区）。电解时电极反应与离子的运动与传统工艺一样，在阴极上银离子获得电子（$Ag^+ + e \rightarrow Ag$）而析出。NO_3^- 向阳极迁移通过阴离子膜进入阳极区，阳极中的 Ag 及 Cu、Pb、Fe 等杂质失去电子成阳离子进入溶液；Bi、Sb 也同时溶解，部分呈水解物沉入阳极泥，部分呈硝酸盐进入溶液。阳极区阳离子被阴离子隔膜阻挡在阳极区内，并富集在阳极区溶液中，阳极银中的 Au 不溶解，以微粒落入阳极泥，如图 6-5 所示。

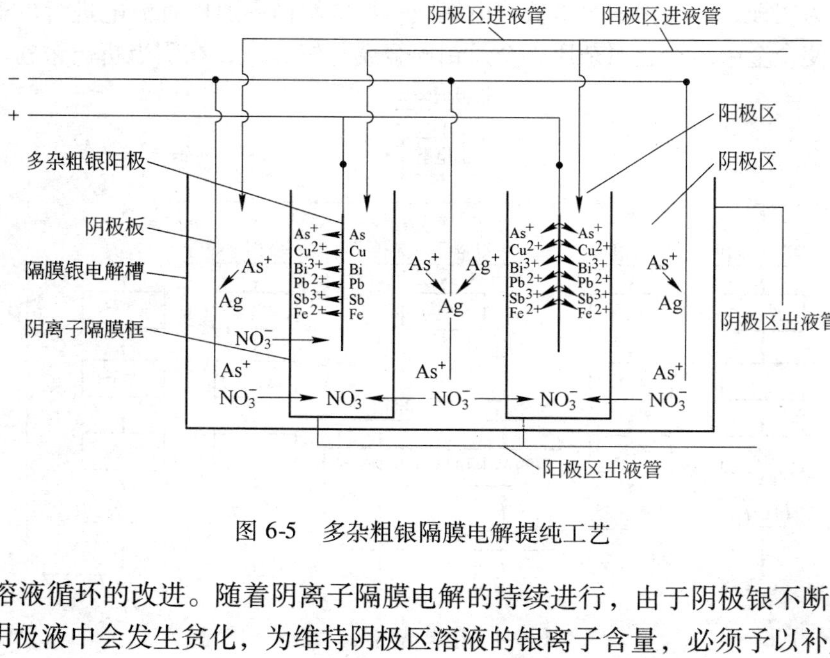

图 6-5　多杂粗银隔膜电解提纯工艺

（2）溶液循环的改进。随着阴离子隔膜电解的持续进行，由于阴极银不断析出，此时银离子在阴极液中会发生贫化，为维持阴极区溶液的银离子含量，必须予以补充。阳极由于银及一些杂质不断溶解并进入阳极区溶液，阳离子的迁移又受到阴离子膜的阻挡，因此阳极区的溶液中银及杂质的含量会不断富集，富集了银离子及杂质的溶液必须要进行除杂净化。把除杂净化后的硝酸银溶液补充到阴极区溶液，被贫化了银离子的阴极溶液抽出进入阳极区以受理阳离子的富集。为此，隔膜银电解必须设置两套循环系统，即阴极区与阳极区溶液循环系统。

（3）阳极液的净化处理替代传统工艺的废液处理。阳极区溶液不仅富集了 Ag^+，还同时富集了从阳极溶解下的 Cu^{2+}、Bi^{3+}、Pb^{2+}、Fe^{2+} 等，杂质 Sb 从阳极溶解后生成偏锑酸 $HSbO_3$ 而沉淀，对银电解危害较小。为了不使这些杂质对纯银产品造成污染，阳极溶液在补充进阴极区前必须进行净化处理，即沉淀除去上述杂质。

6.2.2.3 萃取法精炼

银在硝酸溶液中溶解度较大，而硝酸为强氧化剂，因此要求萃取剂的抗氧化性要好。一般萃取剂在强氧化剂的作用下容易老化或破坏，萃银的有效试剂不多。

银为亲硫元素，可以用含硫萃取剂进行精炼。较有效的萃取剂有二异辛基硫醚和石油硫醚等，其中二异辛基硫醚的抗氧化性能好，可以从硝酸介质中萃取银。我国已将二异辛基硫醚萃取银用于小规模工业生产，其工艺流程如图 6-6 所示。

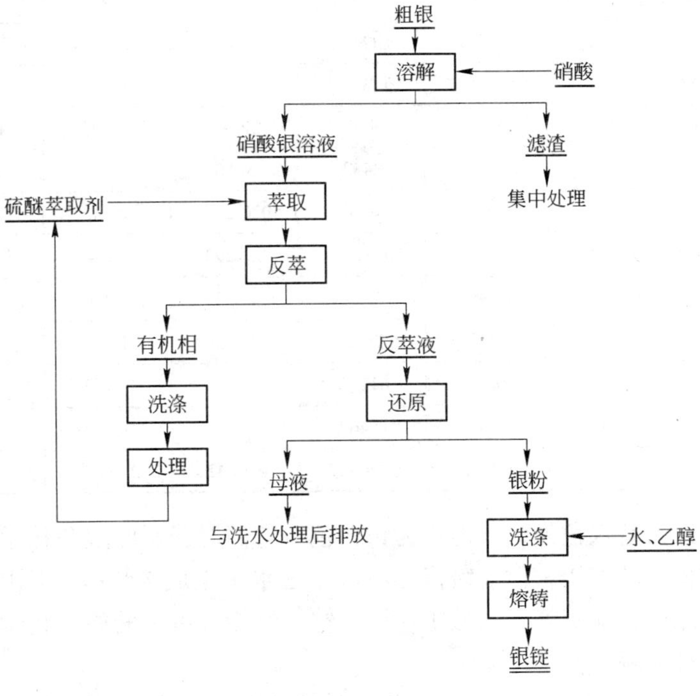

图 6-6 二异辛基硫醚萃取银的流程

二异辛基硫醚（R_2S，R 代表异辛基）在硝酸介质中萃取银属中性配合萃取机理，萃取反应为：

$$Ag^+ + NO_3^- + nR_2S \longrightarrow AgNO_3 \cdot nR_2S \tag{6-16}$$

以二异辛基硫醚的磺化煤油溶液萃取银时，速度较快，4~5min 即可达到平衡。

反萃取剂为1～2mol/L的氨水溶液，相比（O/A）为1∶1，3级萃取，2级反萃，反萃率可达99.75%。银的反萃液用水合肼还原得纯银粉，还原温度为50～60℃，经过滤、洗涤、烘干、铸锭，纯度大于99.9%，萃取精炼银的直收率大于99%，总回收率大于99.9%。

6.3　高纯铂族金属

6.3.1　铂族金属概述

6.3.1.1　铂族金属的性质

铂族金属在元素周期表中属Ⅷ族，根据密度可分为两组：铂、铱、锇为重铂族；钯、铑、钌为轻铂族。铂族金属以其特别可贵的性能和资源珍稀而著称，与金、银合称贵金属。铂族金属主要物理性质见表6-5。

表6-5　铂族金属的主要物理性质

性　质	铂	铱	锇	钯	铑	钌
元素符号	Pt	Ir	Os	Pd	Rh	Ru
原子序数	78	77	76	46	45	44
相对原子质量	195.09	192.22	190.2	106.4	102.9055	101.07
晶体结构	面心立方	面心立方	密排六方	面心方	面心立方	密排六方
密度(20℃)/g·cm^{-3}	21.45	22.65	22.16	12.02	12.41	12.45
熔点/℃	1769	2443	3050	1552	1960	2310
沸点/℃	3800	4500	5020±100	2900	3700	4080±100
比热容(25℃)/J·(g·K)$^{-1}$	0.1314	0.1284	0.1293	0.2443	0.2464	0.2305
电阻率(0℃)/μΩ·cm	9.85	4.71	8.12	9.93	4.33	6.80
熔化热/kJ·mol^{-1}	19.7	26.5	29.3	16.7	22.4	26
汽化热/kJ·mol^{-1}	502.8	612.5		361.7	494	592.0
热导率(0～100℃)/J·(cm·s·℃)$^{-1}$	0.711	1.464	0.879	0.753	1.590	1.046
电阻温度系数(0～100℃)/℃$^{-1}$	0.003927	0.00427	0.0042	0.0038	0.00463	0.0042

铂族金属除锇为蓝灰色外，其他均为银白色。它们对普通的酸和化学试剂有优良的抗蚀性能。铂不与普通酸作用，但能缓慢地溶解于王水中生成氯铂酸（H_2PtCl_6）。钯对酸的抗蚀能力稍差，能很快地溶解于硝酸中。铱、铑、钌能抗单一的酸和化学试剂的侵蚀，甚至在王水中也很难溶解。

铂族金属为过渡金属，有多个化合价，最稳定的化合价如下：钌 +3；铑 +3；钯 +2，+4；锇 +3，+4；铱 +3，+4；铂 +2，+4。它们有生成配合物的强烈倾向，最常见的是生成配位数为4或6的配合物。

铂和铑的抗氧化性很好，在空气中能长期保持光泽。在高温下铂和铑与氧气作用生成挥发性的氧化物，增加它的蒸发速度。粉末状的铱在空气或氧气中于600℃时氧化，生成一层氧化铱（IrO_2）薄膜，这种氧化物在高于1100℃时分解，使金属恢复原有光泽。铱是唯一可以在氧化性气氛中使用到2300℃而不严重损失的金属。钌、锇容易被氧化，在室温下，锇的表面就生成蓝色的氧化膜（OsO_2）。四氧化锇（OsO_4）和四氧化钌（RuO_4）都是挥发性的有毒化合物，能刺激黏膜，侵害皮肤。钯有吸氢和透氢的特性，一定体积的钯常温下能吸收比它本身大900倍甚至2800倍的氢气。铂和钯对气体有很强的吸附能力，当粒度很细（如铂黑、钯黑）或呈胶态（如胶体铂）时，吸附能力就更强，因此它们具有优良的催化特性。

纯铂和钯有良好的延展性，不经中间退火的冷塑性变形量可达到90%以上，能加工成微米级的细丝和箔。铑和铱的高温强度很好，但冷塑性加工性能稍差。用粉末冶金方法制得的金属钌在1150～1500℃时才能进行少量塑性加工，而锇即使在高温下也几乎不能进行塑性加工。

6.3.1.2 铂族金属的用途

铂族金属和合金有很多重要的工业用途。过去主要是制造蒸馏釜以浓缩铅室法制得的稀硫酸，也曾用铂铱合金制造标准的米尺和砝码。在19世纪中叶，俄国曾制造铂铱合金币在市场上流通。早年在照相术上采用“铂黑印片术”，大量使用铂盐，印出的照片美观而持久，现在一般已不用此法。现代最主要的应用领域是汽车工业、珠宝首饰和金融业、石化工业、电子工业、玻璃工业、医药卫生、能源及环境保护等。

A 首饰和金融方面的应用

铂族金属银白光亮的外表、稀少和昂贵的价格，使其在西方的珠宝首饰业及私人货币储备方面得到广泛利用。近年来，铂和黄金、白银一样，以锭、棒或币的形式开始在金融市场流通，作为硬通货储备或投资。

B 制作国际标准量器

质量的国际标准“千克”和长度的国际标准“米”原器都是由90%铂和10%铱的合金制成的，从－183℃到＋630℃的国际温标，是由铂丝制成的电阻温度计标定的。1968年国际实用温标规定，在630.74～1064.43℃范围内的测温标准仪器是Pt-10Rh/Pt热电偶。用于测量13.81～903.89K温域的标准仪器是铂电阻温度计，其电阻器必须是无应变退火后的纯铂丝，100℃时的电阻比（$R_{100℃}/R_{0℃}$）应大于1.39。

C 在现代工业中的应用

a 汽车工业

消耗铂族金属的第一用户是汽车工业。利用铂族金属高的催化活性和稳定性，汽车尾气通过一个含铂、钯、铑的催化剂装置可使其中的碳氢化合物、一氧化碳及氮的氧化物转变为无害的化合物。随着世界范围内汽车行业的蓬勃发展，其对铂族金属的需求量在总需求量中所占比例节节攀升，2001年全球在汽车催化剂上耗用的铂、钯、钌为15.21t，占总消耗量的58.9%；2004年铂的需求量在总需求量中所占比例已超过50%；2006年达到了60%；2007年上升为61%。

b 玻璃及玻璃纤维工业

利用铂族金属的高熔点、高温抗氧化性、良好的高温强度及抗熔融玻璃腐蚀不污染玻璃的化学惰性，制造弥散强化铂、铂-铑合金或用铂包覆钼或其他金属的坩埚，用于熔炼优质或特种玻璃。此外，至今只有铂-铑合金可作生产玻璃纤维的坩埚漏板材料。优质大功率激光器的心脏部件——单晶宝石的熔点在2000℃左右，只能用铱或其他铂族金属的坩埚熔炼。铂铑合金对熔融的玻璃具有特别的抗蚀性，可用于制造生产玻璃纤维的坩埚。生产优质光学玻璃时，为防止熔融的玻璃被玷污，也必须使用铂制坩埚和器皿。

c　石油化工

铂族金属不仅催化活性高，而且具有特殊的选择性和有多种多样的催化作用，因而铂族金属在石化工业中被广泛地用于制造催化剂。随着全球原油加工能力的迅速上升，催化剂的升级及开发也正在不断地取得新的突破，20 世纪 50 年代后以铂催化剂为主，70 年代研制出双金属催化剂和多金属催化剂，目前应用最广泛的是铂铼、铂锡等双金属催化剂及铂族金属的多相催化剂。

d　电子工业

铂族金属由于具有高的物理化学稳定性，高电导率和热导率及特有的电学、磁学等性能，在半导体器件制造生产中起关键作用。特别是近 40 年来，半导体器件显著的发展趋势是体积小、速度快、功能多、功耗低，制造集成电路的最小尺寸呈指数性地迅速缩小，这对接触点材料的要求非常高，触点的接触电阻不仅要低，而且在较宽温度范围内要有好的热稳定性、附着性及扩散均匀性，因此 Pt 复合材料和 Pd 复合材料成为弱负荷精密电接触材料和中等负荷开关电器用的电接触材料的主要材料。

Pt、Pd 的纳米粒子具有非常特别的光谱学特征，在光信息处理、激光防护等非线性光学器件方面具有重要的用途。铂族金属因具有优秀的电性能及良好的可焊性能而成为电子浆料的主要成分，如二元系 Pd-Ag 导体、Pt-Ag 导体、Pt-Au 导体及三元系 Au-Pt-Pd 导体、Ag-Pt-Pd 导体及含 PGM 材料的合金导体已在厚薄膜集成电路、电子元器件制造组装中得到广泛应用。随着超级电容器的应用范围不断扩大，开发高电容的电极材料显得非常重要，由于无定形 RuO_2 的比电容可达 750F/g，因而是制作超级电容器的最佳选择。

e　燃料电池行业

燃料电池是一种能直接将储存在燃料和氧化剂中的化学能高效地转换成电能的发电装置，其能量转换率高达 60% ~80%，实际使用效率是普通内燃机的 2 ~3 倍，被认为是 21 世纪全新的高效、节能、环保的发电方式之一。近年来，随着燃料电池的兴起和发展，其消耗的铂族金属逐年增加。

电极对燃料电池的性能起决定作用。目前，大多数燃料电池的电极催化剂主要是 Pt/C 或 Pt 合金催化剂，最初用的贵金属催化剂为纯 Pt，后来发展成为 Pt/C 负载型催化剂，近年来一系列的 Pt 二元合金、三元合金催化剂成为研究热点，如 Pt-Cr/C、Pt-V/C、Pt-Fe-Yi/C、Pt-Ru/C 等催化剂都不同程度地提高了催化剂的比表面和使用效率。

f　其他领域

铂族金属还在医药、航天航空、烟草等领域有着广泛的应用。

6.3.1.3　高纯铂族金属

国际市场上的商品铂族金属一般为金属锭或海绵状、棒状、片状，也有条带状、丝状或箔状。商品级的产品含铂族元素不得低于 99.8%，其中含铂和钯必须大于 99.5%。用于实验器皿或电接头的铂族金属原料要求纯度大于 99.9%，用于热电偶和高温计的纯度须在 99.999% 以上。随着电子等精密仪器行业对铂族金属的需求增大，对其纯度的要求也越来越高。

6.3.2　高纯铂族金属的制备

6.3.2.1　高纯铂的制备

高纯铂主要是指纯度为4N和5N的铂，其应用也随着现代高科技的发展而不断增加和扩大。为了定量测定产品是否达到5N铂标准，首先就需制备出5N铂的基准物质，进而配制成光谱标准，才能进行5N铂的光谱分析。纯度为99.995%以下的铂基体早已经可以制备，且其工艺日趋稳定，并在科研和生产中得到了广泛的应用，这为制备5N铂的基体提供了值得借鉴的经验。制备测定5N铂的基体是一项难度很大的工作，据现行YSPT 82—1994的标准，难点在将Ag、Cu、Pd等元素降至$0.1\times10^{-4}\%$以下，而其中Ag、Cu又是非常灵敏易污染的元素。

国内制备高纯铂的文献很少，国外制取高纯铂则多用物理冶金的方法，如拉单晶等，这类方法投资较大，需求量大才经济合算。因此仍需选择化学法来制备高纯铂基体。图6-7为从废载体中回收制取高纯海绵铂的工艺流程。

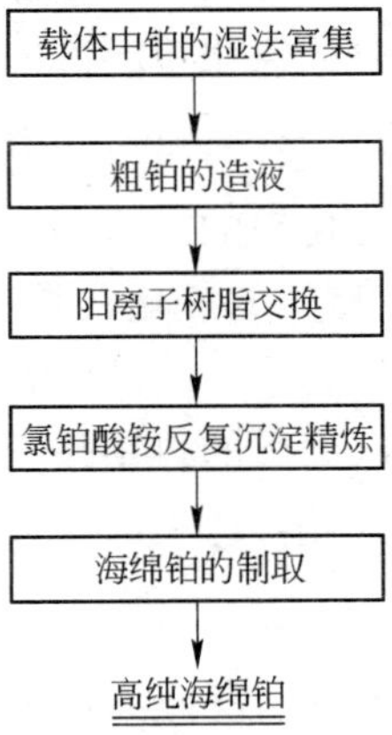

图6-7　从废载体中回收制取高纯海绵铂的工艺流程

工艺过程具体介绍如下：

（1）载体中铂的湿法富集。从废载体催化剂中回收提炼高纯铂，首先必须设法使少量的铂与大量的载体物质分离，使之得到富集，然后分离提纯，得到所需纯度的高纯铂。

现在应用的铂金属催化剂大多以Al_2O_3作为载体。因此可以通过选用适宜的矿物酸使载体转变成相应的盐而进入溶液，而铂仍留在不溶渣中，达到分离和富集的目的。

（2）粗铂的造液。贵金属的造液是为使贵金属分离，富集产物（硫化物或重金属粉末）都要求变成能在相应的介质中溶解的盐的过程。传统的贵金属造液常采用化学溶解的王水造液法，其主要反应如下：

$$3HCl + HNO_3 \longrightarrow Cl_2\uparrow + NOCl + 2H_2O \tag{6-17}$$

$$Pt + 4NOCl \longrightarrow PtCl_4 + 4NO\uparrow \tag{6-18}$$

$$Pt + 2Cl_2 \longrightarrow PtCl_4 \tag{6-19}$$

$$PtCl_4 + 2HCl \longrightarrow H_2PtCl_6 \tag{6-20}$$

赶硝是王水造液的产品溶液必需的工序。赶硝作业是在溶液加热沸腾的条件下，先使水分挥发，待溶液浓度增大、沸点增高时，继续加热至110℃，这时部分硝酸开始分解挥发。与此同时，向溶液中缓慢加入浓盐酸，以促使硝酸分解成NO_2、NO，并与溶液分离，直到没有棕红色NO_2溢出时才能结束赶硝作业。

（3）阳离子树脂交换。离子交换步骤是在赶硝之后，以1%的稀盐酸溶解，冷却至室温，过滤杂质除去不溶物，同时控制一定的浓度。当料液pH值为1～1.5时，铂以$PtCl_6^{2-}$的阴氯配离子存在，其他贵金属杂质也以阴配离子形式存在。将料液引入阳离子交换柱后，溶液中的有些金属如铜、锌、镍、钴、铁、铅等由于呈阳离子状态的氯化物存在，因此被阳离子树脂所吸附，而各种贵金属阴氯配离子则仍留在溶液中。假如pH＝0.8，部分普通金属阳离子将会转变为配阴离子。因此，上述作业最好严格控制过程的 pH 值为 1～1.5。当料液 pH 值为 2～3 时，金、银、铑能较完全地被阳离子树脂吸附。在该 pH 值条件下，贵金属配阴离子转变为 $Me_{PGM}(OH)^{3+}$、$Me_{PGM}(OH)^{2+}$ 及 $Me_{PGM}(OH)^{+}$ 等羟基阳离子，它们能被阳离子树脂吸附，但 $PtCl_6^{2+}$ 并无上述转变，仅 $PtCl_4^{2+}$ 能生成相应的 $Pt(OH)^{+}$ 而被阳离子树脂吸附。因此料液事先应控制铂为高价态，以防止铂的损失。离子交换柱高 1m，交换的速度为 10～15mm/min，于 pH 值为 1～1.5 和 pH 值为 2～3 的条件下，分别反复交换两次。pH 值为 1～1.5 时除去普通金属杂质，pH 值为 2～3 时除去铂液中的其他贵金属杂质。

（4）氯铂酸铵反复沉淀精炼铂。树脂交换后的溶液加热至沸腾，加入氯化铵使铂沉淀。正方晶系黄色结晶的氯铂酸铵的溶解度在 25℃ 水溶液中为 0.77%，而在相同温度的 17.7% 的氯化铵溶液中溶解度仅为 0.003%。具体反应如下：

$$H_2PtCl_6 + 2NH_4Cl \longrightarrow (NH_4)_2PtCl_6\downarrow + 2HCl \qquad (6\text{-}21)$$

氯化铵的加入量，应根据铂量进行理论计算，并过量 5%。所以沉淀作业时，要用 5%～15% 的氯化铵常温或常温以下的溶液洗涤数次，以便洗去杂质提高铂的直收率。结晶后的滤液与洗液合并，用锌粉还原回收其中的铂。

沉淀后的氯铂酸铵加入王水溶解。具体反应如下：

$$(NH_4)_2PtCl_6 + 2HNO_3 + 8HCl \longrightarrow 2NH_4Cl + 2NO\uparrow + 3Cl_2\uparrow + 4H_2O + H_2PtCl_6 \qquad (6\text{-}22)$$

造液后的溶液仍需赶硝作业，过滤后，加热至沸腾，然后再加入氯化铵，如此反复数次即可将铂的纯度提高至 3N 以上。

（5）海绵铂的制取。上述得到的氯铂酸铵经氯化铵溶液洗涤数次干燥后，开始煅烧。将氯铂酸铵置于瓷蒸发皿上，于 360℃ 时开始分解。

$$(NH_4)_2PtCl_6 \xrightarrow[360℃]{\triangle} PtCl_4 + 2NH_4Cl \qquad (6\text{-}23)$$

$$2PtCl_4 \xrightarrow[360℃]{\triangle} 2PtCl_3 + Cl_2\uparrow \qquad (6\text{-}24)$$

$$2PtCl_3 \xrightarrow[370℃]{\triangle} 2PtCl_2 + Cl_2\uparrow \qquad (6\text{-}25)$$

$$PtCl_2 \xrightarrow[435℃]{\triangle} Pt + Cl_2\uparrow \qquad (6\text{-}26)$$

生成的氯气与氯化铵相互作用，会使氯气不易单独生成。因此，煅烧总反应式为

$$3(NH_4)_2PtCl_6 \xrightarrow{\triangle} 3Pt + 16HCl + 2NH_4Cl + 2N_2\uparrow \qquad (6\text{-}27)$$

根据其反应机理，其具体操作过程为：360℃ 恒温 2h，此时水分脱净，沉淀开始分解。450℃ 恒温 2h，此时有大量白烟、黄烟逸出。750℃ 恒温 3h，生成浅灰色的海绵铂。将海绵铂移至洗净容器中，以去离子水洗涤数次，烘干后即可得到 4N 以上的海绵铂。

6.3.2.2　高纯钯的制备

高纯钯的制备方法主要包括氨化还原法、氯化还原法和氯化—区域精炼法，以下对各

方法进行介绍。

A 氨化还原法

采用还原法制备高纯钯是先将钯转化为二氯二氨化钯($Pd(NH_3)_2Cl_2$)后纯化二氯二氨化钯，并用直接灼烧法（二氯二氨化钯分解生成钯粉）或氢还原法（二氯二氨化钯中的钯被氢还原为钯）制得高纯钯产品。直接灼烧法手续简便、成本低、速度快。氢还原法比较麻烦，与灼烧法相比成本较高。用氯化钯加 NH_4Cl 制得的二氯二氨化钯的质量不及用氯化钯溶液中通入 NH_3 制得的二氯二氨化钯为好。生成二氯二氨化钯的相关化学反应为：

$$H_2PdCl_4 + 4NH_4OH \longrightarrow (Pd(NH_3)_4)Cl_2 + 4H_2O + 2HCl \quad (6\text{-}28)$$

$$NH_4OH + HCl \longrightarrow NH_4Cl + H_2O \quad (6\text{-}29)$$

$$2NH_4Cl + H_2PdCl_4 \longrightarrow (NH_4)_2PdCl_4 + 2HCl \quad (6\text{-}30)$$

$$(Pd(NH_3)_4)Cl_2 + (NH_4)_2PdCl_4 \longrightarrow 2(Pd(NH_3)_2Cl_2)\downarrow + 2NH_4Cl \quad (6\text{-}31)$$

除了氢还原法，也可以直接在钯溶液中采用甲酸、水合肼等还原剂直接把钯还原出来，其相关的反应为：

$$(NH_4)_2PdCl_4 + HCOOH \longrightarrow Pd\downarrow + 2NH_4Cl + CO_2\uparrow + 2HCl \quad (6\text{-}32)$$

$$Pd(NH_3)_2Cl_2 + N_2H_4 \cdot H_2O \longrightarrow Pd\downarrow + 2NH_4Cl + N_2\uparrow + H_2\uparrow + H_2O \quad (6\text{-}33)$$

用上述方法制高纯钯，工艺繁琐，多次使用多种补充试剂，使得最终钯产品纯度受到了一定的限制。

B 氯化还原法

利用原始钯的选择氯化和随后由气相 $PdCl_2$ 析出钯的方法可获得结构完美的超纯钯晶体，这是一种很有发展前途的纯化钯的方法。

在 650～700℃时，原始钯在氯气流中迅速氯化，这是由于在上述条件下，生成的氯化钯很快升华，离开钯表面，氯气可继续与钯反应。但在上述温度范围内，铁族金属等氯化物也与 $PdCl_2$ 一道升华污染 $PdCl_2$。为了防止钯中大部分杂质的氯化反应，将氯气流改为氯气与氧气的混合物，这就是所谓的选择氯化。这样一来，钯与钯中铁族元素杂质（Fe、Co、Ni）被氯化而升华，钯中其他杂质（Ra、Rh、Os、Ir、Pt、Cu、Ca、Mg、W、Mo、Si）未被氯化而留在残渣中。生成的 $PdCl_2$（含铁族元素氯化物杂质）可用热分解法或用氢气还原法制得超纯钯晶体。研究表明，99.9%的钯粉在 650～700℃被选择氯化，随后在 700～800℃热分解气态 $PdCl_2$，得到结构完美的超纯钯晶体. 钯晶体的电阻比 $R_{293K}/R_{4.2K} > 2000$，且利用热解法所得钯的纯度高于氢还原法。制备超纯钯晶体实验装置如图 6-8

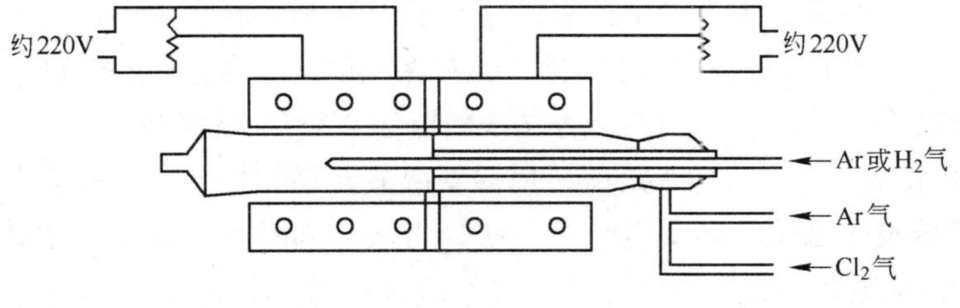

图 6-8 制备超纯钯晶体实验装置图

所示。

C　氯化—区域精炼法

氯化—区域精炼法是在氯气中预先对钯进行化学热处理后再在含氧气氛中进行区域精炼，获得超纯单晶钯，其中所含金属杂质及硅的杂质的含量可达到 $1\times10^{-6}\%$（摩尔分数）。

氯化—区域精炼法是一种很有发展前途的纯化钯的方法。该方法的关键是要提高区域精炼有效性，其方法之一是使区域精炼过程进行在含有氧的气氛中。由于杂质的选择性氧化，生成的杂质氧化物以渣的形式析出于熔化钯的表面，有的并以氧化物的形式从表面蒸发。杂质 Os、Ru、W、Mo、Zn 等主要转入气相，而碱土金属、铁族金属杂质进入钯锭表面的渣相。如果在含有氧的气氛中进行钯的区域精炼以前预先在氯气中对钯进行化学热处理，则会大大提高区域精炼钯的有效性。在氯气中对钯进行化学处理时，在海绵钯或钯粉的表面形成 $PdCl_2$。在以后的区域精炼中，钯中杂质发生选择性氧化。文献表明，在550℃的条件下，化学热处理 20 ~ 30min 最适宜，最后得到的钯产品纯度最高。

在进行区域精炼前，必须用乙醇处理精炼用仪器并在真空中（1×10^{-4} ~ 3×10^{-4}Pa）加热 3 ~ 4h，以除去仪器表面吸附的挥发性杂质。区域精炼的次数是决定纯化效果的另一重要因素，但区域精炼的次数不宜太多，因为通过 5 次区域精炼后，钯将损失 10% ~ 15%，所以区域精炼次数不宜超过 5 次。

D　其他方法

提取高纯钯也可以采用液膜法。以 N，N-二仲辛基乙酰胺（DOAA）为流动载体的液膜法提取废触媒（或废催化剂）和含钯资源中的钯，提取率在 98% 以上，并提出用稀混合酸溶液分解（浸出）试样的较佳反应条件，为提取高纯钯提供了新途径。经测试，钯的纯度在 99.9% 以上。

6.3.2.3　高纯钌的制备

钌的制备也是首先进行钌吸收液提纯，再制备金属钌。目前最有效的分离钌的技术是氧化蒸馏，然后用盐酸溶液吸收。如含钌物料用过氧化钠熔融→水浸→氧化蒸馏、氯酸钠氧化蒸馏和铳熔活化→氧化蒸馏等，呈 Ru^{8+} 价态挥发的 RuO_4 都用 HCl 吸收为 Ru^{6+} 价态的氯钌酸溶液。反应为：

$$2RuO_4 + 20HCl \longrightarrow 2H_2RuCl_6 + 8H_2O + 4Cl_2\uparrow \tag{6-34}$$

因此钌的精炼关键是有效分离钌，多以钌吸收液为原料。精炼过程分为钌液提纯和制取金属钌两个步骤。

A　钌液提纯

在高浓度的钌吸收液中加入少量乙醇，加热至 75 ~ 90℃赶去游离氯气，使钌保持为稳定的 H_2RuCl_6 状态，然后加入适量过氧化氢或硝酸使溶液中的锇重新氧化为四氧化锇挥发，若氯钌酸溶液含杂质高，可用两种方法重新沉淀—氧化蒸馏提纯：

（1）钌溶液浓缩至近干后加水溶解，用稀碱溶液调整 pH≈1，转移至蒸馏瓶中，连接好盐酸溶液的负压吸收系统，加入 20% 的 NaOH 溶液，同时滴入 20% 的 $NaBrO_3$ 或 $NaClO_3$ 溶液，加温使 RuO_4 蒸馏挥发，直接在出气口用硫脲棉球检查无蓝色为止，获得纯的氯钌酸钠吸收液。

（2）钌溶液用 NaOH 中和沉淀出 $Ru(OH)_3$，过滤的沉淀物用纯水浆化并转入蒸馏器中，连接好盐酸溶液的负压吸收系统，向蒸馏器中滴加 H_2SO_4，同时滴入 20% 的 $NaBrO_3$ 或 $NaClO_3$ 溶液，加温蒸馏出橙色 RuO_4，HCl 溶液吸收获得纯的氯钌酸钠吸收液。

B 制备金属钌

在纯钌吸收液中加入氯化铵，沉淀出 $(NH_4)_2RuCl_6$ 结晶，反应为：

$$H_2RuCl_6 + 2NH_4Cl \longrightarrow (NH_4)_2RuCl_6\downarrow + 2HCl \qquad (6\text{-}35)$$

用乙醇洗涤、过滤后的沉淀，置于氢还原炉中，在氢气流中低温烘干并在 500 ~ 800℃ 煅烧得到钌块，粉碎后再在 800 ~ 1000℃ 下煅烧，获得的钌粉中的氯含量在 $100\times10^{-4}\%$ 以下，反应为：

$$3(NH_4)_2RuCl_6 \longrightarrow 3Ru\downarrow + 16HCl\uparrow + 2NH_4Cl\uparrow + 2N_2\uparrow \qquad (6\text{-}36)$$

6.3.2.4 高纯铑的制备

铑是极其重要的贵金属元素，在汽车尾气净化、化工、航空航天、电子和电气工业中占有重要的地位。铑在溶液中的化学性质十分复杂，与其他贵金属的分离一直是铂族金属提取精炼和化学分析中的难题。

在铂族金属的氯配合物中，铑的配合物 H_3RhCl_6 不像其他金属能改变和利用其不同价态配合物的性质与其他贵、贱金属杂质分离，因为其最稳定。而铑的精炼方法多基于改变配位基，形成不同性质、状态和结构的特殊配合物与其他贵、贱金属杂质分离。制备纯铑化合物的方法需根据粗铑原料中其他贵、贱金属杂质的种类和含量差别进行选择，但并没有固定的流程。因此关于铑化合物和配合物性质的研究、精炼技术还需要进一步完善。

A 氯化煅烧法

首先将粗铑金属转化成氯酸铑溶液，然后加入氯化铵溶液，反应产生纯氯铑酸铵沉淀，用高温炉直接煅烧即可以获得金属铑粉。但这种高温煅烧产生的铑粉大多含有一定程度的氧化铑，一般情况下，可以将煅烧后的粉末在 850℃ 左右用氢还原，并在保护性气氛下冷却，即可获得高纯铑粉。其相关反应如下：

$$2(NH_4)_3RhCl_6 \longrightarrow 2Rh\downarrow + 6NH_4Cl\uparrow + 3Cl_2 \qquad (6\text{-}37)$$

$$Rh_2O_3 + 3H_2 \longrightarrow 2Rh\downarrow + 3H_2O \qquad (6\text{-}38)$$

B 氯化还原法

与高纯钯的制备类似，高纯铑同样可以通过采用甲酸、水合肼、硼氢化钠等在水溶液中还原氯酸铑获得：

$$2H_3RhCl_6 + 3HCOOH \longrightarrow 2Rh\downarrow + 12HCl + 3CO_2\uparrow \qquad (6\text{-}39)$$

$$2H_3RhCl_6 + 3N_2H_4\cdot H_2O \longrightarrow 2Rh\downarrow + 2NH_4Cl + 2N_2\uparrow + 10HCl + 3H_2O \qquad (6\text{-}40)$$

$$8H_3RhCl_6 + 3NaBH_4 + 9H_2O = 8Rh\downarrow + 3NaH_2BO_3 + 48HCl \qquad (6\text{-}41)$$

由粗铑溶解制备的铑溶液中含有一定量的金属杂质离子，还原生成的铑需用蒸馏水和稀硫酸洗涤，经过烘干、灼烧，即可得到二级海绵铑。

C 电解法

有文献介绍了一种从铑溶液中电解沉积获得高纯铑粉的方法：将计量的 H^+ 浓度为 2mol/L 的 Rh^{3+} 盐溶液加入电解装置阴极室中，阳极室为 10% 氯化铵溶液，以饱和甘汞电极作参比电极，控制阴极电位为 -1.10 ~ -1.15V，电解 2 ~3h，电流效率为 80%，铑粉在阴极析出。阴极析出的铑粉再经酸洗、水洗、焙烧，即可得到纯度大于 99.9% 的铑粉。

6.3.2.5 高纯锇的制备

锇的精炼一般都以含 Na_2OsO_4 的溶液为原料。高纯锇的主要制备方法有氧化蒸馏—氢还原法、氯化铵沉淀和甲酸还原法等。

A 氧化蒸馏-氢还原法

氧化蒸馏是最有效的分离锇的技术，如过氧化钠熔融→水浸→氧化蒸馏、氯酸钠氧化蒸馏、锍熔活化→氧化蒸馏等。

在 Na_2OsO_4 溶液中通入 SO_2，并加热沉淀出褐色锇钠盐。将此锇钠盐转入蒸馏器中用浓度为 3mol/L 的 H_2SO_4 溶液加热溶解后，加入 10%（质量分数）的 $NaClO_3$ 溶液，使锇以 OsO_4 形式蒸馏出来。蒸馏挥发的 OsO_4 可用 NaOH 溶液吸收或直接导入还原反应器中进行氢还原。其反应为：

$$2OsO_4 + 4NaOH \longrightarrow 2Na_2OsO_4 + 2H_2O + O_2\uparrow \qquad (6\text{-}42)$$

$$OsO_4 + 4H_2 \longrightarrow Os + 4H_2O\uparrow \qquad (6\text{-}43)$$

该法可以产出纯度高于 4N 的高纯锇粉，而且技术方案流程短、直收率高，可稳定生产高纯度锇粉。

B 氯化铵沉淀法

少量甲醇或乙醇加入到纯的锇吸收液中，使呈 OsO_4 状态的 Os^{8+} 还原为稳定的 Na_2OsO_4，室温下定量加入氯化铵，沉淀出浅黄色 $(OsO_2(NH_3)_4)Cl_2$。立即用稀盐酸洗涤除去沉淀中夹带的钠盐后过滤，80℃烘干后置于氢还原炉中低温烘干，再升温至 800℃氢气流中煅烧还原得锇粉。

若氧化蒸馏时用饱和 SO_2 的 1∶1 HCl 吸收 OsO_4，此时吸收液中的锇呈 H_2OsCl_6 状态，室温下加入氯化铵沉淀出 $(NH_4)_2OsCl_6$。

但该法的一个缺点是沉淀不完全，过滤后残留在母液中的锇可用 Na_2S 沉淀回收。

氯锇酸铵沉淀用乙醇洗涤后置于密闭管式炉中在氢气流中低温下烘干，并升温至 800 ~900℃煅烧还原得锇粉。反应为：

$$3(NH_4)_2OsCl_6 \longrightarrow 3Os\downarrow + 16HCl\uparrow + 2NH_4Cl\uparrow + 2N_2\uparrow \qquad (6\text{-}44)$$

C 甲酸还原法

纯的锇碱吸收液用盐酸中和至 pH 值为 6 ~7，80℃下加入甲酸或水合肼，使 Na_2OsO_4 还原为 $OsO_2 \cdot nH_2O$。用甲酸还原的反应为：

$$Na_2OsO_4 + HCOOH \longrightarrow OsO_2 \cdot H_2O\downarrow + Na_2CO_3 \qquad (6\text{-}45)$$

还原产物置于密闭管式炉中在氢气流中低温烘干，再升温至 800 ~900℃煅烧还原得锇粉。反应为：

$$OsO_2 \cdot H_2O + 2H_2 \longrightarrow Os + 3H_2O\uparrow \qquad (6\text{-}46)$$

6.3.2.6 高纯铱的制备

铱精炼的原料有氧化铱、粗铱、氯铱酸铵等固体物料，也可以是含铱的氯化物水溶液。对于固体原料，主要采用过氧化钠熔融—水浸—氯化溶解或直接高温氯化制备；对于铱的水溶液，则利用不同价态铱在溶液中的化学性质不同进行纯化。Ir^{4+}容易还原成Ir^{3+}，即Ir^{3+}稳定，而且即使在较高浓度的盐酸溶液中，经光照、加热、与有机试剂接触或长时间放置等，都易引起Ir^{4+}还原成Ir^{3+}。上述过程都需高温设备，操作过程复杂，周期长，有时需反复多次才能溶解完全。

与铑的精炼过程类似，高纯铱的制取包括纯铱化合物制备和煅烧还原为金属两个阶段。纯铱化合物的制备方法有亚硝基配合法和硫化法。

A　亚硝酸钠配合法制备纯铱化合物

亚硝酸钠配合法主要是从溶液中分离贱金属杂质，其原理是生成铱的亚硝酸钠配合物并控制 pH 值以水解除去贱金属杂质。其操作如下：在氯铱酸溶液中加入 $NaNO_2$ 配合剂，获得 $Na_3Ir(NO_2)_6$ 溶液，反应为：

$$H_3IrCl_6 + 6NaNO_2 \longrightarrow Na_3Ir(NO_2)_6 + 3HCl + 3NaCl \tag{6-47}$$

控制溶液 pH 值在 6 左右，使贱金属水解，冷却后过滤分离。铱溶液加浓盐酸煮沸，破坏亚硝基配合物并重新转化为 Na_3IrCl_6。反应为：

$$Na_3Ir(NO_2)_6 + 6HCl \longrightarrow Na_3IrCl_6 + 3H_2O + 3NO_2\uparrow + 3NO\uparrow \tag{6-48}$$

上述反应可以反复进行，以达到所需的纯度。然后加入氯化铵沉淀出的氯铱酸铵结晶。反应为：

$$Na_2IrCl_6 + 2NH_4Cl \longrightarrow (NH_4)_2IrCl_6\downarrow + 2NaCl \tag{6-49}$$

过滤后的氯铱酸铵结晶用氯化铵溶液洗涤、烘干后，在 700℃下煅烧还原后即可获得高纯铱。

B　硫化法制备纯铱化合物

如果铱溶液中含有一定量的铂、铑、钯等杂质，则宜采用硫化法制备纯度较高的氯铱酸铵，且此法可单独应用或与亚硝酸钠配合法联合使用。

氯铱酸溶液在室温下缓慢加入 $(NH_4)_2S$ 或 Na_2S 的稀溶液，微量贵、贱金属杂质生成硫化物沉淀（有小部分铱也进入沉淀），过滤、分离。贵金属杂质如铂、钯、铑等生成硫化物沉淀：

$$H_2PtCl_6 + 2(NH_4)_2S \longrightarrow PtS_2\downarrow + 4NH_4Cl + 2HCl \tag{6-50}$$

$$H_2PdCl_4 + (NH_4)_2S \longrightarrow PdS\downarrow + 2NH_4Cl + 2HCl \tag{6-51}$$

$$2H_3RhCl_6 + 3(NH_4)_2S \longrightarrow Rh_2S_3\downarrow + 6NH_4Cl + 6HCl \tag{6-52}$$

纯氯铱酸溶液加入氯化铵并通入氯气氧化，沉淀出 $(NH_4)_2IrCl_6$。若获得的 $(NH_4)_2IrCl_6$ 纯度不够，可加入适量水合肼，加热还原为可溶的 $(NH_4)_3IrCl_6$。反应为：

$$(NH_4)_2IrCl_6 + N_2H_4\cdot H_2O \longrightarrow (NH_4)_3IrCl_6 + \frac{1}{2}N_2\uparrow + H_2O \tag{6-53}$$

再次加入$(NH_4)_2S$稀溶液沉淀贵、贱金属杂质，过滤、分离，纯$(NH_4)_3IrCl_6$溶液中补加适量 NH_4Cl 后沉淀出$(NH_4)_3IrCl_6$。

C　金属铱的制备

将以上制备出的纯氯铱酸铵转入专用瓷坩埚中置于马弗炉低温下烘干，再升温至

350℃维持 2h，继续升温至 600 ~ 700℃使铵盐分解，即可获得金属铱。其反应为：

$$3(NH_4)_2IrCl_6 \longrightarrow 3Ir\downarrow + 16HCl\uparrow + 2NH_4Cl\uparrow + 2N_2\uparrow \qquad (6\text{-}54)$$

煅烧过程中部分铱氧化为 IrO_2，经 800 ~ 900℃氢还原，并在惰性气氛下冷却至室温即获得高纯铱产品。

除了以上的一般制取铱的方法外，从铱的废坩埚中回收铱也是铱金属的重要来源。铱坩埚主要用于宝石、激光晶体行业，铱坩埚在晶体生长中能反复使用，可是在多次使用之后，或者被晶体炉环境杂质污染，或者其晶格遭到破坏而报废。报废的铱坩埚只是不能继续作为晶体生长的容器使用，但作为一种资源仍有回收利用的价值。图 6-9 为从废铱坩埚中回收制备铱粉的工艺流程示意图。

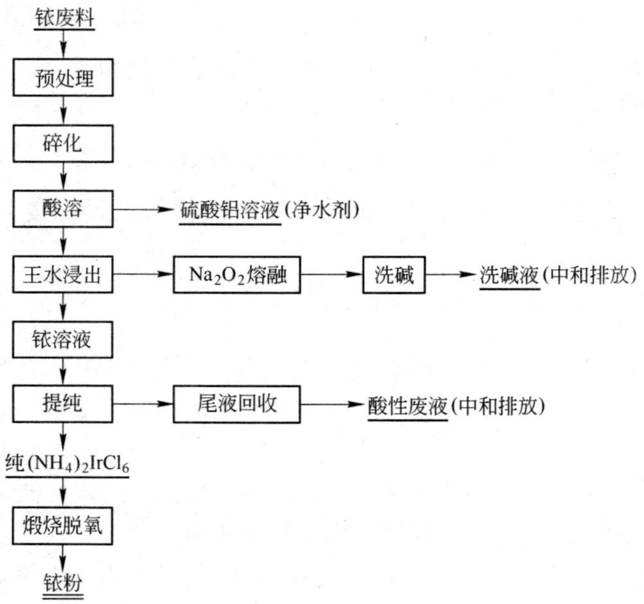

图 6-9　从废铱坩埚中回收制备铱粉

将废铱坩埚经手工或机械方法分割成尽可能小的片状或颗粒状物料，按一定比例配入贱金属碎化剂于石墨坩埚中，在一定温度下熔炼，熔体急冷成分散状，用一定浓度的无机酸溶解除去过量贱金属。记录溶液的体积，分析其中铱浓度，据此计算铱在溶液中的损失。酸不溶物先用王水浸出，一部分铱和杂质被浸出。王水不溶渣再配过氧化钠，以铁坩埚或刚玉坩埚作容器在电炉中熔融。水浸熔融物，洗碱若干遍，记录洗碱液体积，分析其中铱浓度，据此计算铱在洗碱液中的损失。水不溶物进行第二次王水浸出。两次王水不溶渣干燥、称重，分析其中铱的残留量。这部分渣可返回碱熔处理。全部王水浸出液合并，记录体积，分析铱浓度，据此计算铱的直收率和总回收率。计算所有中间产物的含铱量之和占投入原料量的比例即为此批原料的原始含铱品位。

铱溶液（即王水浸出液）含有大量杂质，分离这些杂质有化学法、溶剂萃取法和离子交换法等。用化学分离法，获得纯净的（NH_4）$_2$IrCl 晶体，将其煅烧、脱氧即得银灰色的铱粉。

参 考 文 献

[1] 刘时杰. 铂族金属矿冶学[M]. 北京：冶金工业出版社，2001.

[2] 刘业翔，刘余九. 中国冶金百科全书（有色金属冶金）[M]. 北京：冶金工业出版社，1999.

[3] 秦洪训，徐学强，滕宝强，等. SBRF-E 金银精炼新工艺的研究与生产实践[J]. 黄金，2004，25(9)：34～37.

[4] 宋涛，石汝清. 高纯金的制备[J]. 有色金属与稀土应用，2001(3)：7～9.

[5] 田冶龙，李中宇. 化学法提取高纯金的工艺[J]. 贵金属，2004，25(3)：11～14.

[6] 秦晓鹏，胡春融，董德喜，等. 浅谈我国黄金精炼技术与工艺[J]. 黄金，2003，24(8)：34～37.

[7] 张东山，薛慧芳，赵洪远，等. 化学提纯法生产1号金研究[J]. 黄金学报. 2000，2(2)：133～136.

[8] AYLMORE M G.，MUIR D M. Thiosulfate leaching of gold——A review[J]. Minerals Engineering，2001，14(2)：135～174.

[9] 巩海娟. 99.99%黄金提纯工艺的研究[D]. 长春：吉林大学，2006.

[10] 陈跃先. 黄金提纯的新工艺[J]. 福州师专学报（自然科学版），1999，8(19)：47～48.

[11] 李良果，张克，赵义云. 应用溶剂萃取处理金泥的新技术[J]. 黄金，1994，11(15)：48～51.

[12] GROSSE A C，DICINOSKI G W，SHAW M J，HADDAD P R. Leaching and recovery of gold using ammoniacal thiosulfate leach liquors（a review）[J]. Hydrometallurgy，2003，69(1-3)：1～21.

[13] PRASAD M S，MENSAH-BINEY R，PIZARRO R S. Modern trends in gold processing-overview[J]. Minerals Engineering，1991，4(12)：1257～1277.

[14] NAM K S，JUNG B H，AN J W，et al. Use of chloride-hypochlorite leachants to recover gold from tailing[J]. International Journal of Mineral Processing，2008，86(1-4)：131～140.

[15] 刘兴芝. 胺醇萃取剂 N2125 萃取金的研究[J]. 贵金属. 1997，18(2)：18～21.

[16] AL-MEREY R，HARIRI Z，ABU HILAL J. Selective separation of gold from iron ore samples using ion exchange resin[J]. Microchemical Journal，2003(75)：169～177.

[17] 张钦发，龚竹青，郑雅杰. 用 MIBK 萃取剂从含金铂钯的贵液中萃取金的研究[J]. 矿冶工程，2001，21(4)：58～60.

[18] 董德喜. 黄金精炼工艺特点分析及选择[J]. 黄金，2004，25(9)：38～40.

[19] 李承元，覃文明. 西藏尼玛砂金矿中金和银的提纯与精炼[J]. 黄金地质，2003，6(9)：64～67.

[20] 刘谟禧，张树峰，孙树森. 二丁基卡必醇萃取法提金的工业实践[J]. 矿业工程，1995，2(15)：37～40.

[21] 袁利伟，陈玉明. 用离子交换树脂从氰化物溶液中回收金的技术及其展望[J]. 矿产综合利用. 2003(5)：30～34.

[22] 冯月斌，张锦柱. 金的分离富集[J]. 黄金，2003，24(7)：43～48.

[23] 朱荣兴. 银精炼技术的改进[J]. 贵金属，2005，26(2)：9～12.

[24] 冯毅，孟淑媛，刘会冲. 高纯超细球形银粉生产工艺与设备的开发研究[J]. 电子元件与材料，2002，21(11)：16～18.

[25] 朱荣兴. 银铜合金分离提纯新工艺[J]. 有色金属（冶炼部分），1989(4)：1～4.

[26] 王同聚，王瑞雪. 从含银废液中回收银和高纯银的研制[J]. 再生资源研究，1997(2)：23～25.

[27] 黄继承. 从含钼铬的银废料中回收并制备高纯银[J]. 再生资源研究，1999(4)：25～30.

[28] CHANDRASEKARA P K，CHUNG S J，Ⅱ-Shik M. Studies on electrochemical recovery of silver from simulated waste water from Ag(Ⅱ)/Ag(Ⅰ) based mediated electrochemical oxidation process[J]. Chemosphere，2008，73(9)：1505～1511.

[29] KISZA A，KAŽMIERCZAK J. The application of the relaxation method in the study of the Ag(Ⅰ)/Ag elec-

trode reaction in pure molten silver chloride[J]. Electrochimica Acta, 1985, 30(1): 57 ~ 60.
[30] 余建民，贺小塘．贵金属提取分离技术新进展[J]. 稀有金属，1998，22(2)：123 ~ 126.
[31] 刘时杰．铂族金属提取冶金技术发展及展望[J]. 有色冶炼，2002(3)：4 ~ 8.
[32] 吴晓峰，汪云华，范兴祥，等．贵金属提取冶金技术现状及发展趋势[J]. 贵金属，2007，28(4)：63 ~ 68.
[33] 熊大伟．光谱分析高纯铂（99.999%）基体的制备[J]. 贵金属，1999，20(1)：33 ~ 34.
[34] 刘璐，陈甫华．乳状液膜法回收铂金属的研究[J]. 南开大学学报，2001，34(2)：25 ~ 30.
[35] 楚广，杨天足，楚盛．从钌铱锇矿中提取贵金属的规模化生产[J]. 贵金属，2005，26(2)：1 ~ 4.
[36] 简华强，骆冠瑜．粗钯的精炼提纯[J]. 广州化工，2001，29(3)：32 ~ 33.
[37] HARJANTO S, CAO Y C, SHIBAYAMA A. Leaching of Pt, Pd and Rh from automotive catalyst residue in various chlorides[J]. Materials Transactions. 2006, 47(1): 129 ~ 135.
[38] GRUMETT P. Precious metal recovery from spent catalyst[J]. Platinum metals review, 2003, 47(4): 163 ~ 166.
[39] PAGLIARO M, CAMPESTRINI S, CIRIMINNA R. Ru-based oxidation catalysis[J]. Chem. Soc. Rev., 2005(34): 837 ~ 845.
[40] BENGUEREL E, DEMOPOULOS G P, HARRIS G B. Speciation and separation of rhodium (Ⅲ) from chloride solutions: a critical review[J]. Hydrometallurgy, 1996, 40(1-2): 135 ~ 152.
[41] 吴晓峰，汪云华，范兴祥，等．贵金属提取冶金技术现状及发展趋势［J］．贵金属，2007，28(4)：63 ~ 68.
[42] 韩汉民．超纯钯的制备[J]. 天津化工，1994(3-4)：7 ~ 8.
[43] SHAFIQUL A M, INOUE K. Extraction of rhodium from other platinum group metals with lelex 100 from chloride media containing tin [J]. Hydrometallurgy. 1997(46): 373 ~ 382.
[44] NGWENYA N, WHITELEY C G. Recovery of rhodium (Ⅲ) from solutions and industrial wastewaters by a sulfate - reducing bacteria consortium[J]. Biotechnology process, 2008, 22(6): 1604 ~ 1611.
[45] MHASKE A A, DHADKE P M. Extraction separation studies of Rh, Pt and Pd using Cyanex 921 in toluene apossible application to recovery from spent catalysts [J]. Hydrometallurgy, 2001(61): 143 ~ 150.
[46] 黄继承．从废载体催化剂中回收提炼高纯铂[J]. 再生资源研究，2000(3)：24 ~ 25.
[47] HUDSON M J, THORNS J F. The concentration of rhodium and iridium during the final stages of the platinum group, metals refining process using the Co-polymer poly ((N-dithiocarboxylato) iminoethenehydrogenoiminoethene) (PIED) [J]. Hydrometallurgy, 1983(11): 289 ~ 295.
[48] 张邦安，李富荣．废铱坩埚提纯铱工艺研究[J]. 中国资源综合利用，2006，24(10)：5 ~ 9.
[49] 张方宇．废催化剂中铑的回收[J]. 中国物资再生，1998(2)：4 ~ 4.
[50] 吕久吉，王占华．从含铑废渣中分离提纯金属铑——用萃取法分离提纯[J]. 有色矿冶，1993，9(2)：27 ~ 31.
[51] 陈景，张永柱．铑铱分离方法与原理[J]. 贵金属，1994，15(4)：1 ~ 6.
[52] SOLE K C, FEATHER A M, Cole P M. Solvent extraction in southern Africa: An update of some recent hydrometallurgical developments[J]. Hydrometallurgy, 2005, 78(1-2): 52 ~ 78.
[53] ASHRAFIZADEH S N, DEMOPOULOS G P. Progress towards the development of a solvent extraction process for the refining of rhodium[J]. Precious Metals, 1996(20): 419 ~ 431.
[54] YAN G L, ALSTAD J. Solvent extraction of rhodium, ruthenium and iridium with HDEHP[J]. Journal of Radioanalytical and Nuclear Chemistry, 1995, 201(3): 191 ~ 198.
[55] 杨春吉．从废铑催化剂中提取铑粉[J]. 贵金属，2002，23 (4)：6 ~ 8.

7 高纯稀有金属

7.1 高纯镓

7.1.1 高纯镓概述

7.1.1.1 物理化学性质

镓(Ga)为银白色的金属，熔点只有29.8℃，在人的手里就可熔化，但镓的沸点却很高，而且在由液体变成固体时体积会增大3.2%。镓的原子序数是31，相对原子质量是69.723，属$Ⅲ_A$族，电子构型为(Ar)$3d^{10}4s^24p^1$，氧化态为+1、+3，固体镓为蓝灰色、液体镓为银白色。镓的化学性质不活泼，在常温下几乎不与氧和水发生反应。镓溶于强酸和强碱，因此镓具有两性。由于镓具有吸收中子的能力，在原子反应堆中也可以起到控制中子数量和反应速度的作用，为人类利用原子能作出贡献。

镓具有很强的光反射能力，可把它挤压在两块加热的玻璃之间制成优质反光镜。镓还可以用来制造阴极蒸气灯，将碘化镓加入高压水银灯中，可以增大水银灯的辐射强度；镓锡合金弧光灯具可防止锡蒸发附在玻璃管壁上，避免冷却时破裂。镓的蒸气压也很低，在1000℃时只有10^{-3}Pa，故可在真空装置中作密封液。镓能提高一些合金的硬度，并能提高镁合金的耐腐蚀能力。镓化合物可用于分析化学、有机合成以及医药中的催化剂。放射性镓可用来诊断癌症；镓还常用来制造镶牙合金。近年来，镓成为电子工业的新宠，其主要用途是制造半导体材料，被誉为“半导体材料的新粮食”。

7.1.1.2 品质分级

当金属镓的纯度在5N以下时，仍沿用原来的称呼，如2N、4N、5N。当纯度达到5N以上时，以其主要的用途来定级：如6N镓主要用于掺杂的GaAs、GaP、GaSb等半导体晶体，不仅要求镓的纯度达到6N，还对主要有害杂质Cu、Zn、Fe、Si等的含量有严格的要求，通常称其为“电子级”高纯镓（EGa)；用于制作IC衬底的半绝缘砷化镓的7N镓，要求合成的半绝缘砷化镓晶体在室温下电子迁移率大于6500$cm^2/(V\cdot s)$，用辉光放电质谱法（GDMS）分析镓中的杂质，除C、N、O和Ta外，主要有害杂质的含量必须在5×10^{-7}%以下，其余杂质的含量都必须低于检测极限，可称之为“电路级”超纯镓（IC-Ga)；用作分子束外延（MBE）源的镓，要求除C、N、O和Ta外，所有杂质的含量都应低于GDMS分析的检测极限，可称之为“分子束外延级”超纯镓（MBEGa)。

7.1.1.3 用途

高纯镓主要用于制造砷化镓、磷化镓、氮化镓及低熔合金等的电子器件及外延片和光电子器件，已广泛应用于移动通信、宽带光纤通信、个人电脑、通信卫星、高速信号及图像处理、汽车防碰撞及定位和汽车无人操作系统等现代高科技领域。近年来，随着移动通信、个人电脑、汽车等行业的发展，砷化镓、磷化镓、氮化镓等产品的需求量急剧增加，高纯镓的研究开发和生产也得到了很大的发展。

镓是当代信息技术发展的重要支撑材料。GaAs、GaAlAs、GaSb、GaP、CaAsP 等化合物广泛用于电子工业，作为可见光、红外及激光二极管、超大规模集成电路、微波元件、太阳能电池等的基本材料。此外，镓基低熔合金用于低温控制、焊剂、某些加工（如珠宝加工支撑、薄管弯曲）的充填、仪表中取代汞、牙科合金等。镓的冷焊剂是科研及军工特殊需要的材料，用于金属与陶瓷异型构件的冷焊；日本开发用镓微粒烧结于滑雪板上以增加滑雪速度，获得轰动效果；镓的抗重金属中毒特性可用于诊断骨癌；镓材料作磁泡存储器、光盘存储器及超导等用途也在不断发展。而作为有工业应用价值的镓化合物，主要是：GaAs、GaP、GaN、GaSb 和 Ga-Al-As 等，在现代工业及国防中被广泛使用。另外，V_3Ga 用于制备超导体，它的临界磁场强度达 223Gs，临界温度为 15.3K。镓的卤化物和氧化物还可以用作有机反应中的催化剂，GaS 可作发光材料等。而 GaAs 系电子器件、光学器件和 GaP 系光学器件发展极快。

GaAs 系材料的光学器件如可见光、红外发光二极管（LED）、压缩光盘用激光二极管（LD）等，是从 20 世纪 90 年代初开始发展起来的，开始还仅仅是用于特殊的人造卫星、FET、HEMT 和电视调谐器等领域，电子器件的快速发展始于手机电话用功率放大器、开关的大规模应用。手机电话市场的高速发展成为促进 GaAs 电子器件发展的推动力，另外，GaAs 的光学器件在高辉度 LED、CD-ROM、LD 等方面得到发展。

晶体生产厂家用 GaAs、GaP 生产基片，器件厂家购买基片进行外延生长、封装、制品化。近年来，晶体生产厂家为了增加销售额，提高产品的附加值，也直接进行外延加工。据估计，GaAs 系继续朝着以手机为中心的电子器件方向大力发展，光学器件系列 LED、CD 生产正在增长，今后生产附加值高的外延片比率将增加，尺寸也由 10.16cm(4in) 向 15.24cm(6in) 过渡，GaP 系器件的市场比例也将随着需求而增长。

GaN 半导体薄膜材料由于具有从可见光到紫外光波段连续可调的直接带隙和优越的抗辐射及耐高温的特性，因此是制备蓝光及紫外波段发光器件及高速、大功率光电器件的理想材料。GaN 半导体薄膜材料的 MOCVD 外延生长，目前主要采用的是将三甲基镓或三乙基镓在高温下（>900℃）与氨气进行反应。

7.1.2　高纯金属镓的制备

目前，国内外制备高纯镓主要有两条途径：一是以工业粗镓为原料，通过各种精制方法精制得到高纯金属镓；二是以半导体材料生产过程中产生的各种含镓废料为原料，通过多种方法除去杂质成分后，直接回收得到高纯金属镓。制备高纯金属镓的方法有多种，如图 7-1 所示。

高纯金属镓制备方法——
- 三氯化镓法
- 有机化合物热分解法
- 电解精炼法
- 部分结晶法
- 电解结晶法
- 化学处理法
- 区域熔炼法
- 真空蒸馏法
- 真空热解法
- 联合法

图 7-1　高纯金属镓制备方法

7.1.2.1　三氯化镓法

将金属镓制成三氯化镓，先用定向结晶或区域熔炼法对三氯化镓进行提纯，然后电解纯净的三氯化镓水溶液，制得高纯金属镓。

7.1.2.2 有机化合物热分解法

一般来说，金属性强的元素不易生成有机化合物，而镓是两性元素，可以生成一系列有机化合物。有机化合物热分解法制备镓主要是通过先除去镓的有机化合物中大部分金属杂质，然后再根据镓和可能存在的其他元素有机化合物性质的差异将两者分离，最后在无污染的环境中将镓的有机化合物热分解，制得纯度极高的金属镓。现在应用的有机化合物为三甲基镓。该法虽然可以制得纯度极高的镓，但是三甲基镓热分解速度慢，效率低，不适用于大批量生产超纯镓。然而该法在提纯方面的独特优点，使其广泛地用于制造含镓化合物的半导体薄膜产业。

7.1.2.3 电解精制法

电解精制法是在金属镓熔点（29.78℃）以上的温度条件下，以待提纯的粗镓为阳极，以高纯镓为阴极，用 NaOH 水溶液作电解液，在外电流作用下使金属粗镓在阳极溶解进入电解液后，通过离子迁移到达阴极并在阴极放电析出而得到高纯镓。电解过程中镓在阴极析出，原料中的其他主要杂质 Cu、Fe、Pb、Sn、Al、Zn、Ca 等因析出电位的差异，在电解过程中呈现不同的行为，电位较正的杂质如 Cu、Fe、Pb、Sn、Zn 不氧化直接留在阳极区域底部成为阳极泥，Ga 和 Al、Ca 等杂质以离子形式进入电解液，在阴极 Ga 优先析出，其他电位较负的杂质 Al、Ca 等留在电解液中。电解过程的主要反应如下：

阳极反应： $$Ga + 4OH^- - 3e \longrightarrow GaO_2^- + 2H_2O \quad (7\text{-}1)$$

阴极反应： $$GaO_2^- + 2H_2O + 3e \longrightarrow Ga + 4OH^- \quad (7\text{-}2)$$

文献还报道了一种采用电解法制备高纯金属镓的方法和设备。它是以粗金属镓作为阳极，将其置于一个圆柱形的阳极室中，以含 Ga 50 ~ 60g/L 的 NaOH 溶液为电解液，不锈钢片为阴极，可制得 5N 级的高纯金属镓。电解过程中，维持电解液 NaOH 浓度为 100 ~ 200g/L，电解温度为 35 ~ 70℃，电流密度为 0.02 ~ 0.2A/cm^2。该法所采用的电解装置在阳极室处装有一个电磁搅拌装置，电解时同时开动搅拌器，使阳极室的电解液做旋转运动，以促使电解过程中产生的黑色浮渣聚集在旋转流体的中心，然后通过吸管将富集有杂质如 Au 等的浮渣排出电解系统，去除难以除去的杂质 Au，而其他杂质如 Zn、Cu、Pb 等则沉积于阳极泥中被除去。采用该装置以含 Ga 99% ~ 99.99% 的粗金属镓为原料，可将粗金属镓提纯到 5N 以上，且高纯金属镓的回收率达 90% 左右。

通过电解法可以将镓进一步提纯得到高纯镓。研究表明，以一条铂丝插入待提纯的粗镓中为阳极，以另一条铂丝插入高纯镓（6NGa）中为阴极，用 NaOH 水溶液作电解液，在电流密度为 0.3A/cm^2，温度为 40℃条件下，在一个圆形的有机玻璃电解槽内进行电解，一次电解可使金属镓的含量从 4N 提高到 5N，经过二次电解可得到纯度为 6N 的高纯金属镓。若以经过提纯的卤化镓为原料，以铂作阴极和阳极，在阳极电流密度为 5 ~ 10A/dm^2 条件下进行熔盐电解，可制得含 Ga 7N，杂质 Cu 和 Pb 均小于 10^{-5}%，Zn < 10^{-7}% 的高纯金属镓。

有文献报道电解镓的氯化盐可制得纯度为 7N 的高纯镓。也有文献报道，以液态粗镓为阳极，通过电解法可制得高纯镓。电解过程中，在阳极电解液表面产生的浮渣与部分电解液一起被抽出系统外，经过滤除去固体浮渣后，电解液返回电解系统循环使用（见图 7-2）。

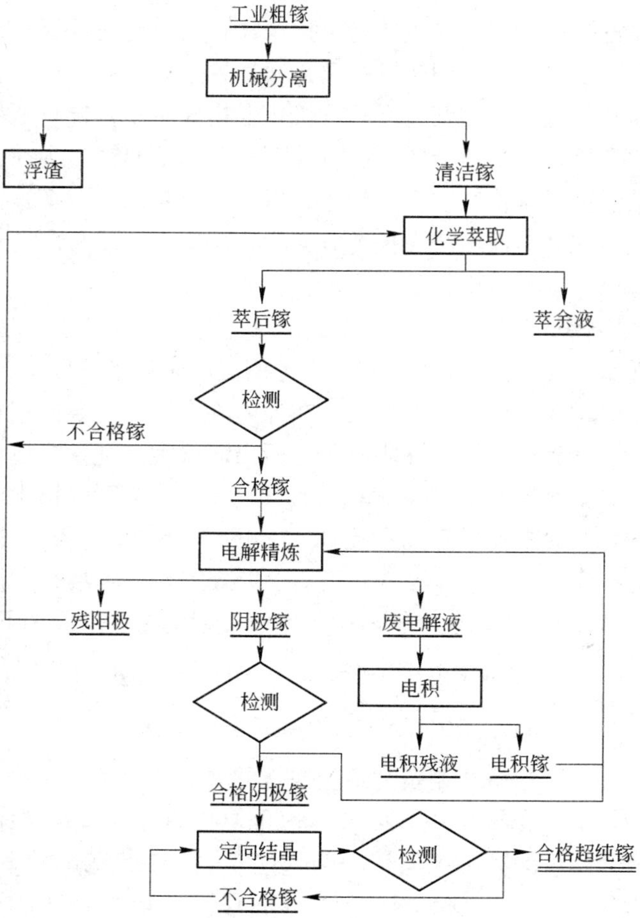

图 7-2　超纯镓的生产工艺流程图

7.1.2.4　部分结晶法

部分结晶法是通过使液态金属镓部分凝固，利用杂质元素在不同相态中的分布差异，使杂质在液态镓和固态镓中重新分布而得到较纯的金属镓，达到精制提纯的目的。采用该法可得到6N～7N的高纯金属镓，但该法在得到高纯金属镓的同时，会使部分杂质含量升高，品质下降，高纯金属镓的收率较低，且因受设备限制，产量不会太大。

文献报道，将液态金属粗镓置于由一个上部盖板和一个下部可移动的挡板所封闭的圆柱形的聚四氟乙烯储料器中，液态镓表面由盐酸膜覆盖以防止其氧化，维持温度35℃以上以保证粗镓全部处于熔融状态，然后利用15℃的循环水沿储料器外壁冷却液态粗镓，使其部分凝固形成提纯的镓晶体，而后用下部可移动的挡板通过向上移动，使形成的密度低于液态镓的晶体镓聚集于储料器顶部，并通过挡板施加一定的压力使晶体镓聚集体尽可能密实，最后可移动挡板回到初始位置，重复该操作步骤，直到储料器顶部聚集的晶体镓高度达到储料器高度的70%时，将残余的液态镓通过导管排出储料器，然后用3 mol/L的盐酸充满储料器，以40℃的循环热水加热储料器，使生成的晶体镓重熔，以液态的形式排出，并进行过滤，即可得到纯度为6N以上的高纯金属镓，高纯镓的收率为46.25%。

采用部分结晶法制备高纯镓的另一种方法和设备是在一边搅拌装在圆筒状容器中的液态粗镓，一边使液态镓从容器的内壁面朝着容器中心的方向逐渐凝固，并在容器中的全部液态镓原料凝固前分离容器中央部分未凝固的液态镓，利用杂质在液固两相间分布不同，使杂质元素富集于液态镓中使固相镓得到纯化而得到高纯金属镓。该法采用的装置由以下几个部分组成：一个具有圆筒状内壁的容器、设置于该容器外周面上的冷却区、设置于该容器内侧壁的加热区、配置于容器中央部的吸管和设置于容器下方的磁铁转子。该装置在进行镓的提纯过程中，由于凝固面是由圆柱内壁面朝向中央方向慢慢地进行，中央部分的液相呈圆柱状并始终保持为液态，这样液相的搅拌在金属镓的纯化过程中可以不断进行，保证了液相在凝固面的圆周方向和上下方向都不发生差异，从而保证了液态镓凝固纯化过程能有效地进行，并且在凝固纯化时，聚集于中心部分的液相即使成为原来体积的10%以下，甚至成为原来体积的5%左右，也能够获得高纯度的凝固相。采用该方法和装置，经反复7次、总纯化时间24h的凝固纯化操作可得到高纯镓。

7.1.2.5 电解结晶法

电解结晶法是一种将电解和结晶分离两过程结合的高纯金属镓的生产方法，可除去粗镓中微量杂质Fe、Cu、Pb、Zn、Sn、Si、Hg、Ni等，使产品质量达到6N～7N的高纯度。精制过程中，以熔融状4N的粗镓原料为阳极，以熔融状的精制镓为阴极，以光谱纯的NaOH水溶液为电解液，通直流电，控制电解槽电流密度为0.02～0.05A/cm^2，槽电压为2.0～3.0V，槽温为40～60℃，NaOH水溶液浓度为130～200g/L，Ga 50～80g/L，经电化学反应制得阴极镓。

阳极：
$$Ga - 3e \longrightarrow Ga^{3+} \tag{7-3}$$

阴极：
$$Ga^{3+} + 3e \longrightarrow Ga \tag{7-4}$$

镓在阳极、阴极的反应占绝对优势，且在所控制的电解条件下能抑制杂质元素参与电化学反应，在阴极析出纯度为5N～6N的精制镓，之后将得到的精制镓置于结晶槽中进一步结晶提纯，控制结晶温度为15～25℃，机械搅拌速度为5～15r/min，在镓表面覆盖浓度为2.0mol/L的盐酸或10～20g/L光谱纯的NaOH溶液，以8～10kg/h的结晶速度结晶8～10h后分离晶体镓，然后用热酸热水洗涤除去海绵镓，即可得到纯度为6N～7N的高纯镓，高纯镓的直收率为68%～75%。最后将残留在电解槽阳极区的残镓及分离的海绵镓等经其他电解方式提纯为4N，重新作为生产原料，形成镓的闭路循环，高纯镓的总提取率可达98%以上。该法与单纯电解精制法相比，每处理100kg粗镓，可增加经济效益40%，提高工作效率50%。

7.1.2.6 化学处理法

一种方法是用硝酸溶液处理金属粗镓，待镓溶解后分离不溶性杂质，然后加入强碱使溶液pH>9，使镓以氢氧化物沉淀析出，分离此沉淀物后再加强碱使其溶解并分离不溶性杂质，最后电解此含有镓的碱性溶液即可得到高纯度的金属镓。

另一种方法是化学萃取法，是一种用酸溶液将溶于镓中的杂质元素溶解出来的方法。

在进行化学萃取时，金属镓呈液态，根据化学势的原理，溶解在液体中的物质，其活度比单质的大，所以溶解在液态镓中的杂质元素更容易和萃取酸反应。化学萃取法除去杂质元素的效果同酸的种类、浓度、温度及萃取方式的关系极为密切。该法用酸作萃取液，金属镓也会有少量溶解。

又有文献报道，将工业粗镓制成粗三乙基镓 $Ga(C_2H_5)_3$ 后，通过蒸馏法将其提纯，然后在惰性气体保护下，通过紫外照射使提纯的三乙基镓分解可制得纯度为5N的高纯金属镓。

7.1.2.7　区域熔炼法

区域熔炼法可制备出7N的高纯金属镓。此法是通过采用互感加热线圈加热，使储于精炼设备内部的刚性竖管中的金属镓局部熔化，在精制过程中，加热线圈以7.3mm/h的速度由刚性管的底部向上移动，使金属镓的熔化带随之向上移动，最后使金属镓中的杂质富集在刚性管顶部的熔融镓中，分离富集了杂质的液态镓即可得到7N的高纯金属镓。采用该法虽可得到7N的高纯镓，但由于此方法不适宜大规模生产，因此应用受到限制。

7.1.2.8　真空蒸馏法

真空蒸馏法是以GaAs、GaP等半导体材料生产过程中产生的含镓废料为原料，经氯化蒸馏而制取高纯金属镓的一种方法。文献报道，用氯气氯化含镓废料，在产生氯化镓的同时或之后蒸馏分离 $AsCl_3$、PCl_2 而得到含有 $GaCl_3$ 和 $GaCl_2$ 的粗氯化镓，然后将部分生成的 $GaCl_3$ 转化为熔点较低的 $GaCl_2$，$GaCl_2$ 经精制后在水溶液中用Zn等金属还原，并在200～1000℃及 $1.33 \sim 13.3 \times 10^3$Pa的条件下真空蒸馏以除去残留的杂质即可得到高纯金属镓。

7.1.2.9　真空热解法

真空热解法以半导体材料生产中产生的As、Ga废料为原料，采用真空热解制得高纯金属镓。首先在真空度为1.33～13.3Pa下，以0.5～20℃/min的可变加热速度，将原料由25℃升温至1150℃，使原料在真空条件下进行热分解，此时原料中的砷和易挥发杂质通过升华被除去。待砷升华除完后，将熔融镓以0.05～15℃/min的冷却速度降温至50～100℃，然后在此温度下用多孔过滤膜过滤，过滤后的金属镓于容器中加热到70℃，用70℃的热硝酸溶液在搅拌条件下处理15～30min之后排出硝酸溶液，再用50～90℃的去离子水洗涤以除去残留硝酸，最后将经过水化学处理过的液态镓进行部分分步结晶，即可制得6N的高纯镓。

采用真空蒸馏法和真空热解法能有效地回收含镓废料中的金属镓，既可减少环境污染，又可变废为宝，避免资源浪费，且采用该法生产高纯金属镓流程简单，成本低，因此应是一种值得重视的方法。

7.1.2.10　联合法

联合法是以粗镓为原料，分别把化学处理、电解精制、真空蒸馏、熔体拉单晶等单元处理过程组合而成的一种高纯镓制备方法。

有研究表明，采用联合法工艺可将4N的工业粗镓提纯到7N以上，其工艺流程如图7-3所示。

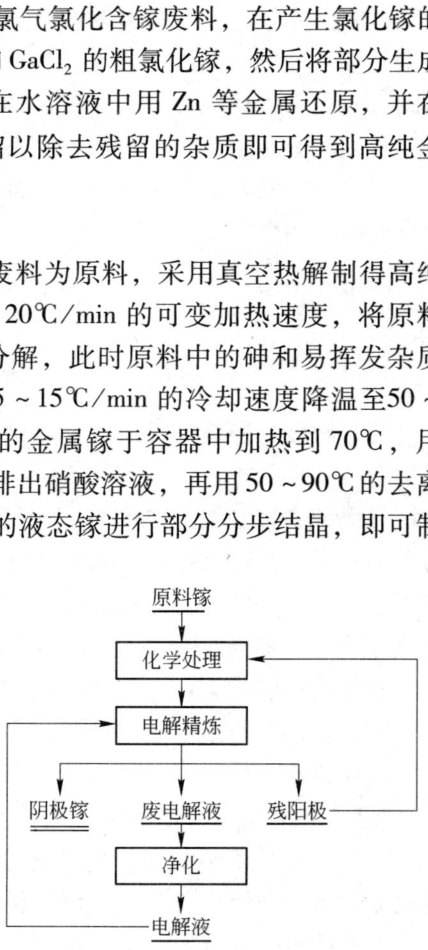

图7-3　联合法工艺流程图

7.2 高纯铟

7.2.1 金属铟概述

7.2.1.1 铟的性质

铟（In）属于稀散金属，位于周期表Ⅲ$_A$族，原子序数为49，相对原子质量为114.82，在地壳中含量与银相似，为1×10^{-5}%；价数有+1和+3。铟呈银白色，有强金属光泽，可塑性很大，延展性好，可以压延成极薄的铟片，莫氏硬度为1.2。化学性质和铁相近，常温时不为空气所氧化，加热超过其熔点则迅速和氧、硫化合，无毒性。铟可溶于各种浓度的盐酸、硫酸和硝酸等无机酸，致密的铟在沸水及某些碱液中不被腐蚀。铟和溴在常温时即发生化合，加热时则可以与碘发生化合。铟可以与多种金属生成合金。应用形式为小锭或棒、丸、条、板、粒和单晶。纯度分工业级和高纯度级（不纯物少于10×10^{-4}%）。表7-1为金属铟的主要物理性质。

表7-1 金属铟的主要物理性质

性 质	参 数	性 质	参 数
密度(20℃)/$g\cdot cm^{-3}$	7.31	溶化热/$kJ\cdot mol^{-1}$	3.27
熔点/℃	156.6	汽化热/$kJ\cdot mol^{-1}$	232.4
沸点/℃	2075	热导率/$W\cdot(m\cdot K)^{-1}$	80.0
平均比热容(0~100℃)/$J\cdot(kg\cdot K)^{-1}$	243	电阻率/$\mu\Omega\cdot cm$	8.8

7.2.1.2 铟的用途

铟是一种多用途金属，是制造半导体、焊料、无线电工业、整流器和热电偶的重要材料，且随着科技的进步其应用范围在不断扩大，特别是在高科技领域，铟的应用具有广阔的前景，图7-4示出了铟的主要用途。

A 易熔合金

低熔点合金如伍德合金中每加1%的铟可降低熔点1.45℃，当加铟到19.1%时熔点可降到47℃。铟基低熔点合金是作热信号及热控制器件的材料，主要用于弱电器件及光学工业中；在特殊电气真空仪器中作可动元件的特殊润滑剂；作自动消火栓；作异型薄管制弯曲处加工的固形充填物，而不发生如用砂时的易滑动、用树脂或铅的易断裂以及没有用树脂或铅时的难以清洗与清除之弊；利用含Bi大于55%的低熔点合金在凝固时的膨胀可充作安装难以固定的卡夹用材，或做珠宝加工的支撑夹具，便于精加工；无论作填充物或作夹具用，一旦加工完后，只需加热到其低熔点的温度时即可与主体分离，

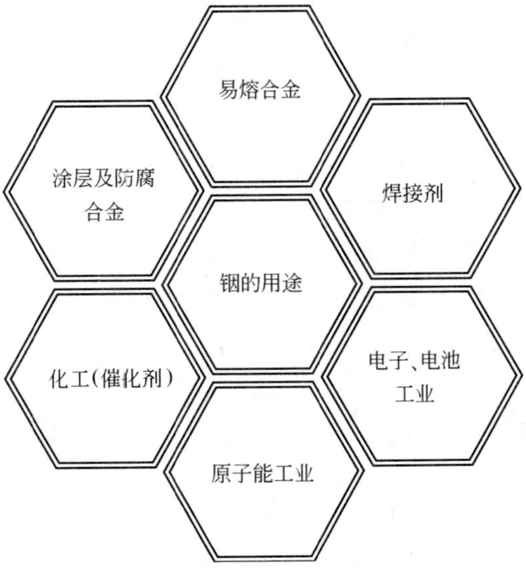

图7-4 铟的用途

而低熔点合金仍可再用，类此还可作铸造模型的母型材用；作焊料，铟与锡的合金可作真空密封之用，如作玻璃-玻璃和玻璃-金属间的焊剂，In-Me 远较 Pb-Sn 及 Au-Sn 优越，经登月舱在月球上着陆，查明了铟材在低温下的延展性十分可靠且不脆化与开裂；铟的二元、三元等低熔合金具有良好的高温抗伸强度及抗疲劳强度，常见的铟基低熔点合金见表 7-2。

表 7-2　铟基焊接剂

组分/%							熔点/℃	组分/%							熔点/℃
In	Bi	Sn	Pb	Cd	Ag	Al		In	Bi	Sn	Pb	Cd	Ag	Al	
18.1	81.9						47	75				25			123
66.3	33.7						72	90					10		144
35.5	48.5			16			77.5	90			5		5		147
26	57	17					79	95						5	151.5
44		42		14			93	98.5			1.5				153
33	67						109	79.3			20.7				158
50			50				116 ~ 117	25			75				234
52	48						118								

B　焊接剂

铟与银、铋和铅等金属可形成一系列熔点间于 47 ~ 234℃的金属焊接剂，俗称软合金。因为铟焊料具有较好的润湿玻璃性能，且对某些贵金属基片的渗透较弱，故主要用于电子及低温物理领域焊接，既防止损坏印刷电路板，又可利用其熔点逐渐降低而实现堆焊电子元件等，如用在高真空系统中作焊接玻璃-玻璃、玻璃-金属及电子器件的焊接剂用。合金 $In\text{-}Cu_{32}\text{-}Zn_{15}\text{-}Cd_{20}\text{-}Ni_{2}\text{-}Ag_{30.5}$ 具有良好的导电性，又有较优的力学性能和防腐能力，故在机械工业中用作焊接钢、铁及有色金属的焊料；某些铟基低熔合金，如 $In\text{-}Sn_{25\sim37.5}\text{-}Pb_{25\sim37.5}$、$In\text{-}Sn_{75}$、$In\text{-}Sn_{50}$ 及 $In\text{-}Pb_{50}$ 等具有抗碱腐蚀特性，可作为氯碱工业化工设备的焊接剂。

C　涂层及防腐合金

铟及铟基合金具有耐磨、耐腐及力学性能良好的特性，故常用作控制仪表、地球物理仪、监测辐射仪及红外线仪等的涂层，如 In-Zn-Al 作航空及汽车工业中的防腐涂层；纯度大于 99% 的铟作高速航空发动机银铅铟轴承材料及传统装饰纪念品的涂层；如今由于铝导线在电力工业中的发展，用铟作铝线接头和连接器的涂层可保证高的电导率及良好的力学性能。

铟的另一重要用途是镀在飞机发动机、汽车发动机的轴承上，可增加轴承的强度、硬度和抗腐蚀性，并使表面易于涂油，从而能大大提高轴承的使用期限。In-Ag-Cu、In-Cu-Pb、In-Pb-Ag 及 In-Cu 等合金因制造高级高速发动机轴承而广泛用于航空及汽车工业；铟基合金可作玻璃透镜的抛光材料；金、钯、银、铜同铟组成的合金常用来制作假牙和装饰品，如 In-Ni-Ga 常用作牙科材料；$In\text{-}Te_{77\sim82}$ 可作热电偶。

向润滑剂中添加少量铟的化合物，则可降低其腐蚀性；反射镜类仪器涂铟既能增大其反射性能、不怕海水腐蚀，又不易在空气中变暗，故为军工及海事中采用。

D 电子、电池工业

高纯铟是电子工业上的重要原料，用于制造化合物半导体锑化铟、砷化铟、磷化铟等，以及作为半导体锗、硅的掺杂元素。例如，锑化铟可用作红外线检波器的材料，磷化铟可用作微波振荡器等。铟的另一较大用途是作二极管、晶体管和整流器中的合金接点材料，在电器开关的触点或碳刷上涂铟，可改善电器接触处的烧损；而 In_2O_3 与 Ag_2O 及 AgCl 组成的材料，可作良好的电接点材料；而液态 Ga-In-Sn 合金也是电接点的良好材料；InSb 制备的集成电路可用于无接点开关与无电刷马达。铟还可以用作锗晶体管的发射极与集电极，其中作为锗晶体管中的掺杂元素，在 PNP 锗晶体管生产中，铟的用量相当大。

铟的 $Ⅲ_A$-$Ⅴ_A$ 族化合物广泛用于光通信及红外仪器中，如 InGaAs 用于光通信长波段（1.3～1.7μm）激光器；GaInP 作发光元件；InAs 及 InAsP 作霍尔元件；InSb 作红外探测器用于制导装置及装备红外热成像仪；InP 可用于制作大功率激光器。

铟最广泛、用量最大的用途是在电子工业中作液晶显示用的 ITO（透明导电膜），用于手表、小计算器、便携式电视机、摄像机及文字处理机等，目前更向大型化、彩色化发展，如液晶电视、投影电视屏幕像显示管，且已进入光磁记录材料市场。其次作为透明电极，充作飞机及机车挡风板玻璃窗的场致发光元件制作雾冰器，既保证了玻璃窗透明可见度，又可去雾、冰；透明热 ITO 或 In_2O_3 涂膜可作透明热反射体，如低压铟钠灯、反射热的建筑玻璃窗、冷冻食物的冰冻仓及烤箱炉门等。

铟丝可制作 3.4K 的电阻加热元件；铟有两种用于能源的电池，即太阳能铟光电池与含铟非晶态硅电池；用铟硒氧化物涂在塑料薄膜上以及用 Gu-In-Se 膜做成的光电池，比硅太阳能电池价廉且转换率高。在无汞锌粉的制备中添加铟可以起到防腐的作用。

E 原子能工业

铟镉铋合金在原子能工业上作吸收中子用的材料，铟箔可用来测量中子流并可测定其能量，这是因为铟在慢中子作用下具有易激发的特性，故用作测定反应堆中子流和其能量的指示剂。$In\text{-}Ag_{15}\text{-}Cd_{80}$、$In\text{-}Ag_{80}\text{-}Cd_5$ 及 In-Bi-Cd 等可作核反应堆中吸收中子的核控制棒；In-Ca-C 低熔点合金可作原子能工业中的冷却回路材料。

F 化工催化剂

金属铟作催化剂用于以液态 N_2O_4 进行乙氰爆炸氧化反应中。在 100～400℃间使氢和重氢作用而产出 HD_2，或使蚁酸分解采用 In/Ge 催化剂。400℃时脱酒精或脱水以及分解 N_2O 或在 20℃下的 CCl_4 液中进行 NH_3 的氧化反应等用氧化铟催化。丙烯的氧化和在空气中于 375℃下使 2-3-二甲基萘生产萘都是用 In_2O_3/Al_2O_3 催化剂。In_2O_3/C 是使溴和氢合成 HBr 的良好催化剂。$InCl_3$ 多用于催化取代反应过程中，如在 95℃下作苯与 n-苄基氯取代反应的催化剂，只需 1min 即可获得氯二苯基甲烷与 HCl，其产出率高达 85.7%。在 250～325℃和 5.1～25.3MPa 下使乙烯水合为 C_2H_5OH（气相）时，在硅胶或炭上的铟硼酸盐是一良好催化剂。在 0～225℃间环醚的聚合中常用的催化剂是 In/Al_2O_3。In_2S_3 和 In_2O_3 是用于 Li_2O/NiO 进行离解 N_2O_4 的助催化剂。日本研究用 In_2O_3 作催化剂，以便使煤、木炭及焦油在 300～600℃下发生氧化，而从水中提取氢作新能源。

此外，研究中的光纤维通信中 InGaAsO/InP 异质结激光器，也是铟的新用途。

7.2.1.3　几种重要的铟化合物

A　ITO 薄膜

氧化铟锡或掺锡氧化铟薄膜是一种重掺杂、高简并 N 型半导体，简称 ITO 薄膜。经扫描电镜（SEM）、透射电镜（TEM）和平面图像高分辨率电镜（HREM）研究采用各种技术生长的 ITO 薄膜的微结构表明，该材料是复杂的立方铁锰矿型结构（即立方 In_2O_3）的多晶体，组成多晶体的大晶粒中含有亚晶粒区，电子迁移率在 15 ~ 450$cm^2/(V \cdot s)$范围内，因此，该化合物具有优异的电学和光学性能。

由于 ITO 薄膜材料具有优异的光电特性，膜层硬度高且耐磨耐蚀，导电性能及加工性能极好，因而近年来得以迅速发展。其主要应用在平面液晶显示、太阳能电池电极、热辐射反射镜等方面。此外，ITO 膜能防静电、防雾、除雾。可应用于需要屏蔽电磁波的地方，如计算机房、雷达的屏蔽保护区，甚至可用于防雷达隐形飞机上。国内已成功将 ITO 膜用于平面及曲面飞机风挡、双引自行车及医疗设备中。

B　磷化铟

磷化铟相对分子质量为 145.80，熔点为 1070℃，是非可燃性固体，易与强氧化剂、硫和强酸反应，不溶于弱酸和水，无挥发性、无气味，具有优异的半导体性能，被称为第三代半导体主要材料之一，可能取代硅制作大规模集成电路。常用于半导体化合物、低压钠灯、无汞干电池阴极和 ITO 透明电池材料。

C　三甲基铟、三乙基铟和二甲基乙基铟

高纯三甲基铟、三乙基铟和二甲基乙基铟为白色晶体，对氧和水很敏感，暴露在空气中会立刻燃烧。一般用于金属有机化学气相沉积（MOCVD）的原材料和添加剂，在很多半导体结构和器件中有着广泛的应用。

7.2.2　高纯铟的制备

7.2.2.1　金属铟的回收与生产

铟在地球化学上属于“分散元素”，没有单独开采的工业矿床，它主要以微量与有色金属铅、锌、铜、锡矿物共生，其他还有明矾石、菱铁矿、钼辉石等，是资源综合利用的产物。铟的矿物种类不多，但共生矿分布很广，在共生矿铟含量达十万分之几就有工业生产价值。铟品位较高且目前最有工业回收价值的矿物主要为闪锌矿，含量为 0.00001% ~ 0.1%，在铅锌冶炼的过程中铟作为副产品回收，锡冶炼厂也回收铟。以下介绍国内外铟的回收与生产工艺。

A　Porto-Marghera（P-M）多次中和法

1969 年，Porto-Marghera（P-M）锌厂与都灵冶金中心联合成立了世界上第一个实现从锌浸出渣中同时综合回收镓、铟、锗的单位。其原料成分和工艺流程分别见表 7-3 和图 7-5。

表 7-3　Porto-Marghera（P-M）多次中和法回收镓、铟、锗原料成分　　（%）

元　素	Zn	Ga	SiO_2	CaO	Pb	Ag
含　量	16 ~ 18	0.02 ~ 0.04	11 ~ 12	2.5 ~ 3.5	1 ~ 3	0.018 ~ 0.02
元　素	Fe_2O_3	In	Ge	Al_2O_3	S	Cl
含　量	26 ~ 28	0.04 ~ 0.09	0.06 ~ 0.09	1.5 ~ 2.0	7 ~ 8	0.006 ~ 0.008

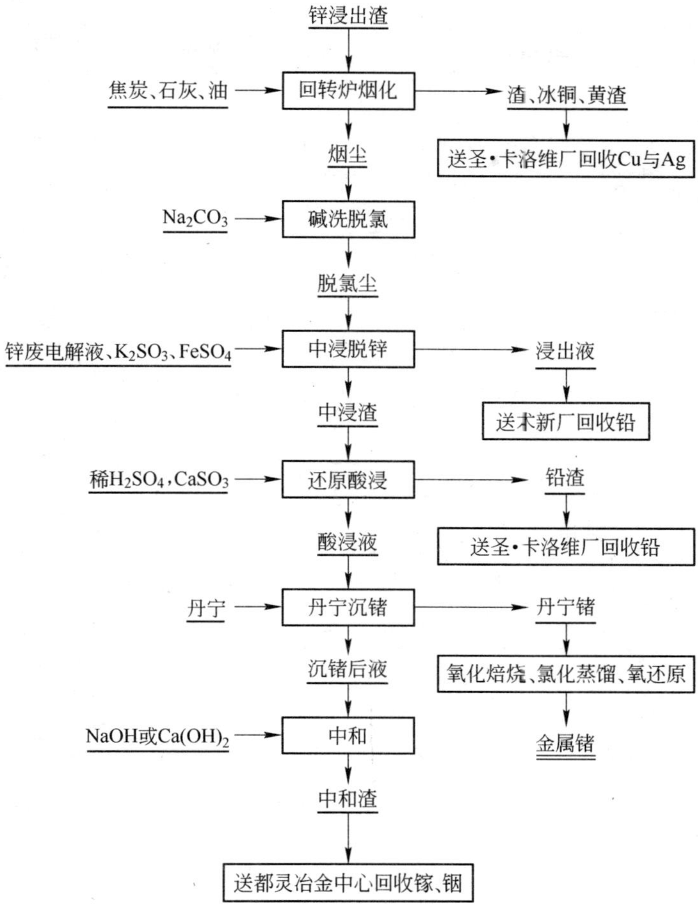

图 7-5 P-M 多次中和法提镓、铟、锗流程

原料先经 1250℃烟化，所得烟尘经碱洗（pH = 8.0）脱氯，再经中浸（pH = 5.5）脱锌与镉，中浸渣经还原酸浸，镓、铟、锗转入溶液，经传统丹宁沉锗后，沉锗后液经第一次中和得富含镓 0.5% ~2.5% 及铟 0.6% ~12% 的中和渣，由此转送都灵冶炼中心回收镓与铟：先经酸还原溶解，经第二次中和（pH = 4.2），用碱溶解，不溶物富含铟由此回收铟。此法由于采用多次中和，过程冗长，回收率不高。

B 综合法

我国在 1975 年工业试验成功，并部分投入工业化。原料为锌浸出渣，内含锌 22.15%、镓 0.003% ~0.019%、铟 0.03% ~0.14% 及锗 0.006% ~0.012%，经锌粉置换富集后采用还原酸浸、D2EHPA 萃铟、丹宁沉锗、随后用乙酰胺萃镓，再经碱化造液电解得金属镓，获得 4N 金属铟、锗及镓的回收率分别为 90%、60% 及 60%。其流程图如图 7-6所示。

C 选冶联合法

此法充分综合利用资源，可在有色系统中开展黑色金属铁的附带生产，经济效益高，兼收处理废渣而保护环境之利。其流程图如图 7-7 所示。

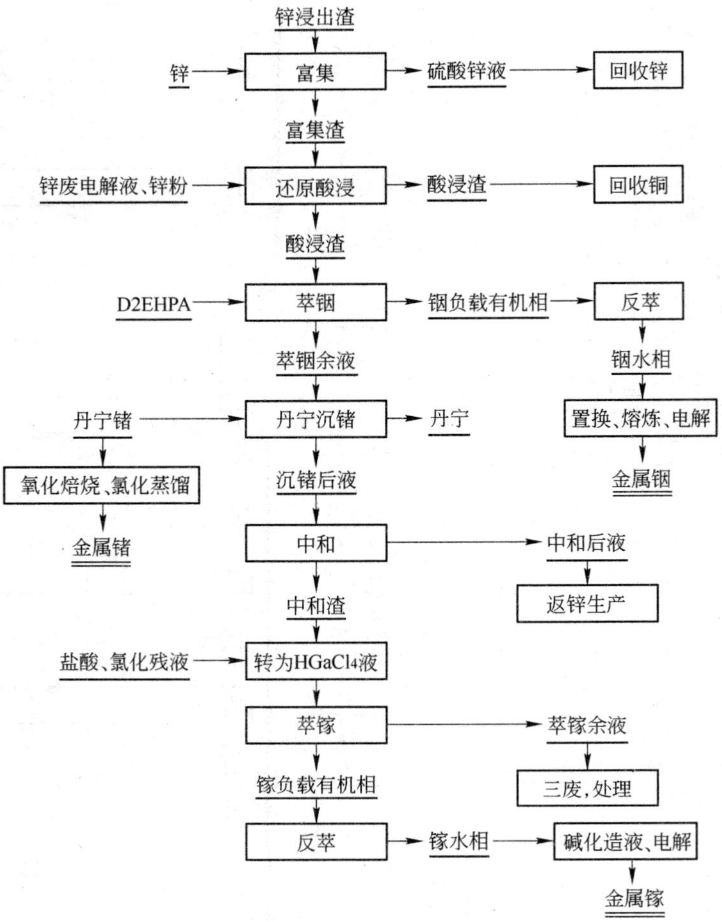

图 7-6　综合法提镓、铟、锗流程

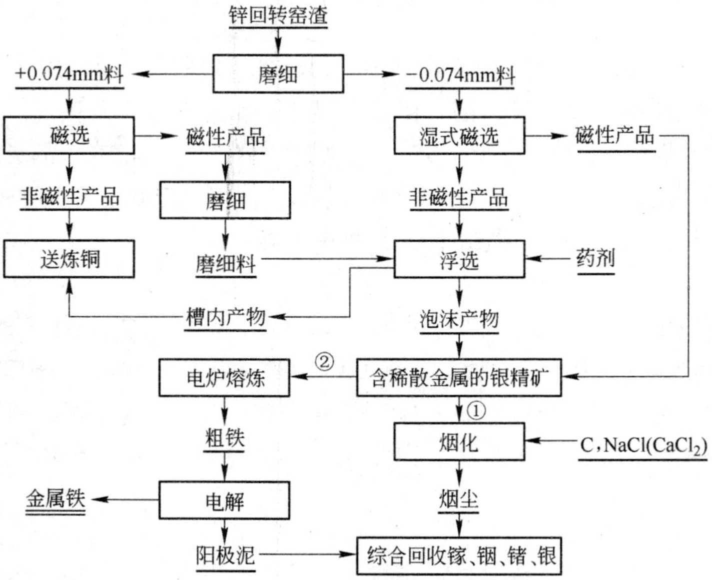

图 7-7　选冶联合提镓、铟、锗流程

D 氧化造渣法

基于铟对氧的亲和力远比铅大的原理，当含铟 0.4% ~2.0% 的粗铅在配有溶剂后熔化，在 800℃左右即鼓入空气，在铅液上形成含铟 2% ~5% 的氧化浮渣。经中浸（pH = 5.2）脱锌，继而酸浸（残酸 15 ~20g/L）脱铅，所得含铟约 3 ~20g/L 的酸浸液，根据含铟浓度采用 D2EHPA 萃取后置换，或者直接置换，所得海绵铟经团压后在碱覆盖下于 350℃左右熔炼得 99.5% 粗铟，在配置成含铟 80 ~100g/L、氯化钠 100g/L 的电解液中，采用电流密度 50 ~100A/m^2，槽电压 0.20 ~0.35V 下电解即得 4N 铟，电流效率可达 95% ~99%。工艺流程如图 7-8 所示。

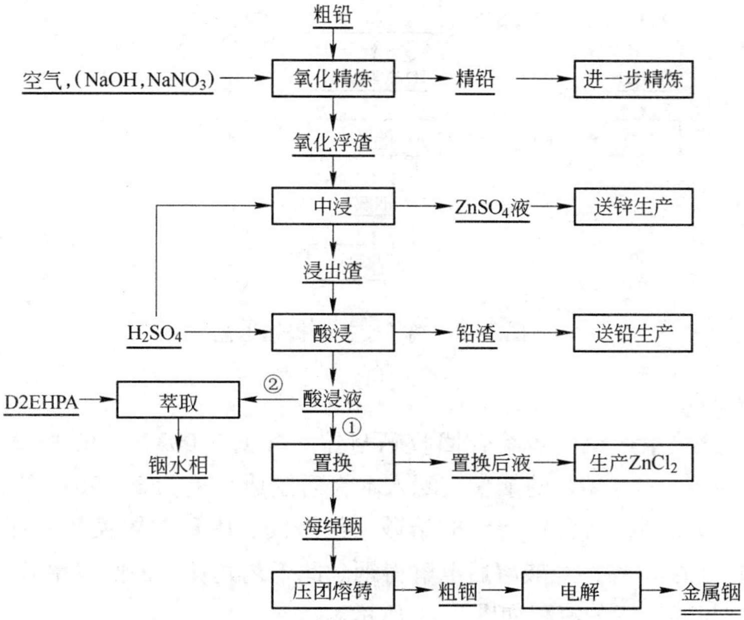

图 7-8 氧化造渣提铟工艺

国外有学者将铟浮渣进行还原熔炼时加入 $ZnCl_2$ 和 $PbCl_2$，其中铟转入氯化物渣，经水碎、用 HCl + H_2SO_4 酸溶解后，锌置换得海绵铟，再通过碱熔铸、电解得金属铟。

E 电解富集提铟法

电解富集提铟法是氨基磺酸电解提铅法的延伸。采用电解液：H_2NSO_2OH 100g/L、氨基磺酸铅 80g/L、明胶 0.4g/L，在电流密度 110A/m^2 与槽压 0.22V 下电解得精铅，而 Pb-Me合金中的铟富集于阳极泥，可进一步处理提铟。前苏联用此法从 Pb-Sb 电解铅，单耗 H_2NSO_2OH 为每吨 Pb 30 ~40kg，此法简单无毒害，产品质量高，只需考虑 H_2NSO_2OH 价格成本。工艺流程如图 7-9 所示。

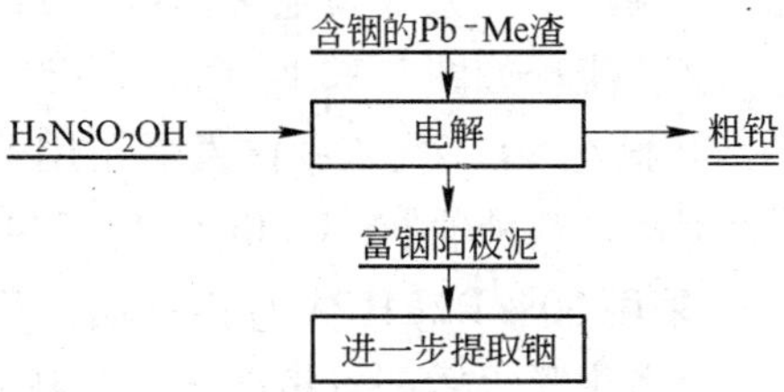

图 7-9 电解富集提铟法

F 离子交换法

德国 Duisburg 铜厂采用钠型亚氨二醋酸阳离子树脂从锌镉渣中回收铟。此法的选择性好，但成本高。如为盐酸体系，可用 H 型 KY-2 强酸性阳离子树脂吸附铟，用0.2mol/LHCl或NH_4OH解析。某厂用KφΠ阳离子交换法提铟，使铟回收率提高到94%。工艺流程如图7-10所示。

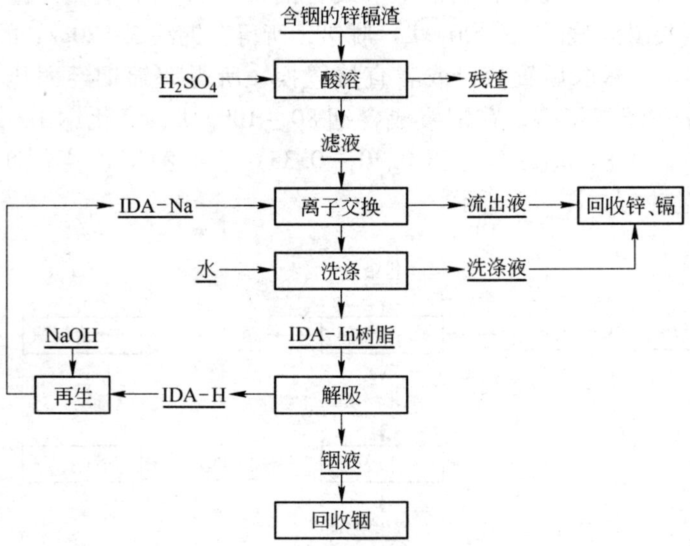

图7-10 离子交换法提铟工艺

G 湿式硫酸法

前苏联等用此法生产铟，兼综合回收硒与铊。含铟0.003%～0.006%、硒0.21%～0.28%及铊0.056%～0.130%的烟尘，配入木炭后制成粒度为3～5mm的粒料，在300℃焙烧，可从烟气回收硒，而含铟与铊的焙砂，经酸浸、中和与置换等工序得含铟10%～13%的$In(OH)_3$水解产物，经酸溶后电解得铟。此工艺冗长，铟回收率低，但易操作，能综合利用硒、铊与碲。工艺流程如图7-11所示。

H 萃取-电解法

从硫酸或盐酸介质中用D2EHPA或Versatic911H萃铟在中外均已工业化，而用N，N-二（甲庚基）乙酰胺（N503）从盐酸介质中萃铟更显优越，特别在HCl为4.5～6.0mol及15%～30%N503条件下萃铟最佳。其萃取与反萃机理可描述为：

$$HInCl_{4(A)} + [N503H^+]Cl^-_{(O)} \longrightarrow [N503H^+][InCl_4^-] + HCl_{(A)} \quad (7\text{-}5)$$

$$[N503H^+][InCl_4^-] + H_2O_{(A)} \longrightarrow N503_{(O)} + H_3O^+_{(A)} + Cl^-_{(A)} + InCl_{3(A)} \quad (7\text{-}6)$$

二者的萃取与反萃率均高达97%～99%，铟的回收率均可达90%左右。但此法耗酸大，且锡的干扰大。其他含铟料（如含铟0.01%～0.08%的铜转炉法等）也可按此法处理。工艺流程如图7-12所示。

20世纪80年代末我国发展了用D2EHPA从含铟的焊锡硅氟酸电解液中萃铟，且投入工业生产。料液含(g/L) In 5.0～7.4、Sn^{2+} 125～108、Sn^{4+}约17、Pb 65及总酸529～210。采用30%D2EHPA直接萃铟，萃余液返焊锡电解而无危害影响；富铟有机相经盐酸反萃、净化脱锡后即可按前述工艺获得金属铟。此工艺简短，环保好，但萃铟率偏低，仅为80%左右。

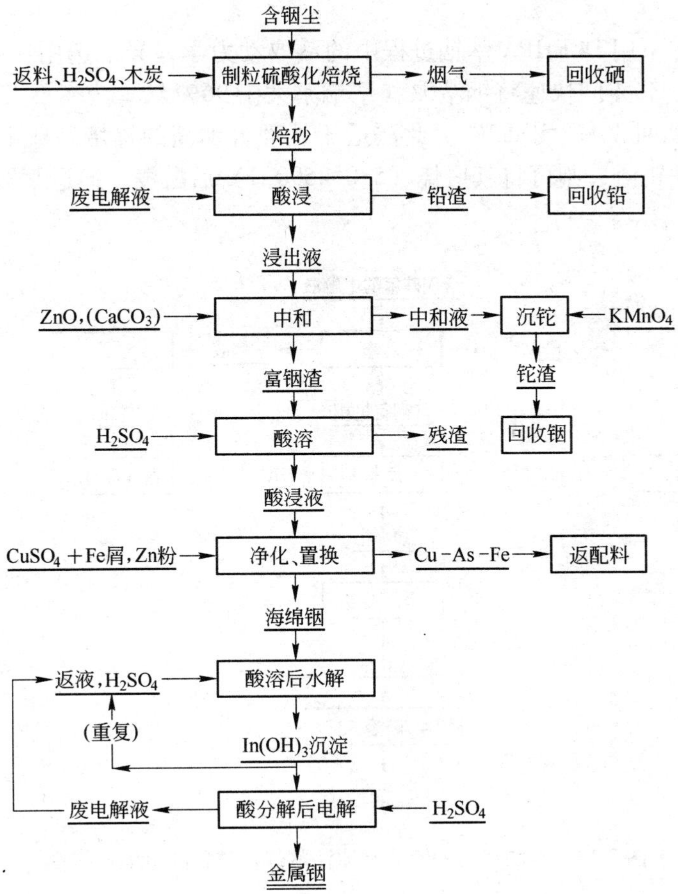

图 7-11 湿式硫酸法提铟工艺

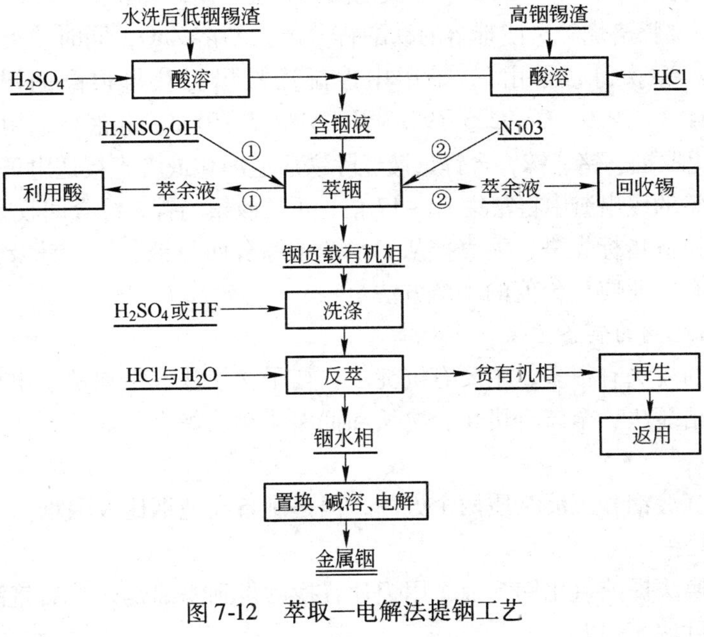

图 7-12 萃取—电解法提铟工艺

I　盐酸浸出—离心萃取法

利用铟与铁在采用 D2EHPA 萃铟过程中的萃取动力学差异，选用环隙式离心萃取器，在水流比为 15% ~30% 间快速将铟萃取（萃铟率大于 96%、萃铁率不大于 3.7%），突破了 Fe^{3+} 的干扰，铟回收率大于 82%。此法适于处理含铟高的锌焙砂或烟尘，如将料中铟于沉钒时全转入铁钒渣，则可将其煅烧（530 ~ 590℃）后酸浸，通过萃取工序生产铟。工艺流程如图 7-13 所示。

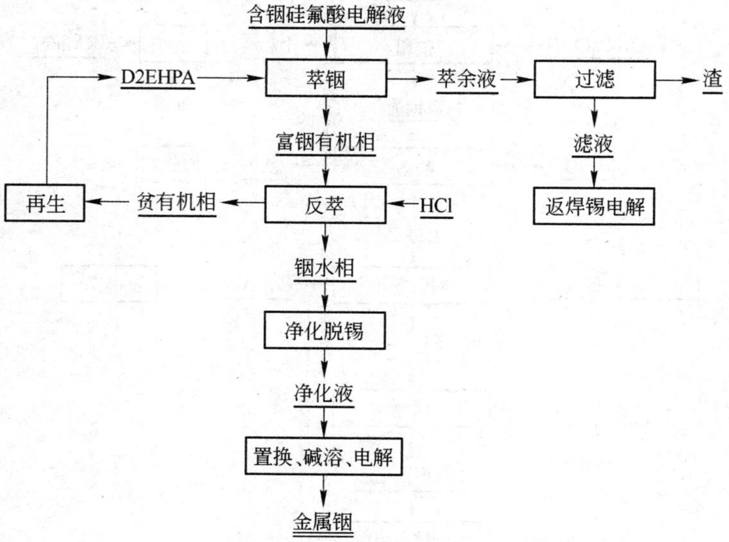

图 7-13　盐酸浸出—离心萃取法从焊锡硅氟酸电解液提铟

J　氧化—还原焙烧法

硫化锌精矿制粒后在 1050 ~ 1200℃下氧化沸腾焙烧，焙砂即转到 800℃左右、CO 的通入量约为 8% 的还原沸腾焙烧炉，使难溶的铁酸锌分解为易溶 ZnO，同时使类质同象存在于铁酸锌中的铟、锗、镓获得“自由”，采用中性湿法浸出可获得很高的浸出率（%）：Zn 97.9 ~ 98.5、In 84.2 ~ 89.9、Ge 92.5 ~ 95.2 及 Ga 88.7 ~ 91.3。此液可选用萃取、置换或中和等方法分离与提取铟、锗、镓，含锌母液经除铁后返净化或者直接送电解生产锌；而银在渣率仅为 6% ~9% 的浸出渣中将富集 12 ~ 17 倍，可回收银与锌，综合回收铟、锗、镓。

此工艺技术经济指标先进，能直接从锌生产中综合回收铟、锗、镓及银，并能提高锌生产力，是一种有工业应用价值的生产方法。

7.2.2.2　高纯铟的制备方法

常规提纯铟的方法有很多，主要有沉淀法、离子交换法、萃取法、电解法、真空热处理法、蒸馏法、结晶法、金属有机化合物法和低卤化物法等。

A　沉淀法

该方法包括沉淀铟和沉淀杂质两个方面，但是制备高纯铟比较困难。

B　离子交换法

先用离子交换法提纯氯化铟溶液，用铝片置换后得到海绵铟，然后将海绵铟进行电解精炼，产品纯度可达 5N 以上。

C 萃取法

用乙醚进行二次萃取后，用氨水中和含铟溶液，得 $In(OH)_3$ 沉淀，将此沉淀用氢还原或配成电解液进行电解可得到纯度大于5N的铟。利用烷基磷萃取铟，用盐酸从有机相反萃，最后用铝或锌置换，沉淀成为海绵铟。通过进一步精炼可生产出5N的铟。有文献报道，用螯合剂萃取水溶液中的铟，萃取率可达100%。

D 电解法

该法在生产实践中广泛采用，其中较常用的是汞齐电解法。由于铟在汞中有相当大的溶解度（70.3%），因此该法可有效地除去铅、锌、铜、铁等杂质。电解得到的高纯铟需在真空中加热以除汞，为了进一步提高纯度，还可以再进行区熔提纯。该法的不足之处是必须利用汞和一系列其他高纯物质，不过该方法正在改善之中。制备高纯铟的主要流程图如图7-14所示。

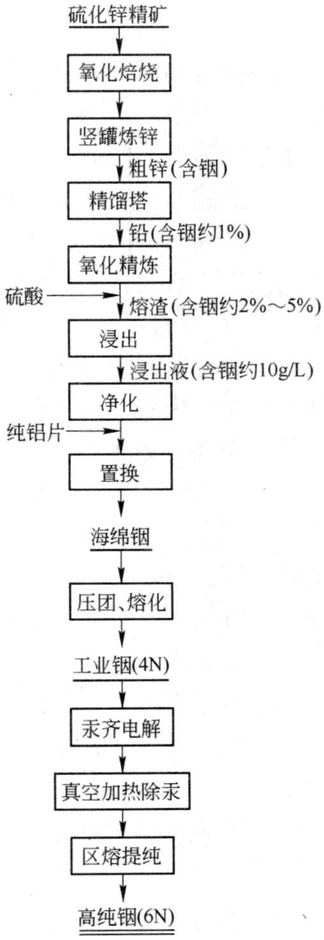

图7-14 高纯铟的制备

采用电解法需选择电解液成分、阴极材料和电解槽，并确定电解条件。在电解法制备高纯铟的过程中，由于镉、铊的氧化还原电势和铟接近，用电解法不能除去，而镉是铟中主要杂质，所以在电解之前必须除镉。工业除镉有蒸馏法、溶剂萃取法和在甘油碘化钾溶液中加碘除镉的方法。电解液中加氯化钠可减少溶液的电阻。溶液需要保持微酸性（pH = 2.0），以免铟水解。在电解过程中，要控制制备的产品以免被加入电解液的添加物（为了改善电解条件）所污染。阴极铟清洗后在高纯石墨中铸锭，纯度可达6N。

E 真空热处理法

该法将铟在真空条件下加热，使挥发性杂质分离。由于铟具有低的蒸气压，有可能除去一些不与铟起作用的挥发性杂质，真空热处理法与电解法相结合可以除去Ge和Hg。将汞齐电解后的铟置于涂炭的石英舟中，在温度为600～700℃、真空度为 $133\times10^{-4}\sim133\times10^{-5}$ Pa下处理3～4h，Ge和Hg可以降到 $0.08\times10^{-4}\%$。但S、Se和Te对铟有更高的亲和力，不能通过真空热处理法分离。

F 结晶法

该法即区域熔炼和熔化结晶提纯，通常在铟深度纯化的最后阶段进行。该法优于真空蒸馏法的是在较低温度（<200℃）下进行和容易找到合适的容器材料。当区域熔炼和由熔体结晶提纯时，大部分杂质被排入铟锭的末端。

G 金属有机化合物法

最近，利用金属有机化合物制备高纯物质的方法得到了广泛的应用。为了纯化金属有机化合物，可以采用精馏、由熔体结晶、色层分离等普通方法。当合成金属有机化合物时，金属中的杂质得到明显的纯化。

H 低卤化物法

通过铟的卤化物，特别是低卤化物法纯化铟是最方便的，在所有用低卤化物法纯化铟的情况下，都是通过铟的歧化反应由纯化的低卤化物析出铟。铟的低卤化物是歧化为金属和高卤化物，在水溶液中歧化程度更大。一般采用一氯化铟，即用水处理粉碎的一氯化铟，为防止铟歧化后生成三价铟水解，事先加酸使水酸化，洗涤沉淀铟，然后熔融铸成锭。

制备化合物半导体材料如磷化铟、锑化铟等须使用6N以上的高纯铟，而用以上方法中任何一个都不能获得大多数杂质含量少于 $0.1\times10^{-4}\%\sim0.01\times10^{-4}\%$ 的金属铟，因为应用于半导体电子的铟，单个杂质含量不应该超过 $0.1\times10^{-4}\%\sim0.01\times10^{-4}\%$，所以往往要综合上述方法。制备这种高纯铟须强化提纯手段如直拉单晶法提纯，并切去单晶头尾和使用更高纯的试剂等，这必然导致产品生产成本较高。最近，常采用包括低氯化铟的综合工艺流程，研究者指出利用低氯化铟制备高纯铟具有很大的发展前景。这是因为一氯化铟作为铟化合物，与其他铟化合物相比较具有一系列的优点：

（1）易于用各种方法合成，其中以 NH_4Cl 与 In 反应生成 InCl 最为方便。InCl 在标准条件下，在干燥的空气中是稳定的。

（2）具备用各种方法（包括精馏和区域再结晶）纯化的物理、化学性质，它满足蒸馏纯化的所有要求：直到1000℃是稳定的，具有宽广的液态温度范围和不高的沸点（651℃）。此外，在 InCl 沸点温度时，仅仅某些其他金属氯化物具有相当大的蒸气压。

（3）在所有挥发和易熔的铟化合物中具有最大的铟原子质量对铟化合物分子质量之比。

（4）容易在水中歧化 InCl 的方法析出铟，方法简单，工艺性强，不要求特别的仪器和试剂（除水和少量的盐酸），可大规模在室温下进行。

（5）高真空区域熔炼法对铟进行的最后纯化也是在低温下进行的。该步骤能补充纯化铟中某些金属和气体杂质。

单晶的生长能保证所必需的高纯铟结构的完整性。其工艺如图7-15所示，采用该工艺可以使产品成本大大降低。

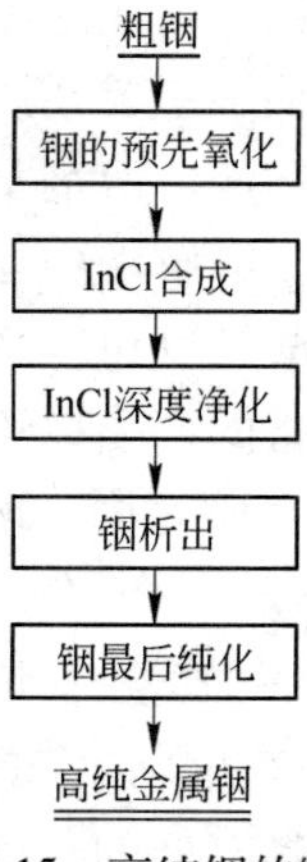

图7-15 高纯铟的制备

7.2.3 高纯铟化合物制备

7.2.3.1 ITO 靶材的制备

制备 ITO 靶材的关键技术包括单分散铟锡氧化物超微粉的制备、高密度 ITO 靶材的成形及其烧结。铟锡氧化物超微粉的制备工艺有湿法和干法之分。硝酸铟的分解是湿法制备氧化铟超细粉的常规方法。采用硝酸铟水溶液加氨水，生成氢氧化铟后焙烧，或者从外部添加沉淀剂生成氢氧化铟再焙烧。该工艺的弊端是粉体易引入杂质，颗粒易团聚且不规则。采用改进后的高氯酸盐沉淀氢氧化铟、冷冻干燥法制粉工艺，能获得颗粒粒径在 1μm 以下的单分散性超细粉。用金属铟直接氧化的干法制粉技术能制备平均粒径在 0.11μm 以下、比表面积在 $10m^2/g$ 以上、凝聚程度小、粒度均匀的高纯氧化铟超细粉。铟锡氧化物粉末的质量直接影响高密度 ITO 靶材的后续成形加工。

据国内报道，采用化学合成方法，适当控制合成条件，制得了10～100μm超细粉末，经热压预成形，并在特定条件下烧结，实验规模下制得了化学组成为In_2O_3∶SnO_2＝9∶1、纯度为99.99%、相对密度达90%的平板状靶材。相对密度为95%～98%的靶材已由日本用干法制粉获得。当选择不同的ITO靶材成形方案时，粉末粒径和成形压力的变化以及烧结温度的改变都会影响ITO靶材的密度。在现有成形技术中，热等静压设备昂贵，成本较高；粉浆浇注成形难以获得密度高而均匀的靶材；粉浆浇注加冷等静压成形，可获得较高密度的靶材，但需要非常细的粉末，如要求颗粒的比表面积达到39.14m^2/g（粉末粒径相当于21nm）才能使靶材的相对密度达到94.15%，这势必使制粉的成本急剧上升，因此有必要引入新的成形工艺，开发了ITO管状靶材的爆炸成形方案。为了满足溅射用靶材的质量要求，其关键为铟锡氧化物高纯、靶材的相对密度高和靶材组织结构均匀。

国外已有成熟的平面溅射（20%～40%），但蚀刻靶材均匀性差。而管状靶材溅射原子可向各个方向飞行，均匀性好，溅射面积大，生产效率高，靶材利用率高（80%），并且对零件内壁的沉积具有独特的优越性。

由ITO平面靶材发展到管状靶材对提高经济效益和改善ITO膜质量将产生重要影响。

7.2.3.2 ITO透明导电薄膜的制备

ITO透明导电薄膜是用物理气相沉积法和化学气相沉积法在衬底上沉积而制备的。直流磁控溅射技术、金属有机化学气相沉积技术以及新发展起来的溶胶-凝胶技术，已经开发成熟并形成批量生产能力。

A 物理气相沉积（PVD）

目前已能用各种PVD技术，诸如电子束（EB）蒸发、低压直流溅射（DCSP）和高密度等离子体蒸发（HDPE）等，沉积出较高质量的ITO薄膜。

（1）EB蒸发法。该技术一般被选作ITO薄膜沉积的工艺，因为它是没有高能入射粒子轰击生长面的技术。在沉积时，电子束聚焦于源材料上面将其加热，使源材料蒸发并随即沉积于衬底上，从而生成ITO薄膜。用EB工艺可在350℃衬底温度（这是比较低的沉积温度）下沉积出低阻ITO薄膜。然而，如果沉积温度低于350℃，则沉积出的ITO薄膜具有高电阻率，不能作为透明导电膜使用。

（2）DCSP工艺。该法制备ITO薄膜材料的过程为：在加热到200℃和400℃的玻璃衬底上，沉积速率为2nm/s，以10% SnO_2和90% In_2O_3烧结成的ITO氧化物陶瓷为靶体，在总压力为0.113Pa的99% Ar＋1% O_2混合气体中进行溅射。阴极电压保持在380V，这表明入射到生长面上的带电粒子最大动能为380eV。

（3）HDPE工艺。低电阻率ITO薄膜透明导电材料是在50% Ar＋50% O_2、总压力0.11Pa的混合气体中、200℃衬底温度条件下生长。以弧光放电法蒸发提供的等离子体作为源材料，生成的高能粒子被入射到生长面上，从而生长出ITO薄膜。HDPE反应室装有电弧等离子发射器（阴极）和盛有含4% SnO_2的烧结ITO坩埚（阳极），用磁场控制电弧放电，使保持在阴极和阳极之间。每个发生器的放电电流应保持在250A，在电弧等离子体中气体的电离比率为20%～40%，且离子、电子和活化中性粒子等的密度高于常规溅射过程。

上述三种ITO薄膜沉积技术中，所采用的衬底均为非晶SiO_2涂层的钠钙玻璃（SiO_2涂层的作用是抑制玻璃中Na^+向ITO薄膜扩散），薄膜厚度为200～400nm，这三种技术均已用于工业化生产。特别是直流磁控溅射是PVD技术制备ITO薄膜的重要工艺，已形成产业化规模。其主要工艺特点是：在电场和交变磁场作用下，被加速的高能粒子轰击锡合金（IT）靶材或氧化铟锡（ITO）靶材表面，经能量交换后靶材表面的原子脱离原晶格而逸出，并转到衬底表面而成膜。该方法工艺参数可控制，可在大面积衬底上均匀成膜，因此获得广泛应用。直流磁控溅射法所用的靶材有 IT 和 ITO 两种，各有优缺点，但 ITO 靶材代替 IT 靶材是大趋势，当然还必须结合其他溅射条件统筹考虑最佳操作条件。

B　化学气相沉积（CVD）法

CVD 法是气态反应物（包括易蒸发的凝聚态物质蒸发后变成的气态反应物）在衬底表面发生化学反应而沉积成膜的工艺。衬底表面上发生的这种化学反应通常为铟锡源材料的热分解和原位氧化。CVD 法所选用的反应体系必须满足以下条件：

（1）在沉积温度下，反应物必须有足够高的蒸气压；

（2）化学反应产物除了沉积到衬底上的固态物质外，其余必须为气态；

（3）沉积物的蒸气压应该足够低，以保证较好地吸附在具有一定温度的衬底上。

如果在 CVD 法中采用铟、锡有机金属化合物作为源材料，则称为金属有机化学气相沉积（MOCVD）法。以乙醚丙酮铟（$In(C_5H_7O_2)$）和四甲基锡（$(CH_3)_4Sn$）为源材料，通过化学气相沉积后热分解和原位氧化制取 ITO 薄膜。

MOCVD 法可以制备出低电阻率、高可见光透射率的 ITO 薄膜，但需要预先制备高蒸发速率的反应前体，因此成本较高。

C　溶胶-凝胶（sol-gel）法

将异丙醇铟（$In(OC_3H_7)_3$）和异丙醇锡（$Sn(OC_3H_7)_4$）溶于无水酒精中，超声混合后在 60℃下加热 16h，然后用旋涂法在抛光玻璃表面上制膜，盘转速为 1000r/min，旋涂时间为 20s。膜中的溶剂在高速空气中蒸发排除，最后在电炉中热分解而变为均匀的 ITO 薄膜。溶胶-凝胶法制备 ITO 薄膜的优点是能大面积成膜，缺点是有机醇盐的成本高。为克服采用有机醇盐成本高的缺点，目前更多的是采用无机盐溶胶-凝胶法制备 ITO 薄膜，例如采用铟、锡的硝酸盐或氯化物为源物质制取 ITO 薄膜，也有的采用硫酸盐。采用无机盐时，可先通过热分解制成粒子胶体后成膜，也可先成膜后再热分解。由于无机盐的水解、聚合性能远不如有机醇盐，往往要在溶胶中加入成膜剂。

用溶胶-凝胶法制备 ITO 薄膜，除可采用旋涂法外，还可采用浸涂法。浸涂法是将衬底（或称基板）插入含有金属离子的溶液中，然后以均匀速度将其提拉出来；在含有水分的空气中，水解和聚合反应同时发生，最后通过热处理形成 ITO 薄膜。用浸涂法可以方便地制备大面积（例如 $10 \sim 12m^2$）薄膜以便于实际应用（例如建筑物幕墙玻璃），而且可以同时在透明玻璃的两面成膜。实践表明，采用该工艺在玻璃两面制成 ITO 薄膜的热镜性能优于传统镀银薄膜。

7.2.3.3　三甲基铟和三乙基铟的制备

三甲基铟或三乙基铟的制备一般分为两个步骤：

（1）以高纯铟或高纯三氯化铟为原料合成杂质含量较高（$1 \times 10^{-3}\%$ 以上）的三甲基铟和三乙基铟；

（2）纯化，使杂质含量小于 $1 \times 10^{-3}\%$。

A　化学合成方法

以金属铟为原料的化学合成方法为：在碱金属存在的条件下，铟与烷基卤化物反应得到三甲基铟或三乙基铟。该反应是放热反应，一般在乙醚中进行，反应中可使用的碱金属包括锂、钠、钾、铯，其中效果最好的是锂，而烷基卤化物中的卤素一般选择溴或碘。反应结束后，产物经过滤、洗涤、蒸馏等方法分离出来。该方法的显著优点在于原料简单易得，且便于后续的纯化过程。

另有以三氯化铟为原料的合成方法，这种方法一般包括三个步骤：

（1）合成溶剂加和物 $(R_3In)_y$ · E（E 表示醚）；

（2）溶剂加和物与配体 L 反应形成配体加和物 $(R_3In)_y$ · L，其中 R 代表甲基或乙基，L 代表含芳基的磷配体；

（3）加热配体加和物使其热分解，将三甲基铟或三乙基铟以气体的形式释放出来。

其中与锂离子配合的乙醚在温和条件下可于真空中完全除去，剩下的产物可用有机溶剂洗涤纯化。反应第二步是将铟的三卤化物或铟的有机卤化物（如氯化甲基铟）与四甲基铟锂在惰性溶剂中反应，产生三甲基铟和氯化锂的混合物，该方法简化了反应步骤，反应过程中不需要加热，产物易分离，是目前国外较多采用的方法。此外，三甲基锂溶剂加和物中醚的去除也可通过改变反应步骤来解决。用高沸点醚从 $(R_3In)_y$ · E 中交换出乙醚，形成易分解、难挥发的加和物，然后通过热分解可得到无碱三甲基铟。

另据报道，以乙醚为溶剂，三氯化铟与格氏溶剂反应同样能生成三甲基铟或三乙基铟的醚配合物。

B 电化学合成方法

这种方法主要是指牺牲金属阳极的电化学合成方法。电解时以高纯铟为阳极，在格氏试剂的乙醚溶液中进行。电解过程可以在制备格氏试剂的反应器中插入电极后进行，而不需将原料与镁分离。电解时镁将在阴极沉积，且当反应混合物中有过量烷基卤化物时，镁将再次与烷基卤化物反应生成格氏试剂，镁将循环反应。格氏试剂的电解可以获得极高的铟产率和电极效率（约 100%），其缺点同样在于只能获得醚配合物。

C 三甲基铟和三乙基铟的纯化

半导体工业中需要使用高纯三甲基铟和三乙基铟，而上述方法中尽管使用了高纯铟或氯化铟作原料，但由于其他试剂的纯度、仪器设备、空气湿度及洁净度等因素的影响，制得的产物其纯度远达不到要求。目前，国外多采用加和—分解—蒸馏法和逐区提纯精炼法将制得的产物进行纯化。

a 加和—分解—蒸馏法

将聚醚加入到合成的产物中，获得三甲基铟或三乙基铟与聚醚的加和物，常压蒸馏以除去所有挥发性杂质，然后将加和物热分解，减压蒸馏使三甲基铟或三乙基铟以气体的形式与聚醚分离，冷却在液氮冷阱中，所有不挥发的杂质均被去除。该方法中用到的聚醚为二乙二醇二甲醚、三乙二醇二甲醚或四乙二醇二甲醚。使用聚醚有如下优点：

（1）聚醚分子中的多个氧原子可与多个产物分子形成加和物；

（2）选择恰当的聚醚与被纯化的金属三烷基化合物沸点有足够大的差距，蒸馏时它们能完全分离；

（3）选择恰当的聚醚可以使加和物的分解温度小于它的沸点，以使加和物先分解。

该方法操作简单，不需要使用复杂的仪器设备，并且能将产物提纯到 10^{-6}级，是目前国外使用较广的一种纯化方法。

b　逐区提纯精炼法

逐区提纯精炼是一种以连续的液-固相平衡为基础的反复纯化技术。将要精炼的三甲基铟或三乙基铟加入精炼器的液-固相平衡管中，在化合物流动过程中，杂质在管的每一个单元得到一次分离。如此反复多次，直到化合物的纯度达到要求。该方法需使用特殊装置，操作简单，可在常温常压下连续进行，但产物的回收率较低。

7.2.3.4　乙酰丙酮铟的制备

乙酰丙酮铟的一个简便而有效的合成方法是：在碱性范围内（pH 值为 7.0～10.0），将乙酰丙酮加入到铟盐溶液（常用铟的氯化物溶液）中进行制备。在水溶液中 In(Ⅲ)发生水解对应的 pH 值为 2.9，而合成反应要在碱性范围内进行，如何过渡到碱性范围而 In(Ⅲ)又不水解，成为合成乙酰丙酮铟的关键技术。为此，需要寻找满足该反应的中间体。在酸性溶液中，有机多元酸可与 In(Ⅲ)形成配合物，这种配合物能满足上述要求，从而可使合成反应在 pH 值为 7.0～10.0 范围内进行。

在不断搅拌下，将一定浓度的 $InCl_3$ 溶液加入到已配制好的多元酸溶液中，数分钟后，用氨水调整 pH 值为 7.5～10，然后加入乙酰丙酮，直到产生白色沉淀后再过量几滴，停止搅拌，放置澄清、洗涤、过滤、烘干，得白色粉末。随后对粉末进行 X 射线衍射分析，确定乙酰丙酮纯度。当溶液中多元酸浓度达 7.9×10^{-2} mol/L，乙酰丙酮铟的产率可达 99.5%；当乙酰丙酮用量达 0.04mol 后，乙酰丙酮铟的产率可达 99.7%。

7.3　高纯锗

7.3.1　金属锗概述

7.3.1.1　高纯锗的性质

锗（Ge）的原子序数为 32，相对原子质量是 72.61，属 IV_A 族，化合价为 +2 和 +4。锗是银灰色晶体，熔点为 937.4℃，沸点为 2830℃，密度为 5.35g/cm^3（20℃），莫氏硬度为 6.0～6.5，室温下，晶态锗性脆，可塑性很小。锗具有半导体性质，在高纯锗中掺入三价元素（如铟、镓、硼）得到 P 型锗半导体；掺入五价元素（如锑、砷、磷）得到 N 型锗半导体。锗化学性质稳定，常温下不与空气或水蒸气作用，但在 600～700℃时，很快生成二氧化锗。在加热时，锗能在氧气、氯气和溴蒸气中燃烧。锗不与水作用，不溶于盐酸和稀硫酸，在硝酸和热的浓硫酸中金属锗氧化为二氧化锗，锗还溶于王水。锗易溶于熔融的氢氧化钠或氢氧化钾，生成锗酸钠或锗酸钾。在过氧化氢、次氯酸钠等氧化剂存在下，锗能溶解在碱性溶液中，生成锗酸盐。锗与碳不起作用，所以在石墨坩埚中熔化时不会被碳所污染。

7.3.1.2　高纯锗的应用

目前，锗已被广泛应用于电子工业、红外光学器件、光导纤维、医学、冶金、能源、太阳能电池等方面。表 7-4 为锗在主要应用领域用量比例情况。

表 7-4　锗的应用概况

领　域	红外光学	光　纤	半导体	聚合催化剂	其　他
比例/%	20～25	20～25	12～15	30～35	8～13

A 半导体

锗是一种半导体材料，它的特性之一是用金属触针或金属表面与半导体锗接触可以产生整流、检波和放大作用，在无线电和电子技术上得到了广泛的应用。

1948 年世界上第一只晶体管放大器——锗晶体管诞生，相对于电子晶体管，其体积小、重量轻、耗电少、寿命长。二十世纪五六十年代，锗整流器被广泛应用于电视机、收音机、通信设备及其他电子仪器。从 60 年代末开始，由于硅半导体技术的迅猛发展，锗半导体元件被硅器件逐渐代替。现在随着芯片上集成电路数目的进一步增多，由于受自身物理特性以及工艺技术的限制，硅集成电路技术日益接近极限，逐步失去了在高频高速器件领域的主导地位。在大功率器件中，由于锗晶体管有超群的栅极发极间电压（VGES）特性及小电流驱动特性，对于使用干电池的仪器，锗管是最佳选择。制备整流及提升电压的二极管、混频、功率放大与电流交换三极管、光电池和热电效应元件，特别是高频与大功率器件非锗莫属，在检波二极管、低频大功率的低压、高频、低噪声方面有其优势。

此外，新一代的硅锗技术所得的 Si-Ge 器件不仅维系了硅工艺的经济性，而且还具有低噪声、低能耗等特点，将成为未来半导体技术的一个重要发展方向。

B 红外器件

锗在红外器件方面的应用是基于其良好的红外光学性能。一般说来，只有当材料的透过率大于50%时，才会被考虑用作红外透过材料。而锗的透过率约为50%，但镀增透膜后透过率可大于90%，如图 7-16 所示。任何红外光学材料都不会透过所有红外波段的光谱，只能透过红外光谱的某一波段，锗的透过波段为 2.5 ~ 20μm，这包括 3 ~ 5μm 和 8 ~ 14μm 两个大气窗口，其中 8 ~ 14μm 为重要窗口。这一方面由于室温物体的辐射光谱峰所对应的波长值约为 10μm，在这一波段的探测器对侦察、测绘、资源勘查一类的红外系统使用意义很大。除透射率外，折射率或色散也是光学材料的另一个重要特性。根据光学系统使用的目的不同，对折射率的要求也不一样。对用于制造窗口、整流罩的红外光学材料，为了避免反射损失，要求它们的折射率尽可能小些；而对于制作棱镜、透镜及高放大倍数宽视角光学系统的零件材料则要求它们具有大一些的折射率；有时候为了校正光学系统，还需要同时使用具有不同折射率的材料，而锗材料基本上都能满足上述这些要求。

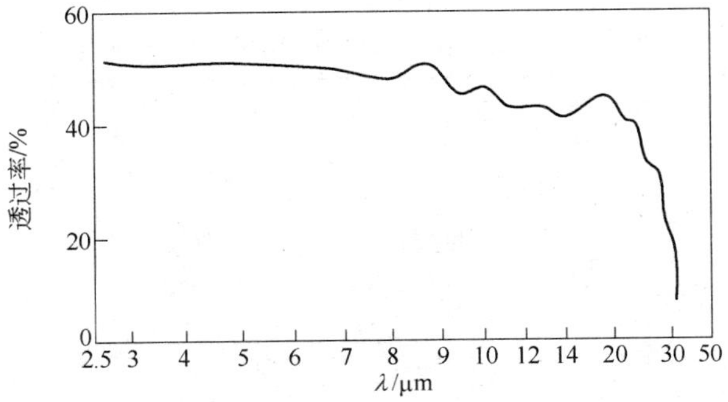

图 7-16 N 型 10mm 厚锗窗的红外透过率曲线

锗红外器件被广泛应用在军事、工农业生产上。红外技术是军事遥感技术和空间科学的重要手段，普遍用于红外侦察、红外通信、红外夜视、红外雷达和炸弹、导弹和红外制导以及各种军事目标的搜索、探测、监视、跟踪等。民用中用作导航与灾害报警、红外车轮测温、医疗用红外探病和治病等。

C　光纤

光纤通信的发展使锗的应用领域进一步扩大。锗在光纤通信系统中的应用目前主要是在光纤掺杂和光电转换方面。

光波的传输介质光导纤维由折射率高的纤芯和折射率低的包层组成，要求光损耗低、色散小、传输距离长、容量大。因为材料的瑞利散射损耗与波长的四次方成反比，因此光纤通信的工作波长应在红外光区域，尤以长波为好，为此人们探索了多种长波光纤材料（见表7-5）。

表 7-5　光学玻璃的成分与性能

名　称	相对分子质量	光折射率	线膨胀系数/℃$^{-1}$
SiO_2	44.09	1.457	5.5×10^{-7}
B_2O_3	69.62	1.45	150×10^{-7}
P_2O_5	141.95	1.50	140×10^{-7}
GeO_2	104.59	1.48～1.50	60×10^{-7}

从表7-5可知，GeO_2 和 P_2O_5 的折射率虽然十分相近，但两者线膨胀系数悬殊。掺 GeO_2 既利于石英光纤的内部结构完整，又可使光纤的工作波长移至低损耗的长波方向。掺 P_2O_5 不仅线膨胀系数大，而且红外吸收严重，又对增加低损耗工作波长效果差；掺氟和 B_2O_3 使光纤的工作波长移至损耗高的短波方向，所以石英光纤一般掺锗。

D　太阳能电池

半导体锗的另一个特性是：和一般导体不同，它的导电性随温度变化而变化很大，而且温度升高时导电性能反而显著增强。根据这种特性，光能照在锗片的P-N结上，产生光伏效应，从而能够产生电能，所以锗又可用作太阳能电池材料。

太阳能电池技术的发展趋势主要体现在所用材料上。表7-6为几种常用太阳能电池材料主要优缺点的比较。对太阳能电池材料的一般要求有：禁带不能太宽，要有较高的光电转换效率，材料对环境无污染，性能稳定，材料便于工业化生产。

表 7-6　不同太阳能电池材料主要优缺点比较

材　料	单晶 Si	$Ⅲ_A$-V_A 族化合物（GaAs、$CuInSe_2$）	多晶 Si	多晶 Si-Ge
优　势	储量丰富，无毒无污染，技术成熟，便于大面积和全自动生产	转化率高，叠层后转化率可高达35%	低温工艺可降低能耗及其成本	工艺温度低，转化率比多晶硅要高，可与多晶硅叠层进一步提高转化率
不　足	需高温晶化，能耗高，工艺复杂	加工性能差，成本高，储量稀少	转化率相对较低	工艺技术还不是很成熟

基于以上所提及的几个方面考虑，硅系列是最理想的太阳能电池材料。因为硅储量丰富、无毒、无污染、技术最成熟、能耗低、电池可做在玻璃或塑料等衬底上，并且便于大面积和全自动化生产等。单晶硅太阳能电池转化效率最高、技术成熟，但光吸收系数低、

价格比较昂贵且生产大尺寸硅单晶相当困难，发展晶化的微晶硅或多晶硅系列的薄膜太阳能电池是实现高稳定、高效率和低成本产品的最可行方案。用这种材料制备的太阳能电池效率已经超过10%。但是，这种太阳能电池的制作需要高温晶化，其缺点是能耗高、工艺复杂、衬底材料成本高等。作为太阳能电池窗口材料，可由$Ⅲ_A$-V_A族化合物（例如GaAs）或者CIS（$CuInSe_2$）等稀有元素充当。尽管用它们制成的太阳能电池转换效率很高，但从材料来源看，储量稀少，这类太阳能电池将来不可能占据主导地位。因此，从转换效率和材料来源的角度看，今后发展的重点仍是硅系列太阳能电池，特别是多晶硅（包括多晶锗硅）和非晶硅系列薄膜电池。

多晶硅太阳能电池要想进一步提高转换效率是比较困难的，若用多晶锗硅取代多晶硅作为太阳能电池材料，性价比更高，即能获得更高的光电转化效率和更稳定的性能。多晶锗硅比多晶硅优越，如光吸收率高、工艺温度低、禁带宽度可调、光谱响应范围可拓宽、与太阳能电池工艺完全兼容以及可以同非晶或多晶硅薄膜形成叠层结构等。

E 催化剂

GeO_2作为催化剂生产PET（聚对苯二甲酸乙二醇酯）用以制备饮料及液用食物容器。用锗作催化剂制作的PET树脂具有安全无毒、耐热耐压、透明度高且有光泽、气密性好等优点。全世界在化工领域耗锗已达20t以上。

除以上所提及的应用领域外，锗在电光源材料（$MgGeO_3$）、精密铸件（锗合金）以及医药（有机锗）等方面也有着非常广泛的应用。

7.3.1.3 高纯锗发展前景

锗优良的物理化学性能决定了锗是一种非常有发展前途的工业材料。锗的载流子迁移率比硅约大2.5倍，所以在高频和超高频领域，锗管比硅管好，锗管还具有低压性能好，特别是在采用3V电源的场合。此外，锗管不需加热灯丝、功率消耗极小、音响效果好、噪声少、可承受大电流、低温效果好。锗原子序数大、探测灵敏度高、探测效率也高，故锗探测器是极重要的半导体辐射探测器。

红外光学用锗之所以成为主要用途之一，是因为锗晶体具有高折射指数、低吸收、低色散、容易加工、有良好的机械强度、不吸潮等优点，这些独特的综合性能使它特别适用于红外探测器的透镜、窗口等光学元件。锗可以透过红外辐射（1.8～20μm），在这部分光谱中，锗的折射率基本上是不变的，而且它的色散特别低。这些性能很好地结合在一起使锗成为用于红外光学元件的材料。

光纤系统已作为高速信息网络的传输骨干。而掺锗石英光纤的性能优异，技术比较成熟，已经广泛使用，证明质量可靠，必然是信息高速传输的首选者。因而锗在未来高速信息网络中的作用不可或缺。

作为太阳能电池材料，与多晶硅相比，多晶锗硅具有工艺温度更低、禁带宽度可调、与现有光伏电池工艺技术完全兼容等优点。采用多晶锗硅作为薄膜型太阳能电池的窗口材料，比较容易实现高效率和低成本的目标。

用二氧化锗在聚酯纤维生产中作催化剂，用该聚酯纤维制成的PET容器具有无毒、透明、重量轻、类似玻璃，更主要的是具有不透过二氧化碳、氧气等的特性。

目前锗材料深化应用及扩大应用领域的阻力主要来自以下几个方面：

（1）资源所限。世界锗的资源储量只有8600t，而且分散伴生在有色金属矿和煤矿等矿物中，独立的单一矿床很少，只有扎伊尔有一个锗矿。

（2）价格贵，影响推广应用。在半导体工业上，单晶锗的价格是单晶硅的 5 ~ 6 倍；氧化锗在化工行业上作催化剂要比氧化锑好，但氧化锗的价格要远远高于氧化锑的价格，故影响锗的销路。

（3）新技术的完善和推广需要一个过程。近年来 Si-Ge 技术已逐渐体现出巨大的应用潜力，但是还未见任何商品化的报道，Si-Ge 材料的性能特征还有待进一步研究。

针对以上提及的问题，人们正努力通过以下途径进行解决或缓解：

（1）抓紧资源的勘探和回收。美国联合矿物公司、科明科公司都在增加锗的生产，韩国在开发新的锗资源或增加锗的回收利用等。美国联合矿物公司已经购买了韩国锌矿山的矿渣，在比利时开始提取。

（2）要降低成本，可以从以下几方面着手：提高金属回收率，降低原辅材料、能源消耗，生产过程连续化，产品品种多样化、系列化，提高设备利用率，提高劳动生产率，提高资金周转率，加强综合回收利用，尽量实现闭路循环等措施，降低成本是大有潜力可挖的。

（3）要深化应用并扩展应用领域，发展并完善新的技术是非常关键的。目前，日、美与欧洲国家的一批实验室的材料科学家正努力研究 Si-Ge 技术，争夺这一新技术的制高点。他们工作的特点是："生产技术—性质研究—器件研制"三位一体化，以加快 Si-Ge 技术商品化，扩大市场规模。可以预见，对 Si-Ge 材料的进一步研究，必将给诸多领域带来一场新的革命。

7.3.2　高纯锗的制备

7.3.2.1　锗的富集

A　从冶炼过程中提取锗

用于富集锗的原料主要是锌、铜、铅的硫化矿冶炼过程中的半产品和废料，某些铁矿石和煤也是锗的重要来源。对于从锌、铜、铅的硫化矿及铁矿石冶炼过程的半产品及废料而言，虽然可以作为锗富集原料的种类较多，但是其提锗的工艺基本相似，下面就以从氧化铅锌矿中提取锗为例，对其提锗流程进行简单的介绍，原则流程如图 7-17 所示。

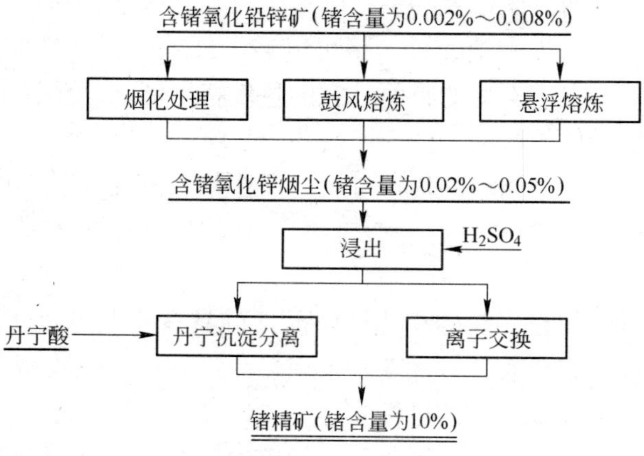

图 7-17　从氧化铅锌矿中提取锗的原则流程

a　火法处理

含锗氧化铅锌矿需先在高温氧化性气氛下进行还原挥发处理。所用的挥发设备主要有烟化炉、鼓风炉和悬浮炉。前两种方法是比较传统的方法，而用悬浮炉进行悬浮熔炼烟化处理时，是将细磨的干矿料和预热空气通过喷嘴混合吹入反应塔中，使这些物料在悬浮的状态下熔炼；熔炼在异相系统中进行，有良好的热交换，使反应加快，从而强化了熔炼过程，可使物料的焙烧、熔炼和挥发在同一过程中完成。

含锗 0.002% ~0.008% 的物料经过火法的烟化处理后，可以产出含锗 0.02% ~0.05% 的氧化物烟尘，锗的挥发率最高可达 95% 左右。

b 湿法处理

进行湿法处理时，先是将火法处理所得的氧化锌烟尘用硫酸进行浸出。在浸出过程中锗和锌便溶解进入溶液，然后使之与不溶的硫酸铅以及其他不溶杂质分离，再从溶液中提锗和锌。

烟尘浸出后，把所得的浸出液送去丹宁沉淀，硫酸锌溶液送去提锌。产出的丹宁酸锗渣饼进行浆化洗涤、压滤后，在电热炕上烘干，再入电热回转窑灼烧，最后产出锗精矿，其锗含量大约为 10%。

B 从煤中提取锗

根据从煤中提取锗的各种方法的特点可将其概括为水冶法和火冶法。

a 水冶法

水冶法是把原煤破碎到一定的粒度，在盐酸浓度不小于 7mol/L 的溶液中直接浸出蒸馏，从原煤中直接提取锗。其典型的工艺流程如图 7-18 所示。

该方法工艺流程简单，原煤中锗的回收率较高，一般可达 90% 以上，但该法盐酸用量太大，工业生产成本太高，要实现经济的工业应用，还需进一步的研究试验。

b 火冶法

火冶法提取煤中的锗是指将煤燃烧后从煤的燃烧产物中来提取锗。目前，我国主要以燃烧煤的副产物，如燃煤电厂的烟尘、煤灰、焦油及焦化厂的废氨水等为主要的锗生产原料。其方法主要有合金法、碱熔—中和法、再次挥锗法和加氢氟酸浸出法，其中又以合金法的应用最广。

合金法是利用锗的亲铜或亲铁性进行还原熔炼，使锗进入铜铁合金而达到富集，然后再从铜铁合金中回收锗，其典型的工艺流程如图 7-19 所示。此法简单易行，对处理含灰分较多的煤尤为有利。然而若以煤中锗含量计，锗的回收率只有约 50%，回收率较低。

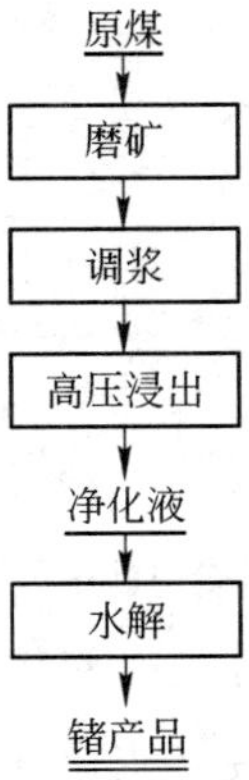

图 7-18 水冶法从煤中提取锗的原则流程

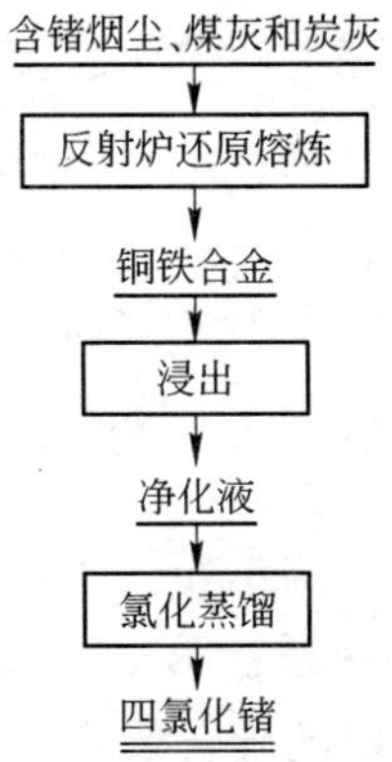

图 7-19 合金法从煤中提取锗的原则流程

7.3.2.2　金属锗的生产

A　氯化蒸馏制备粗 $GeCl_4$

锗精矿是经过复杂的冶金提取过程后得到的与其他主要元素初步分离的中间产物，精矿的品位较低，而且还含有其他杂质元素，远不能满足提纯工序的技术要求，因此制备金属锗时首先需利用氯化蒸馏法由锗精矿制取锗的氯化物。

在浸出前，先得将精矿进行低温焙烧处理，以达到初步除硫、砷的目的，焙烧温度一般选择 500℃。低温焙烧处理后的精矿与一定量和一定浓度的盐酸共热，使锗生成沸点为 83℃的四氯化锗，经过蒸馏溢出与其他杂质分离。氯化蒸馏过程的主要反应为：

$$GeO_2 + 4HCl \longrightarrow GeCl_4 + 2H_2O \tag{7-7}$$

四氯化锗易于水解，上述反应是可逆的，为了避免水解发生，必须维持高的盐酸浓度，一般起始酸度要大于 9mol/L，反应终点酸度不小于 6～6.5mol/L。反应温度不低于四氯化锗的沸点 83℃，以使之蒸馏出来。

B　粗四氯化锗净化提纯

粗四氯化锗净化提纯过程如图 7-20 所示。

a　精馏

精馏是将 $GeCl_4$ 提纯到 5N 以上的高纯 $GeCl_4$ 的关键工艺。利用 $GeCl_4$ 与 $AsCl_3$ 之间的沸点差且无化学反应这一原理进一步除砷，使纯 $GeCl_4$ 中砷的含量小于 20mg/L。实际生产中一般在精馏塔中添加铜环或铜粉以提高除砷效率。

b　盐酸萃取

根据 $GeCl_4$ 和 $AsCl_3$ 在盐酸中溶解度的差异，用盐酸萃取法也可达到除砷净化的目的。$GeCl_4$ 在盐酸中的溶解度（25℃）如图 7-21 所示，$AsCl_3$ 在盐酸中的溶解度（25℃）如图 7-22 所示。

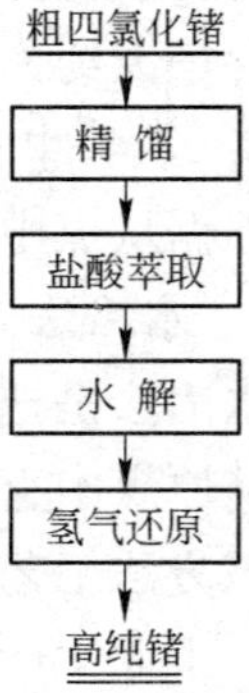

图 7-20　粗四氯化锗净化提纯工艺流程

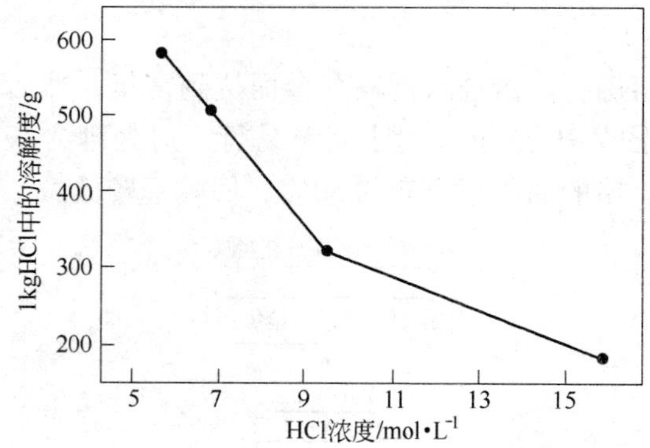

图 7-21　$GeCl_4$ 在盐酸中的溶解度（25℃）

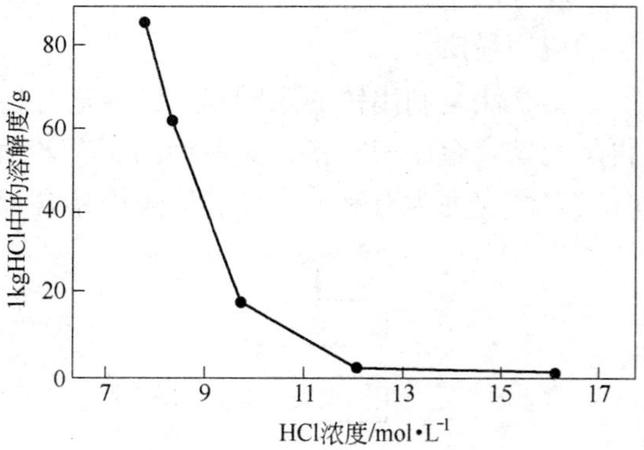

图 7-22　$AsCl_3$ 在盐酸中的溶解度（25℃）

萃取条件：盐酸浓度 12mol/L，体积比 1.0，温度 20℃，混合 10min，静置分离 2h。

盐酸萃取结果：第一次萃取 $GeCl_4$ 中砷含量为 72mg/L，第二次萃取为 51mg/L。HCl 萃取后 $GeCl_4$ 中的砷含量有所降低，但其净化效果不如精馏。实际生产中可采用萃取与精馏相结合的提纯方法进行深度除砷。

c 水解

将纯 $GeCl_4$ 用蒸馏水进行水解，即可得到纯 GeO_2。水解反应如下：

$$GeCl_4 + 2H_2O \longrightarrow GeO_2 + 4HCl \tag{7-8}$$

此水解反应为放热反应，因此需保持较低的温度使水解反应能进行完全。从图7-23中可看出，水解溶液的终点 HCl 浓度应在 4.5 ~ 5.5mol/L 范围内，以避免造成 GeO_2 的损失。水解条件：体积比（$GeCl_4/H_2O$）为1∶6.5，温度为15℃，时间为1h。

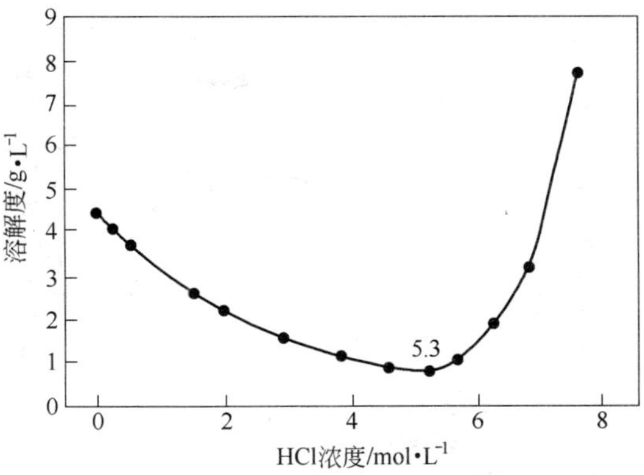

图 7-23 GeO_2 在盐酸中的溶解度

d 氢气还原

用氢气还原 GeO_2 可制得金属锗。其反应如下：

$$GeO_2 + H_2 \longrightarrow GeO + H_2O \tag{7-9}$$

$$GeO + H_2 \longrightarrow Ge + H_2O \tag{7-10}$$

$$GeO_2 + 2H_2 \longrightarrow Ge + 2H_2O \tag{7-11}$$

反应式7-11的自由能与温度的关系为：

$$\Delta G_T = 13750\text{-}15.60T \tag{7-12}$$

当 $T > 881K(608℃)$ 时，$\Delta G_T < 0$，开始发生还原反应，但由于 GeO 升华会造成 Ge 的损失。还原温度不应超过700℃，一般控制在650 ~ 675℃范围内。还原反应的产品是金属锗粉，一般是将锗粉熔化成锭，熔化温度为1000℃。

7.3.2.3 金属锗的提纯

用氢气还原得到的金属锗，其纯度只能达到5N ~ 6N，这种锗还不适合于制造半导体及其他器件，一般要求锗的纯度能够达到10N以上，而单纯用化学的方法是不能获得这种高纯锗的，因此还对其进行进一步的物理提纯，即区域熔炼提纯。

区域熔炼提纯是基于杂质在同一金属的固相和液相中溶解度的不同以及在固相中扩散速度比在液相中慢。将这种金属熔体中局部开始逐步冷凝，或者将其固体金属棒由局部开始融化冷凝，杂质就在金属中发生偏析，浓集在少量的金属两端，其余大部分得到了提纯。

区域提纯的设备如图7-24所示，操作过程大致是：事先用氢氟酸和硝酸混合液洗涤，然后用电导水洗净后使之干燥，并按规定重量装舟入炉。当用长度为350 ~ 500mm的锭子进行区域熔炼时，高频加热区的宽度为30 ~ 50mL/h。熔化区通过整个锭长后，将高频加热线圈返回到锭的始端，并重复这一过程。操作是在氢气、氮气等保护性气体中进行的。

7.3.2.4 锗单晶的拉制

区域熔炼提纯所得的高纯锗属于多晶体，而在应用过程中，常常要用到锗的单晶体，因此有时还须将多晶锗制成单晶锗。目前，锗单晶的拉制方法大致有三种，即直拉法、水平区域匀质生长法和外延生长法。

A 直拉法制取单晶锗

直拉法分两种：一种是单坩埚法，另一种是双坩埚法。双坩埚法是单坩埚法的改

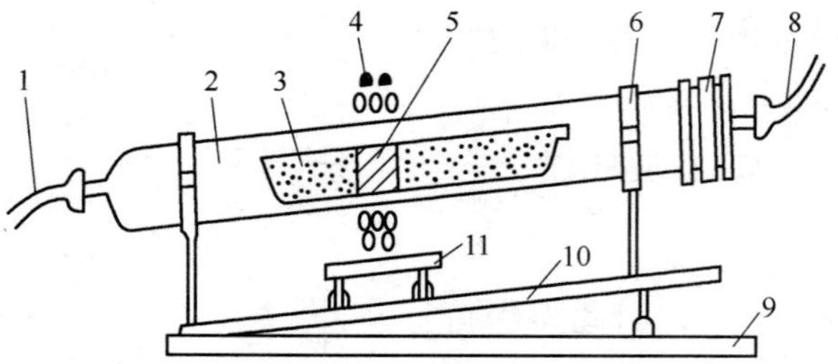

图 7-24　区域熔炼设备示意图

1—氢气进口；2—石英管；3—石英舟及锗锭；4—高频加热线圈；5—熔区；6—石英管支架；7—密封圈；8—氢气出口；9—底座；10—小车轨道；11—小车

进和发展，它克服了单坩埚法生长的单晶锗杂质沿晶体纵向分布不均匀的缺点，并且大大提高了生产效率和纯锗的利用率。

直拉法制取锗单晶是在单晶炉内进行的。单晶炉的构造如图 7-25 所示。单晶炉生长单晶锗的工作原理是：使多晶锗在坩埚内熔化，并将籽晶插入熔体内，当温度平衡后旋转籽晶并向上提升，新凝固出来的晶体在籽晶上长大，成为单晶。

直拉法的特点是成晶率高，单晶的完整性好，但是所需时间较长。

B　水平区域匀质生长单晶锗

这种方法所用的装置与区域熔炼法的一样，但它的熔区只有一个。

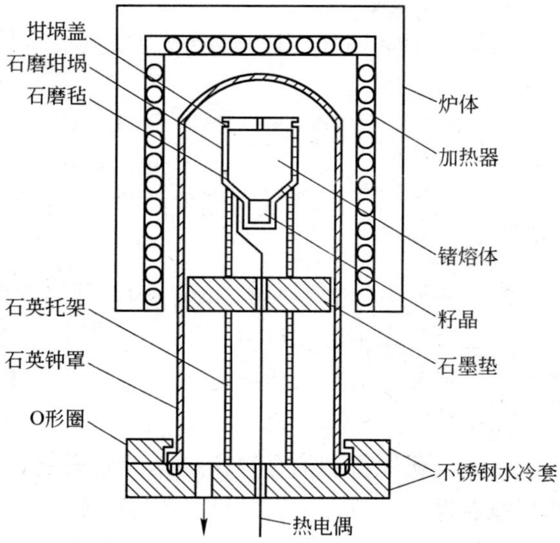

图 7-25　单晶炉示意图

水平区域匀质生长单晶锗时，是在锗锭的开端放一个单晶锗（籽晶），在其直接接触点造成熔融区，然后使其熔带以一定速度移动，实现定向结晶，使全部锗锭变成与晶种同方向的单晶体。由于移动一次所得的单晶均匀部分较少，所以需要进行 2 ~ 3 次，或再从反方向（从杂质多的一端开始）移动熔炼一次。这样可以得到 80% 以上的均匀单晶。

区域匀质法必须在透明的石英管中进行，以便观察，所用的氢气必须是高纯氢。

C　外延生长单晶法

外延法在同一物质的单晶上或晶格常数不同的单晶衬底上生长单晶，也就是单晶片的衬底上生长一层预定要求的单晶。

锗的外延法可分为两种：一是热分解法，它是使用 $GeCl_2$、GeI_2、GeH_4 等化合物热分解时释放出来的锗在单晶衬底上生长单晶薄膜，其反应式为（以 $GeCl_2$ 为例）：

$$2GeCl_2 \longrightarrow Ge + GeCl_4 \tag{7-13}$$

第二种是氢还原法，它是在氢气中加热锗的卤化物（如 $GeCl_4$）而发生还原反应，产生的锗在单晶衬底上生长单晶。其反应式为：

$$GeCl_4 + 2H_2 \longrightarrow Ge + 4HCl \tag{7-14}$$

外延生长法的特点是能随意控制外延单晶片的厚度、厚度均匀性并具有良好的光学性能。

7.4 高纯钛

7.4.1 金属钛的概述

7.4.1.1 金属钛的性质

钛（Ti）的原子序数为22，相对原子质量是47.87，属IV_B族，常见化合价为+2、+3和+4。钛为银灰色金属，质软，有延展性，导电和导热性差，熔点为1660℃，沸点为3287℃。因为钛的密度较小（4.51g/cm^3），一些国家将它划在轻金属之列。钛能和大多数金属和许多非金属形成合金，金属钛中加入其他金属可以增加钛的强度，钛合金强度比许多合金钢还强。

钛具有优异的抗腐蚀性。常温下，金属钛表面容易形成一层保护性氧化膜，不受水、硝酸、稀硫酸、稀盐酸和稀碱溶液的侵蚀，对海水的抗腐蚀能力特别强。氢氟酸、磷酸和中等强度的碱对钛有侵蚀作用。

金属钛在500℃以上激烈吸氢，生成TiH、TiH_2及Ti-H固溶体。1mol钛可吸收约2mol的氢。吸氢后变得很脆，易被破碎和磨细。吸收的氢可在800～900℃的温度及真空下被释放出来。因此，可以用氢化法制备它们的金属粉末，也可以用它们作为储氢材料。

由于钛的性能优良、用途广泛、发展前景广阔、资源充足，钛被誉为“未来的金属”、“第三金属”。随着电子工业的发展，对于用来制作大型集成电路钛材的纯度要求越来越高，尤其是其中的Na、K等碱金属元素，U、Th等放射性元素以及Fe、Cr、Ni等相对原子质量较大的金属的含量要求越来越严格，因此高纯钛的生产有着重要的意义。

7.4.1.2 高纯钛的应用

高纯钛主要用作半导体材料和超高真空装置中的吸气材料。

A 吸气材料

高纯钛的一个重要性质就是具有吸气性，特别是吸收H_2、CH_4、CO_2等气体的性质，因此，它能在高真空和超高真空系统中获得广泛应用。高纯钛用作吸气材料时，必须除去其中C、O杂质，但含有Ta、Nb等吸气金属杂质问题不是很大。产品提供形式为丝、棒以及球状。我国西北有色金属研究院已成功研制了高纯钛吸气材料，并已应用于自行研制的分子束外延设备系统。

B 超大规模集成电路线路网材料

用高纯钛溅射制作LSI、VLSI、ULSI等的线路网时，可使这些集成件变得格外轻、薄、尺寸小，而且线路密集。该用途的高纯钛，必须控制杂质含量，如氧，即使很少也会使线路变脆，薄膜电阻增加，易发生线路网熔断；如重金属元素（Cu、Ni、Cr）是发生漏损的主要原因；碱金属（Na、K、Li）易扩散迁移，使器件失效；放射性元素（U、Th）能辐射 α 射线，损坏装置。

C　阻挡层金属

钛用作阻挡层金属时，主要在下述 3 个方面：铝配线材料下层全部采用，仅用于接触部分，用于硅衬底上。高纯钛是以靶材形式提供的，钛靶在氮气氛中溅射，形成 TiN 膜。

7.4.2　高纯钛的制备

高纯钛的生产方法主要有克劳尔法、碘化钛热分解法、熔盐电解法，以及新开发的固相电解工艺和激光精炼工艺。克劳尔法的纯度可达 4N～5N，碘化钛热分解法和熔盐电解法的纯度可达 5N～6N（气体元素除外），下面分别进行介绍。

7.4.2.1　*克劳尔（Kroll）法*

克劳尔法是在氩气气氛容器中用 Mg 还原 $TiCl_4$ 制得海绵钛。首先是氯化、蒸馏，用焦炭（还原剂）和氯气把矿石（天然金红石、人造金红石、铁渣）制成粗 $TiCl_4$；然后通过蒸馏精制，降低杂质含量；最后是还原、分离工序，即在蒸馏罐内充入氩气，装入熔融高纯镁，使 $TiCl_4$ 以液体形式从上部流入，于 800℃ 下反应生成钛，利用 Ti、Mg、$MgCl_2$ 密度的差异而在容器底部顺次堆积，间断性地取出 $MgCl_2$，送至镁电解槽再生 Mg。还原完成后，于 1000℃ 下进行真空分离，所制得的海绵钛用破碎机破碎。克劳尔法的纯度可达 4N～5N，一般工厂大规模生产采用的都是该法。其缺点是：工艺是非连续的，在生产过程中必须对反应炉进行装料、高温加热以及卸料操作，不仅能耗高，而且周期长，生产成本比较高；同时，生产出的钛产品呈海绵状，必须对其进行包括除杂和固结在内的一系列后续加工，否则无法使用，这使得成本进一步增加。

7.4.2.2　*碘化钛热分解法*

碘化钛热分解法（简称碘化法）是把纯度低的钛原料（粗钛）与碘一起充填于密闭容器中，在 227～627℃ 的温度下发生碘化反应，合成四碘化钛，再把四碘化钛放在通电加热到 1327～1527℃ 的钛细丝进行热分解，析出高纯态，游离的碘再扩散到碘化反应区，重复上述反应。在高于 1000℃ 条件下，四碘化钛几乎能完全离解。由于钛的氟化物和氧化物在制取碘化钛的温度下不与碘起作用，因此，该法能制出高纯度的钛，且在工业生产中有着重要的地位。

碘化钛热分解法尚存在以下问题：

（1）反应是通过四碘化钛及碘的相互扩散进行的，扩散速度小，钛的析出速度慢，约为 0.01μg/s；

（2）钛是在细丝上析出的，生产量小；

（3）采用通电加热，温度调节困难；

（4）反应是在密闭、高温条件下进行的，容易受到来自反应容器的污染；

（5）由于反应的条件，产生了 TiI_3 和 TiI_2，阻碍了钛的析出，降低了反应速度及生产率。

由于上述原因，阻碍了该方法在大规模工业化生产上的应用。

据资料介绍，日本住友公司用新的碘化法研制开发出了6N高纯钛新材料。新的碘化法是使 TiI_2 分解，而 TiI_2 分解反应温度要比 TiI_4 的热分解温度低200℃，从而克服了原碘化法的缺点。用新碘化法制备的高纯钛杂质元素含量分析结果见表7-7。

表7-7 新碘化法制取的高纯钛杂质元素的含量 （%）

元素	Fe	Ni	Cr	Al	Cu	Na	K	U	Th	O	N	C
含量	0.1×10^{-4}	0.1×10^{-4}	0.2×10^{-4}	0.2×10^{-4}	0.2×10^{-4}	0.1×10^{-4}	0.1×10^{-4}	0.001×10^{-4}	0.001×10^{-4}	30×10^{-4}	20×10^{-4}	10×10^{-4}

与原碘化法相比，新的碘化法是以钛管代替了钛丝作为高纯钛析出的基体，增加了反应面积，钛的析出量可提高100倍以上，提高了生产效率。

7.4.2.3 熔盐电解法

熔盐电解法是将NaCl-KCl-LiCl等熔盐加热到500~1000℃熔解 $TiCl_4$，用电解法电积钛，钛呈树枝状析出。原料 $TiCl_4$ 可由精馏得到5N的高纯产品，然而来自熔盐的Na、K、Cl等污染却无法避免，有时高达 10^{-4} 数量级，若用氧化铝作隔膜材料，还会混入Al。目前，此法在结构和生产效率等方面仍有待解决。但除钠、钾、氯、氧之外，可能生产出4N~5N的高纯钛。我国对熔盐电解法研究很多，西北有色金属研究院对此法也正进行研究，在这众多研究中，适合于工业的生产工艺仍未制定。表7-8列出的是美国ACTA公司熔盐电解法所得5N高纯钛的成分。

表7-8 ACTA公司熔盐电解的5N高纯钛 （%）

杂质	Li	Na	Mg	Al	Si	P	Cl	S	K	Ca	Cr
含量	0.3×10^{-4}	大量	0.1×10^{-4}	0.5×10^{-4}	0.2×10^{-4}	0.02×10^{-4}	0.1×10^{-4}	大量	大量	0.1×10^{-4}	1×10^{-4}
杂质	Zn	As	Zr	Nb	Mo	Sn	Ta	W	Pb	U	O
含量	0.03×10^{-4}	0.01×10^{-4}	0.1×10^{-4}	0.1×10^{-4}	0.1×10^{-4}	0.1×10^{-4}	0.2×10^{-4}	1×10^{-4}	0.1×10^{-4}	0.005×10^{-4}	150×10^{-4}

杂质	Mn	Fe	Co	H	C	N	V	Ni	Cu	Th
含量	0.5×10^{-4}	2×10^{-4}	0.05×10^{-4}	75×10^{-4}	30×10^{-4}	10×10^{-4}	1×10^{-4}	0.5×10^{-4}	0.1×10^{-4}	0.005×10^{-4}

7.4.2.4 电子束（EB）熔炼法

由于碘化法或熔盐电解精炼钛时，对环境具有腐蚀性，不可避免地混入来自装置结构材料的杂质，使其纯度达5N已是极限，因此钛的电子束精炼随之发展起来。电子束熔炼法是将加速的电子动能作为加热源来熔融金属，约在50年前就在工业上得到部分应用，但由于装置复杂、价格昂贵、经济性差，而其材料的需要也不多，因而没有普及。但是近年来W、Mo、Ti等超大规模集成电路使高纯材料的需求增加，电子束熔炼得到重新发展。电子束具有可对熔炼材料或熔池表面加热，熔炼时可同时进行脱气、精炼，采用水冷铜坩埚，与炉材的反应和污染少，电子束容易控制熔炼速度和能量可任意选择等特点；另外，由于是在真空中熔炼，因此可熔炼活性金属和难熔材料。

在熔炼钛时，真空度要求为 6.5×10^{-3}Pa 以下，可利用钛与杂质的蒸气压之差达到精炼效果。从电子束熔炼前后杂质含量的变化来看，Na、K 经一次电子束熔炼分别从 $145\times10^{-4}\%$ 和 $240\times10^{-4}\%$ 降至 $0.03\times10^{-4}\%$ 和 $0.04\times10^{-4}\%$。Cr 从 $6.4\times10^{-4}\%$ 降至 $1.4\times10^{-4}\%$；Fe、Ni 含量由于原料本身已在 $1\times10^{-4}\%$ 以下，几乎无精炼效果。钛中的氧经电子束熔炼后也几乎不减少。可见，氧和重金属元素必须在电子束熔炼前用熔盐电解法或碘化法除去。日本东芝公司利用此工艺成功地制作出了 TSB4N-Ti 钛靶材，见表 7-9。其工艺如下：电解钛—电子束熔炼—锻造—机加工—钛靶。它是将电解钛送入 5MPa（或更低）的电子束熔炼炉中熔炼获得高纯钛的。

表 7-9　东芝 TSB4N-Ti（电子束熔炼）　　（%）

杂质	N	H	O	Fe	Ni	Cr	Cu	Na	K	O	Th
含量	$<3\times10^{-4}$	$<20\times10^{-4}$	80×10^{-4}	$<5\times10^{-4}$	$<5\times10^{-4}$	$<5\times10^{-4}$	$<10\times10^{-4}$	0.1×10^{-4}	0.1×10^{-4}	0.001×10^{-4}	0.001×10^{-4}

7.4.2.5　电子束区域熔炼

电子束区域熔炼是 20 世纪 50 年代末为提高半导体用金属纯度而发展起来的一个重要方法。其原理是基于大多数杂质在结晶时，其在液相和固相中的分配系数不同。进行区域精炼时，先在试样一端建立熔区，使熔区由试样一端缓慢移向另一端，从而实现杂质元素的重新分布，达到提纯的目的。钛的区域精炼方式一般是将其垂直安装在支架上，熔区在表面张力作用下，从一端移向另一端。

电子束区域精炼的最大优点是无坩埚污染，就其纯度而言，干扰因素减少，但因熔区为表面张力维持，大直径难于掌握。目前此法的产品直径一般不大于 20mm。西北有色金属研究院所提供的一般高纯钛产品均是以此法生产的，区熔前的原料为碘化法高纯钛。表 7-10 列出了电子束区域熔炼高纯钛的成分。

表 7-10　电子束区域熔炼高纯钛的成分　　（%）

杂质	C	O	N	H	Al	Mg	Si	Sr	Mn	Fe	Ni	Cu	As	Zr	Nb
试样 1	100×10^{-4}	100×10^{-4}	50×10^{-4}	10×10^{-4}	30×10^{-4}	1×10^{-4}	6×10^{-4}	0.5×10^{-4}	0.1×10^{-4}	17×10^{-4}	1×10^{-4}	1×10^{-4}	0.5×10^{-4}	0.4×10^{-4}	1×10^{-4}
试样 2	78×10^{-4}	360×10^{-4}	30×10^{-4}	10×10^{-4}	15×10^{-4}	15×10^{-4}	3.5×10^{-4}	1.2×10^{-4}	1.2×10^{-4}	30×10^{-4}	2×10^{-4}	8×10^{-4}	1×10^{-4}	20×10^{-4}	6×10^{-4}

注：试样 1 为西北有色金属研究院生产；试样 2 为英国材料协会生产。

7.4.2.6　复合工艺的发展

复合工艺是基于获得更高纯度钛而开发的，因为无论哪一种单一的精炼方法都有一定的局限，所以将多种工艺组合起来形成复合工艺。这些复合工艺中都包含了熔炼工艺，如真空电弧熔炼、等离子束熔炼、电子束熔炼、感应熔炼和重复熔炼。一般比较常用的复合工艺有如下两种。

A 熔盐电解与电子束熔炼联合

国外学者为了发明一种用于制作半导体装置表面线路网的高纯钛，而创造了这种方法。对克罗尔法和碘化法高纯钛进行研究后发现，每次电弧熔炼只能使氧含量增加，而用电子束熔炼代替，在真空下则可使氧含量降下来。因此，发明了将熔盐电解法制得的针状粗钛在 1.3×10^{-2}Pa 真空下，于 1000℃或以上的温度进行脱气，然后在小于 5×10^{-3}Pa 的真空下熔炼、铸锭，就可获得 O_2 小于 $2\times10^{-2}\%$，Fe、Ni、Cr 均小于 $3\times10^{-3}\%$，Na、K 均小于 $1\times10^{-5}\%$ 的适于 LSI、ULSI、VLSI 线路网用的高纯钛。

B 电子束熔炼—电子束区域熔炼工艺

目前，该工艺已成功地用在高纯钛生产中。其主要工艺含下列两个步骤：多次滴熔，使钛中间隙杂质和可蒸发的微量元素能有效地除去；然后用电子束区域熔炼进一步除杂。西北有色金属研究院已成功应用了电子束 + 电子束区域熔炼工艺，当原料杂质含量较高，特别是挥发性杂质含量较高时，常采用此法。其优点为：

（1）充分利用电子束炉快速有效地去除大量杂质，减轻电子束区域熔炼炉真空系统的负担，从而相应地提高电子束区域熔炼提纯效果；

（2）经电子束炉提纯的料，进入电子束区域熔炼炉后，由于挥发性元素减少，有助于熔区稳定，相应提高了棒直径的均匀性，提高成品率。

其他的复合工艺还有：区域熔炼—固相电解和区域熔炼—高真空退火等。表 7-11 为几种熔盐电解—电子束熔炼与单一精炼工艺的比较。

表 7-11 几种熔盐电解—电子束熔炼与单一精炼工艺的比较 （%）

工艺	O	Fe	Cr	Ni	Na	K	U	Tu	N	H	C
下岛工艺	100×10^{-4} ~ 150×10^{-4}	0.4×10^{-4} ~ 0.8×10^{-4}	0.3×10^{-4} ~ 0.5×10^{-4}	0.1×10^{-4} ~ 0.3×10^{-4}	0.05×10^{-4}	0.05×10^{-4}	0.001×10^{-4}	0.001×10^{-4}			
美国 ACTA	250×10^{-4}	4×10^{-4}	1×10^{-4}	1×10^{-4}	0.1×10^{-4}	0.1×10^{-4}	0.005×10^{-4}	0.005×10^{-4}	25×10^{-4}	25×10^{-4}	40×10^{-4}
电弧法	200×10^{-4} ~ 300×10^{-4}	3×10^{-4} ~ 5×10^{-4}	3×10^{-4} ~ 6×10^{-4}	0.75×10^{-4}	0.7×10^{-4}	0.05×10^{-4}	0.001×10^{-4}	0.001×10^{-4}			
克罗尔法	400×10^{-4}	50×10^{-4}	10×10^{-4}	50×10^{-4}	0.05×10^{-4}	0.05×10^{-4}	0.001×10^{-4}	0.001×10^{-4}			
碘化法	20×10^{-4} ~ 100×10^{-4}	20×10^{-4}	15×10^{-4}	20×10^{-4}	10×10^{-4}	10×10^{-4}	0.001×10^{-4}	0.001×10^{-4}			

7.4.2.7 有前景的新提纯工艺

A 固相电解法

固相电解法又称电传输法或离子迁移法。该方法是在超高真空或惰性气氛下，将大的直流电流通过棒状金属试样，在电场的作用下引起金属晶格内杂质元素离子发生迁移，且晶体内非金属原子电迁移效果显著，电解结果使杂质离子产生顺序迁移，从而实现提纯目的。目前，已经发现间隙杂质的迁移率比构成金属的金属原子迁移率大 100 倍。因此固相电解能把 O、N、H、C 等的含量降低到一个极低值。

固相电解的最大优点是能把 O、N、H、C 等的含量有效地降下来，为今后考核高纯钛的间隙元素含量奠定了技术基础。因此，日本将固相电解精炼技术作为仅次于光激励精炼法的重点技术，列入其高纯化技术开发计划中。

有文献指出了固相电解精炼的大致参数，即将数百安每平方厘米的大电流通过长100～200mm、直径3～5mm的试样，使其加热到0.6～0.9T_m（T_m为熔点），并保持数天，真空保持在1.33×10^{-8}Pa。此工艺的关键是超高真空或超纯惰性气氛。日本已利用固相电解法将N、O含量降至$1\times10^{-2}\%$，美国已达到了$1\times10^{-3}\%$。

固相电解的主要不足是周期长、批量小。为了提高杂质离子的迁移速度，已尝试了区熔与固相电解相结合的精炼法。这样可提高提纯效果，缩短生产周期。在电场中的区域熔炼提纯依赖下列途径：杂质在固液两相溶解度不同（区熔提纯），杂质向阳极的迁移（固相电解），易挥发杂质的挥发（区熔和固相电解交互作用）。

总之，固相电解是去除间隙杂质（如C、N、H、O）最有效的方法，是提纯技术质的飞跃。

B　光激励精炼法

日本将光激励精炼法列为金属提纯技术开发的最重要项目，认为其技术革新性是目前所有开发和待开发精炼技术中最先进的，它的开发成功有可能成为提纯钛的最有效途径。

光激励精炼的原理是先利用电子束使真空室内的金属挥发，然后利用激光照射金属蒸气，对金属进行选择性激励并使其离子化（即调整激光波长，采用波长与基体金属电子波长相同激光束将原子激发到更高的量子状态），再将它捕集分离在电极上，从而达到提纯分离的目的。

日本有学者用光激励精炼法进行了镨钕分离试验（镨钕分离很难），发现含Pr 1%的钕用激光选择离子化后，生成的离子相组成为Pr/Nd = 1/100000，然后从电场中回收钕制成薄膜，测得镨含量为0.0625%，其提纯效果相当好。

7.5　高纯钨

7.5.1　金属钨概述

7.5.1.1　钨的基本性质

钨（W）属于元素周期表第$\mathrm{VI_B}$族，原子序数为74，相对原子质量为183.85。块状钨为银白色或锡白色体心立方结构的金属，熔点为3410℃，沸点为5660℃，密度为19.35g/cm^3；钨具有高强度和较大的弹性模量。

钨在室温下能与氟反应，氧化速度很慢；红热条件下能于水或水蒸气迅速反应；高温时能与氯、溴、碘反应；钨不与氢氟酸反应，与浓盐酸和浓硫酸仅起微弱的反应，但能与硝酸反应；纯钨对熔融的氢氧化钠稳定；钨与熔融的硝酸盐、亚硝酸盐和过氧化氢激烈反应；与熔融的硫、磷反应缓慢，但与它们的蒸气反应激烈；钨高温下能与碳、硼和硅反应，形成二元化合物。

7.5.1.2　钨的应用

钨广泛用于制备钨钢和碳化钨。钨的合金有很多的应用，硅化钨具有半导体性质。在所有的金属中，钨的熔点是最高的，常作为金属添加剂而成为一系列耐热金属的重要组分。钨具有较好的导电性和耐磨性，用粉末冶金法制取的钨铜合金和钨银合金，是制造刀型开关、断路器、点焊电极等的理想的触点材料。此外，还有很大一部分钨用于生产特种合金钢和以碳化钨为基的硬质合金。总之，因其特有的物理、化学性能钨被广泛地应用于军工、电子、冶金、石油化工等重要工业领域，世界上很多国家都把钨作为一种重要的战略金属。

难熔金属的物理、化学性能在很大程度上取决于它们的纯度，杂质能够大大影响钨及其化合物的质量。随着工业技术和科学技术的发展，许多行业对钨粉的纯度要求越来越高，如高纯钨或超纯钨（5N 或 6N）具有对电子迁移的高电阻、高温稳定性以及能形成稳定的硅化物，在电子工业中以薄膜形式用作栅极、连接和障碍金属。制取高纯度钨，至关重要的是保证仲钨酸铵纯度，由它们制取高质量的 WO_3，进而还原出纯金属。

7.5.2 高纯仲钨酸铵的制备

在钨冶金方面，如何提高钨化合物如仲钨酸铵（APT）或氧化钨等的质量，以满足现代工业对高质量钨材的需求，是钨冶金工作者正在努力探索的课题。现今比较成熟的净化技术有化学净化、离子交换净化、萃取净化等，其工艺各有特点，但最终产品都是 APT 或氧化钨。

7.5.2.1 NaOH 分解法和选择性沉淀法制取高纯 APT

NaOH 分解技术能有效地从各种复杂矿（包括白钨矿和白钨-黑钨混合矿）中浸出 WO_3，而且能将大部分杂质如 P、As、Si 等抑制在渣中，选择性沉淀技术能进一步从钨酸盐中除去钼、锡等杂质，与传统的离子交换法结合，在工业规模下成功地解决了高钼白钨精矿和高钼、高杂、高钙中矿的处理问题，使钨冶金过程对原料杂质含量基本上没有什么限制。以东南钨冶金公司为例，其处理的原料品位为 50% 左右，含 As、Si、Mo 分别超过标准精矿的 10 倍、15 倍和 20 倍左右，产出的 APT 质量优于 GB 10116—1988-APT-0 级标准，回收率达 95% ~96%，接近经典法处理标准黑钨精矿的水平。

A 主要流程

各种钨矿物原料首先用 NaOH 分解，使 W 以 Na_2WO_4 形态进入溶液，而 P、Si、As 等杂质绝大部分以其钙盐的形态被抑制在渣中；Na_2WO_4 溶液经离子交换除去 P、As、Si 等杂质，并转型成（m）：WO_4（m 为某种金属）形态后，利用沉淀剂进一步除去 Mo、Sn 等杂质，再蒸发结晶得到高纯 APT。除钼后的钼渣进一步回收钼和沉淀剂。采用的流程如图 7-26 所示。

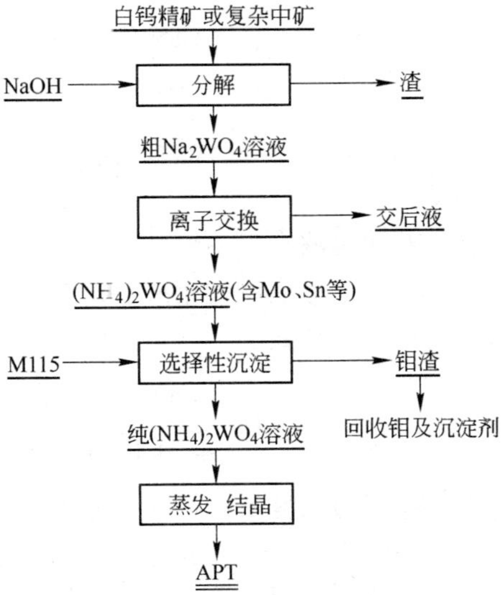

图 7-26 NaOH 分解法和选择性沉淀法生产 APT 的流程

B 碱分解

碱分解过程可在专门设计的热磨反应器中进行，也可在高压釜中进行，钨原料与适量的 NaOH 溶液一道加入釜内，控制温度为150 ~160℃，保温 1.5 ~2h，然后卸料过滤。各种钨矿物原料包括白钨精矿和黑钨-白钨混合中矿都能有效分解。

C 从$(NH_4)_2WO_4$溶液中用选择性沉淀法除 Mo、Sn、As

离子交换过程产出的$(NH_4)_2WO_4$溶液中仍含有 Mo 和少量 Sn、As，为除去上述杂质，研究发明了新的沉淀剂 M115，它能高效地从$(NH_4)_2WO_4$溶液、Na_2WO_4溶液或 APT 结晶母液中除去上述杂质。常温下将 M115 加入含上述杂质的$(NH_4)_2WO_4$溶液，则上述杂质与之形成难溶化合物沉淀，经过滤后，溶液中钼含量降至 0.01g/L 以下，As、Sb 同时被除去。

D APT 质量

在结晶率高达 95% 的情况下，产出 APT 中杂质含量仍低于 GB 10116—1988-APT-0 级标准，产品质量见表 7-12。

表 7-12 东南钨公司用本工艺生产的 APT 成分 (%)

成 分	WO_3	Ca	Fe	Mo	As	Sn	TiV
原 料	50.5	6.5		0.3～0.9	0.9～1.2	0.9～1.2	
APT	88.5	<0.01	<0.01	0.0005～0.001	<0.0001	<0.0001	<0.001
成 分	Sb	Mg	P	S	K	Si	
原 料	0.1						
APT	0.005	<0.0007	<0.0005	0.0005	<0.001	<0.001	

7.5.2.2 苏打压煮、NaHS 除钼、叔胺萃取—蒸发结晶法制取高纯 APT

苏打压煮、NaHS 除钼、叔胺萃取、蒸发结晶处理柿竹园高钼白钨精矿，生产高纯三氧化钨的工艺，具有产品质量优良、"三废"污染少、生产过程易于实现连续化、自动化控制等特点。

苏打为工业Na_2CO_3，主含量大于 96%。高钼白钨精矿在高温高压条件下用苏打浸出，主要反应如下：

$$CaWO_4 + Na_2CO_3 \longrightarrow CaCO_3 + Na_2WO_4 \tag{7-15}$$

$$CaMoO_4 + Na_2CO_3 \longrightarrow CaCO_3 + Na_2MoO_4 \tag{7-16}$$

为降低渣中WO_3的含量，提高苏打压煮浸出率，需要加入过量的苏打，保持较高的浸出温度。

钼在碱性溶液中以钼酸钠形态存在，加入碱金属硫化物于该溶液中，调节溶液 pH 值至适当值，使之形成硫代钼酸钠；进一步调节 pH 值至酸性，则硫代钼酸钠分解析出三硫化钼沉淀。反应式如下：

$$Na_2MoO_4 + 4NaHS \longrightarrow Na_2MoS_4 + 4NaOH \tag{7-17}$$

$$Na_2MoS_4 + H_2SO_4 \longrightarrow MOS_3 + NaSO_4 + H_2S \tag{7-18}$$

硫化除钼的关键是：将适量的硫氢化钠溶液加入到反应槽中混合，用硫酸调节 pH 值到 8～11，搅拌 2h 以上，然后再用硫酸调 pH 值到 2.7 左右，保持溶液温度 60℃以上，静置 8h，然后过滤。溶液除钼前应严格计算 NaHS 加量，加量太多，将造成WO_3的损失；加量太少，除钼效果差，NaHS 加量一般控制在理论量的 120%～150%。

除钼后的钨酸钠溶液应充分氧化除去S^{2-}根离子，经严格过滤、澄清，除去固体颗粒，以利于萃取顺利进行。萃取剂采用N235-仲辛醇-煤油体系。经反萃获得的钨酸铵溶液经蒸发结晶、干燥煅烧即得到高质量的WO_3产品，产品杂质含量稳定，全部达到WO_3-1国家标准。

7.5.2.3 常温萃取—常温反萃取法制备高纯三氧化钨

常温萃取—常温反萃取法制备高纯三氧化钨新工艺是将黑钨精矿压煮得到钨酸钠溶液，经预处理后用活性有机试剂（各种胺类），把其中有效成分钨提取出来，获得纯化与转型效果。所得纯净的钨溶液经蒸发结晶，便得到高纯的仲钨酸铵。此产品可用于生产硬质合金、钨丝等。

该工艺技术先进，在萃取—反萃取全过程中不需要加热，操作简便、重现性好、粒度控制稳定。萃取率和反萃取率都大于99.9%，产品中三氧化钨含量超过99.95%，达到高级纯度标准。该工艺物料可循环使用，明显减少“三废”，工艺流程简短，使生产周期缩短三分之一，大大提高了生产效率，减轻了劳动强度，经济效益与社会效益可观。

7.5.3 高纯钨的制备

7.5.3.1 氢还原

国外报道，日本东芝公司钨精炼厂横滨金属和化合物分厂在1990年前后，为了提高产品质量，试图降低金属钨和钼中的杂质含量。特别对用作半导体的配线用材，要求将钨粉和钼粉的纯度从通常的3N提高到5N以上。该厂采用了用酸分解普通的钨粉和钼粉，然后通过离子交换法精制，得到高纯度的氧化物。将高纯氧化物进行氢还原，即得到超高纯度的钨粉和钼粉。其生产流程如图7-27所示，超高纯钨粉和钼粉的化学成分与普通钨粉和钼粉的比较见表7-13。

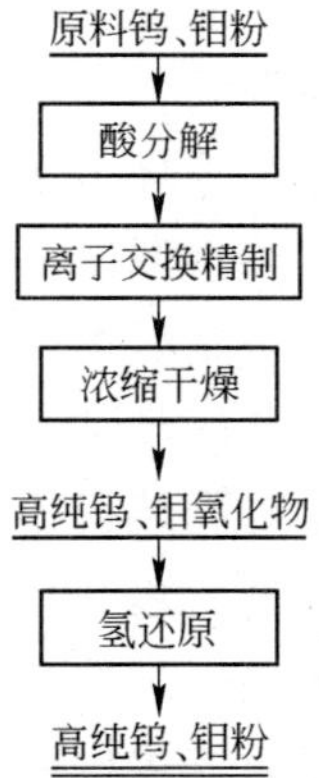

图7-27 高纯钨粉和钼粉生产原则工艺流程

表7-13 超高纯钨粉和钼粉与普通钨粉和钼粉的化学成分

粉末名称	纯度/%	杂质含量/%				
		Na	K	Fe	Ni	Cr
3N-W	>99.9	$<20\times10^{-4}$	$<20\times10^{-4}$	$<20\times10^{-4}$	$<20\times10^{-4}$	$<20\times10^{-4}$
5N-W	>99.999	$<0.05\times10^{-4}$	$<0.05\times10^{-4}$	$<0.5\times10^{-4}$	$<0.5\times10^{-4}$	$<0.5\times10^{-4}$
3N-Mo	>99.9	$<20\times10^{-4}$	$<20\times10^{-4}$	$<20\times10^{-4}$	$<20\times10^{-4}$	
5N-Mo	>99.999	$<0.05\times10^{-4}$	$<0.05\times10^{-4}$	$<0.4\times10^{-4}$	$<0.4\times10^{-4}$	$<0.4\times10^{-4}$

在酸分解钨粉和钼粉时，可以采用H_2O_2、HNO_3+HF或$HF+H_2SO_4+HNO_3$之类能溶解钨粉和钼粉的酸，使钨和钼以阴离子形态进入溶液中，然后再用阴离子交换树脂进行净化。

为制备高纯和超纯钨，最好选用含U和Th低的仲钨酸铵作原料。因为在所有的杂质元素中，要求U和Th的含量应特别低。这些天然放射性元素因具有α射线，在记忆回路中可引起“软误差”。含U和Th低的仲钨酸铵，可通过多次再结晶的办法除去其他杂质，得到超纯仲钨酸铵。后者经煅烧得到WO_3，经氢还原得到超高纯度的钨粉。

通过压形、烧结和电子束悬浮区域熔炼，可以将U和Th以外的杂质含量进一步降低。

显然，在高纯的生产过程中，厂房内应保持高度清洁，以减少产品中的杂质。

7.5.3.2　电子束区域熔炼法制取高纯钨单晶

钨单晶是一种新型电子发射源材料，具有无晶界、结晶缺陷少以及各向异性等优异的物理化学及力学性能，使其在电子、激光、全息技术、宇航、高能物理、空间技术等领域得到了广泛的应用，且应用领域不断扩大。

钨单晶的制备方法主要有电子束悬浮区域熔炼法、熔滴等离子弧熔炼法以及应变—退火法，其中最常用的方法是电子束悬浮区域熔炼法，此法是根据“同一物质的晶体和熔体的组分在平衡状态下存在差异”这一原理进行提纯。决定钨单晶产品质量的一个重要的指标是纯度水平，而坯料的纯度水平又是决定钨单晶纯度和单晶体内部结构的关键。目前，国内传统的方法是采用经脱气预处理的工业烧结料制备钨单晶，但此法存在一些缺陷，制备的钨单晶纯度以及内部组织都不太理想。有研究者从原料入手，探讨了电子束精炼过程预先脱碳的作用及必要性。

在高纯环境下，选用国产仲钨酸铵（APT）原料采用如下工艺制备高纯 APT：APT 溶解—高纯水调浆—重新氨溶—活性炭吸附—过滤—中和结晶—高纯 APT。

在重新氨溶时，为避免污染，保证最终 APT 结晶纯度，试剂 H_2O 和 NH_4OH 均为分析纯。制备的高纯 APT 纯度在 4N 以上，在还原制粉和压坯过程中，严禁粉末污染；压坯前，要对高纯钨粉进行酸洗处理，坯料经垂熔烧结后，再采用电子束熔炼预处理工艺对坯料进行进一步纯化。

影响区域熔炼过程和单晶质量的基本因素之一是过程的热力学条件及稳定性。功率波动引起熔炼过程温度的不稳定性会造成单晶结构的破坏，在最佳的稳定功率下区域熔炼制备单晶可防止单晶中产生带状结构，并使杂质均匀分布。而功率波动的主要原因是杂质的析出，特别是间隙杂质碳、氮、氢、氧的析出，因此，只有提高坯料的纯度水平，降低间隙杂质含量，才能有效减少功率波动，保持熔炼的稳定性。另外，杂质含量对晶体内部的位错扩散和多边化过程影响很大，位错周围的杂质环境阻碍了位错的迁移，并降低堆垛层错能量，降低单晶内部亚稳态结构向具有最小能量的稳定结构转变的趋势。因此，只有提高单晶体的纯度水平，减低物理缺陷，才能提高单晶体内部结构，保证性能的稳定性。

7.6　高纯钼

7.6.1　金属钼概述

7.6.1.1　钼的基本性质

钼（Mo）的原子序数为 42，相对原子质量是 95.94，属 VI_B 族，常见化合价为 +2、+4 和 +6，稳定价为 +6。钼是银白色有光泽的金属，粉末状的钼为黑色，熔点为 2610℃，沸点为 5560℃，密度为 10.2g/cm^3。钼具有高强度、高硬度、力学性能优异的特点，而且在高温下仍能保持高强度和高硬度。室温下钼在空气中很稳定，当温度升至 600℃时，迅速与氧反应，生成较易挥发的三氧化钼。800℃时钼与碳发生反应，生成碳化钼。室温下钼即与氟作用，与氯、溴、碘的反应温度分别为 200℃、450℃和 800℃。高温下，钼还与磷、硫、硒、碲、硅反应。钼能与钛、锆、钨、铼等金属形成合金。

钼不溶于盐酸、氢氟酸和稀硫酸，与硝酸接触后，很快被钝化。钼能缓慢溶解在王水及氢氟酸和硝酸的混合酸中。钼在常温下不与碱作用，但在加热时能被碱腐蚀。钼的氧化态为 -2、+1、+2、+3、+4、+5 和 +6，其中以 +6 价化合物最稳定。纯钼丝用于高温电炉和电火花加工还有线切割加工；钼片用来制造无线电器材和 X 射线器材；合金钢中加钼可以提高弹性极限、抗腐蚀性能以及保持永久磁性等。

7.6.1.2 钼的应用

A 钢铁工业

钼主要用作生产合金钢的添加剂，并能与钨、镍、钴、锆、钛、钒、铼等组成高级合金，可提高其高温强度、耐磨性和抗腐蚀性，其中大部分是以工业氧化钼压块直接用于炼钢或铸铁，少部分熔炼成钼铁后再用于炼钢。不锈钢中加入钼能改善钢的耐腐蚀性。在铸铁中加入钼能提高铁的强度和耐磨性能。

B 航空航天

含钼 18% 的镍基超合金具有熔点高、密度低和线膨胀系数小等特性，用于制造航空和航天的各种高温部件。

C 电子工业

金属钼在电子管、晶体管和整流器等电子器件方面得到广泛应用。

D 化学化工行业

氧化钼和钼酸盐是化学和石油工业中的优良催化剂。二硫化钼是一种重要的润滑剂。

E 其他行业

钼和钨、铬、钒的合金钢适用于制造高速切削的刀具、军舰的甲板、坦克、枪炮、火箭、卫星等的合金构件和零部件。金属钼大量用作高温电炉的发热材料和结构材料、真空管的大型电极和栅极、半导体及电光源材料；因钼的热中子俘获截面小及具有高强度，还可用作核反应堆的结构材料。钼的化合物在颜料、染料、涂料、陶瓷玻璃、农业肥料等方面也有广泛的用途。

随着上述行业的发展，对金属钼及其化合物产品的纯度提出了越来越高的要求。因此，制取高纯钼具有重要意义。

7.6.2 高纯钼的制备

近年来，随着高新技术的飞速发展，高科技对钼及合金材料性能提出的要求在许多方面已经超出了传统的性能指标，因此现代钼制品制备技术既面临挑战也迎来了机遇。其中，钼粉的制备是发展钼业技术的首要环节。目前，钼粉的制备已经比较成熟，但是仍需进一步的发展、完善，特别是为满足一些特殊用途的超细钼粉制备技术还有待解决。按用途进行分类，钼粉主要有三种：供压制用的钼粉、供热喷涂用的球形钼粉和供特殊条件使用的超细钼粉。此外，还有掺入适量的 Ni、Cr、B、Si 等元素制成的钼合金钼粉。

7.6.2.1 传统钼粉的制备

传统钼粉是区别于超细钼粉、高纯钼粉而言的。传统制备技术生产出的钼粉一般应用于压制钼材，用作制备其他粉末冶金制品的原料等，常见的制备钼粉的方法如图 7-28所示。

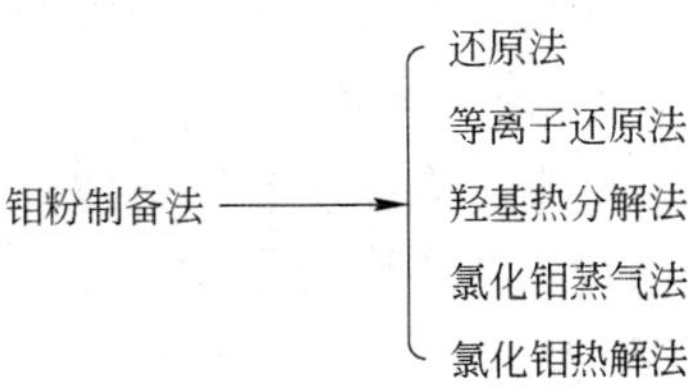

图 7-28 钼粉制备法

A　还原法

a　氢气还原法

氢气还原法是制备钼粉的传统方法。其制备钼粉的成本比较低、易进行工业化规模生产、产出的钼粉纯度较高，此方法生产的钼粉粒径一般在微米级，但达不到纳米级超细钼粉。该法的制备工艺周期较长、温度高。该法是以钼酸铵为原料，通过焙烧、两阶段还原成钼粉的，所采用的还原剂为氢气。在工业生产应用上，氢气还原法可分为：两次还原法和一次还原法。

两次还原法是当钼酸铵焙烧得到 MoO_3 后，经过两个阶段还原得到钼粉。它依据了还原生产中实际进行的具体步骤。所得的钼粉呈灰色，不含有结块及机械杂质，但是颗粒形貌呈较粗大的针状和片状；经沉降法分析，所得的钼粉颗粒范围一般为 1 ~ 30μm。其制备过程为：将钼酸铵在 500 ~ 600℃温度范围进行焙烧，得到焙烧产物，即白色或黄色粉末 MoO_3，其反应式如下：

$$x(NH_4)_2O \cdot yMoO_3 \cdot 2H_2O \longrightarrow yMoO_3 + 2xNH_3\uparrow + (x+2)H_2O\uparrow \tag{7-19}$$

然后，分别把温度控制在 450 ~ 650℃和 850 ~ 950℃之间进行两阶段还原。第一阶段，MoO_3 还原成深褐色 MoO_2 粉末：

$$MoO_3 + H_2 \longrightarrow MoO_2 + H_2O \tag{7-20}$$

第二阶段，MoO_2 还原成灰色钼粉：

$$MoO_2 + H_2 \longrightarrow Mo + H_2O \tag{7-21}$$

显然，使用该法存在费时、设备复杂等问题。

此外，也有一部分厂家采用两步法（也称一次还原法）生产金属钼粉，即将焙烧与第一阶段还原合并进行，温度控制在 500 ~ 600℃。待得到 MoO_3 粉末后，在氢气气氛中逐渐升温到 1100℃以上，加热一段时间还原成钼粉。与两次还原法相比，使用该法可以部分简化生产工艺，所得钼粉的纯度与两次还原法相当，颗粒形状也没有大的改变，但是得到的金属钼粉颗粒较粗，造成由其制备的烧结坯密度较低。因此此方法未能在钼丝工业生产中得到应用。

此外，日本有文献论述了采用在 MoO_3 作为主要成分的氧化钼粉中添加微量 Ni，通常，镍添加量为 0.0025% ~ 0.03%（质量分数），然后在氢气气氛中，从 600℃以下（通常为 550℃）的低温开始逐渐加热到 1000℃以上（1150℃）的高温，还原氧化钼粉末，得到含有微量镍的金属粉末。该法属于一次还原法，因而生产工艺较简单；同时由于氧化钼粉末中添加了微量镍，起到了颗粒细化的作用，即起到还原活化的作用。因此该方法能获得粒度细、烧结后密度高的钼粉；与两次还原法获得粉末的烧结坯相比较，其烧结坯密度显著提高。然而此法制备出的钼粉纯度较低，一般运用在对钼粉纯度不太高的场合。

b　流化床还原法

近来，美国学者成功通过两阶段流化床还原法直接把粒状或粉末状的 MoO_3 还原成金属钼粉。在还原过程中，第一阶段采用氨作流态化还原气体，在 400 ~ 650℃还原 MoO_3 为 MoO_2：

$$3MoO_3 + 2NH_3 \longrightarrow 3MoO_2 + 3H_2O + N_2\uparrow \tag{7-22}$$

第二阶段采用氢气作流态化还原气体，在 700～1400℃下将 MoO_2 还原成金属 Mo：

$$MoO_2 + 2H_2 \longrightarrow Mo + 2H_2O \tag{7-23}$$

原料 MoO_3 含 0.02% 的杂质铅和 0.04% 的锌，经流化床还原分别可除去 90% 和 97%；此外，由于在流化床内，气-固之间能够获得最充分的接触，床内温度均匀，因而反应速度快、产品性能均匀、氢耗低、成本低；此外，通过对工艺过程的操作，能够有效地实现对钼粉粒度和形状的控制，因此该法生产出的钼粉颗粒很细小，而且呈等轴状，粉末流动性好；与前述的氢气还原法相比，所得到的金属颗粒烧结致密度高。

B 羟基热分解法（羟基法）

利用羟基法制得的钼粉具有很高的化学纯度和良好的烧结性，而且此方法能用于工业化大规模制备钼粉。该方法生产钼粉是以羟基钼为原料，在常压和温度为 350～1000℃条件下，同时通常还处在 N_2 气氛下，对该羟基钼料进行蒸气热分解处理。它利用了羟基化合物的分解，在气相状态下形核、结晶及晶核长大，因此制备的粉末较细，粉粒的 60%～70% 为表面不光滑且有凸起的尖球形粉粒，其平均粒度为 2～4μm，其分解反应式为：

$$Mo(CO)_6 \longrightarrow Mo\,(s) + 6CO\,(g)\uparrow \tag{7-24}$$

另外，生产证明了随着热解温度的升高，制备出的钼粉粒度下降。

C 氯化钼蒸气法

该方法也称氯化钼蒸发氢还原法，其利用 $MoCl_4$-H_2 系的气相反应法能制备出极细颗粒的钼粉，在 1200℃时单颗粒粒径很小，只有 6～10nm。不过此法制备所得到的钼粉颗粒间会产生连接，使得颗粒长大。因此该方法所制备的钼粉一般不用于电子应用中导电薄片的生产。在反应过程中，当温度大于 1200℃，颗粒会随着温度升高而长大。但是，在 1300～1500℃间，钼粉颗粒尺寸基本保持不变。此方法制备的钼粉一般用来生产焊料、蒙乃尔合金、焊料的熔剂及钼合金等。其反应式为：

$$2MoCl_4 + 4H_2 \longrightarrow 2Mo + 4HCl\uparrow \tag{7-25}$$

D 氯化钼热解法

该法制备工艺简单，能生产出高纯的钼粉，而且粉末粒度较小；但该法采用的原材料要求高，使用时还要注意处理好废气排出、回收处理等问题；并且该法制备钼粉不宜进行工业规模生产。

此方法以辉钼精矿（MoS_2）为原料，在 270℃温度下，用氯气将其进行氯化则生产出 $MoCl_5$，其反应式为：

$$2MoS_2 + 5Cl_2 \longrightarrow 2MoCl_5 + 2S_2\uparrow \tag{7-26}$$

然后，经加热分解得到纯钼粉产品，其反应式为：

$$2MoCl_5 \longrightarrow 2Mo + 5Cl_2\uparrow \tag{7-27}$$

该方法利用钼的气相沉积，高纯钼粉可用于黏附在金属和非金属表面上的硬涂层，以使材料耐腐蚀和耐高温。

由以上可知，近年来钼粉生产在纯度、工艺操作简易方面都基本达到所需的要求。然而，为了适应其他相关应用领域发展的需要，在粉末粒度、性能等方面的研究还有待进一步开展。研究表明，超细金属粉末在许多领域都得到广泛的应用，超细钼粉通常用于制备电子设备中的传导薄片（导电薄片）、防腐蚀的金属涂层和超导材料等，因此研究超细钼粉的制备很有意义。

7.6.2.2　超细钼粉的制备

传统制备钼粉的方法因为制备工艺周期长、温度高，钼粒在此过程中易发生长大，通常得不到超细钼粉。目前，制备超细钼粉的方法主要有：氯化钼的蒸气法、蒸发态三氧化钼还原法、等离子还原法和活化还原法。

A　蒸发态三氧化钼还原法

使用该方法在1300～1500℃之间得到的钼粉为均匀球形颗粒，粒径一般为40～70nm；但该法的工艺参数控制比较困难；其中，MoO_3-N_2 和 H_2-N_2 气流的混合温度以及 MoO_3 成分所占的浓度都对粉末粒度的影响很大。

该方法制备钼粉是在特定的设备装置下进行的，MoO_3 粉末（纯度达99.9%）装在一个钼舟上，将其置于预热炉和炉膛中，MoO_3 蒸气在 H_2-N_2 混合气体（150mL/min）及 N_2 气（400mL/min）的混合气流的夹载下进入反应区。

B　等离子还原法

该方法用于制备超细金属钼粉末，其原理是：采用混合等离子反应装置，将高压的直流电弧喷射在高频等离子气流上，从而形成一种混合的等离子气流。然后利用等离子蒸气法还原，得到超细钼粉。获得的原始金属粉末注满在直流（DC）弧喷射器上，立即被冷却水冷却成超细粉粒。该方法也可用于制备其他各种难熔金属的超细粉末，如W、Ta和Nb；所得到粉末颗粒都呈黑色绒毛状，平均粒径约为30～50nm，比较适用于热喷涂用的球形粉末；与普通还原法制备钼粉的技术相比较，该法由于采用了等离子设备等，所以设备要求高，生产成本大大提高；此外，虽然所制备出的钼粉粒度能达到纳米级水平，但产出率低，不能进行工业化大规模生产。

C　活化还原法

该方法与传统方法相比还原温度降低约200～300℃，而且只使用一次还原过程（即属于一次还原法），工艺较简单。此方法制备的钼粉，其BET平均粒度为0.1μm，且粉末具有良好的烧结性能。该方法以仲钼酸铵（APM）为原料，其还原过程机理如下。

氯化铵加热时很容易分解：

$$NH_4Cl \longrightarrow HCl + NH_3$$

同时APM分解成氧化钼：

$$3(NH_4)_2O \cdot 7MoO_3 \cdot 4H_2O \longrightarrow 6NH_3 + 7MoO_3 + 7H_2O \tag{7-28}$$

MoO_3 即刻和HCl反应：

$$7MoO_3 + 14HCl \longrightarrow 7MoO_2Cl_2 + 7H_2O \tag{7-29}$$

然后，MoO_2Cl_2 被氢气还原为超细钼粉：

$$7MoO_2Cl_2 + 21H_2 \longrightarrow 7Mo + 14H_2O + 14HCl$$

由以上可知，NH_4Cl 起到催化剂的作用，在还原过程中，NH_4Cl 完全挥发。总反应式为：

$$NH_4Cl + 3(NH_4)_2O \cdot 7MoO_4 \cdot 4H_2O + 21H_2 \longrightarrow HCl + 7NH_3 + 28H_2O + 7Mo \tag{7-30}$$

7.6.2.3 钼纳米粉末的制备

与其他纳米粉末一样，由于具有量子尺寸效应和表面效应等十分独特的物理特性，因此纳米粉末具有更广阔的应用领域，纳米粉末及制备技术一直是当代材料科学高科技发展的前沿，同样纳米钼粉也不例外。近年来，研究不仅仅局限于超细钼粉的制备，而且直接突破了纳米级钼粉的生产制备，这样大大地推动了钼产品的研究。目前，报道的纳米钼粉的制备方法主要为微波等离子法。微波等离子法是利用羟基热解的原理制取钼粉的。采用最新研制出的微波等离子装置，该装置利用高频电磁振荡微波击穿反应气体，形成高温微波等离子体，与其他等离子方法相比，它具有恒定的温度场，不会因反应体或原料的引入而发生等离子火焰的淆乱。同时，该装置具有将生成的CO立即排走以及使产生的Mo迅速冷凝进入到收集装置的优点，所以较羟基热解法能制备出粒度更小的纳米钼粉。同样，该法以羟基钼为原料，$Mo(CO)_6$ 在 N_2 等离子体气氛下热解产生粒度均匀一致的纳米级钼粉，一步就可制得平均粒径在50nm以下的钼粉，单颗粒近似球形；同时，该种粉末在常温下空气中的稳定性很好，因而此种纳米钼粉可广泛应用。

此外，电脉冲放电作为一种发展成熟的电脉冲技术，已成功地应用在纳米粉末的制备上。研究发现，放电过程出现在电流达到最大值10kA左右，脉冲长度约为20μs，脉冲能约为80J。在氩气、氧气、氮气中，通过金属脉冲放电可以合成纳米钼粉等金属、金属氧化物、金属氮化物的纳米粉末。这种典型的粉末制备法所得到的粉末粒度范围在20～70nm间。国外有公司用纯氢还原 $MoCl_5$ 或 $MoCl_6$ 制得的钼粉粒度为1～5nm和1～50nm，总杂质含量小于500mg/kg和200mg/kg的钼粉。

另外，美国与日本研究了用机械合金化的方法制取催化剂所需的Ni～Mo合金纳米微晶结构粉末，平均粒度小于10nm。这种粉末活性异常高，可大大提高催化剂的催化效果。

7.6.2.4 高纯钼粉的制备方法

高纯钼粉主要用于对纯度具有特殊要求的材料加工，如半导体相关材料、高新技术材料、火箭喷嘴等。制备方法与其他钼粉制备技术原理相同，区别在于制备原料必须以化学净化法、离子交换精制法、蒸气分馏精制法等获得的高纯三氧化钼、二氧化钼、钼酸铵、氯化钼为原料，采用相应的还原工艺，可获得不同要求的高纯钼粉。

此外，以金属废料、钼酸钙铝热还原或硫化钼铝热还原得到的粗金属钼作可溶性阳极，采用氯化物熔盐电解精炼法，对除去非金属杂质和大多数金属杂质有相当好的效果，产品为树枝状的钼粉，纯度可达99.95%以上。

日本一家公司研究出一种从三氧化钼中分离钨，制取高纯钼粉的新方法，以满足钼溅射靶材对原料纯度越来越高的要求。在一般的纯钼粉中，含有100～200mg/g的钨，这种钼原料中的钨的去除非常困难，虽然实验室中有一些净化方法，但未能用于工业生产。新方法容易分离三氧化钼中的钨，并能进一步清除其他杂质。这种新方法是：用无机酸调节含钨的钼酸铵溶液至酸性（pH值为2.5～4.5），使钼酸铵结晶首先析出，与氧化钼中的钨分离。采用这种方法，能使钼氧化物中钨的含量降至10mg/kg以下，其他杂质的含量也大大减少，从而提高钼粉的质量，同时容易实现工业化生产，降低生产成本。

日本东京钨公司推出两种纯钼粉制备新方法，第一种：将 MoO_2 卤化，然后在500℃下热处理以挥发掉 MoO_2 中掺杂的微量杂质，最后用水解法排除可溶性金属卤化物（如 $CuCl_2$ 等），制出的钼粉为高纯级。第二种：将 MoO_3 溶解于氨水溶液中，与含铁离子的溶液混合生成氢氧化物及 U、Th 的沉淀物，分离后反复氧化水解和水洗处理，使碱金属、重金属及 U、Th 含量显著降低。经提纯后所得钼酸铵进行两段氢还原，可制备出高纯钼粉。

7.7　高纯钒

7.7.1　金属钒概述

7.7.1.1　金属钒的性质

钒（V）是银白色金属，原子序数为23，相对原子质量为50.94，在元素周期表中属 V_B 族，体心立方晶体，常见化合价为 +2、+3、+4 和 +5。钒属稀有高熔点金属，熔点为（1700 ± 20）℃，沸点达 3000 ~ 3400℃，具有银白色金属光泽，20℃时密度为 6.1 g/cm^3，是一种较轻的金属，在一定温度下具有弹性和延展性，属不良导体。由于钒 *N* 层上有 2 个价电子，*M* 层上有 3 个价电子，因此可以构成不同的原子价，最高化合价为 +5。在已知各种钒化合物中，钒可以是 -1、0、+2、+3、+4 和 +5 价，其中以 +4 和 +5 价化合物最为稳定。5 价钒是一种强氧化剂，其他价态钒具有还原性。V^{4+} 是最稳定的氧化状态，几乎所有 V^{4+} 复合物都来源于 VO_2。大多数这种复合物均为阳性，呈氧化状态的钒形成大量 5 或 6 个配位价的复合物，如在原油中的氧钒乙酰丙酮和氧钒生物碱。

钒化合物多带有不同的颜色特征，5 价钒化合物常呈褐色或红色，4 价、3 价和 2 价钒化物分别呈蓝、绿和紫色。自然界中常见的钒化合物有五氧化二钒（V_2O_5）、三氧化二钒（V_2O_3）、偏钒酸铵（NH_4VO_3）和三氯化钒（VCl_3）。钒化合物的水溶性均较差，其中氯化钒和氯氧钒的沸点较低。钒也能与有机化合物发生反应，生成通常并不稳定的有机金属化合物。

7.7.1.2　高纯钒的用途

高纯钒是指纯度在 3N ~ 6N 之间的金属钒，其主要用途是：宇航机、航空机、原子能关联设备、高张力合金零部件加工、喷气发动机、电动机特殊零部件加工、飞机等起降轮架加工、各种特殊钢加工用原料、各种试验合金用原料、非晶态金属加工；在冶金工业中，由于其抗腐蚀性好，还保持有很高的导电性，被用来制造高速轴承和海底电缆等；也用于高强度刃具加工：金刚石切割刀、金刚石玻璃刀、筑路用金刚石切缝机等；还用于各种触媒、电子产品零部件加工、各种试剂、分析标准试药、还原剂等。

作为一种新兴材料日益被重视，金属钒是原子能、火箭、导弹、航空、宇宙航行以及冶金工业中不可缺少的宝贵材料；同时是原子能工业之宝，在原子反应堆里，由于其熔点高，特别能耐高温，是反应堆里中子反射层最好材料。表 7-14 列出了钒的一些具体应用范围。

表 7-14　钒的应用范围

应用领域	占总量比例/%	主要用途	使用产品
碳素钢	25	钢　筋	FeV
HSLA 钢	25	建筑，石油管道	FeV
高合金钢	20	铸件，石油管配件	FeV
工具钢	15	高速工具钢，耐磨件	FeV（80% V）
钛合金	10	喷气式发动机零件，飞行器机体	V-Al 基合金
化学制品	5	硫酸和顺丁烯二酸酐生产	V_2O_5 和其他钒化合物

7.7.2 高纯钒的制备

生产高纯钒的方法各式各样，新的方法也不断出现，主要有钙热还原法、氯化物镁热还原法与真空碳热还原法，同时还有采用电子束悬浮区域熔炼、真空熔炼提纯钒、改进的铝还原法等方法。目前我国工业规模生产高纯钒主要采用熔盐电解法，国外很多公司则采用电子束熔炼法和等离子枪熔炼法等。

7.7.2.1 熔盐电解精炼法

钒不适宜进行水溶液电解精炼，而只有采用熔盐电解精炼。熔盐电解精炼法可以用脆性钒作原料来大规模生产高纯钒，由于熔盐电解温度低于钒的熔点，因此得到树枝状的电解沉积钒。

在高温电解质中，粗钒在阳极发生氧化反应形成钒阳离子，阴极发生钒阳离子的还原反应生成精钒。阳极采用纯 V_2O_5 碳热还原得到的粗钒（V 90% ~95%）、V_2O_5 铝还原的钒铝合金或不合格的电解钒返回料。电解质采用烘烤脱水后组成为 $w_{KCl}:w_{LiCl}:w_{VCl_2}=47:37:16$ 的混合物，温度范围为600 ~800℃，电解电压为0.3 ~0.8V。阴极电流密度为0.4 ~0.6A/cm²，阴极电解时间为15 ~20h，阴极棒为 ϕ6 ~1000mm 钼棒。阳极原料装入量与电解质质量之比为10：1 。钒电解精炼在密闭电解槽内、氩气气氛下进行，电解前多次抽空-充氩，以排除罐内残留的空气。

影响高纯钒质量的因素：

（1）坩埚材质。不同坩埚材质对电解生成的钒品质影响不同，用石英坩埚得到的电解钒质量最高，镍坩埚次之。

（2）阳极材料。由返回料精炼得到的电解钒品质低，用粗钒和钒铝两种原料精炼效果相当。

（3）电解精炼温度。温度对电解钒品质、氧及铁两杂质的含量有很大影响。精炼温度低于700℃为宜，电解温度提高，杂质含量显著提高，电解钒的品质则相应降低。

（4）阳极原料提取率。当阳极提取率高于40%后，铁含量升高，铬含量稍有下降，氧含量几乎不变，电解钒品质逐渐降低。

运用此方法经多次电解精炼能够得到3N以上的金属钒。

7.7.2.2 真空熔炼提纯钒

国外学者研究了能生产千克级的、纯度达到99.9%以上纯钒生产工艺。用过量高纯铝还原五氧化二钒得到钒铝合金，再在6MPa 真空度下把合金加热到1700℃，并保持8h，以除去其中的铝而得到海绵钒。海绵钒压成锭后再用电子束熔炼进一步除去其中的杂质铝、氧、铁及其他挥发性杂质。或者将铝还原得到的合金用稀硝酸清洗后破碎成小块，装入钽坩埚中真空脱铝。为避免钽进入钒中，严格控制脱铝温度不高于1820℃，以免钒与钽形成合金固溶体。脱铝时合金失重，脱铝后的海绵钒压块后在10kg 电子束炉内重熔，熔炼速度为25g/min。

7.7.2.3 碘化物热离解提纯法

用碘化物热离解可使粗钒精炼成高纯钒。碘化物热离解法提纯钒是基于以下原理：粗钒中的钒在800 ~900℃温度下与碘蒸气反应生成 VI_2，接着蒸气加热到1000 ~1400℃，在钨丝和钒丝上分解，生成钒，释放出 I_2，在这个过程中粗钒中的氧、氮、碳等杂质即使与碘蒸气反应，但由于很稳定而不会在1000～1400℃下分解。正常情况下，热分解精炼一次需要24h，所得沉积钒棒重约为150g。

这种精炼方法除非金属杂质的效果较好，但除金属杂质的效果欠佳。通过碘化物热离解虽可制得纯度较高的钒，但由于这种方法的生产效率很低，因此没有得到广泛应用，仅用于制取少量供性能测试之用的高纯钒。

7.7.2.4　改进的铝还原法

氧化钒的铝还原可用下列顺序发生的反应表示：

$$3V_2O_5 + 2Al \longrightarrow 3V_2O_4 + Al_2O_3 \tag{7-31}$$

$$3V_2O_4 + 2Al \longrightarrow 3V_2O_3 + Al_2O_3 \tag{7-32}$$

$$3V_2O_3 + 2Al \longrightarrow 6VO + Al_2O_3 \tag{7-33}$$

$$3VO + 2Al \longrightarrow 3V + Al_2O_3 \tag{7-34}$$

上述四个反应的ΔG均较大，均为强放热反应，有利于反应的进行。美国泰勒丹-华昌奥尔巴尼公司和德国电冶金公司均用铝还原法进行工业生产。这一方法设备简单，易于操作，但得到的钒纯度不高。

很多人研究改进的铝还原法：在还原条件下加热混合物而形成含有铁、硅和一种过量氧的钒铝合金，然后在减压下加热合金到足以蒸发铝和铁的温度，并且使合金中的氧与硅反应而形成SiO_2，使其从金属中蒸发出去，从而除去硅而形成含氧的高纯钒金属，接着在钙金属存在的情况下加热含氧的钒金属到一定温度并保持一段足够的时间，使氧从金属中扩散出来并与钙反应生成氧化钙，从而除去钒中的氧，形成低硅高纯钒金属。

各种制备高纯钒的方法各有其优缺点，现在的工业生产往往采用一种方法反复精炼，或者多种方法配合使用达到除去杂质提纯金属的目的。

7.8　高纯铌

7.8.1　金属铌概述

7.8.1.1　金属铌的性质

铌（Nb），原子序数41，相对原子质量为93，属周期系V_B族。铌是灰白色金属，熔点为2468℃，沸点为4742℃，密度为8.57g/cm^3。铌的氧化态为－1、＋2、＋3、＋4和＋5，其中以＋5价化合物最稳定。金属铌在许多矿物酸及其水溶液中都具有良好的化学稳定性。在常温或100～150℃的温度下，任何浓度的盐酸、硫酸、硝酸、磷酸和有机酸等均不能侵蚀铌。在王水中，由于能够生成保护性氧化物薄膜，因此也具有抗腐蚀性能。铌对某些液态金属的抗腐蚀性能也比较好。但是，铌可以溶解于氢氟酸溶液中，在热的氢氟酸和硝酸混合液中溶解尤为激烈。

铌金属的重要性质之一是能吸收氢、氧、氮及其他气体，并形成相应的固溶体和化合物。微量的这些元素杂质对金属铌的力学性能和电性能都有很大的影响。

铌在常温下是稳定的，加热到200～300℃以上开始氧化，高于500℃时，金属铌迅速氧化成Nb_2O_5。在较低的温度下，铌能溶解大量的氢，但低温下吸氢速度比较缓慢。当温度达到360℃时，吸氢的速度最大，生成铌的氢化物。铌吸氢后性能变脆，但是在600℃

以上在真空中加热，金属中的氢又可全部放出，并恢复金属的原有性能。

铌是一种坚韧、可塑、银灰色的难熔金属，目前铌主要用作钢的添加剂，只有少量是以各种高纯铌和合金基体的形式应用的。近年来由于铌的超导性，使其成为高能物理研究所用的材料，广泛用来制作超导微波腔体、射频器，并且因其热导率与纯度成正比，所以提高 Nb 的纯度是相当有用的。近年对高纯铌制备技术研究较多的是美国、日本和德国，特别是美国 TWCA 公司几十年来一直致力于高纯铌实用化研究，使其相对电阻率（*RRR*）值从 20 增加到 300，且每年都有数千磅（1lb = 0.454kg）产品提供给用户。德国的 Max-Plank 金属研究所的高纯铌研究水平已达 $RRR > 10^4$，是世界上最纯的铌。

7.8.1.2 高纯铌的应用

铌在功能材料中的应用大致可分为超导材料、原子能结构材料和超耐热合金。现在应用的纯铌和铌合金按其功能材料分类见表 7-15，铌具有耐热性、耐腐蚀、热传导性能优良等特点。

表 7-15 金属铌和铌合金的功能、用途

形 态	功 能	用 途
纯 铌	耐腐蚀	电解用电极
高纯铌	超导（结构材）	超导微波共鸣加速器、空腔体
铌 铁	高强度、高韧性、耐腐蚀	钢铁添加剂、不锈钢、工具钢
Nb-Ti 系合金	超传导性（线材）	粒子加速器、磁浮列车
	高强度、加工性优良	CT 诊断装置、飞机铆钉
Nb_3Sn 化合物	超传导性（线材）	超导磁电机、核磁共振装置
Nb-Zr 系合金	耐热性、化学性能稳定	高压 Na 灯套管
Nb-Ta 系合金	耐腐蚀	化学装置
Nb-W 系合金	高温强度优良	航空发动机
Nb-Hf-Ti 系合金	加工性、高强度	航空、宇宙飞船发动机

铌以前主要用作各种合金的添加剂元素，科学技术的发展要求开发适用于尖端领域的材料，高纯铌的新用途正在开发。纯铌的临界温度虽然没有 Nb-Ti 合金和 Nb_2Sn、Nb_3Ga 等化合物超导体的临界温度高，但作为功能材料铌是本身具有超导特性的最有价值金属，其特性在超导体结构材料中有新的用途。1983 年世界著名的铌生产厂家 WCH 公司为了适应超导结构材料的发展，开始生产剩余电阻率 100 以上的铌棒、铌管和铌板，用于高能粒子加速物理学领域的粒子加速用空腔体。电子加速每米需数百万伏特的电压梯度，以前加速器空腔体用的是 Cu 材料，而铌材加速器比铜材加速器能量损失少，所以开发了高纯铌材加速器。用超导材料铌作加速器壁材，高频电阻小，能够起到防止高频损失的作用。制作加速器空腔材料，除考虑超导性能外，还必须具有良好的力学性能，高纯铌深冲加工制成半壳体，把多段半壳体焊接制成加速器空腔。

有学者调查了世界各国超导粒子加速器的制作状况，推测超导粒子加速器用高纯铌的消耗量大，20 世纪 90 年代年需求高纯铌达 30t。更高性能的粒子加速器空腔体也在研究中，Cu-Sn 合金和 Nb 表面包覆 Nb_3Sn 化合物试剂的微波加速器具有比 Nb 更高的临界温度，在同一温度下表面电阻小。在加速器领域中 Nb 显示了特殊的自身超导功能，铌的新用途随着高纯化进展逐步扩大，而且高纯铌具有耐热、耐腐蚀等优良性能，在原子结构材料领域中是除 Ta 之外最好的首选材料。

7.8.2　高纯铌的制备

高纯铌生产一般都是首先设法将 Nb_2O_5 还原成粗铌，再经电子束熔炼进一步提纯。一般而言，粗铌中的挥发性元素（如 Al、Fe、碱金属等）易在电子束熔炼过程中除去，但不易挥发的元素（如 Ta、W）及间隙元素（C、N、H、O）则不易除净，因而必须在电子束熔炼前的提取冶金过程中或电子束熔炼后的精炼过程中（如电解）除去。因此人们围绕 Ta、W、Mo 及 C、N、H、O 的脱净开展了大量工作，并已成功地开发了许多卓有成效的方法。

有学者总结了一个制备超纯 Nb 的方法：首先用 K_2NbF_7 的碱性氟化物熔体进行二次电解精炼，然后再超高真空退火和脱碳。用这个工艺可得到含 Ta 不大于 $0.4\times10^{-4}\%$，W 不大于 $10^{-6}\%$，挥发性元素浓度为 $10^{-6}\%\sim10^{-7}\%$，间隙杂质浓度远低于 $10^{-4}\%$，使 Nb 的纯度达到 7N。

有学者提出一般工业生产高纯铌的生产流程：$Ta_2O_5 + Nb_2O_5$ 混合矿—提取—分离纯化—铝热还原 Nb_2O_5—电子束熔炼—轧制—退火。

要有效去除 Nb 中各种有害杂质，必须充分考虑杂质的行为和选择有效的脱除手段，充分利用不同阶段的不同除杂机理进行提纯，不要过分依赖某一种机理。

无论是铝热法、碳热法、氮化物中间产物还原法还是熔盐电解法所制得铌的纯度均有限，一般为 2N ~3N。若要制取更高浓度的铌，必须用物理方法精制。这些方法包括高温真空烧结、电子束熔炼、电子束悬浮区域熔炼、超高真空退火以及有希望的新型物理精炼方法：固相电解、激光电解、非接触冷坩埚浮熔法等。

7.8.2.1　真空烧结提纯铌

真空烧结法提纯铌是在 10^{-6}kPa 的真空中，把粗铌加热到 2570K 就能通过真空烧结有效除杂。其原理就是在高温真空条件下，许多杂质（如 Fe、Na、K）易挥发除去，N、H 则由简单分解并脱气除去，其他 C、O、Al、S、Ti 则通过较复杂的脱氧过程去除。

真空烧结过程中，随着温度的升高，一次发生各种精炼反应。在 400 ~900℃之间主要进行脱氢过程，1100 ~1600℃则发生碱金属杂质的挥发以及碳与氧开始作用生成 CO 逸出，硅与氧生成硅氧化物逸出；到 1900℃时脱氧、碳的反应迅速进行，同时以固溶体形态存在的氮也开始析出；2000℃时迅速进行铌的低价氧化物挥发以及铁、铝、钛等杂质的挥发，与此同时进行铌的收缩和致密化；2600℃保温 4h 后上述物理过程基本完成。

这种方法由于提纯效果不是很好，现在很少应用。

7.8.2.2　电子束熔炼工艺提纯铌

电子束熔炼工艺（EBM）是目前获得高纯难熔金属的唯一工业化生产手段，也是大批量提供高纯铌的经济、有效的方法。但是这种精炼工艺对 Ta、W 的去除效果极差，因此要求原料中 Ta、W 含量不能高。

电子束熔炼的原理是利用在主金属处于熔化状态下，各种杂质与主金属重新实现气-液平衡，这种气-液平衡的重新实现取决于熔炼时间，而熔炼时间又由三个部分决定，即杂质由熔体向界面扩散、杂质由熔体表面蒸发和容器内杂质向熔体反扩散。要实现这些平衡需要时间，一般时间越长越好，但此时主金属的损失将增多。因此，用电子束熔炼工艺提纯铌时，应综合考虑杂质的去除及主金属的损失。对于间隙杂质在电子束熔炼过程中的脱除是按下列反应进行的，且间隙杂质的除去与电子束熔炼的次数有关。一般熔炼的次数越多，去除的效果越好。

$$\mathrm{Nb(O)} \longrightarrow \mathrm{NbO(g)} \tag{7-35}$$

$$\mathrm{Nb(O)} + \mathrm{Nb(C)} \longrightarrow 2\mathrm{Nb} + \mathrm{CO(g)} \tag{7-36}$$

$$2\mathrm{Nb(O)} + \mathrm{Nb(C)} \longrightarrow 3\mathrm{Nb} + \mathrm{CO_2(g)} \tag{7-37}$$

$$2\mathrm{Nb(C)} + \mathrm{O_2(g)} \longrightarrow 2\mathrm{Nb} + 2\mathrm{CO(g)} \tag{7-38}$$

$$\mathrm{Nb(C)} + \mathrm{O_2(g)} \longrightarrow \mathrm{Nb} + \mathrm{CO_2(g)} \tag{7-39}$$

$$\mathrm{Nb(O)} + \mathrm{C} \longrightarrow \mathrm{Nb} + \mathrm{CO(g)} \tag{7-40}$$

$$\mathrm{Nb(N)_C} \longrightarrow \mathrm{Nb} + \mathrm{N_2}(\text{解吸}) \tag{7-41}$$

$$\mathrm{Nb(H)_C} \longrightarrow \mathrm{Nb} + \mathrm{H_2}(\text{解吸}) \tag{7-42}$$

有学者为了了解电子束熔炼工艺对 Ta、W 的去除效果，对比了以电解铌和一粗铌为原料进行电子束熔炼提纯的结果，发现电子束熔炼对粗铌的提纯率仅 16.7%，而对电解铌的提纯率达 99.1%。尽管如此，电子束熔炼工艺对除 Ta、W、Mo 外的杂质仍有很好的提纯效果。因此，美国 TWCA 公司已成功地利用电子束熔炼技术生产了工业规模纯铌锭，它是用铝热还原的铌作原料进行电子束熔炼提纯，其纯锭尺寸能达 ϕ(0.16cm × 254cm)(4in × 100in)，其 *RRR* 值在 200 ~ 300 之间，但 TWCA 公司高纯铌中 Ta 的含量相当高，目前工业使用的高纯铌，一般就是指 TWCA 公司用电子束熔炼法生产的，质量要求也与它相差无几。

7.8.2.3 电子束悬浮区域熔炼提纯铌

众所周知，在铌的提纯精炼中，电子束悬浮区域熔炼（EBFZM）工艺实际上只起了很小的作用，它提纯的主要机理是金属杂质的挥发和气体杂质的良好脱除。在进行铌的电子束悬浮区域熔炼时，真空度相当高，一般达 10^{-5} Pa。区域速度也相当慢，约在 16 ~ 25μm/s 之间，在电解过程中富集 Fe、Al、Cr、Co 可在熔炼过程中大量挥发除去。

但是电子束悬浮区域熔炼也有与电子束熔炼一样的缺点，这就是 Ta、W 去除不佳，甚至增加。为此，在进行电子束悬浮区域熔炼工艺提纯之前，也应先除去原料中的 Ta 和 W。另外电子束悬浮区域熔炼工艺对间隙杂质的去除效果不如预想的那样好。可能是电子束悬浮区域熔炼工艺的熔融区是在一个小空间里形成，周围是 Ta 或 Hf 的屏蔽环，在此条件下肯定存在着主金属 Nb 蒸发而形成的 Nb 原子保护层，它可能不与真空环境中的残留气体分子发生相互作用，虽然熔融区的脱气动力学和热力学条件较固态区优越，但固态区在脱气后呈现最低的气体含量将取决于加热铌条和残留气体间的相互作用程度。通常，采用电子束悬浮区域熔炼时，残留气体分压太高（$>10^{-6}$Pa），以致不能把间隙杂质含量降到 1×10^{-4}% 以下。因此，经电子束悬浮区域熔炼工艺处理后的高纯铌，若对间隙杂质有更高要求，最好再进行超高真空退火除气。

7.8.2.4 高纯铌的超高纯真空退火除气

早期的高纯铌制备都是采用电子束熔炼和电子束悬浮区域熔炼法，因为那时无论对于铌和残余活性气体在高真空的反应热力学和动力学，还是对于电子束熔炼或电子束悬浮区域熔炼过程中金属杂质的行为都没有很好地了解。后来人们对铌和气体在高温低压（≤10^{-4}Pa）下的反应进行了研究，并改善了超高真空技术，使气体浓度得以有效降低。而且现在人们已认识到那些易挥发杂质很容易在电子束熔炼或电子束悬浮区域熔炼过程中除去，对高纯铌的 *RRR* 值影响较大的是 C、N、H、O 和一些不易挥发的杂质。

有人在 Nb 的电子束悬浮区域熔炼过程中尝试了通氧脱碳试验，此试验是在氧分压为 $1.33\times10^{-3}\sim1.33\times10^{-4}$Pa 下进行的，结果使 C 含量由 $5.1\times10^{-3}\%$ 降到 $9\times10^{-4}\%$。也有人尝试了添加钇板作吸气剂来提高脱气效果。总之，超高真空蒸馏工艺的关键是真空度，在一定退火温度下，提高退火最终真空度，将使 Nb 的 *RRR* 值提高很多（见表 7-16）。

表 7-16　退火最终真空度对 *RRR* 值的影响（$T=2300$℃）

最终压力/Pa	6.27×10^{-6}	4.53×10^{-6}	3.60×10^{-6}	7.06×10^{-7}
RRR 值	10000	35000	50000	80000

德国 Max-Plank 研究所设计了一个超纯铌制备工艺流程，在这个流程中，充分考虑了超高真空蒸馏工艺对间隙杂质的脱除作用，并将其设置在最后一个工序：电子束熔炼→电解精炼→超高真空电子束熔炼→超高真空电子束悬浮区域熔炼→超高真空蒸馏，其中超高真空为 10^{-8}Pa，此工艺高纯 Nb 的 *RRR* 为 10^4 以上，C、O、N 含量均小于 $10^{-4}\%$。

7.8.2.5　新型的物理精炼工艺

至今高纯 Nb 精炼手段仍是电子束熔炼或电子束悬浮区域熔炼和超高真空蒸馏工艺，而对诸如激光精炼、固相电解、非接触冷坩埚浮熔法三种新型物理精炼应用于 Nb 的提纯少有报道。

这三种新方法进行极高纯度 Nb 的精炼是可行的，在此简单介绍这些方法。

A　激光精炼工艺

开发和应用激光精炼（LMP）工艺最早的是日本，其原理是用电子束使真空室内的待提纯金属蒸发，然后用一待定波长的激光束照射金属蒸气，使其选择性激发并离子化，再将其捕集分离在电极上，从而达到提纯分离的目的。目前日本已用此法将原料蒸气相组成为：Pr 与 Nb 的蒸气压之比为 1/100 的 Nb 经激光精炼成 Pr/Nd = 1/100000，可见其提纯效果相当显著，达 99.90%。此法对 Nb 中那些平衡常数与 Nb 相近的杂质元素的脱除有很大吸引力，比如提纯 W 和 Ta。

B　固相电解精炼

以往物理的、化学的精炼方法均是借助于杂质元素在液-液、液-固、气-液间不同的平衡系数来达到重新分配、重新实现平衡来提纯的。而固相电解法则是一种崭新原理的应用，它不是杂质的重新分配，而是迁移。其原理是将待纯化原料细棒置于超高真空或惰性气氛下，将数百安的直流电通过棒状试样，在电场作用下，引起金属晶格内的杂质元素离子发生迁移率比构成晶格的金属原子的迁移率大 100 倍，因此固相电解能把 C、N、H、O 的浓度降低到一个新的极限值，日本已用此法制得了 O、N 含量极低的高纯 Gd，其原料中 O 为 $1.05\times10^{-4}\%$，N 为 $3\times10^{-4}\%$。因此，此法也必将对降低 Nb 中间隙杂质作出贡献。

C　非接触冷坩埚精炼

非接触冷坩埚精炼是因材料的污染而发展起来的。它由弓形块组成冷坩埚，由两组频率不同的感应线圈提供熔炼所需能量，上部高频线圈用于预热，下部低频线圈用于浮熔。

此法的提纯机理和提纯水平类似于电子束熔炼工艺，比固相电解和激光精炼工艺成熟，是提纯 Nb 的一个新的手段。

7.9　高纯稀土材料

7.9.1　稀土金属概述

稀土元素又称稀土金属，为第$Ⅲ_B$族中的钪、钇和镧系元素的总称。镧(La)、铈(Ce)、镨(Pr)、钕(Nd)、钷(Pm)、钐(Sm)、铕(Eu)、钆(Gd)、铽(Tb)、镝(Dy)、钬(Ho)、铒(Er)、铥(Tm)、镱(Yb)、镥(Lu)以及与镧系的15个元素密切相关的两个元素——钪(Sc)和钇(Y)共17种元素，称为稀土元素（Rare Earth），简称稀土（RE）。其中钷是人工放射性元素，其余的常以微量共同存在于独居石和钪钇等矿石中。稀土元素都是具有银白色光泽的金属，质软。它们的化学性质很活泼，也很相似，化合价一般是+3价；能与热水作用产生氢（钪除外），并易溶于稀酸；能形成稳定的配合物，也能形成微溶于水的草酸盐、氟化物、碳酸盐、磷酸盐和氢氧化物等。大多数稀土金属呈现顺磁性，钆在0℃时比铁具更强的铁磁性，铽、镝、钬、铒等在低温下也呈现铁磁性。镧、铈的低熔点和钐、铕、镱的高蒸气压表现出稀土金属的物理性质有极大差异。钐、铕、钇的热中子吸收截面比广泛用于核反应堆控制材料的镉、硼还大。稀土金属具有可塑性，以钐和镱为最好。除镱外，钇组稀土较铈组稀土具有更高的硬度。

7.9.2　稀土材料应用现状

稀土元素独特的电子层结构及物理化学性质决定了稀土元素的广泛应用性。稀土金属已广泛应用于电子、石油化工、冶金、机械、能源、轻工、环境保护、农业等领域。应用稀土可生产荧光材料、稀土金属氢化物电池材料、电光源材料、永磁材料、储氢材料、催化材料、精密陶瓷材料、激光材料、超导材料、磁致伸缩材料、磁致冷材料、磁光存储材料、光导纤维材料等。我国稀土金属应用情况见表7-17。

表7-17　1996～2006年我国稀土（REO）消费量及消费结构

年　份	冶金/机械		石油/化工		玻璃/陶瓷		新材料(永磁/荧光灯)		农业/轻工/纺织	
	消费量/t	比例/%	消费量/t	比例/%	消费量/t	比例/%	消费量/t	比例/%	消费量/t	比例/%
1996	4950	34.1	3500	24.1	4100	9.6	1600	11.0	2680	21.2
1997	4960	32.9	3710	24.6	1540	10.2	1850	12.3	3010	20.1
1998	5050	30.6	4000	24.2	1650	10.0	2830	17.1	3010	18.1
1999	5100	28.8	4200	23.7	1800	10.2	3520	19.8	3100	17.5
2000	5200	27.0	4300	22.3	2000	10.4	4620	24.0	3150	16.3
2001	5500	24.3	4500	20.0	2900	12.8	6300	27.9	3400	15.0
2002	5400	24.5	4500	21.5	2800	12.7	6000	27.3	3300	15.0
2003	5410	18.3	4935	17.0	6000	20.3	10000	34.0	3155	10.7
2004	5000	14.97	4000	11.97	6200	18.56	15900	34.0	2300	6.9
2005	9378	18.8	6000	11.6	6500	12.5	24662	47.5	5000	9.6
2006	10085	16.1	6800	10.8	7606	12.1	30701	48.9	7600	12.1

我国拥有丰富的稀土矿产资源，成矿条件优越，堪称得天独厚，探明的储量居世界之首，为发展我国稀土工业提供了坚实的基础。

目前稀土元素的应用蓬勃发展，已扩展到科学技术的各个方面，尤其现代一些新型功能性材料的研制和应用，稀土元素已成为不可缺少的原料。使用稀土的传统材料和新材料已深入到国民经济和现代科学技术的各个领域，并有力地促进了这些领域的发展。

7.9.2.1　在传统产业领域中的应用

稀土在传统产业领域的应用主要有：

（1）农业领域。目前发展有稀土农学、稀土土壤学、稀土植物生理学、稀土卫生毒理学和稀土微量分析学等学科。稀土作为植物的生长、生理调节剂，对农作物具有增产、改善品质和抗逆性三大特征；同时稀土金属是低毒物质，对人畜无害，对环境无污染。合理使用稀土，可使农作物增强抗旱、抗涝和抗倒伏能力。当前我国农田施用稀土为国家增产粮、棉、豆、油、糖等 6 亿 ~ 8 亿 kg，直接经济效益为 10 亿 ~ 15 亿元，年消费稀土 1100 ~ 1200t。

（2）冶金工业领域。稀土在冶金工业中应用量很大，约占稀土总用量的 1/3。稀土元素容易与氧和硫生成高熔点且在高温下塑性很小的氧化物、硫化物以及硫氧化合物等，钢水中加入稀土，可起脱硫、脱氧、改变夹杂物形态作用，改善钢的常低温韧性、断裂性、减少某些钢的热脆性并能改善加热工性和焊接件的牢固性。

稀土在铸铁中作为石墨球化剂、形核剂和对有害元素的控制剂，提高了铸件质量，对铸件的力学性能有很大改善，主要用于钢锭模、轧锟、铸管和异型件四个方面。

在有色合金方面应用，对以有色金属为基的各种合金都有良好的作用，改善合金的物理和力学性能，应用最多的是铝、镁、铜三个系列。

（3）石油化工领域。稀土用于石油裂化工业中的稀土分子筛裂化催化剂，特点是活性高、选择性好、汽油的生产率高。稀土在这方面的用量很大。

（4）玻璃工业领域。稀土用于玻璃着色、玻璃脱色和制备特种性能的玻璃。用于玻璃着色的稀土氧化物有钕玻璃（粉红色并带有紫色光泽）、镨玻璃（绿色，制造滤光片）等。二氧化铈可将玻璃中呈黄绿色的二价铁氧化为三价而脱色，避免了过去使用砷氧化物的毒性，还可以加入氧化钕进行物理脱色。稀土特种玻璃如铈玻璃（防辐射玻璃）、镧玻璃（光学玻璃）。

（5）陶瓷工业领域。稀土可以加入陶瓷和瓷釉之中，减少陶瓷和釉的破裂并使其具有光泽。稀土更主要用作陶瓷的颜料，由于稀土元素有未充满的 4*f* 电子，可以吸收或发射从紫外、可见到红外光区不同波长的光，发射每种光区的范围小，导致陶瓷的颜色更柔和、纯正、色调新颖、光洁度好，如黄色、紫罗兰色、绿色、桃红色、橙色、棕色、黑色等。稀土氧化物可以制造耐高温透明陶瓷（应用于激光等领域）和耐高温坩埚（用于冶金领域）。

（6）电光源工业领域。稀土作为荧光灯的发光材料，是节能性的光源，特点是光效好、光色好、寿命长，比白炽灯可节电 75% ~80%。

7.9.2.2　在高新技术产业中的应用

稀土在高新技术产业中的应用主要有以下几方面：

（1）显示器的发光材料。稀土元素中钇、铕是红色荧光粉的主要原料，广泛应用于彩色电视机、计算机及各种显示器。目前我国年产彩电红粉 300 ~ 400t，计算机显示器红粉 50 ~ 100t，以满足国产 3500 万支彩显管和近百万支显示器的需求。

（2）磁性材料。钕、钐、镨、镝等是制造现代超级永磁材料的主要原料，其磁性高出普通永磁材料 4 ~ 10 倍，广泛应用于电视机、电声、医疗设备、磁悬浮列车及军事工业等高新技术领域。

（3）储氢材料。稀土与过渡元素的金属间化合物 $MMNi_5$（MM 为混合稀土金属）和 $LaNi_5$ 是优良的吸氢材料，被称为氢海绵。其最为成功的应用是制造二次电池——金属氢化物电池，即镍氢电池。其等体积充电容量是目前广泛使用的镍镉电池的 2 倍，充放电循环寿命和输出电压与镍镉电池一样，但没有了镉污染。

（4）激光材料。稀土离子是固体激光材料和无机液体激光材料的最主要的激活剂，其中以掺 Nd^{3+} 的激光材料研究得最多，除钇铝石榴石（YAG）、铝酸钇（YAP）玻璃等基质外，高稀土浓度激光材料可能称为特殊应用的材料。

（5）精密陶瓷。氧化钇的性质稳定且性能优异，是一种优异的结构陶瓷材料，可制作各种特殊用途的刀剪；可以制作汽车发动机，因其具有高热导率、低线膨胀系数、热稳定性能好、在 1650℃ 下工作强度不降低，以致发动机具有马力大、省燃料等优点。

（6）催化剂。稀土除用于制造石油裂化催化剂外，广泛应用于很多化学反应，如稀土氧化物 LaO_3、Nd_2O_3 和 Sm_2O_3 用于环己烷脱氢制苯，用 $LaCoO_3$ 代替铂催化氧化氨制硝酸，并在合成异戊橡胶、顺丁橡胶的生产中作为催化剂。

汽车尾气需要将 H、C、CO 氧化，对 NO_x 进行还原处理，以解决目前城市空气污染问题。稀土元素是汽车尾气净化催化剂的主要原料。

（7）高温超导材料。近几年研究表明，许多单一稀土氧化物及其某些混合稀土氧化物是高温超导材料的重要原料。一旦高温超导材料进入实用，整个世界将起翻天覆地的变化。目前，我国在稀土超导材料的成材研究方面取得了有意义的突破。

7.9.3 稀土元素的分离和提纯

目前，除 Pm 以外的 16 个稀土元素都可提纯到 99.9999%（6N）的纯度。由稀土精矿分解后所得到的混合稀土化合物中，分离提取出单一纯稀土元素，在化学工艺上是比较复杂和困难的。其主要原因有两个：一是镧系元素之间的物理性质和化学性质十分相似，多数稀土离子半径居于相邻两元素之间，非常相近，在水溶液中都是稳定的三价态。稀土离子与水的亲和力大，因受水合物的保护，其化学性质非常相似，分离提纯极为困难。二是稀土精矿分解后所得到的混合稀土化合物中伴生的杂质元素较多（如铀、钍、铌、钽、钛、锆、铁、钙、硅、氟、磷等）。因此，在分离稀土元素的工艺流程中，不但要考虑这十几个化学性质极其相近的稀土元素之间的分离，而且还必须考虑稀土元素同伴生的杂质元素之间的分离。长期以来，人们使用的大都是混合稀土，只是近年来随着分离技术的发展，才可大量制得高纯单一稀土及其化合物，从而满足现代工业和科学技术发展的需要。

稀土元素的分离和纯化主要包括稀土与非稀土杂质的分离以及稀土元素之间的相互分离两方面。稀土杂质是指除主体稀土元素以外的其他稀土元素，稀土杂质含量的多少表示稀土元素分离程度的好坏，尽管现有的提纯方法对去除稀土杂质的效果较差，但可采用含稀土杂质极低的高纯稀土氧化物来制备稀土金属；非稀土杂质包括稀土元素以外的其他金属、废金属杂质，特别是 C、O、N、H 等杂质在金属中溶解度低，多以氧化物、氮化物、氢化物等形式存在，提纯有一定难度。

目前，稀土金属的分离提纯方法主要有真空蒸馏法、真空熔炼法、熔盐萃取法、电迁移法、区域熔炼法、电解精炼法、区熔—电迁移联合法、离子交换色层法、萃取色层法以及分步结晶、分步沉淀法等。稀土金属的提纯具有如下特点：

(1) 稀土性质活泼，易与金属和非金属杂质发生作用，因此提纯应在氩气或真空中进行，同时要选择适宜的坩埚和冷凝器。

(2) 任何一种提纯方法对去除稀土金属中稀土杂质的效果都较差，因而应选择稀土杂质尽量低的稀土金属作为被提纯的原料。

(3) 任何一种提纯方法只能去除稀土金属中的某些杂质，所以在选择提纯方法时要综合考虑杂质的种类和纯度要求等，必要时采用几种方法相结合。

7.9.3.1　真空蒸馏法

真空蒸馏法是制备高纯金属常用的方法，也是目前产业化较成功的方法之一。综合来看，该方法的生产效率和稀土金属收率较高，设备投资小，提纯效果明显，适宜于规模化生产。

A　基本原理

稀土金属的真空蒸馏提纯是利用某些稀土金属蒸气压高这一特性，在高温、高真空下蒸馏，使稀土金属与杂质分离，从而达到金属提纯的目的。蒸馏过程可以由升华或蒸发形式来完成，这取决于稀土金属的蒸气压与熔点之间的关系。若金属（如 Sm、Eu、Yb 等）在低于其熔点下的蒸气压较高，能够获得足够大的蒸馏速度，则可采用升华进行提纯；若需要把金属（如 Dy、Er 等）加热到其熔点之上才能使金属的蒸气压达到较高值，获得较高的蒸馏速度，则应采用蒸发提纯。

真空熔炼法提纯稀土去除杂质过程的蒸发温度是根据杂质的蒸气压而确定的，该种方法适用于中间合金法生产的稀土金属的提纯。因为中间合金法生产的稀土金属中镁或钙含量较高，而且其在稀土金属熔点下的蒸气压较高。在提高稀土金属纯度时，一般首先用真空熔炼法将其中的一些杂质去除，尤其在大量制备高纯稀土金属时，常常需要进行这一步处理。

稀土金属钪、钇、镧、铈、镨、钕、钆、铽、镥等在熔点下的蒸气压低于 13.3Pa，可用真空电弧炉、中频感应炉熔炼去除其中的易挥发杂质。钐、铕、镝、钬、铒这五种蒸气压较高的稀土金属可以在氩气气氛中进行电弧熔炼，但金属损失较大。钇、钆、铽、镥、钪、镝、钬、铒的真空熔炼温度分别约为 1850℃、1800℃、1750℃、1800℃、1550℃、1440℃、1480℃和 1540℃。表 7-18 为稀土金属蒸馏提纯分类。

表 7-18　稀土金属蒸馏提纯分类

稀土金属	熔点/℃	沸点/℃	蒸气压	蒸馏工艺条件
Sc、Dy、Ho、Er	高，1400 ~ 1540	较低，2560 ~ 2870	较高	接近熔点（约 1600℃）的温度下蒸馏
Y、Gd、Tb、Lu	较高，1310 ~ 1660	高，3200 ~ 3400	低	蒸馏温度较高（2000℃）
Sm、Eu、Tm、Yb	较低，820 ~ 1070，Tm 为 1545	低，1200 ~ 1950	高	熔点以下升华提纯，或在稍高于熔点下蒸馏
La、Ce、Pr、Nd	低，800 ~ 1000	高，3070 ~ 3460	低	约 2200℃下蒸馏，冷凝物为液态

B 应用实例

a 中间合金-真空蒸馏法制备高纯金属镝工艺

首先采用中间合金法制取海绵镝，然后将海绵镝装入钨坩埚内，在高温高真空钽片炉中，于1450℃、4×10^{-5}Pa下进行蒸馏，用钼冷凝器收集，得到的蒸馏镝再于1550℃进行二次蒸馏，获得最终高纯镝产品。

研究表明，在蒸馏提纯过程中，蒸气压与镝相差较大的大部分稀土金属杂质含量均有不同程度的降低，蒸气压与镝相近的钬、铒基本不能除去；C、N、O的去除效果十分明显，这是由于C、N、O在镝中主要以高熔点化合物存在，难以蒸发而残留在坩埚底部。表7-19为中间产品和最终产品的分析结果，其中：A为蒸馏除Mg后得到的海绵镝；B为一次蒸馏镝；C为二次蒸馏镝。A、B、C所用原辅材料均经真空蒸馏提纯。D为Ca、Mg经过提纯，DyF_2、$CaCl_2$未提纯制备的二次蒸馏镝；E为原辅材料均未提纯制备的金属镝；F为原辅材料均未提纯制备的二次蒸馏镝。图7-29为蒸馏装置示意图。

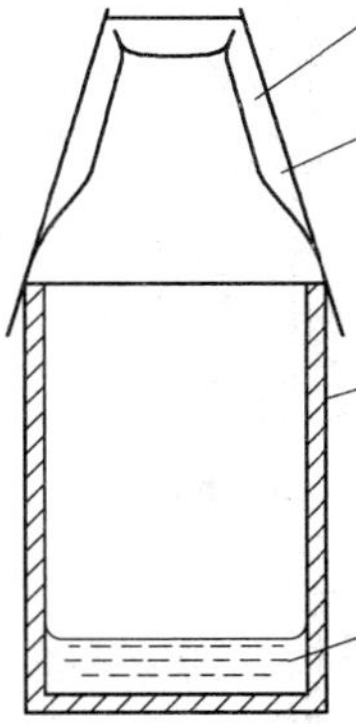

图7-29 蒸馏装置示意图

表7-19 金属镝中非稀土杂质分析结果 (μg/g)

杂质	Fe	Si	Ca	Mg	Al	Ni	Cu	Ti	Cr	Zn	Pb	Mn	Ta	Nb	W	Mo	Na	K	V	Zr	Co	C	N	O
A	10	8	15	3	10	2	15	700	2	10	3	8	0.5	1	0.5	1	3	2	0.5	1	0.2	44	32	860
B	6	7	7	2	3	4	3	45	7	4	8	4	1	0.5	1	0.3	5	1	0.4	0.5	0.1	21	4	70
C	8	7	10	2	3	6	3	10	2	3	3	1	1	1	1	1	5	2	1	2	0.5	32	2	50
D	52	13	32	2	8	2	46	1	2	7	1	0.5	1	0.5	1	1	1	1	1	0.5	0.5	42	12	58
E	140	35	70	1	42	83	50	310	1	12	13	22				1						110	170	1200
F	80	25	10	1	14	2	37	10	1	3	17	1				1						54	14	140

b 真空蒸馏法制备高纯金属铽的工艺

钙热还原法制得的金属铽用真空蒸馏法除去Ca、Al、Fe等杂质。在蒸馏过程中，蒸馏温度是影响金属铽的回收率和产品质量的主要因素。实践表明，当蒸馏温度较低时，金属回收率偏低；当蒸馏温度较高时，金属收率得到提高，但非稀土杂质铝、铁含量会随之增加。综合分析，选择最佳蒸馏温度为1700℃。

蒸馏过程在真空电炉中进行。经蒸馏提纯后的金属铽的质量分析结果见表7-20。

表7-20 金属铽的质量分析结果 (μg/g)

元素	La	Ce	Pr	Nd	Sm	Eu	Gd	Dy	Ho	Er	Tm	Yb
含量	80.0	1.0	10	1.0	0.1	0.1	24.0	0.5	0.1	0.1	0.1	0.1
元素	Lu	Y	Ta	Mo	W	Ca	Fe	Al	Si	Ni	O	C
含量	1.0	7.0	0.5	0.5	0.5	20.0	90.0	12.0	35.0	2.0	240.0	17.0

7.9.3.2 区域熔炼法

A 基本原理

在二元体系中，如果将含有杂质的金属熔化后再缓慢降温使之凝固，在一定温度下，当固、液两相处于平衡状态时，原金属中均匀分布的杂质将重新分布，继续分段缓慢凝固，则后凝固金属中杂质与先凝固金属中的杂质含量不同。如将含有金属杂质的金属锭熔化后由一端向另一端逐渐缓慢凝固时，杂质将在一端富集，使金属得到提纯。这一过程被称为定向凝固。为了达到金属的纯度，经定向凝固的金属需切除杂质富集了的两端段，将中间段再反复定向凝固以提纯金属。这样使得金属的回收率很低，生产成本很高，为了克服此缺点，可采用区域熔炼法。

区域熔炼提纯是在一个被熔炼提纯的锭料上造成一个或几个熔区，熔区沿锭长方向做多次定向移动，使锭料中的杂质重新分布，达到集中杂质提纯金属的方法。金属中的大多数杂质在固相和液相中的平衡溶解度是不同的，而短的熔区通过较长的固相部分可使杂质迁移，使金属得到提纯。这种方法设备简单、提纯效果好、提纯效率和回收率高，所以常被用来生产高纯金属。

B　应用实例

金属镧、钆、铽经区域熔炼提纯后的杂质含量见表 7-21。表中的气体杂质 H、O、N 采用真空熔融法分析，金属杂质用质谱法分析。经区熔提纯后杂质在试棒的始端、中部和末端的含量发生了明显变化。O、N 向着熔区运动方向相反的方向移动，在样品始端富集。金属杂质的运动方向与熔区运动方向一致，大部分集中在样品末端。

表 7-21　金属镧、钆、铽区熔提纯后的杂质含量　　（μg/g）

金属	位置	H	O	N	La	Tb	Y	Cu	Ni	Fe	Ti	Si	Al	Pb	S	Na
La	始	900	11829	690		15	30		75						31	5
	中	759	7450	776												
	末	526	5248	204		3	10		160						100	0.3
Gd	始	17	933	39	6	10		4	2	40	1.5	32	15		7	
	中	17	593	24	7.5	23		6.5	3	49	3	49	95		20	
	末	17	341	14	20	60		65	30	190	8	65	450		26	
Tb	始	13	1999	140				6.5	0.5	6.5	5		6	0.4		
	中	10	640	69				7	2.5	27	3		50	1		
	末	13	348	29				32	4.5	75	4		170	1.5		

7.9.3.3　熔盐电解法

A　基本原理

工业上大批量生产混合稀土金属一般使用熔盐电解法。这一方法是把稀土氯化物等稀土化合物加热熔融，然后进行电解，在阴极上析出稀土金属。电解法有氯化物电解和氧化物电解两种方法。单一稀土金属的制备方法因元素不同而异，钐、铕、镱、铥等因蒸气压高，不适于电解法制备，而使用还原蒸馏法，其他元素可用电解法或金属热还原法制备。

氯化物电解是生产金属最普通的方法，特别是电解混合稀土金属工艺简单、成本便宜、投资小，但最大缺点是有氯气放出，污染环境。

氧化物电解无有害气体放出，但成本稍高，一般价格较高的单一稀土如钕、镨等都用氧化物电解。

B 应用实例

氟盐体系熔盐电解氧化镧生产4N以上的金属镧，原料为荧光级氧化镧，电解质由氟化镧和氟化锂按一定比例组成，石墨材料（石墨槽和石墨阳极）均使用高纯石墨材料（灰分小于0.01%）加工成形，承接坩埚使用钼坩埚，阴极使用钨棒。表7-22为高纯金属镧产品检验结果。

表7-22 高纯金属镧产品检验结果

元素	RE	La/RE	Y	Ce	Pr	Nd	Sm	Si	Mg	Ca	Al	Fe
质量分数/%	>99.89	>99.995	<0.001	<0.001	<0.001	<0.001	<0.001	<0.0036	<0.001	<0.001	<0.008	<0.006

元素	C	Ni	Mn	Pb	Ti	Cr	Mo	W	O	F	Cl
质量分数/%	<0.02	<0.001	<0.001	<0.001	<0.001	<0.001	<0.017	<0.007	<0.016	<0.015	<0.005

7.9.3.4 离子交换色层法

目前工业生产中也需要大量纯度比较高的稀土化合物（如高纯稀土氧化物等），同时高纯稀土化合物也是生产高纯稀土金属的原料。因此，介绍几种目前工业生产中应用较多的生产高纯稀土化合物的方法（如离子交换色层法、萃取法等）。

A 基本原理及工艺

稀土元素之间的化学性质十分相近，树脂对它们的选择性几乎相等，以致两相邻稀土元素的分离系数接近（见表7-23），因此仅依靠树脂对稀土元素吸附能力上的差别是难以将它们分离的。生产中为了达到分离稀土元素的目的，采用了离子交换色层法。

表7-23 相邻稀土元素的分离系数（强酸磺酸基苯乙烯离子交换树脂）

离子对	La-Ce	Ce-Pr	Pr-Nd	Nd-Sm	Sm-Eu	Eu-Gd	Gd-Tb
分离系数	1.025	1.140	1.027	1.153	1.016	1.183	1.003

离子对	Tb-Dy	Dy-Ho	Ho-Er	Er-Tm	Tm-Yb	Yb-Lu
分离系数	1.156	1.053	1.018	1.005	1.004	1.072

离子交换色层法首先将阳离子交换树脂填充于柱子内，再将待分离的混合稀土吸附在柱子入口处的那一端，然后让淋洗液从上到下流经柱子，形成了配合物的稀土就脱离离子交换树脂而随淋洗液一起向下流动，流动的过程中稀土配合物分解，再吸附于树脂上。这样，稀土离子一边吸附、脱离树脂，一边随着淋洗液向柱子的出口端流动。由于稀土离子与配合剂形成的配合物稳定性不同，因此各种稀土离子向下移动的速度不一样，亲和力大的稀土向下流动快，结果先到达出口端。

离子交换法的优点是一次操作可以将多个元素加以分离，而且还能得到高纯度的产品。这种方法的缺点是不能连续处理，一次操作周期花费时间长，还有树脂的再生、交换等所耗成本高，因此，这种曾经是分离大量稀土的主要方法已从主流分离方法上退下来，而被溶剂萃取法取代。但由于离子交换色层法具有获得高纯度单一稀土产品的突出特点，目前为制取超高纯单一稀土产品以及一些重稀土元素的分离，还需用离子交换色层法分离制取。

离子交换色层法分离稀土元素的工艺主要包括两个步骤：

（1）将稀土溶液通过内装有树脂的圆形交换柱，使稀土离子吸附在树脂上。当达到穿透点时，停止将稀土溶液流入树脂柱。这一过程称之为吸附，树脂柱称之为吸附柱。

（2）用含有能与稀土元素配合的化学试剂淋洗液将稀土元素从吸附柱中的树脂上淋洗下来，并使其通过装入事先吸附有铜离子树脂的圆形柱。稀土元素经过该柱时，在化学试剂和铜离子的作用下得到分离。这一过程称之为淋洗（分离），起配合作用的化学试剂和铜离子分别称为配合剂和延缓离子。在淋洗过程中，各离子在分离柱上形成各自的吸附带，因离子多具有不同颜色，所以在分离柱上将形成不同的色带。随淋洗过程的进行，色带向下移动，稀土元素依原子序数由大到小流出分离柱。分别收集不同单一稀土元素的溶液，可进一步制得相应的稀土产品。在此工艺中，由于分离柱中形成了色带的原因，称这一工艺方法为离子交换色层法。离子交换色层法原理如图 7-30 所示。

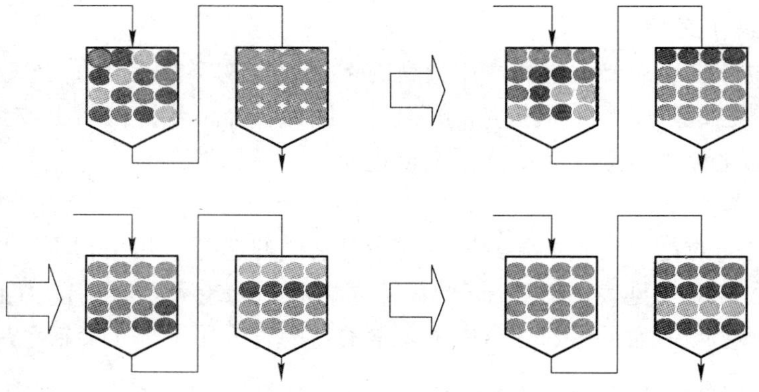

图 7-30　离子交换色层法原理

B　应用实例

以 EDTA 为淋洗剂分离镨和钕为例，第一根为吸附柱，装有 NH_4^+ 型树脂，第二至第四根为分离柱，装有 Cu^{2+}-H^+ 型树脂，四根柱所用的树脂均为苯乙烯磺酸强酸型树脂，树脂粒度为 0.246 ~ 0.175mm(60 ~ 80 目)。吸附条件：料液 RE_2O_3 浓度为 50g/L，料液酸度 pH 值为 3 ~ 4，料液流速为 0.3cm/min。淋洗条件：淋洗液 EDTA 浓度为 0.015mol/L，pH = 8.5，淋洗流速为 0.3cm/min。为了缩短生产周期，当稀土离子到达第三根分离柱中部时，可将淋洗流速提高至 1.5cm/min 直至淋洗结束。

在使用 EDTA 分离镱与镥时，在流速较低时，杂质镱（以镱为杂质作参考，因为镱是与镥最为相近的稀土元素，也是最难分离的杂质，很有代表性）的分离较好，而且其富集在后面。当流速提高时，镱富集带前移，严重污染了镥纯度，因此，为了达到较好的分离，只能在一定范围内变更流速。随着温度升高，镥受到镱的污染增加，而过低的温度又分离不彻底。温度在 47℃时，能达到比较理想的效果。

在淋洗过程中，往往长的交换柱其分离质量要好些。因为稀土带的移动需要移动一定距离后才能达到平衡状态。离子交换充分，相互间带的交叉程度减低，以获得最佳分离。而加长交换柱，能提供足够长的稀土带和移动距离。铜与稀土（铽、镝）离子交换色层原理如图 7-31 所示。

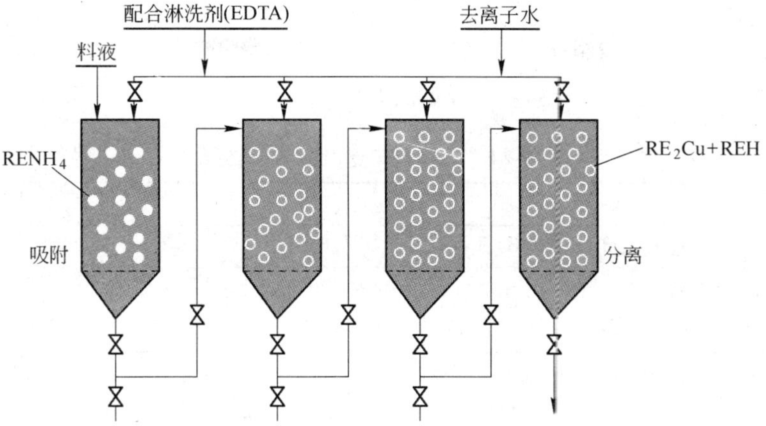

图 7-31 铜与稀土（铽、镝）离子交换色层示意图

7.9.3.5 萃取法

A 基本原理

利用有机溶剂从与其不相混溶的水溶液中把被萃取物提取分离出来的方法称之为有机溶剂液-液萃取法，简称溶剂萃取法，它是一种把物质从一个液相转移到另一个液相的传质过程。

由于稀土元素之间的物理和化学性质相近，采用一般的分级结晶、分步沉淀等化学方法从稀土精矿分解所得到的混合稀土产品中分离提取出高纯度的单一稀土元素是非常困难的。借助其他物质与每一种稀土元素化学作用的不同，增大稀土元素之间化学性质差别的方法都有利于稀土元素的分离。利用每一种稀土元素在两种互不相溶溶液相之间的分配不同，将混合稀土原料中每一种稀土元素逐一分离的方法称之为稀土溶剂萃取分离法。溶剂萃取法具有生产的产品纯度和收率高、化学试剂消耗少、生产环境好、生产过程连续进行、易于实现自动化控制等优点，是稀土分离工业应用十分广泛的方法。

萃取分离体系根据萃取机理或萃取过程中生成的萃合物的性质，可分为如图 7-32 中所示类型。

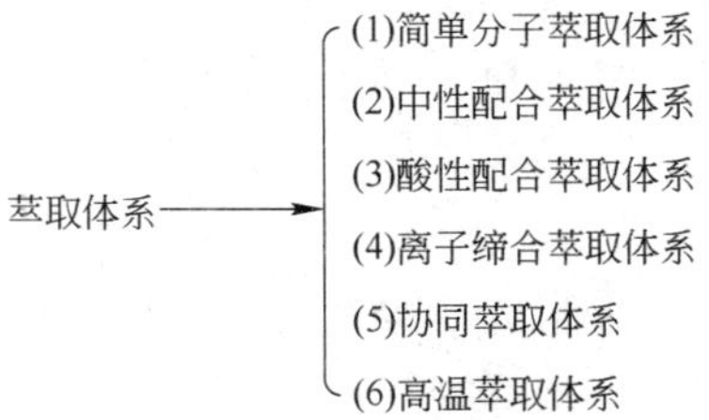

图 7-32 萃取分离体系

稀土工业上常用的是（2）、（3）、（4）、（5）类萃取体系，我国广泛使用的是（2）和（3）类萃取体系。

B 应用实例

在环烷酸萃取分离稀土提钇的过程中，有机相通常是环烷酸-异辛醇（混合醇）-煤油，环烷酸的组分从10%到20%，异辛醇的组分从10%到20%，其他剩余部分为煤油。环烷酸的组分为25%以及用亚砜为添加剂的报道很少，但以25%环烷酸-异辛醇-煤油和25%环烷酸-亚砜-煤油为萃取剂在 $RECl_3$-HCl 体系中制取高纯氧化钇的工艺，已经在规模化的工业生产中得以实施，并稳定地生产出纯度高于5N的荧光级氧化钇产品。其基本工艺流程如图 7-33 所示。

在环烷酸萃取体系中，Y 是最难萃组分，一次萃取分离即可得到纯钇产品。Y_2O_3 产品分析结果见表 7-24。

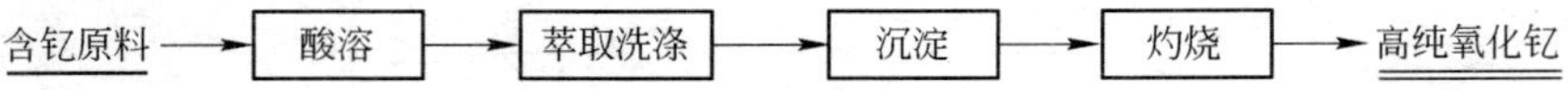

图 7-33 萃取法提取钇的工艺流程

表 7-24 高纯氧化钇产品分析结果

编号	稀土杂质含量/%													
	La_2O_3	CeO_2	Pr_6O_{11}	Nd_2O_3	Sm_2O_3	Eu_2O_3	Gd_2O_3	Tb_4O_7	Dy_2O_3	Ho_2O_3	Er_2O_3	Tm_2O_3	Yb_2O_3	Lu_2O_3
工艺 I	$<0.05\times10^{-4}$	$<0.2\times10^{-4}$	$<0.5\times10^{-4}$	$<0.15\times10^{-4}$	$<0.05\times10^{-4}$	$<0.05\times10^{-4}$	$<0.15\times10^{-4}$	$<0.5\times10^{-4}$	$<0.05\times10^{-4}$	1.0×10^{-4}	1.7×10^{-4}	0.3×10^{-4}	1.5×10^{-4}	$<1.0\times10^{-4}$
工艺 II	$<1.0\times10^{-4}$	$<0.5\times10^{-4}$	$<1.0\times10^{-4}$	$<0.5\times10^{-4}$	$<1.0\times10^{-4}$	$<0.2\times10^{-4}$	$<1.0\times10^{-4}$	$<1.0\times10^{-4}$	$<0.5\times10^{-4}$	$<1.0\times10^{-4}$	$<0.2\times10^{-4}$	$<0.2\times10^{-4}$	0.5×10^{-4}	0.4×10^{-4}

编号	非稀土杂质含量/%							
	CaO	Fe_2O_3	PbO	NiO	CuO	SiO_2	Cl	均减/%
工艺 I	8.65×10^{-4}	2×10^{-4}	1×10^{-4}	5×10^{-4}	4×10^{-4}	$<25\times10^{-4}$	—	$<0.5\times10^{-4}$
工艺 II	5×10^{-4}	2.5×10^{-4}	$<4\times10^{-4}$	$<4\times10^{-4}$	$<4\times10^{-4}$	$<25\times10^{-4}$	$<50\times10^{-4}$	$<0.5\times10^{-4}$

在工艺 I 中，有机相以异辛醇为添加剂采用浓 $NH_4\cdot H_2O$ 皂化进行萃取分离，这种情况会导致整个工艺过程实施时产生含 NH_4^+ 的废水。由于环保方面对废水中 NH_4^+-N 要求较高，此废水必须进行处理，使 NH_4^+-N 指标达到环保部门规定的要求才可排放。处理含 NH_4^+ 废水需要增加相应的设备和成本，工艺上要求也比较高。同时还必须考虑到在某一些地区环保部门对 NH_4^+-N 的总排放量有一定要求，该工艺的实施会受到一定限制。

在工艺 II 中，有机相以石油亚砜为添加剂，以 NaOH 溶液皂化后进行萃取分离。在工艺实施的过程中产生含 Na^+ 的废水，环保对此没有特殊的要求，不需进行特殊的处理，可作一般工业废水排放，在废水治理方面容易实现。但由于石油亚砜为石油产品加工过程中特殊的副产品，其质量受到石油组分变化的影响较大。石油亚砜质量的变化会直接影响到工艺正常的进行，使用时必须注意。此工艺过程中不会对环境造成过多的影响，废水的处理也较简单，易于达到排放标准。

参 考 文 献

[1] 刘业翔，刘余九．中国冶金百科全书：有色金属冶金[M]．北京：冶金工业出版社，1999.

[2] 苏毅，李国斌，罗康碧，等．高纯金属镓制备技术研究进展[J]．稀有金属，2003，27(4)：495～499.

[3] 林小芹，贺跃辉，王政伟，等．钼粉的制备技术及其进展[J]．中国钼业，2003，27(1)：39～42.

[4] 周智华，莫红兵，曾冬铭．高纯铟的制备方法[J]．矿冶工程，2003，23(3)：40～42.

[5] 李晶．ITO 透明导电薄膜的溶胶凝胶法制备及工艺研究[D]．长沙：中南大学，2004.

[6] 王玲，张云鹏．煤中锗提取的方法与分析[J]．煤炭加工与综合利用，2003，15(6)：40～42.

[7] 赵秦生．国外高纯钨粉和钨材制备[J]．稀有金属与硬质合金，2003，31(4)：56～57.

[8] 刘宁平，刘建章，孙洪志，等．钽铌工业生产及其展望[J]．稀有金属快报，2005，24(9)：1～6.

[9] 张卫平，杨庆山，陈建军．高纯稀土金属制备方法与发展趋势[J]．金属材料与冶金工程，2007，35(3)：61～64.

[10] 徐静，张炜，肖锋，等．中间合金—真空蒸馏法制备高纯金属镝工艺研究[J]．稀土，2003，

24(4)：36～38.
[11] 胡元钧．萃取色层在稀土分离中的应用[J]．科技情报开发与经济，2007，17(19)：188～201.
[12] 李芝华，任冬燕．溶胶-凝胶法制备 ITO 透明导电薄膜的研究进展[J]．材料导报，2005，19(5)：4～10.
[13] 杨岳云．高纯铟的制备及其应用[J]．株冶科技，2002，30(4)：9～11.
[14] 肖连生，张启修，李青刚．我国钨冶炼技术的新进展[J]．稀有金属，2003，27(1)：18～22.
[15] 张小琴，姜银举，代清．真空蒸馏法制备高纯金属钆[J]．包钢科技，2007，33(3)：17～20.
[16] 潘方杰，刘中清．湿法炼锌工艺流程中富集锗的工业实践[J]．矿冶工程，2004，24(4)：47～49.
[17] 陈燕．直拉法生长锗单晶的水平放肩工艺实践[J]．云南冶金，2002，31(6)：36～38.
[18] 吕忠，殷劲松．钼的最近研究动向[J]．中国钼业，1994，18(6)：20～22.
[19] 张玉兰，李延君，吕凯，等．锗金属单晶材料性能及加工技术研究[J]．长春理工大学学报，2005，28(4)：106～109.
[20] 杨宇锋．钼和钼合金深加工技术进展[J]．中国钼业，2001，25（4）：34～37.
[21] 王献科，李玉萍，李莉芬．液膜分离富集钼[J]．中国钼业，2002，26（5）：34～36.
[22] 周智华，莫红兵．稀散金属锗富集回收技术的研究进展[J]．中国矿业，2006，15（2）：64～67.
[23] KENICHI T，NAGAYASU Y，KISHIO T. Electrolytic refining method for gallium and apparatus for use in the method：US，6221232[P]. 2001-4.
[24] KENICHI T，NAGAYASU Y，KISHIO T. Electrolytic refining of gallium and device therefore：JP，144475[P]. 2000-05.
[25] 王岭．制备高纯镓工艺的改进[J]．四川有色金属，2000(3)：8.
[26] ANDRE C. High purity metal especially gallium production：FR，2748755[P]. 1997-11.
[27] 周智华．高纯铟的制备[D]．长沙：中南大学，2001.
[28] 金谷浩一郎．镓和铟的资源现状与未来[J]．国外稀有金属，1991，3(1)：48～54.
[29] 刘朗明．铟及其高新技术产品开发[J]．株冶科技，1996，24(4)：51～53.
[30] HOFFMANN J E. Advances in the extractive metallurgy of selected rare and precious metals[J]. JOM，1991(4)：18～23.
[31] 武锡军．国内外锗和铟的回收工艺的发展[J]．稀有金属，1995，19(3)：218～223.
[32] 冯金文．氧化锗及金属锗的制取[J]．南方金属，2002，7(126)：32～35.
[33] 邹家炎．铟的提取、应用和新产品开发[J]．广东有色金属学报，2002，5(12)：16～20.
[34] 吴成春．提锗工艺的技术改造[J]．有色金属（冶炼部分），2005(3)：36～39.
[35] 许原，白晨光，陈登福，等．海绵钛生产工艺研究进展[J]．重庆大学学报，2003，26(7)：97～100.
[36] CHEN G Z，FRAY D J，FARTHING T W. Direct electrochemical reduction of titanium dioxide to titanium in molten calcium chloride[J]. Nature，2000，407(9)：361～364.
[37] DEURA T N，WAKINO M，MATSUNAGA T，et al. Titanium powder production by $TiCl_4$ gas injection into magnesium through molten salts[J]. Metallurgical and Materials Transaction，1998(29B)：1167～1174.
[38] 梁德忠．我国海绵钛生产现状及发展方向[J]．钛工业进展，2002，6(1)：1～5.
[39] 王碧侠，兰新哲，赵西成，吴晓松．二氧化钛直接还原制取金属钛的工艺进展[J]．稀有金属，2006，30(5)：671～677.
[40] 周廉．美国、日本和中国钛工业发展评述[J]．稀有金属材料与工程，2003，32(8)：577～584.
[41] OKABE T H，YOSHIO W. Producing titanium through an electronically mediated reaction[J]. JOM，1997，49(6)：28～32.
[42] SUZUKI R O，AIZAWA M，ONO K. Calcium de－oxidation of niobium and titanium in Ca saturated $CaCl_2$

molten salt[J]. Journal of Alloys and Compounds, 1999(288): 173 ~ 178.

[43] 周宏明，郑诗礼，张懿．钽铌湿法冶金技术概况及发展趋势探讨[J]．现代化工，2005，25(4)：16 ~ 19.

[44] 何季林，张宗国，徐忠亭．中国钽铌湿法冶金[J]．稀有金属材料与工程，1998，27(1)：9 ~ 14.

[45] 王玲玲，赵世华，刘晃清，等．沉淀法制备 ZnO：Eu^{3+} 纳米晶及其发光性能的研究 [J]，湖南大学学报（自然科学版），2008，35(7)：51 ~ 54.

[46] 代丽丽，乐治平，张铭霞，等．稀土氧化物纳米粉体的制备方法[J]．现代技术陶瓷，2008(1)：23 ~ 26.

[47] BONDIO F , BONAMART A C, LEONELLI C, et al. Nano – sized CeO_2 powders obtained by flux method [J]. Materials Research Bulletin, 1999, 34(14/15): 2159 ~ 2166.

[48] 姚超，马江权，林西平，等．纳米氧化镧的制备[J]．高校化学工程学报，2003，17(6)：685 ~ 688.

[49] 王介强，陶珍东，孙旭东．无机溶胶-凝胶法制取 Y_2O_3 纳米微粒[J]．中国稀土学报，2003，21(1)：15 ~ 18.

[50] YUAN W H, BI H Q, WEI C H. Structure characterization of nanosized cerium oxide particles prepared by homogeneous precipitation[J]. Journal of South China University of Technology (Natural Science Edition), 2004, 32(4): 52 ~ 56.

[51] 刘宝忠．高纯金属镝的制备[J]．稀有金属快报，2008，27(7)：39 ~ 42.

[52] LUO X X, CAO W H. Ethanol-assistant solution combustion method to prepare La_2O_2S: Yb , Pr nanometer phosphor[J]. Journal of Alloys and Compounds, 2008, 460(1-2): 529 ~ 534.

[53] 刘强，陈志刚，赵晓兵，等．超声雾化反应法制备 CeO_2 纳米粉体[J]．中国稀土学报，2008，26(4)：516 ~ 520.

8 高纯黑色金属

8.1 高纯铁

8.1.1 金属铁概述

铁(Fe)，原子序数26，相对原子质量为55.847，位于元素周期表的第四周期第Ⅷ族，属于过渡金属的一种。铁是一种光亮的银白色金属，密度为7.86g/cm^3，熔点为1535℃，沸点为2750℃，常见化合价为+2和+3，质硬且有好的延展性和导热性，也能导电。纯铁既能磁化，又可去磁，且都很迅速。铁是地球上分布最广的金属之一，约占地壳质量的5.1%，居元素分布序列中的第四位，仅次于氧、硅和铝。

铁是比较活泼的金属，在金属活动顺序表里排在氢的前面。常温时，铁在干燥的空气里不易与氧、硫、氯等非金属单质起反应，在高温时，则剧烈反应。铁在氧气中燃烧，生成Fe_3O_4，炽热的铁和水蒸气起反应也生成Fe_3O_4。铁易溶于稀的无机酸和浓盐酸中，生成二价铁盐，并放出氢气。在常温下遇浓硫酸或浓硝酸时，表面生成一层氧化物保护膜，使铁“钝化”，故可用铁制品盛装浓硫酸或浓硝酸。铁是变价元素，常见价态为+2和+3。铁与硫、硫酸铜溶液、盐酸、稀硫酸等反应时失去两个电子，成为+2价；与Cl_2、Br_2、硝酸及热浓硫酸反应则被氧化成Fe^{3+}。铁与氧气或水蒸气反应生成的Fe_3O_4，可以看成是$FeO \cdot Fe_2O_3$，其中有1/3的Fe为+2价，另2/3为+3价。铁的+3价化合物较为稳定。

在生活中，铁可以算得上是最有用、最价廉、最丰富金属了。工农业生产中，铁是最重要的基本结构材料，铁合金用途广泛。国防和战争更是钢铁的较量，钢铁的年产量代表一个国家的现代化水平。铁的最大用途是用于炼钢，也大量用来制造铸铁和锻铁。铁和其化合物还用作磁铁、染料（墨水、蓝晒图纸、胭脂颜料）和磨料（红铁粉）。还原铁粉大量用于冶金工业中。对于人体，铁是不可缺少的微量元素，在十多种人体必需的微量元素中铁无论在重要性上还是在数量上，都属于首位。人体血液中的血红蛋白就是铁的配合物，它具有固定氧和输送氧的功能，人体缺铁会引起贫血症。铁还是植物制造叶绿素不可缺少的催化剂。

8.1.2 高纯铁概述

8.1.2.1 高纯铁的性质

当铁中的其他杂质元素含量极低时，即为高纯铁。高纯铁不仅有一定的强度，还有较高的韧性及很好的软磁性能，而且其导电和耐腐蚀性能也比普通的铁和钢好得多。另外高纯铁还具有诸多独特性能，如不溶于盐酸、硫酸而溶于王水；高纯铁铸锭很难用传统的锯条切割。金属铁的高纯度化使其耐腐蚀性和延展性提高，再结晶温度降低，晶粒大小和磁性都会发生变化。正是由于高纯铁不同于一般纯金属的种种特性，近年来高纯铁的研究越来越受到关注。

8.1.2.2　高纯铁的应用

5μm 厚度的高纯度铁箔是一种性能优越的磁屏蔽材料，用于贴附于磁卡和便携式电话的内部，能够很好地屏蔽电子部件的外部磁场干扰。当前常用的磁屏蔽材料铁镍系合金难以制成薄的箔状材料，所以其将被厚度极薄的纯铁箔取代。同时这种高纯铁箔还可以用于宇宙航空、原子能关联设备、高张力合金零部件加工、喷气发动机、电动机特殊零部件加工和飞机起降轮架等。

纯度在 4N ~ 5N 的高纯铁片为银色，适合航空、宇宙原子工业的超合金及新合金的开发。众所周知，硅是一种半导体材料，但是纯粹的硅半导体在某些方面受到限制，例如硅半导体对环境的负荷大。现在研究中的多数硅化物半导体比硅半导体更容易进行外延生长，其中的几种可以直接迁移或者通过畸变实现直接迁移化，从而被认为是可进行光电转换的半导体材料。图 8-1 示出了对于半导体光学响应重要的禁带图。半导体硅化物广泛分布于从 FeSi (0.06eV) 到 Os_2Si_3 (2.3eV) 的禁带图中。β-$FeSi_2$ 处于光通信波长 1.5μm 附近的禁带中，因此是重要的光电半导体。另外，这种硅化物半导体技术若要成功，必须进行新型半导体原材料所需的高纯度迁移金属的研究和开发。目前铁硅化物基础物理性质的研究停留在以 4N ~ 5N 的铁为原料生长团块和薄膜的研究阶段。要进行深一步的研究，就需要更高纯度的金属原材料。

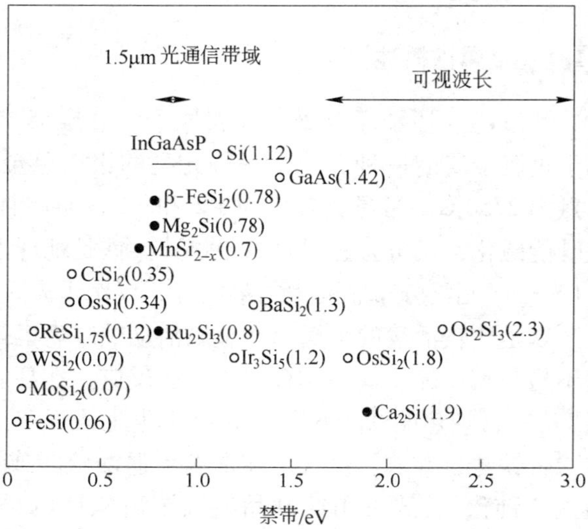

图 8-1　硅化物半导体的禁带

硅化物半导体诸多性能对金属原料的纯度是敏感的，特别是利用添加杂质来控制载流子密度（控制费密能级），需要对每一种杂质元素进行控制。因此，应尽可能减少不起控制作用的残留杂质的含量，换句话说必须使用高纯度的金属原料。

8.1.2.3　高纯金属铁的研究现状

20 世纪 90 年代中后期，国际上包括日本、法国、德国和美国广泛开展了对超高纯铁制备技术的研究。1994 ~ 2008 年，已先后召开过 14 次超高纯金属（UHPM）国际会议。日本超高纯铁的研究活动得到了日本文化科技部、朝日化学公司、电力部、材料研究所、日本分析公司、日本原子能研究所、日本能源公司、川崎制钢、三菱重工、日新钢厂、索尼、奥林巴斯等一大批企业、研究所和政府机构的重视和资助，取得了许多重要成果。

据报道，日本金属研究所采用超高真空感应加热冷坩埚熔炼技术，在电源为 240kW、10kHz，6.7×10^{-8}Pa 的真空下以电解铁为母材制造出纯度为 99.9988% 的 10kg 超高纯铁，35g 重的试样经过悬浮区域熔炼提纯后，非金属元素（C + N + O + S）含量从 14.4μg/g 降到 2.4μg/g 以下。进一步提纯后可达极限纯度，非金属杂质元素小于 0.1μg/g，金属杂质元素小于 0.01μg/g 或者 0.001μg/g。

日本已经开发出半导体用高纯铁的精制工艺，即溶剂萃取—离子交换精制—氢还原—等离子熔炼—电子束熔炼，已能精制纯度达到5N以上、$RRR_H > 5000$ 的高纯铁。

国内有研究组研制出纯度达6N的超纯铁，所采用的技术是基于阴离子交换的一种新型超纯金属制备工艺。它是一种简单的加工—控制溶液中杂质元素的原子价以提高排出杂质的效率，这种工艺可以用于批量生产。该研究组已采用溶剂萃取和铁交换加工，制出了纯度为5N的超高纯铁，并发现其纯度还能进一步提高。在实验中，以市场购得的电解铁作为原料，将其溶解在盐酸水溶液中，然后使溶液穿过只供阴离子交换树脂的氯乙烯柱使铁还原；再用氢等离子体排除 O_2 等气体杂质，这样就得到了6N的超纯铁。这一新工艺通过控制（阴离子交换加工中）溶液中杂质的原子价而得到简化，也可通过提高杂质分离比而无需溶剂萃取加工而得以简化。

8.1.2.4 高纯铁的发展趋势

在现代发展的制备方法基础上，结合各种方法，实现优势互补的联合制备高纯铁的方法是以后较长时间段里研究的主要趋势和方向。例如设想通过联合采用高真空技术+感应加热冷坩埚熔炼技术+区域提纯技术+电迁移技术来生产超高纯铁，各类技术的作用见表8-1。

表8-1 高纯铁制备法中各类技术的作用

技 术	作 用
高真空技术	可起到真空除杂作用，并消除环境气氛对金属的不良影响
感应加热冷坩埚熔炼技术	实现无坩埚熔炼，消除了金属在熔炼和提纯过程坩埚的二次污染
区域提纯和电迁移技术	使金属中的杂质元素含量进一步显著降低，这几方面的配合使用可使金属得以大幅度纯化

为了提高效率，采用半连续铸造的冷坩埚熔炼方法来大批量制备高纯铁，以开发一种纯净度至少高于目前工业纯铁水平、达到甚至超过电解铁纯度的超高纯铁，以改善纯铁制品的使用性能。同时开发生产能力大、效率高的制备技术，不仅对高纯铁的制备有意义，同时对钛合金、稀土金属、半导体、有机化合物等的提纯也有广泛而直接的借鉴价值。

现代科学技术的发展对金属的纯度要求越来越高，为此必须进一步发展提纯的技术。实际上宇宙空间的超高真空（10^{-10}Pa）、超低温、实际上的无重力条件将为金属提纯提供优越条件。在无重力情况下，熔融金属将不会有湍流现象，结晶时杂质的分布只带有纯扩散性质，液态金属具有最大的表面张力系数，物料可自由悬浮而无需坩埚等，都为获得高纯度和微结晶均匀的材料提供了良好的前景。

8.1.3 高纯铁的制备

8.1.3.1 原料——电解铁

制备高纯度金属铁所用到的原料基本为纯度较高的电解铁。

A 电解铁的制备

利用电解的方法从氯化亚铁中电解制备电解铁。电解液组成及电解条件见表8-2。

表 8-2 电解制备纯铁电解液组成及电解条件

项目	$FeCl_2\cdot 4H_2O$ 浓度/mol · L^{-1}	NaCl 浓度/mol · L^{-1}	电流密度/A · m^{-2}	T/℃	阴极	阳极	pH 值
条件	1.2	2	200	95	Ti	Pt 或 Fe	4.0

所用的氯化亚铁制备是以工业废铁屑作为原料，先经 10% 稀盐酸除锈，再用脱脂液浸泡 1h，然后溶于稀盐酸中（水∶盐酸 = 1∶2），制得氯化亚铁粗电解液。粗电解液再用新鲜铁屑进行置换后依次过滤、浓缩、结晶、二次蒸馏水重结晶即得氯化亚铁晶体。

B 电解铁纯度测定

Ni、Cu、Pb、Zn、Co 等金属杂质元素的含量分析分别使用原子荧光分光光度计、火焰原子吸收光谱仪、石墨炉原子吸收光谱仪测定，而其余的 C、S、P、N、B 等非金属杂质元素的含量由研究测定。此外，还有 RRR_H 法检测电解铁纯度。对纯度足够高且杂质缺陷浓度足够低的金属，据马西森定则，其电阻率可看成是两独立项之和：

$$\rho = \rho_1 + \rho_r$$

式中 ρ_1——由晶格格点热运动所引起，称为声子电阻率或理论电阻率，与温度有关；

ρ_r——由杂质和缺陷所引起的，称为剩余电阻率，与温度无关。

在高温区，$\rho \approx \rho_1$；当温度很低，如 $T \approx 4.2$K 时，由于此时基本上没有晶格格点热运动，$\rho \approx \rho_r$。对于磁体铁，当纯度较高时，在没有外加磁场下会受到地球磁场和退磁工艺等的影响，如有外加磁场存在，则又会受到外加磁场的影响。在 RRR_H（$RRR_H = \rho_{298K}/\rho_{4.2K}$）测定中一般多采用外加处置磁场（700～800Oe）于 4.2K 下测其最小电阻率，此时 $\rho_{4.2K}$ 几乎全部是由杂质所引起的，因此可以用 RRR_H 值来判定铁的纯度，比值越高，其纯度也越高。表 8-3 为不同电解条件下电解铁样品的纯度比较。

表 8-3 不同电解条件下电解铁样品的纯度比较

序 号	T/℃	电流密度/A · m^{-2}	阳 极	半渗透膜	预电解	纯度/%
1	95	200	Pt	无	无	99.959
2	95	200	Pt	有	有	99.981
3	95	200	Fe	有	有	99.983

在外加垂直磁场 800Oe 和 5A/m^2 的电流密度下，分别测得各样品在 298K 和 4.2K 时的电压 V_x 值，进而算出此条件下各样品 RRR_H 值（$RRR_H = V_{x(298K)}/V_{x(4.2K)}$），即表 8-4 所列。从表 8-4 可以看出，$RRR_H$ 值随着电解铁纯度不同而不同，纯度越高，RRR_H 值也大，这和化学分析法结果基本吻合。

表 8-4 在外加垂直磁场 800Oe 和电流密度 5A/m^2 下电解铁样品的 RRR_H 值

序 号	$V_{x(298K)}$	$V_{x(4.2K)}$	RRR_H
1	4.644	0.065	71
2	3.326	0.029	115
3	4.122	0.034	121

8.1.3.2 制备方法

高纯金属铁的制备方法如图 8-2 所示。

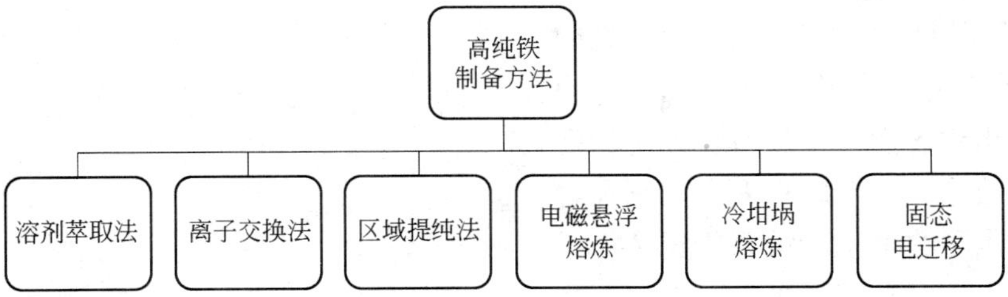

图 8-2 高纯金属铁的制备方法

A 溶剂萃取法

溶剂萃取法是利用有机溶剂和水溶液中离子分配的方法，由向有机溶剂的正萃取和从有机溶剂的逆萃取组成。有机溶剂的萃取行为依酸浓度或 pH 值变化，因此在分配系数大的状态下可进行正萃取，在分配系数小的情况下可进行逆萃取。

B 离子交换法

有研究者利用氯化亚铁和氯化铁的阴离子交换树脂不同的吸附行为，开发了高纯度的铁。如从实用的角度看，该工艺需要使用高浓度盐酸，此外从杂质分离角度看，在分离 Cu 时还存在若干问题。

近年来，铁硅化物作为耐环境性优良的光电子用半导体材料引人注目，因此需要半导体级的高纯铁。现已开发不使用高浓度盐酸的实用化简易新工艺，其工艺流程如图 8-3 所示。

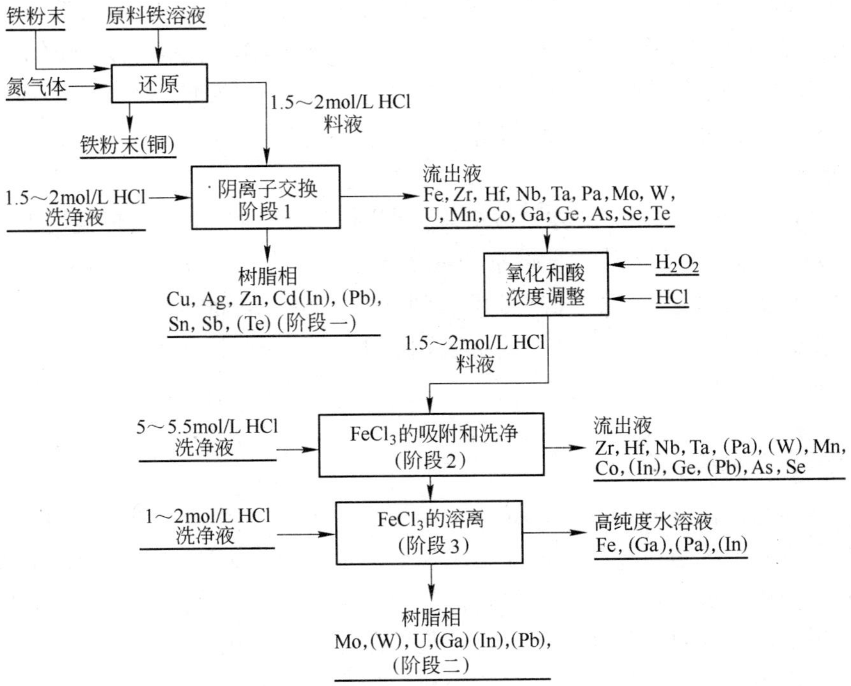

图 8-3 铁的杂质分离过程流程图

装料液中的还原：在盐酸中溶解原料铁，在氮气保护下与作为还原剂的铁粉接触，使 +3 价的铁离子成为 +2 价，同时 Cu(Ⅱ)离子还原成 Cu(Ⅰ)。此时，有的微量 Cu 存在于原料铁中，其大部分成为金属铜，析出铁表面。在热力学评价的盐酸酸性水溶液中，与金属铁平衡的铜配合物浓度与氯离子浓度依赖关系如图 8-4 所示。从图 8-4 可以看出，在金属铁的存在下，平衡的一价总铜离子浓度 ΣCu(Ⅰ)随 Cl^- 离子浓度的增加而增加，而二价总铜离子浓度 ΣCu(Ⅱ)可以忽略不计。

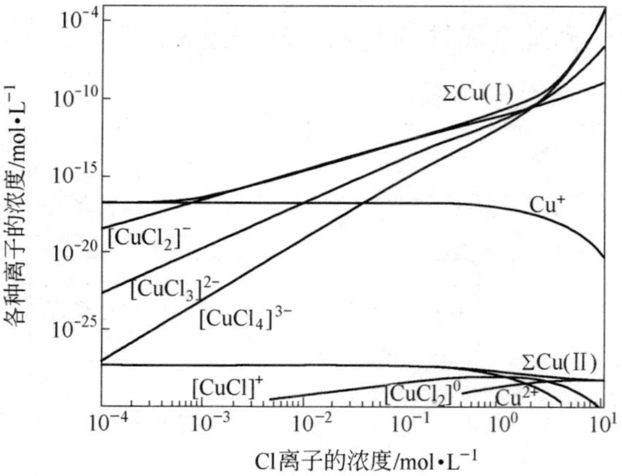

图 8-4　盐酸酸性水溶液中与金属铁平衡的铜配合物浓度与氯离子浓度的依赖关系

阴离子交换阶段 1：还原了的装料液(1.5 ~2mol/L HCl)通入充填有强碱性阴离子交换树脂的柱中。此时，树脂层吸附在此盐酸浓度范围具有比较大的分配系数的 Ag、Zn、Cd 等，未被吸附的 Fe(Ⅱ)从柱中流出，作为与 Fe(Ⅱ)同时流出的杂质有 Zr、Hf、Mn、Nb 等，这些杂质在下一阶段去除。

阴离子交换阶段 2：在此阶段分离与 Fe(Ⅱ)同时流出的杂质。在 5 ~5.5mol/L HCl 的盐酸浓度范围内，阴离子交换树脂牢牢地吸附 Fe(Ⅲ)离子，但不能在树脂层吸附在阶段 1 中与 Fe(Ⅱ)同时流出的杂质，这些杂质需要在洗净过程中分离。阶段 2 由两部分操作组成：在最初的操作中，在阶段 1 提取的氯化铁水溶液中添加作为氧化剂的 H_2O_2，氧化 Fe(Ⅱ)，然后调整盐酸浓度，往柱中通液。此时，Fe(Ⅲ)离子被树脂层吸附，Zr 等杂质从柱中流出。彻底洗出柱中残留的这些杂质后，下一个操作是用不吸附 Fe(Ⅲ)离子的盐酸(1 ~2mol/L HCl)溶离提取 Fe(Ⅲ)离子。采用上述工艺，原理上可分离全部杂质。实验证明，采用柱进行试验，其分离特性极好。

C　区域提纯法

区域提纯(zone refing,ZR)又称区域熔炼，即通过局部加热使金属棒锭局部熔化，熔区的固液界面处发生溶质再分配，溶质原子富集于熔池区域内。热源和棒锭之间相对移动时，熔区中富集的溶质原子就定向地被推斥到锭料末端，从而达到提纯目的。20 世纪 50 年代采用浮区熔炼提纯的半导体锗纯度就已达到 10^{-4} μg/g，该技术成为 Si、Ge 商业化的制备方法。通过区域提纯，目前三分之一多的元素和数百种无机或有机化合物均可获得其最高纯度。

D　电磁悬浮熔炼

电磁悬浮熔炼(electromagnetic levitation melting，ELM)利用电磁线圈产生交变电磁场，交变电磁场在线圈内的金属中感生电流，感应电流加热熔化金属，同时依靠电磁场和感应电流之间相互作用形成的电磁力把金属熔体悬浮起来，完全消除熔体与其他固体壁接触而带来的坩埚污染。电磁悬浮熔炼由于是无污染熔炼，在物理化学研究和超纯材料研制中有独到之处。但正因为是无坩埚熔炼，熔炼物料质量受到限制，一般仅几十克，特别是含密度较大的活性金属元素与难熔金属元素时，实现均匀熔炼更难，为此人们又致力发展冷坩埚熔炼技术。

E 冷坩埚熔炼

冷坩埚熔炼(cold crucible melting, CCM)就是在水冷铜坩埚与金属熔体之间存在一层由金属熔体因坩埚冷却而形成的固体壳层，金属就在这壳层内熔炼，此时坩埚内衬相当于用所熔金属制成，因此又称凝壳熔炼，坩埚内表面与金属熔体不直接接触，避免了坩埚对熔体的污染。根据金属熔化时热量来源不同，冷坩埚熔炼炉型分自耗电极电弧炉、非自耗电极电弧炉、电子束炉、等离子弧炉以及感应熔炼炉等。采用冷坩埚感应熔炼(cold crucible induction melting, CCIM)高熔点、高活性金属。

F 固态电迁移

固态金属电迁移(solid state electromigration/electrotransport),简单地说，当直流电通过一段金属导体时，电子具有的动量通过碰撞传递给溶质原子。因此，除了有静电力施加于溶质离子外，还存在一个来自与电子进行动量交换而产生的“拖力”。溶质离子在其合力作用下，最终以稳定的迁移率 u 在导体内移动。对间隙原子，在试棒的终端处可获得很高的提纯度。

国内学者则把区熔和电迁移两种提纯方法联合起来同时用到一根被提纯的样品上，并且选择熔区移动方向为电迁移时阴极指向阳极的方向，把区熔和电迁移各自的优点集中起来。

在超高纯铁的制备方法中，浮区熔炼方法净化提纯能力虽然很高，但效率很低。有机物棒锭提纯速度一般是0.1~2.0cm/h，无机物一般是0.5~30cm/h，原因是区域提纯效果完全依靠溶质（杂质）在凝固界面处溶质再分配来实现，原子在液相和固相中的扩散能力限制了区域熔炼的速率。要克服这一困难，必须提高杂质原子在铁中的扩散运输能力。固体直流电迁移技术依靠电流对熔质的定向迁移作用，使提纯效果得到改善。在生产效率方面，传统冷坩埚感应熔炼技术已相当成熟，熔化量较大，净化效率较高。目前国外超高纯铁冷坩埚感应熔炼制备方法属于非连续的，熔化量一般仍限于千克级。有人提出通过联合采用高真空技术+感应加热冷坩埚熔炼技术+区域提纯技术+电迁移技术来生产超高纯铁，其中高真空可起到真空除杂作用，并消除环境气氛对金属的不良影响；感应加热冷坩埚熔炼技术则实现无坩埚熔炼，消除了金属在熔炼和提纯过程坩埚的二次污染；区域提纯和电迁移技术的应用则使金属中的杂质元素含量进一步显著降低，这几方面的配合使用可使金属得以大幅度纯化。为了提高效率，采用半连续铸造的冷坩埚熔炼方法来大批量制备高纯铁，以开发一种纯净度至少高于目前工业纯铁水平、达到甚至超过电解铁纯度的超高纯铁，以改善纯铁制品的使用性能。

8.2 高纯锰

8.2.1 金属锰概述

锰（Mn）的原子序数是25，相对原子质量为55，是一种灰白色、硬脆、有光泽的金属，锰广泛存在于自然界中，土壤中含锰为0.25%。锰在空气中易氧化，生成褐色的氧化物覆盖层。它也易在升温时氧化，氧化时形成层状氧化锈皮，最靠近金属的氧化层是MnO，而外层是Mn_3O_4。在高于800℃的温度下氧化时，MnO的厚度逐渐增加，而Mn_3O_4

层的厚度减少。在 800℃以下出现第三种氧化层 Mn_2O_3，在约 450℃以下最外面的第四层氧化物 MnO_2 是稳定的。锰能分解水，易溶于稀酸，并有氢气放出，生成二价锰离子。其他物理性质见表 8-5。

表 8-5　金属锰的物理性质

项　目	参　数	项　目	参　数
密度/g·cm^{-3}	7.20	化合价	+2、+3、+4、+6、+7
熔点/℃	1244 ± 3	同素异形体	α 锰（体心立方），β 锰（立方体），γ 锰（面心立方），δ 锰（体心立方）
沸点/℃	2097	电离能/eV	7.435

作为重要的工业原料，锰及锰制品在冶金、化工、电子材料、轻工乃至农牧业领域的用途日趋广泛，已成为社会经济发展不可缺少的战略资源。在钢铁工业中，锰是居于铁之后第二位的重要的金属元素，几乎 90% 以上的锰消耗于钢铁工业。在炼铁过程中加入锰可以改善生铁冶炼的操作、加工及其使用性能；炼钢过程中，锰起着脱氧和合金化的作用。在有色冶金方面，锰主要用途有两种：湿法冶金中的脱氧剂和作为合金元素。在电子和轻工等方面，锰也有着重要的应用，包括制作干电池、陶瓷、玻璃、肥皂、锰盐、印染等诸多方面，如在玻璃工业中锰常用作褪色剂、着色剂及澄清剂等。

8.2.2　高纯锰及锰氧化物的应用

高纯锰在磁性材料、电池材料及其他金属材料以及相关领域中有着较广泛的应用。高纯锰制品的制造方法如图 8-5 所示。

这些方法虽在工业上得到了应用，但要得到超高纯锰制品还有一定困难，还有一个不足是需要大型的设备。

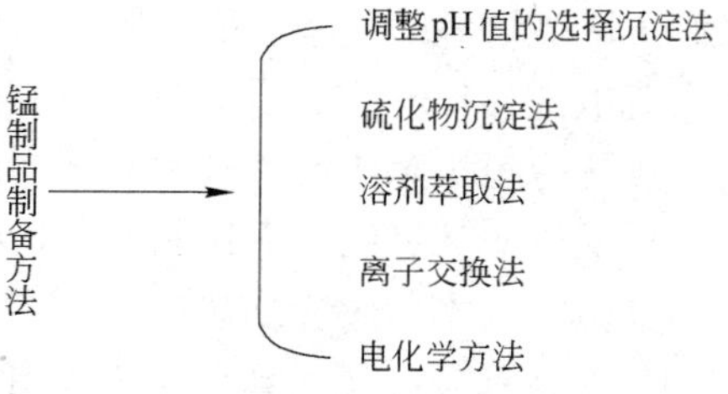

图 8-5　锰制品制备方法

MnO_2 主要用于电池的阴极材料、磁性材料、玻璃、陶瓷和氧化剂等方面。工业上使用的 MnO_2 可分为天然 MnO_2（NMD）、电解 MnO_2（EMD）和化学 MnO_2（CMD）。电池工业中过去曾大量使用天然 MnO_2，但由于多年开采富矿日趋枯竭，天然的 MnO_2 逐渐被合成物所取代，尤其是电解 MnO_2。电解 MnO_2 纯度高（90% 以上），晶型好（γ 型），具有良好的放电性能，作为高性能锌锰电池的优良去极化剂，其需求量正在不断增长。

Mn_3O_4 主要用于生产优质软磁铁氧体。软磁铁氧体是由锰、锌、铁的氧化物按一定比例混合后烧结成形，在电子工业中有着广泛的用途。例如用它来生产高质量的磁芯、磁盘、磁带、磁头、磁放大器、天线棒等。由于 Mn_3O_4 的优异性能，也由于研究它的学术价值和经济利益，因而它的研制和生产在我国已形成很高的热潮。

8.2.3　高纯电解锰的生产

传统电解锰生产工艺经过多年的发展改进，现已形成比较成熟的工艺流程，即：碳酸锰矿石粉磨—锰矿粉间断浸出—池槽硫化—电解槽电解—人工钝化、洗涤、烘干—产品剥离一包装。该流程溶液净化工序采用一段硫化——一段活性炭吸烟，因而存在硫化不完全、含杂质高等问题，并且电解工序采用 SeO_2 作为电解添加剂，大大增加了杂质硒的含量，降低了电解金属锰的纯度。由于过多地使用二氧化硒作为添加剂，致使产品中硒的量过高，一般在 0.08% 左右。而高纯电解锰对杂质的要求严格，其中硒含量要求在 0.05% 以下。如何降低硒的含量，有关资料介绍了一些方法：(1) 减少二氧化硒添加剂用量，采用二氧化硒与另一种新添加剂组成混合添加剂；(2) 采用新的辅助添加剂，配套使用几种辅助添加剂等。多数辅助添加剂效果不太明显，副作用较大。单纯减少添加剂二氧化硒的用量又影响电流效率，降低产量。过多减少二氧化硒用量，电解不正常起壳，倒溶严重。使用二氧化硒混合添加剂存在其比例在实际操作中难以准确控制的弊端。目前，国内外有使用二氧化硫作为新的添加剂成功的例子。

高纯电解金属锰的生产工艺，在传统的电解锰生产工艺基础上，将部分工艺进行改进，其工艺流程如图 8-6 所示。

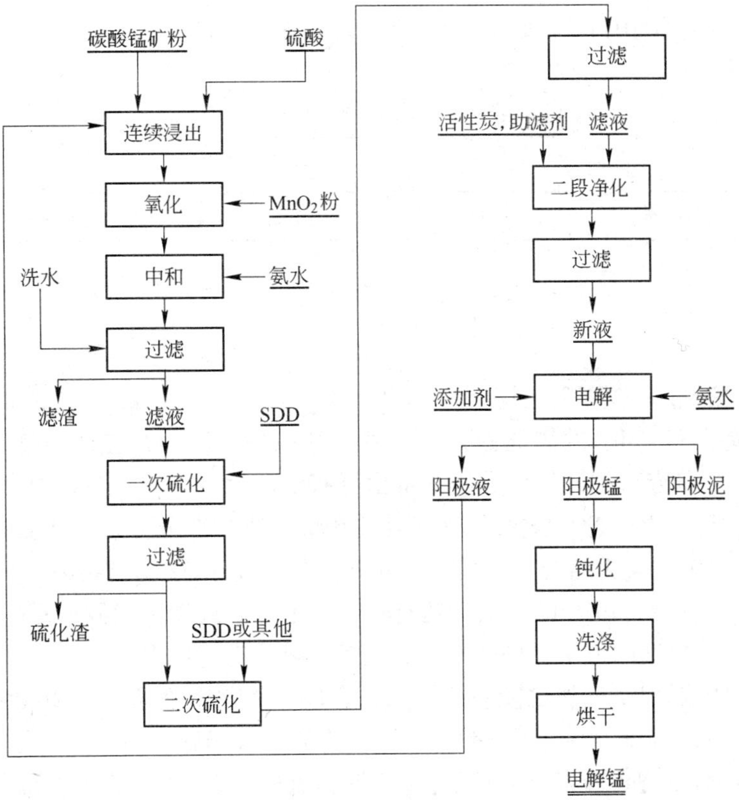

图 8-6 高纯电解锰生产工艺流程

由锰矿粉制备工序输送来的合格矿粉经给料机、电子称量皮带机定量地加入浸出槽，同时阳极液、浓硫酸按一定比例加入，控制浸出温度为 85℃ 左右，液固比 (8 ~ 10)：1，始酸 100g/L，终酸 pH 值为 3.0 ~ 3.5，时间为 4h。浸出后矿浆至氧化槽，加入 MnO_2 矿粉氧化，时间为 1h 左右，使溶液中的 Fe^{2+} 氧化成 Fe^{3+}。氧化后移液至中和槽，控制终酸 pH 值为 6.5 ~ 7.0，后经泵送至厢式压滤机进行压滤。滤液进入净化工序。

净化作业分二级硫化，一段活性炭吸附，三段过滤进行。一段硫化在硫化槽中进行，按溶液中 Ni + Co 的 20 ~ 30 倍往硫化槽中加入二甲胺基磺酸钠（SDD）液，硫化后溶液经一次硫化沉清槽进入一次硫化压滤机，滤液再二次硫化，滤渣运往渣场。二次硫化加入适量 SDD 或硫化剂，其液经二次硫化沉清槽进入二次硫化压滤机，滤液流入静置沉清槽，静置沉清 16 ~ 24h，进一步除去溶液中 Ca、Mg、Fe、Al、Zn、Si 等杂质。沉清后液经三次净化槽，活性炭、助滤剂吸附溶液中的极微小颗粒后压滤分离，滤液送往电解工序。电解时控制槽温为 40℃左右，平均阴极电流密度为 $400A/m^2$，槽电压为 4. 6 ~ 4. 8V，同极距为 79 ~ 81mm，并加入适量 SO_2 作添加剂，必要时加入部分氨水以调整阴极区的 pH 值。电解周期完毕后，阴极板经钝化后放入直动线上进行冷、热水洗涤，烘干作业。排出的废水送废水处理站处理，烘干的阴极板人工剥锰。

8. 2. 4　锰氧化物的制备

8. 2. 4. 1　化学二氧化锰的制备

化学二氧化锰（CMD）的制备方法如图 8-7 所示。

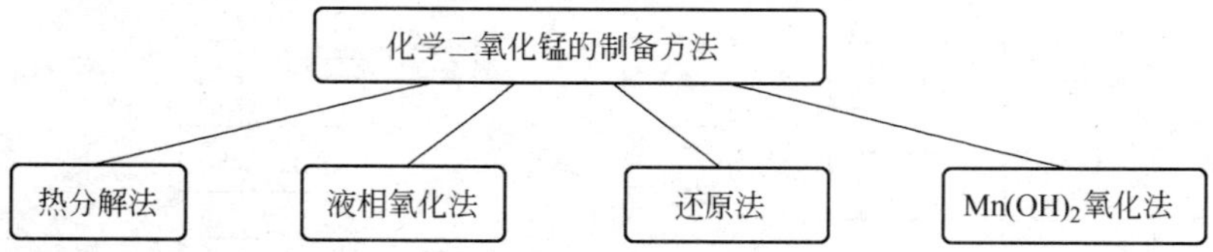

图 8-7　化学二氧化锰的制备方法

A　热分解法

热分解法是通过热分解硝酸锰制取晶型完美、符合化学计量数的 β-MnO_2 或软锰矿。该法主要步骤是将 Mn(Ⅱ)的硝酸盐置于一密闭的电炉装置内，控制温度约为 180℃，加热 48h。后来许多研究者用同样的方法制备出具有电活性的二氧化锰。国外有人将含有碱土和碱金属硝酸盐的 $Mn(NO_3)_2$ 水溶液喷射成滴状，使其部分分解成 MnO_2 和 NO_2，含有 MnO_2 的水溶液与硝酸盐再结合，再喷射，并全部分解成 MnO_x。有报道在热空气流中加热分解 $Mn(NO_3)_2$ 制备 α-MnO_2 的方法。还有人提出了用微波加热 $Mn(NO_3)_2 \cdot 6H_2O$ 得到具有高电活性的二氧化锰的方法。图 8-8 为硝酸锰热解法工艺流程。

二氧化锰也可以用空气氧化碳酸锰的方法合成，氧化温度通常为 260 ~ 280℃。图 8-9 为碳酸锰热解法工艺流程。有人用热分解方法将 $MnCO_3$ 分解为 MnO，再在 pH 值为 4 ~ 5 的条件下，用 10% 的 NaClO 将 MnO 氧化成 MnO_2。国外某锰化学公司曾研究出一个热分解致密的 $MnCO_3$ 的工艺。通过分解氨基甲酸的锰盐，可得到这种密度大的 $MnCO_3$。氨基甲酸的锰盐是用氨基甲酸浸出锰的还原矿而制备的。

B　液相氧化法

可以用氯酸钾、溴酸钠、高氯酸铵和过硫酸铵等氧化剂氧化锰盐的水溶液制得活性二氧化锰。国外有人用过硫酸铵氧化 $MnSO_4$ 溶液的方法得到 γ-MnO_2。有人研究了在 HNO_3 和 H_2SO_4 介质中用 $KClO_3$ 氧化 $Mn(NO_3)_2$ 合成 MnO_2 的反应，并提出了反应机理。国内有人在 82 ~ 95℃用 Cl_2 氧化 $MnSO_4$ 的酸性溶液制得二氧化锰。还有人分别选用 NaClO、

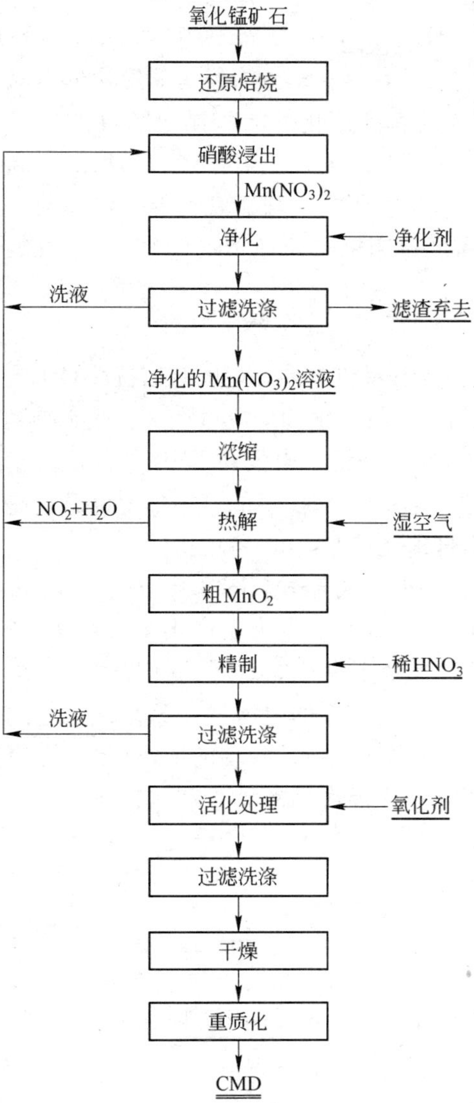

图 8-8 硝酸锰热解法工艺流程

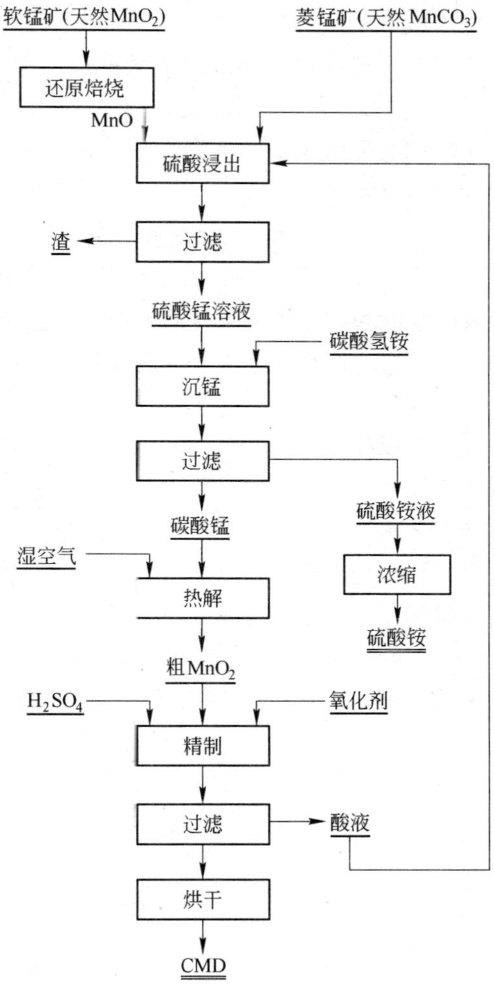

图 8-9 碳酸锰热解法工艺流程

KClO、H_2O_2、$NaMnO_4$、$KMnO_4$、$(NH_4)_2SO_4$、$NaClO_4$ 氧化 $MnCO_3$ 的悬浮液制得 MnO_2。

C 还原法

γ-MnO_2 可在煮沸的 $MnSO_4$ 溶液中还原高锰酸盐而得到。用 $MnSO_4$ 还原碱性的高锰酸钾溶液可得到有催化活性的二氧化锰。H_2SO_4 与 $KMnO_4$ 作用或加稀 MnO_4 溶液于稀 $KMnO_4$ 溶液中，都可得到 γ-MnO_2。有人用 $MnCl_2$ 还原 $NaMnO_4$ 制得活性 MnO_2。还有人用四硼酸钠在弱酸性介质中还原高锰酸盐而得到活性 MnO_2。国内有学者用 H_2O_2 还原 $KMnO_4$ 制得 γ-MnO_2，有人将 6mol/L HCl 加入到 0.1mol/L 沸腾的 $KMnO_4$ 溶液中，得到棕褐色的 α-MnO_2。

D 氢氧化锰氧化法

比较以上的几种方法，有关 $Mn(OH)_2$ 氧化反应的研究报道则相对较少。早期有报道称将空气或氧气鼓入氢氧化锰和氢氧化钠的混合液中，得到一种未知的中间产物，该中间产物经深度氧化可转化为 β-MnO_2。有学者用向 25℃ 的 0.4mol/L $MnSO_4$ + 5.5mol/L KOH 混合悬浮液中连续通氧 5h 的方法，制得含钾 9% 的二氧化锰。国外有学者研究了向氢氧化锰悬浮液中通氧生成 Mn_3O_4，再用酸处理，得到了具有高催化性能和高电活性的二氧化锰。还有通过向二价锰盐的溶液中加入碱金属氢氧化物溶液生成氢氧化锰，然后加入高锰酸钾氧化制备出具有高比表面的二氧化锰。最近，有学者用氧气与氯气的混合气体通入氢氧化锰的悬浮液中制得含量 90% 的二氧化锰。还有通过用稀酸处理 $Mn(OH)_2$ 的空气氧化产物制得活性 γ-MnO_2。

8.2.4.2　电解二氧化锰的制备

电解二氧化锰（EMD）主要用作碱性锌锰电池的阴极活性物质，它的结构特性对干电池的放电性能和储存性能等方面有着根本性的影响，而其制备技术和形成过程又直接影响到它的结构特性。近年电池工业的迅猛发展，高性能的锌锰、碱锰干电池对 EMD 的品质要求更高，所含杂质的要求也更严格。电解 MnO_2 工业需要长期面对和探讨的一项重要课题正是如何进一步提高和改善 EMD 的制备技术，以便更为合理地调控 EMD 的各项指标。

EMD 的制备工艺主要包括制液、电解和电解后处理三大部分。图 8-10 为某公司 EMD 生产工艺流程。理论上任何二价锰盐均可作为电解质在合适的电极上产出 EMD。自 1934 年以来，供电池使用的 EMD 不断进行试生产，经过半个多世纪的发展，电解生产的工艺条件得到了进一步改进和完善。然而，$MnSO_4$-H_2SO_4 作为体系的电解液一直是该工业的基本要素。我国 EMD 的研制始于 20 世纪 60 年代初，到目前为止，我国的 EMD 工业也有了长足的发展，生产规模和实际生产量现已跃居世界之首，但产品的质量和国外相比，还存在一定的差距，生产工艺仍需进一步改进。

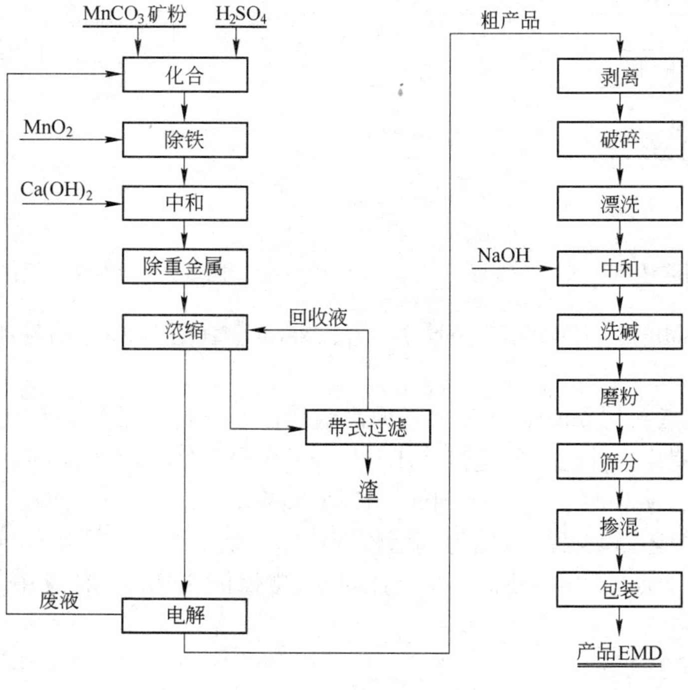

图 8-10　某公司 EMD 生产工艺流程

A $MnSO_4$-H_2SO_4 电解

a 电解工艺

在电解 $MnSO_4$-H_2SO_4 水溶液中电解是传统的 EMD 生产工艺。该工艺以软锰矿或硬锰矿为原料，通过化学转化变为较为纯净的二价锰盐，然后在硫酸介质中电解即可得到电解二氧化锰。

EMD 生产过程的主要指标是电流效率和产品的理化性能。电解所采用的工艺条件，诸如电解温度、电极材料、电流密度、锰的浓度、硫酸浓度和杂质离子浓度等，都不同程度地影响着上述两类指标。也有很多学者详细地研究了这些条件对 $MnSO_4$-H_2SO_4 体系制备电解 MnO_2 的影响。国外有学者对酸性电解液中 H_2SO_4 浓度影响的研究结果表明，对于高温电解工艺，H_2SO_4 的浓度在 0.76mol/L 以下，电流效率变化不大，但若酸度过高，则电流效率下降。一般生产中 H_2SO_4 与 $MnSO_4$ 的摩尔比介于 0.2～0.5 为宜。有学者对电解温度的影响进行了研究，发现高温有助于提高 EMD 的电化学性能，且生成的 MnO_2 均为 γ 型。也有学者研究电流密度对电解过程的影响时指出，电流密度增加时，电流效率逐渐减小。较多的研究表明，最大的电流效率在电流密度为 $100A/m^2$ 左右。

现在世界上较为常用的方法是高温电解法制备 MnO_2。在条件参数的控制方面，一般认为电解液温度的提高和较低的电流密度有利于电解 MnO_2 放电性能的改善，但当电流密度较低时将会影响电解槽的生产能力，不利于提高产量和效益。综合大量的研究成果，通常采用的电解条件：电解液 $MnSO_4$ 浓度为 0.15～1.5mol/L，H_2SO_4 浓度为 0.2～0.5 mol/L，电解温度为 80～98℃，阳极电流密度依赖于所选用的电极材料，可在 50～250A/m^2 变化。在此条件下，可得到光泽致密的 γ 型 MnO_2，电流效率可达 90% 以上。

近年来，出现了采用两矿一步法生产 EMD 的工艺，即利用 MnO_2 矿、FeS 矿和 H_2SO_4 直接浸取软锰矿得二价锰盐后电解。国内有工厂成功地采用两矿一步法，年产电解 MnO_2 5000t。其工艺流程与以往的一般生产技术相比，避免了软锰矿的还原焙烧工序，直接浸出制备 $MnSO_4$ 液，扩大了 MnO_2 矿的利用与深加工；利用聚丙酰胺作絮凝剂，加速浆渣沉降，利于渣液分离；利用流态化洗涤技术代替板框压滤进行渣液分离，设备投资少，维修少；在化合桶中加 BaS 或 Na_2S 对重金属杂质进行初步处理，同时在硫化时加二甲胺基磺酸钠(SDD)深度净化，溶液除杂效果好。它可处理低品位锰矿，物耗及能耗低，只要选择合适的生产工艺条件，加强对全流程的质量控制，产品质量完全可达到或超过国家一级品标准。该工艺对于缺乏碳酸锰矿而以贫氧化锰矿为主的地区尤为适用，但是生产过程中也存在渣量大、滤渣易板结、锰回收率不高等缺点，因而该法的推广应用受到了一定的限制。

b $MnSO_4$ 溶液的净化除杂

电解二氧化锰生产中的一个重要环节是硫酸锰溶液的制备，也是产品纯度的决定性环节，并与原材料消耗和产品成本有着密切的关系。国内一般采用低品位的碳酸锰矿酸浸和软锰矿按两矿一步法的生产方式来制备 $MnSO_4$ 溶液，而国外大多采用高品位 MnO_2 矿焙烧还原后与硫酸反应制取，其主要原因是我国的高品位 MnO_2 矿较少。

高质量的硫酸锰溶液是生产低杂质含量电解二氧化锰产品的首要条件，可借助工艺的优化、技术的进步降低原材料消耗。

硫酸锰溶液的净化除杂技术包括一般除铁和重金属，深度除铁和重金属、微量元素以及其他新型电池敏感的杂质元素的去除等几个方面。EMD 中铁是影响电池性能的重要因素之一，作为P 型锌锰电池和碱性锌锰电池的原料，要求铁含量在0.02%以下；对于无汞碱锰电池，国内外一些著名的厂商要求铁含量在0.01%以下。有学者曾就铁离子的影响做了较详细的研究，结果表明，当溶液中含铁达0.10%时，电流效率下降10%；当含铁量增至0.52%时，电流效率为零。因此制备硫酸锰溶液时，必须将铁离子尽量除去，其允许含量一般为0.0005g/L。目前，电解二氧化锰生产厂家除铁的工艺操作基本一致，都是在弱酸性条件下用天然 MnO_2 将 Fe^{2+} 氧化为 Fe^{3+}，再将物料的 pH 值提高至中性，使 Fe^{3+} 水解除去。这一除铁工艺已十分成熟，完全可以将溶液中的铁离子除至要求的范围内。表8-6为某企业除重金属实验结果。

表 8-6 某企业除重金属试验结果

除重金属前液成分/$mg \cdot L^{-1}$					除重金属后液成分/$mg \cdot L^{-1}$				
Cu	Co	Ni	Zn	Pb	Cu	Co	Ni	Zn	Pb
<0.01	4.7	5.08	3600	<0.01	<0.01	0.19	<0.01	2090	<0.01

注：净化前液与后液体积维持一致。

对于除去随浸出而产生的重金属离子，处理方式也很成熟，但由于工艺控制的不同，不同产品中重金属离子的含量会有很大差别。采用 BaS 与二甲氨基磺酸钠除重金属，除 Ni 率为99.80%，除 Co 率为95.96%，净化后液达到电解 MnO_2 新液要求，并能取得良好的电解技术指标。

有研究还发现，加入微量的 Na^+、NH_4^+ 或 Ca^{2+} 不影响沉积 MnO_2，在所有情况下都可获得 γ 型 MnO_2。加入 10g/L $MgSO_4$ 时不影响沉积，但大量加入会使 MnO_2 微结构变粗及 MnO_2 晶格中吸附微量 $MnSO_4$。

由于无汞碱性锌锰级 EMD 对 K、Mo、As、Sb 等的特殊要求，因此在该工序的生产过程中必须对其严格控制。对于钾离子国外有的厂家采用低钾原料进行生产，可获得良好的效果。但在我国由于原料的限制，一般必须采用除钾工艺才能达到要求。对 Mo、As、Sb 则要求离子含量在 $0.03 \times 10^{-4}\%$ 以下。国内 EMD 制造前一段时期采用的是硫化物沉淀法，近期采用的是 MnO_2 吸附法。前者易造成电解液循环量、制取 $MnSO_4$ 溶液量大大上升，且 Mo 难以除尽，后者则较好地解决了这些问题。实际生产中，通常是采用 $KMnO_4$ 作为吸附剂 MnO_2 的来源。$KMnO_4$ 是最直接的 MnO_2 来源，但由于碱性锌锰干电池对 EMD 中钾的限制，故不能直接采用，必须通过钾明矾法或氟硅酸钾法将 $KMnO_4$ 转化为钠或钙盐，才可应用于 EMD 的生产中。

有专利介绍了一种硫酸锰液的新型综合除杂技术。具体过程是通过铁氰化钾除 Co、丁二酮肟除 Ni、六硝基二苯胺或氟硅酸加硫酸钴除 K、二甲氨基磺酸钠(SDD)除重金属，并利用稀土氧化物增加活性，最终可使 EMD 的杂质含量从2%以上降到0.4%以下，而且 EMD 产品的活性可提高10%以上。

B $MnCl_2$-HCl 电解

相对于传统的硫酸盐电解质另一个较好的方法就是从氯化物溶液中电解制备 EMD。由于能从氯碱工业和 PVC 工业中得到廉价的盐酸副产品，而软锰矿可就地取材，电解二氧化锰通过中间形成物 $MnCl_2$ 就成为了一个较为经济的方法。而且，氯化物电解液比硫酸盐有着较高的导电性和溶解性，能形成活性高的 MnO_2。

关于 $MnCl_2$-HCl 溶液电解工艺的研究现在并不多见，它始于 20 世纪 60 年代。该工艺可获得一种类单晶的纤维状结构 MnO_2(FEMD)。有学者从氯化物电解液制备 EMD 的实验室规模和日产 20kg 的小规模试验性工厂研究，电解二氧化锰的性能与制备条件有很大的关系。二氧化锰的含量和 MnO_x 中的 x 值随着温度的升高而增加，在 70℃以上这种变化更为明显，但它们却随着阳极电流密度的增加而降低，在达到 270A/m^2 时，表现更为明显。低电流密度、较高的温度和较高的电解液浓度有利于生成活性较高的 MnO_2。通过 XRD 观察晶体结构，发现温度较电流密度、盐酸的浓度影响更大。

有学者进行了大量研究，并申请了纤维态电解二氧化锰的生产工艺及相应装置和专用电极的专利。也有人报道了电流密度对电解电流效率影响的研究结果。还有人研究了盐酸浓度和电解液体系对 EMD 的影响，发现在使用炭阳极电解 MnO_2 时，盐酸浓度大的条件下生产 EMD 产品所制备的电池具有较高的放电容量。但浓度越大，放出氯气的副反应越厉害，电流效率也越低。因此必须控制盐酸浓度或改用合适的阳极。

从国内和国外的研究结果来分析，要生产性能高、质量好和电流效率高的电解 MnO_2，可采用如下工艺条件：电解液温度大于 90℃，$MnCl_2$ 浓度范围为 100 ~ 130g/L，盐酸浓度范围为 10 ~ 18g/L，阳极电流密度为 80 ~ 200A/m^2。虽然 $MnCl_2$-HCl 电解工艺有很多优点，但离工业化生产应用还存在着一定的距离。

C　$MnNO_3$-HNO_3 电解

关于 $MnNO_3$-HNO_3 电解工艺的报道较少，硝酸盐体系制备 MnO_2 的优点在于：溶液具有高导电性，溶解度非常高（1000g/L），电能消耗明显减少。但它也存在着缺点：成本高，硝酸根有碍阴极形成氮氧化物。因此该工艺除非氮氧化物能完全转变为酸，否则是不循环工艺。研究工作表明，硝酸盐介质制备 MnO_2，即使是在非常低的槽电压下，也可获得高的阳极电流效率。

D　其他电解方法

除上述二氧化锰电解方法外，悬浮电解、矿浆电解和金属与二氧化锰同时电解等方法的研究也都取得了很大进展。

8.2.4.3　四氧化三锰的制备

Mn_3O_4 的制备方法有多种，如果从制备原理来分，可以分为两大类，一类是低价锰的氧化，一类是高价锰的还原；若根据制备所需的原料来分，可分为金属锰法、高价锰氧化物法、碳酸锰法、锰盐法等。

A　低价锰氧化法

低价锰氧化制备 Mn_3O_4，目前主要是以电解金属锰为原料生产。其基本原理是将电解得到的金属锰经粉碎碾细后加入溶液中形成悬浮液，以氨盐为添加剂，在一定温度下连续鼓入空气，使金属锰粉充分氧化成 Mn_3O_4，其工艺基本路线如图 8-11 所示。

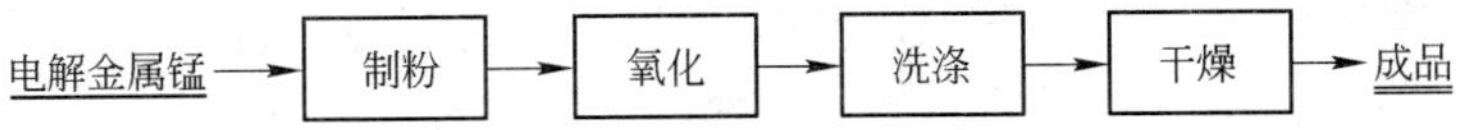

图 8-11　金属锰生产 Mn_3O_4 工艺路线

这一过程的化学作用机理如下：

$$Mn + (NH_4)_2SO_4 + 2H_2O \longrightarrow MnSO_4 + 2NH_4OH + H_2\uparrow \tag{8-1}$$

新生成的 $MnSO_4$ 与新生成的 NH_4OH 作用生成锰铵配合物：

$$MnSO_4 + xNH_4OH \longrightarrow Mn(NH_3)_xSO_4 + xH_2O \tag{8-2}$$

由于锰铵配合物不稳定，会析出氨和 $Mn(OH)_2$ 沉淀：

$$Mn(NH_3)_xSO_4 + 2NH_4OH \longrightarrow Mn(OH)_2\downarrow + (NH_4)_2SO_4 + xNH_3\uparrow \tag{8-3}$$

$Mn(OH)_2$ 遇空气氧化即为 Mn_3O_4：

$$6Mn(OH)_2 + O_2 \longrightarrow 2Mn_3O_4 + 6H_2O \tag{8-4}$$

以上是以 $(NH_4)_2SO_4$ 为添加剂进行说明的，其他铵盐作添加剂的情况与其相似。上述反应过程的电化学作用机理一般认为是：在充气的电解质溶液中，金属锰微粒都构成原电池，发生阳极和阴极反应。

在阳极，锰失去电子被氧化溶解：

$$Mn \longrightarrow Mn^{2+} + 2e^- \tag{8-5}$$

在阴极，溶解在悬浮液中的氧接受电子被还原而产生 OH^-：

$$O_2 + 4e^- + 2H_2O \longrightarrow 4OH^- \tag{8-6}$$

两个反应结合起来，生成 $Mn(OH)_2$：

$$Mn^{2+} + 2OH^- \longrightarrow Mn(OH)_2 \tag{8-7}$$

通过控制适当的电位和 pH 值，可将 $Mn(OH)_2$ 进一步氧化，生成 Mn_3O_4。利用金属锰生产的 Mn_3O_4，其产品的质量较好，但是这种方法在缩短反应时间、降低反应温度、提高密度与比表面积、实现流程的连续化和自动化等方面还有许多工作需要去研究。

B　高价锰还原法

高价锰氧化物法制得的 Mn_3O_4 可表示为 $MnO_{1.33}$，其氧锰比等于 1.33。锰的氧化物中相对于 Mn_3O_4 有较高价态的氧化物，因此称为锰的高价氧化物，如 MnO_2、Mn_2O_3、MnOOH 等，其氧锰比大于 1.33。以甲烷（CH_4）为还原气体在 250～550℃ 下将 MnO_x（$x > 1.33$）还原生成 Mn_3O_4，化学反应的基本方程式可表示为：

$$MnO_x + CH_4 \longrightarrow Mn_3O_4 + CO_2 + H_2O \tag{8-8}$$

使用甲烷的优点有：反应温度较低，容易将高价氧化锰还原成 Mn_3O_4。随初始锰的氧化物不同，在反应条件控制方面，其反应温度稍有差别，MnO_2 宜在 250～440℃，而 Mn_2O_3 或 MnOOH 宜在 300～500℃。一些学者在研究中发现，在较低的温度下，还原得到的产品粒度小、活性好、烧结程度较少。

还有研究报道，高纯 β-MnO_2 在沸腾炉中加热至 1000℃ 并保持 1h，然后冷却，可制得 γ-Mn_3O_4；将电解 MnO_2（EMD）置于瓷坩埚中加热到 1000℃，保持 90min，将其冷却，再将产品碾细并过 0.083mm（180 目）筛，随后用 0.1～0.3mol/L H_2SO_4 在 40～50℃ 下洗涤 3 次，再用蒸馏水冲至 pH 值为 6～7，在 105℃ 下烘干可得高纯 Mn_3O_4。

在实验室条件下，用分析纯 $MnCO_3$ 制备有两种途径，一种是将高纯 $MnCO_3$ 加热至 1050℃，保温 90min，冷却碾细并过 0.083mm（180 目）筛，然后用 0.1～0.3mol/L 的 H_2SO_4

溶液洗涤，再用蒸馏水冲至 pH 值为 6 ~ 7，在 105℃烘干即得产品；另一种是将高纯 $MnCO_3$ 与硝酸在 pH 值为 0.5 ~ 1.0 下溶解，反应所得的 $Mn(NO_3)_2$ 溶液与 20% NH_4OH 在 pH 值为 7.5 ~ 8 反应形成锰的氢氧化物，然后在 600 ~ 650℃下焙烧该氢氧化物即得产品 Mn_3O_4。

使用氨基甲酸盐法制得的碳酸锰，可以在 1000℃空气中焙烧处理而得到锰锌铁氧体使用的高密度、高纯度的 Mn_3O_4。

对上述以高价锰氧化物制备 Mn_3O_4 的方法进行对比，碳酸锰为原料时一般均须在较高温度下焙烧热解，产品会因烧结而降低活性，虽然通 CH_4 气可在小于 500℃温度下反应，但气体参与反应对工业生产的安全不利。用 MnO_2 制取 Mn_3O_4，无论是 CMD 或 EMD，其 MnO_2 含量一级品为 90%，由于硫酸锰本身是一种化工产品，各种杂质含量不高（如以 Pb 计的重金属含量为 $15 \times 10^{-4}\%$），因而产品的纯度容易得到保证，但无论是何种方法，目前都是在研究阶段，还需进一步的探索。

8.3 高纯铬

8.3.1 金属铬概述

铬（Cr）的原子序数是 24，是元素周期表第 VI_B 族元素，相对原子质量为 52，为银白色的金属，莫氏硬度为 9（金刚石为 10），是最硬的金属。铬的熔点为 1930℃，沸点为 2482℃。铬的氧化还原电位在 Zn 和 Fe 之间，因为金属铬遇空气迅速氧化形成一层极薄而致密的膜，将内部金属与外部介质隔绝，从而保护内部金属不再氧化，这就是铬的钝化作用，因为钝化作用使铬具有很强的抗腐蚀性。在不受应力和纯度极高的情况下，金属铬比较柔软并有延展性，可进行各种类型的加工，但含有杂质的铬脆，不易锻造。

由于铬具有高硬度、高熔点和沸点、强抗腐蚀性、有光泽等特点，使其作为装饰性或功能性镀层而被广泛用于电镀行业。铬作为一种材料，更是生产金属陶瓷、军工产品和耐高温非铁基合金部件所不可缺少的。火箭喷嘴、高速飞机、导弹、瓦斯透平机中的一些零部件需要有良好的硬度和耐蚀性并且能承受极高的温度，大多数金属材料不能满足要求，铬金属由于其高硬度和良好的耐高温、耐蚀等性质，可广泛用于上述工业中。另外由于其电传导性低，是被覆电子设备的理想材料。铬薄膜被用在计算机硬盘、电视的平面显示屏、液晶显示屏等方面。在微电子半导体集成电路、大型幕墙玻璃和汽车后视镜等技术领域，需要使用性能各异、要求不同的高纯铬和铬合金溅射靶材。近几年来，开展了高纯铬及铬合金靶材的研制和开发，达到了靶材的技术要求，先后在微电子、玻璃镀膜和汽车后视镜等领域得到广泛应用。

8.3.2 高纯铬概述

高纯铬是非铁基耐高温耐腐蚀精密合金特别是铬基合金的必备材料，在宇航工业、喷气飞机制造、燃汽轮机制造等工业有着重要的作用。高纯铬价格非常昂贵，目前我国主要依赖进口。我国可生产铝热法铬，这种常规火法铬含量很难超过 99%。由于含有铁硅铝杂质，脆性很大，难以加工。99.8% 的高纯铬具有韧性，只有通过电解才能得到。

8.3.3 金属铬的制备

金属铬一般用铝热法或硅高温法还原三氧化二铬制得。铝热法制得的产品中含 Al 量达3.7%，含 Fe 量为0.41%；硅高温法含 Si 量为0.71%，含 Fe 量为0.79%，其产品纯度仅可满足一般合金及合金钢要求。某些特殊要求合金，对金属铬的纯度提出更高要求，如用于锻造时，对含硫要求十分严格。采用碘化铬在真空条件下与适当的热沉积表面接触的热解法（范阿克尔-德博尔法）可得到纯度达4N的高纯铬，这是目前能得到的最纯生产铬的方法。但由于生产工艺和成本太高，这种方法只适于极少量生产，不能满足大规模加工制造的需要。高纯铬也可用氢气高温还原三氧化二铬及硝酸铬热分解法制造，但均无实际工业意义。用电解法制得的高纯铬，不会混入铝、硅等杂质，且含硫量仅为铝热法产品的1/10左右，可满足多种军工要求。

电解铬有六价铬和三价铬两种工艺，后者具有耗电少、效率高、污染轻等优点，应用前景良好。制备高纯铬有以下几种方法：六价铬的水溶液电解、三价铬的水溶液电解、三价铬的熔融盐电解、有机溶液中的电解以及离子交换膜电沉积铬。利用六价铬水溶液电沉积金属铬，毒性大、对环境污染严重且电流效率低。三价铬水溶液电解，其毒性仅为六价铬的百分之一，电化学当量是六价铬的两倍，污染小，更适于电解生产。由于铬的析出电位比氢低，水溶液中阴极上沉积铬的同时，伴有剧烈的析氢反应，大大地降低了铬沉积的电流效率，这一弊端极大地限制了水溶液电解铬的发展。而熔盐或有机溶液电解三价铬则恰好能克服六价和三价铬水溶液电解的弊端。因为熔盐和有机溶液中无析氢反应，电流效率较高。目前国际上开展这方面的研究还很少，只有欧美少数国家的研究者从事这一方面的工作，但距离实用化还有相当一段距离。图8-12为电解法制备金属铬的工艺流程。

8.3.3.1 溶液电解

A 六价铬的水溶液电解

目前常用的高纯铬制备方法是采用铬酸作电解质的六价铬水溶液电解，但该方法电流效率低、污染严重、毒性大，不符合环保生产的要求。因此六价铬电解势必被三价铬电解所取代。

B 三价铬的水溶液电解

三价铬水溶液电解具有较好的发展前景，采用三价铬的硫酸盐电解，即以铬铵矾为原料，配制一定浓度的溶液，装入电解槽，用不锈钢作阴极，用Pb-Ag(1-99)合金作阳极，通以一定的直流电后，在阴极，硫酸铬不断获得电子，被还原成亚铬酸盐和析出金属铬；在阳极，硫酸铬盐部分被氧化为铬酸并生成硫酸。美国一些研究机构就是采用这种方法制备铬，其工艺参数见表8-7，可获得电流效率为60%。

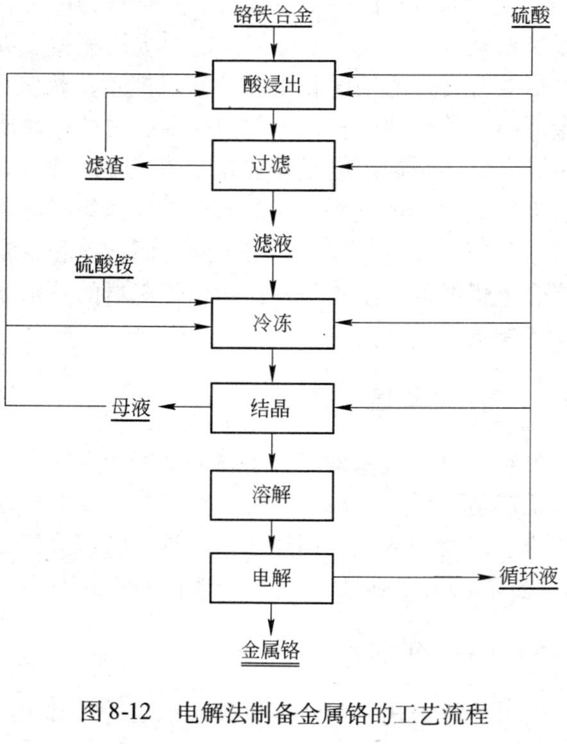

图8-12 电解法制备金属铬的工艺流程

表 8-7 铬电解工艺参数

项 目	参 数	项 目	参 数
电流密度/$A \cdot dm^{-2}$	8.6	槽温/℃	59 ± 1
槽压/V	4.8		
pH 值	2.45 ~ 2.65	添加剂	Goulac（每升槽料加 0.03g）

C 有机溶液中三价铬的电解

采用有机溶液进行三价铬的电解目前还处于研究阶段，这方面的研究还很少。该方法的出发点也是选择一种低温、无活泼氢，并且能溶解多种无机盐的有机溶剂。有关实验研究发现适合的溶剂包括二甲基亚砜(DMSO)、N，N-二甲基乙酰胺等，国内目前已有用二甲亚砜作溶剂电镀合金的报道，取得了较好的效果，其研究结果对于用该溶剂电解制取高纯铬有重要的参考价值。应用可溶性铬阳极，在二甲基亚砜-NaBr-KBr 溶液体系中，采用恒电位技术电解制备高纯铬。该方法操作简单，成本低，但其存在电流效率低的缺点，因此尚处在实验室研制阶段，下阶段研究中将以提高电流效率为重点，以取得实用化的成果。

8.3.3.2 熔盐电解

熔融盐是盐的熔融态液体，最常见的熔融盐是由碱金属或碱土金属与卤化物组成。通过 X 射线衍射、中子衍射以及光谱实验研究证实，熔融盐具有开放的结构，其间可能含有空穴、空位或自由体积。熔盐的主要特征是：

（1）熔融盐是离子熔体，形成熔融盐的液体由阳离子和阴离子组成，因此熔融盐具有良好的导电性能，其电导率比电解质溶液高一个数量。

（2）具有宽的使用温度范围和相对的热稳定性。

（3）具有较低的蒸气压，特别是混合熔融盐，蒸气压更低。

此外熔融盐还具有热容量大、对物质有较高的溶解能力、较低的黏度及化学稳定性好等特征。由于以上这些特征，熔融盐被广泛用作热介质、化学反应介质以及核反应介质。

熔融盐通常是一种温度高、腐蚀性强的介质，无论从设备防护还是从尽量抑制副反应的角度考虑，熔融盐电解的温度都应该越低越好，因此多数是把金属溶解于其他熔融盐中，以制成混合熔融盐，以此降低金属的熔点。二十世纪四五十年代，发现了在室温下的熔盐，其首先应用于电镀铝，后来相继开发并应用于各种熔融过程。例如电池的电解质、电沉积金属和合金的介质、有机反应的溶剂等。

熔盐电解制备高纯铬，主要采用熔盐电沉积和熔盐电解精炼等方法。对比电沉积和电解精炼，它们的基本过程相似，都是金属离子的阴极还原，而在电化学机理上有一定差异。

A 熔盐电沉积铬金属

熔盐电沉积铬和三价铬水溶液电沉积的原理一样，主要采用不溶性阳极、不锈钢阴极，使溶液中的待提取金属离子在阴极还原，制得纯金属。阳极过程主要为析气电极反应，从而加强了溶液的自然对流。并且当电流密度升高到一定值时，就会产生阳极效应。国外有学者用炭阳极在含三价铬的 KCl-NaCl(60 : 40)的熔盐体系中获得了电流效率为 26% 的铬金属。还有人在 450℃ 下，在含有三价铬的 LiCl-KCl 熔盐体系中，用炭阳极电解，电流效率达到了 88%，制得了高纯铬，此方法也在进一步优化。

B　熔盐电解精炼制备铬金属

熔盐电解精炼制备铬的方法是采用可溶性的铬阳极，即火法冶金过程制得的粗铬金属作为阳极进行电解，通过选择性的阳极溶解及阴极沉积，达到分离杂质和提纯金属的目的。金属电解精炼时，金属离子由阳极表面溶解进入熔盐溶液中，通过扩散和自然对流到达阴极表面发生电化学还原反应。熔盐电解精炼制备铬的方法可分为室温和高温两类。欧美少数发达国家也正在进行熔盐电解精炼制备高纯铬的实验研究，但主要是高温电解精炼。有报道在 LiCl-KCl 熔盐体系中、500℃左右、电流密度为 $6mA/cm^2$ 下进行电解，取得了一些效果。

由于高温过程中的电解存在着一些缺陷，因此冶金研究者正在寻求和建立一种在低温熔盐电精炼制备高纯铬的方法，但目前关于这方面研究情况的报道还未见到。在熔盐体系的选择方面，主要分为室温熔盐体系和低温熔盐体系。室温熔盐主要由无水氯化铝和有机盐类组成，如氯化铝-1-甲基-3-乙基咪唑氯化物（$AlCl_3$-MEI^+Cl^-）、氯化铝-四正丁基吡啶氯化物（$AlCl_3$-BP^+Cl^-）、1-甲基-3-乙基咪唑四氟硼酸盐（MEI^+BF^-）、1-甲基-3-乙基咪唑六氟磷盐（$MEI^+PF_6^-$）等，但室温铝氯酸盐体系须用专门制备且价格较贵的有机盐。20 世纪 80 年代出现另一类由酰胺与碱金属硝酸盐或硝酸铵组成的低温熔盐，例如尿素-乙酰胺-NH_4NO_3（T_m = 7℃），低共熔组成的尿素-NaCl（T_m = 109.5℃），尿素-NaBr-KBr（T_m = 51℃）在 100～125℃时的电导率可达 2×10^{-2}S/cm，槽电压为 2.3V。有研究组采用尿素-NaBr-KBr + $Cr_2(SO_4)_3$（无水）熔盐体系，在 120℃左右、电流密度为 $100A/cm^2$ 下，进行电解，取得了一定的效果。该方法无污染、无毒性，对设备要求低，并且操作简单，具有很高的科学研究价值。

8.3.3.3　离子交换膜电沉积法

隔膜电解根据隔膜的性质可分为非选择透过膜电解和选择透过膜电解。离子交换膜电沉积铬其实是一种改进了的溶液电解技术。其主要区别是在反应器内加入了一层选择性透过离子交换膜，从而避免了 Cr^{3+} 在阳极氧化成为 Cr^{6+}。隔膜电解技术关键在于隔膜材料，隔膜材料的高选择性、耐酸碱性和抗氧化性成为影响隔膜使用寿命的一个重要因素。目前隔膜电解技术中所采用的隔膜材料有以下几种：石棉、涤纶布、尼龙筛网膜、素烧陶瓷板、高分子阴阳离子交换膜等。美国的 IBM 公司推出了全硫酸盐体系的双槽电镀工艺，利用离子渗透性薄膜分开电解液为阴极室和阳极室，阴极液为三价铬镀液，阳极液为硫酸或硫酸盐。双槽电镀方法既可以避免有害气体（如卤气）的析出，又可以杜绝 Cr^{3+} 在阳极氧化成为 Cr^{6+}，同时还为阳极材料的选择提供了方便。这种双槽电镀方法尽管不尽完美，但作为一种开拓三价铬连续电镀的新思路、新方法，至今仍有研究者采用。除高分子阴阳离子交换膜外，别的膜无选择性，而且膜电阻很高，不能实现阴阳极区电解液的有效隔离，从而使电解产物相混，杂质离子在电极上放电，影响了电解效率，而高分子阴阳离子交换膜可以避免它们的不足之处。

对于电沉积高纯铬，在不使用隔膜或使用石棉、涤纶等一般隔膜时，由于阳极氧化反应，会产生六价铬离子，六价铬离子会在阴极还原产生三价铬离子，降低电流效率。且随着电解时间的加长，六价铬离子积累得越多，破坏了电解液中三价铬离子和六价铬离子的比例，严重时使电解无法继续。通常采用的铅或铅合金阳极会产生铅化合物渣，铅化合物溶解在电解液里，会降低金属铬的质量。而使用离子交换膜将电解槽分隔为阳极室和阴极室，溶有三价铬盐的水溶液送入阴极室，与三价铬盐具有相同阴离子的酸性溶液送入阳极室。使用阴离子交换膜，可避免六价铬的产生，同时阻止溶解的铅化合物进入阴极电解液，不影响阴极沉积金属的质量，同时还为阳极材料的选择提供了方便。

参考文献

[1] 刘业翔，刘余九．中国冶金百科全书：有色金属冶金[M]．北京：冶金工业出版社，1999.

[2] 尹文新，韩跃新，舒方霞．电解二氧化锰制备技术的研究进展[J]．金山矿业，2007(3):10～14.

[3] 谢亚勃，马子川，郑世钧．化学二氧化锰合成方法进展[J]．河北师范大学学报（自然科学版），2001，25(1):96～98.

[4] 薛娟琴．以硫酸锰为原料制备四氧化三锰的理论与工艺[D]．西安：西安建筑科技大学，2000.

[5] 齐江华．超纯净工业纯铁生产工艺研究[D]．武汉：武汉科技大学，2006.

[6] 范家友．电解法制取金属铬粉工艺研究[J]．昆明冶金高等专科学校学报，2001，17(4):27～30.

[7] 杜荣斌．高纯铬电解技术的研究进展[J]．综合评述，2005，24(9):12～15.

[8] 张小丽．离子交换膜电沉积高纯铬[D]．鞍山：辽宁科技大学，2007.

[9] 杜荣斌．低温熔盐体系中电精炼制备高纯铬[J]．桂林工学院学报，2005，25(3):335～338.

[10] 申永强，符智荣，黄养逢，等．电解金属锰阳极泥回收制备化学二氧化锰工艺研究[J]．中国锰业，2007，25(3):14～16.

[11] 张青来，贺继弘．粉末冶金高纯铬和铬合金溅射靶材烧结工艺研究[J]．金属成形工艺，2003，22(6):10～14.

[12] 王红太．国内四氧化三锰的生产工艺现状及发展方向[J]．山西化工，2006，26(3):55～57.

[13] 莫叔迟，梁文阁，李东兴．5t 中频感应炉用海绵铁作原料冶炼纯铁的研究[J]．铁合金，2001，36(6):31～35.

[14] 李正邦．钢铁冶金前沿技术[M]．北京：冶金工业出版社，1997.

[15] 温宏权．超纯铁的制备技术综述[J]．上海金属，2002，56(11):32～35.

[16] 邱羽，高濂．由硝酸盐尿素配合物前驱体制备过渡金属氮化物粉体的研究[J]．无机材料学报，2004，19(1):63～68.

[17] 蔡永成．超纯工业纯铁的冶炼技术探讨[J]．钢铁，2002，45(2):17～19.

[18] 黄希祜．钢铁冶金原理[M]．北京：冶金工业出版社，1993.

[19] TAKAKI S，ABIKO K. Ultra-purification of electrolytic iron by cole-crucible induction melting and inducting floating-zong melting in ultra-highvacuum[J]. Material Transactions，JIM，2000，41(1):2～6.

[20] GHAEMI M，BIGLARI Z，BINDER L. Effect of bath temperature on electrochemical properties of the anodically deposited manganese dioxide[J]. Journal of Power Source，2001(102): 29～34.

[21] 王跃．日本竹原制炼所电解二氧化锰生产简介[J]．中国锰业，1995，13(5):32～36.

[22] 陈孟军．两矿一步法生产电解二氧化锰工艺与调试实践[J]．湖南冶金，1995，5(3):27～31.

[23] 朱国祥．采用直接浸出新工艺制备电解二氧化锰[J]．南方钢铁，1995(2):10～13.

[24] 钱伟文．中国电解二氧化锰工业的发展[J]．湘潭师范学院学报(自然科学版),2004，26(2):16～19.

[25] SUSANA P A，MARTA M E D，CARLOS E M. Manganese dioxide electro－deposition in sulphate electrolytes: the influence of ferrous ions[J]. Journal of Electro－analytical Chemistry，2004(569):7～14.

[26] RETHINARAJ J P，VISVANATHAN S. Preparation and properties of electrolyc manganese dioxide[J]. Journal of Power Source，1993(42):335～343.

[27] RETHINARAJ J P，CHOCKALINGAM S C，KULANDAISAMY S，et al. Electrolytic manganese dioxide from chloride electrolyte[J]. Hydrometallurgy，1993(34):119～133.

[28] 彭凤仙．用于碱性干电池的二氧化锰制造方法[J]．中国锰业，2000，18(4):53 ~ 55.

[29] 江培海，张寅生，王含渊，等．矿浆电解法制取电解二氧化锰[J]．有色金属（冶炼部分），1985(5):2 ~ 5.

[30] 谭柱中．中国电解金属锰工业现状[J]．中国锰业，2005，23(2):5 ~ 61.

[31] 杨红．四氧化三锰的制备方法及产品质量论述[J]．中国锰业，1997，15(2):42 ~ 45.

[32] 汤晓壮．用金属锰粉湿法制取四氧化三锰的理论和实践[J]．中国锰业，1997，15(1):42 ~ 45.

[33] 吴义添．四氧化三锰的制备、性质、结构和用途[J]．中国锰业，1990，8(1):32 ~ 35

[34] 吴义添．四氧化三锰的研制[J]．中国锰业，1990，8(4):38 ~ 41.

[35] 吴胜华，朱春华．四氧化三锰的制备方法及市场展望[J]．中国锰业，1997，15(4):49 ~ 51.

[36] 伍喜庆．四氧化三锰的制备方法[J]．中国锰业，1996，14(1):37 ~ 41.

[37] 才运达，陈孟军，邓建元．EMD 半成品制备 Mn_3O_4 的研究[J]．中国锰业，1993，11(1):25 ~ 30.

[38] 姚震江．高纯 Mn_3O_4 和锰系列化合物的制备[J]．中国锰业，1992，10(2-3):114 ~ 117.

[39] 徐华蕊．沉淀法制备纳米级粒子的研究[J]．化工进展，1996(5):29 ~ 31.

[40] 高家利．硫酸锰制备四氧化三锰及其热解动力学研究[D]．南宁：广西大学，2007.

[41] 谭柱中，梅光贵，李维健，等．锰冶金学[M]．长沙：中南大学出版社，2004.

[42] 李耀刚，高濂．氨解法制备氮化铬粉体[J]．无机材料学报，2003，18(1):233 ~ 237.

[43] TALAS S, COCHRANE R C. Effects of Ti on the morphology of high purity iron alloys[J]. Journal of Alloys and Compounds, 2005, 396(1-2):224 ~ 227.

[44] SUDOH K, HIRAKURI K. Influence of the crystal structure of a high purity iron substrate on diamond growth by chemical vapor deposition[J]. Carbon, 2008, 46(3):562 ~ 563.

[45] ZHANG Q, ZHU M F, ZHANG Q H, et al. Fabrication and magnetic property analysis of monodisperse manganese-zinc ferrite nanospheres [J]. Journal of Magnetism and Magnetic Materials, 321 (19): 3203 ~ 3206.

[46] VALDÉS-SOLÍS T, VALLE-VIGÓN P, ÁLVAREZ S, et al. Manganese ferrite nanoparticles synthesized through a nanocasting route as a highly active Fenton catalyst [J]. Catalysis Communications, 2007, 8 (12):2037 ~ 2042.

[47] 李国，胡国荣，彭忠东，等．沉淀—氨解法制备超细高纯氮化铬粉体．中国粉体技术[J]．中国粉体技术，2007(4):24 ~ 28.

[48] 张书，王逢云，金龙飞．生物转化法由乙酸铬制备含铬功能性材料的研究[J]．工艺技术，2006，3(126):28 ~ 29.

[49] GUILLEMET-FRITSCH S, AOUN-HABBACHE M, SARRIAS J, et al. High-quality nickel manganese oxalate powders synthesized in a new segmented flow tubular reactor[J]. Solid State Ionics, 2004, 171(1-2): 135 ~ 140.

[50] MIMURA K, KOMUKAI T, ISSHIKI M. Purification of chromium by hydrogen plasma-arc zone melting [J]. Materials Science and Engineering A, 2005, 403(1-2):11 ~ 16.

9 高纯水及试剂

9.1 高纯水

9.1.1 高纯水的概述

9.1.1.1 水纯度的概念

纯水、高纯水主要是依据水含盐量或水的电导率来进行定性或定量的分类。作为水纯度的重要指标电阻率，其是指在特定温度下，1cm^3 水溶液相对两面间的电阻，以ρ表示。水的电阻率与其含有的离子种类、浓度、水温及电阻率的测量方式等有关，在一定的条件下，其值可以反映水中相对杂质的量。表 9-1 为水的电阻率与电解质含量的关系。

表 9-1 水的电阻率与电解质含量的关系

ρ(25℃) /MΩ·cm	电解质含量/%			ρ(25℃) /MΩ·cm	电解质含量/%		
	NaCl	$CuCl_2$	$FeCl_3$		NaCl	$CuCl_2$	$FeCl_3$
1	440×10^{-7}	575×10^{-7}	520×10^{-7}	10	20.9×10^{-7}	27.5×10^{-7}	24.9×10^{-7}
2	206×10^{-7}	271×10^{-7}	239×10^{-7}	15	5.5×10^{-7}	7.22×10^{-7}	6.53×10^{-7}
5	67×10^{-7}	88.4×10^{-7}	80×10^{-7}	18	0.35×10^{-7}	0.45×10^{-7}	0.41×10^{-7}

水的电阻率是在特定的温度下测得的值，因而只有在同一标准水温下才能真实反映不同水质的纯度。我国是以水温 25℃ 为电阻率测定标准，美国、日本等国家也以 25℃ 为标准，有些欧洲国家以 20℃ 为标准。

表 9-2 列出了我国以电导率及残余含盐量为纯度指标，对脱盐水、纯水、高纯水等进行了区分。表 9-3 是依据各工业部门对水质的不同要求对水的纯度进行的分类。

表 9-2 纯水水质指标

项 目	自来水	初级纯水	纯 水	高纯水
TDS(溶解总固体)/mg·L^{-1}	<500	1~5	<1	<0.1
电导率/μS·cm^{-1}	100	10~1	1~0.1	<0.1

表 9-3 水的类别

类 别	概 念
淡化水	一般指将高含盐量的水，经过局部除盐处理后，变成为生活及生产用的水
脱盐水	相当于普通蒸馏水，水中强电解质大部分已去除，剩余含盐量为 1~5mg/L，25℃时水中的电阻率为 $0.1\times10^6\sim1.0\times10^6$Ω·m
纯水（去离子水）	水中强电解质大部分已去除，而弱电解质如硅酸和碳酸等也去除到一定程度，剩余含盐量一般在 1.0mg/L 以下，25℃时，水的电阻率为 $1.0\times10^6\sim10\times10^6$Ω·m
高纯水（超纯水）	水中的导电介质几乎全部去除，而水中胶体微粒、微生物、溶解的气体和有机物等也已去除到最低程度。在使用之前，还需进行终端处理，以确保水的高纯度。高纯水的剩余含盐量应在 0.1mg/L 以下，25℃时水的电阻率在 10×10^6Ω·m 以上，而理论上纯水（即理论纯水）的电阻率应为 18.3×10^6Ω·m(25℃)

纯水、高纯水和脱盐水在处理对象上和水质指标上有一定差别，但无明确区分界限。一般认为，脱盐水（包括一级与二级脱盐），以去除无机盐类为主要目标，在脱盐过程中也去除了部分机械杂质和有机物质。而高纯水对水中残余无机盐类含量的要求极为严格，对水中各种金属离子的含量，有机物的含量、微粒、粒径及数量以及微生物的数量等都有严格的指标。纯水的处理对象与高纯水相同，但对水质的要求没有高纯水要求全面。

9.1.1.2　水中的杂质

根据水的净化和处理的需要，假定水中的物质均呈球形，并按其直径大小分成悬浮物、胶体和溶解物质三大类杂质：

（1）悬浮物。水中杂质颗粒最大的为悬浮物质，粒径约在4～10mm以上，肉眼可见。这些微粒主要是由泥沙、黏土、原生动物、藻类、细菌以及有机物等组成。

（2）胶体。胶体物质杂质的粒径为10^{-4}～10^{-6}mm。胶体是许多离子和分子的集合物。天然水中的无机矿物质胶体主要是铁、铝和硅的化合物，有机胶体物质主要是腐殖质。

（3）溶解物质。水中存在的杂质主要是离子和分子，称为溶解物质，粒径为10^{-6}mm，主要是溶解于水中的以低分子存在的溶解盐类的各种离子和气体。

高纯水由源水制备而得，源水中的杂质与水源有直接的关系，一般来说，对水中杂质进一步进行分类的话，可分为五大类，见表9-4。

表 9-4　水中的杂质分类

类　别	具 体 杂 质
电解质	包括可溶性无机物、有机物及带电的交替离子等，阳离子有H^+、Na^+、K^+、Ca^{2+}、Mg^{2+}、Fe^{2+}、Fe^{3+}、Cu^{2+}、Zn^{2+}、Mn^{2+}、Al^{3+}等，阴离子有Cl^-、NO_2^-、HCO_3^-、SO_4^{2-}、PO_4^{2-}、$HSiO_2^-$等，带电的胶体粒子有铁、硅、铝的化合物及有机胶体化合物等，还有有机酸离子
有机物	主要指天然或人工合成的有机物质，如有机酸、有机金属化合物等
颗粒物质	包括泥沙、尘埃、有机物、微生物及胶体颗粒等
细菌、微生物	包括浮游生物和藻类，而菌类又有真菌、霉菌、细菌和变形菌等
溶解气体	包括N_2、O_2、Cl_2、H_2S、CO、CO_2、CH_4等

显然，各类杂质的存在都会影响水质，表9-5列出了一些主要杂质对水质的影响状况。

表 9-5　部分杂质对水质的影响

杂质分类	杂　质	对水质造成的影响
悬浮物质	泥沙、黏土等	使水浑浊、产生黏泥
	藻类及原生动物	使水有色度、有臭味、浑浊并产生黏泥
	细　菌	致病、产生黏泥、产生腐蚀
	其他不溶物质	产生沉积
胶体物质	溶胶（如硅胶）	致使结垢
	高分子化合物（如腐殖酸胶体等）	使水浑浊、产生吸附和沉积
溶解物质	钙镁盐类	产生硬度、碱度、腐蚀等
	钠盐类	产生碱度、含盐量高
	铁盐及锰盐	产生颜色、气味、硬度，腐蚀金属
	溶解气体	产生腐蚀（氧气）、酸度（二氧化碳）、臭味（硫化氢）等

9.1.1.3 半导体行业对水质的要求

下面主要以集成电路为对象，分析水中各类杂质对其造成的有害影响。

半导体器件，特别是大规模、超大规模集成电路的制作技术，是一种复杂的、综合性的加工技术，需要用高纯材料、高纯试剂、高纯气体和高纯水，并需具有洁净环境等条件。随着大规模和超大规模集成电路的飞速发展，集成度越来越高，线路越来越细，对制作工艺的要求越来越严格。如果在制作过程中带入过量的有害杂质，就会破坏器件结构的完整性，并因而影响其性能，严重的污染还导致器件完全失效。因此，高纯水作为超大规模集成电路制作过程中的关键性基本原料，它的纯度和洁净度对集成电路的成品率、电性能及可靠性都有着十分重要的影响。随着半导体行业技术的迅猛发展，对高纯水的要求和标准也不断提高（见表9-6），因而对超净高纯水的生产、运输和储存提出了非常严格的要求。

表 9-6 半导体行业对高纯水的要求和标准

年 代	1986 年	1989 年	1992 年	1995 年	1998 年	2001 年	2004 年	2007 年	2010 年
IC 集成度	1M	4M	16M	64M	256M	1G	4G	16G	64G
技术水平/μm	1.2	0.8	0.5	0.35	0.25	0.18	0.13	0.10	0.07
金属杂质/%	$\leqslant 10\times10^{-7}$		$\leqslant 1\times10^{-7}$			$\leqslant 0.1\times10^{-7}$			
控制粒径/μm	≥0.5		≥0.5			≥0.2			
颗粒/个·mL^{-1}	≤25		≤5						
相应试剂级别	BV-Ⅲ		BV-Ⅳ			BV-Ⅴ			
SEMI 标准	C7		C8			C12			

集成电路的生产，包括集成电路封装，大多数工序都需要超纯水进行清洗。晶圆及工件与水直接接触，在封装过程中的减薄工序和划片工序，更是离不开超纯水。一方面晶圆在减薄和划片过程中的硅粉杂质得到洗净，而另一方面纯水中的微量杂质又可能使芯粒再污染，这毫无疑问将对封装后的集成电路质量有着极大的影响。在半导体分立器件和集成电路的制作工业中，都直接或间接地与高纯水有关。在半导体制作工艺中，50%以上的硅片生产工序中，硅片与超纯水直接接触，其中80%以上的工序同时需要进行化学处理，而化学处理是离不开高纯水的，如水中过多的杂质会进入硅片，将会导致器件性能下降，影响产品质量。因此提高水质和制取高纯度的水已经成为当今发展大规模集成电路的一项十分重要的基础技术。下面主要分析水中对集成电路有害的杂质（见图9-1）。

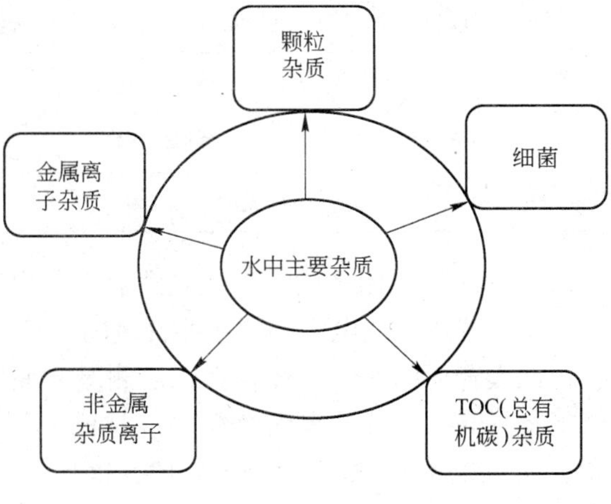

图 9-1 水中对集成电路有害的杂质分类

A　金属离子杂质

金属离子杂质主要分为两类，即快扩散杂质和浅能级杂质：

（1）浅能级杂质。P、As、Sb、B、Al 等杂质在 Si 中是浅能级的杂质，对电子、空穴浓度的影响很大。P、As、Sb 作为 N 型杂质，若过量能使 P-N 结反型。B、Al 是 P 型杂质，若过量能使 N 型硅反型，这些都是对器件不利的。

（2）快扩散杂质。快扩散杂质还包括 Au、Pt、Fe、Ni、Cu 以及 K、Na 等碱金属，它们的存在严重影响器件的性能。例如，Fe、Cu、Na 等金属会导致氧化层缺陷（OISF）的产生，因而增加 P-N 结合的漏电流，及降低少数载流子的寿命。而在硅中，Au、Pt、Fe、Ni、Cu 这些杂质的存在影响了器件的可靠性和阈值电压，导致低击穿，产生缺陷，还影响材料的寿命。试验证明当 Au 的浓度从 1μg/L 增加到 1mg/L 时，空穴寿命从 0.5μs 降至 0.5ns。同时，碱金属对硅片的影响也是非常明显的，若在硅片表面形成的 SiO_2 膜上附着有粒径为 0.1μm 的 NaCl 粒子，则由于潮解作用，它可扩散至 ϕ50μm 的圆面积，此时 Na^+ 表面浓度为 $1.5\times10^{11}cm^{-2}$。若这些 Na^+ 均变为移动离子，在 100nm 的氧化膜层中移动，则可使金属氧化物半导体晶体管（MOS 管）的开启电压偏移 0.7V，此值足以影响产品的性能。对 PMOS 而言，在源、栅区域的 SiO_2 及硅界面处，若存在 2mg/L 的 Na^+，就可使阈值电压由 −25V 增至大于 −12V。Na^+ 在 SiO_2 扩散得很快，在高场强下室温漂移会造成 MOS 晶体管的阈值电压不稳，或导致 SiO_2 击穿。有报道称，Na^+ 甚至可以催化无定形 SiO_2 在高温结晶，从而使 SiO_2 产生缺陷。

为了阐明 Au^{3+}、Cu^{2+}、Na^+、Fe^{3+}、Cr^{3+} 等离子对 PN 结漏电的影响，进行试验研究，结果表明：

（1）以含不同浓度的 Au^{3+}、Cu^{2+}、Na^+、Fe^{3+}、Cr^{3+} 等离子的水冲洗硅片，经过场氧化生长 SiO_2，经光刻、扩散制成 P-N 结，水中杂质浓度分别由 0.1μg/L 增至 1mg/L 时，12V 下测得的 P-N 结漏电由 $10^{-12}A/\mu m^2$ 增至 $10^{-9}A/\mu m^2$。

（2）用不同电阻率的水冲洗硅片后，再以同样步骤制成 P-N 结，测得的漏电数据见表 9-7。

表 9-7　用不同电阻率的水清洗硅片对 P-N 结漏电的影响

清洗水的电阻率（25℃）/MΩ · cm	漏电/A · μm^{-2}	清洗水的电阻率（25℃）/MΩ · cm	漏电/A · μm^{-2}
5	1.2913×10^{-9}	15	$(1.2913\sim2.5826)\times10^{-9}$
10	10.3304×10^{-9}		
13	$(6.4565\sim10.3304)\times10^{-9}$	16（终端水）	1.2913×10^{-9}

（3）用不同电阻率的水冲洗硅片后，用电容-电压（C-V）法测量表面电荷密度。测试步骤如下：将用不同电阻率的水冲洗过的硅片放入氧化炉中氧化，然后蒸发铝，经过刻铝后，再漂去背面的 SiO_2，经合金化后测量表面电荷密度，结果见表 9-8。由表可见，清洗水电阻率越高，硅片的表面电荷密度越低。其中用 15MΩ · cm（25℃）的高纯水清洗比用 12MΩ · cm（25℃）的高压水稍差一些，这是由于 10MPa 下高压水的冲击作用可降低表面残留物的残存量。

表 9-8 不同电阻率水清洗硅片后的 C-V 特性

清洗水的电阻率(25℃)/MΩ · cm	表面电荷密度/cm^{-2}	清洗水的电阻率(25℃)/MΩ · cm	表面电荷密度/cm^{-2}
5	10^{11}	16（终端水）	2×10^{10}
15	5×10^{10}	17（超滤水）	1.3×10^{10}
12（高压下）	4×10^{10}	18（超滤水）	1.2×10^{10}

（4）用含 Na^+ 的浓度为 67μg/L 和 1μg/L 的高纯水处理硅片，测可动钠离子浓度由 $10^{11}cm^{-2}$下降到 $1.2\times10^{10}cm^{-2}$。由此可见，要得到低的界面电荷密度，必须使用含 Na^+ 浓度低的高纯水。

B 颗粒杂质

颗粒杂质可以是有机的也可以是无机的。金属氧化物、制水用管材的表面脱落物、源水中的各种固体杂质尘埃、离子交换树脂碎片、各种膜过滤及超过滤的纤维、活性炭的碎末、细菌和微生物及其尸体等都是颗粒杂质。它们吸附于硅片表面，会造成光刻缺陷，氧化层不平整，产生针孔，影响制版和等离子刻蚀质量，在蒸发、合金工序中会造成铝线短路或断路。颗粒杂质在硅片表面的吸附既是物理吸附又是化学吸附，用普通的方法很不容易去掉。

对于颗粒杂质的污染，一般要考虑其造成缺陷的大小和缺陷的个数（缺陷密度）两个方面。产生缺陷的大小与颗粒的粒径有关，而产生缺陷的密度与颗粒的浓度有关。

制备集成电路的工艺中使用的所有气体、试剂和水都含有颗粒，因此都应规定其中直径大于一定数值的颗粒含量。对于生产 1M 的 SRAM（静态随机存储器），若管芯成品率要求为 10%，则要求每步光刻时缺陷数小于 0.05 个/cm^2，如果是直径 15.24cm(6in)的硅片，则要求整个片子上大于 0.2μm 的颗粒不得超过 140 个。对于 1M 的动态随机存储器（DRAM）工艺用高纯水，要求大于 0.5μm 的颗粒小于 100 个/L，也就是说要求在每毫升的高纯水中大于 0.5μm 的颗粒只有 0.1 个。

C 细菌

细菌（见图 9-2）是造成颗粒污染的另一个途径，这一点往往不被人们重视。菌类植物的生活环境比较广泛，在水、空气、土壤以至动、植物的身体内，它们均可生存，显然菌类对纯水的影响非常大，一般球菌的直径为 1 ~ 2μm，杆菌的大小因种类不同而异，一般为(1 ~ 4)μm × (0.5 ~ 1.0)μm(长 × 宽)。死的细菌具有固体颗粒的性质，而活的微生物具有附着于有机物表面的特性，极易在水中的离子交换树脂中生长繁殖，当在水流停滞时及在储水箱中湿度高而光线暗之处，菌类繁殖更加迅速，就会污染水质，严重时会造成滤芯堵塞、流量减少、压力增大，从而使供水系统不能正常工作。

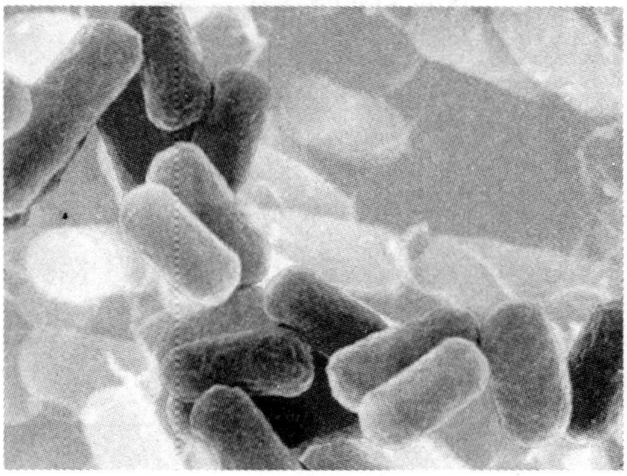

图 9-2 细菌

当前，集成电路的集成度不断提高，元件间距极其微小，如果水中细菌附于表面上，即可成为良好的“导体”，而大大降低器件的特性。

微生物虽种类繁多，但其组成是类似的，都含有电学活性的物质，可进入硅片而影响器件的电学性质。表 9-9 列出了菌类中无机物的含量。

表 9-9　菌类中的无机物成分（全灰分为 100%）

元　素	含量/%			元　素	含量/%		
	日本根霉菌属	青霉素氧化酶	可食摩拉克菌属		日本根霉菌属	青霉素氧化酶	可食摩拉克菌属
K	27.3	4.52	63.07	S	0.7	2.17	1.78
Na	12.9	7.98	0.38	Cl		0.5	1.37
Ca		26.72	1.75	Al		20.62	
Mg	1.42	8.56	1.77	Fe	1.84	4.52	2.00
P	28.7	25.01	26.13	Zn	0.18		
Si	21.2		0.63				

实验用不同细菌含量的水冲洗硅片，然后做成电容，测其漏电流，结果见表 9-10。

表 9-10　用不同细菌含量的水清洗硅片对 PN 结漏电的影响

细菌含量/个 · mL^{-1}	每 $10^4\mu m^2$ 漏电/A · μm^{-2}	细菌含量/个 · mL^{-1}	每 $10^4\mu m^2$ 漏电/A · μm^{-2}
<10	$(1\sim5)\times10^{-13}$	0（用紫外灯杀菌并经超滤的水）	$10^{-14}\sim10^{-16}$
80～190	$(2\sim5)\times10^{-12}$		

D　硅酸根（包括 SiO_2）及非金属 F^-、Cl^- 等杂质

硅酸根能引起磷硅玻璃发雾，阈值电压变化，在等离子刻蚀时，SiO_2 也会因之造成颗粒污染，形成缺陷。非金属 F^-、Cl^- 等杂质则影响外延层错以及化学气相沉积钝化层的质量。在外延工艺中，若硅片清洗不干净，如在每平方厘米硅片上残留 $10^{16}\sim10^{17}$ 个氟离子时，外延层错就会增加，Cl^- 的玷污会使钝化层发脆，造成化学气相沉积（CVD）法生长的 Si_3N_4、多晶硅、SiO_2 层不均匀而硅片有“发花”现象，膜的质量变坏。

E　TOC（总有机碳）杂质

有机物在硅片的表面可分解成水、气等物质，使硅片局部氧化速度增加，从而可增加氧化层厚度 60nm 左右，使氧化层变得不均匀。

9.1.2　高纯水的传统制备方法

水是一种很好的溶剂，因此水中含有很多杂质，如电解质、颗粒物、有机物、硅酸盐和各种气体等。为了适应各行各业对水质的不同要求，需要制备高纯水，这就是水的净化技术。

水的净化是一个多级过程，每一级都除掉一定量的污物，为下一级作准备。对某一独特的水源，应根据其水质特性及供水对象来设计净化系统。

表 9-11 粗略地列出了我国不同水源对净水系统的要求。

表 9-11　我国不同水源对净水系统的要求

水　源	特　点	对净水系统的要求
南方水源	有机物质含量和浊度较高	需加强凝聚、活性炭处理、过滤及澄清等预处理
北方水源	一般硬度高	需要增加软化工序

根据源水的化验结果，选择适当的步骤，要选用澄清、混凝、过滤、吸附等制水单元。另外，单就脱盐工序而言，可以用电渗析(ED)、反渗透(RO)和离子交换树脂脱盐，也可以用三者的不同组合来脱盐，要视水中含盐量的多少来定。若源水中的可溶性盐(TDS)含量很低，在预处理后可以直接使用离子交换树脂系统而不必用电渗析或反渗透。反渗透法对于有机物、金属氧化物、微生物及胶体物质具有较高的去除能力。对含二氧化碳高的源水需采用加氯基、紫外灯或臭氧杀菌。对颗粒的截留可采用各种膜过滤或超过滤技术。大规模或超大规模集成电路工艺的供水系统必须加超过滤器，而一般的半导体器件工艺的供水系统则不必用超过滤器，只用膜过滤就可以了。总之，应根据源水水质情况及用户的不同要求，选择和设计制水流程。

此外，还应考虑设备的性能价格比，以期达到经济、高效、适用的目的，千万不能生搬硬套。比如说，电渗析脱盐耗水量大，脱盐率低，经常需耗大量化学试剂再生并污染环境；反渗透是理想的脱盐设备，但对膜的选择要求高，特别是卷式膜需进口；用离子交换法脱盐，脱盐率非常高，但同样是需要经常再生，耗大量化学试剂，污染环境。

9.1.2.1 制水过程简介

高纯水的制备通常由预处理、脱盐和后处理三大部分组成。其各制备过程的方法见表9-12。

表 9-12 高纯水各制备过程的方法

制备过程	方法	
预处理	物理方法	澄清、砂滤、脱气、膜过滤、活性炭吸附等
	化学方法	混凝、加药杀菌、消毒、氧化—还原、配合、离子交换等
	电化学法	电凝聚等
脱盐工序	电渗析、反渗透、离子交换等	
后处理工序	紫外杀菌、臭氧杀菌、超过滤、微孔过滤等	

图 9-3 就是一个典型的制水工艺流程。

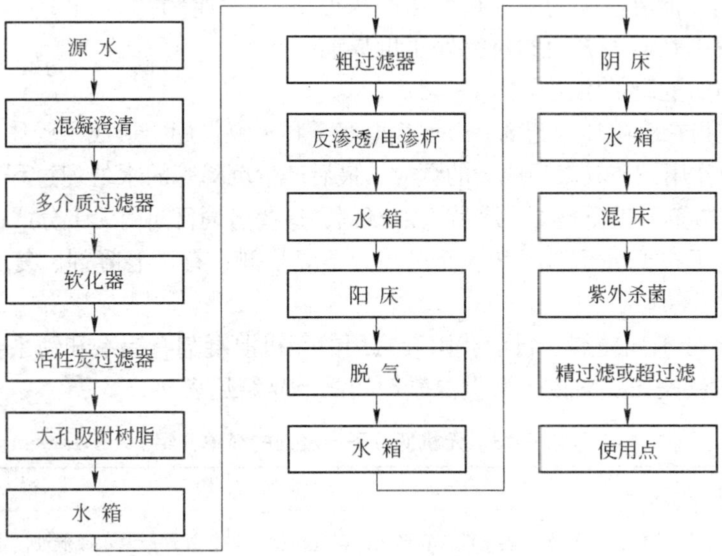

图 9-3 典型的制水工艺流程

9.1.2.2　预处理工序

预处理工序指的是脱盐工艺之前的全部工艺段。其主要目的是全部或部分去除源水中的机械杂质、悬浮物、微生物、胶体、溶解气体及部分无机、有机杂质，为脱盐及后处理工序创造条件，达到电渗析、反渗透、离子交换以及后处理的进水要求。预处理应包括凝聚、混凝、过滤、吸附、软化和脱气等。

A　混凝及常用的混凝剂

天然水中常含有泥沙、黏土、腐殖质、纤维素等杂质和病毒以及藻类微生物，它们在水中都具有一定程度的稳定性，使水变得浑浊有颜色并具有其他有害作用，因而需进行澄清处理。只用单纯的沉淀、过滤等直接分离方法很难有效地去除这些杂质，因而常常需要预先投加适当的化学药剂进行凝聚和絮凝。此外，在用石灰苏打法进行水质软化处理以及除铁、锰、硅等处理后，也生成了需进一步澄清的胶体物质。

水中的微粒大多都带有负电荷，由于同性相斥，它们很难黏合起来成为较大的颗粒，只有向水中投入大量带有正电荷的混凝剂才能使得胶体之间相互聚结，这个过程称为凝聚。

向水中投入具有线性结构的混凝物，线的一端拉着一个胶体颗粒，另一个胶体颗粒在相距较远的两个微粒之间起着黏结架桥的作用，使得颗粒逐步变大，变成大颗粒的絮凝体，这一过程称之为絮凝。

向水中投加药剂后，混合、凝聚、絮凝这几种作用先后综合进行，整个过程总体即称为混凝。混凝是水处理中的一个重要的方法，早已采用并有相当成熟的工艺，在水的净化技术中占有相当重要的地位。用混凝法可以降低水的浊度、色度、去除多种高分子有机物、某些重金属（汞、镉、铅）和放射性物质。此外，混凝还能去除导致富营养化的物质，改善污泥的脱水性能。它既可以作为独立的处理方法，也可以与其他方法配合，作为预处理、中间处理和最终处理。混凝剂和混凝机理的研究目前已经取得了很大进展，我国在有些方面的研究处于世界前沿。图 9-4 为初始混凝的示意图。

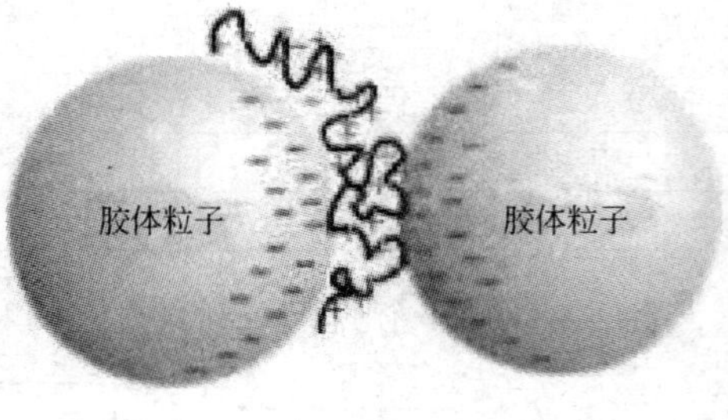

图 9-4　初始混凝

混凝处理是指在水中加入药剂后，产生电离子和水解作用，形成了胶体并与水中其他胶体颗粒进行吸附作用，使其絮凝成大的颗粒，最后产生沉降等的水处理过程。所投加的药剂包括凝聚剂、絮凝剂、助凝剂等，统称为混凝剂，这些名词目前尚无十分严格统一的定义。

混凝剂分为无机低分子混凝剂、无机高分子混凝剂、有机混凝剂、复合型混凝剂和微生物混凝剂五种。

（1）无机低分子混凝剂。目前我国最常用的无机混凝剂有铝系和铁系金属盐，主要有三氯化铁、硫酸亚铁和硫酸铝。各类混凝剂的简单介绍见表 9-13。

表 9-13　无机低分子混凝剂的简单介绍

无机低分子混凝剂	简 单 介 绍
三氯化铁	常用的是六水三氯化铁，它形成的矾花沉淀性好，处理低温水或低浊度水效果比铝盐好，适宜 pH 值范围较宽，但处理后水的色度比铝系的高，有腐蚀性

续表 9-13

无机低分子混凝剂	简 单 介 绍
硫酸亚铁	硫酸亚铁离解出的 Fe^{2+} 只能生成最简单的单核配合物，不如三价铁盐那样有良好的混凝效果
硫酸铝	是废水处理中使用最多的混凝剂，使用便利，混凝效果好，当水温低时水解困难，形成的絮体较松散，它的有效 pH 值范围较窄
明 矾	作用机理和硫酸铝相同

(2) 无机高分子混凝剂。无机高分子混凝剂混凝效果高、价格低，有逐步成为主流混凝剂的趋势。无机高分子混凝剂的品种有阳离子型：聚合氯化铝(PAC)、聚合硫酸铝(PAS)、聚合磷酸铝(PAP)、聚合硫酸铁(PFS)、聚合氯化铁(PFC)、聚合磷酸铁(PFP)、聚亚铁；阴离子型：聚合硅酸(PS)。

聚合氯化铝(PAC)对各种废水都可以达到好的混凝效果，易快速形成大的矾花，沉淀性能好；适宜的 pH 值范围较宽（在 5 ~ 9 之间），且处理后水的 pH 值和碱度下降较小；水温低时，仍可保持稳定的混凝效果；其简化度比其他铝盐、铁盐高，但对设备的侵蚀作用小。

(3) 有机混凝剂。有机高分子混凝剂具有用量少、混凝速度快、受共有盐类、pH 值及温度影响小，生成污泥量少且易于处理等优点，有广阔的应用前景。目前使用的混凝剂主要有合成和天然改性两种，例如，聚丙烯酰胺、聚二甲基二烯丙氯化铵、淀粉衍生物、木质素衍生物、甲壳素衍生物以及兼具混凝作用的植物胶改性多功能处理剂等。

(4) 复合型混凝剂。高效复合型混凝剂是近年来才发展起来的，其发展非常迅猛，种类比较多，它的作用机理在于离子键的相互增效作用。主要有聚合氯化铝铁、聚合硫酸氯化铝铁、聚氯硫酸铁、聚合硫酸铝铁、聚磷氯化铝、聚硅氯化铝和聚硅酸铁铝等。

无机化合物还可以与有机化合物复合形成复合型的混凝剂，如聚合铝-聚丙烯酰胺、聚合铁-甲壳素、聚合铝-阳离子有机高分子等，复合型的高效混凝剂在性能、经济、二次污染等方面的综合性能是最好的，目前混凝研究领域最热的也是复合型高效混凝剂。

(5) 微生物混凝剂。有机型混凝剂尽管非常有效，但残留物有害，如丙烯酰胺单体是很强的致癌物，无机型及复合型混凝剂也存在残留问题。微生物混凝剂正是在此形势下开发的新一代混凝剂。目前已经发现许多微生物如革兰氏阳性菌、革兰氏阴性菌和其他如土壤杆菌属、厄氏菌属、假单胞菌属等都能产生混凝物质，其中具有最强混凝作用的是红平红球菌。

表 9-14 列举了常见的各类混凝剂。

表 9-14 各种混凝剂举例

无机类	低分子（现场投加）	三价金属盐	铝盐	硫酸铝、氯化铝、铝酸钠
			铁盐	硫酸铁、硫酸亚铁、氯化铁
		二价金属盐	镁盐	碳酸镁、碳酸氢镁
			锌盐	氯化锌、硫酸锌
	高分子（预制）	阳离子型	聚合氯化铝、聚合硫酸铝	
		阴离子型	活化硅酸	

续表 9-14

有机类	表面活性物质	阴离子型	硬脂酸钠、油酸钠、十二烷苯磺酸钠
		阳离子型	十八烷胺醋酸盐、十八烷三甲基氨基氯化物
	低聚合度高分子（相对分子质量为1000至数万）	阴离子型	藻朊酸钠、羧甲基纤维素钠
		阳离子型	水溶性苯胺树脂、聚硫脲、聚乙烯亚胺
		非离子型	淀粉、水溶性尿素树脂
		两性型	动物胶、蛋白质
	低聚合度高分子（相对分子质量为10万至数百万）	阴离子型	聚丙烯酸钠、水解聚丙烯酰胺、马来酸共聚物
		阳离子型	聚乙烯吡啶盐、乙烯吡啶共聚物
		非离子型	聚丙烯酰胺、聚氧化乙烯
pH 值调整剂	石灰、碳酸钠、苛性钠、盐酸、硫酸		
其他辅助剂	高岭土、膨润土		

向被处理的水中投加混凝剂，首先是为了降低水中胶体及悬浊杂质的稳定性，然后使它们聚集成较粗的凝絮，以便迅速从水中分离出去。

化学混凝除了能降低水的浊度外，还有很好地去除病毒的能力。例如，硫酸铝混凝可去除 95.99% 的柯萨奇病毒；$FeCl_3$ 混凝可去除 92% ~94% 的柯萨奇病毒，经过混凝、沉淀和过滤后，能去除水中的大肠杆菌达 98%，可见混凝过程也是一个很好的消毒过程。

B　过滤及深层过滤

源水经过沉淀或澄清处理后，部分大颗粒杂质被除去，水的浊度降低，但要提高水质还需要用过滤的方法除去细小的杂质颗粒。过滤及深层过滤就是一个用于去除水和废水中悬浮物、胶体和微生物等的单元过程，是人类技术史上出现较早的一种用来改善水质的方法。目前已广泛应用于饮用水处理、工业水处理、废水深度处理及油田回注水处理等，因其对国民经济的建设和发展及保障人们健康有着十分重要的作用，故受到了各国的重视。

水的过滤可被认为是一种“物理-化学”过程，水通过颗粒物料滤床，由于分子间引力的作用，杂质黏附于滤料表面，分离出水中的悬浮杂质和胶体杂质而出水则逐渐澄清。当然，水流的冲刷力又会使黏附的杂质从滤料表面脱落下来，可如果水的冲刷力小于杂质的黏附力时，杂质照样会被黏附进而被去除。用线绕式蜂房滤芯及烧结滤芯组成的深层过滤器可以过滤截流大于 1μm 的颗粒。一般称为深层过滤。过滤和深层过滤是一种净化水的有效而重要的处理工艺。图 9-5 为各种过滤器的示意图。

图 9-5　过滤器

深层过滤是通过滤料层来去除水中颗粒的，因此，深层过滤工艺技术的关键是过滤介质——滤料。滤料的种类很多，有石英砂、金刚砂、无烟煤和锰砂等。根据不同的需要，可以选择不同的材料，比如含铁较高的水，可采用锰砂过滤。表 9-15 归纳了现在使用比较多的滤料及其性质。

表 9-15 滤料及其性质

滤 料		特 性
单层滤料	石英砂	使用最早、最广泛的粒状滤料。其机械强度大，相对密度为 2.65 左右，在 pH 值为 2.1 ~ 6.5 的酸性水环境中化学稳定性好，但水呈碱性时，有溶出现象
	无烟煤	化学稳定性比石英砂好，在酸性、中性及碱性环境中都不溶出，但机械强度较差，其密度因产地不同有所不同。无烟煤滤料的平均密度一般为 1.4 ~ 1.6g/cm^3
	陶粒滤料	由陶砾碾碎、筛选而得，富有棱角，表面充分发展，比表面积为同体积石英砂的 2 ~ 3 倍，孔隙率达到 55% ~ 70%，为石英砂的 1.3 ~ 1.7 倍，含污能力比石英砂高 2.5 倍
	炉渣滤料	由氧化铝、氧化硅和氧化钠（钙）等组成的类似于沸石的复合混合物及没完全燃烧的煤粒的混凝物，其表面粗糙、具有棱角、孔隙率较大、密度不大、便于反洗、有足够的化学稳定性和机械强度、来源广泛
	硅藻土滤料	一种天然性的矿石，具有很强的吸水特性；性能稳定，适用性好；可获得较高的滤速和理想的澄清度，具有去菌效果
	纤维球滤料	其利用大量纤维丝的表面积而获得大于以往常规滤料的截污容量，而且具有很大的可压缩性
	变性滤料	在天然滤料表面用人工的方式制成一层膜，这一薄膜能促进和加速反应过程的进行
双层滤料		由不同密度的滤料组合而成。已采用的双层过滤船是由：无烟煤与石英砂，活性炭与石英砂，树脂床层和石英砂，树脂床层和无烟煤等组成
多层滤料		已采用的多层滤料有：无烟煤、石英砂和钛铁矿或石榴石，活性炭、无烟煤和石英砂，加重的球形树脂球、无烟煤和石英砂，活性炭、石英砂与石榴石或钛铁矿
均值滤料		并不要求所有的滤料粒径相等或相近，实际上整个滤料层自上而下的物理条件都基本相同
混合滤料		指将两种或两种以上的滤料相互混匀，不让其出现分层现象的滤料

过滤工艺有直接过滤、微絮凝过滤、混凝过滤、气浮过滤和电化学—絮凝过滤、过滤—混凝气浮、生物吸附—生物膜过滤法（A-BF 法）等组合工艺。各种过滤工艺的简介见表 9-16。

表 9-16 过滤工艺

过滤工艺	简 介
直接过滤	滤前不进行沉淀的处理工艺，包括滤前预处理和不经预处理两种过滤方式。直接过滤由于水中的胶体和悬浮物质等的去除均在滤床内进行，因此，截泥能力大的滤料则是直接过滤运行成功的关键之一
微絮凝过滤	在源水中加入絮凝剂后，经快速混合，形成小而密的絮体，就直接进入滤池进行过滤。它在去除浊度、总铁、胶体有机物等方面十分有效
混凝沉淀过滤	流程是：源水→混凝→沉淀→过滤→出水，该流程常用的絮凝剂有聚合硫酸盐和聚铝盐，常用的助滤剂是聚丙烯酰胺
混凝气浮—过滤法	采用加药混凝—旋流反应—竖流气浮—双层快滤。该工艺处理印染水具有设计合理、安装方便、工作稳定、操作简单的特点。在实际运行中能够达到较好的处理效果

C　吸附

吸附是指固体表面的分子或原子因受力不均衡而具有剩余的表面能，当某些物质碰撞固体表面时，受到这些不平衡力的吸引而停留在固体表面上，这就是吸附。吸附的结果是吸附质在吸附剂上浓集，吸附剂的表面能降低。吸附也属于一种传质过程，物质内部的分子和周围分子有互相吸引的引力，但物质表面的分子，其中相对物质外部的作用力没有充分发挥，所以液体或固体物质的表面可以吸附其他的液体或气体，尤其是在表面面积很大的情况下，这种吸附力能产生很大的作用，因此工业上经常利用大面积的物质进行吸附，如活性炭、水膜等。

吸附法主要用以脱除水中的微量污染物，应用范围包括脱色、除臭味、脱除重金属、各种溶解性有机物和放射性元素等。在处理流程中，吸附法可作为离子交换、膜分离等方法的预处理，以去除有机物、胶体物及余氯等；也可以作为二级处理后的深度处理手段，以保证回用水的质量。利用吸附法进行水处理，具有适应范围广、处理效果好、可回收有用物料、吸附剂可重复使用等优点，但对进水预处理要求较高，运转费用较贵、系统庞大，操作较麻烦。

表 9-17 为吸附作用的两种类别，即化学吸附和物理吸附。

表 9-17　吸附作用的分类

类　别	释　　义
化学吸附	在吸附过程中不仅有引力，还运用化学键的力，因此吸附能较大，要脱出被吸附的物质需要较高的温度，而且被吸附的物质即使被脱出，也已经产生了化学变化，不再是原来的物质了，一般催化剂都是以这种吸附方式起作用
物理吸附	又称范德瓦尔斯吸附，吸附力是范德瓦尔斯分子间的互吸力。在吸附过程中物质不改变原来的性质，因此吸附能小，被吸附的物质很容易再脱离，如用活性炭吸附气体，只要升高温度，就可以使被吸附的气体脱出活性炭表面

还有一种可以进行连续操作的分子筛，物料连续进入填充床，分子筛可以只吸附固定体积的分子，再释放，而将体积过大的分子拦住，石油气和天然气的分离经常采用这种方式。另外，交换吸附也是一种化学吸附。吸附杂质的离子由于静电引力作用而聚集在吸附剂表面的带电点上，称为交换吸附。

吸附作用是催化、脱色、脱臭、防毒等工业应用中必不可少的单元操作。在吸附过程中用来实行吸附的固体材料称为吸附剂。吸附剂也称吸收剂，这种物质可使活性成分附着在其颗粒表面，使液态微量化合物添加剂变为固态化合物，有利于实施均匀混合。吸附剂一般有以下特点：

（1）大的比表面、适宜的孔结构及表面结构；

（2）对吸附质有强烈的吸附能力；

（3）一般不与吸附质和介质发生化学反应，制造方便，容易再生；

（4）有良好的机械强度等。

吸附剂可按孔径大小、颗粒形状、化学成分、表面极性等分类，如粗孔和细孔吸附剂，粉状、粒状、条状吸附剂，碳质和氧化物吸附剂，极性和非极性吸附剂等。常用的吸附剂有以碳质为原料的各种活性炭吸附剂和金属、非金属氧化物类吸附剂（如硅胶、氧化铝、分子筛、天然黏土等)。

吸附剂一般也分为有机物和无机物两类，有机物类如小麦胚粉、脱脂的玉米胚粉、玉米芯碎片、粗麸皮、大豆细粉以及吸水性强的谷物类等。无机物类则包括二氧化硅、蛭石、硅酸钙等。最具代表性的吸附剂是活性炭，吸附性能相当好，但是成本比较高，曾在松花江事件中用来吸附水体中的甲苯。在水溶液中常用的吸附剂有活性炭、硅藻土、白陶土、硅胶、活性铝、分子筛等，它们各有不同的特性及使用范围。

衡量吸附剂的主要指标有：对不同气体杂质的吸附容量、磨耗率、松装堆积密度、比表面积、抗压碎强度等。吸附剂用于滤除毒气、精炼石油和植物油防止病毒和霉菌、回收天然气中的汽油以及食糖和其他带色物质脱色等。下面对各类常用吸附剂做简单的介绍。

(1) 活性炭。它是将木炭、果壳、煤等含碳原料经炭化、活化后制成的。活化方法可分为两大类，即药剂活化法和气体活化法。药剂活化法就是在原料里加入氯化锌、硫化钾等化学药品，在非活性气氛中加热进行炭化和活化。气体活化法是把活性炭原料在非活性气氛中加热，通常在700℃以下除去挥发组分以后，通入水蒸气、二氧化碳、烟道气、空气等，并在700~1200℃温度范围内进行反应使其活化。活性炭含有很多毛细孔构造，因此具有优异的吸附能力。活性炭样品如图9-6(a)所示。

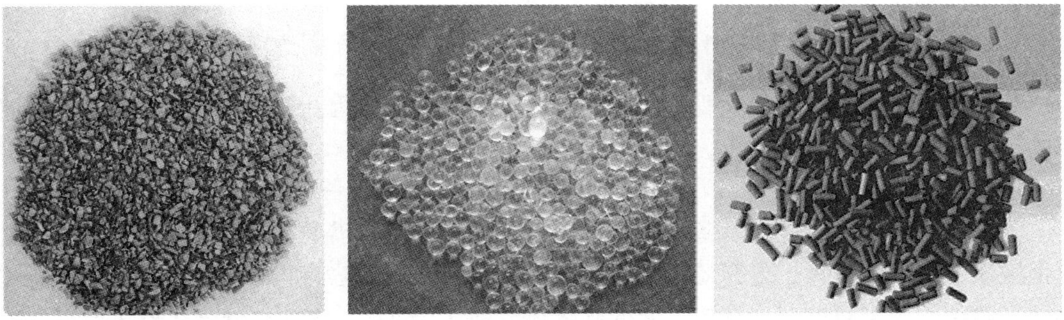

(a) (b) (c)

图9-6 活性炭(a)、硅胶(b)及碳分子筛(c)样品示意图

(2) 硅胶(见图9-6(b))，是一种坚硬、无定形链状和网状结构的硅酸聚合物颗粒，分子式为 $SiO_2 \cdot nH_2O$，为一种亲水性的极性吸附剂。它是用硫酸处理硅酸钠的水溶液，生成凝胶，并将其水洗除去硫酸钠后经干燥，便得到玻璃状的硅胶。它主要用于干燥、气体混合物及石油组分的分离等。

(3) 碳分子筛(见图9-6(c))，实际上也是一种活性炭，它与一般的碳质吸附剂不同之处在于其微孔孔径均匀地分布在一狭窄的范围内，微孔孔径大小与被分离的气体分子直径相当，微孔的比表面积一般占碳分子筛所有表面积的90%以上。碳分子筛的孔结构主要分布形式为：大孔直径与碳粒的外表面相通，过渡孔从大孔分支出来，微孔又从过渡孔分支出来。在分离过程中，大孔主要起运输通道作用，微孔则起分子筛的作用。

以煤为原料制取碳分子筛的方法有炭化法、气体活化法、碳沉积法和浸渍法。其中炭化法最为简单，但要制取高质量的碳分子筛必须综合使用这几种方法。

(4) 活性氧化铝(见图9-7(a))，由铝的水合物加热脱水制成，它的性质取决于最初氢氧化物的结构状态，一般都不是纯粹的 Al_2O_3，而是部分水合无定形的多孔结构物质，其中不仅有无定形的凝胶，还有氢氧化物的晶体。由于它的毛细孔通道表面具有较高的活性，故称为活性氧化铝。它对水有较强的亲和力，是一种对微量水深度干燥用的吸附剂。

（5）沸石分子筛(见图9-7(b))，又称合成沸石或分子筛，沸石的特点是具有分子筛的作用，它有均匀的孔径，如0.3nm、0.4nm、0.5nm、1nm细孔。0.4nm孔径的沸石可吸附甲烷、乙烷，而不吸附三个碳以上的正烷烃，已广泛用于气体吸附分离、气体和液体干燥以及正异烷烃的分离。

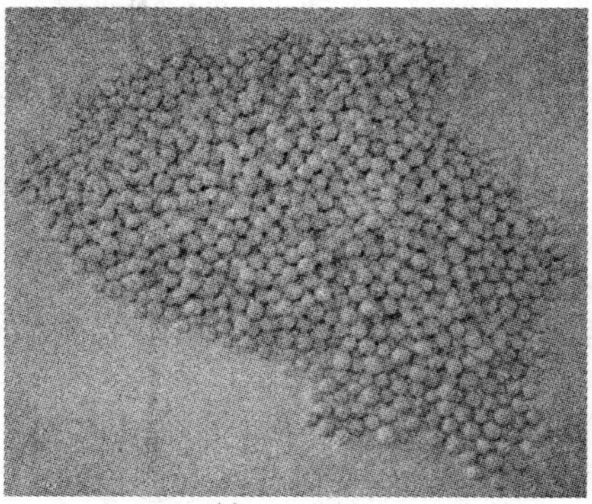

(a)

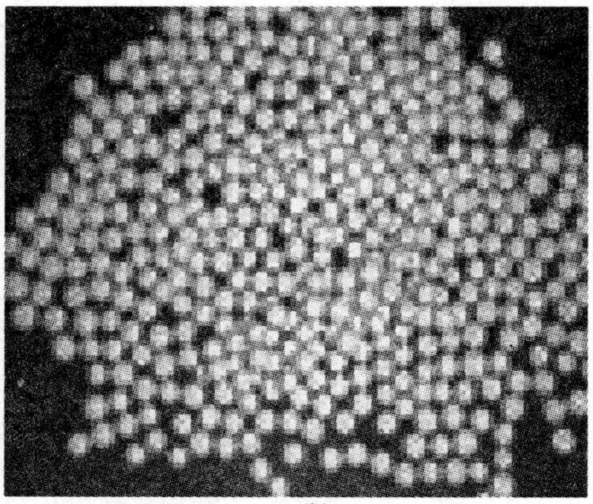

(b)

图9-7　活性氧化铝（a）和沸石分子筛（b）样品示意图

吸附作用是否理想，很大程度上依赖于吸附剂的性能，因此选择吸附剂是确定吸附操作的首要问题。

D　软化

为了防止产生水垢，在制备纯水的预处理过程中，时常需要将水软化，特别是我国北方地区地下水硬度较大，更需要考虑软化措施。软化水的方法有很多种，根据不同水质以及所需达到的不同目的可以选择不同的软化法。图9-8列出了水的部分软化方法。

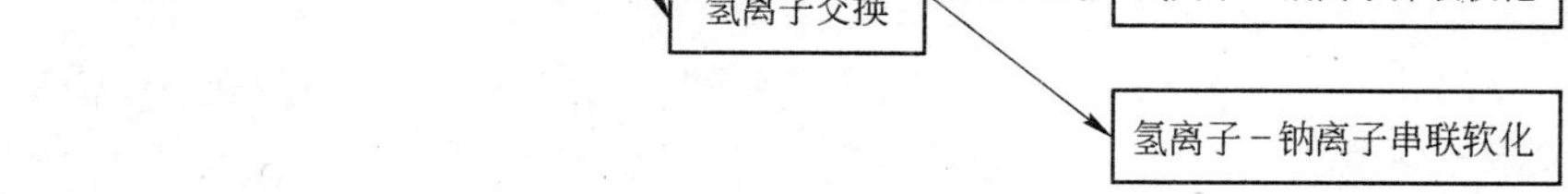

图9-8　水的部分软化法

a　软化剂软化法

加入软化剂，如磷酸三钠、磷酸氢二钠等对水进行软化，这种方法适用于非碱性水，一般指钙的硬度在75～175mg/L或对于SiO_2含量高的水，用这种方法软化效果较好。

b　离子交换法

（1）钠离子交换法。水中 Ca^{2+} 及 Mg^{2+} 的盐类决定了水的硬度。钠离子交换法就是采用钠离子交换剂对硬水进行软化处理的一种方法，它是利用转换反应原理，用 Na^{+} 来转换水中的 Ca^{2+} 和 Mg^{2+}，则水中的 Ca^{2+} 和 Mg^{2+} 离子的浓度就减少，甚至降为零，这样水就被软化了。当然还可以采用其他不会增加水的硬度的阳离子来交换水中的 Ca^{2+} 和 Mg^{2+}，但最常用的方法就是采用钠离子交换。

在离子交换器中装入磺化煤，当硬水流过磺化煤层后，水中的 Ca^{2+} 和 Mg^{2+} 被磺化煤中的钠离子置换。钠离子交换软化水处理其交换器构造如图9-9所示。

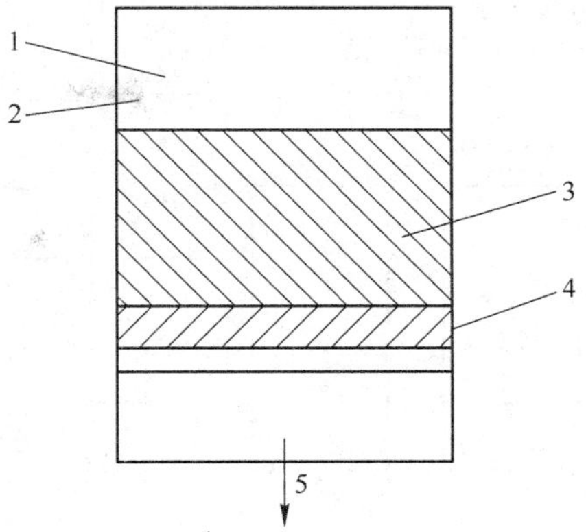

图 9-9 钠离子软化水交换器构造示意图
1—盐水管；2—源水；3—离子交换树脂层；4—砂层；5—软化后出水

钠离子交换软化水处理的操作程序为：反冲洗→还原（再生）→正洗。正洗结束后，即可进行离子交换。

（2）氢离子交换法。氢离子交换法软化水处理是利用离子交换剂中的氢离子置换水中的钙镁离子：

$$Ca^{2+} + 2HR \longrightarrow CaR_2 + 2H^{+} \tag{9-1}$$

从式 9-1 中可看出，经氢离子交换树脂交换处理后的水呈酸性，不宜作为工业用水。因此，一般采用与钠离子交换联合使用。当氢离子交换失效后，用稀盐酸或稀硫酸还原，使其恢复交换能力。

常用的氢离子交换方法有三种：

1）氢离子-钠离子软化法。在离子交换器中同时装有氢型和钠型离子交换树脂，水先经上层的氢型离子交换树脂，水呈酸性，然后再经下层的钠型离子交换树脂，以吸附酸性水中的氢离子：

$$H_2SO_4 + 2NaR \longrightarrow 2HR + Na_2SO_4 \tag{9-2}$$

$$HCl + NaR \longrightarrow HR + NaCl \tag{9-3}$$

与此同时上层一部分未被氢型离子交换树脂吸附的 Ca^{2+} 和 Mg^{2+} 也被下层的钠型离子交换树脂吸附交换。由于还有一部分碳酸盐存在，因此处理后的水保持一定的碱度。

用这种方法还原时，先是用一定量的盐酸溶液使上层离子交换树脂还原为氢型离子交换树脂，然后用食盐溶液还原，使下层离子交换树脂还原为钠型离子交换树脂。

2）氢离子-钠离子并联软化法。将源水分别在氢离子和钠离子交换器中软化，然后将软化水进行混合，最后进入脱气塔除去 CO_2。这种系统如果源水碳酸盐硬度越大，则通过气离子软化器的水量就应越多，可以通过调节进入两个软化器源水比例加以控制，系统如图 9-10 所示。

3）氢离子-钠离子串联软化法

这种串联法是将一部分源水先经氢离子交换器软化处理，再与其余部分未被软化的源水混合，经脱气塔去除游离 CO_2，然后进入中间水箱，再用水泵送到钠离子交换器进行软化处理，如图 9-11 所示。

除上述方法之外，某些有机盐类，如有机磷酸盐或 EDTA 等，在水中也可与 Ca^{2+} 和

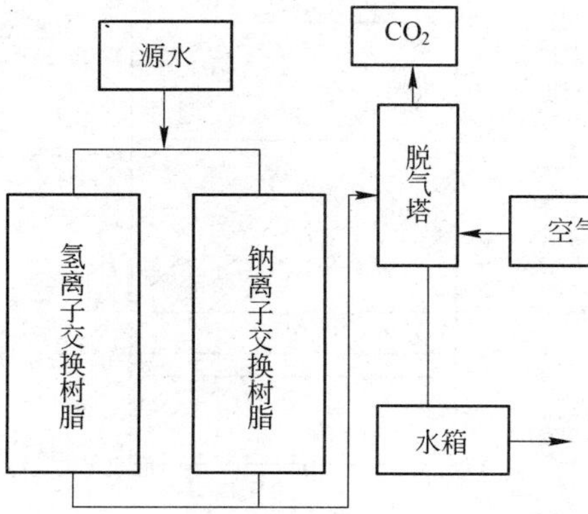

图 9-10　氢离子-钠离子并联软化法

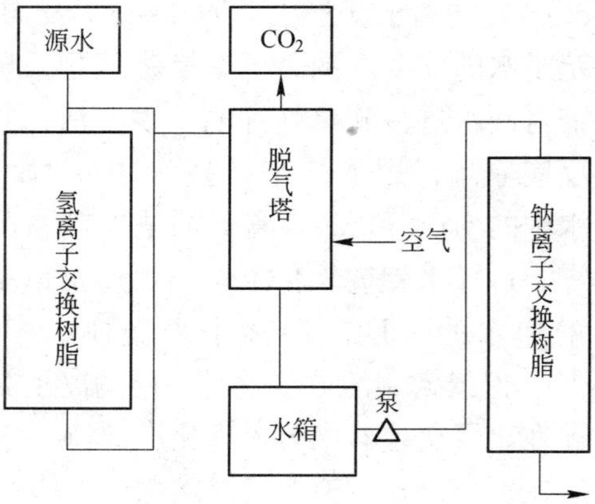

图 9-11　氢离子-钠离子串联软化法

Mg^{2+}起配合作用，使碳酸钙晶格发生畸变，从而防止结垢，达到了软化水的目的。另外，也有用石灰对水进行软化的，但这种方法高纯水制备中不常用。

9.1.2.3　脱盐工序

脱盐工艺是制备高纯水最主要、最关键的工艺过程，对所制得高纯水的质量具有至关重要的作用。当然脱盐工序有很多方法，如电渗析、反渗透和离子交换树脂脱盐等，而各种方法也有各自的特点。因此，对于具体的制水过程还应进行综合考虑，以选择较好的脱盐方法。

A　电渗析

电渗析技术早在20世纪50年代就广泛用于苦咸水脱盐。随着新型离子交换膜的出现和交换树脂填充床电渗析技术的推出，电渗析技术将再次呈现出广阔的应用前景。目前，随着具有更好的选择性、低电阻、热稳定性、化学稳定性和力学性能的新型离子交换膜的出现，电渗析技术已普遍应用于饮用水、工业废水、医药用水处理以及食品、化学工业等领域，并取得了较好的效果，具有显著的社会效益和经济效益。在电子行业的高纯水制备系统中，电渗析主要用于脱盐工序。电渗析系统如图9-12所示。

图 9-12　电渗析系统

电渗析是在直流电场的作用下，离子透过选择性离子交换膜而迁移，使带电离子从水溶液和其他不带电组分中部分分离出来的一种电化学分离过程。它是将阴、阳离子交换膜交替排列于正负电极之间，并用特制的隔板将其隔开，组成除盐（淡化）和浓缩两个系统，在直流电场作用下，以电位差为推动力，利用离子交换膜的选择透过性，把电解质从溶液中分离出来，从而实现溶液的浓缩、淡化、精制和提纯。工作原理为（见图 9-13）：在外加直流电场作用下，利用阴离子交换膜和阳离子交换膜的选择透过性，使一部分离子透过离子交换膜迁移到另一部分水中去，从而使一部分水纯化，另一部分水浓缩。其中，阴离子交换膜（简称阴膜）只允许阴离子通过而阻挡阳离子，而阳离子交换膜（简称阳膜）只允许阳离子通过而阻挡阴离子。

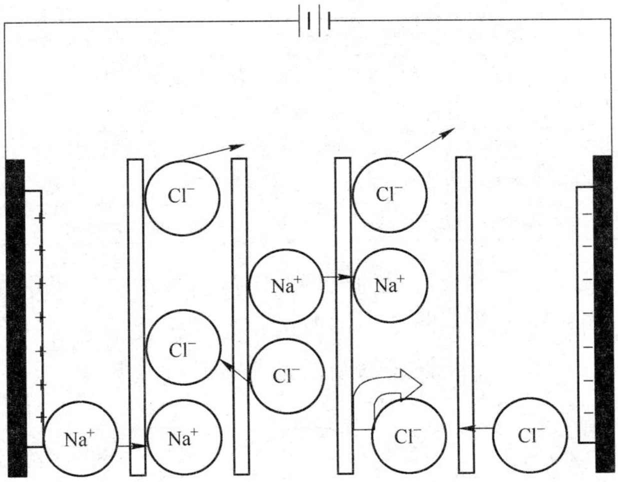

图 9-13 电渗析过程示意图

在两电极间交替地平行放置着若干阴离子膜和阳离子膜，在两膜间形成的隔室中充入含离子的水溶液（如 Na^+Cl^- 溶液），接上电源后，溶液中带负电荷的阴离子在电场作用下向阳极方向运动，这些离子很容易穿过带正电荷的阴离子交换膜，但却被带负电荷的阳离子交换膜所阻挡。同样，溶液中带正电荷的阳离子在电场作用下向阴极运动，并通过带负电荷的阳离子交换膜，而被阴离子交换膜挡住，这种与膜所带电荷相反的离子穿过膜的现象称之为反离子迁移。

由于离子交换膜的选择渗透性，被迁移的离子不可能到达相应的电极上，而是聚集在相同的浓、淡室中。因而可以从浓缩室引出浓缩的盐水，从淡化室即脱盐室引出所需的淡水。

由上述可知，电渗析过程脱除溶液中的离子以两个基本条件为依据：

（1）直流电场的作用，使溶液中带电的阴、阳离子做定向移动。

（2）离子交换膜的选择透过，使溶液中的离子做反离子迁移。

用于脱盐工序的电渗析优缺点并存（见表 9-18）。电渗析器是目前我国纯水制备中广泛采用的脱盐设备之一。在电渗析过程中涉及的一些名词见表 9-19。

表 9-18　电渗析的优缺点

优　点	缺　点
水的利用率高	清洗拆卸麻烦
药剂耗量少，环境污染小	易发生浓差极化而产生结垢
操作简单，易于实现机械化、自动化	脱盐效果不如反渗透好，在没有实现浓水回收、积水循环的时候，水回收率仅 50%，而反渗透回收率能达到75%
能量消耗低	
对源水含盐量变化适应性强	
设备紧凑耐用，预处理简单	

表 9-19　电渗析过程中涉及的一些名词

名　词	解　　释
渗　析	由于浓缩室中溶液的浓度高于淡化室，在浓度差推动下发生渗析
渗　漏	膜两侧的溶液压力不相等时，溶液在压力差推动下透过膜，随之带来了溶质的渗漏
电渗透	指因电渗析而引起的水（溶剂）迁移
渗　透	离子交换膜是半透膜，膜两侧溶液的浓度不同，渗透压也不同，因而发生水的渗透，水的渗透是从淡化室向浓缩室迁移
渗　流	膜两侧的溶液出现压力差时，溶液就从高压侧向低压侧渗流

在膜分离技术领域里，反渗透技术的出现对电渗析技术提出了重大的挑战，但随着对离子交换膜和传统电渗析装置的不断革新和改进，电渗析技术进入一个新的发展阶段。对电渗析器构造的改进及新型离子交换膜的开发主要有五种（见图 9-14）。

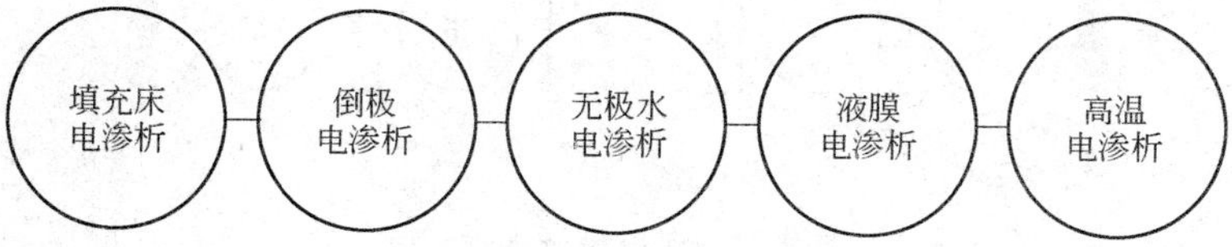

图 9-14　各类电渗析技术

（1）填充床电渗析(EDI)，国外称为电去离子，是将离子交换膜与离子交换树脂有机地结合在一起，在直流电场作用下实现去离子过程的一种新分离技术。它的最大特点是利用水解离产生的 H^+ 和 OH^- 自动再生填充在电渗析器淡水室中的混床离子交换树脂，从而实现了持续深度脱盐，图 9-15 为填充床电渗析器结构示意图。它同时集中了电渗析和离子交换法的优点，并克服了它们各自的缺点，提高了极限电流密度和电流效率的作用。在该过程中，离子交换树脂颗粒填充在电渗析器的淡化室内外，被离子交换树脂吸附的离子在电场作用下不断迁移入浓水室，这样离子交换树脂不需要再生，而原料液中的离子几乎可完全被除去。

填充床电渗析技术具有高度的先进性和实用性，在电子、医药、能源等领域里有广阔的应用前景，可望成为纯水制造的主流技术。

（2）倒极电渗析(EDR)，为电渗析的应用前景提供了一个重要方向，根据电渗析原理，每隔一定时间（一般为 15 ~ 20min），正负电极极性相互倒换（频繁倒极），能自动清洗离子交换膜和电极表面形成的污垢，以确保离子交换膜工作效率的长期稳定及淡水的水

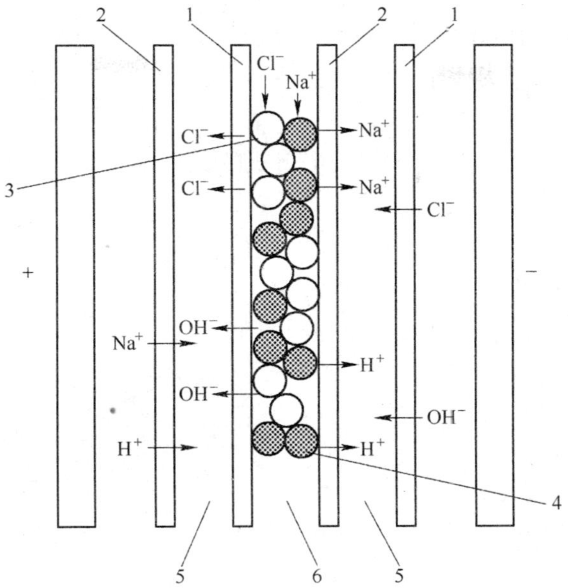

图 9-15　填充床电渗析器结构示意图

1，2—阴、阳离子交换器；3，4—阳、阴离子交换树脂；5—浓室；6—稀室

质、水量。在废水处理方面的应用有其独到之处，倒极电渗析浓水循环，水回收率最高可达95%，它的服役寿命长，管理简单，与其他方法相比更有竞争力。

（3）无极水电渗析，是传统电渗析的一种改进形式，它的主要特点是除去了传统电渗析的极室和极水。图 9-16 所示是无极水电渗析装置的示意图，该装置的电极紧贴一层或多层阴离子交换膜，它们在电气上都是相互连接的，这样既可以防止金属离子进入离子交换膜，同时又防止极板结垢和延长电极的使用寿命，由于取消了极室，无极水排放，极大地提高了源水的利用率。

（4）液膜电渗析（EDLM），是用具有相同功能的液态膜代替固态离子交换膜，其实验模型是用半透性玻璃纸将液膜溶液包制成薄层状的隔板，然后装入电渗析器中运行。

利用萃取剂作液膜电渗析的液态膜，可能为浓缩和提取贵金属、重金属、稀有金属等找到高效的分离方法，因为提高电渗析的提取效率直接与寻找对这种形式离子具有特殊选择性的膜有关，而这种选择最有可能在液膜领域中找到。液膜电渗析的研究对象以分离无机物为主，但规模均处于小实验阶段，已有关于液膜电渗析在浓缩、提取化合物、合成高纯物质、脱盐等方面应用的报道。液膜电渗析把化学反

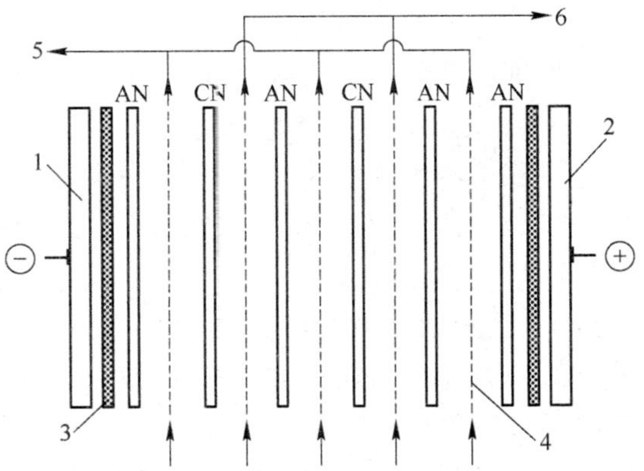

图 9-16　无极水电渗析器的结构示意图

AN—阴离子交换膜；CN—阳离子交换膜；

1—阳极；2—阴极；3—非金属导电层；

4—隔板；5—浓水出口；6—淡水出口

应、扩散和电迁移三者结合起来，开拓了液膜应用研究的新领域，具有广阔的发展前景。

（5）高温电渗析。用电渗析法进行海水淡化时，由于耗电量高，处理费用大，因此很难普遍推广应用。高温电渗析的优点在于能使溶液的黏度下降、提高扩散速度、增大溶液和膜的电导，从而可以提高允许密度，提高设备的生产能力或者降低动力消耗，从而降低处理费用。试验表明：高温电渗析对提高电渗析的脱盐效率和降低能耗效果显著，尤其是对有余热可利用的工厂更为适宜。

B　反渗透

目前高纯水制备中应用最广泛的一种脱盐技术是反渗透，反渗透（RO）、超过滤（UF）、微孔膜过滤（MF）和电渗析（ED）技术都是膜分离技术。近 30 年来，反渗透、电渗析、超过滤和膜过滤发展很快，已进入工业应用。在半导体、集成电路制造工艺中，通常将反渗透和电渗析作为高纯水制备中的脱盐。超过滤则多作为制水系统的后处理，膜过滤则用于水处理的预处理和后处理，用于过滤微粒和细菌。图 9-17 为实际使用的反渗透系统装置。

图 9-17　反渗透系统

反渗透系统包括水的预处理、反渗透装置处理、反渗透出水的进一步处理三部分。反渗透系统的选择与其他水处理工艺选择一样，是需要考虑诸多因素的一个过程，所不同的是，反渗透装置对水的预处理有其特定的要求，对后处理也根据反渗透装置出水的特点进行考虑。

a　反渗透的预处理

反渗透装置的膜组件是一种精细元件，极易受机械损伤、污染和堵塞，对进水水质要求较高。在运行过程中，膜本身对于 pH 值、温度和化学物质较敏感。同时，膜设备运行工艺条件对浓差极化、悬浮物、胶状物和乳化油的要求使得进料水进膜之前必须对其妥善处理，即用户必须根据水源的水质特点进行合理的预处理。实践表明，预处理的好坏直接影响反渗透运行的成败。

预处理的原因及主要目的：

（1）如果水中的悬浮物、胶体物质和可溶性有机高分子聚集在膜的表面会使膜受到污染，需去除这些物质。

（2）水的温度、pH 值、余氯含量、压力等参数的劣化会引起膜的水解、氧化，需调节并控制这些参数。

（3）抑制和控制化合物的形成，防止它们沉淀堵塞水的通道或在膜表面形成涂层。

（4）微生物和细菌的残体还会以固体形式析出，使膜性能变坏并且受到侵蚀，需防止粒子物质和微生物对膜及组件的污染。

（5）由溶质引起的膜结构变化还会导致膜的透水率下降，需去除乳化油和未乳化油以及类似的有机物质。

一般来讲，膜组件生产厂商均会提出给水水质指标。这些指标包括：淤泥密度指数、pH 值、碱度、温度、铁锰的含量、硫酸盐、硬度、余氯、总有机碳等。当然，不同的反渗透膜对水质有不同的要求，表9-20就是不同膜对反渗透进水的水质要求。

表9-20 反渗透进水的水质要求

项 目	指 标				
	聚酰胺膜	卷式醋酸纤维素膜	中空纤维式聚酰胺膜	常规卷式复合膜	超低压卷式复合膜
水温/℃	20~35	25	25	15~30	15~30
水压/MPa		2.5~3.1	2.4~2.8	1.0~1.6	1.05
pH值	3~11	5~6	4~11	3~10	3~10
浊度（FTU）	<0.3	<0.2	0.2	<0.2	<0.2
色度	清	清	清	清	清
污染指数：*FI*	<4	<4	<4	<4	<4
余氯/mg·L^{-1}	<0.1	0.2~1	0	0	0
COD_{Mn}/mg·L^{-1}	<2				
Fe浓度/mg·L^{-1}	<0.1	<0.1	<0.2	<0.1	<0.1
SDI_{15}		<4	3	<4	<4

常用的预处理的方法：

(1) 一般采用絮凝、沉淀、过滤或生物处理法去除进料液中的浊度和悬浮物；

(2) 控制水温；

(3) 严格控制pH值和余氯，以防止膜的水解；

(4) 用六偏磷酸钠或酸，防止钙和镁离子结垢；

(5) 用氯、紫外线或臭氧杀菌，以防止微生物和细菌的侵蚀；

(6) 注意控制进料流速和进水电导率，因为它们对脱盐率有影响。

具体一些物质的预处理方法见表9-21。

表9-21 预处理方法

名 称	方 法	运行方式
悬浮物杂质、胶体	混凝沉淀	沉降除去
	过 滤	截留吸附除去
	微滤、超滤	截留除去
微生物	氯化处理	杀死或降低微生物活性
	微滤、超滤	截留除去
铁	混凝沉淀	沉降除去
	氧化及过滤	过滤沉积物
碳酸盐垢	加 酸	HCO_3 转化为 CO_2
	加阻垢剂	延缓沉积
	软 化	除硬度
	低回收率运行	降低有关离子浓度
硫酸盐垢、氯化钙垢等	加阻垢剂	延缓沉积
	软 化	除去高价离子
	加 酸	降低pH值、增加硫酸盐等溶解
	低回收率运行	降低有关离子浓度

续表 9-21

名　称	方　法	运行方式
硅　垢	增加水温	增加硅的溶解度
	较高或较低 pH 值运行	增加硅的溶解度
	低回收率运行	降低硅的浓度
	加分散剂	延缓硅垢的沉积

b　反渗透的原理

用一张对溶剂具有选择性透过功能的膜把两种溶液分开，由于膜两侧溶液的浓度及压力不同，将发生图 9-18 所示的渗透或反渗透现象。半透膜只允许水通过，而阻止溶解固形物（盐）的通过，浓溶液随着水的流入而不断被稀释。当水向浓溶液流动而产生的压力足够用于阻止水继续净流入时，渗透处于平衡状态。平衡时，水从任一边通过半透膜向另一边流入的数量相等，即处于动态平衡状态，而此时压力称为溶液的渗透压。

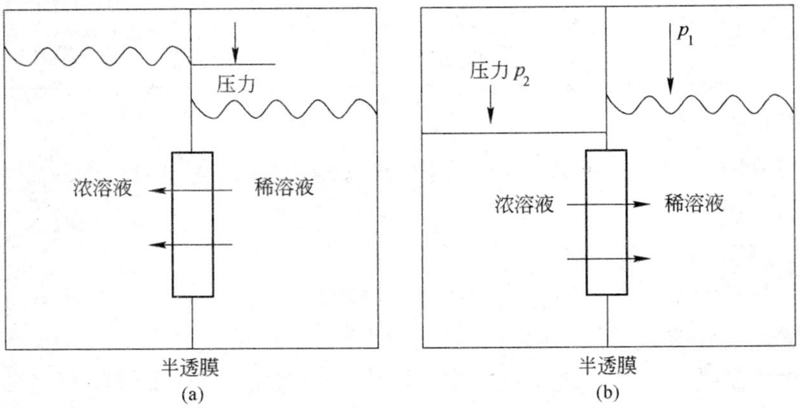

图 9-18　反渗透的原理

（a）渗透；（b）反渗透

当在浓溶液上有外加压力，且该压力大于渗透压时，浓溶液中的水就会通过半透膜流向稀溶液，使得浓溶液的浓度更大，这一过程就是渗透的相反过程，称为反渗透。渗透是自发过程，而反渗透则是非自发过程。反渗透同样可视作因溶液中的水化学位不同引起水的移动过程。反渗透水处理的简单流程如图 9-19 所示。

影响反渗透系统运行的主要因素是 pH 值、温度、运行压力、浓差极化及膜污染等。

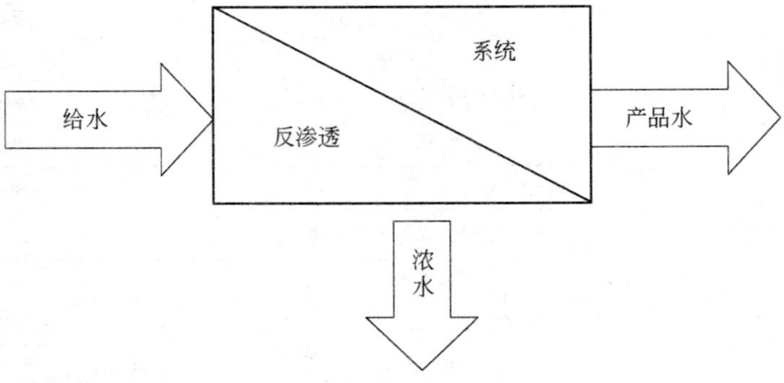

图 9-19　反渗透水处理的简单流程

例如醋酸纤维膜、聚酰胺中空膜和复合膜对温度都有使用限制，一般为25℃。还有就是浓差极化将引起渗透压增加，使净驱动力减少，从而使透水量减少，透盐量增大，同时加大膜表面上难溶盐形成的几率，损害膜的致密层。对中空纤维，水流方向与膜表面呈垂直状态，产生浓差极化的机会少。对卷式膜元件，有必要维持适当的给水流速，防止发生浓差极化。

在现代高纯水制备中，广泛采用反渗透作为预脱盐的主要工序，它的优点很多，但也存在些不足，见表9-22。

表 9-22 反渗透作为预脱盐的主要工序的优缺点

优 点	缺 点
（1）由于反渗透装置的脱盐率一般可稳定在90%以上，因而使离子交换树脂的负荷减轻到1/10，从而减少了树脂再生的成本，这相当于使树脂的产水量增加10倍，这样可以使相应的设备小型化，并使再生频率减少10倍以上。 （2）减少了因树脂再生所消耗的化学药品如NaOH和HCl等的费用、人工费以及由于再生而造成的废水处理等项费用，并减少了环境污染。 （3）减缓了由于源水水质波动而造成的产出水质的变化，从而有利于生产中水质的稳定，这对电子工业中成品质量的稳定有积极的作用。 （4）由于反渗透能有效地去除细菌等微生物、有机物以及铁、锰、硅等无机物，从而可以减轻因有机物和无机物而引起的树脂污染，延长离子交换树脂的寿命。 （5）由于反渗透膜对高价离子比对低价离子有更高的去除能力，例如对钙、镁的去除率要比对钠的去除率高5倍，因此制水系统中可以不用软化器，从而减少了设备投资。 （6）设置反渗透器后，大大减轻了终端微孔膜过滤器的负担，从而延长了终端微孔膜过滤器的寿命	（1）由于反渗透装置要在高压下运转，因此必须配制相应的高压泵和高压管路。 （2）由于回收率的限制，源水只有50%～75%被利用。而对于超纯水制备来说，进入反渗透器以前，源水已经过相应的预处理，水质比较好，如果对浓缩水不进行有效的利用，将会造成浪费。 （3）为了延长反渗透膜的寿命，在反渗透之前要加强预处理（包括浊度、pH值、杀菌等）措施，还要对膜进行定期的清洗等

表9-23给出了反渗透与电渗析做预脱盐处理的水质情况比较。

表 9-23 反渗透与电渗析的比较

成 分	源水（25℃，1.6kΩ·cm）/mg·L^{-1}	反渗透		电渗析	
		出水水质（25℃，1.4kΩ·cm）/mg·L^{-1}	分离率(95%)/%	出水水质（25℃，10.3kΩ·cm）/mg·L^{-1}	分离率/%
Na	23.5	12.2	48.1	16.5	29.7
SiO_2	23.0	7.2	69.6	9.8	57.4
Fe(ppb)	180	28	84.4	14.2	92.1
Ca	44.9	微	约100	1.99	95.5
Mg	6.36	微	约100	3.02	52.5
Cl	26.75	6.75	74.8	5.00	81.3
总硬度	77.5	2.8	96.4	9.77	87.4
COD	1.23	<0.3		0.8	34.9

C 离子交换

a 离子交换原理

离子交换是一种特殊的固体吸附过程，它是由离子交换剂在电解质溶液中进行的。一般的离子交换剂，即离子交换树脂，是一种不溶于水的固体颗粒物质。它能够从电解质溶液中吸取某种阳离子或者阴离子，而把自身所含的另外一种带相同电荷符号的离子等量地交换出来，并释放到溶液中去，这就是所谓的离子交换。按照所交换离子的种类，离子交换剂可分为阳离子交换剂和阴离子交换剂两大类。

若用 R 代表离子交换剂的“固体骨架”，其所含可离解基团同电解质溶液中的离子交换过程可用化学反应式表示。对于阳离子交换过程，例如：

$$R—SO_3H + NaCl \longrightarrow R—SO_3Na + HCl \tag{9-4}$$

$$R(—SO_3Na)_2 + Ca(HCO_3)_2 \longrightarrow R(—SO_3)_2Ca + 2NaHCO_3 \tag{9-5}$$

$$R(—SO_3)_2Ca + 2NaCl \longrightarrow R(—SO_3Na)_2 + CaCl_2 \tag{9-6}$$

$$R—COOH + NaHCO_3 \longrightarrow R—COONa + H_2CO_3 \tag{9-7}$$

对于阴离子交换过程,例如:

$$R \equiv NHOH + HCl \longrightarrow R \equiv NHCl + H_2O \tag{9-8}$$

$$R(\equiv NCl)_2 + Na_2SO_4 \longrightarrow R(\equiv N)_2SO_4 + 2NaCl \tag{9-9}$$

$$R \equiv NOH + H_2SiO_3 \longrightarrow R \equiv NHSiO_3 + H_2O \tag{9-10}$$

$$R \equiv NHCl + NaF \longrightarrow R \equiv NHF + NaCl \tag{9-11}$$

离子交换过程包括吸附和解吸两个过程。吸附过程的原理是水中吸附能力较强的阳离子或阴离子在通过离子交换树脂时，与树脂上的可交换的阳离子或阴离子进行离子交换，最终使水中的一些物质吸附在树脂上，而树脂上的离子被取代下来进入后处理的水中。解吸就是吸附的逆过程，依据的主要原理使树脂对离子亲和力的不同即离子交换势，通过亲和力更强的离子将树脂上的负载离子交换下来。影响离子交换势的因素很复杂，主要有静电效应、溶胀压作用、共价键和极化效应等。

显然，离子交换反应是可逆的，逆反应称为再生，并且是等量进行的离子交换反应。离子交换的理论学说有晶格理论、双电层理论、道南膜理论和多相化学反应等，总之离子交换反应可以看做液相中的反应来处理。

b　离子交换树脂

离子交换过程中的固相物质就是离子交换树脂（见图 9-20），它为一带有极性基团的高分子化合物，它不溶于水、酸、碱及任何溶剂。其结构可分为三部分：不溶性高分子骨

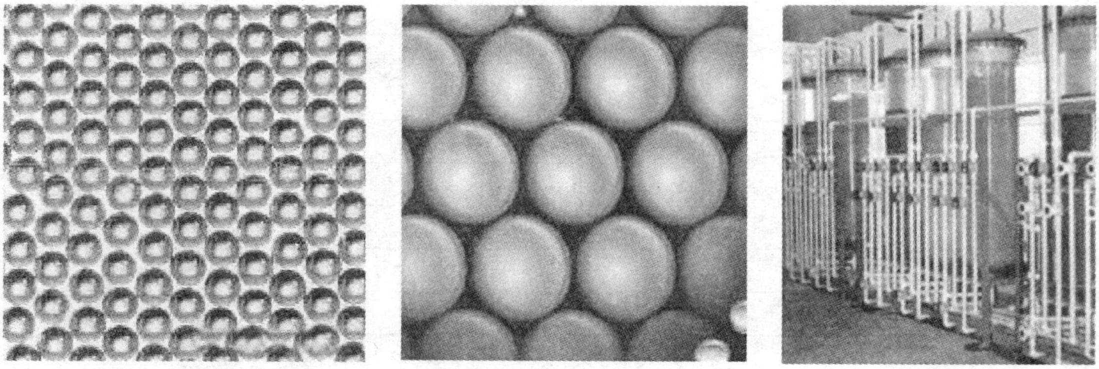

图 9-20　离子交换树脂及装置示意图

架、骨架上有极性基团和极性基团可以电离的离子。

离子交换树脂还可以根据其基体的种类分为苯乙烯系树脂和丙烯酸系树脂。树脂中化学活性基团的种类决定了树脂的主要性质和类别。首先区分为阳离子树脂和阴离子树脂两大类，它们可分别与溶液中的阳离子和阴离子进行离子交换。阳离子树脂又分为强酸性和弱酸性两类，阴离子树脂又分为强碱性和弱碱性两类（或再分出中强酸和中强碱性类）。下面对各类别的离子交换树脂进行简单介绍。

（1）强酸性阳离子树脂。这类树脂含有大量的强酸性基团，如磺酸基—SO_3H，容易在溶液中离解出 H^+，故呈强酸性。树脂离解后，本体所含的负电基团，如 SO_3^-，能吸附结合溶液中的其他阳离子。这两个反应使树脂中的 H^+ 与溶液中的阳离子互相交换。强酸性树脂的离解能力很强，在酸性或碱性溶液中均能离解和产生离子交换作用。树脂在使用一段时间后，要进行再生处理，即用化学药品使离子交换反应以相反的方向进行，使树脂的官能基团回复原来状态，以供再次使用。如上述的阳离子树脂是用强酸进行再生处理，此时树脂放出被吸附的阳离子，再与 H^+ 结合而恢复原来的组成。

（2）弱酸性阳离子树脂。这类树脂含弱酸性基团，如羧基—COOH，能在水中离解 H^+ 而呈酸性。树脂离解后余下的负电基团，如 R—COO^-（R 为碳氢基团），能与溶液中的其他阳离子吸附结合，从而产生阳离子交换作用。这种树脂的酸性即离解性较弱，在低 pH 值下难以离解和进行离子交换，只能在碱性、中性或微酸性溶液中（如 pH 值为 5 ~ 14）起作用。这类树脂也是用酸进行再生（比强酸性树脂较易再生）。

（3）强碱性阴离子树脂。这类树脂含有强碱性基团，如季铵基（也称为四级胺基）—NR_3OH（R 为碳氢基团），能在水中离解出 OH^- 而呈强碱性。这种树脂的正电基团能与溶液中的阴离子吸附结合，从而产生阴离子交换作用。这种树脂的离解性很强，在不同 pH 值下都能正常工作。它用强碱（如 NaOH）进行再生。

（4）弱碱性阴离子树脂。这类树脂含有弱碱性基团，如伯胺基（也称为一级胺基）—NH_2、仲胺基（也称为二级胺基）—NHR、或叔胺基（也称为三级胺基）—NR_2，它们在水中能离解出 OH^- 而呈弱碱性。这种树脂的正电基团能与溶液中的阴离子吸附结合，从而产生阴离子交换作用。这种树脂在多数情况下是将溶液中的整个其他酸分子吸附。它只能在中性或酸性条件（如 pH 值为 1 ~ 9）下工作。它可用 Na_2CO_3、NH_4OH 进行再生。

c 离子树脂的转型

在实际使用中，常将这些树脂转变为其他离子型运行，以适应各种需要。例如常将强酸性阳离子树脂与 NaCl 作用，转变为钠型树脂再使用。工作时钠型树脂放出 Na^+ 与溶液中的 Ca^{2+}、Mg^{2+} 等阳离子交换吸附，除去这些离子。反应时没有放出 H^+，可避免溶液 pH 值下降和由此产生的副作用（如蔗糖转化和设备腐蚀等）。这种树脂以钠型运行使用后，可用盐水再生（不用强酸）。又如阴离子树脂可转变为氯型再使用，工作时放出 Cl^- 而吸附交换其他阴离子，它的再生只需用食盐水溶液。氯型树脂也可转变为碳酸氢型（HCO_3^-）运行。强酸性树脂及强碱性树脂在转变为钠型和氯型后，就不再具有强酸性及强碱性，但它们仍然有这些树脂的其他典型性能，如离解性强和工作的 pH 值范围广等。

离子交换树脂具有下列特点：

（1）亲水性和弹韧性。在结构中引入离子团，例如—SO_3H 等就会使它具有亲水性，这是作为离子交换剂的基本要求。

（2）适当的交联度。带有离子团的直链碳氢大分子是溶于水的，为了使之不溶于水，必须用交联剂使之交联，例如在制备聚苯乙烯树脂时，以二乙烯为交联剂。树脂的网状结构由苯乙烯与二乙烯苯的比例来决定，交联剂的用量愈高，所得的树脂结构愈紧密，在水中的溶胀度也愈小。交联剂又决定了网状结构网孔的宽度。适当的交联度是有利的，但交联度过高，结构过分紧密，会使大相对分子质量的离子难以渗透进去，并且渗透的速度也比较小，这是不利的。

（3）一定的稳定性。离子交换树脂对化学、热和机械的稳定性也与结构有关。通常，紧密的结构有利于抵抗机械磨损。虽然离子交换树脂能在大多数溶剂中保持稳定，但在存在某些氧化剂和还原剂的情况下会发生降解和使官能团损失。离子交换树脂的热稳定性总是有限的，通常阴离子交换树脂的使用温度不宜超过 100℃，而强碱性阴离子交换树脂的最高使用温度不应超过 60℃。

（4）较高的交换容量。交换容量主要取决于官能团的数量，如果按单位体积来计算交换容量，则还与结构紧密程度有关。

9.1.2.4　后处理工序

后处理工艺又称为精处理工艺，指的是脱盐工艺之后的全部工艺段，其主要目的就是进一步去除经过预处理和脱盐工艺后的纯水中微米级及亚微米级的细小悬浮物、微粒、胶体、细菌和各种有机物等杂质，并且有非常好的效果。后处理一般包括紫外杀菌、臭氧杀菌、超过滤、微孔过滤等。

A　超过滤及精密过滤

a　超过滤

超过滤是一种简单高效的大分子膜分离技术，已广泛应用于化工、医药、食品、电子、机械、环境工程等方面，它是指当用孔径小于滤纸孔径的膜过滤溶液时，如果对溶液施加压力，并使膜两侧产生压力差，那么溶液中如细菌、蛋白质那样微小的粒子将被过滤、分离。超过滤介于反渗透与微孔过滤之间，截留的颗粒粒径范围一般为 0.001～5μm，即可以让溶液中的无机离子、低相对分子质量物质透过膜表面，把溶液中高分子、大分子物质、胶体微粒、热源质及细菌等截留下来，从而实现分离与浓缩的目的。这主要是因为在超过滤过程中，过滤膜依赖于膜的有孔性，而大分子溶质较容易在膜表面及微孔内吸附，在孔中停留而被去除和在膜表面的被机械截留，所以大分子容易被膜截留。

超过滤的工作过程如图 9-21 所示。带有高分子溶质 A 和低分子溶质 B 的混合溶

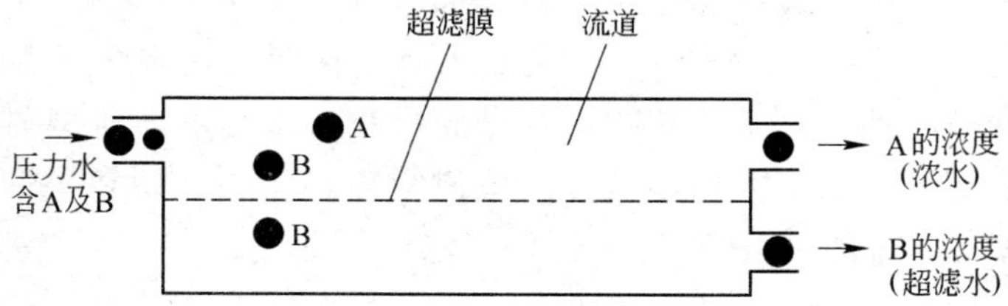

图 9-21　超过滤示意图

液进入设备的流道，流道的一侧为滤膜，膜孔大于 B 的颗粒粒径，但小于 A 的粒径。膜的两侧施加了压力差 Δp，设备的出水有超滤水和浓水两种流量。颗粒 A 被截留，从浓水中出来，颗粒 B 则通过滤膜从超滤水中流出。但实际上，超滤水中仍会有一些颗粒 A。

超滤最关键的材料是滤膜。超滤膜的结构和材料与半透膜一样，只是孔径上的差别，孔径的大小则通过制造工艺来控制。膜的厚度一般为数微米到 0.1mm，可分表皮、过渡和多孔三层。表皮层只占整个膜厚的约 1%，这是控制膜孔径大小的致密层；多孔层的孔隙度很大，也很厚，起膜的支撑作用；过滤层则介于两层之间。表皮层为一种微晶片结构，含有结合水，过渡层和多孔层为一种凝胶体的海绵状结构，含有毛细管水和结合水。

表征滤膜特性有三个参数：透水通量、截留率和截留相对分子质量。透水通量是在一定压力和温度下，单位膜面积在单位时间内可通过的水量。截留率是某一溶质被超滤膜截留的比例。截留相对分子质量是表征超滤膜截留特性的量，其测定方法是逐一用含有不同相对分子质量的溶质（如蛋白、聚乙二醇或葡聚糖）的水溶液做超滤实验，测定截留率。理想截留是表征大于截留相对分子质量的溶质可百分之百地被膜截留，小于截留相对分子质量的溶质可百分之百地透过膜。

目前最常用的超过滤膜主要有醋酸纤维素膜、聚砜超过滤膜、聚砜酰胺超过滤膜等。表 9-24 为这几种常用的过滤膜的耐酸碱范围及使用温度范围。

表 9-24 常用超过滤膜 pH 值范围及使用温度表

种 类	适用 pH 值范围	使用温度范围/℃
醋酸纤维素膜	3 ~ 8	0 ~ 40
三醋酸纤维素膜（CTA）	2 ~ 9	0 ~ 40
芳香聚酰胺膜	5 ~ 9	0 ~ 40
聚砜和聚砜酰胺膜	2 ~ 12	0 ~ 100

所有超过滤膜的操作压力均应低于 0.7MPa，一般为 0.3 ~ 0.4MPa。

b 精密过滤

精密过滤又称微孔过滤，是以静压差为推动力，利用膜的“筛分”作用进行分离的膜过程，这种膜都具有比较整齐均匀的结构。每平方厘米滤膜中包含将近 1 亿个小孔，孔隙率占总体积的 80% 左右，故阻力很小，过滤速度较快。在静压差的作用下，小于膜孔的粒子通过滤膜，比膜孔大的粒子被阻拦在滤膜面上，其作用相当于“过滤”。

精密过滤的目的是去除纯水中微米及亚微米级的细小悬浮物、微生物、微粒、细菌和胶体物质等杂质。精密过滤是纯水设备的终端，常用孔径为 0.22μm 及 0.45μm 的两种膜，也有的用孔径为 5 ~ 20μm 的粗过滤膜，主要有醋酸纤维素(CA)膜、硝酸纤维素(CN)膜、醋酸纤维素与硝酸纤维素的混合膜、聚偏氟乙烯膜及聚碳酸酯膜等。对于不同材质滤膜的性质大致见表 9-25。

表 9-25　各种滤膜的性质

种　类	性　质
纤维素酯微孔滤膜	目前最常用的一种滤膜，孔径规格最多，性能良好，生产成本较低，亲水性好，而且醋酸纤维素滤膜具有良好的热特性
聚氟乙烯微孔滤膜	适用于较强的酸性或碱性液体,但不耐高温(<40℃),不便消毒,亲水性也较差
聚酰胺微孔滤膜	耐碱但不耐酸，可用于酮、酯、醚及高相对分子质量醇类的过滤
聚四氟乙烯微孔滤膜	强憎水膜，耐高温，化学稳定性极好，可耐强酸、强碱和各种溶剂，使用面广
聚丙烯微孔滤膜	主要是拉伸膜，孔径不太均匀。耐酸、碱和各种有机溶剂。经亲水处理的膜也可以用来过滤水溶液。这种膜对气体、蒸气有很高的渗透能力，经溶胀后对溶体也有很好的渗透性
聚碳酸酯微孔滤膜	主要用来制成核径迹膜，它的孔径特别均匀，但孔隙率低

B　消毒灭菌

在整个水处理系统中，存在着微生物生长和繁殖的条件，虽然高纯水中营养成分极其稀薄，但细菌仍能在其中生长繁殖。从生态学角度看，细菌是以细胞分裂方式繁殖的。每经过一个分裂周期，其群体就增加一倍，特别在夏季高温条件下，繁殖速度更快。而绝大部分的细菌或细菌尸体的直径都大于 0.45μm（最小的绿脓杆菌为 0.3μm），因此用微孔孔径不大于 0.22μm 的微孔滤膜过滤、反渗透、超过滤均可滤除细菌，但细菌在某些膜的表面（醋酸纤维素膜）会繁殖，从而堵塞或破坏膜本身。因此，在制备高纯水的工艺过程中，必须进行有效的杀菌工艺，以达到制备出更纯的水。

目前超纯水装置的杀菌工艺中使用较多的方法主要有化学法（投加液氯、臭氧或二氧化氯）、物理法（紫外线）等。各种方法特点不一样，可以用各种简单实用的方法来进行。但在选择杀菌剂时，必须考虑如下问题：

（1）由于管路中的微生物污染主要是霉菌、细菌和藻类等，因此所选的杀菌剂要对它们有良好的杀菌效果。

（2）所选的杀菌剂要使用方便。

（3）装置杀菌后的废液处理要简单，检测方法要简便。

（4）对系统中和各种装置无腐蚀性，易冲洗而不残留。

符合上述要求的杀菌剂有甲醛、过氧化氢、次氯酸钠等，以过氧化氢最为理想。

a　紫外线杀菌

通过超滤器或精密过滤器虽然可以除去水中的部分细菌，但却不能抑制细菌的滋生和繁殖，由于紫外线可以抑制细菌的繁殖并可以杀死细菌，因此紫外线杀菌器（见图 9-22）在高纯水制备中已被广泛应用。

图 9-22　紫外线杀菌器

紫外线的杀菌机理是一个较为复杂的过程，它主要是通过对微生物（细菌、病毒、芽孢等病原体）的辐射损伤和破坏核酸的功能使微生物致死。紫外线对核酸的作用可导致键和链的断裂、股间交联和形成光化产物等，从而改变了 DNA 的生物活性，使微生物自身不能复制，导致其发生变异或死亡，达到消毒的目的。

紫外线杀菌的主要优点如下：

（1）紫外杀菌不投加化学药剂、消毒速度快、效率高、杀菌能力强、效果好，对水中大肠杆菌的去除率达98%左右。

（2）紫外线照射不会改变水的物理、化学性质，不增加水的嗅和味，不产生有毒有害的副产物、不改变水的化学成分，对纯水不会带入附加物所引入的污染。

（3）能适用于各种水的流量下使用，操作简单，使用方便，只需定期地清洗石英玻璃套管即可。

（4）设备体积小、轻便、寿命长。

而紫外线杀菌的主要缺点在于电耗大、紫外灯管和石英套管需定期更换，对处理水浊度要求高，无持续杀毒作用。

同时，为了达到更好的效果，紫外线杀菌与通常采用的其他杀菌方法（如加热杀菌、加氯杀菌和过滤杀菌法等）相比具有显著的优越性。进一步研制高功率、高效率的紫外线杀菌器也是一个值得重视的问题。

b 臭氧杀菌消毒

臭氧（O_3）是氧（O_2）的同素异形体，是一种有鱼腥味的不稳定气体，纯净的 O_3 常温常压下为蓝色气体，臭氧的主要物理常数见表9-26。

表 9-26 臭氧的主要物理常数

项 目	数 值	项 目	数 值
沸点（101325Pa）/℃	−111.9	临界温度/℃	−121
熔点（101325Pa）/℃	−(192.7 ±0.2)	临界压力/MPa	5.532
气体密度（0℃）/$g \cdot L^{-1}$	2.144	临界体积/$cm^3 \cdot mol^{-1}$	111
生成热（气体）/$kJ \cdot mol^{-1}$	142.98	溶解度（25℃）/$mL \cdot L^{-1}$	494
自由能 F（25℃）/$kJ \cdot mol^{-1}$	162.82	固态臭氧浓度/$g \cdot cm^{-3}$	1.728

研究表明，O_3 是通过物理、化学及生物等几个方面的综合作用来杀灭细菌和病毒的。其作用机制可归结为以下两点：

（1）O_3 能氧化分解细菌内部氧化葡萄糖所必需的葡萄糖氧化酶，并直接与细菌和病毒发生作用，破坏其细胞和核糖核酸，分解DNA、RNA、蛋白质、脂肪类和多糖等大分子聚合物，使细菌的物质代谢生长和繁殖过程遭到破坏。

（2）O_3 能渗透细胞膜组织，侵入细胞膜内作用于外膜脂蛋白和内部的脂多糖，使细胞发生畸变，导致细胞的溶解死亡。

臭氧几乎对所有病菌、病毒、霉菌、真菌、原虫及卵囊都具有明显的灭活效果，且就灭菌时间来说，迅速无比，是氯的300～600倍，紫外线的3000倍，甚至在几秒内就可致死细菌，同时臭氧消毒法可以有效抑制菌落的再生。臭氧发生器如图9-23所示。

图 9-23 臭氧发生器

另外，臭氧的性质很活泼、不稳定，化学活性比 O_2 强若干倍，具有强氧化性，还可以氧化、分解水中的污染物，这也是其具有很强的杀菌消毒功能的一个很大的原因，表9-27为臭氧在水处理中的作用。另外，臭氧在水中还原的产物是氧气，不会像其他的消毒剂那样带来很多副产物，对环境不会带来二次污染。

表 9-27　臭氧在水处理中的作用

作　用	备　注	作　用	备　注
杀菌作用	杀灭细菌、病毒、孢子、虫类	去除水中的一般化学物质	可溶性铁和锰的氧化
			氧化去除硫化物、氰化物
	杀灭藻类		氧化酚类化合物
去除水中的色、臭味			选择性去除水中的农药

而且在整个高纯水系统中，用臭氧来杀菌是很有益的，但在整个水处理中也不希望有过量的臭氧，一般残留量 0.0005 ~ 0.5mg/L 为宜，过量的臭氧，可用紫外灯照射除去。利用紫外线催化臭氧分解成氧，从而完全除去臭氧。

总的来说，臭氧消毒有一些优缺点，见表 9-28。经验证明，臭氧最适用于水量低且用水量稳定的水厂。

表 9-28　臭氧消毒的优缺点

优　点	缺　点
其杀菌能力高，即使对于如病毒和囊孢等抵抗性强的微生物，它也是迄今最为有效的消毒剂	必须用电产生臭氧
它可以减少给水的嗅、味和色度，并且它分解后唯一的剩余物质是易溶的氧	不能储备
臭氧的杀菌能力不受 pH 值变化和氨的影响	在遇到水质和水量变化时，对于臭氧的需用量难以及时调整

c　液氯

液氯作为一种成熟的消毒剂用于污水消毒已有多年历史，其消毒作用的机理主要是由氯与水反应生成氧化能力极强的次氯酸，次氯酸扩散到带负电的细菌表面，并通过细菌的细胞壁扩散到细菌内部，因氧化作用破坏细菌的酶系统使之死亡。图 9-24 为储存了液氯的不同规格的钢罐。

液氯消毒具有效果可靠、投配设备简单、投量准确、价格便宜等优点，对于二级处理水，其投加量一般为 5 ~ 10mg/L。其缺点在于在消毒过程中液氯会与水中有机物作用，产生多种消毒副产物，最常见的有三氯甲烷（THMS），它具有致癌、致畸、致突变的作用。因此，近年来有关氯消毒替代品的研究也越来越深入。

d　二氧化氯

二氧化氯（ClO_2）是被联合国世界卫生组织（WHO）确认的一种安全、高效、强力杀菌剂，其杀菌效果是液氯的 5 倍以上。二氧化氯杀毒最大的优点在于与腐殖质及有机物反应几乎不产生发散性有机卤化物，不生成并抑制生成有致癌作用的三卤甲烷，也不与氨及氨基化合物反应。二氧化氯发生器如图 9-25 所示。

图 9-24 液氯储罐

图 9-25 二氧化氯发生器

二氧化氯的杀菌机理为：二氧化氯对细菌的细胞壁有较强的吸附和穿透能力，可有效地破坏细菌内部含巯基的酶。二氧化氯的主要缺点在于：一是 ClO_2 及其副产物 ClO_2^- 对人体红细胞有害；有报道认为，还对人的神经系统和生殖系统有损害；二是其制备成本较高，约为液氯的 10 倍，从而限制了其应用。

表 9-29 对各类杀菌消毒方法进行了简单比较。

表 9-29 各类杀菌消毒方法的简单比较

项 目	液 氯	臭 氧	紫外线	银、铜金属	二氧化氯
需要处理时间/min	10 ~ 30	5 ~ 10	最小	120	比液氯稍快
对细菌有效性	有	有	有	有	有
对病毒有效性	有一些	有	有一些	无	有一些
设备投资	最低	液氯 5 倍以上	比臭氧高	比臭氧高，比紫外线稍低	比液氯高，比其他方法低许多
运行费用	最低	比液氯高	与臭氧类似	比臭氧高，比紫外线高	比液氯高，比其他方法低许多
优 点	价廉，技术成熟，有保护性余氯，有持续杀菌的能力	除色、臭味快，广谱杀菌消毒，消毒效率可达一般氯消毒的 15 倍，无二次污染	杀菌效应快，不用药剂	具有持久性的杀菌效力	价廉，可现场制造，技术已趋成熟；可充分除菌，并可降解水中残留的少量污染物；有持续杀菌能力
缺 点	对病毒无效，其氧化产物对人体有害，并有刺激气味和损害人体皮肤	价较贵，无保护性余量，无持续杀菌能力，安全要求高	价贵，无持续杀菌能力，对水的前处理要求高，穿透力弱	杀菌速度太慢，而且运行费用太贵；氨和其他的污染物质干扰消毒；高浓度对人体有害	对病毒无效；气态的二氧化氯是剧毒的化合物，对人体有害，且与液氯一样会有致癌的二次污染物产生
适合处理类型	所有类型的水处理或给水处理	适合所有场合水处理的杀菌和消毒；空气消毒	不适合水处理；简单空气杀菌	给水和轻度污染的污水	所有类型的水处理或给水处理

由此可见，以环境安全和有效性来考虑，臭氧无疑是最好的选择。

9.1.3　高纯水的制备新方法

9.1.3.1　电去离子技术

利用电去离子(electrodeionization, EDI)技术制备纯水、高纯水逐渐成为热点。EDI 技术是由电渗析和离子交换有机结合形成的一种新型膜分离技术，是在电场作用下连续去除离子的水处理方法，主要用于纯水、高纯水制备，是目前世界上最先进的纯水生产技术。该技术的发展和应用是基于：工业生产对纯水质量要求不断提高和环保对水处理中水利用率及化学物品的排放控制要求不断提高。图 9-26 为电去离子装置。

图 9-26　电去离子装置

早期的纯水主要用于医药、电子、冶金、轻工、生物工程和科学研究等领域，水质要求相对较低，纯水制备主要采用蒸馏和离子交换。前者能耗很高，后者需要化学药剂再生，既麻烦又不经济，而且由于强型树脂对一般有机分子去除效果很差，出水中总有机碳杂质含量高。这两种传统的制水给水都有一定的使用周期，再生时需要使用大量的酸碱，产生环境污染问题。随着半导体工业的发展，对纯水质量要求不断提高，从而大大推动了纯水技术的发展。到 20 世纪 80 年代，膜技术得到广泛应用，微滤、超滤、电渗析和反渗透等先进的水处理技术得到长足发展。反渗透-混床系统取代了传统的离子交换系统，解决了总有机碳杂质问题，满足了诸如电子等行业对纯水质量的要求。但是，由于反渗透脱盐率有限，混床需要化学药剂再生的问题仍未解决，并且出于环保需要，减少化学再生药剂使用的呼声越来越大，因而以电化学为基础的 EDI 技术便得到了重视。

后来，EDI 又作为一种不用化学药剂再生的水处理方法而用于实验室，初期的 EDI 系统设计不完善，可靠性有问题，而且价格偏高，只适合于小流量用户。现在 EDI 技术在美国、加拿大等国实现了产业化，受到世界各国水处理行业的高度重视，并已经开始在电子、电力、医药等行业得到推广，在技术性能和环保方面显示了极大的优越性和经济价值。

A　EDI 系统的工作原理

EDI 已设计成标准模块，EDI 单元就是由若干模块组合而成。电去离子（EDI）是在电渗析器的淡化室中填充离子交换树脂，借助外直流电场的作用使离子选择性地定向迁移，同时利用水的解离再生混床树脂，从而使离子选择性迁移、深度除盐、树脂电化学再生三个过程同时发生，相当于连续获得再生的混床离子交换柱，可高效不间断地生产高纯水。它的工作过程如图 9-27 所示。

图 9-27 EDI 系统的工作过程

(1) 电渗析过程。在外电场作用下，水中电解质通过离子交换膜进行选择性迁移，从而达到去除离子的目的。

(2) 离子交换过程。此过程靠离子交换树脂对水中电解质的交换作用，达到去除水中离子的目的。

(3) 电化学再生过程。利用电渗析的极化过程产生的 H^+ 和 OH^- 及树脂本身的水解作用对树脂进行电化学再生。

综合以上三点，EDI 模块结构及原理如图 9-28 所示，EDI 膜堆是由夹在两个电极之间一定对数的单元组成。在每个单元内分别用阴、阳离子交换膜形成两类不同的室：淡水室和收集除去杂质离子的浓水室，淡水室中用均匀的阳、阴离子交换树脂填满。进水按一定比例通过浓水室和淡水室。

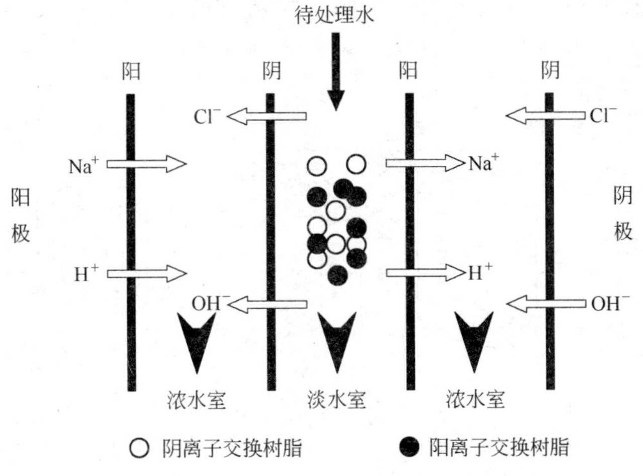

图 9-28 EDI 结构及原理示意图

离子在淡水室的反应可以分为 4 个过程：

(1) 交换树脂上的离子在电场作用下向浓水室迁移；

(2) 进水中的离子与树脂结合；

(3) 水的电离和迁移，迁移到浓水室中的 H^+ 和 OH^- 离子又结合成水；

(4) 由于电场作用，离子不断从树脂上离解，同时在较高的电压梯度作用下，水会电解产生大量的 H^+ 和 OH^-，使树脂不断再生。它们在电场作用下达成平衡（以 Na^+ 为例）：

$$Na^+ + R—SO_3^- \rightleftharpoons R—SO_3Na \tag{9-12}$$

$$Na^+ + R—SO_3H \rightleftharpoons H^+ + R—SO_3Na \tag{9-13}$$

$$H^+ + OH^- \rightleftharpoons H_2O \tag{9-14}$$

与普通混床不同之处在于：进入淡水室中的阴、阳离子先是与树脂结合，而后在直流电场作用下从树脂上不断离解，分别通过阴、阳膜向阳极和阴极移动，树脂同时得以再生。由于上述平衡作用，在水流方向上形成浓度梯度，可根据进水情况和出水要求调节电流（电压）大小，使流出的水为不含阴、阳离子的纯水；由于膜对阴、阳离子的选择透过性，进入浓水室的离子不能通过另一极膜而在浓水室浓缩。

典型的 EDI 系统中，90% ~95% 的进水是通过淡水室的，5% ~10% 的进水通过浓水室。为了防止结垢，浓水用泵强制循环，高速通过膜面。浓水部分排放，排放的浓水可返回反渗透再处理，增加水的利用率。

B　EDI 的高纯水工艺

EDI 常与 RO（反渗透）连用，构成 RO-EDI 纯水系统。RO-EDI 高纯水工艺流程依次为预处理单元（包括超滤（UF）、活性炭吸附和软化）、RO 单元、EDI 单元及变频供水单元，如图 9-29 所示。自来水通过自来水泵进入 UF 组件，除去微粒、胶体及细菌等杂质进入 UF 水储罐，再经 UF 水泵加压，通过活性炭吸附其中的余氯等杂质，由软化树脂去除水中的 Ca^{2+} 、Mg^{2+} 等离子，降低硬度，软化水经精密过滤由高压泵加压进入 RO 膜组件，除去大部分无机盐和低相对分子质量的有机物，RO 产水不符合 EDI 进水要求时回流到 UF 水储罐，符合进水要求时产水经过增效树脂及精密过滤后直接进入 EDI 单元进行深度除盐，合格的产品水进入高纯水罐，通过变频系统输送到各用水点，不合格的 EDI 产水与 EDI 浓水回流到 UF 水储罐。

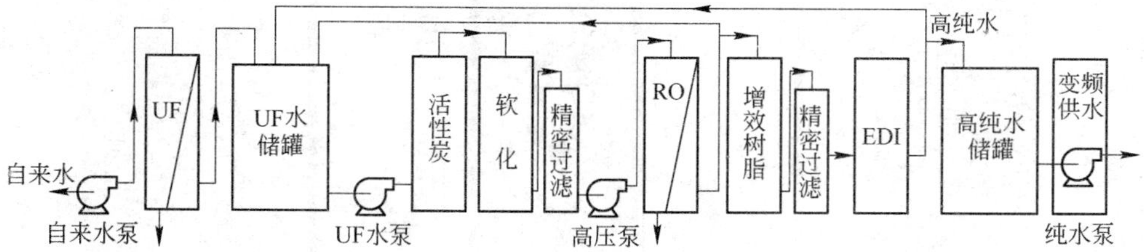

图 9-29　RO-EDI 高纯水工艺流程图

该工艺流程既保证了产水的高水质，又最大限度地提高了水的利用率。该工艺的控制系统要求安全、稳定、可靠和操作方便。除开、关机及再生前的准备工作由人工操作完成外，其余均程序化控制，并且有现场设备主要工作参量的实时监控、设备的自动保护、报警指示及产品水质的在线测量显示等一系列功能。主电路设计主要考虑水泵电机的启动、停止及保护等；控制电路设计主要考虑如何控制电机的运转及电磁阀的动作，以满足生产工艺要求以及各种保护环节。

C　EDI 系统预处理概要

a　影响 EDI 系统运行的主要因素

（1）EDI 进水电导率的影响。在相同的操作电流下，随着源水电导率的增加，EDI 对弱电解质的去除率减小，出水的电导率也增加。如果源水电导率低则离子的含量也低，而低浓度离子使得在淡水室中树脂和膜的表面上形成的电动势梯度也大，导致水的解离程度增强，极限电流增大，产生的 H^+ 和 OH^- 的数量较多，使填充在淡水室中的阴、阳离子交换树脂的再生效果良好。

(2) 工作电压-电流的影响。工作电流增大，产水水质不断变好。但如果在增至最高点后再增加电流，由于水电离产生的 H^+ 和 OH^- 离子量过多，除用于再生树脂外，大量富余离子充当载流离子导电，同时由于大量载流离子移动过程中发生积累和堵塞，甚至发生反扩散，结果使产水水质下降。

(3) 浊度、污染指数（SDI）的影响。EDI 组件产水通道内填充有离子交换树脂，过高的浊度、污染指数会使通道堵塞，造成系统压差上升，产水量下降。

(4) 硬度的影响。如果 EDI 中进水的残存硬度太高，会导致浓缩水通道的膜表面结垢，浓水流量下降，产水电阻率下降，影响产水水质，严重时会堵塞组件浓水和极水流道，导致组件因内部发热而毁坏。

(5) 总有机碳（TOC）的影响。进水中如果有机物含量过高，会造成树脂和选择透过性膜的有机污染，导致系统运行电压上升，产水水质下降。同时也容易在浓缩水通道形成有机胶体，堵塞通道。

(6) Fe、Mn 等金属离子的影响。Fe、Mn 等金属离子会造成树脂“中毒”。树脂金属“中毒”会造成 EDI 出水水质的迅速恶化，尤其是硅的去除率迅速下降。另外变价金属对离子交换树脂的氧化催化作用，会造成树脂的永久性损伤。

(7) 进水中 CO_2 的影响。进水中 CO_2 生成的 HCO_3^- 是弱电解质，容易穿透离子交换树脂层而造成产水水质下降。

(8) 总阴离子含量（TEA）的影响。高的 TEA 将会降低 EDI 产水电阻率，或需要提高 EDI 运行电流，而过高的运行电流会导致系统电流增大，极水余氯浓度增大，对极膜寿命不利。另外，进水温度、pH 值、SiO_2 以及氧化物也对 EDI 系统运行有影响。

b EDI 进水水质要求

根据 EDI 工作原理，进水水质对 EDI 模块的成功运行是至关重要的，进水杂质的含量是影响模块寿命、运行性能、清洗频率及维护费用等最主要的因素之一。EDI 模块通过电能迁移水中杂质离子，由于膜和树脂的性能，传质的阻力较大，同时 EDI 内填充树脂量少，交换容量有限，因此，EDI 装置只适合于处理低含盐量的水，并且对进水水质有严格要求：

(1) 进水电导率的控制。严格控制前处理过程中的电导率，使 EDI 进水电导率小于 40μS/cm，可以保证出水电导率合格以及弱电解质的去除。

(2) 工作电压-电流的控制。系统工作时应选择适当的工作电压-电流。同时由于 EDI 净水设备的电压-电流曲线上存在一个极限电压-电流点的位置，与进水水质、膜及树脂的性能和膜对结构等因素有关。为使一定量的水电离产生足够量的 H^+ 和 OH^- 离子来再生一定量的离子交换树脂，选定的 EDI 净水设备的电压-电流工作点必须大于极限电压-电流点。

(3) 进水 CO_2 的控制。可在 RO 前加碱调节 pH 值，最大限度地去除 CO_2，也可用脱气塔和脱气膜去除 CO_2。

(4) 进水硬度的控制。可结合除 CO_2，对 RO 进水进行软化、加碱；进水含盐量高时，可结合除盐增加一级 RO 或纳滤。

（5）TOC 的控制。结合其他指标要求，增加一级 RO 来满足要求。

（6）浊度、污染指数的控制。浊度、污染指数是 RO 系统进水控制的主要指标之一，合格的 RO 出水一般都能满足 EDI 的进水要求。

（7）Fe 的控制。运行中控制 EDI 进水的 Fe 浓度低于 0.01mg/L。如果树脂已经发生了“中毒”，可以用酸溶液做复苏处理，效果比较好。

几家 EDI 生产公司对进水水质的要求对比见表 9-30。表中数据表明 EDI 装置对进水水质要求是非常高的，一般的预处理工艺很难达到其进水水质要求。

表 9-30　生产 EDI 设备厂家对进水水质要求的比较

项　目	进水要求		
	BCELL 公司 MK-2E/Mini	Ianpure 公司 CEDI	OMEXELL 公司卷式-210
TEA（总可交换阴离子，包括 CO_2）/%	$<25\times10^{-4}$		$<25\times10^{-4}$
电导率/$\mu S\cdot cm^{-1}$	<65	<40	
pH 值	5～9	11～12	6.5～9
硬度（以 $CaCO_3$ 计）/%	$<0.5\times10^{-4}$	$<1.0\times10^{-4}$	$<2\times10^{-4}$
TOC/%	$<0.5\times10^{-4}$	$<0.5\times10^{-4}$	$<0.5\times10^{-4}$
活性硅含量/%	$<0.5\times10^{-4}$	$<1.0\times10^{-4}$	$<0.5\times10^{-4}$
游离氧含量/%	$<0.05\times10^{-4}$	$<0.02\times10^{-4}$	$<0.05\times10^{-4}$
Fe、Mn、H_2S 含量/%	$<0.01\times10^{-4}$	$<0.01\times10^{-4}$	$<0.01\times10^{-4}$
SDI(15min)	<1.0		
油　脂	测不出		
浊度（NTU）	<1.0		
氧化物	测不出		
色度（APHA）	<5		

c　EDI 系统常用的预处理方法

为达到 EDI 装置的进水水质要求，在设计中一般与 RO 装置联合运用。这是由于 RO 系统产水的含盐量较低，其电导率一般在 30μS/cm 以下，RO 系统的产水水质正好符合 EDI 装置的进水水质要求，同时这样的水质也有利于 EDI 装置长时间维持稳定的去离子过程。

EDI 的预处理工艺主要有过滤、吸附、软化、脱碳、一级 RO 或二级 RO 等，通过这些工艺的组合来达到 EDI 进水水质指标，特别是硬度、碳酸和二氧化硅等，以确保 EDI 稳定地产出满足要求的纯水，同时有利于降低 EDI 装置膜和树脂的污染。RO 装置位于 EDI 装置之前，可去除 95% 以上的盐分，而 EDI 进行深度除盐，制取高纯水。

D　EDI 系统的优点

（1）模块式设计，堆积式自由组合，获得各种流量配置，减少自控要求，栈更换容易，且无须停机。有多种流量组合，适应各种流量范围。

各家公司根据自己的实际情况设计出相对优化的单元，这些单元的自由组合，配备相应大小的整流装置，就可以获得自己所需要的流量要求，比如欧美公司的两个元件就可以组合成为4.542m^3/h的产水装置，四个元件就可以组合成为9.084m^3/h的产水装置，以此类推。使得设计工作简单化，而设计混床则需要设定流速、床高、再生等内容，工作相对比较麻烦。

一般来讲，仅一个独立的混床等单元，如果要实现自动再生需要完成树脂分层、酸碱注入、冲洗、混合等工艺过程，需要一整套复杂的自控设备，参数的调整也很复杂、繁琐，一般的操作者难以掌握。EDI系统在运行时几乎没有阀门的要求切换，自控所要保证的仅仅是在产品水、浓水、极水通道中的水流和电流的互锁。

（2）快速稳定水质。混床系统在再生结束以后，都要经过30～60min的漂洗电阻率才能逐渐上升到规定的水质要求，在临近终点时，首先是SiO_2和Na^+的泄漏，然后是电阻率的大幅度下降，因此要保持电阻率连续稳定，至少要有两台混床串联，才能得到保证；而EDI系统在开机后可以立即上升到较高的水质。另外，由于其处理及再生在同期进行，因此大大减少了系统的停运时间。

（3）极高的回收率。EDI系统的回收率一般在80%～95%之间，具体取决于水中的CO_2的含量和硬度，当硬度小于1×10^{-4}%时，系统的回收率可以为90%。另外，当其浓缩水侧不投加NaCl溶液时，它的浓缩水的电导率一般为100～200μS/cm；如果投加NaCl溶液，则它的浓缩水的电导率也在1250μS/cm以下，则水质（硬度、SDI、浊度）均好于反渗透入口水，因此其浓缩水均可以回收利用，循环到反渗透的入口，提高了水的使用率。

（4）有效去除二氧化碳和二氧化硅。由于EDI系统中具有离子交换树脂，二氧化碳在水中与HCO_3^-、CO_3^{2-}发生离子平衡，通过离子交换可以降低二氧化碳的含量。实验表明（见表9-31），EDI也可以有效去除二氧化硅。

表9-31 某EDI系统对二氧化硅去除率的实验结果

入口水电导率 /μS·cm^{-1}	入口水SiO_2含量 /%	产品水电阻率 /MΩ·cm	产品水SiO_2含量 /%	SiO_2去除率 /%
1.9	1500×10^{-7}	17.8	23×10^{-7}	98.5
1.82	567×10^{-7}	18.0	10.6×10^{-7}	98.1
3.5	670×10^{-7}	17.4	18×10^{-7}	97.3
1.4	312×10^{-7}	18.0	7.8×10^{-7}	97.5
1.4	108×10^{-7}	18.0	6.9×10^{-7}	93.6

（5）无化学危险品使用，因此可以减少混床再生所产生的酸碱废液，基本无化学废物排放，利于环保。

EDI内树脂的再生是依靠电解水所产生的H^+、OH^-完成的，当水电解，H^+、OH^-的量是相当的，在废水流出前已完全中和，因此不存在酸碱废液，大大减少了环境污染，故系统不需要安装废水处理设备。

（6）降低投资运行成本。据国内文献指出，对RO-EDI系统的整体投资、日常消耗等方面与混床系统做了比较，结果表明，RO-EDI投资运行成本比混床系统降低22%。

（7）很小的占地面积，适应恶劣环境的工业化设计，技术成熟，应用广泛。

E EDI技术的应用前景

由于EDI上述优点，EDI技术和产品发展很快。目前，国际上已有多家公司生产销售

RO-EDI 系统。其应用不仅在制药、造纸、化工、发电等工业部门，而且还应用于其他领域。如美国 Millipore 公司 Elix 系列纯水设备就采用了 RO-EDI 技术，用于分析实验室用纯水制备，其 EDI 出水质量符合分析实验室用纯水二级标准。事实上，EDI 已在国际上形成稳定市场，并在不断拓展。随着环境意识的加强和环保要求的提高，与需要化学再生而产生大量废水污染的传统混床相比，EDI 技术将备受青睐。并且随着膜技术的不断发展，RO-EDI 系统可望有进一步的改进。有关专家预测，未来 3 ~5 年内 85% 的工业水处理系统将采用 RO-EDI 技术。

我国目前还没有大规模应用 EDI 技术，与 UF 和 RO 等膜技术研究相比，EDI 技术研究滞后。而国内水处理技术市场很大，并且发展很迅猛，因此，研究开发和应用 EDI 技术十分必要。但鉴于 EDI 所具有的巨大市场前景和国外公司近年来对中国市场的持续攻关，加紧国产 EDI 相关技术研究并及早实现其产业化是国内水处理界当前的迫切任务。可以预料，EDI 在国内众多领域的推广应用已经指日可待。

9.1.3.2　冰冻浓缩技术

冰冻浓缩技术是依据在正常冰冻中杂质在液-固两相中分配不同而达到分离浓缩效果的一种方法。冰冻浓缩技术在浓缩稀溶液中的金属离子和自来水中的痕量金属离子的技术应用已有报道，并同时得到少量纯净水。但是这种方法仅限于为中小实验室提供具有一定方便有效解决高纯分析及痕量分析所需高纯水（二级水）的途径，不能推广，在这儿不做详细介绍。

9.2　超净高纯试剂

9.2.1　超净高纯试剂概述

9.2.1.1　超净高纯试剂的现状

超净高纯试剂在国际上称为工艺化学品（process chemicals），我国的台湾地区又称湿化学品。而集成电路制作技术所需的关键性化工材料主要包括半导体材料、超净高纯试剂、光刻胶、特种电子气体、环氧塑封料和硅片抛光材料等，其中超净高纯试剂、光刻胶、特种电子气体主要用于前工序，环氧塑封料用于后工序，硅片抛光材料用于单晶硅厂硅片的后处理。显然，超净高纯试剂是超大规模集成电路制作过程中的关键性基础化工材料之一，主要用于芯片的清洗和腐蚀，另外还用于硅圆片表面的清洗。它的纯度和洁净度对集成电路的成品率、电性能及可靠性都有着十分重要的影响。超净高纯试剂具有品种多、用量大、技术要求高、储存有效期短和强腐蚀性等特点，它基于微电子技术的发展而产生，随着微电子技术的发展而同步或超前发展，同时它又制约着微电子技术的发展。因此，超净高纯试剂的研究开发及应用必须与微电子技术的发展及应用紧密地结合才具有现实意义。

随着集成电路（IC）存储容量的逐渐增大，存储器电池的蓄电量需要尽可能地增大，因此氧化膜变得更薄，而超净高纯试剂中的碱金属杂质（Na、Ca 等）会溶进氧化膜中，从而导致耐绝缘电压下降；若重金属杂质（Cu、Fe、Cr、Ag 等）附着在硅晶片的表面上，会使 P-N 结耐电压降低。杂质分子或离子的附着又是造成腐蚀或漏电等化学故障的主要原因。因此，随着微电子技术的飞速发展，对超净高纯试剂的要求也越来越高，不同级别超净高纯试剂中的金属杂质和颗粒的含量要求各不相同，从而配套于不同线宽的IC工艺技术，即一代IC产品需要一代超净高纯试剂与之配套。超净高纯试剂与IC发展的关系见表9-32。

表9-32 超净高纯试剂与IC发展的关系

年份	IC集成度	技术水平/μm	金属杂质/%	控制粒径/μm	颗粒	相应试剂级别	SEMI标准
1986	1M	1.2	$<10\times10^{-7}$	>0.5	<25	BV-Ⅱ	C7
1989	4M	0.8					
1992	16M	0.5					
1995	64M	0.35	$<1\times10^{-7}$	>0.5	<5	BV-Ⅳ	C8
1998	256M	0.25					
2001	1G	0.18					
2004	4G	0.13	$<0.1\times10^{-7}$	>0.2	待定	BV-Ⅴ	C12
2007	16G	0.10					
2010	64G	0.07					

由于世界超净高纯试剂市场的不断扩大，从事超净高纯试剂研究与生产的厂家及机构也在增多，生产规模不断扩大，但各生产厂家所生产的超净高纯试剂的标准各不相同，为了能够规范世界超净高纯试剂的标准，国际半导体设备与材料组织(SEMI)1975年成立了SEMI化学试剂标准委员会，专门制定超净高纯试剂的国际标准。进入21世纪后，国际SEMI标准化组织又根据超净高纯试剂在世界范围内的实际发展情况对原有的分类体系进行了归并，按品种进行分类，每个品种归并为一个指导性的标准，其中包括多个用于不同工艺技术的等级（见表9-33）。

表9-33 SEMI国际标准等级

SEMI标准	C1 (Grade1)	C7 (Grade2)	C8 (Grade3)	C12 (Grade4)	(Grade5)	C11 (VLSI Grade1)
金属杂质/%	$\leqslant1\times10^{-4}$	$\leqslant10\times10^{-7}$	$\leqslant1\times10^{-7}$	$\leqslant0.1\times10^{-7}$	$\leqslant0.01\times10^{-7}$	$\leqslant50\times10^{-7}$
控制粒径/μm	≥1.0	≥0.5	≥0.5	≥0.2		≥0.5
颗粒/个·mL^{-1}	≤25	≤25	≤5			≤250
适应范围	适用于大于1.2μm IC技术的制作	适用于0.8~1.2μm IC技术的制作	适用于0.2~0.6μm IC技术的制作	适用于0.09~0.2μm IC技术的制作	适用于小于0.09μmIC技术的制作	适用于0.8~1.2μm IC技术的制作

随着集成电路的发展，设计规范尺寸已进入亚微米时代，对与之配套使用的超净高纯试剂提出了更高的要求，要求颗粒和杂质含量减少1~3个数量级，并对储运提出了更高的要求。半导体工业协会（SIA）提出了超净高纯试剂中颗粒及杂质与IC的关系（见表9-34）。

表 9-34　工艺化学品中颗粒及杂质与 IC 的关系

年　份	1995	1998	2001	2004
图形线宽/μm	0.35	0.25	0.18	0.13
门氧化物/nm	7~12	4~5	4~5	4~5
硅圆片/mm	200（8in）	200	300（12in）	300
芯片尺寸(微处理器)/mm^2	250	300	360	430
工艺化学品中颗粒数(0.1μm)	100	10	10	1
化学品中关键杂质元素/%	0.1×10^{-7}	0.05×10^{-7}	0.01×10^{-7}	0.01×10^{-7}
关键金属玷污水平/cm^{-2}	5×10^{10}	2.5×10^{10}	1×10^{10}	0.5×10^{10}

为了适应新的发展，工艺化学品的生产、经营、质量保证、技术服务与传统的方法发生了很大的变化，20 世纪 90 年代初各主要生产厂家积极推进化学品的经营服务（CMS），即化学品供应者在 IC 现场承担调查 IC 生产工艺与化学品的相关因素，协调解决有关工艺化学品在供应过程中的技术问题，使 IC 生产者与化学品供应者形成了紧密的合作伙伴。由于推行 CMS，降低了企业的运行费用，缩短了研究开发周期，增强了质量保证，改进了生产安全，减少了危险品的储存量，保证化学品在使用点上的高质量。另外根据用户要求，工艺化学品生产者可按 SEMI 标准提供配好的蚀刻液如缓冲氢氟酸蚀刻液、混合酸蚀刻液和磷酸蚀刻液。

国内超净高纯试剂的研发水平及生产技术水平与国际上的先进技术水平相比尚有一定的差距，目前 5μm IC 技术用 MOS 级试剂的生产技术已经成熟，并已转化为规模生产。0.8~1.2μm 技术用超净高纯试剂（相当于国际 SEMI 标准 C7 水平）的产业化技术基本成熟，初步形成生产规模。0.2~0.6μm 技术用超净高纯试剂（相当于国际 SEMI 标准 C8 水平）的工艺制备技术及分析测试技术有所突破，但由于受相关配套条件的制约，产业化技术还有待进一步的完善。部分产品的产业化技术也将能够形成规模化生产，相关分析测试方法的研究也有了较大的突破，但总体上仍然受支撑条件落后、配套设施基础差等客观因素的制约，关键的仪器设备包括容器等必须依赖进口，超净高纯试剂工艺先进技术如气体吸收、离子交换、膜处理技术等的应用要达到国外的先进水平也有一定的差距，这也导致真正要实现超净高纯试剂的工业化规模生产存在较大的差距。

我国半导体市场规模在不断扩大，2006 年我国 IC 市场已达 4836 亿元。2002~2006 年 5 年间，平均增长率达 33.6%。目前国内 12in(30.48cm)生产线 2 条，8in(20.32cm)线 10 条，占国内 47 条生产线总数的 1/4，产能已占全国的 60%，8in(20.32cm)以上高端生产线已开始成为国内芯片制造业主体。按“十一五”计划新建的生产线对于超净高纯试剂耗用量将有较大幅度增长。

在市场供应方面，目前大于 1.2μm MOS 级超净高纯试剂已经全部实现国产化，在更高档次的超净高纯试剂供应方面，目前绝大部分需要从其他国家或地区进口，SEMI 标准 C8 水平及以上档次的产品则全部依赖进口。进口产品的来源主要有日本、韩国、美国等国家及中国台湾地区。

9.2.1.2　超净高纯试剂的应用

A　湿法清洗

超净高纯试剂的主要用途，一是用于基片在涂胶前的湿法清洗，二是用于在光刻过程中的蚀刻及最终的去胶，三是用于硅片本身制作过程中的清洗。

硅圆片在进行工艺加工过程中，常常会被不同的杂质所玷污，这些杂质的玷污将导致IC的产率下降大约50%。为了获得高质量、高产率的集成电路芯片，必须将这些玷污物去除干净。有关玷污类型、来源和常用清洗试剂见表9-35。

表9-35 玷污类型、来源及常用的清洗试剂

玷污类型	可能来源	清洗用化学品
颗粒	设备、超净间空气、工艺气体和化学试剂、去离子水	$NH_3 \cdot H_2O$、H_2O_2、H_2O； 胆碱、H_2O_2、H_2O
金属	设备、超净高纯试剂、离子注入、灰化、反应离子刻蚀	HCl、H_2O_2、H_2O； H_2SO_4、H_2O； HF、H_2O
有机物	超净间气体、光刻胶残渣、储存容器、工艺化学试剂	H_2SO_4、H_2O； $NH_3 \cdot H_2O$、H_2O_2、H_2O
自然氧化物	超净间湿度、去离子水冲洗	HF、H_2O； HN_4F、HF、H_2O

B 湿法蚀刻

湿法蚀刻是指借助于化学反应从硅圆片的表面去除固体物质的过程。它可发生在全部硅圆片表面或局部未被掩膜保护的表面上，其结果是导致固体表面全部或局部的溶解。湿法蚀刻依蚀刻对象的不同可分为绝缘膜、半导体膜、导体膜及有机材料等多种蚀刻：

(1) 绝缘膜的蚀刻。绝缘膜蚀刻包括图形化二氧化硅(SiO_2)膜的蚀刻和氮化硅(Si_3N_4)膜蚀刻。其中图形化二氧化硅膜采用缓冲氢氟酸蚀刻液(BHF)进行蚀刻，其目的是为了保护光刻掩膜和掩膜下的绝缘层。氮化硅膜在室温下用氢氟酸或磷酸进行蚀刻。

(2) 半导体膜蚀刻。主要是指单晶硅和多晶硅的蚀刻，通常采用混合酸蚀刻液进行蚀刻。

(3) 导体膜蚀刻。在Si材料集成电路中，金属导线常采用Al、Al-Si合金膜，湿法蚀刻图形化后Al和Al-Si金属膜常采用磷酸蚀刻液进行蚀刻。

(4) 有机材料蚀刻。主要是指光刻胶在经过显影和图形转移后的去胶。常用的正胶显影液有四甲基氢氧化铵，去胶剂可采用热的过氧化氢-硫酸氧化去胶或采用厂家提供的专用去胶剂或剥离液来去除胶膜。

C 光学纯试剂的用途

这类试剂主要应用于下列三个方面：

(1) 应用于光学分析，例如红外、紫外分光光度计分析。

(2) 色层分离。

(3) 高纯有机试剂的精制，如用于有机闪烁体的提纯。

9.2.1.3 高纯试剂的包装

超净高纯试剂大多属于易燃、易爆、强腐蚀的危险品，且随着微电子技术向深亚微米技术水平的发展，对其产品的质量提出了越来越高的要求，即不仅要求产品在储存的有效期内杂质及颗粒不能有明显的增加，而且要求包装后的产品在运输及使用过程中对环境不能有泄漏的危险。另外，必须使用方便且成本低廉，所有这些都对包装技术提出了更高的要求。

用于超净高纯试剂包装容器的材质首先必须耐腐蚀，其次不能有颗粒及金属杂质的溶出，这样才能确保容器在使用点上不构成对超净高纯试剂质量的玷污。

目前，最广泛使用的材料是高密度聚乙烯(HDPE)、四氟乙烯和氟烷基乙烯基醚共聚物（PFA）和聚四氟乙烯（PTFE）。由于HDPE对多数超净高纯试剂的稳定性较好，而且易于加工，并具有适当的强度，因而它是超净高纯试剂包装容器的首选材料。HDPE的关键是与大多数酸、碱及有机溶剂都不发生反应，也不渗入聚合物中。HDPE允许在室温下存放，但温度升高后，浓硫酸会浸蚀HDPE而生成衍生物，导致“酸暗”。HDPE在室温下也不能储存硝酸、HAc，因硝酸会使聚合物断裂，HAc会引起树脂龟裂。对于使用周期较长的管线、储罐、周转罐等，可采用PFA或PTFE材料作内衬。超净高纯试剂包装所选用的HDPE材料要经过严格的试验考核，因为不同级别的聚乙烯材料具有不同的颗粒脱落特性。

9.2.1.4　我国当前超净高纯试剂的发展及要求

目前，国内超净高纯试剂以MOS级为主，所谓的MOS级即电子工业用的高纯试剂，是以MERCK公司1978年MOS Seiect印钉为主参考标准的行业优质品标准，但只能满足5μm电路需要，虽有单位已研制和生产出1μm技术的试剂，但还不能大量满足市场需要。目前我国电路生产以1~2μm为主，因此目前国内超净高纯试剂无论从质量上和数量上都不能满足电子工业的需要，主要依赖进口。近几年来电子工业长足进步，相应地国外化工厂家不断提高试剂档次以适应需要，产量也形成规模化，包装大型化，建造供给系统。但国内超净高纯试剂的制备也存在着严重的不足：

（1）资金投入不足；

（2）配套设施不完善；

（3）工艺技术不先进，规模过小；

（4）标准化技术不健全，没有权威的检测机构；

（5）包装容器成为制约其发展的瓶颈；

（6）研究力量投入不够。

当然，检测普遍采用ICP-AES、ICP-MS提高了金属杂质检测灵敏度，颗粒检测水平已达1μm以下，与国际先进水平相比，国内的差距还比较大。面对超净高纯试剂的严峻局面，国内生产厂家都在制订规划、立足高水平，满足1μm技术和形成生产规模。我们相信超净高纯试剂的国产化应该是志在必得和势在必行的事。

随着微电子工业的快速发展，对与之配套的超净高纯试剂的要求也越来越高。为了使超净高纯试剂能够满足微电子技术发展的需要，超净高纯试剂的研究开发及生产水平应与微电子技术的发展保持同步或超前发展。目前国际上0.2~0.6μm工艺技术用超净高纯试剂已经实现了规模生产，0.09~0.2μm工艺技术用超净高纯试剂进入批量生产，小于0.09μm工艺技术用超净高纯试剂也已提供产品，正在进行规模试生产。今后我国首先应重点进行适用于0.2~0.6μm工艺技术用超净高纯试剂的研究开发，同时为了适应产业发展的需要，还应进行适用于工艺技术加工所需超净高纯试剂的前期研究。只有这样，才能确保我国的超净高纯试剂产业能够与国际发展步伐保持一致，并且能及时满足国内IC行业生产的急需。

另外，由于国内在基础配套方面基础比较薄弱，在进行超净高纯试剂深入研究的同时，还应该进行相关配套技术如超纯水、包装容器材质、工艺设备材质等技术的研究。同时，还需进行颗粒、10^{-12}级金属杂质及10^{-9}级非金属杂质分析测试方法的研究，以确保超净高纯试剂制备的完整性，为建立完善的质量保证体系奠定坚实的基础。

9.2.2 超净高纯试剂的制备方法

9.2.2.1 均质阴离子交换膜电渗析

均质阴离子交换膜电渗析法是通过采用阴离子交换膜对电流及阴离子能顺利通过而阻止阳离子渗透的特性，另外又采用电解过程中阳极金属会溶解的特性而组合起来的方法。其中阴离子交换膜是将胺化的过氯乙烯树脂涂于涤纶网布上而成的弱碱性阴离子交换膜。应用图9-30的装置可以制取比原料纯度更高的盐类。

用均质阴离子交换膜电渗析法制取高纯氯化铜的过程如下：用铜片（99%）为阳极，含有少量的锌、钴、硅、锰、铁、镁、铅、镍、铝、银、镓、锡等杂质，将此铜片放在阳极槽内，并加入试剂二级1∶1盐酸；另一铜极为阴极，放在一个阴极槽内，此槽为两侧由阴离子交换膜制成的硬质塑料槽，同样加入盐酸。

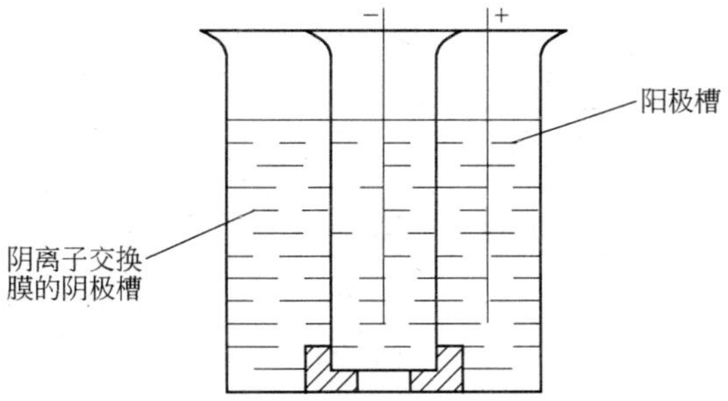

图9-30 均质阴离子交换膜电渗析装置图

将阴极槽浸在阳极槽的一端，电解条件是：电流10A、电压5V，温度40℃左右。电解开始阳极铜片便逐渐溶解，当阳极槽中溶液呈深棕色，电流逐渐减少时，即停止电解取出溶液。将此溶液在电炉上加热浓缩至黏稠状，冷却后慢慢加入电导水稀释至有少量白色氯化亚铜沉淀析出，溶液呈绿色，吸滤除去氯化亚铜，再将溶液浓缩，在水浴中冷却，得针状结晶。经光谱半定量分析，其杂质为：Mg 0.001%、Fe 0.001%、Al 0.001%、Ag 0.0003%、Ca 0.001%和Si 0.003%，符合光谱纯规格。

用上述方法可以制备的高纯试剂还有氯化金、氯化钯等。如果所用原料纯度越高，则所得到产品纯度也高。

9.2.2.2 配合法

在制备高纯试剂时，经常会遇到难以除去的微量阳离子杂质，而常用的沉淀、升华、精馏、重结晶等方法也很难达到除杂的目的。因此，许多试剂工作者将有机或无机物质的配合作用用于试剂的提纯。配合法可分为化学配合法和离子配合法，而化学配合法又分为小分子配体配合法、大分子配体配合法以及硬脂酸配合法。小分子有乙二胺、柠檬酸、乙二胺四乙酸（EATA）等，大分子有聚乙二醇（PEG）、淀粉、明胶等。这三种方法各有特色，硬脂酸配合法原料来源广、价格便宜。

配合剂在高纯试剂制备中的作用有以下三个方面：

（1）作沉淀剂。如制备高纯氧化镍时可用丁二肟沉淀镍。

（2）用以溶解沉淀。如制备高纯氯化银时可用氨水溶解粗制品中的氯化银。

（3）生成溶解度更大的配合物。如在制备高纯硫酸铝铵时可用 EDTA 配合粗制品中的钙离子。

（4）作隐蔽剂。如纯化硫酸铝铵时可用酒石酸铵隐蔽铁离子。

配合剂在提纯中的应用实例如下：

（1）制备高纯氯化银。以硝酸银为原料，由于优级纯的硝酸银中还存在着微量的 Cu、Zn、Ca、Mg、Fe 等杂质，如直接与高纯盐酸反应所生成的氯化银，质量尚难保证。运用配合沉淀与溶解的特性，来制备高纯氯化银是比较理想的方法。其反应为：

$$AgNO_3 + HCl \longrightarrow AgCl\downarrow + HNO_3 \qquad (9\text{-}15)$$

$$AgCl + 2NH_4OH \longrightarrow [Ag(NH_3)_2]Cl + 2H_2O \qquad (9\text{-}16)$$

$$[Ag(NH_3)_2]Cl + 2HCl \longrightarrow AgCl\downarrow + 2NH_4Cl \qquad (9\text{-}17)$$

（2）制备高纯硝酸钴。以氯化钴为原料，由于试剂二级氯化钴中杂质较多，先用重结晶的方法进行提纯，提纯后进行分析，发现还存在一定量的钙、铝、镁等杂质。这时可以应用生成配合物的特性来分离原料中存在的杂质离子，得到了预期的效果。其反应式为：

$$4CoCl_2 + 4NH_4Cl + 16NH_4OH + O_2 \longrightarrow 4[Co(NH_3)_5Cl]Cl_2 + 18H_2O \qquad (9\text{-}18)$$

$$6[Co(NH_3)_5Cl]Cl_2 \longrightarrow 6CoCl_2 + 6NH_4Cl + N_2\uparrow + 22NH_3\uparrow \qquad (9\text{-}19)$$

$$CoCl_2 + (NH_4)_2CO_3 \longrightarrow CoCO_3\downarrow + 2NH_4Cl \qquad (9\text{-}20)$$

$$CoCO_3 + 2HNO_3 \longrightarrow Co(NO_3)_2 + H_2O + CO_2\uparrow \qquad (9\text{-}21)$$

9.2.2.3　分解反应

所谓分解反应是指由一种物质变成两种或两种以上新物质的反应。化学试剂工作者在制备高纯氧化物时，运用的就是这一原理。

A　高纯氧化钙的制备

生产氧化钙的基础原料是硝酸钙，先用重结晶经过滤法把硝酸钙进行提纯，如有重金属杂质离子存在，可加入$(NH_4)_2S$除去。然后在硝酸钙溶液里加入高纯草酸转化为草酸钙，经分析合格后放在炉子内加热灼烧为碳酸钙，继续升温至825℃以上，放出二氧化碳，分解为氧化钙。其反应式为：

$$Ca(NO_3)_2 + H_2C_2O_4 \longrightarrow CaC_2O_4 + 2HNO_3 \qquad (9\text{-}22)$$

$$CaC_2O_4 \longrightarrow CaCO_3 \longrightarrow CaO \qquad (9\text{-}23)$$

$$Ca(NO_3)_2 \longrightarrow CaO + 2NO_2 + \frac{1}{2}O_2 \qquad (9\text{-}24)$$

B　高纯氧化铋的制备

以铋为原料，先用硝酸溶解生成硝酸铋，再将硝酸铋水解转化为碱式硝酸铋，然后在600℃时灼烧为氧化铋。

9.2.2.4　重结晶法

重结晶是使不纯的物质纯化的主要方法之一，不论在无机试剂或有机试剂提纯中，往往采用重结晶的精制法。将不纯物质溶于少量水或其他溶剂中，滤去不溶解的杂质，将溶液进行浓缩，冷却后该物质即“重结晶”析出。如杂质过多或杂质也能溶于溶剂中，则一次重结晶不能达到纯化的目的，需要进行第二次重结晶，有时需要进行多次重结晶才能获得纯净的化合物。进行重结晶的溶剂的选择颇为重要，要选择对主要化合物与杂质的溶解度有显著差别的溶剂。为了达到纯化的目的，还需要留一定量的母液，使一部分杂质富集在母液里。

重结晶在无机试剂提纯中大多用于可溶性盐类，根据物质的溶解度不同，通常采取重结晶来分离杂质达到提纯的目的。但有些盐类在重结晶过程中还需要加些除杂质的试剂。总之，通过重结晶纯化法是能去除一定杂质的。例如，氯化钠、氯化钾、硫酸钠、碳酸钠、重铬酸钾、氯化钡、硫酸铵、高锰酸钾、硝酸锶、硫酸锌、硫酸铜等都是以重结晶来达到提纯的目的。其中氯化钠除重结晶纯化外，还需视杂质情况加入某些化学试剂做去杂处理后再重结晶两次才能达到基准试剂或高纯试剂级别。

9.2.2.5 常见阴离子的去除方法

在提纯方法中，对除去阳离子杂质的方法较多。但如何除去微量的阴离子，则报道较少。随着科学技术的发展，对阴离子也提出了一定的要求，而且还制定了阴离子杂质的允许限度。

A 加热分解法

加热分解法的具体实例如下：

（1）氧化铝是制备红宝石的特种材料，质量要求很高，为了满足新材料的需要，用高纯硫酸铝铵作为制备氧化铝的原料，但硫酸铝铵中存在大量的硫酸根离子，一般的马弗炉只能升温到1100℃左右，硫酸根离子不能被分解除去。后来采用特效高温炉灼烧，硫酸盐几乎被除尽，经各种仪器及化学分析测定硫酸根离子为$5\times10^{-3}\%$。

（2）在高纯氯化钠的制备中，氮的含量列入质量指标，在氯化钠中的氮是以硝酸盐的形式存在，如采用热、冷水洗涤法去除硝酸根离子会造成氯化钠的损失，微量的硝酸根离子依然存在，故仍不符合质量指标。后来采取600℃高温下进行灼烧，硝酸根离子被分解，然后用电导水重结晶一次，便获得99.99%的氯化钠，经分析氮含量为$5\times10^{-4}\%$。

（3）硫酸锶中除NO_3^-。高纯硫酸锶是用一级试剂硝酸锶加高纯硫酸制成。因此，在硫酸锶中有大量的NO_3^-存在，曾用大量电导水洗涤硫酸锶沉淀，但还存留少量NO_3^-，操作繁复，耗水量大。后来采取了在硫酸锶沉淀中加入一定量的硫酸，加热煮沸，烧瓶口冒出棕红色气体，即NO_3^-分解为NO或NO_2而被除去。冷却后倾出多余的硫酸，将沉淀在电导水中搅拌吸干。沉淀物用电导水再洗涤烘干，经分析后氮含量为$5\times10^{-3}\%$。

（4）二氧化硅中除氯化物。二氧化硅既是高纯试剂又是高纯一氧化硅的原料，都可以用于半导体材料及化学分析中作标准用。但二氧化硅中有氯离子，非常难分离，后来在900~1000℃中灼烧，氯离子被除去。根据这个方法，二氧化锆中的氯离子同样可在900℃灼烧后除去。

B 利用溶解度采用洗涤法

利用溶解度采用洗涤法的具体实例如下：

（1）高纯硝酸银中的氯化物。高纯硝酸银是以优级纯硝酸银为原料，采用多次重结晶精制法来制备的。其他指标都好，但氯离子不能除净，可采用电导水边离心边洗涤的方法圆满地解决这个问题，其氯含量为 $5\times10^{-4}\%$，符合质量指标。

（2）氧化钙中除 Cl^-。高纯氧化钙的合成路线是用硝酸钙为原料，加入草酸成为草酸钙。草酸钙经吸干后，在漏斗上用电导水洗涤几次，除去一部分 Cl^-。然后将成品放入高温炉内加热使其分解为碳酸钙，冷却后再次洗涤，将 Cl^- 除去，再将碳酸钙继续灼烧为氧化钙。

（3）氧化铜中除去 SO_4^{2-}。在试制高纯氧化铜时，阳离子全部符合标准，唯有阴离子 SO_4^{2-} 不合格，经灼烧无效。如温度过高又会影响产品质量。虽然氧化铜中的 SO_4^{2-} 是以硫酸铜的形式存在，但用电导水洗涤也未能解决。后将氧化铜置于醋酸溶液中煮沸，由于氧化铜不溶于醋酸而硫酸铜能溶于醋酸，通过这一道工序，SO_4^{2-} 被除去了。

参 考 文 献

[1] 闻瑞梅，王在忠．高纯水制备及检测技术[M]．北京：科学出版社，1997.

[2] 闻瑞梅，王在忠．高纯水技术[M]．北京：科学出版社，1987.

[3] 陈鸿彬．高纯试剂提纯与制备 [M]．上海：科学技术出版社，1981.

[4] CROZES G F，GJACAGELO J，ANSELME C. Impact of ultrafiltration operating condition on membrane irreversible fouling[J]. Journal of Membrane Science，2007，124(1):63～76.

[5] JONATHAN W，GIFFORD J. Improvements in continuous electrodeionization for power plant applications [C]. Ind. Wat. Confer. Orlando，F L：December 11～12，2002.

[6] HENLEY M. Ion exchange markets，part – the changing role for ion exchange water treatment[J]. Ultrapure Water，2002，19(6)：13～16.

[7] ALLEN V，SILVESTRI N J，FENTON M. A comparison of double – pass RO treatment approaches[J]. Ultrapure Water，1995(4)：22～29.

[8] 刘国昌，刘红斌．树脂分层填充 EDI 膜堆实验研究[J]．膜科学与技术，2008(28):82～86.

[9] GANZI G C，PARISE P L. The Production of pharmaceutical grades of water using continuous deionezation post-reverse osmosis[J]. Journal of Parenteral Science & Technology，1990，44(4):231～239.

[10] JOLLY W L. Modern Ionrganic Chemistry[M]. New York：Mc-Graw Hill，1984：60～61.

[11] GANZI G C. Electrodeionization for High Purity Water Production [C]. ALCHE Symposium 1988(84):73～83.

[12] FEDORENKO V I. Ultrapure water production by continuous electrodeionization method：technology and economy[J]. Pharmaceutical Chemistry Journal，2004，38(1)：35～40.

[13] WEN R M，DENG S Q，ZHANG Y F. The removal of silicon and boron from ultra-pure water by electrodeionization[J]. Desalination，2005，181(1～3):153～159.

[14] 吕宏德，张新欣，张晓明．EDI 技术在超纯水制备中的应用[J]．电站系统工程，2006，22(4):59～60.

[15] 张菊青，靳玉川．反渗透膜在高纯水制备中的应用[J]．氯碱工业，2008(44):14，24.

[16] WOOD J H，LIM K G，CHONG K W. Electrodeionization for Electronics Grade Water：A Case Study [C]. Ultrapure Water Asia 2000，Singapore，2000.

[17] ARBA J W，LIANG L S，GIFFORD J D. Electrodeionization Device and Methods of Use：US，7147785B2 [P]. 2006.

[18] CHIDAMBARAN R，RAINA P，SHARMA D. Method for Preparing Anion Exchange Media：US，7163964B2[P]. 2007.

[19] GANZI G C. The Lonpure Continuous Deionization Process：Effect of Electrical Current Distribution on Performance[C]. Proc. of the 80th annual AICHE meeting，Washington，DC，1988.

[20] 赵毅，王娜，等. 电去离子（EDI）技术及其在高纯水生产中的应用[J]. 华北电力大学学报，2007(34):72~75.
[21] KYEONG H Y, JUNG H S, SEUNG H M. A study on stack configuration of continuous electrodeionization for removal of heavy metal ions from the primary coolant of a nuclear power plant[J]. Water Research, 2004, 38 (7): 1911~1921.
[22] 王方. 反渗透—电去离子脱盐系统[J]. 工业水处理，2002，22(10):12~15.
[23] 吴国锋，张国亮，等. CDI 技术和装置的研究和开发[J]. 水处理技术，2002，28(2):75~77.
[24] MALOGORZATA K K, KATARZYNA M N, TJOMSSZ W. Analyse of membrane fouling in the treatment of water solutions containing humic acids and mineral[J]. Desalination, 2005(126):179~189.
[25] 刘红斌，龚承元，等. RO-EDI 高纯水设备的研制[J]. 膜科学与技术，2002(22):63~66.
[26] 王方. 电去离子纯水器：中国，ZL96244874.5[P].
[27] 泰西耶，等. 离子交换材料按几何排列的点脱离子设备：中国，ZL97191653.5[P].
[28] 李梓生,刘桂花,等. 化学配合法制备纳米氧化物粉体研究进展[J]. 江苏化工，2001，29(6):27~29.
[29] 穆启道，孙世铭，等. 电子化学品（超净高纯试剂部分）[M]. 北京：化学工业出版社，2001：3.
[30] 孙世铭，穆启道. 化工材料咨询报告（微电子材料部分）[M]. 北京：中国石化出版社，1999：8.
[31] 黄志齐，穆启道，等. 电子化学品[M]. 北京：化学工业出版社，2001.
[32] 穆启道. 集成电路创作技术的发展与超净高纯试剂的应用[J]. 集成电路应用，2003(2)：56~60.
[33] 雷仲存. 工业水处理原理及应用[M]. 北京：化学工业出版社，2003：15.
[34] 冯逸仙，杨世纯. 反渗透水处理工程[M]. 北京：中国电力出版社，2000：87.
[35] MASAJI A, SATOSI K. Development of EDI apparatus containing novel ion－exchange materials [J]. Nippon Ion Kohan Gakkaishi. 1999, 19(2):60~69.
[36] WOOD J, WESTBERG E, BLACKBOURN D. Field experience with a new CEDI module design [C]. International Water Conference, Pittsburgh, PA, 2003.
[37] 穆启道. 超净高纯试剂的现状、应用、制备及配套技术[J]. 化学试剂，2002，24(3):142~145.
[38] 颜莉莉，贺英，等. 离子配合法制备 ZnO 纳米线[J]. 化工新型材料，2005(33):21~24.
[39] 田甜. 电去离子过程膜和树脂污染特性及其控制研究[D]. 河北：河北工程大学，2007.
[40] 李志军. 电去离子技术脱盐机理的研究[D]. 湖北：武汉大学，2005.
[41] 陈学芬. 电去离子技术处理含重金属电镀废水[D]. 浙江：浙江大学，2005.
[42] 杨慧云. 电容去离子技术中活性炭纤维电极体系的研究[D]. 北京：北京工商大学，2006.
[43] 管山. 电去离子过程及其用于水铜离子的脱除与浓缩的研究[D]. 天津：天津大学，2004.
[44] 刘新庆. EDI 在纯水技术中的应用[J]. 电子与封装，2003，7(3):57~63.
[45] 李清雪，李福勤. 电去离子出水水质的影响因素分析[J]. 中国给水排水，2002，18(11):36~38.
[46] 沈晓鲤，宋国强. EDI 原理及其在纯水清洁生产中的应用[J]. 环境科学与技术，2000(3)：41~43.
[47] Millipore Corporation. Electrodeionization Apparatus: US, 4632745[P]. 1986.
[48] 孙晓慰，朱国富. 电吸附水处理技术及设备[J]. 工业水处理，2002，22(8):1~5.
[49] 宋显洪，周志鹤. 微孔精密过滤机处理重金属废水[J]. 有色金属，2003，55(B03):147~151.
[50] 宋显洪，周志鹤. 高分子精密微孔过滤技术及其工业应用[J]，有色金属，2003，55(3):84~86.
[51] 刘红斌，龚承元. 电去离子过程的实验研究[J]. 工业水处理，2000，20(9):11~13.
[52] 黄万抚，罗凯，李新冬. 电渗析技术研究现状与进展[J]. 过滤与分离，2003，13(4):20~23.
[53] 黄万抚，罗凯，李新冬. 电渗析技术应用研究进展[J]. 中国资源综合利用，2003(11)：15~19.
[54] 张赢，夏中明，周柏青. 电去离子脱盐机理的研究[J]. 净水技术，2006(25):11~13.
[55] 国营七四二厂，四机部第十设计院，第十一设计院. 高纯电渗析试验概况（电渗析技术材料选编，第1版）[M]. 北京：中国建筑工业出版社，1972：187~194.

[56] 陈远龄．机床电器自动控制[M]．重庆：重庆大学出版社，1995：104.
[57] 杨洪渊．用填充床电渗析直接处理废水同时制取纯水[J]．水处理技术，1985，11(5)：53～57.
[58] 中国科学院原子研究所．填充床电渗析及其再处理低射性废水中的应用[J]．水处理技术．1981(增刊)：1～6.
[59] 王建友．电去离子过程的研究[D]．天津：军事医学科学院卫生装备研究所，1998.
[60] 王建友，刘洪斌．电去离子过程水解离影响因素的研究[J]．膜科学与技术，2000，20(5)：1～4.
[61] RYCHEN P, ALONSO S, ALT H. High－purity Water Production with the Latest Modular Electrodeionization Technology[C]. Ultrapure Water Europe 96 Symposium, Amsterdam, 1996.
[62] 王方．电去离子过程的反应叠加的实用模型[J]．清华大学学报（自然科学版），1998(38)：107～110.
[63] 王建友．电去离子（EDI）高纯水新技术及其研究进展[J]．上海化工，2000，25(21)：15～19.
[64] SMITH B, HYDE B. Short-BED Demineralization: An Alternative to Electrodeionization[C]. The Sixth International Conference on Cycle Chemistry in Fossil Plants (EPRI), Columbus, Ohio, 2000.

10 高纯金属材料分析方法

10.1 高纯金属材料分析概述

10.1.1 高纯金属材料的纯度分析原则

高纯金属材料的纯度一般用减量法衡量。减量计算的杂质元素主要是金属杂质，不包括 C、O、N、H 等间隙元素，但是间隙元素的含量也是重要的衡量指标，一般单独提出。依应用背景的不同，要求进行分析的杂质元素种类少则十几种，多则 70 多种。简单地说高纯金属是几个 N 并不能真正的表达其纯度，只有提供杂质元素和间隙元素的种类及其含量才能明确表达高纯金属的纯度水平。在高纯金属中要控制的主要杂质包括：碱金属、碱土金属、过渡族金属、放射性金属（U、Th）等。例如对于高纯钴，一般要求碱金属、碱土金属、过渡族金属杂质的单元素含量小于 $1\times10^{-4}\%$，放射性杂质元素的单元素含量小于 $1\times10^{-7}\%$，间隙元素含量小于十万分之几。

高纯金属的纯度检测应以实际应用需要作为主要标准，例如目前工业电解钴的纯度一般接近 99.99%，而且检测的杂质元素种类较少。我国电解钴的有色金属行业标准（YS/T 255—2000）仅要求分析 C、S、Mn、Fe、Ni、Cu、As、Pb、Zn、Si、Cd、Mg、P、Al、Sn、Sb、Bi 等 17 个杂质元素，Co 99.98% 电解钴的杂质总量不超过 0.02%，但这仍然不能满足功能薄膜材料的要求。

高纯金属中痕量元素的检测方法应具有极高的灵敏度。痕量元素的化学分析是指 1g 样品中含有微克级（10^{-6}g/g）、纳克级（10^{-9}g/g）和皮克级（10^{-12}g/g）杂质的确定。随着各学科研究的深入，待测元素含量越来越低，普通的滴定分析等无法准确测定痕量元素，因此促进了仪器测试技术不断发展，痕量、超痕量多元素的同时或连续测定已成为可能。常用的手段有质谱分析（采用电感耦合高频等离子质谱 ICP-MS 分析仪，金属中痕量杂质可达 $0.1\times10^{-7}\%$ 以下，分析灵敏度为 $0.01\times10^{-7}\%$）、中子和带电粒子活化分析（具有较高的灵敏度，如反应堆的中子通量为 $10^{13}\mathrm{cm}^{-2}\cdot\mathrm{s}^{-1}$ 时，可分析到 $10^{-9}\sim10^{-10}$g 范围）、光谱分析（使用最多的是化学光谱法）、X 射线荧光光谱分析等。此外，半导体材料中的电离杂质浓度通过霍尔系数测定，一些金属的纯度用剩余电阻率测定，微观结果可用扫描电镜、超微量元素的微区分析和表面分析用电子探针分析。

10.1.2 高纯金属材料纯度的玷污控制

大多数高纯金属材料在制备过程中可能会遇到空气的玷污、试剂的污染、容器溶出的正误差、吸附或挥发引起的负误差以及采样或储存引起的假玷污。为使所制得的高纯金属材料的纯度更高，必须研究玷污控制的问题。本节重点讨论高纯金属材料纯度的主要玷污源及玷污控制。

10.1.2.1　大气的污染

A　空气微粒及其污染

空气污染是高纯金属材料制备过程中引起高空白或不规则空白值的重要因素。空气飘尘中往往含有 Na、K、Ca、Mg、Al、Fe、Zn、Mn、Pb 等金属元素，有些组分，如 Hg、I_2 和各种形式的 C、N_2、S 和 Pb 的有机化合物，也可以部分地以气态形式存在。用滤膜取样器收集普通实验室的空气发现空气中的尘埃达 200μg/m^3。尘埃中含有 10% Ca、3% Fe、1.5% Al、0.5% Cu、5% Li、1.5% Ni、1% K、0.5% Mn 等。此外，人员活动情况会明显地影响空气微粒含量，空调系统和机器运转也会制造出小微粒，化学反应、化学溅出物和被腐蚀的设备均可形成微粒。无可置疑，来自大气的污染是十分严重的。

美国国家标准局(NBS)分析化学中心曾系统地比较过 100 级超净室、净化柜与普通实验室、普通通风柜空气玷污情况，发现采取净化措施后，所制得的金属材料的纯度明显提高很多，而且局部密闭也可避免玷污。

B　制备实验室的净化

建立洁净的制备实验室的重要性已普遍为人们所认识。环境洁净等级的划分是根据大气中所含颗粒数目和大小来确定的。美国联邦标准 209a 和 209b 对各种洁净环境的空气质量做了明确的规定，见表 10-1。

表 10-1　美国联邦标准 209a 和 209b 的洁净标准

级　别	工作面最大玷污，颗粒数（0.028m^3）		级　别	工作面最大玷污，颗粒数（0.028m^3）	
100	100	（≥0.5μm）	100000	100000	（≥0.5μm）
	0	（≥5.0μm）			
10000	10000	（≥0.5μm）		70	（≥5.0μm）
	65	（≥5.0μm）			

达到 100 级的标准主要靠空气过滤。干燥型高效微粒空气过滤器(HEPA)对 0.3μm 微粒的过滤效率为 99.97%，经 HEPA 过滤后的空气流动模式有层气流和湍气流。湍气流设计通常只能达到美国联邦标准 10000～100000 级水平，且很难避免交叉污染，因此多数采用层气流设计方案。

为了控制环境化学空白，除空气质量外，必须精心选择建设实验室所用的材料（应当选用具有抗氧化、抗腐蚀、耐磨损、不剥落、不吸尘和容易清除污物的材料）；地板最好用均匀打孔的夹层地板；地板和墙壁的连接要圆滑；实验室墙壁应涂抗腐蚀的环氧树脂漆；室内要求无缝隙，所有窗口和墙壁的孔洞必须用硅酮堵塞；室内空气压力应高于室外气压；用轻质塑料做成天花板；实验室的管道、电线设施均应安装在回风墙或夹层地板内；室内相对湿度应保持在 50% 左右。

10.1.2.2　器壁和容器的污染

高纯金属材料制备的全过程中的任一步骤都离不开容器和器具。所制备的材料和容器接触时，可能通过三种方式影响其纯度：

（1）容器壁吸附了所制备材料。

（2）容器材料组分被溶出。

（3）原已吸附的器壁上的组分可能再解吸进入溶液。

A 材料的选择

高纯金属材料制备所需的容器和器具材料要求化学稳定性好、纯度高、热稳定性好。各种容器材料一般按聚四氟乙烯 > 聚乙烯 > 石英 > 铂 > 硬质玻璃的顺序进行适用性评价，这顺序反映了容器的玷污减少情况，这些材料的性质主要列于表 10-2。其中透明石英具有热稳定性好、化学稳定性强、纯度高以及线膨胀系数小的特点，便于加工成各种器皿、亚沸蒸馏器、试剂瓶、储样瓶、烧杯、蒸发皿和石英舟等。聚四氟乙烯具有很强的抗化学腐蚀的能力，既不与任何酸或碱作用，也不与任何单一的有机溶剂起化学反应，并可以在低于 250℃温度下使用；可以取代铂制作蒸馏器，用于 HF 提纯；其表面自由能极小，便于溶液定量转移；也是酸溶液试样极好的高压罐材料，已有聚四氟乙烯试剂瓶、烧杯、分液漏斗等商品。聚乙烯材料对酸、碱、盐的水溶液均很稳定，但氧化性介质对它有破坏作用，耐热性差，在高纯金属材料的制备过程中广泛用作材料的储存容器、洗瓶、工作台面、过滤器等。

表 10-2 容器材料的主要性质

材料名称	极限温度/℃	耐腐蚀性			
		10%（体积分数）HF	10%（体积分数）HCl 或 10%（体积分数）HNO_3	100g/L NaOH	卤代烃
聚四氟乙烯	250	好	好	好	好
聚乙烯（直线型）	110	好	好	良好	差
聚乙烯（常规）	80	好	好	良好	差
透明石英	1100	差	好	差	好
铂	1500	好	好	好	好
硼硅玻璃	800	差	好	差	好

B 容器的清洗方法

如果容器表面的吸附物或者加工制作过程的污染物不进行彻底清洗，将对高纯金属材料的制备造成严重的污染。洗涤容器的目的是为了完全清除吸附在容器表面的污染物，防止从外部引入新的污染物，有效地抑制容器表面化学组成的溶出。为此，其清洗方法不同于传统容器的洗涤方法。表 10-3 归纳了各种容器材料的清洗方法。

表 10-3 各种容器材料的清洗方法

容器材料	清洗的污染物	清洗试剂
玻璃，石英，塑料	吸附的金属杂质	稀 HCl(1+1)
玻璃，石英，塑料	有机物	HCl(1+1)-0.15%（体积分数）H_2O_2
金属，玻璃，石英	油脂	10%（体积分数）NaOH-2%（体积分数）H_2O_2
金属，塑料	硅薄膜	5% ~10%（体积分数）HF
玻璃，石英，塑料	吸附的金属杂质	10% ~20%（体积分数）HNO_3 浸泡
玻璃，石英，塑料	吸附的金属杂质	HCl(1+1)-6%（体积分数）H_2O_2 混合液(1+1)加热煮沸
聚四氟乙烯	吸附的金属杂质	HNO_3-HCl 混合液(3+1)煮沸
聚四氟乙烯	吸附的金属杂质和油脂	先用 100g/L NaOH-2%（体积分数）H_2O_2 漂洗，再用 HCl(1+1)或 HNO_3(1+1)煮沸
聚乙烯，有机玻璃，聚四氟乙烯	污染物	非离子表面活性剂 OP-7 或 OP-10
聚乙烯，有机玻璃，聚四氟乙烯	污染物	5g $(NH_4)CO_3$-5g EDTA-1g OP-7 溶于 1L 水中，在 170℃中浸泡

10.1.2.3　试剂的污染

A　纯水

纯水是高纯金属材料制备过程中用量最大的试剂，水的纯度直接影响材料的纯度。美国材料试验协会（ASTM）对试剂级纯水的类型及规格做了明确规定。

目前，高纯金属材料的制备过程大多使用经离子交换后的去离子水，但原来水中的电解质胶态物不能除去，同时其本身也会溶出少量有机物。国外某学者提出水经离子交换系统去离子后，通过0.2μm聚四氟乙烯过滤膜除去微粒，再经过双蒸石英蒸馏器提纯，制得的高纯水，其中各种元素的最大质量浓度均小于0.1ng/mL。采用离子交换结合石英蒸馏器进行亚沸蒸馏可制得仅含0.02ng/mL Zn，0.01ng/mL Pb，小于0.01ng/mL的Cd和Cu的高纯水。

采用亚沸蒸馏方法（蒸馏速度为2000mL/h）提纯水的效果见表10-4。

表10-4　亚沸蒸馏法提纯水和无机酸的效果　（%）

杂质元素	水	HCl	HNO_3	$HClO_4$	H_2SO_4	HF
Pb	0.008×10^{-7}	0.07×10^{-7}	0.02×10^{-7}	0.2×10^{-7}	0.6×10^{-7}	0.05×10^{-7}
Tl	0.01×10^{-7}	0.01×10^{-7}		0.1×10^{-7}	0.1×10^{-7}	0.1×10^{-7}
Ba	0.01×10^{-7}	0.004×10^{-7}	0.01×10^{-7}	0.1×10^{-7}	0.3×10^{-7}	0.1×10^{-7}
Te	0.004×10^{-7}	0.01×10^{-7}	0.01×10^{-7}	0.05×10^{-7}	0.1×10^{-7}	0.05×10^{-7}
Sn	0.02×10^{-7}	0.05×10^{-7}	0.01×10^{-7}	0.3×10^{-7}	0.2×10^{-7}	0.05×10^{-7}
In		0.01×10^{-7}	0.01×10^{-7}			
Cd	0.005×10^{-7}	0.01×10^{-7}	0.01×10^{-7}	0.05×10^{-7}	0.3×10^{-7}	0.03×10^{-7}
Ag	0.002×10^{-7}	0.03×10^{-7}	0.1×10^{-7}	0.1×10^{-7}	0.3×10^{-7}	0.05×10^{-7}
Sr	0.002×10^{-7}	0.01×10^{-7}	0.01×10^{-7}	0.02×10^{-7}	0.3×10^{-7}	0.1×10^{-7}
Se			0.09×10^{-7}			
Zn	0.04×10^{-7}	0.2×10^{-7}	0.04×10^{-7}	0.1×10^{-7}	0.5×10^{-7}	0.2×10^{-7}
Cu	0.01×10^{-7}	0.1×10^{-7}	0.04×10^{-7}	0.1×10^{-7}	0.2×10^{-7}	0.2×10^{-7}
Ni	0.02×10^{-7}	0.2×10^{-7}	0.05×10^{-7}	0.5×10^{-7}	0.2×10^{-7}	0.3×10^{-7}
Fe	0.05×10^{-7}	3×10^{-7}	0.3×10^{-7}	2×10^{-7}	7×10^{-7}	0.6×10^{-7}
Cr	0.02×10^{-7}	0.3×10^{-7}	0.05×10^{-7}	9×10^{-7}	0.2×10^{-7}	5×10^{-7}
Ca	0.08×10^{-7}	0.06×10^{-7}	0.2×10^{-7}	0.2×10^{-7}	2×10^{-7}	5×10^{-7}
K	0.09×10^{-7}	0.5×10^{-7}	0.2×10^{-7}	0.6×10^{-7}	4×10^{-7}	1×10^{-7}
Mg	0.09×10^{-7}	0.6×10^{-7}	0.1×10^{-7}	0.2×10^{-7}	2×10^{-7}	2×10^{-7}
Na	0.06×10^{-7}	1×10^{-7}	1×10^{-7}	2×10^{-7}	9×10^{-7}	2×10^{-7}
总和	0.5×10^{-7}	6.2×10^{-7}	2.3×10^{-7}	16×10^{-7}	27×10^{-7}	17×10^{-7}

制得的纯水如何传输、保存与使用也是非常重要的。例如用高压聚乙烯瓶储存电阻为13MΩ的纯水，两周后电阻便会下降至1.2MΩ，这是由于空气中的CO_2渗入容器所致。储存在聚四氟乙烯或聚乙烯容器中的纯水，30天后水中的某些元素可能增加5~10倍。用硼硅玻璃瓶储存纯水时，水中杂质（Pb、Al、Fe、Zn、Cu）的浓度要比用聚乙烯瓶或聚丙烯瓶储存高得多。

B 无机酸及其他

高纯金属材料制备所需的试剂纯度要求比较高。市售的所谓“超纯”试剂有时也不一定能满足要求。试剂纯度除取决于生产厂家对杂质的控制外，还因运输、储存容器和存放时间的不同有较大的差别。制备高纯度的金属材料需要有效控制试剂引起的玷污，必须经常将购买回来的试剂再进行提纯，像无机酸之类的试剂的特别纯化通常是必不可少的。

10.1.2.4 制备过程中的污染和损失

对高纯金属材料制备过程中的污染和损失进行全面阐述是困难的。以下仅着重讨论一些基本操作过程的污染和损失问题。

A 试样的采集和储存

采样和储存对金属材料纯度的影响已越来越为人们所认识。对所采得的样品首先要保证非污染性的制样环境和采用低污染的制样器具和容器，以消除最主要污染源。对于一些经切割等机械处理的固体试样都必须用适当溶剂清洗表面的玷污。

对于液态试样，如四氯化锗、三氯氢硅等不仅具有挥发性，而且有腐蚀性和易水解的特性，因此必须选用抗腐蚀的、干燥的储样器并在密封低温条件下储存。

选择适当材料的洁净容器、控制一定酸度、低温储存是应该遵守的基本原则。金属试样较少发生质变问题，但储存时间较长，可能发生氧化腐蚀等现象。例如镓存放一定时间后，可观察表面氧化膜的形成，而且发现杂质的偏析现象。

B 试样粉碎时的污染

大块固体取样也是一个棘手的问题，因为碾碎或研磨都会玷污，而且难以用空白进行校正。研磨材料的选择必须非常硬，或者不含金属材料元素。固体试样的研磨方法很多，但实际上常用洁净的聚乙烯或聚四氟乙烯薄膜把试样包扎好，置于不锈钢钢墩上，用钢锤敲打，直至大部分试样成粉末为止，必要时再用适当磨具研细。

C 试样分解过程的玷污控制

湿法分解试样时污染来自酸、大气飘尘和容器。损失的发生主要在热酸中的某些元素的挥发。

气相压力溶样是利用酸蒸气在特殊设计的密闭容器中分解试样，将试剂纯化和试样溶解紧密地结合起来。它已用于硅、锗、二氧化锗、石英等高纯物料的分解。

在活性气流中分解无机物往往是非常有效的，有些元素与气体反应生成挥发性化合物，因此可以将分解与分离结合起来，成功地用于分离基本或富集元素。用气体分解试样的最大优点是避免试剂的玷污，适用于提高金属材料的纯度。

10.2 高纯金属的分析方法

现代分析测试方法主要是检测物质化学成分、结构及某些物化特性，广泛应用于科研、过程控制、冶金等领域。工业生产和科研都离不开对材料成分的检测，随着新材料的不断涌现，用于材料分析的各种方法应运而生。

各类分析方法的工作原理涉及电子学、物理学、化学等诸多学科，利用的是物质的差异，通过不同的途径，将非电量转换成电量。各类分析方法仪器的信号转换机理繁多，涉及电化学、原子发射和吸收光谱、色谱等。现代分析仪器是探测物质相互作用产生的信息，确定物质在各个层次的组成、含量、结构、形貌和状态的仪器，其种类繁多、设备复杂，采用的工作原理各不相同，结构差异也很大。但它们的共同特征是把非电量的物理量转换成电信号进行测量，基本功能框架是一致的，主要包括：（1）激发样品信息的激发源；（2）样品与样品支承装置及其环境结构；（3）分选各种特征量的分析系统；（4）检测特征信号并转换成电信号的检测器与检测器接口电路；（5）信号加工与处理部件；（6）结果分析、记录与显示系统；（7）电源系统与辅助设备，如真空系统、高低温装置等。对于大型现代分析仪器，一般均利用计算机进行辅助测试分析，使得测试数据采集、处理和控制融为一体，从而使高性能的自动测试系统具有通道多、精度高、功能强、操作简便等特点。

10.2.1　高纯金属材料纯度的化学分析方法

高纯金属材料纯度的主要分析方法是化学法。化学分析方法在环境质量监测、药品质量控制、卫生防疫检测等诸多领域具有不可替代的作用。

高纯金属材料纯度的化学分析方法主要有电感耦合高频等离子体发射光谱法（ICP-MS）、辉光放电质谱法（GDMS）、负离子热表面电离质谱法（NTIMS）、中子活化分析法（NAA）、原子吸收光谱法（AAS）（包括火焰法（FLAAS）和石墨炉法（GFAAS））、原子发射光谱法（AES）、X 射线光谱技术（XRF）等方法（见表 10-5）。本节重点介绍几种实用分析技术的原理、仪器性能、应用及其发展概况。

表 10-5　半导体材料的痕量分析方法

分析方法	获得的信息	应　用
吸光光度法	溶液中元素浓度的定量	原料中杂质分析，工艺流程中间产物分析
原子吸收光谱法（AAS）	溶液中元素浓度的定量	原料中杂质分析，控制单晶玷污评价，掺杂剂浓度分布
原子荧光光谱法（AFS）	固体（液体）物料中元素的定性、定量	原料中杂质分析，酸、试剂中杂质分析，工艺流程中间产物分析
火花源质谱法（SSMS）	固体中元素的定性、定量	原料中杂质分析，钝化膜、掺杂剂浓度分析
质谱法（MS）	气体成分的定性、定量	气体原料中杂质和电子零件容器内气体分析
中子活化法（NAA）	元素的定量和定性	高纯材料杂质分析，玷污分析，掺杂浓度分布
俄歇电子能谱（AuES）	表面元素的鉴定和组成分析	表面玷污和表面分析
二次离子质谱法（SIMS）	表面离子形态的定量、定性	掺杂剂浓度分布，界面生成物组成的分析
电子能量损失光谱法（EELSA）	最表面电子结构	表面吸着物形态的鉴定，表面生成物组成的分析
卢瑟福反散射光谱法（RBS）	元素鉴定、定量，结构分析	掺杂剂浓度分布，界面生成物组成的分析
傅里叶变换红外光谱法（FTIR）	原子团的鉴定、定量	半导体中碳、氧浓度的测定，退火过程载流子浓度变化的评价
X 射线电子能谱法（XPS）	元素定性结合状态，化学转换	氧化物，硅化物等界面生成物组成结合比的评价
透射电子显微镜（TEM）	薄膜形态	展示物件的内部或表面
扫描电子显微镜（SEM）	表面形态	单晶缺陷，金属镀膜的空隙观察

10.2.1.1 原子吸收光谱法

A 概述

原子吸收光谱法（AAS）是基于被测元素基态原子在蒸气状态对其原子共振辐射的吸收进行元素定量分析的方法，具有灵敏度高、谱线简单、选择性好和不易受激发条件影响等特点，且适用范围广，可测定 70 多种元素，是痕量和超痕量元素分析的重要手段之一，在地质、冶金、机械、化工、农业、食品、轻工、生物医药、环境保护、材料科学等各个领域有广泛的应用。原子吸收光谱仪又称原子吸收分光光度计，常见的生产厂家有：美国瓦里安、PE（Perkin Elmer）、日本岛津、日立、德国耶拿、中国普析、东西电子等。图 10-1 为日本岛津 AA-6300 型原子吸收光谱仪装置图。

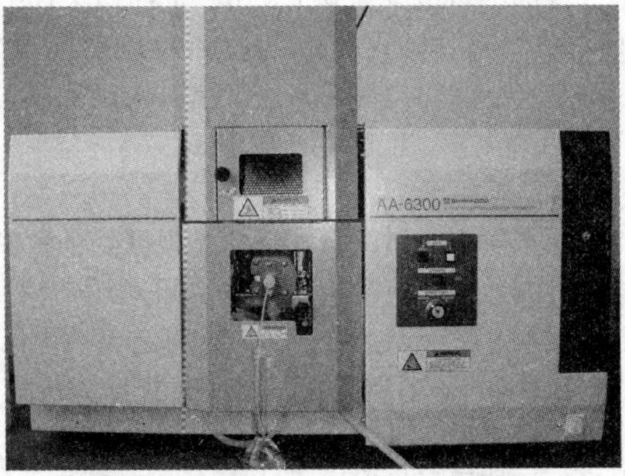

图 10-1 日本岛津 AA-6300 型原子吸收光谱仪

B AAS 的原理

原子吸收光谱法是利用处于基态的原子蒸气对光源辐射的共振线的吸收进行元素定量分析的方法。首先将试样变为原子蒸气，然后用一个与待测元素相同的金属元素做成的空心阴极灯作光源，由它发射出与待测元素吸收波长相同的特征谱线，该辐射通过原子蒸气时被吸收而减弱。再经过单色器和检测器测得特征谱线的吸光度或透射比，即可求得待测元素的含量。

原子吸收光谱仪由光源、原子化器、单色器和检测器等四部分组成。图 10-2 为原子吸收光谱仪结构图。

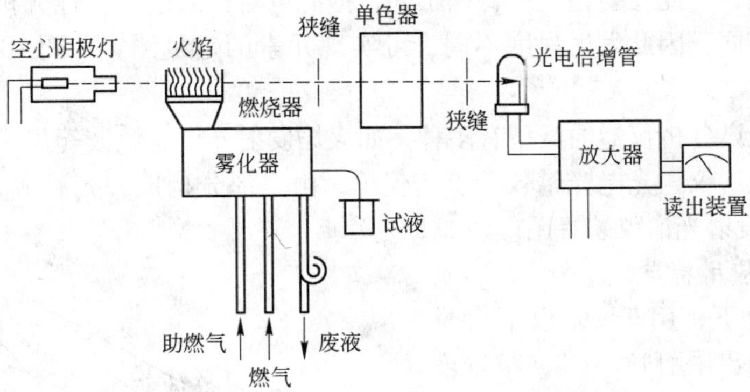

图 10-2 原子吸收光谱仪结构图

C AAS 的应用特点

近年来，火焰原子吸收光谱法（FAAS）的应用研究取得了很大进展，诸如原子捕集、缝管技术以及增感效应等新技术的开发研究使 FAAS 的灵敏度有较大的提高，灵敏度达 10ng/mL（1% 吸收）。石墨炉原子吸收光谱法（FGAAS）也相继出现了一些行之有效的测定新技术，如石墨管改进技术、最大功率升温原子化和塞曼效应背景校正等，对改善待测元素的原子化条件、降低检出限、消除或降低基体效应的影响均起着重要作用。斯莱提出的稳定平台炉方法就是通过联合应用上述各种技术实现等温原子化的设想，其灵敏度高达1ng/g（1%吸收），可与火花源质谱法(SSMS)和中子活化法(NAA)相媲美。

原子吸收在多元素分析方面有突破。国内有人用原子吸收法采用空气-乙炔焰，以一套混合标准溶液及一份试液直接测定了金属锌中铜、铅、铁、镉四个主要杂质元素，对于铜和镉的测量范围为$0.1\times10^{-4}\%\sim15\times10^{-4}\%$，对于铅和铁的测量范围是$1\times10^{-4}\%\sim20\times10^{-4}\%$。国外有人用日立Z-9000型仪器对Pt、Pd、Rh、Ir、Ru和Au进行了多元素同时测定，一次可以测定4个元素，大大提高了分析效率。

10.2.1.2　原子发射光谱法

A　概述

原子发射光谱法（AES）是根据处于激发态的待测元素原子回到基态时发射的特征谱线对待测元素进行分析的方法，可对约70种元素（金属元素及磷、硅、砷、碳、硼等非金属元素）进行定性、半定量和定量分析。1859年，基尔霍夫(G. R. Kirchhoff)、本生(R. W. Bunsen)研制了第一台用于光谱分析的分光镜，实现了光谱检验。在原子吸收光谱分析法建立后，其在分析化学中的作用下降，但新光源（电感耦合等离子体）、新仪器的出现，又使原子发射光谱法再次得到重视。

B　AES的原理

一般情况下，原子处于基态，通过电致激发、热致激发或光致激发等激发光源作用下，原子获得能量，外层电子从基态跃迁到较高能态变为激发态，约经10^{-8}s，外层电子就从高能级向较低能级或基态跃迁，多余的能量的发射可得到一条光谱线。

原子发射光谱法分析过程包括了三个主要步骤：由光源提供能量使样品蒸发形成气态原子并进一步使气态原子激发而产生光辐射；将光源发出的复合光经单色器分解成按波长顺序排列的谱线，形成光谱；用检测器检测光谱中谱线的波长和强度。由于待测元素原子的能级结构不同，因此发射谱线的特征不同，据此可对样品进行定性分析；而根据待测元素原子的浓度不同，因此发射强度不同，可实现元素的定量测定。图10-3为原子发射光谱仪原理图。

原子发射光谱分析仪器的类型有多种，如火焰发射光谱、微波等离子体光谱仪、电感耦合等离子体光谱仪、光电光谱仪、摄谱仪等；由三部分构成：光源、分光和检测系统。图10-4为原子发射光谱仪装置图。

C　AES的应用特点

在一般情况下，用于1%以下含量的组分测定，检出限可达10^{-6}，精密度为±10%左右，线性范围约2个数量级。

原子发射光谱法是测定高纯金属或半导体材料中痕量杂质的主要分析方法之一，经常采用预富集与AES测定联用技术。这种联用技术既保持了AES同时检测多元素的特点，又克服了基体效应和复杂组分的干扰，也便于引进利于痕量元素激发的缓冲剂，从而提高了检测灵敏度。

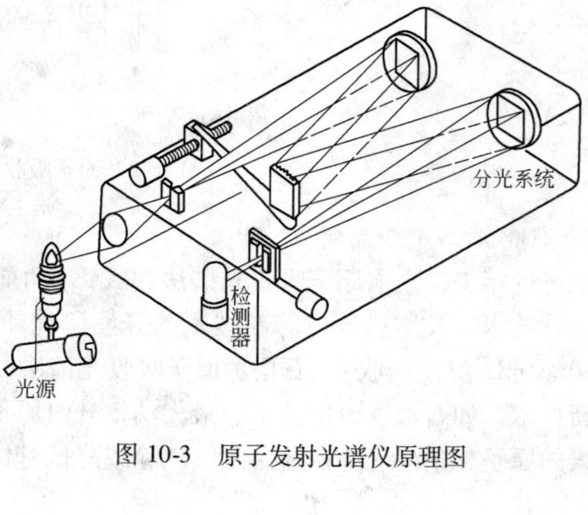

图10-3　原子发射光谱仪原理图

图 10-4 原子发射光谱仪装置图

痕量杂质富集物的光谱激发通常有溶液干渣法、粉末法和溶液法三种方法。溶液干渣法是将富集物溶液浓缩后转移到涂有封闭剂的石墨电极烘干后，用电弧、火花或空心阴极光源激发。粉末法是将痕量元素富集在几毫克或几十毫克石墨粉或外加基体中，并装入杯状石墨电极中，用电弧激发。溶液法是将富集物溶液直接送入电感耦合等离子体光源激发进行光谱测定。

原子发射光谱分析法的优点：

（1）可多元素同时检测，各元素同时发射各自的特征光谱；

（2）分析速度快，试样不需处理，同时对几十种元素进行定量分析（光电直读仪）；

（3）选择性高，各元素具有不同的特征光谱；

（4）检出限较低，10 ~0.1g/g（一般光源）；

（5）准确度较高，5% ~10%（一般光源）。

但是，原子发射光谱分析法还存在一些缺点：

（1）在经典分析中，影响谱线强度的因素较多，尤其是试样组分的影响较为显著，所以对标准参比的组分要求较高；

（2）含量（浓度）较大时，准确度较差；

（3）只能用于元素分析，不能进行结构、形态的测定；

（4）大多数非金属元素难以得到灵敏的光谱线。

10.2.1.3 电感耦合等离子体发射光谱法

A 概述

原子发射光谱在20世纪50年代发展缓慢。工程热物理学家Reed于1960年设计了环形放电电感耦合等离子体炬，并指出其可用于原子发射光谱分析中的激发光源；光谱学家法塞尔和格伦菲尔德用于发射光谱分析，建立了电感耦合等离子体光谱仪(ICP-AES)；70年代开始ICP-AES获广泛应用。ICP-AES分析仪常见的生产厂家有：美国瓦里安、珀金埃尔默、德国斯派克、法国HORIBA Jobin Yvon和日本岛津等。图10-5为电感耦合等离子发射光谱仪装

图 10-5 电感耦合等离子发射光谱仪

置图。

B　ICP-AES 的结构

如前所述，ICP 作为光源是 ICP-AES 与其他光谱仪的主要不同之处，其主要部件为高频发生器、等离子炬管和雾化器等三部分组成。图 10-6 为 ICP-AES 工作原理图。

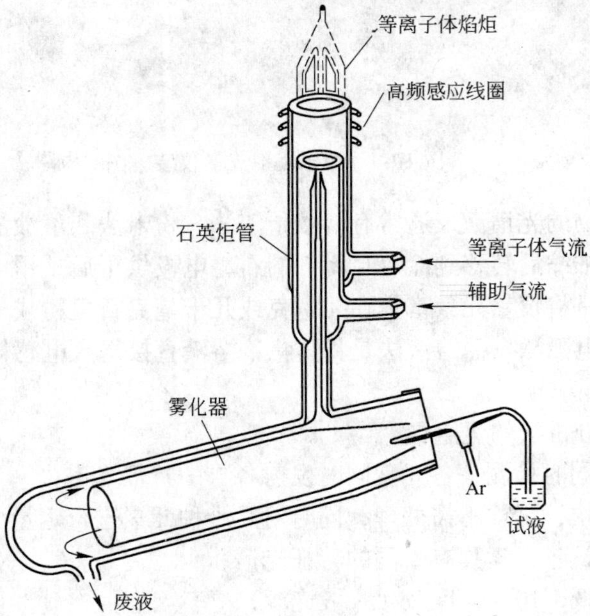

图 10-6　ICP-AES 工作原理图

C　ICP-AES 的应用特点

ICP-AES 技术的最大贡献是最早解决了单个痕量稀土元素的测定问题，成为当今各类分析方法中分析元素范围最广、含量跨度最大的多元素同时分析方法。

采用电感耦合等离子体（ICP）作为光源，则可使某些元素的检出限降低至 $10^{-7}\%$ ~ $10^{-8}\%$，精密度达到 ±1% 以下，线性范围可延长至 7 个数量级。这种方法可有效地用于测量高、中、低含量的元素。

ICP 的工作温度比其他光源高，炬焰中心温度可达 10000℃，又在惰性气氛条件下，有足够的蒸发、原子化和激发能力，利于难熔化合物的分解和激发，分析灵敏度高。

10.2.1.4　电感耦合高频等离子体质谱法

A　概述

电感耦合高频等离子体质谱法(ICP-MS)技术是 20 世纪 80 年代发展成熟起来的一种痕量、超痕量多元素同时分析技术。被称为 20 世纪元素分析技术最重要的进展。由于它的高灵敏度和谱线相对简单，使它成为当今地质分析中痕量及超痕量元素分析最强有力的工具，并开辟了同位素分析的新领域。它在小量样品痕量元素的准确测定和铂族元素分析方面具有更诱人的前景，是高纯金属检测的必备手段。ICP-MS 综合了等离子体极高的离子化能力和质谱的高分辨、高灵敏度及连续测定多元素的优点，检出限低至 0.001 ~ 0.1ng/mL，测定的线性范围宽达 5 ~ 6 个数量级，还可测定同位素比值，可以说该技术与不同的样品前处理及富集技术相结合成为现今痕量、超痕量金属元素分析领域最强有力的工具。用同位素稀释法测定回收率低的元素，已成为高纯金属多元素测定最有潜力的方法之一。ICP-MS 常见的生产厂家有美国珀金埃尔默、瓦里安、PE、Labconco、香港肯特等。图10-7为 ICP-MS 仪器装置图。

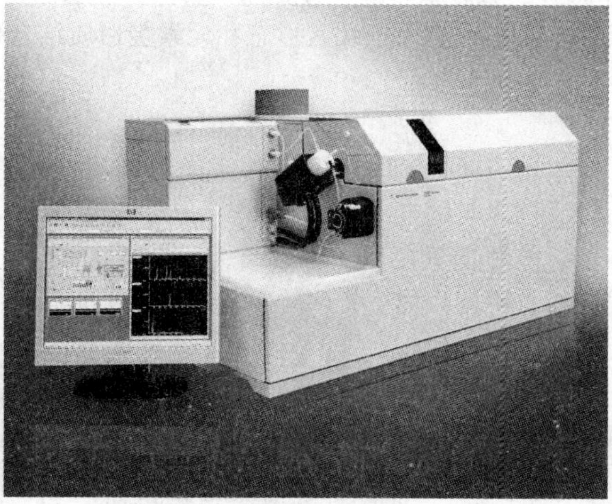

图 10-7　ICP-MS 仪器装置图

B　ICP-MS 的结构和工作原理

ICP-MS 是以等离子体为离子源的一种质谱型元素分析方法，主要用于进行多种元素的同时测定，并可与其他色谱分离技术联用，进行元素价态分析。由样品引入系统、电感耦合等离子体离子源、接口、离子透镜系统、四极杆质量分析器、检测器等构成，其他支持系统有真空系统、冷却系统、气体控制系统、计算机控制及数据处理系统等，仪器基本结构如图 10-8 所示。

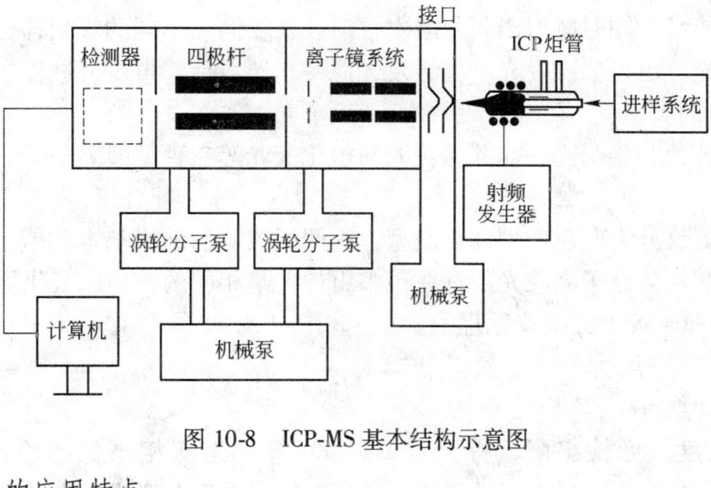

图 10-8　ICP-MS 基本结构示意图

C　ICP-MS 的应用特点

ICP-MS 的分析特性包括：

（1）通过普性的核质比进行定性分析；

（2）通过谱线全扫描测定几乎所有元素的大致浓度范围，进行半定量分析，是元素分析研究工作的强有力工具；

（3）通过标准溶液的校正进行定量分析，也是日常分析工作中应用最广泛的性能；

（4）进行同位素比值测定，用于追踪来源实验及同位素示踪；

（5）与激光采样、流动注射、氢化物发生、低压色谱、高效液相色谱、气相色谱、毛细管电泳等进样或分离技术联用，应用于元素形态和元素蛋白质结合形态的分析。

10.2.1.5　原子荧光光谱法

A　概述

原子荧光光谱法（AFS）是1964年以后发展起来的分析方法，是介于原子发射光谱（AES）和原子吸收光谱（AAS）之间的光谱分析技术。以原子在辐射能激发下发射的荧光强度进行定量分析，所用仪器与原子吸收光谱法相近。它的基本原理是基态原子（一般蒸气状态）吸收合适的特定频率的辐射而被激发至高能态，而后激发过程中以光辐射的形式发射出特征波长的荧光。主要用于金属元素的测定，在环境科学、高纯物质、矿物、水质监控、生物制品和医学分析等方面有广泛的应用。原子荧光光谱仪常见的生产厂家有法国HORIBA、北京普析、北京金索坤和南京达诺仪。图10-9为原子荧光光谱仪装置图。

图10-9　原子荧光光谱仪

B　AFS的原理

a　原子荧光光谱的产生

气态自由原子吸收光源的特征辐射后，原子的外层电子跃迁到较高能级，然后又跃迁返回基态或较低能级，同时发射出与原激发辐射波长相同或不同的辐射即为原子荧光。原子荧光属光致发光，也是二次发光。当激发光源停止照射后，再发射过程立即停止。

b　原子荧光的类型

原子荧光可分为共振荧光、非共振荧光与敏化荧光等三种类型。

c　结构

原子荧光光谱仪分为非色散型和色散型。这两类仪器的结构基本相似，只是单色器不同。原子荧光光谱仪与原子吸收光度计在很多组件上是相同的，如原子化器（火焰和石墨炉）。图10-10为原子荧光光谱仪原理图。

C　AFS的应用特点

AFS的应用特点有：

（1）高灵敏度、低检出限，特别对Cd、Zn等元素有相当低的检出限，Cd可达0.001ng/cm^3、Zn为0.04ng/cm^3。由于原子荧光的辐射强度与激发光源成比例，采用新的高强度光源可进一步降低其检出限。

（2）谱线简单、干扰少。

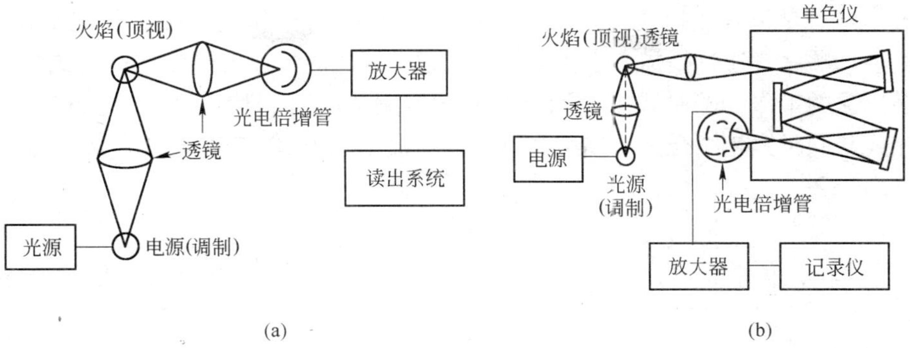

图 10-10 原子荧光光谱仪原理图
（a）非色散型；（b）色散型

（3）分析校准曲线线性范围宽，可达 3～5 个数量级。

（4）多元素同时测定。

10.2.1.6 X 射线荧光光谱法

A 概述

X 射线荧光光谱法（XRF）是利用原级 X 射线光子或其他微观粒子激发待测物质中的原子，使之产生荧光（次级 X 射线）而进行物质成分分析和化学态研究的方法。在成分分析方面，X 射线荧光光谱分析法是现代常规分析中的一种重要方法。

20 世纪 20 年代瑞典的 G. C. de 赫维西和 R. 格洛克尔曾先后试图应用此法从事定量分析，但由于当时记录和探测仪器水平的限制，无法实现。40 年代末，随着核物理探测器的改进，各种计数器相继应用在 X 射线的探测上，此法的实际应用才成为现实。1948 年 H. 弗里德曼和 L. S. 伯克斯制成了一台波长色散的 X 射线荧光分析仪，此法由此开始发展起来。

随着 X 射线荧光分析理论和方法的逐渐开拓和完善，仪器的自动化和计算机水平的迅速提高，60 年代本法在常规分析上的重要性已充分显示出来。70 年代以后，又按激发、色散和探测方法的不同，发展成为 X 射线光谱法（波长色散）和 X 射线能谱法（能量色散）两大分支，两者的应用现已遍及炼钢、有色金属、水泥、陶瓷、石油、玻璃等行业。因其是一种环保型、非破坏性、分析精度高的分析技术，X 射线荧光光谱技术在贵金属产品、饰品等无损检测方面有其独特的优势。X 射线荧光光谱仪常见的生产厂家有美国珀金埃尔默、瓦里安、赛默飞世尔等。图 10-11 为 X 射线光谱仪装置图。

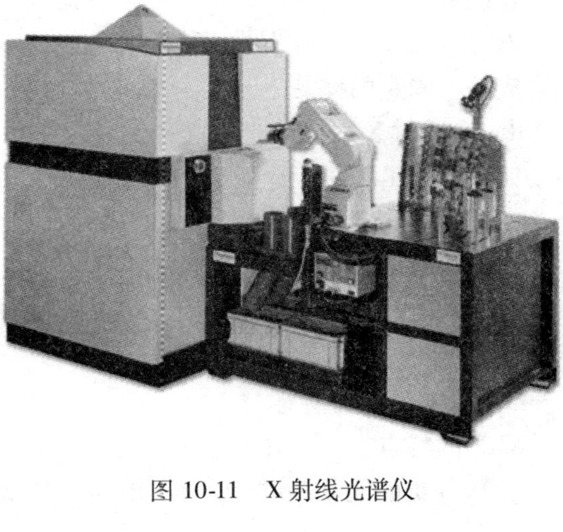

图 10-11 X 射线光谱仪

B XRF 的分类和结构

X 射线荧光光谱仪分为波长色散、能量色散、非色散 X 荧光和全反射 X 荧光。

a 波长色散 X 射线荧光光谱

波长色散 X 射线荧光光谱采用晶体或人工拟晶体根据 Bragg 定律将不同能量的

谱线分开，然后进行测量。波长色散 X 射线荧光光谱一般采用 X 射线管作激发源，可分为顺序式（或称单道式或扫描式）、同时式（或称多道式）和顺序式与同时式相结合的谱仪三种类型。顺序式通过扫描方法逐个测量元素，因此测量速度通常比同时式慢，适用于科研及多用途的工作。同时式则适用于相对固定组成、对测量速度要求高和批量试样分析。顺序式与同时式相结合的谱仪结合了两者的优点。图 10-12 为波长色散 X 射线荧光光谱仪原理图。

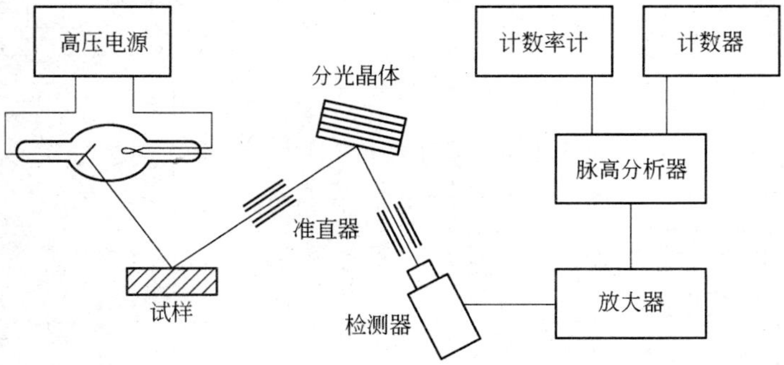

图 10-12　波长色散 X 射线荧光光谱仪原理图

b　能量色散 X 射线荧光光谱

能量色散 X 射线荧光光谱采用脉冲高度分析器将不同能量的脉冲分开并测量。能量色散 X 射线荧光光谱仪可分为具有高分辨率的光谱仪、分辨率较低的便携式光谱仪和介于两者之间的台式光谱仪。高分辨率光谱仪通常采用液氮冷却的半导体探测器，如 Si (Li) 和高纯锗探测器等。低分辨率便携式光谱仪常常采用正比计数器或闪烁计数器为探测器，它们不需要液氮冷却。近年来，采用电致冷的半导体探测器，高分辨率光谱仪已不用液氮冷却。同步辐射光激发 X 射线荧光光谱、质子激发 X 射线荧光光谱、放射性同位素激发 X 射线荧光光谱、全反射 X 射线荧光光谱、微区 X 射线荧光光谱等较多采用的是能量色散方式。

c　非色散 X 射线荧光光谱

非色散谱仪不是采用将不同能量的谱线分辨开来，而是通过选择激发、选择滤波和选择探测等方法使测量分析线而排除其他能量谱线的干扰，因此一般只适用于测量一些简单和组成基本固定的样品。

d　全反射 X 射线荧光光谱

如果介质 1 相对于介质 2 为光密介质，介质 2 相对于介质 1 为光疏介质。对于 X 射线，一般固体与空气相比都是光疏介质。因此，如果介质 1 是空气，那么折射线会偏向界面。如果介质 1 的掠射角足够小，并使介质 2 的掠射角为零，此时的掠射角称为临界角。当介质 1 的掠射角小于临界角时，界面就像镜子一样将入射线全部反射回介质 1 中，这就是全反射现象。

C　XRF 的分析特性

XRF 的特点有：

（1）分析的元素范围广，从 4Be 到 92U 均可测定；

（2）荧光 X 射线谱线简单，相互干扰少，样品不必分离，分析方法比较简便；

（3）分析浓度范围较宽，从常量到微量都可分析，重元素的检测限可达 10^{-6} 量级，轻元素稍差；

（4）分析样品不被破坏，分析快速、准确、便于自动化；

（5）样品可以是固体、粉末、熔融片、液体等；

（6）具有重现性好、测量速度快、灵敏度高的特点；

（7）无标半定量方法可以对各种形状样品定性分析，并能给出半定量结果，结果准确度对某些样品可以接近定量水平。

10.2.1.7 激光质谱法

A 概述

人们对物质做质谱研究始于 19 世纪末。1898 年，实现了在电场和磁场中偏转正离子束；1912 年，使用磁偏转仪器证明氖有相对原子质量为 20 和 22 的两种同位素存在；1919 年，制造出了最精密的测量质量的仪器——质谱仪，分为单聚焦和双聚焦，其分辨率相当于一光学系统，后有四极质谱，分辨率为 1000s，检测范围为一至几百个相对原子质量。图 10-13 为激光质谱仪装置图。激光质谱法(REMPI + TOF-MS)的基本原理是 REMPI + TOF 质谱的方法，确切地说它主要是(1 +1)REMPI + TOF 质谱方法。该方法在化学物理领域是一种比较常用的技术，它在研究分子与原子的能级结构等方面已获得了丰富的成果，现已发展成为一种比较成熟通用的研究方法。

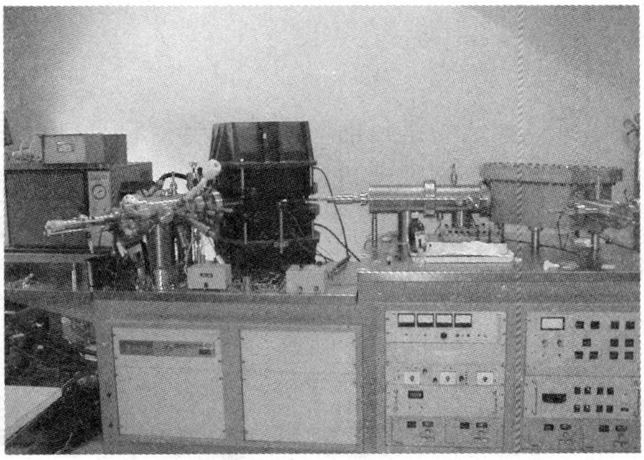

图 10-13 激光质谱仪装置图

B 激光质谱法工作原理

激光质谱法是 20 世纪 60 年代随激光器的发展而发展起来的，是由德国人于 1993 年提出来的一种全新的测污方法，是一种理想的用于对尾气进行多组分实时在线检测的分析工具。在对物质电离的过程中，只有与分子的吸收带相共振的光才能实现对分子的有效电离，这个过程中分子与光相互作用实现了 REMPI 光谱选择。电离以后在经过飞行区时遵循动能定理：

$$E_k = mv^2/2 = qU \tag{10-1}$$

离子在被电离后获得的能量 qU 相同，但是对于不同的分子因为质量不同，所以在飞行区飞行时速度是不同的。则离子到达离子收集器（微通道板）的时间不同，这样就得到质量随飞行时间的变化关系图，即分子的多光子电离飞行时间质谱(MPI-TOFMS)，在得到分子质谱的过程中实现了 REMPI 的质谱选择。

C　REMPI + TOF-MS 的特点

与其他研究方法相比，激光质谱法有以下几个优点：

（1）高选择性。TOF 可以精确给出被探测物的质量数，因此，排除了产物种类的不确定性，REMPI 可以获得不同分子的光谱，因而激光质谱法可以对光谱和质谱双重选择。

（2）具有极高的灵敏度。利用激光质谱法对光离子的收集效率可达 100%，成为高灵敏探测的有力手段，可作单原子和极低分子密度下的灵敏探测。

（3）快的响应速度。激光质谱法的时间响应小于 100ms，即瞬间、在线检测，有利于真实反映离子的真实面目。

（4）可同时多组分测量。只要被所选激光激发电离的分子离子，碎片离子都能同时测量，这是通常探测方法所不能比拟的。

（5）对环境气体不敏感。挑选对环境气体不敏感的激光波长进行实验，则可以很大程度上增强检测的准确性，可以提高信噪比，常用的激光波长是由 Nd/YAG 基频经二倍频产生的 532nm、三倍频产生的 355nm、四倍频产生的 266nm 及准分子激光器等。

基于以上优点，最近十几年来，这种方法在国内外物质研究领域中得到了广泛应用。

10.2.1.8　辉光放电质谱法

A　概述

辉光放电质谱法(GD-MS)被认为是目前对固体导电材料直接进行痕量及超痕量元素分析的最有效的手段。由于其可以直接固体进样，近 20 年来已广泛应用于高纯金属、合金等材料的分析。辉光放电质谱由辉光放电离子源和质谱分析器两部分组成。辉光放电离子源(GD)利用惰性气体（一般是氩气，压力约 10 ~ 100Pa）在上千伏特电压下电离产生的离子撞击样品表面使之发生溅射，溅射产生的样品原子扩散至等离子体中进一步离子化，进而被质谱分析器收集检测。图 10-14 为美国热电公司生产的辉光放电质谱仪装置图。

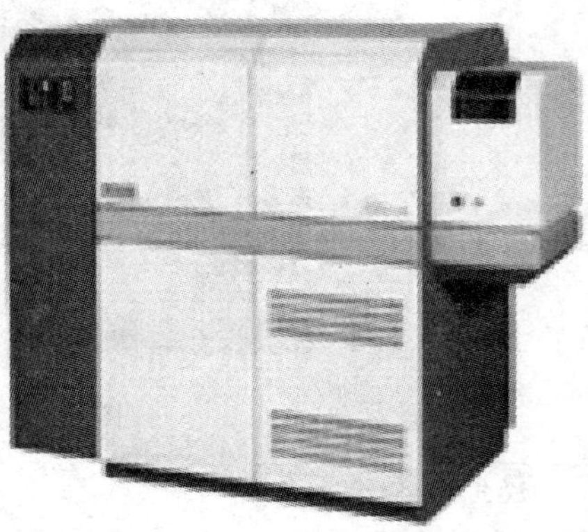

图 10-14　美国热电公司生产的辉光放电质谱仪

辉光放电质谱仪以被测样品作为阴极，原子化过程与离子化过程分离，信号不受基底影响，因而可实现样品的非标定量测量。由于采用了低噪声的离子计数器，因而检出限可低于 10^{-11} 量级，满足了高纯材料的测定要求。此外，它还具有质量分辨率高、重复性好、动态范围宽、可进行全元素分析、固体直接进样等特点，因而受到材料分析领域的高度重视。

目前，辉光放电质谱法可以分析的材料有包括铝、锑、砷、铋、氧化铋、碲化铋、镉、硒化镉、碲化汞镉、碲化镉、硒化镉碲、碲化锌镉、碳、铬、铜、镓、锑化镓、砷化镓、氧化镓、磷化镓、锗、氧化锗、金、铟、锑化铟、磷化铟、铁、铅、镁、锰、碲化锌汞、碲化汞、铼、硒、二氧化硅、硅、银、钽、碲、氧化碲、铊、钨、硒化锌、锌、氧化锌、碲化锌等。

B GD-MS 的工作原理

辉光放电(GD)是在充有几十帕到几百帕惰性气体的双电极体系中，两电极之间施加几百伏的电压，使得体系里的惰性气体被击穿，从而生成稳定的等离子体。在 GD 中，样品的原子化是通过阴极溅射来实现的。受到电场加速的高能离子（主要是放电气体离子）在与样品阴极表面作用时通过一系列的三维弹珠式的晶格碰撞而失去动能。处在表面的样品原子就有可能获得足以克服晶格束缚的能量，在正常的情况下以平均能量为 5 ~ 15eV 的中性原子形式逸出样品表面。正离子由于受到阴极暗区电场的作用而返回到样品的表面，而中性原子将进一步扩散进入负辉区。由于 GD 的工作气压较高，粒子的碰撞频繁，除了实现对样品的原子化，GD 也可使溅射出来的中性原子进一步产生电离。溅射物粒子扩散进入反应活跃的负辉区时，与其中的高能电子、亚稳态原子等发生频繁碰撞。一般认为，样品原子电离的两种主要方式是电子碰撞以及 Penning 离子化($M + S^+ \longrightarrow M^+ + S + e$ (S^+ 为亚稳态惰性气体原子))。已经证实在某些 GD 源中 Penning 离子化是居于主导地位的电离过程。

GD-MS 在靠近阴极附近有一个非常活跃的阴极压降区，但是对于检测的信号，负辉区更为重要。后者包含着很多复杂的过程和机理，像电子碰撞、Penning 离子化、辐射缔合以及电荷转移等。为了使 GD-MS 获得良好的分析和技术应用，了解发生在 GD-MS 中的所有过程是十分必要的。尽管 GD-MS 偏离局部热力学平衡的特性使得有关工作的开展相当困难，但仍可以通过对等离子体中各种离子的行为进行数学模拟，以及通过等离子体诊断等途径对等离子体特性进行研究而获取有关信息。

电感耦合等离子体质谱(ICP-MS)、石墨炉原子吸收光谱法(GF-AAS)均可分析试样中痕量及超痕量组分，但试样一般均需先转换成溶液。大多数无机非金属材料本身难以溶解，试样的这种转换因稀释倍数较大而使方法的检出限上升，也易引入玷污而影响分析结果。采用溶液进样和常压分析的特点也使 ICP-MS 等分析技术无法测定 C、N、O 等非金属元素。相比之下，GD-MS 可对固体样品直接进行分析的优点就突显出来了。GD-MS 通常采用很方便的进样杆推进式进样方式，更换样品时不必破坏离子源的真空，可以满足多种尺寸的棒状或块状固体样品分析的需要，样品的表面污染则可通过一定时间的预溅射过程得以清除。

C GD-MS 的分析特性

同 ICP-MS 法相比，辉光放电质谱法具有样品制备简单、可分析元素多的优点。C、O、N 等气体元素分析由于受多种因素影响，分析准确度有待进一步评估，但仍可保证“数量级”上的准确性。同时还可避免 ICP-MS 法溶样过程中难溶元素的损失和污染的引入。因此更有利于工业分析中对样品纯度的全面分析检测。一般地，辉光放电质谱法具有检出限低、重复性好、分辨率高、固体进样且不需进行复杂的化学与处理等特点，可进行多元素同时、快速分析，具有非标定量能力，可为高纯乃至超纯金属或半导体材料提供痕量杂质元素的定量分析，在冶金和半导体领域有着广阔的应用前景。

与其他常用的固体进样分析技术包括 X 射线荧光光谱法(XRF)、火花源质谱法(SSMS)以及二次离子质谱(SIMS)等相比，GD-MS 也表现出显著的优点。XRF 法具有较好的准确度和精密度，但由于其检出限仅为微克级且存在严重的基体效应，难以满足高纯样品的分析要求。SSMS 法精密度较差，应用已逐渐被 GD-MS 所取代。SIMS 检出限同样很低，但主要用于微区分析，GD-MS 更适合做样品平均含量分析，具有分析速度快、灵敏度高、分辨率高、离子源电离能力强、几乎可对周期表中所有元素做定性或定量分析的突出优点。具体特点如下：

(1) 直接以固体形式分析试样，避免了繁琐的试样溶解过程中存在的耗时、高倍稀释以及产生的污染和浪费。

(2) 基体效应小，辉光放电的直接固体形式制样，减小了化学基体的影响。样品表面原子是先被溅射出来而被激发的。对于不同的组织和结构的样品，虽然溅射率不同但对元素的激发过程不产生明显的效应。因此，也可通过计算各标准样品或纯物质的溅射率对测得的强度进行校正，就可以将不同组织和结构的样品中的同一元素制作在同一条校准线上。这也是定量深度剖面分析的理论依据。

(3) 低能级激发，样品表面的原子被高能氩离子轰击，溅射出来进入等离子体后，主要受到碰撞而被激发。由于电子所带的能量较小，使原子处于低能级的激发，所产生的谱线往往是简单的原子谱线，因而谱线间的干扰较小。

(4) 放电稳定，可对分析试样进行逐层剥离，做表面、深度分析。对于镀层进行元素的深度分布分析是 GD-MS 最重要的应用，它可以提供镀层涂镀量、镀层厚度、镀层成分，镀层元素成分纵向分布状况及镀层与基体交界处镀层成分与基本成分相扩散情况等信息。特别是近年来 GD-MS 技术的发展，使 GD-MS 可以分析几乎所有导体及非导体的材料，并具有良好的定量性。

(5) 自吸收效应小，在辉光放电光谱中，Grimm 光源的设计试样激发时的等离子体厚度薄，所产生的自吸收效应小，因而能获得线性范围较宽的校准曲线。

(6) 分析速度快，可多元素同时测定。

(7) 试样的适应性，虽然辉光主要用来分析固体样品，但溶液试样通过适当的处理可溅射释放进入等离子体。同样，气体样品也可通过释放进入辉光放电进行分析。

(8) 可根据不同的需要选择采用不同的辉光放电。

10.2.1.9 中子活化分析法

A 概述

中子活化分析(NAA)为一灵敏度很高而变化多端的分析方法，它的应用可说包罗万象，遍及各科的研究范围。中子活化分析的基本原理颇为简单，但它的方法却变化多端，可随问题的性质而做适当的变化。它的应用主要在微量元素的分析。当可供分析的样品数量很少，分析后该样品另有他用不能破坏时，中子活化分析几乎是唯一可行的方法。

中子活化分析的技术早在 1936 年由匈牙利放射化学家海凡塞(George Hevesy)与李维(Hilde Levi)两人用于分析不纯钇中的镝。到六七十年代才广泛使用并日趋成熟。目前使用中子活化分析技术可分析元素周期表中的大部分元素，并且随着实验技术和数据处理方法的不断完善，已建立在线分析系统，从而使中子活化分析的应用范围迅速扩大，现已在材料科学、环境科学、地质科学、生物医学、考古学和法学等领域得到广泛应用。图

10-15为中子活化分析示意图。

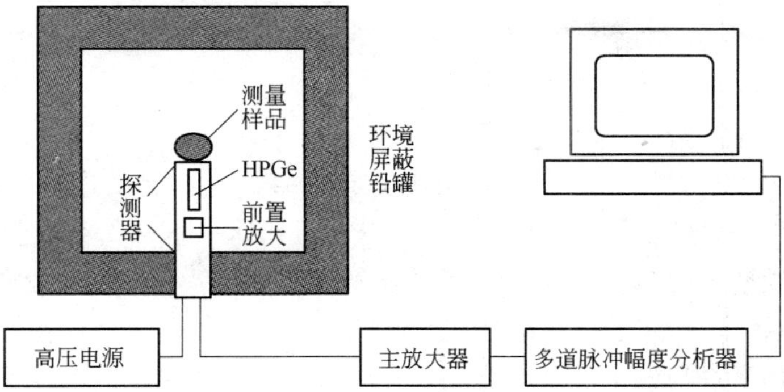

图 10-15 中子活化分析示意图

NAA 分析大致可分为仪器中子活化分析法及分离中子活化分析法两大类。前者于活化后不需任何化学处理而直接分析，其优点为简单省时且可配合计算器的使用使分析自动化，其缺点为灵敏度较差及各元素间的干扰性较大。后者则于活化后先经化学分离，然后再进行分析，其优缺点则正和前者相反。至于实际应用时则须视问题的性质而采用适当的方法。

B NAA 的基本原理

NAA 的主要步骤可分为活化与分析两大部分。活化步骤是将样品用中子照射，使欲测元素的原子经核反应后变成具有放射活性的“活”原子。而分析步骤即在分析这些经活化后的“活”原子放射活性，从而鉴定并测量该元素的含量。活化所需的中子主要来自核反应器。由于核反应器中的热中子不但量多，而且由它所生的(n,γ)核反应截面一般都很大，故为最理想的中子源。由(n,γ)核反应所活化的“活”原子与“活化”前的原子仍属同一元素，所以它的化学性质并没有改变，即两者为同位素。

一般核反应器中热中子的通量约在 $10^{12} \sim 10^{14}(cm^2 \cdot s)^{-1}$之间。用它作活化分析时可定量至 $10^{-11}g$。除核反应器的中子外，由加速器产生的中子也可作“活化”之用，例如利用加速的重氢子（氘）与三氢子（氚）所生的 14MeV 的中子也常用以分析氧及氮等轻元素的含量，由于这种中子的通量不高(最大约为 $10^9(cm^2 \cdot s)^{-1}$)，而且由这些快中子所产生的(n,2n)或(n,p)等核反应的截面也不大，故其灵敏度也差很多，但仍可定量至约 100μg 的氧。前述的(n,2n)及(n,p)的意义分别表示吸收一个中子再放出两个中子及一个质子的核反应。另外一种较不常用的中子源是利用放射性同位素与轻金属混合经(α,n)反应所产生的。例如 3.7×10^{10}Bq 的镅-241(241Am)与铍混合约可产生 $10^6(cm^2 \cdot s)^{-1}$的中子。由于它的中子通量太低，除特殊情形外很少应用。

经活化后的“活”原子，有些活得很长，但是有些活得很短。不过同一核种的“活”原子都有一定的平均寿命，这一特性通常以半衰期表示。半衰期的定义是某一放射性核种的“活”原子“死”掉一半时所经过的时间。这类“活”原子的另一特性为其特有的伽马射线能谱，正与人类的指纹一样，没有两种不同的放射性核种（“活”原子）具有相同的半衰期与伽马射线能谱。因此这两者即为该“活”原子的核指纹。如果仅做定性分析时，只要将标本的试样用中子活化，然后再用锗（锂）伽马线能谱仪测得该试样的伽马线能谱，再与标准能谱（核指纹）比对就可以知道该试样中含有哪些元素，如果有疑问时再辅以半衰期即可得到无疑的鉴定。各种常见“活”原子的“核指纹”都经实验准确地测定，而且按照伽马线能量的大小或半衰期的长短顺序排列成对照表，故应用时很为方便。

C　NAA 的分析特点

中子活化分析法与其他元素分析法相比较有许多优点：灵敏度高、准确度和精确度高、污染少，适用于高纯金属、地质样品、宇宙物质液体、固体等各类样品中超痕量金属的测定。本法对周期表中 80% 以上的元素的灵敏度都很高，其精度一般在 ±5%。

另外，中子活化分析法还是目前唯一能够同时测定 Cl、Br 和 I 的最有效方法。为克服基体效应，进行预富集与放化分离常常是需要的。海洋沉积物和结核经锍试金分解后，试金扣中的贵金属元素用 NAA 测定，结果令人满意。对贵金属而言，用中子活化分析灵敏度最高的是 Ir、Au 和 Rh。该法的检出限很低，可以和等离子体质谱法媲美。NAA 在对多元素进行分析时，它可对一个样品同时给出几十种元素的含量，尤其是微量元素和痕量元素，能同时提供样品内部和表层的信息，突破了许多技术限于表面分析的缺点。同时取样量少，属于非破坏性分析，不易玷污和不受试剂空白的影响。仪器结构简单、操作方便、分析速度快。它适合同类文物标本的快速批量自动分析，其缺点是检测不到不能被中子活化的元素及含量，半衰期短的元素也无法测量。此外，探测仪器也相对较昂贵。

10.2.1.10　负离子热表面电离质谱法

负离子热表面电离质谱法(NTIMS)是近年发展的质谱技术，可以用于金属同位素年龄的研究，为年代学的研究提供了有力保障。与 ICP-MS 不同，该法是通过质谱对待测元素的负离子进行测试的。由于元素形成负离子所需的能量较形成正离子的能量低很多，所以离子化率高，检出限比 ICP-MS 低。据报道，用 NTIMS 分析 Re_2Os 体系，它们的离子产率分别为：Os 2% ~6%，Re >20%，检出限达 10^{-12}g/mL。由于该法分析 Re_2Os 没有同量异位干扰，不需要分离 Os 和 Re，简化了整个分析流程。尽管高纯金属多元素的分析越来越多地用等离子体质谱法测定，但是等离子体质谱法存在 Os 和 Re 同位素的同量异位干扰问题，所以能精确测试 Os 和 Re 的 NTIMS 方法有不可取代的作用。图 10-16 为负离子热表面

图 10-16　负离子热表面电离质谱分析仪

电离质谱分析仪装置图。

10.2.1.11　其他分析技术

化学发光分析因有极高的灵敏度而在金属元素分析领域得到一定的研究。SK-800 型原子荧光测金仪也有报道。其中，近年来固相化学发光分析及化学发光与流动注射联用技术在贵金属测定中得到一定应用。另外电化学分析法、流动注射分析法及激光热透镜光谱法等分析技术也用于不同物料中痕量金属元素的测定。

10.2.2　超纯金属材料纯度的物理测定方法

半导体材料的纯度也可用电阻率来表征。区域提纯后的金属锗，其锭底表面上的电阻率为 30～50Ω·cm 时，纯度相当于 8N～9N，可以满足电子器件的要求。但对于杂质浓度小于 $10^{10}cm^{-3}$ 的探测器级超纯锗，则还须经过特殊处理。由于锗中有少数杂质如磷、砷、铝、镓、硅、硼的分配系数接近于 1 或大于 1，要加强化学提纯方法除去这些杂质，然后再进行区熔提纯。电子级纯的区熔锗锭用霍尔效应测量杂质（载流子）浓度，一般可达 10^{11}～$10^{12}cm^{-3}$。经切头去尾，再利用多次拉晶和切割头尾，一直达到所要求的纯度（$10^{10}cm^{-3}$），这样纯度的锗（相当于 13N）所做的探测器，其分辨率已接近于理论数值。

半导体中的电离杂质浓度可以通过霍尔系数测定。对于非本征半导体材料，在补偿度不大的情况下，只要知道迁移率的数据，就可通过电阻率的测量决定杂质的浓度。硅和锗的电阻率与杂质浓度的关系分别如图 10-17 和图 10-18 所示。

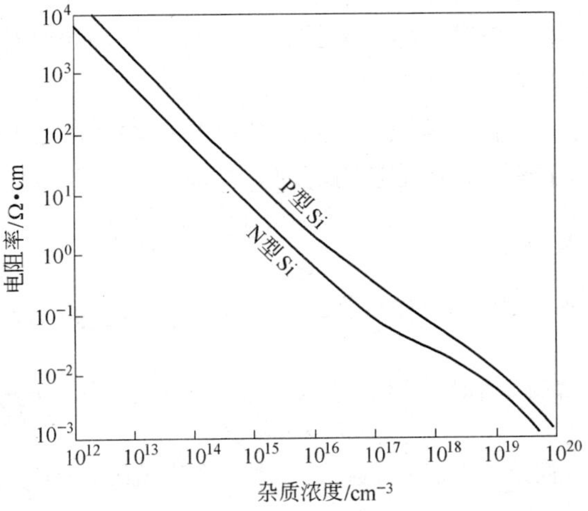

图 10-17　硅电阻率与杂质浓度关系图

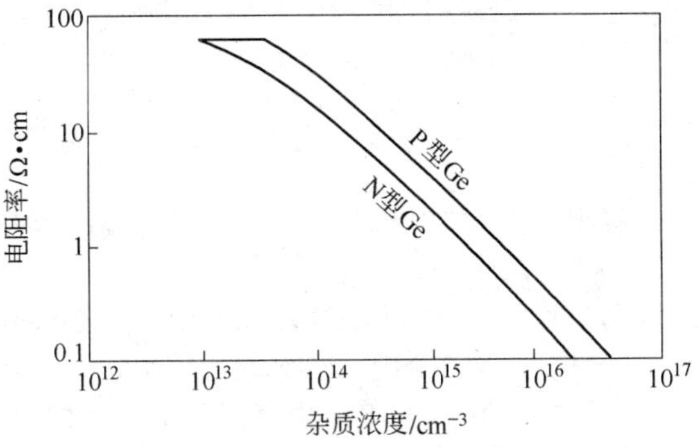

图 10-18　锗电阻率与杂质浓度关系图

超纯金属铝中的杂质已低于化学分析和仪器分析灵敏度的限量，须用物理方法测定。可用剩余电阻率（$\rho_{298K}/\rho_{4.2K}$）来测定铝的纯度，因为在 4.2K 下，点阵中原子振动所引起的电阻率可以忽略，这样测出的电阻率就是杂质引起的电阻率，各种纯度铝中的杂质含量及剩余电阻率见表 10-6。超纯镓的纯度也可以用剩余电阻率来测定，其值约为 5×10^4。

表 10-6　铝中杂质含量及剩余电阻率值

种　类	杂质/%	剩余电阻率
工业用铝	$1000 \times 10^{-4} \sim 5000 \times 10^{-4}$	100
纯　铝	$>10 \times 10^{-4}$	$625 \sim 2000$
有机溶剂电解铝	$<5 \times 10^{-4}$	$8 \times 10^{3} \sim 2 \times 10^{4}$
有机溶剂电解铝（加区域熔炼提纯）	$<0.5 \times 10^{-4}$	4.5×10^{4}

现代科学技术的发展趋势是对金属纯度要求越来越高。因为在金属未能达到一定纯度的情况下，金属特性往往为杂质所掩盖。不仅是半导体材料，其他金属也有同样的情况，由于杂质存在影响金属的性能。钨过去用作灯泡的灯丝，由于脆性而使处理上有困难，在适当提纯之后，这种缺点即可以克服（钨丝也有掺杂及加工问题）。当金属纯度提高以后，就能进一步明确杂质对金属性能的影响，因此制备超纯金属既为金属性能的科学研究创造了有利的条件，又在工业上有很大意义。

从近年来国内外金属纯度分析的发展与应用可以看出，在痕量与超痕量金属元素测定中，一个基本的模式可以归结为：有效的样品分解方法、高效的分离富集方法与简便、快速、准确的多组分仪器分析的结合。其中萃取、共沉淀以及离子交换为重要的分离富集法，而等离子体质谱法因众多优点而将越来越为人们重视。用负离子热表面质谱测定杂质元素，能取得很精确的结果，将成为未来的一个较好的研究方向。

随着科学技术的进步，未来金属纯度分析将朝以下几方面发展：

（1）在测定的元素个数上，将从单元素向多元素同时或连续测定的方向发展。

（2）在分析方法上，将从离线/手动操作向在线/自动方式发展。

（3）在数据采集与处理上，化学计量法、模式识别、专家系统、人工智能、神经网络等数学方法的应用，将有助于提高试验数据的系统性、完整性与准确性。

（4）随着现代材料科学与分析科学的发展，人们对高纯金属材料中杂质的存在形态日益关注。由此可见，除含量分析外，形态分析将成为金属元素测定的新兴领域。

参 考 文 献

[1] 杨刚，尚春林．电感耦合等离子体质谱（ICP-MS）测定环境样品中 38 种元素[J]．水文水资源，2008(3):17 ~ 18.

[2] 易晓明，李建文．电感耦合等离子体质谱法测定镉同位素时锡、钯、银等元素的干扰及其分离方法研究[J]．冶金分析，2008(28):7 ~ 10.

[3] 吴梅贤，李献华，等，电感耦合等离子体质谱法测定水中痕量元素[J]．理化检验（化学分册），2007(43):391 ~ 393.

[4] 田宝凤，田亚娟．等离子全谱测定铬铁矿中 TFe_2O_3、Al_2O_3、CaO 等物质含量[J]．中国西部科技，2008(7):32 ~ 33.

[5] 王森．工业质谱仪的技术与应用（上）[J]．世界仪表与自动化，2008(12): 38 ~ 42.

[6] 王森．工业质谱仪的技术与应用（下）[J]．世界仪表与自动化，2008(12): 62 ~ 64.

[7] 唐青山．背景扣除在原子吸收分光光度计中的应用[J]．企业技术开发，2008，27(10): 29 ~ 31.

[8] CANEPARI S, PERRINO C. Determination of soluble ions and elements in ambient air suspended particulate matter: inter-technique comparison of XRF, IC and ICP for sample-by-sample quality control [J]. Talanta, 2009(77):1778 ~ 1782.

[9] 张胜坤．电容耦合射频辉光放电等离子体激发源研制[D]．河北：河北大学，2005.

[10] 姚琪．离子色谱-电感耦合等离子体质谱联用技术在形态分析中的应用[D]．浙江：浙江大学，2006.

[11] 陈冬梅．气相色谱-质谱法/超分子识别荧光分析法检测食品中农药残留量的研究[D]．山东：山东师范大学，2006.

[12] RAJPUT M U，AHMAD M，AHMAD W. Prompt gamma neutron activation of 316L stainless steel[J]. J. Radioanal Nucl. Chem.，2000，243（3）：719～722.

[13] EMBER P P，BELGYA T，WEIL J L，et al. Coinci－dence measurement setup for PGAA and nuclear structure studies[J]. Appl. Radiat. Isot.，2002(57)：573～577.

[14] ACHARYA R N，SUDARSHAN K，NAIR A G C. Measurement of k_0－factors in prompt gamma－ray neutron activation analysis[J]. J. Radioanal Nucl. Chem.，2001，250(2)：303～307.

[15] 王劲榕,等．氢化物发生-原子吸收光谱法测定钛白粉中痕量汞[J]．冶金分析，2006，26(5)：97～98.

[16] 朱敏．电感耦合等离子体质谱在形态分析和生物分析中的应用[D]．浙江：浙江大学，2006.

[17] 张兰芝．瞬发λ中子活化分析及其 k_0 法研究[D]．北京：中国原子能科学研究院，2004：8～10.

[18] 陈杭亭，曹淑琴，等．电感耦合等离子体质谱方法在生物样品分析中的应用[J]．分析化学，2001，29(5)：592～600.

[19] 周涛，李金英，赵墨田．质谱的无机痕量分析进展[J]．分析测试学报，2004，23(2)：110～115.

[20] 刘虎生，徐厚恩．电感耦合等离子体质谱测定生物样品中超痕量稀土元素[J]．质谱学报，2002，23(2)：96～99.

[21] GRATUZE B，BLET-LEMARQUAND M，BARRANDON J N. Ancient glassy materials analyses：a new bulk nondestructive method based on fast neutron activation analysis with a cyclotron[J]. Nuclear Instruments and Method in Physics Research Section B：Beam Interactions with Materials and Atoms 1992，71(1)：70～80.

[22] 屈明华，费学谦，丁明．石墨炉原子吸收光谱法对高钙营养强化剂中痕量铅的测定[J]．分析测试学报，2008，27（10）：1132～1134.

[23] NAKAHARA C，OURA Y，SUEKI K，et al. Some basic studies on nondestructive elemental analysis of bulky sample by PGAA[J]. J. Radioanal. Nucl. Chem，2000，244(2)：405～411.

[24] 李盛亮．原子吸收光谱法[M]．上海：上海科学技术出版社，1998.

[25] 李中玺，周丽萍，冯玉怀．现代分析仪器在贵金属分析中的应用与进展[J]．黄金科学技术，2002，10(3)，1～6.

[26] WARNKEN K W，GILL G A，WEN L S，et al. Trace metal analysis of natural waters by ICP-MS with on-line preconcentration and ultrasonic nebulization[J]. J. Anal. At. Spectrom.，1999(14)：247～252.

[27] CHANG T L，LI W J，ZHAO M T，et al. Absolute isotopic composition and atomic weight of dysprosium [J]. Int. J. Mass Spectrom，2001，207(1)：13～17.

[28] CHANG T L，ZHAO M T，LI W J，et al. Absolute isotopic composition and atomic weight of samarium [J]. Int. J. Mass Spectrom，2002，218(2)：167～172.

[29] QUÉTEL C R，VOGL J，Prohaska T，et al. Comparative performance study of ICP mass spectrometers by means of U "isotopic measurements"[J]. Fresenius' Journal of Analytical Chemistry，2000，368（2）：148～155.

[30] 王艳泽．ICP-MS 技术在中药/环境领域的探索研究[D]．北京：首都师范大学，2006.

[31] 张武平．热喷雾进样火焰原子吸收光谱法测定铅的研究[D]．四川：四川大学，2006.

[32] 周森．原子吸收法测定滑子蘑中铜、镉、铅、锌、砷的方法研究[D]．辽宁：东北大学，2006.

[33] FALCIANI R，NOVARO E，MARCHESINI M，et al. Multi-element analysis of soil and sediment by ICP-

MS after a microwave assisted digestion method[J]. J. Anal. At. Spectrum, 2000, 15(5):368 ~ 372.

[34] 辛娟娟．光谱分析在痕量有毒元素分析中的应用[D]．四川：四川大学，2006.

[35] YU X, LI X J, WANG H Z. Interference correction in analysis of stainless steel and multi-element determination by glow discharge quadrupole mass spectrometry[J]. International Journal of Mass Spectrometry, 2007, 262(1-2): 25 ~ 32.

[36] BYUN S H, CHOI H D. Design features of a prompt Gamma neutron activation analysis at HANARO[J]. J. Radioanal Nucl. Chem., 2000, 244 (2):413 ~ 416.

[37] 尹跃群．原子吸收分光光度法连续测定钢铁中的钢、铬、锰[J]．有色金属，2003，55(1):33 ~ 35.

[38] BORSARUA M, BIGGSB M, NICHOLSC W, et al. The application of prompt gamma neutron activation analysis to borehole logging for coal[J]. Appl. Radiat. Isot., 2001 (54): 335 ~ 343.

[39] ADAM M, MAGDALENA M Z. The new methods of determination of Mg^{2+}, Ca^{2+}, Na^{+} and K^{+} ions in erythrocytes by ion selective electrodes[J]. Sensors and Actuators B: Chemical, 2005, 108 (1-2): 828 ~ 831.

[40] 马建强，陆来仙，谢跃生．火焰原子吸收法测定山楂叶中钙、锰、铁、锌、镁、铜、铅、铬的含量[J]．广东微量元素科学，2004，10(5):51 ~ 56.

[41] 梁汉昌．痕量物质分析气相色谱法[M]．北京：中国石化出版社，2000：189 ~ 193.

[42] 曲刚莲，周黎明．用 GC/AED 分析土壤中含砷有机化合物[J]．防化学报，1999，9（2）：8 ~ 10.

[43] ZEINER M, STEFFAN I, CINDRIC I J. Determination of trace elements in olive oil by ICP-AES and ETA-AAS: A pilot study on the geographical characterization [J]. Microchemical Journal, 2005, 81 (2):171 ~ 176.

[44] 李金英，姚继军．电感耦合等离子体质谱分析的应用[M]．北京：原子能出版社，1998.

[45] 古当今．放射性核素活度测量的方法和技术[M]．北京：科学出版社，1994.

[46] 米切尔．痕量元素分析中玷污控制[M]．上海：科学技术文献出版社，1981.

[47] 姜永青．电感耦合等离子体质谱测量铀中痕量稀土杂质方法研究[D]．北京：中国原子能科学研究院，2003：8 ~ 12.

[48] TANNER S D, BARANOV V Ⅰ. A dynamic reaction cell for inductively coupled plasma mass spectrometry (ECPDRC-MS) Ⅱ: reduction of interferences produced within the cell[J]. J. Am. Soc. Mass Spectrum, 1999(1):1083 ~ 1094.

[49] 陶世权，陈飚延．辉光放电质谱分析方法的研究现状[J]．光谱学与光谱分析，1998，18 (2):209 ~ 213.

[50] 王照奎．射频辉光放电等离子体空间特性的质谱诊断[D]．广东：汕头大学，2005.

[51] 杨朝勇，庄峙厦，等．同位素稀释法电感耦合等离子体质谱在痕量元素分析中的应用[J]．分析测试学报，2001，20(2):87 ~ 92.

[52] 江祖成．痕量分析[M]．北京：化学工业出版社，1993.

[53] 王毅民，王小红，高玉淑．地球科学中的分析技术[J]．地球科学进展，2003，18(3):476 ~ 482.

[54] 章连香，符斌，等．电感耦合等离子体质谱法应用的进展[J]．矿冶，2004，13(3):101 ~ 106.

[55] 明切斯基．无机痕量分析的分离和富集方法[M]．北京：地质出版社，1986.

[56] 刘丽萍，周珊，等．电感耦合等离子体质谱法测定饮水及水源水中 31 种元素[J]．中国卫生检验杂志，2005(15):932 ~ 934.

[57] RUBIO R, HUGUET J, RAURET G. Comparative study of the Cd, Cu and Pb determination by AAS and by ICP-AES in river water: application to a mediterranean river (Congost river, Catalonia, Spain) [J]. Water Research, 1984, 18(4):423 ~ 428.

[58] ZILBERSHTEIN H Ⅰ. Spectrochemical Analysis of Pure Substances. Adam Hilger Ltd, 1977.

[59] DAS M S. Trace Analysis and Technological Development[M]. New York: Wiley-Halsted, 1983.

[60] AMR M A, MOHSEN H T, ZAHRAN N F, HELAL A I. Quantification of heavy metals in clays by dry plasma laser ablation-ICP-MS[J]. International Journal of Mass Spectrometry, 2007, 268(1): 66 ~ 72.

[61] BECKER J S, SAPRYKIN A I, DIETZE H J. Analysis of GaAs using a combined r. f. glow discharge and inductively coupled plasma source mass spectrometer [J]. Int. J. Mass Spectrom Ion Proc., 1997, 164(1-2):81 ~ 91.

[62] TODOLÍ J L, MERMET J M. Sample introduction systems for the analysis of liquid microsamples by ICP-AES and ICP-MS[J]. Spectrochimica Acta Part B: Atomic Spectroscopy, 2006, 61(3):239 ~ 283.

[63] JARVIS K E, GRAYA L, HOUK R S. 电感耦合等离子体质谱手册[M]. 尹明，李冰译. 北京：原子能出版社，1997.

[64] 苏永选，周振，等. 一种用于飞行时间质谱仪的脉冲辉光放电离子源[J]. 分析仪器，1997(3):13 ~ 18.

[65] 北京矿冶研究总院测试研究所. 有色冶金分析手册[M]. 北京：冶金工业出版社，2004：30 ~ 118.

[66] 张铁垣. 分析测试标准化工作手册[M]. 北京：中国标准出版社，2005：664 ~ 747.

[67] 邓勃. 应用原子吸收与原子荧光光谱分析[M]. 北京：化学工业出版社，2003：167 ~ 204.

[68] 邱海鸥，郑洪涛，汤志勇. 原子吸收及原子荧光光谱分析[J]. 分析试验室. 2003(1):101 ~ 105.

[69] 邓勃. 我国原子吸收光谱分析技术发展30年回顾（1）[J]. 分析仪器，2001(3)：3 ~ 9.

[70] 邓勃. 我国原子吸收光谱分析技术发展30年回顾（2）[J]. 分析仪器，2002(1)：1 ~ 8.

[71] 邓勃. 我国原子吸收光谱分析技术发展30年回顾（3）[J]. 分析仪器，2002(4)：1 ~ 7.

[72] 鄢爱平，柳英霞，姜月，等. 电感耦合等离子体原子发射光谱法测定高纯二氯氧化锆中钙和钡[J]. 冶金分析，2008(5)：19 ~ 22.

[73] 侯列奇，王树安，李洁，等. 沉淀分离电感耦合等离子体原子发射光谱法测定高纯银中21种痕量元素[J]. 冶金分析（Metallurgical Analysis），2007(2)：58 ~ 61.

[74] AGRAWAL Y K, SHARMA K R. Speciation, liquid-liquid extraction, sequential separation, preconcentration, transport and ICP-AES determination of Cr(Ⅲ), Mo(Ⅵ) and W(Ⅵ) with calyx-crown hydroxamic acid in high purity grade materials and environmental samples[J]. Talanta, 2005(1): 112 ~ 120.

[75] 顾学军，方黎，郑海洋，等. 可移动激光质谱仪的研制与应用[J]. 分析化学仪器装置与实验技术，2005(2)：282 ~ 285.

[76] 陈刚，葛爱景，卓尚军，王佩玲. 高纯钽的辉光放电质谱多元素分析[J]. 质谱学报，2007(2)：36 ~ 39.

[77] 荣百炼，普朝光，姬荣斌，鲁燕杰. 辉光放电质谱法测定高纯锑中的痕量杂质元素[J]. 质谱学报，2004(5)：97 ~ 99.